CHEMISCHE TECHNOLOGIE

IN EINZELDARSTELLUNGEN

HERAUSGEBER: PROF. DR. FERD. FISCHER, GÖTTINGEN-HOMBURG

SPEZIELLE CHEMISCHE TECHNOLOGIE

DAS WASSER

SEINE GEWINNUNG, VERWENDUNG UND BESEITIGUNG

MIT BESONDERER BERÜCKSICHTIGUNG DER

FLUSSVERUNREINIGUNG

VON

PROFESSOR DR. FERDINAND FISCHER

MIT 112 IN DEN TEXT GEDRUCKTEN ABBILDUNGEN

SPRINGER-VERLAG BERLIN HEIDELBERG GMBH
1914

Ursprünglich erschienen bei Otto Spamer, Leipzig 1914
Softcover reprint of the hardcover 1st edition 1914

ISBN 978-3-662-33718-9 ISBN 978-3-662-34116-2 (eBook)
DOI 10.1007/978-3-662-34116-2

Vorwort.

Die letzte (3.) Auflage des Buches: Das Wasser, seine Verwendung, Reinigung und Beurteilung (Berlin 1902) ist längst vergriffen. Da an Stelle der erforderlichen Neuauflage ein entsprechender Band der „Chemischen Technologie in Einzeldarstellungen“ erscheinen sollte, so mußte das Buch völlig neu bearbeitet werden, so daß es nunmehr eine Chemische Technologie des Wassers ist.

Das neue Wassergesetz (S. 293) mit der ausgesprochenen Entschädigungspflicht (§ 24), den hohen Geld- und Gefängnisstrafen (§ 374 und 376, S. 298) für den Unternehmer, trifft in erster Linie die chemische Industrie. Auch der Sachverständige soll sich § 377 (S. 299) sehr überlegen.

Es kommt hier aber nicht nur darauf an, wie die Schmutzwässer vermieden oder beseitigt bzw. gereinigt werden können, um Entschädigungsansprüche und Strafen zu vermeiden, sondern auch darauf, wie ein Betrieb durch einen anderen oder durch sonstige Umstände geschädigt werden kann, z. B. Dampfkesselbesitzer, Zuckerfabriken, Wäschereien u. dgl. durch Einlassen von Verunreinigungen.

Jedenfalls ist festzuhalten: Es gibt überhaupt kein (chemisch) reines Wasser in der Natur! Man kann daher nur von technisch reinem Wasser reden, d. h. ein Wasser ist rein, wenn es für den beabsichtigten Zweck geeignet ist.

Dementsprechend wurde zunächst die Zusammensetzung, Untersuchung und Gewinnung des Wassers behandelt, dann ausführlich der Einfluß, welchen die Bestandteile eines Wassers auf die verschiedenen Verwendungszwecke haben. Entspricht das Wasser den Anforderungen nicht, so muß es gereinigt werden. Hier wurde nicht nur die Reinigung des Wassers für technische Zwecke, sondern auch das Leitungs- bzw. Trinkwasser für Städte und größere Betriebe ausführlich beschrieben. Nicht minder eingehend ist die Art und etwaige Reinigung der Abwässer und die Flußverunreinigung behandelt. Die oft sehr übertriebenen Forderungen der Fischerei und Landwirtschaft wurden zurückgewiesen.

Besonders da, wo die Ansichten noch verschieden sind, wurden diese möglichst mit den Worten des betr. Autors selbst angegeben, um die Bedeutung der Angaben besser abwägen zu können. Die wichtigere Literatur wurde überall angeführt, um das Studium der fast zahllosen Fragen zu erleichtern. Wiederholt mußte die Wichtigkeit der sachgemäßen Probenahme betont werden, welche nur unter Berücksichtigung der örtlichen Verhältnisse geschehen darf. Alle hier behandelten Fragen sind nicht vom „grünen Tisch" aus zu lösen, sondern durch technisch erfahrene Chemiker!

Bad Homburg, Oktober 1913.

Der Verfasser.

Inhalt.

Vorkommen des Wassers.

Vom Himmel kommt es,
Zum Himmel steigt es
Und wieder nieder
Zur Erde muß es
Ewig wechselnd.

Kühlen sich nach Sonnenuntergang die auf der Erdoberfläche befindlichen Gegenstände unter den Taupunkt, d. h. unter die Temperatur ab, bei der die atmosphärische Luft mit der vorhandenen Feuchtigkeit gesättigt sein würde, so schlägt sich ein Teil des in der Luft befindlichen gasförmigen Wassers in Form von kleinen Tröpfchen als Tau auf die Körper nieder, der bei Temperaturen unter 0° zu Reif erstarrt.[1])

Wird eine größere Luftmenge unter ihren Taupunkt abgekühlt, so scheidet sich die entsprechende Wassermenge ebenfalls in kleinen Tröpfchen ab, es entstehen Nebel, Wolken. Diese Tröpfchen senken sich langsam nieder, werden, falls die unteren Luftschichten wärmer und daher noch nicht mit Wasser gesättigt sind, wieder dampfförmig, fallen aber als Regen — gefroren als Schnee und Hagel — auf die Erde nieder, wenn der Feuchtigkeitsgehalt auch der tieferen Luftschichten sich dem Taupunkt nähert.

Die Menge dieses jährlich niedergeschlagenen Meteorwassers ist im allgemeinen am größten in den Tropen und in der Nähe des Meeres, am geringsten im Norden. So beträgt die mittlere Höhe dieser Niederschläge (Regenhöhe) nach *Möllendorf*[2] in:

Madrid	25 cm	Genua	118 cm
Wien	45 „	Clausthal (Harz)	143 „
Berlin	57 „	Bergen (Norwegen)	225 „
Hannover	58 „	Tolmezzo (Alpen)	244 „
Rom	78 „	Stye-Paß (Columbrisches Geb.)	481 „

[1] Wasser, eines der vier Elemente des *Aristoteles,* wurde von *Thales* (600 v. Chr.) als das einzige wahre Element bezeichnet, aus dem alle anderen Körper entstehen. Die Wolken wurden nach *Plinius* durch Verdickung der Luft gebildet; selbst *Newton* hielt den Wasserdampf als der Luft wenigstens sehr nahestehend. Vgl. *Leonhardi*: Macquers chymisches Wörterbuch (Leipzig 1791) Bd. 7, S. 27; *Fischer*: Physikalisches Wörterbuch (Göttingen 1804) Bd. 5, S. 515; *Kopp*: Beiträge zur Geschichte der Chemie (Braunschweig 1875) III, S. 235.

[2] Vgl. *G. v. Möllendorf*: Die Regenverhältnisse Deutschlands (Görlitz 1862); Zft. d. Ges. f. Erdkunde in Berlin, 1878, Nr. 47; *J. van Bebber*: Die Regenverhältnisse Deutschlands (München 1877).

Deutschland hat eine mittlere Regenhöhe von 67 cm; davon fallen im Sommer (Juni bis August) 24 cm, im Herbst 16, im Frühling 15 und im Winter nur 12 cm. Waldige Höhen, besonders Nadelholzwaldungen, haben meist viel mehr Niederschläge als die Ebene.

Von diesen Durchschnittszahlen weicht die Regenmenge einzelner Jahre oft ganz bedeutend ab; so beträgt die Regenhöhe Frankfurts als Durchschnitt von 30 Jahren 60 cm, 1864 betrug dieselbe jedoch nur 36 cm, 1867 dagegen 144 cm.

Von diesem Meteorwasser wird ein Teil, mehr in Tannenwäldern als in anderen (weniger im Winter, mehr im Sommer), durch Verdunstung der Atmosphäre wieder unmittelbar zugeführt, das übrige dringt zum größten Teil in den Boden zur nächsten undurchlässigen Schicht, auf der es dem Gesetz der Schwere folgend weiter fließt, bis es schließlich durch Brunnen künstlich gehoben oder als Quelle zutage tritt[1], um mit dem oberflächlich abfließenden Meteorwasser in Bächen und Flüssen dem Meere zugeführt zu werden. Der Rhein führt nach *Möllendorf* 50 Proz., die Weser 53 Proz. ab.

Piefke[2] berechnet für das Stromgebiet der Spree, daß von den jährlichen Niederschlägen 7 Proz. oberirdisch abfließen, 20 Proz. ins Grundwasser übergehen und unterirdisch abfließen, 73 Proz. aber verdunsten. Nach *Intze*[3] sind bei einer mittleren Regenhöhe in Deutschland dagegen $^1/_3$ für Abfluß, $^1/_3$ für Verdunstung und $^1/_3$ für Versickerung zu rechnen. In der Talsperre für Remscheid wurden sogar 80 cm Regenhöhe gesammelt, weil die Regenmengen größer sind, weil die Versickerung bei der Undurchlässigkeit im Lenne-Schiefergebirge geringer ist und die Verdunstung bei dem schnellen Abfluß ebenfalls wesentlich geringer. Dieses ist freilich nicht in allen Tälern gefunden worden, aber nach 12 jährigen genauen Untersuchungen und den Betriebsresultaten der ausgeführten Talsperren ergab sich doch, daß man im bergischen Lande im Lenne-Schiefergebirge auf 70, 80, manchmal 90 cm Abfluß rechnen darf, bei einem Niederschlag, der ungefähr 100 bis 120 cm jährlich beträgt.

Die Wassermenge der Flüsse muß dementsprechend bedeutend schwanken. Nach den vorliegenden Messungen und Schätzungen beträgt die sekundliche Wassermenge:

Donau, eisernes Tor, im Mittel	8500 cbm		
Elbe bei Hainerten	290	bis	1200 cbm
— Spree bei Berlin	13		43

[1] Während *O. Volger* (Zft. Ver. deutsch. Ing. 1877, 481) behauptet, daß das Wasser im Erdboden nicht vom Regen herrührt, sondern durch Kondensation von Wasserdampf aus der Atmosphäre entsteht, *König* und *Hädicke* (Gesundheitsing. 1909, Nr. 11) dem Regen nur unerheblichen Einfluß auf die Grundwasserbildung zuschreiben, zeigen die Versuche von *Ebermayer* (Forschung. Agrikulturphysik 1890, 1), daß die Kondensation nur einen sehr geringen Einfluß auf das Grundwasser hat, und *Krüger* (Gesundheitsing. 1909, 469), daß die Speisung des Grundwassers durch Kondensationswasser, wenn überhaupt vorhanden, so doch mindestens sehr gering sein muß. (Vgl. d. Gasbel. 1910, 222.) Wie sollten auch sonst die Unreinigkeiten der Oberfläche und des Bodens ins Grundwasser kommen?

[2] Journ. f. Gasbel. 1900, 328.

[3] Viertelj. öffentl. Gesundh. 1901, Heft 1.

Elbe Saale	36	111 cbm
— Bode	$2^3/_4$	über 50
Memel bei Kallwenn	180	6000
Oder bei Breslau	32	138
— bei Glogau	81	2300
— bei Hohenwutzen	3500	4300
Rhein bei Emmerich	1500	9000
— Neckar bei Mannheim	33	5200
Weichsel bei Montauer Spitze	270	8200
— Weichselarm, Montauer Spitze	250	5000
Weser bei Hoya	90	1600

Nach *Graeve*[1] liefert 1. der Rhein bei Koblenz für 100 qkm Gebiet 1,070 cbm Wasser in der Sekunde; 2. die Weser bei Minden 0,826 cbm; 3. die Elbe bei Torgau 0,579; 4. die Elbe bei Barby 0,554; 5. die Oder bei Steinau 0,460; 6. die Oder unterhalb der Warthe-Mündung 0,413; 7. die Warthe nahe der Mündung 0,344; 8. die Weichsel bei Montauer Spitze 0,538; 9. die Memel bei Tilsit 0,600 cbm. Der Prozentsatz der tatsächlichen Abflußmenge von der Regenmenge ist 1. = 38,5 Proz.; 2. = 37 Proz.; 3. = 30 Proz.; 4. = 28,5 Proz. 5. = 27,2 Proz.; 6. = 21,4 Proz.; 7. = 21 Proz.; 8. = 29 Proz. und 9. = 32,5 Proz.

Das Meer nimmt etwa 73 Proz. der gesamten Erdoberfläche ein.

Zusammensetzung des in der Natur vorkommenden Wassers.

Reines Wasser kann bei dem großen Lösungsvermögen desselben in der Natur nicht vorkommen, vielmehr enthält dieses stets größere oder geringere Mengen derjenigen Stoffe, mit denen es in Berührung gekommen ist.

Meteorwasser enthält stets die Bestandteile der Atmosphäre in den ihren Löslichkeitsverhältnissen entsprechenden Mengen[2], sowie die Verunreinigungen der Atmosphäre. 1 l Regenwasser enthielt nach *Reichardt*[3] im Januar bei 4° aufgesammelt 32,4 cc, im Juni bei 15° gesammelt 24,9 cc Gase folgender Zusammensetzung:

	Januar	Juni
Sauerstoff	31,8 Proz.	27,0 Proz.
Stickstoff	61,5	64,2
Kohlensäure	6,7	8,8

Bei Gewittern enthält Regen zuweilen Wasserstoffsuperoxyd. Organische Stoffe wurden bereits 1750 von *Marggraf* nachgewiesen, dann von *Ehren-*

[1] Civiling. 1879, 591.

[2] 1 l Wasser löst nach *Bunsen* bei 760 mm und folgenden Temperaturen:

	bei 0°	10°	20°
Sauerstoff	41	33	28 cc
Stickstoff	20	16	14
Kohlensäure	1797	1185	901

R. Bunsen: Gasometrische Methoden (Braunschweig, Fr. Vieweg); (vgl. S. 108).

[3] Arch. d. Pharm. 206, 193.

berg u. A.[1] Die englische Flußkommission[2] fand im Liter Regenwasser 0,3 bis 3,7 mg organischen Kohlenstoff und 0,7 mg organischen Stickstoff.

Ammoniak wurde im Regenwasser bereits von *Liebig* (1826) nachgewiesen. *Barral*[3] fand bei Untersuchung des auf dem Observatorium zu Paris in Platingefäßen gesammelten Regenwassers im Liter 1 bis 10 mg Ammoniak, 2 bis 36 mg Salpetersäure und 0 bis 5 mg Chlor. Schnee enthält ebenfalls Ammoniak und Salpetersäure[4].

Das von dem Regen und Schnee aus der Atmosphäre aufgenommene Ammoniak stammt von den auf der Erde stattfindenden Fäulnisprozessen stickstoffhaltiger organischer Stoffe, teilweise auch wohl aus Rauchgasen. Regenwasser, entfernt von Wohnungen aufgefangen, kann demnach völlig frei sein von diesem Zersetzungsprodukte. In größeren Orten, namentlich in Städten mit einem durch menschliche und tierische Abfallstoffe infizierten Untergrund, mit Düngergruben und sonstigen Fäulnisherden wird das Meteorwasser dagegen stets verunreinigt sein, selbst wenn es in reinen Gefäßen aufgefangen wurde. Das von den Dächern gesammelte oder in Zysternen aufbewahrte Regenwasser kann natürlich noch weniger Anspruch auf Reinheit machen.

Auch die Salpetersäure des Regenwassers (bis 16 mg im Liter) ist wesentlich Zersetzungs- bzw. Oxydationsprodukt organischer Stoffe, ein Teil wird wohl durch elektrische Entladungen gebildet. Besonders in der Nähe der Küste enthält Regenwasser oft Chlornatrium.

In Gegenden, welche Steinkohlen als Brennstoff verwenden, ist die Atmosphäre durch Ruß, teerige Stoffe und Schwefligsäure verunreinigt[5], welche allmählich in Schwefelsäure übergeht. *Prost*[6] fand im Regenwasser zu Chaudfontaine 4 bis 19 mg Schwefelsäure, *Smith* im Liter Regenwasser aus der Nähe einiger chemischen Fabriken 70 mg Schwefelsäure; Regenwasser in Liverpool enthielt 35 mg, in Newcastle am Tyne 430, in Manchester 50 mg Schwefelsäure, größtenteils im freien Zustande. Nach *Sendtner* enthielt in München frisch gefallener Schnee in 1 k z. B. 7 mg Gesamtschwefelsäure, am folgenden Tage 17,6 mg, nach 10 Tagen 62,2 und nach 16 Tagen bereits 91,8 mg.

Quell- und Brunnenwasser. Das mit diesen Stoffen beladene Meteorwasser dringt, soweit es nicht verdunstet oder oberflächlich abfließt, in den Boden und tritt nach einiger Zeit als Quell wieder zutage oder wird durch Brunnenanlagen künstlich gehoben. Je nach der Beschaffenheit und Menge der Verunreinigungen, welche das einsickernde Regenwasser bereits enthält und nach den Bestandteilen der durchflossenen Bodenschichten wird daher Quell- und Brunnenwasser größere oder geringere Mengen fremder

[1] *Ludwig*: Die natürlichen Wässer (Erlangen 1862).

[2] Rivers Poll. Comm. VI. Rep.; *Ferd. Fischer*, Chemische Technologie des Wassers (Braunschweig 1878) S. 76.

[3] Jahrb. d. Chem. 1852, 751; 1853, 707.

[4] Zft. f. angew. Chem. 1888, 240; Fischers Jahresber. 1887, 1119.

[5] Jahrb. d. Chem. 1851, 649; 1858, 107; *A. Smith*: Air and Rain.

[6] Fischers Jahresber. 1899, 465.

Stoffe gelöst enthalten. Der Sauerstoff des eindringenden Meteorwassers nebst dem noch zutretenden atmosphärischen Sauerstoff wird zur Oxydation der organischen Stoffe des Bodens verwendet; auch Eisen- und Manganoxydulverbindungen halten Sauerstoff zurück. Quell- und Brunnenwasser enthält dementsprechend meist nur wenig oder keinen freien Sauerstoff. Sobald das Wasser aber mit der atmosphärischen Luft in Berührung kommt, nimmt es sofort erhebliche Mengen desselben auf; die bisher in den Wässern aufgefundenen Sauerstoffmengen werden hiernach oft viel geringer sein, als angegeben ist.

Man unterscheidet in den Wässern meist gebundene Kohlensäure als diejenige, welche mit den vorhandenen Metallen einfache Carbonate, von der halbgebundenen, welche mit den Carbonaten Bicarbonate bildet und beim Kochen ausgetrieben wird, im Gegensatz zur freien Kohlensäure, welche im Wasser nur gelöst ist. In einigen Quellen, namentlich vulkanischen Gegenden (Eifel, Laacher See, Selters usw.) findet sich die Kohlensäure in solchen Mengen, daß das Wasser derselben sein mehrfaches Volum gelöst enthält[1].

Die gewöhnlichen Brunnen- und Quellwässer verdanken ihre Kohlensäure teils der Atmosphäre, zum größten Teil aber den im Boden stattfindenden Fäulnis- und Verwesungsprozessen. Sie unterstützt die Zersetzung der Gesteine und bildet Bicarbonate von Calcium und Magnesium, weniger oft von Eisen, Mangan, Natrium usw., so daß gewöhnliche Quellwässer nur einen verhältnismäßig geringen Teil der Kohlensäure im freien Zustande enthalten. Brunnenwässer enthalten meist keine freie Kohlensäure, wohl aber oft, wenn sie einem verunreinigten Boden entstammen, bedeutende Mengen von Calcium- und Magnesiumbicarbonat.

Die umfassendsten Versuche hierüber sind von der englischen „Rivers Pollution Commission“ gemacht. Dieselbe unterscheidet Quellwasser, Tiefbrunnenwasser und Flachbrunnenwasser. Die Tabelle S. 6 zeigt nach den zahlreichen Analysen der Kommission die mittlere Zusammensetzung der nicht verunreinigten (unpolluted) Quell- und Tiefbrunnenwässer Großbritanniens, nach den Formationen, denen sie entspringen, geordnet.

Das Quellwasser des Reinsbrunnens (Wasserleitung Göttingen) enthält nach Analyse des Verf.[2] 370 mg Schwefelsäure, 11 mg Chlor, 341 mg Kalk, 68 mg Magnesia. Das Leitungswasser von Eltershofen enthält nach *Breit*[3] 1160 mg Schwefelsäure, 870 mg Kalk, 122 mg Magnesia; der Rückstand betrug 2660 mg im Liter, die Gesamthärte also 104 deutsche Härtegrade. Das Leitungswasser von Gottwalshausen enthält 1146 mg Schwefelsäure, 875 mg Kalk, 127 mg Magnesia; der Rückstand betrug 2757 mg im Liter, die Gesamthärte also 105 deutsche Härtegrade. Beide Quellen entstammen einer Gipsformation.

---

[1] Als wirkliche Säure, H_2CO_3 im Wasser gelöst. (Fischers Jahresb. d. chem. Techn. 1883, 1017.)

[2] Fischers Jahresber. 1895, 521.

[3] Inaug.-Diss. Würzburg 1895.

Anzahl der Analysen	Geologische Formation	1 Liter enthält mg						Härte	
		Organischer Kohlenstoff	Organischer Stickstoff	Ammoniak	Stickstoff als Nitrate und Nitrite	Chlor	Gesamtrückstand	Veränderliche	Gesamt
8	Granit und Gneis, Quellwasser .	0,42	0,08	0,01	1,0	16	59	0	2
15	Silur, Quellwasser	0,51	0,14	0,01	1,7	18	123	1	5
22	Devon, Quellwasser	0,54	0,12	0,01	7,6	38	251	3	9
7	„ Tiefbrunnen	0,68	0,12	0,05	2,9	27	327	7	13
22	Kohle, Quellwasser	0,50	0,14	0,01	3,9	18	219	4	10
9	„ Tiefbrunnen	1,19	0,34	0,44	2,0	180	831	12	28
1	Dolomit, Quellwasser	0,58	0,38	0,02	16,8	34	665	19	47
3	„ Tiefbrunnen	0,76	0,30	0	14,2	43	611	13	35
15	Roter Sandstein, Quellwasser . .	0,65	0,17	0,01	3,3	21	287	6	15
28	„ „ Tiefbrunnen . .	0,36	0,14	0,03	7,1	29	306	5	14
7	Lias, Quellwasser	0,73	0,19	0,01	4,6	24	364	17	24
2	„ Tiefbrunnen	1,46	0,27	0,01	3,8	44	701	17	24
35	Oolith, Quellwasser	0,43	0,11	0,01	4,0	15	303	14	19
5	„ Tiefbrunnen	0,37	0,10	0,22	6,2	26	336	11	16
19	Grünsand, Wealden, Quellwasser.	0,53	0,12	0	3,2	29	301	10	16
20	„ „ Tiefbrunnen	0,68	0,14	0,16	1,9	53	452	13	21
30	Kreide, Quellwasser	0,44	0,10	0,01	3,8	24	298	14	18
66	„ Tiefbrunnen	0,50	0,17	0,01	6,1	27	369	17	22
10	Sand, Kies, Quellwasser	0,86	0,19	0,01	3,5	27	613	14	30
4	„ Tiefbrunnen	1,13	0,20	0,72	1,1	63	538	11	17

Besonders beachtenswert ist der Gehalt des Wassers an den Zersetzungsprodukten organischer Stoffe. Nach *Senft*[1] entstehen bei der Zersetzung von Pflanzensubstanzen stets humussaure Alkalien, namentlich humussaures Ammoniak. Bei vollem Luftzutritt bilden sich erst die ulminsauren Salze, dann als Oxydationsprodukt derselben die huminsauren Verbindungen; beide oxydieren sich schließlich zu Carbonaten. Bei mangelndem Luftzutritt entstehen die geïnsauren Verbindungen, zu denen das quell- und torfsaure Ammoniak gehört. Alle diese humus- und geïnsauren Verbindungen wirken auf Mineralien lösend und zersetzend ein. Entscheidender noch für die Anwendung eines Wassers ist die Gegenwart oder Abwesenheit tierischer Zersetzungsprodukte, namentlich der menschlichen Exkremente[2]. Dringen diese in den Boden, so zerfallen sie bei mittlerer Temperatur und unter dem Einfluß niederer Organismen sehr rasch in noch wenig gekannte Zwischenprodukte und bilden bei Zutritt von atmosphärischem Sauerstoff Kohlensäure, Ammoniak, dann salpetrige Säure und Salpetersäure. Kann jedoch wegen mangelnden Luftzutritts keine hinreichende Oxydation der organischen Stoffe erfolgen, so werden, wenn die Absorptionskraft des Bodens erschöpft ist, von dem Wasser auch Ammoniak und die in Fäulnis begriffenen organischen

[1] Dingl. pol. Journ. (1877) 223, 648. [2] Vgl. S. 211.

Stoffe selbst aufgenommen. Die Phosphate, die Kalisalze, die stickstoffhaltigen organischen Substanzen und das Ammoniak werden von dem Boden größtenteils zurückgehalten und den Pflanzenwurzeln zugeführt, die Chloride, Nitrate und Sulfate dagegen von dem Wasser den Quellen und Brunnen zugeleitet.

Nach *Vogel* enthält 1 l Harn 6,73 g Chlor; dieses sickert mit den eindringenden Schmutzwässern unabsorbiert durch den Boden hindurch. Das Chlor gibt daher ein besonders schätzenswertes Maß für die Größe der Verunreinigung eines Wassers mit menschlichen Abgängen, nachdem man den dem betreffenden Boden entsprechenden Normalgehalt abgezogen hat. (Vgl. S. 52).

Das Brunnenwasser der Städte und Dörfer ist durchweg durch die Stoffwechselprodukte der Menschen und Tiere verunreinigt. *Schmidt*[1] untersuchte 167 Brunnenwässer der Stadt Dorpat; die beiden besten (I, II) und schlechtesten (III, IV) enthielten (mg im Liter):

Wasser aus Dorpat	I	II	III	IV
Kohlensäure (CO_2)	240,7	269,0	741,3	871,3
Schwefelsäure (SO_3)	7,9	9,9	80,4	255,5
Chlor	8,0	4,7	320,6	600,9
Salpetersäure (N_2O_5)	3,3	7,9	707,5	816,2
Phosphorsäure (P_2O_5)	0,6	0,6	14,2	28,7
Kieselsäure (SiO_2)	8,0	9,6	31,1	35,4
Kali (K_2O)	5,6	5,1	293,9	289,1
Natron (Na_2O)	5,8	4,4	231,9	447,6
Ammoniak (NH_3)	0,5	0,4	0,8	22,3
Kalk (CaO)	106,1	124,9	373,4	316,5
Magnesia (MgO)	36,6	38,1	282,1	508,5
Eisenoxydul (FeO)	0,5	0,4	0,2	2,4

I. ist ein Bohrloch von 94 Fuß Tiefe, II. ein solches von 42 Fuß; beide sind offenbar frei von Stadtlauge. III. ist ein Pumpbrunnen von 11 Fuß, IV. desgleichen von 10 Fuß.

Recht nett ist auch der Pfarrbrunnen in Mommenheim[2]:

Kalk	310 mg	Salpetrigsäure	5 mg
Magnesia	368	Salpetersäure	539
Natron	444	Ammoniak	s. stark
Kali	985	Organisch	159 mg
Chlor	956	Gesamt	4334
Schwefelsäure	218		

Die Zusammensetzung eines Brunnenwassers schwankt je nach Wasserentnahme und Wasserzufluß, bzw. Regenmenge und Jahreszeit oft sehr bedeutend. In dem Wasser eines Brunnens in Iglau fand z. B. *L. Lenz*[3] an 4 verschiedenen Tagen:

---

[1] Arch. f. Naturk. Liv-, Ehst- u. Kurlands (Dorpat 1864).
[2] Gewerbbl. Hess., 1889, 336.
[3] Zft. österr. Apoth.-Ver. 1879.

	Abdampf-rückstand	Salpeter-säure	Salpetrig-säure	Chlor	Kalk	Magnesia	Ammoniak	Organisch
11. November 1877 . . .	190	47	—	28	27	1	—	12
9. Dezember 1877 . . .	480	149	2	92	67	11	0,1	29
13. Januar 1878	430	5	1	85	44	25	25,0	500
10. Februar 1878	120	29	2	21	18	4	0,8	34

Ferner fand *Mitteregger*[2] bei wiederholter Untersuchung dreier Brunnen im Laufe eines Jahres folgende Gehalte (im Liter):

	Burggasse					Völkermarkt-Vorst.					Hauptsteueramt				
	Härtegrade	N_2O_5	N_2O_3	NH_3	Organisch	Härtegrade	N_2O_5	N_2O_3	NH_3	Organisch	Härtegrade	N_2O_5	N_2O_3	NH_3	Organisch
Frühjahr	30	80	0	0,03	39	28	85	0,03	0	38	22	0	0,03	0,01	33
	56	470	0,2	0,5	45	32	170	0,1	0	19	29	145	0,01	0,05	14
	24	144	0	0	25	22	80	0	0	26	23	30	0,01	0	20
	26	40	0,1	0	25	23	28	0	0	13	20	12	1,05	0	16
Sommer	24	35	0	0,2	19	28	0	0	0	57	24	0	0	0,05	15
	29	95	0	0	16	27	34	0	0	16	27	72	0	0	18
	21	20	0,03	0	16	24	30	0,1	0	24	20	24	0,03	0	16
Winter	22	7	0,01	0	6	22	12	0	0,02	11	20	22	0,01	0	9
	32	25	0	0	17	31	20	0	0	13	24	36	0	0	9
	22	28	0	0	5	20	20	0,1	0,01	5	20	18	0	0	16

Aus den so von *Mitteregger* durchgeführten 80 Versuchsreihen geht hervor, daß im allgemeinen die Zu- und Abnahme der Bestandteile in diesen Brunnen ziemlich gleichzeitig stattfand; bestimmte Beziehungen sind aber nicht ersichtlich. *Zikes*[3] fand in 4 Brunnen in verschiedenen Jahreszeiten bedeutende Schwankungen in der chemischen Zusammensetzung und im Gehalte an Pilzen und Bakterien. Jedenfalls erscheinen angesichts solcher Schwankungen die noch immer so oft ausgeführten Analysen einer eingesandten Probe und die darauf — ohne Rücksicht auf die örtlichen Verhältnisse — gegründeten Urteile als vollständig wertlos. Zu welchen Irrtümern die Untersuchung eingesandter Proben führen kann, zeigten unter anderm die Untersuchungen des Verf.[4] der Brunnenwässer der Stadt Lauterberg (vgl. S. 29).

Tagewasser. Auch über die Zusammensetzung des oberflächlich abfließenden Regenwassers, welches sich in Teichen sammelt und mit dem Quellwasser zusammen in Bächen und Flüssen dem Meere wieder zufließt, sind namentlich von der englischen *Rivers Pollution Commission* die umfassendsten Unter-

[2] *Mitteregger:* Statistik des Klagenfurter Trinkwassers (Klagenfurt 1878).
[3] Allgem. Zft. Bierbr. 1902, Nr. 40.
[4] Dingl. pol. Journ. 226, 302.

suchungen ausgeführt[1]. Auch auf diese sei verwiesen. — Die Tabelle S. 11 zeigt ältere Analysen deutscher Flußwässer.

Mainwasser, im Herbst 1886 geschöpft, enthielt nach *E. Egger*[2]) im Liter 13 mg schwimmende Stoffe, ferner gelöst:

Organisch (Glühverlust)	21,0 mg	Natron	26,2 mg
Kalk	80,0	Chlor	24,5
Magnesia	28,1	Schwefelsäure SO_3	54,3
Eisenoxydul	0,3	Salpetersäure N_2O_3	2,9
Tonerde-Phosphorsäure	2,9	Kohlensäure	63,0
Kali	5,1	Kieselsäure	12,1

Rheinwasser bei Mainz enthielt 1886 bei Hochwasser im Liter 249 mg schwebende und 246 mg gelöste Stoffe, am 1. Juni bei niedrigstem Wasserstand 12 mg schwebende und 203 mg gelöste Stoffe; diese hatten folgende Zusammensetzung:

Organische Substanzen	16,8 mg	Chlor	7,3 mg
Kalk	71,1	Phosphorsäure	1,1
Magnesia	14,7	Schwefelsäure	24,4
Eisenoxydul	0,2	Salpetersäure	6,2
Tonerde	1,6	Kohlensäure	49,6
Kali	4,2	Kieselsäure	4,5
Natron	6,7		

Neckarwasser untersuchte *A. Klinger* (1888) in der Nähe der Gasfabrik Gaisburg (I), 200 Schritt unterhalb der Einmündung des Mühlkanales (II) und unterhalb der Gitterbrücke in Cannstadt (III). 1 l enthielt mg:

Neckar	Gefaßt am														
	13. März			24. April			29. Juni			20. August			29. Sept.		
	I	II	III	I	II	III	I	II	III	I	II	III	I	II	III
Gelöste Stoffe	272	270	255	382	445	545	400	450	485	397	462	505	440	465	510
Schwebende Stoffe	373	375	380	—	—	—	—	—	—	—	—	—	65	125	115
Kalk	100	120	100	130	147	170	134	148	150	136	150	174	125	160	160
Magnesia	18	19	19	30	29	40	29	29	30	15	17	19	34	39	39
Schwefelsäure	33	43	47	79	88	123	90	102	112	91	102	128	94	94	109
Salpetersäure	Sp.	Sp.	Sp.	2	2	2	3	3	3	4	4	4	4	4	4
Chlor	13	17	15	16	29	27	14	26	26	14	26	28	18	21	21
Salpetrigsäure	0	0	0	0	0	0	0	0	0	0	0	0	0	0	0
Ammoniak	Sp.	Sp.	Sp.	5	6	8	Sp.	Sp.	Sp.	Sp.	Sp.	Sp.	Sp.	Sp.	Sp.
Organisch (als $KMnO_4$)	17	18	25	8	17	19	12	10	10	9	9	9	25	23	23

L. Janke[3] untersuchte 1891 Weserwasser:

Entnahmestelle	Rückstand bei 100°	CaO	MgO	Fe_2O_3 + Al_2O_3	Cl	SO_3	$KMnO_4$ verbrauch mg
Weserwasser oberhalb der Stadt:							
rechtes Ufer	411,4	95,5	22,1	2,1	63,9	75,0	8,2
Mitte des Stromes	416,4	100,0	22,1	5,7	63,9	75,0	8,8
linkes Ufer	415,4	101,4	22,1	4,3	63,9	75,0	7,5

[1] VI. Report, S. 33 bis 68; *F. Fischer:* Chemische Technologie des Wassers. S. 110.
[2] Fischers Jahresber. 1887, 1120; 1888, 558.
[3] Forschungsber. f. Lebensm. 1897, 223.

Entnahmestelle	Rückstand bei 100°	CaO	MgO	Fe_2O_3 + Al_2O_3	Cl	SO_3	$KMnO_4$ verbrauch mg
Weserwasser unterhalb der Stadt:							
rechtes Ufer	416,4	106,4	22,1	4,3	67,4	80,5	10,1
Mitte des Stromes	403,6	98,6	17,1	5,7	63,9	77,0	12,3
linkes Ufer	405,7	88,5	19,0	3,6	63,9	76,5	12,6

Filtriertes Weserwasser hatte innerhalb 12 Jahren folgende Zusammensetzung:

Monat und Jahr	Abdampfrückstand 100°	SiO_2	CaO	MgO	Fe_2O_3 + Al_2O_3	Chlor	SO_3	$KMnO_4$ Verbrauch
niedrigste Zahl	167,8	5,5	46,7	4,3	0,2	14,2	31,0	2,8
höchste Zahl	383,5	54,0	93,2	20,0	16,0	65,6	75,5	21,3
Mittelzahl	286,3	14,9	71,9	14,2	2,39	36,8	50,6	10,9

Filtriertes Oderwasser, Leitungswasser der Stadt Breslau, enthielt nach *B. Fischer* (Bericht d. chem. Untersuchungsamts) mg im Liter:

	1. April 1902	1. Juli 1902	1. Oktober 1902
Gelöste Stoffe, davon	134	133	246
Glühverlust	21	11	53
Glührückstand	112	122	193
Chlor	18	15	42
Kieselsäure SiO_2	7	10	5
Schwefelsäure SO_3	18	20	23
Calciumoxyd CaO	32	47	56
Magnesiumoxyd MgO	6	8	12
Eisenoxyd und Tonerde	1	5	6
Gesamthärte	4,8°	6,0°	6,2°
Verbrauch an Kaliumpermanganat	15	18	29

Das Leitungswasser der Stadt Altona (filtriertes Elbwasser) enthielt nach *Reinsch* (Ber. Untersuchungsamt Altona) im Jahre 1904:

mg im Liter	Januar	Februar	März	April	Mai	Juni	Juli	August	September	Oktober	November	Dezember
Gesamtrückstand	361	371	310	333	313	465	529	679	892	935	752	429
Glühverlust	89	72	78	74	71	87	179	248	210	145	160	95
Chlor	92	113	74	71	77	145	173	241	330	355	248	113
Schwefelsäure	40	42	37	40	34	42	51	62	—	85	68	47
Calciumoxyd	59	66	56	59	53	72	72	90	91	102	91	63
Magnesiumoxyd	15	16	13	12	13	15	20	28	37	33	31	15
Verbrauch an $KMnO_3$ (mg im Liter)	20	19	21	15	15	21	18	27	18	22	26	16

Salpetrige Säure war nicht nachweisbar, Salpetersäure und Ammoniak nur in Spuren.

Flußwasser (1 Liter enthält mg).

	Chlor	Schwefelsäure (SO_3)	Salpetersäure (N_2O_5)	Ammoniak	Organisches	Kalk (CaO)	Magnesia (MgO)	Härte	Gesamt-rückstand	Bemerkungen
Embach bei Dorpat	4,2	2,2	0,6	—	—	56,7	14,7	7,7	215	*Schmidt:* Wasserversorgung Dorpats.
Elbe bei Magdeburg	58,4	81,3	3,3	0,5	—	117	25	15,2	333	*Aeby:* Journ. f. prakt. Chem. 5, 212. Leitungswasser.
Dieselbe bei Hamburg, 31. Aug. 1875	54,6	29,5	0	0	33,2	47,7	13,0	6,6	276	*Wibel:* Flußwasser, S. 29.
Desgl. am 3. Dez. 1875	20,3	35,0	0,5	0	136,0	45,4	Spur	4,6	275	—
Leine bei Hannover, 23. Okt. 1874	109,3	148,4	8,9	Spur	57,6	155,7	37,8	20,9	675	*F. Fischer:* Dingl. 1875, **215**, 520.
Dieselbe oberhalb Hannover . .	100,1	129,7	3,8	0	15,2	150,3	28,7	19,0	—	Mitteilungen des Gewerbevereins für
Desgl. unterh. Hannover, 30. Sept. 72	108,7	137,2	5,6	Spur	26,4	153,6	29,4	19,5	—	Hannover 1873, 23.
Moldau	3,5	5,2	0,5	—	9,4	11,3	4,9	1,8	66	*Stolba:* Jahrb. d. Chem. 1873, 1233.
Oder	7	14	1,2	0,06	77	29	8	4,0	135	*Poleck.*
Rhein bei Cöln, 21. Okt. 1870 .	2,5	19,6	Spur	—	52,0	74,9	20,5	—	250	*H. Vohl:* Dingl. niedriger Wasserstand
Desgl. am 8. Nov. 1870	9,9	9,3	Spur	—	64,0	35,8	4,3	—	160	1871, **199**, 315 hoher
Desgl. am 6. Jan. 1871	3,7	30,0	Spur	—	3,6	89,4	24,3	—	245	Frostwetter.
Saale bei Jena, 30. Juli 1872 . .	6,2	63,5	1,1	—	40,1	89,6	19,1	11,7	245	*Reichardt:* Archiv d. Pharm. 204, 204.
Desgl. am 1. April 1873	9,2	6,9	2,0	—	9,3	18,0	3,6	2,3	125	—
Desgl. am 3. Mai 1873	9,7	20,6	1,9	—	38,8	33,6	7,3	4,3	80	—
Desgl. am 26. Mai 1873	10,7	32,6	2,2	—	21,9	36,4	10,8	5,2	150	—

Donauwasser oberhalb Wiens enthielt nach Wolfbauer[1] im Liter mg:

Stoffe	Frühling	Sommer	Herbst	Winter
Suspendiert (Schlamm):				
Gesamtmenge	121,9	165,4	76,5	14,8
Glühverlust	7,9	7,2	2,1	0,3
Carbonate u. dgl.	51,0	76,6	35,5	7,2
Sand und Ton	63,0	81,6	38,9	7,3
Gelöst:				
Organische Substanzen	7,0	4,2	5,2	5,9
Kieselsäure	5,4	3,9	4,8	5,2
Eisenoxydul	0,4	0,5	0,2	0,2
Kalk	60,8	54,3	64,3	71,0
Magnesia	17,6	12,8	17,5	19,9
Natron	4,9	2,8	3,6	4,0
Kali	1,7	1,6	2,4	2,0
Chlor	3,4	1,6	1,8	2,4
Schwefelsäure	11,8	10,6	12,3	15,4
Salpetersäure	2,0	1,3	1,3	2,4
Kohlensäure, gebunden	62,1	52,4	65,2	70,0
	177,1	146,0	178,6	199,0

Der in 1 l trüben Wassers enthaltene Schlamm beträgt im Jahresmittel 103,8 mg bei 5 mg Glühverlust; ferner enthält derselbe:

	Löslich in		
	Salpetersäure	konz. Schwefelsäure	Unlöslich
Eisenoxyd	2,53	1,97	0,31
Tonerde	3,48	4,43	3,28
Kalk	15,05	0,31	0,06
Magnesia	5,61	0,53	0,19
Natron	0,29	0,20	0,80
Kali	0,37	0,93	0,45
Kohlensäure	17,20	—	—
Phosphorsäure	0,17	—	—
Kieselsäure	1,88	10,20	28,54

Danach führt die Donau im Durchschnitte täglich 15 000 t Schlamm und 25 000 t gelöste Stoffe an Wien vorüber. — Nach *Ballo*[2] enthält die Donau bei Budapest im Liter 8 bis 298 mg Schlamm, im Mittel am Pester Ufer 172 mg, am Ofener Ufer 130 mg. Die Donau führt daher täglich fast 50 000 t Schlamm an Pest vorüber. Derselbe hat im Durchschnitt folgende Zusammensetzung:

	In Salzsäure		
	löslicher Teil	unlöslicher Teil	Im ganzen
SiO_2	—	45,95	45,95
Al_2O_3	8,62	9,28	17,58
FeO	2,59	—	2,59
Fe_2O_3	1,38	—	1,38
CaO	5,53	0,46	5,88
MgO	0,30	2,44	2,74
K_2O	0,52	1,90	2,42
Na_2O	0,26	5,22	5,48
CO_2	5,35	—	5,35
H_2O	3,86	—	3,86
Organische Substanzen	—	6,65	6,65
	28,60	71,40	100,00

[1] Monat. Chem. 1883, 417. [2] Ber. deutsch. G. 1878, 441.

Nach *Spring* und *Frost*[1] enthielt das Wasser der Maas bei Lüttich:

	Schwebestoffe	Gelöste Stoffe
Höchster Gehalt	416,96 mg	279,0 mg
Niedrigster Gehalt	1,79	86,2

Danach führte die Maas im Jahre vorüber:

Chlornatrium	58,075 t	Kohlensaure Magnesia .	10 138 t
Gips	200 574	Chlormagnesium	108 746
Silicate	189 450	Kohlensaures Calcium .	614 074

Nach *Schlösing* (1896) enthält 1 l des Wassers der Yonne bei Hochwasser 5 mg Salpetersäure, in der oberen Seine bei Montereau 3,13 mg, in der Marne bei Charenton 4,46 mg und in der Seine bei Paris 4,50 mg. Er berechnet hieraus die in 24 Stunden bei solchem Hochwasser fortgeführten Mengen Salpetersäure bzw. Salpeter zu:

	Salpetersäure	Salpeter
Yonne	351 t	650 t
Obere Seine	54	101
Marne	107	200
Seine bei Paris	486	909

Seewasser hat ebenfalls verschiedene Zusammensetzung. Viel beachtet ist die Farbe der Seen. Die Farbe des reinen Wassers ist nach *Rayleigh*[2] grünlichblau, während das Meerwasser grün ist. Nach *W. Spring*[3]) ist destilliertes Wasser rein blau. Nach *O. v. Aufseß*[4] verleiht Kalkgehalt dem Wasser eine grüne Farbe, da durch denselben schon etwas Absorption des Blau eintritt, während chemisch reines Wasser das Blau nicht absorbiert. Größere Mengen organischer Stoffe im Wasser führen zu einer noch größeren und hinreichende Mengen zu einer völligen Absorption des Blau; die Farbe solcher Gewässer wandelt sich demgemäß in grünlichgelb, gelb, gelbbraun und braun bis dunkelschwarz. Die tiefgrünen Seen kommen daher auch nur auf reinem Kalkboden vor. Die tiefblauen Seen liegen nie auf Kalkboden und enthalten auch keine größeren Zuflüsse aus Kalkgegenden oder aus moorigen und sumpfigen Gebieten; sie zeigen deshalb auch mehr oder weniger genau die blaue Eigenfarbe des reinen Wassers und enthalten nur sehr wenig gelöste fremde Bestandteile. Die gelblichgrünen Seen in Oberbayern (Vorlandseen) liegen zwar auch noch im Kalkgebiet, grenzen aber an moorige Gebiete an, aus denen sie mit den Zuflüssen eine Menge trübender organischer Teile zugeführt erhalten, weshalb auch ihre Sichttiefe geringer ist, als in klaren Gewässern. Die gelben, braunen und schwarzen Seen endlich treffen wir in solchen Gebieten, wo große Mengen verwesender Pflanzen vorkommen. Sie sind also ausgesprochene Moorwässer.

Dagegen ist nach *Spring*[5] die grüne Färbung mancher Wässer auf eine durch die im Wasser enthaltenen unsichtbaren Teilchen von organischer Substanz hervorgerufene Beugungserscheinung des Lichtes zurückzuführen.

[1] Annal. soc. géol. Belg. 1884, 123. [2] Chem. News (1910) 101, 170.
[3] 5. Congr. f. Hydrologie 1890; Chem. Centralbl. 1899, II, 578.
[4] Dissert. München 1903. [5] Rec. trav. Belgique 1906, 32.

Ort	Art des Wassers	Geologische Beschaffenheit des Quellengebietes	mg im Liter: Abdampf-rückstand bei 110°	Glühverlust	Kalk	Chlor	Schwefel-säure	Salpeter-säure	Salpetrig-säure	Ammoniak	Organisch
Aachen	Grundwasser	Kohlenkalk	304	72	102	10	17	0	0	0	—
Altona	Flußwasser (filtriert)	(Elbe)	324	98	76	65	56	0	0	Spur	14
Apolda	Quellwasser	Muschelkalk	512	128	122	17	11	6	0	0	2
Augsburg	Grundwasser	Sandiger Kies, Lechtal	256	48	109	Spur	—	3	0	0	2
Bamberg	do.	Maintal, Regnitzgebiet, Alluvial aus dem Keuper-sandstein	297	36	82	12	35	5	0	0	3
Barmen	do.	Ruhrtal	127	10	38	17	23	2	0	Spur	2
Berlin:											
Stralauer Tor	Flußwasser (filtriert)	(Spree)	140	32	51	17	14	0	0	Spur	27
Station III	Seewasser	(Tegeler See)	196	50	68	16	—	0	0	0	17
Bochum	Grundwasser	Ruhrtal	265	32	33	17	24	2	0	Spur	5
Bonn	do.	Diluvium des Rheintales	445	65	124	53	41	6	0	0	3
Braunschweig	Flußwasser (filtriert)	(Oker)	314	76	94	44	59	2	0	0	8
Bremen	do.	(Weser)	362	80	82	46	64	0	0	0	8
Bremerhaven	Grundwasser	Geestrücken	264	68	89	32	Spur	4	0	Spur	8
Breslau	Flußwasser (filtriert)	(Oder)	112	26	29	10	17	0	0	Spur	12
Cannstatt	Quellwasser	Neckartal, Kies	544	122	179	32	97	3	0	0	2
Charlottenburg:											
Teufelssee	Grundwasser	Die Brunnen sind von Sand- und Tonschichten überlagert	224	25	86	33	Spur	0	0	Spur	8
Wannsee	do.	(Die Brunnen sind von Sand- und Tonschichten überlagert)	183	26	65	10	Spur	0	0	0	5
Chemnitz	Gemischtes Quell-, Grund- u. natürlich filtriertes Flußwasser	Tonschiefer	92	20	14	17	Spur	6	0	0	5
Coblenz	Grundwasser	Rheinkies	236	34	82	12	29	0	0	Spur	3
Colmar i. E.	Flußwasser	Logelbach, Granit, Vogesen	46	10	10	Spur	Spur	0	0	Spur	5
„ neue Leitung	Grundwasser	Rheinebene mit Wasser-zufluß aus Vogesen und Jura	218	44	82	9	Spur	2	0	0	2

Ort	Art des Wassers	Geologische Beschaffenheit des Quellengebietes	mg im Liter: Abdampf-rückstand bei 110°	Glühverlust	Kalk	Chlor	Schwefel-säure	Salpeter-säure	Salpetrig-säure	Ammoniak	Organisch
Danzig:		Bei Prangenau									
Stadtleitung . .	Quellwasser	Aluvial u. Diluvial	334	56	123	9	34	0	0	0	7
Vorstadtleitung .	do.	bei Pelonken	458	82	159	10	99	3	0	Spur	5
Darmstadt	Grundwasser	Rheintal	211	14	82	8	Spur	0	0	0	1
Dresden	do.	Elbetal, Kies mit Granituntergrund	134	32	27	9	Spur	0	0	0	7
Düsseldorf	do.	Rheintal	234	60	78	16	33	3	0	0	0
Duisburg	do.	Kies- und Sandbänke aus Ruhr- und Rheinkies	158	32	44	53	Spur	3	0	0	1
Eisenach	Quellwasser	—	376	50	124	10	109	0	0	0	3
Elberfeld	Grundwasser	Rheintal	218	56	74	16	77	0	0	0	1
Essen	—	—	174	24	46	21	30	2	0	0	1
Frankfurt a.M. . .	Quell- und Grund-wasser gemischt	Quellwasser Basalt und Sandstein Grundwasser, Kies und Sand, Maintal	68	20	5	Spur	0	0	0	0	1
Frankfurt a.O.:											
Grundwasser . .	Grundwasser	Diluvialsand	297	58	88	16	35	0	Spur	Spur	12
Oderwasser . . .	Flußwasser (filtriert)	(Oder)	157	84	36	9	14	0	0	Spur	27
Freiburg i.Br. . . .	Grundwasser	Diluvium der Dreisam	68	24	6	Spur	9	0	0	0	1
Fürth	do.	Keuper	226	72	54	12	15	13	0	0	1
Gießen	Quellwasser	Basalt und Sand	240	34	44	12	10	10	0	0	0
Göttingen	do.	Muschelkalk	829	84	229	14	282	6	0	0	2
Greiz	do.	Tonschiefergebirge	126	28	40	10	Spur	10	0	0	2
Halberstadt	Grundwasser	Tal der Tintelenne	395	36	127	24	73	13	0	0	3
Halle	do.	Ton- und Kies im Saale- und Elstertal	612	28	152	61	152	2	0	Spur	4
Hannover	do.	Kiesbett des Leinetals	570	102	198	76	113	2	0	0	2

Ort	Art des Wassers	Geologische Beschaffenheit des Quellengebietes	mg im Liter: Abdampf-rückstand bei 110°	Glühverlust	Kalk	Chlor	Schwefel-säure	Salpeter-säure	Salpetrig-säure	Ammoniak	Organisch
Heidelberg	Quellwasser	Buntsandstein	46	10	6	Spur	0	0	0	0	0
Heilbronn	do.	Muschelkalk	370	44	127	8	13	17	0	0	2
Homburg	do.	Quarzit, Tonschiefer	52	10	14	Spur	0	0	0	0	3
Iserlohn	do.	Lenneschiefer und Kalk	100	14	33	9	0	0	Spur	0	1
Karlsruhe	Grundwasser	Rheintal	361	66	93	14	23	0	0	0	4
Kiel	do.	Kiesschichten im Korallensande	362	86	120	25	Spur	0	0	0	7
Königsberg	Teichwasser	—	128	28	50	7	Spur	0	0	Spur	24
Leipzig	Grundwasser, Mischwasser	Mulde- und Pleißetal	155	35	42	12	25	3	0	0	2
Magdeburg	Filtriert. Flußwasser	(Elbe)	294	58	48	6	Spur	Spur	0	Spur	16
Mainz	Grundwasser	Tertiärgebirge des Mainzer Beckens, Corbiculaschicht	422	84	112	18	38	9	0	0	2
Mannheim	do.	Kies des Rheintals	230	34	82	9	24	0	0	0	3
München	Quellwasser	Quartärgebirge auf Süßwassermolasse	278	40	117	5	Spur	0	0	0	2
Neiße	Grundwasser	—	192	22	33	7	23	0	0	0	5
Nürnberg	Quellwasser	Keupersand an Ausläufer des Jura anlehnend	140	14	54	Spur	8	2	0	0	1
Oberhausen	Flußwasser mit natürl. Filtration	Ruhr	330	80	67	67	84	5	0	Spur	4
Offenbach	Quellwasser	—	112	26	18	9	9	5	0	0	7
Offenburg	Grundwasser	Rheintal	220	34	65	21	9	12	0	0	1
Plauen: Meßbach L.	Quell- und Grundwasser	I. Devon in alluvial. Kies-schichten,	172	28	42	5	Spur	0	0	Spur	4

Ort	Art des Wassers	Geologische Beschaffenheit des Quellengebietes	mg im Liter								
			Abdampfrückstand bei 110°	Glühverlust	Kalk	Chlor	Schwefelsäure	Salpetersäure	Salpetrigsäure	Ammoniak	Organisch
Syrau L.	Quell- u. Grundwasser	II. Kulmschiefer und Sandstein	92	12	19	9	0	0	0	Spur	9
Plötzensee	Grundwasser	—	300	68	87	21	27	8	Spur	0	22
Posen	Flußwasser (filtriert)	(Warthe)	190	46	67	7	9	0	0	0	28
Quedlinburg	Grundwasser	Kiesablagerungen der Bode	328	78	97	14	62	1	0	0	1
Ratibor	Flußwasser (filtriert)	(Oder)	140	40	37	14	14	0	0	Spur	22
Regensburg	Quellwasser	Jurakalk	242	24	101	9	4	3	0	Spur	5
Remscheid	Grundwasser	Lenneschiefer, Ober-Devon Tonschiefer, Grauwacke, Sandstein	42	8	8	5	Spur	0	0	0	4
Rudolstadt	do.	Kiesgeröll des Saaletales auf Sandstein	168	20	52	7	31	0	0	0	4
Siegburg	do.	Kiesschichten des Siegtales	80	23	10	9	Spur	0	0	0	2
Stade	do.	Kiesschichten	192	30	59	19	58	0	0	Spur	3
Steele	Flußwasser (filtriert)	(Ruhr)	182	26	44	28	46	0	0	0	3
Stettin	do.	(Oder)	218	64	52	17	24	0	0	Spur	21
Stuttgart:											
Trinkwasser	Quellwasser	Keuper und Jura	426	52	155	10	34	15	0	0	2
Neckarwasser	Flußwasser (filtriert)	(Neckar)	314	58	124	9	44	5	Spur	0	6
Seewasser	Sammelteiche	Keuper und Jura	154	38	49	Spur	Spur	0	0	0	12
Wiesbaden	Quellwasser	Vor-Devon	82	14	33	7	4	0	0	0	2
Witten	Grundwasser	Ruhrtal	142	34	33	19	20	0	0	0	1
Würzburg:											
Zell	Quellwasser	Zellendolomit u. Anhydrid	920	132	317	10	331	9	0	0	1
Stadt	do.	do.	782	182	227	16	211	10	0	0	1

Nach *Dienert*[1] verdankt das Wasser seine Farben fluorescierenden Stoffen. Diese im Meerwasser vorhandenen Mengen organischer Substanz würden es nach anderen Angaben[2] unmöglich machen, daß z. B. das Mittelmeer rein blau aussieht, wenn sie in der Gestalt von Huminstoffen vorhanden wären. Diese werden in dem Maße, wie sie sich aus der organischen Substanz bilden, durch die vorhandenen Spuren an Eisensalzen ausgefällt. Da diese Wirkung mit der Belichtung zunimmt, so ist erklärlich, warum die schöne blaue Farbe des Wassers hauptsächlich in südlicheren Gegenden mit intensiverem Sonnenlichte auftritt.

Ältere Analysen[3] von Leitungswässern deutscher Städte zeigen, daß der Chlorgehalt zwischen 1 bis 50 mg wechselt; nur in Bernburg und Bonn wurde diese Grenze überschritten. Die Schwefelsäure betrug 1 bis 100 mg mit Ausnahme von Bernburg und Würzburg; die Salpetersäure schwankte zwischen 1 bis 20 mg, Ammoniak von 0 bis 3,3, organische Stoffe, mit zwei Ausnahmen, von 0 bis 40 mg. Der Kaligehalt war entsprechend der großen Absorptionskraft des Bodens hierfür nur gering, größer die Natronmenge. Magnesia hielt sich mit einer Ausnahme unter 50 mg, die Härte betrug mit Ausnahme von Göttingen und Würzburg 1 bis 20°.

Die chemische Beschaffenheit des **Leitungswassers** deutscher Städte nach den im Frühjahre 1889 dem chemischen Laboratorium der technischen Hochschule zu Karlsruhe eingesandten und in demselben untersuchten Proben stellte *Bunte* zusammen. Die Ergebnisse dieser Analysen zeigen die Tabellen S. 14 bis 17; die Zahlen unter Organisch bezeichnen den Verbrauch an Permanganat bei der Behandlung mit übermangansaurem Kalium.

Meerwasser. Nach den älteren Analysen von Meerwasser[4] beträgt der Gesamtrückstand 3,3 bis 3,9 Proz.; in Meeren, welche starke Zuflüsse haben, wie das Schwarze Meer, sinkt er auf weniger als die Hälfte, bei der Ostsee sogar auf 0,7 bis 1,8 Proz., und nur in den größten Tiefen beträgt er 3 Proz. Einige Binnenmeere wie das Kaspische Meer enthalten weniger Salz als das Weltmeer, andere mehr; das Tote Meer bis 278 g im Liter oder fast 28 Proz. Das Meerwasser enthält vorwiegend Chlornatrium, dann Chlormagnesium, schwefelsaures Calcium und schwefelsaures Magnesium; Kaliverbindungen finden sich nur in geringen Mengen. Kohlensaures Calcium ist ebenfalls nur wenig vorhanden, oft sogar nur in Spuren, in der Nähe der Küsten dagegen reichlicher; noch geringer ist der Gehalt an kohlensaurem Magnesium.

Die englische Kommission (VI. Report) gibt unter 1 die Analyse des Mittelmeerwassers zwischen Korsika und Frankreich, 2 die des von Worthing, eine englische Meile von der Küste, 3 desgleichen von 59° 34′ nördl. Br. und 7° 18′ westl. Br., 4 schließlich die Durchschnittswerte von 23 Analysen (mg im Liter):

---

[1] Bull. chim. 1909, 326. [2] Zft. f. physik. Chem. **26**, 371.
[3] *Fischer*, Chemische Technologie des Wassers, S. 101 (Braunschweig 1880).
[4] *Fischer:* Chemische Technologie des Wassers. S. 116.

	1	2	3	4
Organischer Kohlenstoff	1,95	1,94	6,47	2,78
Organischer Stickstoff	0,88	2,07	1,34	1,65
Ammoniak	0	0,02	0,22	0,06
Stickstoff als Nitrate und Nitrite . . .	0,26	0,05	0,30	0,33
Gesamtstickstoff	1,14	2,14	1,82	2,04
Chlor	21 875	19 962	20 281	19 756
Gesamtrückstand	42 885	39 460	40 740	38 987
Veränderliche Härte	42	57	57	39
Gesamthärte	620	813	711	638

Die Zusammensetzung des Meerwassers an den Badeplätzen der europäischen Küsten untersuchte *Katz* (1897); es enthalten 100 Teile des Wassers:

	der Ostsee bei			der Nordsee bei		des Kanals bei Ventnor	des Adriatischen Meeres bei Lido
	Zoppot	Saßnitz	Glücksburg	Wyk	Borkum		
Gesamtrückstand . . .	0,584	0,870	1,925	3,170	3,172	3,832	3,673
Kalk	0,0150	0,0200	0,0350	0,0615	0,0595	0,0660	0,0680
Magnesia	0,0365	0,0508	0,1091	0,1924	0,1793	0,2232	0,2182
Schwefelsäure	0,0367	0,0525	0,1149	0,1958	0,1807	0,2325	0,2308
Chlor	0,3153	0,4504	0,9092	1,7394	1,6216	1,9958	1,9820
Kali	0,0108	0,0132	0,0287	0,0575	0,0527	0,0575	0,0575
Natron	0,2236	0,3240	0,6815	1,2696	1,1778	1,4665	1,4596

Untersuchung des Wassers.

Sehr wichtig, ja nicht selten ausschlaggebend, ist die Probenahme, die vom sachverständigen Beurteiler des Wassers selbst ausgeführt werden soll. Nur für die Beurteilung des Wassers für einige technische Zwecke kann davon abgesehen werden, wenn die Probenahme von anderer Seite — sachgemäß — erfolgt. Für weitaus die meisten Verwendungszwecke ist die bei der Probenahme zugleich stattfindende örtliche Besichtigung unerläßlich, wie Verf.[1] gezeigt hat, da nur diese den Überblick über die Gesamtheit der Verhältnisse gewährt, welcher die Grundlage für das Urteil bilden muß. Die örtliche Besichtigung allein sichert eine zweckmäßige, zu richtigen Untersuchungsresultaten führende Probeentnahme. (Vgl. S. 29 u. 215).

Es ist z. B. zu beachten, ob das Wasser aus einer fließenden Quelle, einem Brunnen, einem Teiche mit oder ohne Abfluß, oder aus einem Flusse stammt. Bei einer fließenden Quelle ist zu berücksichtigen: die Fassung derselben, die Beschaffenheit des Bodens, aus dem sie entspringt, die geologische Formation der Umgebung, die Nähe von Düngergruben oder gewerblichen Anlagen, welche das Grundwasser verderben u. dgl. Bei Brunnen ist außerdem die Tiefe, Beschaffenheit der Fassung (Zementringe oder lose aufgesetzte Steine),

[1] Vgl. Dingl. pol. Journ. (1874) 211, 139; (1875) 215, 517; (1877) 226, 302; Zft. f. angew. Chem. 1890, 461; 1892, 572.

der Brunnenröhren (aus Holz, Blei oder Eisen) usw. zu berücksichtigen (Abwasserbeurteilung s. S. 272).

Um den Zusammenhang von Brunnen, Quellen und Wasserläufen durch den Boden untereinander und mit verunreinigenden Stoffen nachzuweisen, verwendet man oft Farbstoffe, besonders Fluorescin, Malachitgrün und Methylenblau, von denen 1 mg noch 1 l Wasser deutlich färbt. Nach *Trillat*[1] erteilt das Fluorescin dem Seine-Wasser eine für das Auge noch erkennbare Färbung bei einer Verdünnung auf den zweihundertmillionsten Teil, doch ist hierbei die Beobachtung in 20 cm dicker Wasserschicht und gegen einen schwarzen Hintergrund nötig. Wasser von 40° Carbonathärte zerstört die Färbung, ebenso faulende organische Stoffe. *Berthelot*[2] berichtet über einen Versuch mit Fluorescin, der negativ verlief, obgleich die beiden Wässer nachweislich im Zusammenhang standen. Nach *Tresh*[3] ist Lithium zu teuer; er verwendet Kochsalz oder Salmiak. Nach Beobachtung des Verf.[4] ist unter Umständen Rhodan dafür verwendbar. *Miquel*[5] verwendet Bierhefe, welche durch den Boden aber wohl zurückgehalten wird.

Zur Füllung wird am besten eine Flasche mit Glasstopfen von 1 bis 2 l Inhalt verwendet. Dieselbe wird sorgfältig gereinigt, an der Schöpfstelle 2 bis 3 mal mit dem zu untersuchenden Wasser ausgespült und erst dann völlig gefüllt. Für Probenahme und Ausführung der mikroskopischen Prüfung muß auf die Spezialwerke[6] verwiesen werden.

Auf die Bestimmung der Radioaktivität[7] des elektrischen Leitungswiderstandes[8] und der Gefrierpunkterniedrigung[9] kann hier nur verwiesen werden. — Zur vorläufigen Prüfung des Wassers kann man den Verdunstungsrückstand verwenden[10].

---

[1] Compt. rend. 1899, 698. [2] Compt. rend. 133, 395.

[3] Journ. f. Gasbel. 1907, 943. [4] Dingl. pol. Journ. 211, 139.

[5] Österr. Wochenschr. Baudienst 1901, 634.

[6] *Tiemann-Gärtners* Handbuch der Untersuchung und Beurteilung des Wassers (Braunschweig 1895); *W. Ohlmüller* und *O. Spitta:* Die Untersuchung und Beurteilung des Wassers und des Abwassers (Berlin 1910); *C. Mez:* Mikroskopische Wasseranalyse (Berlin 1898); *E. Senft:* Mikroskopische Untersuchung des Wassers (Wien 1905).

[7] Chemikerztg. 1907, 811; Zft. f. angew. Chem. 1910, 340; 1912, 17, 42 u. 670; Ber. deutsch. chem. Ges. 1906, 2607.

[8] Arb. Kais. Ges.-Amts 1908, Bd. 28, S. 444; Zft. f. öffentl. Chem. 1908, 53.

[9] Fischers Jahresber. 1892, 413; Zft. f. angew. Chem. 1902, 964.

[10] Von einem etwa 15 mm weiten Glasrohre werden 10 bis 12 mm lange Enden abgesprengt und an beiden Seiten abgeschliffen. Ein solcher Glasring wird erwärmt, an einem Ende mit etwas Stearin bestrichen und auf ein gewöhnliches mikroskopisches Objektglas, welches ebenfalls erwärmt war, aufgesetzt. In die so hergerichtete wasserdichte Glaszelle, die noch einigemal mit dem zu untersuchenden Wasser ausgespült ist, wird etwa 1 cc Wasser gebracht und unter dem Rezipienten einer Luftpumpe über Schwefelsäure zur Trockne verdunstet. Der Glasring wird entfernt und die Probe bei steigender Vergrößerung mikroskopisch geprüft. Die Salze zeigen sich in ihren charakteristischen Krystallformen. Wird jetzt ein Tropfen Wasser zugefügt, so verschwinden die Krystalle der leicht löslichen Verbindungen (Kochsalz, Salpeter, Glaubersalz usw.); auf Zusatz eines Tropfens verdünnter Salzsäure lösen sich die sechsseitigen Tafeln und Krystallbüschel der kohlensauren alkalischen Erden unter lebhafter Gasentwicklung, die meist verhältnismäßig großen Gipskrystalle verschwinden erst nach einiger Zeit; Pilzfäden, oft lebhaft rot bis blau gefärbte organische Massen u. dgl. bleiben zurück. (Dingl. pol. Journ. 210, 289; 226, 304.)

Zur Bestimmung des Gesamtrückstandes dampft man je nach dem Gehalt 250 oder 500 cc Wasser auf dem Wasserbade in einer gewogenen Platinschale ein, trocknet den Rückstand 2 Stunden im Luftbade bei 110° und wägt. Bei reinem Wasser ist der Abdampfrückstand hellgrau bis weiß, bei verunreinigtem braun bis schwarz bzw. um so dunkeler, je unreiner das Wasser ist. Durch Erhitzen auf offener Flamme erhält man den Glührückstand.

Da es ein Verfahren zur Bestimmung der organischen Stoffe selbst nicht gibt[1], so begnügt man sich mit der Bestimmung des Sauerstoffverbrauches beim Kochen mit Kaliumpermanganat in alkalischer oder saurer Lösung. *H. Noll*[2] zeigte, daß letzteres Verfahren vorzuziehen ist.

Übermangansaures Kalium zersetzt sich in saurer Lösung in Gegenwart oxydierbarer Körper nach folgender Gleichung: $2\,KMnO_4 + 3\,H_2SO_4 = 2\,MnSO_4 + K_2SO_4 + 3H_2O + 5\,O$. Eine Normallösung desselben, d. h. eine solche, von der 1 l ein Grammäquivalent Sauerstoff abgibt, muß demnach im Liter 31,65 g, eine Fünfzigstellösung 633 mg $KMnO_4$ enthalten.[3]

Es werden 200 cc des zu untersuchenden Wassers in einer Kochflasche zum Sieden erhitzt, mit 10 cc Schwefelsäure (1 : 4) versetzt, etwa 2 Minuten gekocht, um die salpetrige Säure zu entfernen, dann wird soviel Fünfzigstelpermanganat zugefügt, daß die Flüssigkeit nach 5 Minuten langem Kochen noch rot ist. Hierauf nimmt man die Kochflasche von der Flamme, setzt mittels einer Pipette 5 cc $^1/_{50}$ Oxalsäure (1,26 g krystallisierte Oxalsäure im Liter) zu, wodurch die Flüssigkeit entfärbt wird (sonst mehr), und läßt nun bis zur schwachen Rötung der Flüssigkeit zufließen. Von der Gesamtmenge des Permanganat werden die 5 cc Oxalsäure abgezogen.

Die Prüfung auf Ammoniak geschieht in bekannter Weise mit dem *Neßler*schen Reagens. Die colorimetrische Bestimmung wird durch Eiweißstoffe gestört. Bei stark verunreinigtem Wasser säuert man 500 cc Wasser mit einigen Tropfen Salzsäure an, verdampft bis fast zur Trockne und destilliert den Rückstand mit alkoholischer Kalilauge. Das Destillat wird in 20 cc Zehntelnormalsäure aufgefangen, die nicht neutralisierte Säure mit Zehntelnormalalkali zurücktitriert. 1 cc Zehntelsäure entspricht 1,7 mg Ammoniak.

Für den Nachweis der salpetrigen Säure versetzt man 40 bis 50 cc des zu untersuchenden Wassers in einem großen Probegläschen oder engen Glaszylinder mit 0,5 cc verdünnter Schwefelsäure, wie sie bei der Bestimmung der organischen Stoffe gebraucht wurde, mit etwa 1 cc eines klaren Stärkekleisters, dann mit einigen Tropfen Jodkaliumlösung, schüttelt um, und läßt stehen.

Meist genügt es, folgende 3 Gehaltsgrade zu unterscheiden: 1. nach 20 Minuten violette Färbung (1 : 1 000 000), 2. nach 20 Minuten schön blaue Färbung, 3. sofort deutlich blau.

---

[1] Die englische Flußkommission bestimmte den organischen Kohlenstoff und Stickstoff.

[2] Zft. f. angew. Chem. 1903, 747; 1911, 1509.

[3] Vgl. Fischer: Chemisch-technologisches Rechnen (Leipzig 1912).

Nach *Erdmann*[1] werden 50 cc des zu prüfenden Wassers mit 5 cc einer salzsauren Sulfanilsäurelösung (2 g krystallisiertes sulfanilsaures Natrium im Liter) versetzt und nach 10 Minuten (in sehr verdünnter Lösung vollzieht sich die Diazotierung nicht momentan) etwa 0,5 g 1-Amido-8-naphthol-4-6-di-sulfosäure in fester Form (als saures Alkalisalz) zugegeben. Es tritt bei Anwesenheit von salpetriger Säure eine leuchtend bordeauxrote Färbung ein, die in einer Stunde ihre volle Intensität erreicht. — Zur quantitativen Bestimmung vergleicht man nach Verlauf dieser Zeit die erhaltene Färbung in bekannter Weise mit den gleichzeitig hergestellten Kontrollfärbungen. Empfindlichkeit 1 : 2000 Millionen.

Zum Nachweis der Salpetersäure werden einige Tropfen Wasser mit ebensoviel Brucinlösung und etwas konz. Schwefelsäure versetzt: Rotfärbung. Mit Brucin läßt sich noch 1 mg Salpetersäure in 1 l Wasser deutlich nachweisen, während mit Diphenylamin unter 7 mg Salpetersäure in 1 l kaum noch festzustellen sind.[2] Auch zur colorimetrischen Bestimmung verwendet man die Färbung mit Brucin. Zur genauen quantitativen Bestimmung der Salpetersäure im Wasser eignet sich die gasvolumetrische Methode von *Schulze-Tiemann*.

Nach *Frerichs* und *Drawe*[3] werden 100 cc mit überschüssiger Salzsäure mehrmals unter Wasserzusatz zur Trockne verdampft, bis alle freie Salzsäure sicher entfernt ist. In der so erhaltenen wäßrigen, neutralen Lösung wird das Chlor titrimetrisch mit $^1/_{10}$ n-Silberlösung bestimmt. Die Anzahl der hierbei verbrauchten cc wird vermindert um die Anzahl der bei der Titration des Chlors im ursprünglichen Wasser verbrauchten cc $^1/_{10}$ n-Silberlösung und um die Anzahl cc $^1/_{10}$ n-Säure, die gelegentlich der Bestimmung der Carbonathärte von den im Wasser enthaltenen kohlensauren Salzen gebunden wurden. Die Differenz entspricht der Salpetersäure.

Zur Bestimmung des Chlores setzt man nach dem *Mohr*schen Verfahren zu 100 cc Wasser einige Tropfen Kaliumchromatlösung und dann Zehntelnormalsilberlösung, bis die Flüssigkeit und der entstandene Niederschlag die rötliche Färbung des Silberchromates annimmt. 1 cc Silberlösung entspricht $^1/_{10}$ Milligr. Äquiv. = 3,55 mg Chlor. Enthält das Wasser weniger als 25 mg Chlor, so wird es vorher entsprechend eingedampft. Enthält das Wasser Schwefelwasserstoff oder viel organische Stoffe, so werden sie vorher durch Kaliumpermanganat zerstört.

Zur Bestimmung der Schwefelsäure werden 200 cc des zu untersuchenden Wassers mit Salzsäure angesäuert, in einem Becherglase zum Sieden erhitzt und so lange mit einer Chlorbariumlösung versetzt, als noch ein Niederschlag erfolgt; großer Überschuß von Chlorbarium ist zu vermeiden. Nach dem Absetzen wird die klare Flüssigkeit durch ein kleines Filter abgegossen, dann der Niederschlag mit etwas heißem Wasser aufgerührt, aufs Filter gebracht und ausgewaschen. Nach dem Trocknen wird geglüht und gewogen.

---

[1] Zft. f. angew. Chem. 1900, 33 u. 771 (D. R. P. Nr. 119 062); vgl. Fischers Jahresber. 1900, 499. [2] Vgl. Mitt. Prüfungsanst. f. Wasser 1908, Hft. 10.

[3] Arch. Pharm. 1903, 47; Chemikerztg. 1906, 531.

Zur Bestimmung des Kalkes werden 200 cc Wasser mit Essigsäure angesäuert und mit oxalsaurem Ammon der Kalk als oxalsaurer Kalk gefällt. Der Niederschlag wird schwach geglüht als $CaCO_3$, stark geglüht als CaO gewogen. Oder man durchstößt nach dem Auswaschen das Filter und spritzt den Niederschlag in ein Becherglas, wäscht das Filter mit etwas verdünnter Schwefelsäure aus, erwärmt die erhaltene Lösung und fügt bis zur schwachen Rötung Zehntelnormalpermanganat (3,165 g $KMnO_4$ im Liter) hinzu. 1 cc dieser Lösung entspricht auch 0,1 Äquiv. Oxalsäure und somit auch 0,1 Milligr.-Äquiv. Kalk = 2,8 mg CaO.

Zur Bestimmung der Magnesia versetzt man das Filtrat von dem oxalsauren Calcium mit Salmiak und Phosphorsalz (Natriumammoniumphosphat). Für sehr genaue Versuche verdampft man das Filtrat vom oxalsauren Kalk zur Trockne, glüht zur Entfernung der Ammonsalze, löst in Salzsäure und fällt nun die Magnesia. Der gebildete Niederschlag wird auf einem Filter gesammelt, mit ammoniakhaltigem Wasser ausgewaschen, geglüht und (als $Mg_2P_2O_7$) gewogen. 222 mg $Mg_2P_2O_7$ entsprechen 2 Milligr.-Äquiv. = 80 mg Magnesia (MgO).

Nach Blacher[1] werden 100 cc Wasser in einem 200 cc-Kolben mit $^1/_{10}$ n-Salzsäure neutralisiert, die Kohlensäure ausgekocht oder durch Luft ausgetrieben und zur kalten Lösung etwa 20 cc gesättigte Kalklösung zugegeben und schließlich mit neutralem, kohlensäurefreiem Wasser auf 200 aufgefüllt. Der Kolben wird darauf umgeschwenkt und mit aufgelegtem Glasstöpsel in ein kochendes Wasser- oder Dampfbad gestellt, bis der Niederschlag sich ausgeschieden hat. Nach Abfiltrieren der heißen Lösung werden 100 cc des abgekühlten Filtrats mit $^1/_{10}$ n-Säure titriert. Durch eine blinde Probe muß der Titer der Kalklösung ermittelt werden. Der Alkalinitätsrückgang in $^1/_{10}$ n cc mit $2 \times 2{,}8$ multipliziert gibt die Magnesiahärte.

Namentlich bei der Untersuchung von Kesselspeisewasser ist es oft wünschenswert, diejenige Menge von Kalk und Magnesia zu bestimmen, welche als Bicarbonat vorhanden ist und durch längeres Erhitzen als einfach kohlensaure Verbindungen ausgeschieden wird. Zu diesem Zwecke werden 500 cc des zu prüfenden Wassers in einem Becherglase auf etwa 200 cc gekocht, dann im Filtrat und Niederschlag Kalk und Magnesia gesondert bestimmt[2]. Das gleiche Verfahren verwendet *H. Noll*[3]. Zur Bestimmung der Carbonathärte kann man auch 100 cc Wasser mit Methylorange versetzen und mit $^1/_{10}$ n-Salzsäure bis zur Rötung titrieren.

Man unterscheidet die Härte des Wassers in veränderliche (temporäre), durch Auskochen zu beseitigende, wesentlich durch Bicarbonate des Kalks und der Magnesia bedingte Härte und bleibende (permanente), nicht auskochbare, wesentlich durch die Sulfate, Chloride und Nitrate jener Basen bedingte Härte. Wegen der Löslichkeit der Carbonate (S. 193) erhält man bei der Bestimmung der Carbonate durch Titration mit Säure (S. 25) durch-

[1] Riga. Ind.-Ztg. 1902, Nr. 23; Zft. f. angew. Chem. 1909, 967; Chemikerztg. 1913, 56.
[2] Dingl. pol. Journ. (1876) 220, 372; *Fischer:* Chem. Technologie d. Wassers. S. 132.
[3] Zft. f. angew. Chem. 1910, 2025; 1913, 320.

weg höhere Zahlen. Die durch Auskochen gefundene veränderliche Härte entspricht aber besser der technischen Verwendung und kann daher für diese beibehalten werden, während für die durch Titration bestimmte stets der Ausdruck Carbonat- bez. Nichtcarbonathärte gewählt werden sollte. Für letztere schlägt *Hundeshagen*[1] auch „Sulchlonithärte“ vor, *Basch* Gipshärte, *Klut* Mineralhärte, *Drawe* Resthärte. Diese Bezeichnungen sind teils unpraktisch, teils unrichtig.

Wehrenpfennig, Blacher und *Hundeshagen* empfehlen die Resultate aller Wasseranalysen, welche als Grundlage für Reinigungsvorschriften dienen sollen, auf eine gemeinsame Äquivalenteinheit zurückzuführen, als welche die deutschen Härtegrade (10 mg CaO) dienen. Sie berechnen also Kalkhärte, Magnesiahärte, auch Kohlensäurehärte usw. Auf die bezüglichen Ausführungen von *Cochenhausen*[2], *Ristenpart*[3], *Hundeshagen*[4], *Basch*[5], *Noll*[6] und *Drawe*[7] muß verwiesen werden. Da ist es doch rationeller und bequemer, die Analyse auf Milligramm-Äquivalente zu berechnen (S. 27).

Die Härte wird berechnet aus der gefundenen Menge Kalk und Magnesia, für technische Zwecke aber auch direkt bestimmt. In Deutschland ist 1 Grad Härte = 1 Teil Gesamtkalk (CaO und die äquivalente Menge MgO: (1 Teil MgO entspricht 1,4 Teilen CaO) auf 100 000 Teile Wasser (10 mg auf 1 l), in Frankreich 1 Teil kohlensaures Calcium ($CaCO_3$) auf 100 000 Teile, in England 1 Grain $CaCO_3$ auf 1 Gallon Wasser.

Zur Bestimmung der Gesamthärte verwendet *Clark* eine Seifenlösung. Man löst 30 g getrocknete gute Natronölseife in 3 l Weingeist von 90 Volumpozz., filtriert die Lösung, wenn sie nicht ganz klar ist, und bewahrt sie in wohlverschlossenen Flaschen auf. Die zum Gebrauch bestimmten Mengen dieser Lösung werden so verdünnt, daß auf je 20 Gewichtsteile derselben 15 Gewichtsteile Wasser und 13 Gewichtsteile Weingeist von 0,921 spez. Gewicht zugemischt werden. Um dieselbe genau zu titrieren, dient folgendes Verfahren: Es werden 0,214 g ganz reiner Kalkspat (entsprechend 0,12 g Kalk) in reiner Salzsäure gelöst, abgedampft, bis alle freie Salzsäure verdunstete, und wieder zu genau 1 l Flüssigkeit gelöst. 0,1 l derselben enthält 12 mg Kalk. Um in diesem Zehntelliter die Erscheinung des bleibenden Schaumes hervorzubringen, sollen gerade 45 cc der Seifenlösung gebraucht werden, wird weniger erfordert, so ist mit Weingeist zu verdünnen, wird mehr gebraucht, so ist sie durch etwas der konz. Lösung zu verstärken.

Zur Ausführung der Bestimmung werden 100 cc des zu untersuchenden Wassers in einen etwa 200 cc fassenden Glaszylinder mit eingeriebenem Stöpsel gebracht. Man läßt nun aus einer Quetschhahnbürette einige Tropfen

[1] Zft. f. öffentl. Chem. 1907, 457; Chemikerztg. 1909, 902; Zft. f. angew. Chem. 1910, 2308.
[2] Zft. f. angew. Chem. 1906, 1987.
[3] Zft. f. angew. Chem. 1910, 394.
[4] Zft. f. angew. Chem. 1910, 878 u. 2309.
[5] Chemikerztg. 1911, 757; Zft. f. angew. Chem. 1909, 1933; 1910, 2205.
[6] Zft. f. angew. Chem. 1910, 1262 u. 1461; 1911, 208.
[7] Zft. f. angew. Chem. 1910, 52.

Seifenlösung zufließen, verstopft das Glas, schüttelt und beobachtet, ob sich ein leichter, aber längere Zeit stehenbleibender Schaum bildet. Ist dieses nicht der Fall, so setzt man nach und nach Seifenlösung zu, bis sich nach dem Schütteln ein Schaum bildet, der etwa 15 Minuten stehen bleibt.

Tabelle von *Faisst* und *Knauss*, welche die den verschiedenen Härtegraden entsprechenden Mengen Seifelösungen angibt:

Verbrauchte Seifelösung	Härtegrade
3,4 cc	0,5
5,4 „	1,0
7,4 „	1,5
9,4 „	2,0
Die Differenz von 1 cc Seifelösung = 0,25 Härtegrade.	
11,3 cc	2,5
13,2 „	3,0
15,1 „	3,5
17,0 „	4,0
18,9 „	4,5
20,8 „	5,0
Die Differenz von 1 cc Seifelösung = 0,26 Härtegrade.	
22,6 cc	5,5
24,4 „	6,0
26,2 „	6,5
28,0 „	7,0
29,8 „	7,5
31,6 „	8,0
Die Differenz von 1 cc Seifelösung = 0,277 Härtegrade.	
33,3 cc	8,5
35,0 „	9,0
36,7 „	9,5
38,4 „	10,0
40,1 „	10,5
41,8 „	11,0
Die Differenz von 1 cc Seifelösung = 0,294 Härtegrade.	
43,4 cc	11,5
45,0 „	12,0
Die Differenz von 1 cc Seifelösung = 0,31 Härtegrade.	

Winckler[1] empfiehlt Kaliumoleat mit Seignettesalz. *Blacher*[2] Kaliumpalmitat. 100 cc werden mit 1 Tropfen gesättigter alkoholischer Lösung von Dimethylaminoazobenzol versetzt und mit $^1/_{10}$ n-Salzsäure titriert. Darauf gibt man Kaliumpalmitatlösung unter Umschwenken hinzu, bis eine nicht zu schwache Phenolphthaleinreaktion erscheint. Die erhaltenen cc $^1/_{10}$ n-Salzsäure bzw. Palmitat geben mit 2,8 multipliziert die vorübergehende (Carbonat-, Bicarbonat-) Härte bzw. Gesamthärte des Wassers in deutschen Graden.

Die Härtebestimmungen nach *Binder*, *Gröger* und *Wehrenpfennig* sind nach *Pfeifer*[3] ungenau; er empfiehlt das Verfahren von *Wartha*, welches aber

[1] Zft. f. angew. Chem. 1903, 200.
[2] Zft. f. angew. Chem. 1909, 967; Chemikerztg. 1913, 56.
[3] Zft. f. angew. Chem. 1902, 195.

nach *Mayer*[1] die Löslichkeit des Calciumcarbonates nicht berücksichtigt. *Silber*[2] empfiehlt die Bestimmung der veränderlichen Härte nach *Lunge*[3] mit Methylorange. Auf diese Ausführungen muß verwiesen werden.

Zu beachten ist noch die besondere Bestimmung des Chlormagnesiums. Das Verfahren von *Pfeiffer* ist unbrauchbar[4]. *Precht*[5] verdunstet 500 cc Wasser, trocknet den Rückstand bei 100°, zieht mit 96 proz. Spiritus aus und bestimmt im Filtrate die Magnesia. Nach *Heyer*[6] wird der getrocknete Abdampfrückstand mit absolutem Alkohol ausgezogen und in der alkoholischen Lösung Chlor und Magnesia bestimmt. Nach *Bosshard*[7] löst sich auch Chlorcalcium in Ätheralkohol. Das Wasser wird auf dem Wasserbade zur Trockne verdampft. Der Rückstand wird mit einem Gemenge von Alkohol (99 bis 100 Proz.) und Äther (1 : 1 Volumen) ausgezogen. Der in Alkoholäther unlösliche Rückstand enthält alles Natriumchlorid. Die alkoholätherische Lösung wird mit Wasser verdünnt und auf ein bestimmtes Volumen ausgefüllt. In einem Teil dieser Flüssigkeit bestimmt man den als Calcium- und Magnesiumchlorid vorhandenen Chlorgehalt einerseits und den Calciumgehalt andererseits. Nach *Zink* und *Hollandt*[8] gibt die Alkoholmethode zur Bestimmung des Chlormagnesiumgehaltes in Wässern bei Abwesenheit von $CaCl_2$ für praktische Zwecke brauchbare Werte. Die Anwesenheit des $CaCl_2$ wirkt störend, weil dieses Salz durch Umsetzung mit Magnesiumbicarbonat und Magnesiumsulfat Magnesiumchlorid zu bilden vermag.

Noll[9] zeigt, daß beim Eindampfen des Wassers durch Umsetzen etwas Chlormagnesium gebildet (aber auch zersetzt) werden kann; er bestimmt statt dessen den Magnesiumgehalt in dem auf $^1/_4$ eingekochtem Wasser (vgl. S. 23), was aber doch weniger beweisend ist.

Zur Prüfung des Wassers auf Mangan versetzen *Baumert* und *Holdefleiß*[10] 10 cc Wasser mit einigen Tropfen einer 10 proz. Ammoniumpersulfatlösung mit verdünnter Salpetersäure und etwas mehr Silbernitratlösung, als zur Fällung des Chlors erforderlich ist. Tritt schon nach einigen Minuten eine deutliche Rotfärbung ein, so beträgt der Mangangehalt des Wassers etwa 0,5 mg im Liter. Nach dem Verfahren von *Volhard*[11] erhitzt man 25 cc Wasser mit etwa 10 cc reiner, 25 proz. Salpetersäure in einem Kölbchen zum Sieden, entfernt für kurze Zeit die Flamme und setzt etwa 0,5 g chem. reines Bleisuperoxyd zu. Nachdem man weitere 2 bis 5 Minuten gekocht hat, läßt man absitzen und beobachtet die Flüssigkeit gegen einen weißen Hintergrund. Die bei Gegenwart von Mangan violettrote Färbung läßt sich bis zu 0,05 mg Mn

[1] Journ. f. Gasbel. 1907, 356; auch Chemikerztg. 1904, 31; 1905, 721; 1909, 873; 1910, 645.
[2] Arch. f. Hygiene (1911) **73**, 171.
[3] *Lunge* und *Berl:* Untersuchungsmethoden (Berlin 1910) Bd. **2**, S. 299.
[4] Zft. f. angew. Chem. 1909, 435, 2038 u. 2236.
[5] Zft. f. analyt. Chem. 1879, 439.
[6] Zft. f. angew. Chem. 1911, 154.
[7] Zft. f. angew. Chem. 1913, 71.
[8] Kali 1913, 185.
[9] Zft. f. angew. Chem. 1913, 321.
[10] Zft. Unters. Nahrung. 1904, 177.
[11] Mitt. Prüfungsanst. 1909, Hft. 12, S. 183.

im Liter noch erkennen. — Zur quantitativen Bestimmung des Mangans empfiehlt *Noll*[1] die Fällung mit Brom.

Zur Prüfung auf Eisen als Oxydul versetzt *Klut*[2] mit einer Lösung von reinem Schwefelnatrium, als Oxyd mit Rhodankalium.

Zur colorimetrischen Bestimmung des Bleies empfiehlt *Moffatt*[3] Zusatz von Hämateinlösung (Blaufärbung). — Bekannt ist die Prüfung mit Schwefelwasserstoff. Das jodometrische Verfahren von *Kühn*[4] ist etwas umständlich.

Berechnung der Analysen. Die Ergebnisse der Analyse werden meist in Milligramm im Liter angegeben, die Metalle als Oxyde, die Säuren als Anhydride. Manche berechnen diese Bestandteile auf 1 in 100 000, was nicht zu empfehlen ist. Die Berechnung auf Salze durch Bindung der Einzelbestandteile, welche besonders früher vielfach ausgeführt wurde, ist willkürlich und entspricht — selbst abgesehen von der Dissoziationstheorie — wohl selten der wirklichen Zusammensetzung. Übersichtlich und bequem für weitere Berechnungen auf nähere Bestandteile und Zusätze für Reinigung ist die vom Verf.[5] vorgeschlagene Berechnung in Milligramm-Äquivalenten im Liter; *v. Than*[6] macht dann den gleichen Vorschlag, der auch in dem bekannten „Bäderbuch" durchgeführt ist. — Angesichts der Schwankungen in der Zusammensetzung der Wässer (S. 8) ist die Berechnung der Analysen auf Zehntelmilligramm meist überflüssig.

Wassergewinnung.

Anfangs wurde das Wasser unmittelbar aus Quellen oder Wasserläufen geschöpft. Wo diese fehlten, wurden Brunnen gegraben (wahrscheinlich durch Zufall gefunden), deren Wasser durch Gefäße an Stangen, Eimer an Seilen o. dgl. gehoben wurde. Die Verteilung des Wassers geschah durch Tragen der gefüllten Gefäße, Quellen und Wasserläufe wurden aufgestaut und das Wasser durch Kanäle geleitet, anfangs der natürlichen Gestaltung der Erdoberfläche entsprechend, dann unter Benutzung gewaltiger Aquädukte, Stollen u. dgl. Das Prinzip des Hebers benutzten die Griechen, während die Römer, wohl wegen Fehlens geeigneter Röhren, zu ihren Bauten davon absahen. Der Sumererkönig Uru-ka-gin-na, welcher in präbabylonischer Zeit, also etwa 4000 Jahre v. Chr. lebte, rühmt sich, eine Stadt mit Ziegelsteinen, gepflasterten Straßen und einer Wasserleitung erbaut zu haben. Überhaupt spielen die Wasseranlagen in den chaldäisch-assyrischen Inschriften eine wichtige Rolle. Babylon und Ninive, die atälgypischen Großstädte, ferner Karthago

[1] Zft. f. angew. Chem. 1907, 490. [2] Journ. f. Gasbel. 1907, 898.
[3] Chemikerztg. 1907, 639. [4] Arb. a. Gesundheitsamt 23, 389.
[5] *Fischer:* Das Trinkwasser (Hannover 1873) S. 51; Dingl. pol. Journ. (1873) 210, 298; (1874) 211, 139; 212, 211; 222, 169; (1875) 215, 520.
[6] Tschermaks mineral. Mitteil. (1892) Bd. 28.

und andere Städte in Nordafrika waren im Besitz zentraler Wasserversorgungsanlagen.

In Europa waren es zunächst die Griechen, welche wegen der Wasserarmut des Landes Wasserleitungen bauten, die dann aber an Großartigkeit von den Römern übertroffen wurden. Am bedeutendsten war die Wasserversorgung Roms. Der Aquädukt von Jouy-aux-Arches, der die römische Wasserleitung der Stadt Metz zwischen dem heutigen Ars und Jouy-aux-Arches über die Mosel hinwegführte, ist eines der hervorragendsten antiken Denkmäler diesseits der Alpen. Die Stadt Köln wurde durch die von den Römern erbaute, 100 km lange, gemauerte Leitung mit Wasser aus der Eifel versorgt. Eine 70 km lange Leitung von Warvak Dagh (in der Nähe des Arrarat), welche etwa 800 v. Chr. erbaut wurde, besteht in der Hauptsache aus künstlich in den Fels ober- oder unterirdisch gehauenen Kanälen, offenen Gräben und großen Holzleitungen. Bei einer Leitung für Sendschirli in Syrien, welche von den Hethitern vor der Eroberung Palästinas durch die Juden erbaut wurde, sind Bleirohre verwendet, Salomo verwandte Tonrohre, die Römer Wassermesser aus Bronze.

Nach dem Niedergange Roms verfielen auch die meisten Wasserleitungen. Nach einigen Jahrhunderten beginnt durch die Moslems eine lebhafte Tätigkeit auf diesem Gebiete, dann folgt aber wieder eine lange Zeit des Verfalls. Erst die neue Zeit hat, in Erkenntnis der großen Wichtigkeit der Wasserversorgung, Werke erstehen lassen, welche an Großartigkeit und Menge das Altertum weit übertreffen.

Die Wasserversorgung einzelner Häuser geschieht meist durch Brunnen, die von gewerblichen Anlagen und Orten ebenfalls durch Grundwasser, welches durch Brunnen oder Schlitzrohre gesammelt wird, durch Quellen oder Tagewasser[1].

Brunnen. Bei der Anlage von Brunnen ist darauf zu sehen, daß die Seitenwandungen nicht durchlässig sind, da sonst nur zu leicht Schmutzflüssigkeiten eindringen; sie werden daher vorteilhaft mit Zementringen ausgesetzt. Für manche Zwecke sind die sog. abessinischen Röhrenbrunnen empfehlenswert, bestehend aus einem etwa 4 cm weiten, unten mit einer Spitze versehenen Eisenrohr, welches entweder in die Erde gerammt oder eingeschroben wird. Um die seitlichen Öffnungen bildet sich meist ein kleiner Hohlraum, aus dem die oben aufgeschraubte kleine Pumpe das Wasser entnimmt. Menge und Beschaffenheit des durch einen Brunnen gewonnenen

[1] Die Wünschelrute zum Auffinden von Wasser u. dgl. findet neuerdings wieder Anhänger. Schon *Agricola* (1551) und *Löhneiss* (1617) beschrieben die Rute zum Auffinden von Erzen (vgl. Zft. f. angew. Chem. 1898, 692). — *Valentini* beschreibt die Herstellung der Wünschelrute aus einem Zweige von Haselnuß, Erle oder Apfelbaum und die Verwendung derselben zur Auffindung von Quellen, Erzen, vergrabenen Schätzen (in Kriegszeiten), Auffindung von Mördern und Dieben. (*D. Valentini:* Zeug- und Kunst-Kammer der Natur oder das sog. Musei museorum III. Teil, S. 68 u. 170. Frankfurt 1724.) Nachdem lange Zeit nichts mehr davon gehört wurde, ist sie, besonders durch die Landräte *v. Bülow* und *v. Uslar*, wieder zur Quellenfindung u. dgl. angewendet. Sie steht wissenschaftlich auf derselben Höhe wie der Glaube an Tischrücken u. dgl.

Wassers hängen natürlich lediglich von örtlichen Verhältnissen ab. Daß ein Brunnen nicht in der Nähe von Düngergruben u. dgl. angelegt werden soll, ist selbstverständlich (vgl. S. 52), kommt aber noch sehr oft vor[1]. Wie wenig aber die meisten Brunnenwässer den Anforderungen genügen, welche an ein für den Genuß und die meisten technischen Zwecke bestimmtes Wasser gestellt werden zeigen die Zusammenstellungen S. 7.

Wie sehr unter Umständen ein Brunnenwasser durch Fabriken verunreinigt werden kann, zeigt z. B. die vom Verf.[2] ausgeführte Untersuchung eines etwa 300 m von der Gasanstalt liegenden Brunnens, dessen Wasser soviel Rhodan enthielt, als 300 mg Rhodanammonium entsprechen; das Wasser hatte also, infolge eines undichten Gasometers, etwa 15 Proz. Gaswasser aufgenommen (S. 223). Das Wasser von Brunnen, in deren Nähe Wege mit zinkhaltigen Kiesabbränden ausgebessert waren, enthält nicht selten Zinkvitriol.

Bei Anlagen zur Gewinnung größerer Mengen Grundwasser (künstlich erschlossene Quellen) für Fabriken und Städte soll zunächst durch sachverständige Chemiker und Geologen festgestellt werden, ob das Wasser die erforderliche Beschaffenheit hat und vor Verunreinigungen gesichert ist. In zweifelhaften Fällen mag auch ein Medizinalbeamter zugezogen werden[3]. Gleichzeitig ist durch einen Ingenieur festzustellen, ob die erforderliche Menge Wasser vorhanden ist. Auf die umfassenden Untersuchungen des Verf. für Hannover[4] und Göttingen[5], ferner für Osterode[6] sei verwiesen.

Die Sammlung des Wassers geschieht durch gelochte oder mit Schlitzen versehene Rohre aus Zement, Ton oder Eisen, oder durch Brunnen. Beim Wasserwerk Halle wurden von *Salbach* innen und außen glasierte Tonröhren von 47 cm verwendet, die mit 8 mm weiten Löchern derartig versehen sind, daß bei 2,8 m Länge der Röhren die Öffnungen in den Wandungen ebenso groß sind als der Querschnitt des Rohres. Dieselben sind mit haselnußgroßem Kies umgeben (Fig. 1).

---

[1] Die Stadt Lauterberg wurde z. B. durch eine Epidemie im Jahre 1876 veranlaßt, das Wasser sämtlicher Brunnen untersuchen zu lassen. Der Gemeindediener entnahm den 325 Pumpen je eine halbe Selterwasserflasche Wasser, welche nach Göttingen geschickt und von dem Assistenten am chem. Laboratorium untersucht wurden. In dem erstatteten Gutachten wurden 82 Brunnen als gefährlich bezeichnet, welche zugeschüttet werden sollten. Zu einem Obergutachten aufgefordert, reiste der Verf. (Dingl. pol. Journ. 226, 302) selbst nach Lauterberg zur Probenahme und Prüfung der örtlichen Verhältnisse (vgl. S. 8). Die Untersuchung ergab, daß bei dem Zustande der Düngergruben u. dgl. ein Zuschütten der Brunnen völlig zwecklos wäre, daß gutes Wasser nur durch eine Wasserleitung erhalten werden konnte. Zugleich ergab sich, daß 6 Brunnen je 2 Pumpen hatten, daß daher von diesen Wässern je 2 Proben unter verschiedenen Hausnummern eingeschickt waren, daß aber die Analysen durchaus verschieden waren; ein schlagender Beweis, daß die Untersuchung eingesandter Proben wertlos ist (vgl. Zft. f. angew. Chem. 1890, 461).

[2] Dingl. pol. Journ. 211, 139.

[3] Zft. f. angew. Chem. 1892, 576; 1895, 570 u. 692.

[4] Dingl. pol. Journ. (1875) 215, 517; Zft. f. angew. Chem. 1892, 572.

[5] Zft. f. angew. Chem. 1895, 693; Fischers Jahresber. 1895, 521.

[6] Zft. f. angew. Chem. 1889, 564.

Häufiger verwendet man Brunnen, teils gemauerte, meist aber Röhrenbrunnen. Die Saugrohre oder Wandungen sind dann zum Zurückhalten von Sand o. dgl. mit einem Filterkorb versehen. Die Brunnen des Dresdener Wasserwerkes[1] liegen z. B. mit ihrer Sohle 12,75 m unter Erdoberfläche. Das Grundwasser tritt durch einen geschlitzten, gußeisernen Zylinder von 5 m Durchmesser und 4,2 m Höhe in den Brunnen ein. Auf diesen Zylinder setzt sich das wasserdichte Mauerwerk auf, welches 3 m über Erdoberfläche endet, woselbst die 1,5 m weite Öffnung durch gußeiserne Deckel luft- und wasserdicht abgeschlossen ist. Die angenommene normale Absenkung des Brunnenwasserspiegels liegt 6,8 m unter dem normalen Grundwasserspiegel und 11,34 m unter Erdoberfläche.

Bei der Tiefbrunnenanlage für Nürnberg[2] ruht auf einer betonierten, staffelförmigen Platte das gußeiserne Filterrohr von 15 cm Lichtweite, welches auf 1,5 m von unten herauf gelocht ist (Fig. 3). Das Rohr ist in einem Durchmesser von 0,8 m mit Filterkies umgeben; a) 2 mm Kies, b) 4 mm, c) 8 mm und d) 16 mm. Fig. 4 zeigt einen Rohrbrunnen mit Heberleitung für

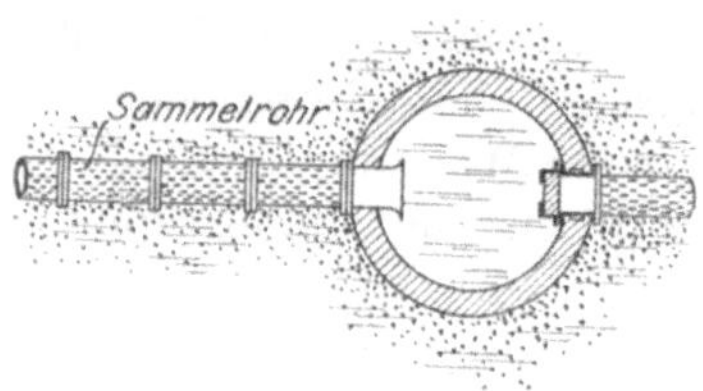

Fig. 1.

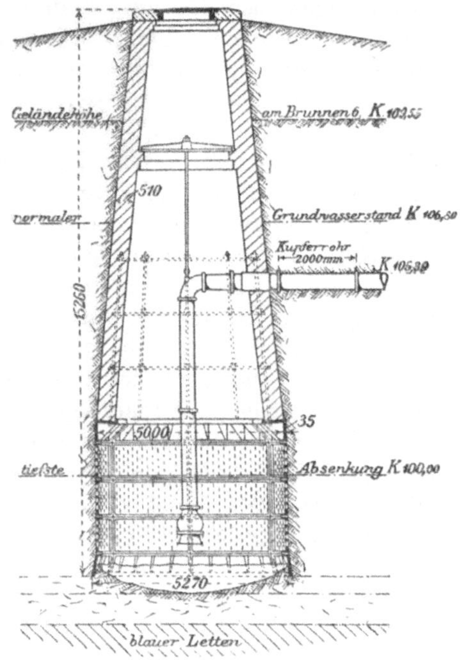

Fig. 2.

Bochum[3] (vgl. D. R. P. Nr. 130 456, 220 046 u. 222 269). Fig. 5 zeigt die Förderung des Wassers aus einem Tiefbrunnen zu Oppeln durch eine Mammutpumpe; die Druckluft tritt durch Rohr *a* ein.

Wie sehr derartige Anlagen durch Bakterien und niedere Tiere verunreinigt werden können, hat unter anderm der Verf.[4] für Hannover gezeigt.

Die Gewinnung von künstlichem Grundwasser durch natürliche Filtration[5] geschieht durch Anlage von Brunnen in der Nähe durchlässiger Fluß-

[1] Zft. d. Ver. deutsch. Ing. 1899, 770.

[2] Zft. d. Ver. deutsch. Ing. 1895, 597; Journ. f. Gasbel. 1889, 525; 1898, 608.

[3] Zft. d. Ver. deutsch. Ing. 1911, 759.

[4] Zft. f. angew. Chem. 1892, 572.

[5] Journ. f. Gasbel. 1898, 189 u. 270; 1899, 5 u. 63; 1900, 718; 1902, 963; 1908, 741; 1910, 699; 1911, Heft 27, Sonderabdr.

ufer oder Staubehälter bzw. Überstauen der Umgebung der Brunnen. Der Erfolg hängt von der Bodenbeschaffenheit und der Verunreinigung des verwendeten Wassers ab. Eine solche Anlage wird für Frankfurt a. M. ausgeführt.

Wo Quellwasser in genügender Menge und Beschaffenheit zu gewinnen ist, wird dieses meist vorgezogen. Die Fassung[1] dieser frei ausfließenden Quellen ist derart auszuführen, daß das Tagewasser nicht eindringen kann. Sehr vollkommen ist dieses erreicht bei der Frankfurter Wasserleitung aus dem Vogelsberg und Spessart, bei der jede Quelle an ihrem eigentlichen

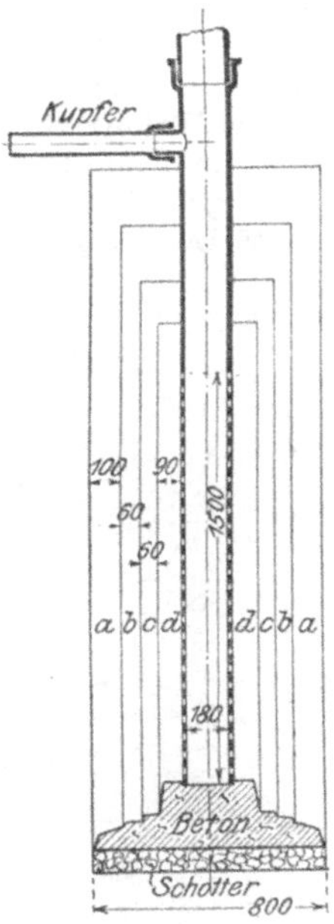

Fig. 3.

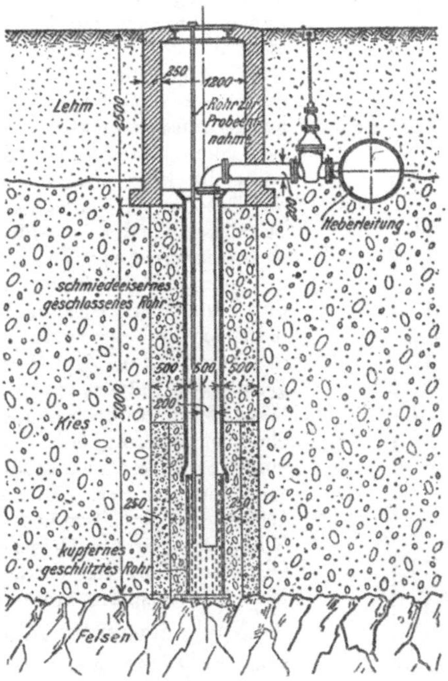

Fig. 4.

Ursprunge, wo möglich in festem Gestein gefaßt und in geschlossenen, wasserdichten Kanälen nach den Sammelbehältern geleitet wurde. Bei der Leitung für Baden-Baden geschieht die Wassergewinnung durch Fassung der einzelnen Quellen, wie dieselben nach Öffnung der Einschnitte und Stollen aus den Felsspalten hervortreten, und durch eine an die südliche Wand eines begehbaren Stollens von 1,5 m Höhe gelegte Drainage. An jeder Stelle, an welcher eine stärkere Quelle hervortritt, ist in die südliche Stollenwand eine Nische eingelegt und das zur Sammlung des Quellwassers dienende Rohr (Fig. 6) aus Zement von Wasserspiegelhöhe an gegen diese Nische geöffnet. Die Sohle der Nische wird mit Zementmörtel abgeglichen und es endigen in diesen Nischen auch die einzelnen Drainagen.

[1] Vgl. Journ. f. Gasbel. 1902, 210; 1910, 760; Zft. d. Ver. deutsch. Ing. 1910, 1126.

Talsperren. Die erste Talsperre für städtische Wasserversorgung in Deutschland wurde im Jahre 1889 im Eschbachtal für Remscheid erbaut[1]. Hier wurde nach *Intze*[2] eine bedeutende Selbstreinigung des Wassers beobachtet. Derselbe stellte mit *Fränkel* auf der Versammlung des Ver. f. öffentl. Gesundheitspfl. zu Trier Leitsätze auf, von denen folgende angegeben werden mögen:

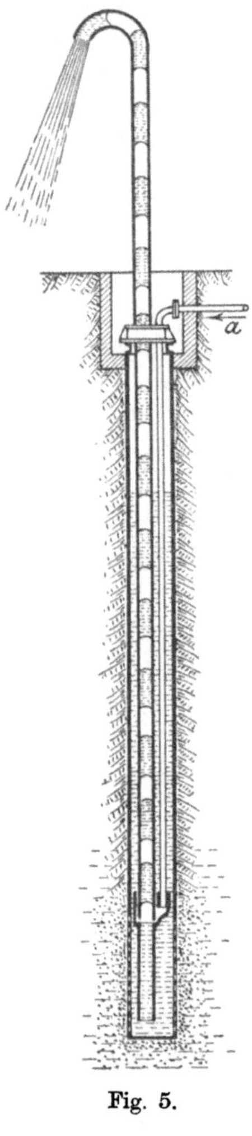

Fig. 5.

Das Talsperrenwasser ist seiner Herkunft und Beschaffenheit nach im wesentlichen als Oberflächenwasser anzusehen und deshalb wie dieses vor dem Gebrauch zu Zwecken der menschlichen Versorgung von etwa vorhandenen gesundheitsschädlichen Stoffen, namentlich lebenden Krankheitserregern, zu befreien, falls nicht etwa besondere örtliche Verhältnisse einen an sich ausreichenden Schutz gegen die Infektionsgefahr gewähren. — Die Niederschlagsgebiete, in denen man Talsperren zu Wasserversorgungszwecken anlegt, müssen möglichst wenig menschliche Wohnstätten, jedenfalls keine größeren Ortschaften enthalten. In der Umgebung des Sammelbeckens müssen die Talhänge eine gute Bewaldung und die Talsohle Wiesenflächen besitzen. Je stärker das ganze Gebiet bewaldet ist, oder bewaldet wird, um so besser eignet es sich für die Wassergewinnung. Der Betrieb von Fabriken, durch den das dem Sammelbecken zulaufende Tagewasser verunreinigt werden könnte, ist in dem Niederschlagsgebiete des Talbeckens nur dann zulässig, wenn durch besondere Kanäle eine Entwässerung der Fabriken nach einem anderen Niederschlagsgebiete vorgenommen ist. Ebenso dürfen Gräben oder Sammelkanäle für Schmutzwasser aus Ortschaften oder Gehöften nicht im Niederschlagsgebiete der Talsperre münden.[3]

Fig. 6.

Nach ferneren Mitteilungen von *Fränkel*[4] kann von einer nachträglichen Reinigung von Talsperrenwasser durch Sandfiltration oder Bodenberieselung in solchen Fällen Abstand genommen werden, wo die Lage der Talsperre eine Verunreinigung durch Abwässer von Städten, Dörfern, einzelnen menschlichen Wohnstätten u. dgl. mit Sicherheit ausschließt, wo ferner der Stausee durch eine entsprechende Einfriedigung und durch geeignete Maßnahmen gegen eine Verunreinigung von der Staumauer aus genügend geschützt und wo schließlich durch peinlichen Ausschluß jeder Benutzung des Wassers zu Bootfahrten usw. die ganze Anlage vor einer Berührung mit Menschen ge-

[1] Journ. f. Gasbel. 1901, 9 u. 215; 1902, 913; 1903, 995; 1910, 251.
[2] Viertelj. f. öffentl. Gesundh. 1901, Hft. 1; Journ. f. Gasbel. 1902, 251 u. 893.
[3] Vgl. *Link* in *Weyl:* Betriebsführung von Wasserwerken (Leipzig 1909); *Ziegler:* Talsperrenbau (Berlin 1911); *Esterer:* Wirtschaftliche Bedeutung der Talsperren (Halle 1911).
[4] Zft. f. Wasserw. 1907, 314.

sichert erscheint. Wo dagegen diese Vorkehrungen nicht getroffen sind, oder nicht getroffen werden können, ist das Talsperrenwasser unbedingt vor dem Gebrauch einer Reinigung zu unterziehen, sei es durch Filtration, durch Behandlung mit Ozon oder durch ein sonstiges zulässiges Verfahren (S. **121** bis **191**). Um eine Verschlechterung des Geschmackes des Wassers zu vermeiden, ist es notwendig, bei Anlage des Beckens die ganze zu überstauende Fläche von allen Bäumen, Sträuchern und Gräsern, sowie besonders vom Humusboden sorgfältig zu befreien.

Nach Untersuchung von *Thiesing*[1] verbessert im allgemeinen der Aufenthalt des Wassers in einem entsprechend gefüllten Stauweiher seine Eigenschaften und seine Zusammensetzung. Durch ungelöste Bestandteile hervorgerufene Trübungen und Färbungen sind meist nur von kurzer Dauer und werden teilweise durch Sedimentation beseitigt. Die Sedimentation ist ein wichtiger Faktor für die Zustandsverbesserung des Wassers im Weiher und deshalb nach Kräften zu unterstützen. Zu dem Zwecke ist das Eisen nicht künstlich aus dem Weiherinhalt zu entfernen und alles, was die durch die eigenartigen Temperaturverhältnisse begünstigte Schichtung des Wassers gefährden kann, ist fernzuhalten. Die Zuflußbäche sind möglichst nicht direkt in den Weiher, sondern in Vorbecken zu leiten. Eine nachteilige Beeinflussung kann das Wasser erfahren, wenn der im Staubecken vorhandene Wasservorrat und damit die Wassertiefe zu gering wird. Deshalb ist durch Anlage möglichst tiefer Sperren und durch vorsichtige Wasserwirtschaft dafür zu sorgen, daß eine bestimmte eiserne Ration im Weiher verbleibt, deren Größe für jeden Fall empirisch zu ermitteln ist.

Thiesing[2] untersuchte ferner das Wasser der Eschbachtalsperre bei Remscheid (mg im Liter):

Wasserschicht (Entnahmestelle)	Bestandteile	Frühling	Sommer	Herbst	Winter	Mittel
Oberfläche (an einer Boje östlich vom Querdamm im schmaleren Teile des Beckens)	Im unfiltrierten Wasser:					
	Susp. Stoffe: Gesamt	3,6	1,1	4,7	—	3,1
	Susp. Stoffe: Glühverlust	1,5	0,9	2,7	—	1,7
	$KMnO_4$-Verbrauch	10,0	10,3	11,0	6,0	9,3
	Gelöster freier O	12,3	10,3	9,6	13,7	11,5
	Gelöste freie CO_2	16,1	7,3	11,0	15,8	12,6
	Im filtrierten Wasser:					
	Abdampfrückstand: Gesamt-	65,5	64,3	66,0	45,0	60,2
	Abdampfrückstand: Glühverlust	27,0	27,0	24,0	17,0	23,7
	Cl	9,5	10,3	12,0	12,0	10,9
	N: Gesamt	1,0	3,6	5,0	5,3	3,7
	N: organ.	1,0	3,3	4,9	5,3	3,6
	Fe_2O_3	0,1	0,5	0,5	0,1	0,3
	CaO	10,0	15,0	12,0	7,0	11,0
	MgO	4,5	5,6	2,9	6,0	4,8
	Deutsche Grade: Gesamthärte	1,6	2,3	1,6	1,5	1,7
	Deutsche Grade: Permanente Härte	0,6	1,8	0,9	0,9	1,0

[1] Journ. f. Gasbel. 1905, 938; 1909, Nr. 4, Sonderabdr.
[2] Mitt. a. d. K. Prüfungsanst. f. Wasser 1911, Heft 15, S. 1.

Wasserschicht (Entnahmestelle)	Bestandteile	Frühling	Sommer	Herbst	Winter	Mittel
Sohle (an der Brunnengalerie)	Im unfiltrierten Wasser:					
	Susp. Stoffe Gesamt	4,9	7,3	4,1	3,1	4,8
	Susp. Stoffe Glühverlust	3,4	2,5	1,7	2,1	2,4
	$KMnO_4$-Verbrauch	8,0	9,6	11,5	6,9	9,0
	Gelöster freier O	13,2	8,5	10,3	12,3	11,1
	Gelöste freie CO_2	9,4	7,7	14,0	17,9	12,3
	Im filtrierten Wasser:					
	Abdampfrückstand Gesamt-	66,5	65,2	73,2	66,3	67,8
	Abdampfrückstand Glühverlust	28,2	26,0	24,5	21,4	25,0
	Cl	10,0	11,5	10,6	11,0	10,8
	N Gesamt	3,5	3,3	1,9	2,9	2,9
	N organ.	3,4	3,0	1,9	2,8	2,8
	Fe_2O_3	0,1	0,3	0,3	0,2	0,2
	CaO	10,0	12,2	9,5	9,7	10,4
	MgO	5,2	6,2	4,1	4,0	4,9
	Deutsche Grade Gesamthärte	1,7	2,1	1,5	1,5	1,7
	Deutsche Grade Permanente Härte	1,2	1,5	0,4	0,9	1,0

Flußwasser. Die Gewinnung des Wassers aus Flüssen hat den großen Vorzug, daß das Wasser stets in genügender Menge vorhanden ist. Da aber die Verunreinigung kleiner Flußläufe nur zuweilen, größerer Flüsse aber niemals zu vermeiden ist (S. 212), so muß überall, wo es auf reines Wasser ankommt (vgl. S. 51 bis 120), für entsprechende Reinigung (S. 121) gesorgt werden. Auf die Ausführung der technischen Anlagen muß verwiesen werden[1].

Die Hochbehälter zur Sammlung des Wassers und Erzielung des gewünschten Druckes sind für industrielle Zwecke meist aus Eisen; Fig. 7 zeigt den Hochbehälter der Elberfelder Farbenfabriken. Zur Versorgung größerer Orte werden gemauerte, mit Zement geputzte Behälter genommen, die zum Schutz gegen die Zerstörung durch besonders kohlensäurereiche, weiche Wasser oft mit Schutzanstrichen: Inertol, Nigrit, Siderosten u. dgl. Teerprodukten versehen werden. Diese Anstriche begünstigen aber nach *Gärtner*[2] anfangs das Bakterienwachstum. Es wird empfohlen, frischgestrichene Bassins ein- oder zweimal zu füllen und ablaufen zu lassen, um so eine Reinigung zu erzielen und eine Geschmacksbelästigung zu verhindern. Soll zugleich das Wachstum der Bakterien im Bassin verhindert werden, so empfiehlt es sich, das Wasser jeweils einige Tage im Bassin stehen zu lassen, um so eine Auslaugung der Bakteriennährstoffe zu erzielen, und es dann erst ablaufen zu lassen. (Vgl. S. 35).

[1] Vgl. *Götze* in *Weyl:* Betriebsführung von Wasserwerken (Leipzig 1909).
[2] Journ. f. Gasbel. 1912, 907.

Wasserleitung.

Wasserleitungsröhren sollen gegen chemische und physikalische Einflüsse möglichst widerstandsfähig sein. Namentlich darf das Röhrenmaterial dem durchfließenden Wasser keine schädlichen (giftige Metalle) oder unangenehmen Eigenschaften (Eisen, faulendes Holz) erteilen und soll weder von diesem, noch von der Bodenfeuchtigkeit und andern äußern Einflüssen angegriffen und zerstört werden. Wasserleitungsröhren müssen ferner vollkommen dicht sein und hinreichende Festigkeit gegen innern und äußern Druck besitzen[1].

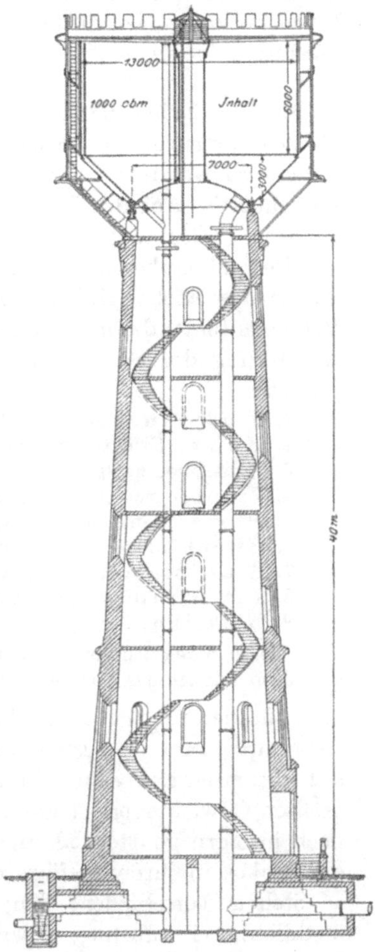

Fig. 7.

Röhren aus Holz werden nur noch wenig angewendet, solche aus Papier gar nicht mehr. Glasröhren sind durch Tonröhren ersetzt[2].

Schon *Diodor* und *Vitruv* erwähnen die Verwendung von Tonröhren, welche z. B. bei der alten Leitung für Konstantinopel angewendet waren; auch in Deutschland sind in den Ruinen römischer Wasserleitungen mehrfach Tonröhren aufgefunden, welche meist noch gut erhalten sind. In neuerer Zeit ist die Fabrikation von Tonröhren so sehr vervollkommnet, daß sie selbst bei größeren Anlagen mit Erfolg angewendet sind. Die glasierten Röhren aus sog. Ascanialith von *Jannasch* in Bernburg sind zu den Leitungen der Stadt Gera, Schloß Stollberg u. a. verwendet.

Besonders wichtig sind Tonröhren und Zementröhren zur Ableitung von Wasser. Dabei ist beachtenswert, daß kein kalkhaltiges Bindemittel der Einwirkung von Wasser, welches freie Kohlensäure enthält, auf die Dauer widersteht. Traßmörtel hat eine geringere Widerstandsfähigkeit als Portlandzement. Als Schutzanstrich werden Fluate empfohlen. Durch die Abwässer einer Chlorkaliumfabrik wurden die Röhren aus Zementbeton zerstört. Die Untersuchung ließ erkennen, daß das Magnesiumchlorid und die schwefelsaure Magnesia der Lauge auf den Kalk im Beton so gewirkt hatten, daß leichtlösliches Chlorcalcium und unlösliche Magnesia gebildet waren. Das

[1] Vgl. Dingl. pol. Journ. 219, 454.

[2] Fischers Jahresber. 1896, 744; 1897, 754; 1898, 733; 1899, 699 u. 705; Tonindustrieztg. 1899, 554.

Chlorcalcium wurde ausgespült und so der Verfall des Betons herbeigeführt. Die etwa 725 m lange Strecke ist jetzt durch eine Steinzeug-Rohrleitung ersetzt worden[1]. *Klaudy* fand, daß die Alkalisulfate Zement schneller vernichten als Calcium- und Magnesiumsulfat, daß die stark zersetzende Wirkung aber bedingt wird durch eine bestimmte Konzentration der Salzlösung. Ist diese vorhanden, so geht die Umsetzung mit dem Ätzkalk und den Aluminaten des hydratisierten Zements vor sich, die durch Regeneration der ursprünglichen Verbindungen in steter Wiederholung derselben Reaktionen die schnelle Zerstörung verursacht.

Für die Zuleitung des Wassers unter Druck werden fast nur Metallröhren angewendet. Kupferröhren werden wegen des hohen Preises selten angewendet; zu berücksichtigen ist auch die mehrfach beobachtete Löslichkeit[2]. Auf das Verhalten des Kupfers im Seewasser muß verwiesen werden[3]. Hier möge nur folgende Versuchsreihe angeführt werden. Behobelte und sauber bearbeitete Metallplatten, die einzeln so in das freie Seewasser des Kieler Hafens eingehängt waren, daß nicht zwei verschiedene Metalle miteinander in Berührung kommen konnten, erlitten durch 12 monatige Einwirkung des Seewassers auf 1 qdm Oberfläche nachstehende Gewichtsverluste:

1. Flußeisen (geschmiedet) mit 0,05 C, 0,44 Mn, 0,071 P	9,015 g
2. Kupfer (Elektrolyt, umgeschmolzen)	0,563 „
3. Zinnbronze (geschmiedet) mit rd. 95,6 Cu, 3,5 Sn, 0,5 Fe, 0,3 Mn	1,638 „
4. Zinnbronze (Guß) mit rd. 89 Cu, 11 Sn	1,470 „
5. Bronze (Guß) mit rd. 86 Cu, 8 Sn, 4 Zn	2,303 „
6. Eisenbronze (geschmiedet) mit rd. 57 Cu, 42 Zn, 0,5 bis 1,0 Fe .	4,575 „
7. Aluminiumbronze (geschmiedet) mit rd. 91 Cu, 9 Al	0,600 „
8. Nickelkupfer (geschmiedet) mit rd. 42 Ni	2,162 „
9. Nickelkupfer (geschmiedet) mit rd. 20 Ni	1,848 „

Die in dieser Zusammenstellung gegebenen Zahlen über die Bestandteile der Legierungen bezeichnen Gewichtsteile.

Von allen für sich allein dem Seewasser ausgesetzten Metallen hat danach das Kupfer am wenigsten an Gewicht verloren. Fast ebenso günstig hat sich die eisenfreie Aluminiumbronze verhalten. Die Eisenbronze weist den größten Gewichtsverlust unter den Kupferlegierungen auf und hat außerdem noch insofern gelitten, als die äußere Schicht der Platte infolge Auslaugens des Zinkes in ihrem Gefüge zerstört ist und keine Festigkeit mehr besitzt.

Stehen verschiedene Kupferlegierungen im Seewasser miteinander in metallischer Berührung, so wirken sie gegenseitig auf Zerstörung und Schutz je nach ihrer Zusammensetzung in größerem oder geringerem Maße. So fällt z. B. der Gewichtsverlust des Nickelkupfers mit 20 Proz. Ni durch die Berührung mit Zinnbronze (89 Cu, 11 Sn) von 1,848 g auf 0,336 g für 1 qdm Oberfläche in 12 Monaten, während der Gewichtsverlust der Zinnbronze durch

[1] Städtisch. Tiefbau 1912, Heft 4.

[2] Dingl. pol. Journ. 169, 186; 210, 301; 219, 457.

[3] Verh. d. Ver. z. Bef. d. Gewerbfl. 1903, 93; Zft. d. Ver. deutsch. Ing. 1903, 1121; 1911, 560.

die Berührung mit dem Nickelkupfer von 1,470 g auf 9,408 g steigt. Alle in metallischer Berührung mit Eisenplatten dem Seewasser ausgesetzten Kupferlegierungen sind fast vollkommen geschützt worden. Eine Kupfer-Zink-Legierung mit rund 40 Proz. Zink, die im Seewasser mit Zinnbronze in Berührung stand, wurde ohne Eisenschutz rasch und sehr stark angegriffen, unter gleichen Verhältnissen mit Eisenschutz dagegen fast gar nicht. Eine unmittelbare Berührung des schützenden und des zu schützenden Metalles ist nicht erforderlich. Es genügt, wenn das Schutzmetall nur mit dem auf Zerstörung wirkenden Metalle in Berührung steht (oder mit dem zu schützenden in anderer Weise leitend verbunden ist), unter der Voraussetzung, daß schützendes und geschütztes Metall nicht zu weit voneinander entfernt sind und die Oberfläche des ersteren genügend groß gewählt ist. Als Schutzmittel für Eisen dient Zink, das auch für Kupferlegierungen vorzuziehen sein wird.

Stahlrohre mit Bleifutter für Salzwasserleitungen sind wichtig für Kriegsschiffe, da die elektrolytische Wirkung der großen elektrischen Anlagen auf den eisernen Schiffen das Kupfer, aus denen solche Leitungen früher bestanden, schon nach 6 bis 9 Monaten zerstört und die Schiffe nötigt, sich zeitweilig aus dem Dienst zurückzuziehen. Die Salzwasserleitungen dienen für Feuerlöschzwecke, die auf Kriegsschiffen eine große Rolle spielen. Vielleicht sind solche Rohre auch für andere Zwecke, z. B. chemische Fabriken, wertvoll[1]. *Herzberg*[2] empfiehlt gußeiserne Rohre für Salzwasser und Sole.

Zinkrohre wurden selten für Wasserleitungen verwendet; neuerdings liefern aber die *Hohenlohe-Werke* Rohre aus reinem Zink, welche 200 bis 300 Atm. Druck aushalten und für Wasserleitungen empfohlen werden. Zink wird aber vom lufthaltigen Wasser angegriffen[3] unter Bildung von $ZnCO_3 \cdot 2\,ZnO\,3\,H_2O$. Ein mäßiger Grad von Härte begünstigt die Reaktion, auch große Härte hebt die Einwirkung nicht völlig auf. Das Zink bedeckt sich dabei mit einem Überzuge; jedoch verhindert derselbe nicht den weiteren Angriff. Begünstigt wird der Angriff durch Kohlensäure, Chlorverbindungen und Magnesiumbicarbonat. Bei anhaltendem Genuß zinkhaltigen Wassers findet sich das Metall in sämtlichen Eingeweiden[4]. Sind Nitrate im Wasser zugegen, so werden dieselben zu Ammoniak reduziert; Nitrite entstehen dabei nicht. Bei Verwendung von verzinkten Eisenröhren zum Durchleiten von Wasser geht Zink in Lösung, wenn nicht die Verzinkung so sorgfältig hergestellt ist, daß das Eisen an keiner Stelle mit dem Wasser in Berührung kommt. Liegen aber kleine Stellen des Eisens frei, und das wird meistens der Fall sein, so müssen sich infolge der Berührung von zwei Metallen mit einem Elektrolyten galvanische Ketten bilden, wobei das Zink als das Metall mit der größten Lösungstension in Lösung geht. Hiernach müssen verzinkte

[1] Zft. prakt. Maschinenb., Aug. 1910.

[2] Zft. d. Ver. deutsch. Ing. 1902, 816; Fischers Jahresber. 1902, 425.

[3] Dingl. pol. Journ. 53, 317; 175, 284; 193, 518; Journ. Soc. Chem. Ind. 1899, 102; Analyst 1910, 50.

[4] Zft. f. Nahrungsm. 1907, 482 u. 755.

Eisenrohre, deren Verzinkung keine vollkommene ist, so lange ein zinkhaltiges Wasser liefern, als ihnen noch Zink anhaftet. Die massiven Zinkrohre haben gegenüber den verzinkten Eisenrohren allerdings den Vorzug einer glatten und gleichmäßigen Oberfläche und eines einheitlichen Gefügeaufbaues; bei ihnen kommen auch die bei einigen verzinkten Eisenrohren festgestellten Ursachen vorzeitiger Zerstörungen, nämlich die zu gering bemessene Stärke der Zinkschicht oder eine mangelhafte Haftbarkeit des Zinküberzuges auf dem Unterlagmetall nicht in Frage [1]. Es sollen zwar 100, selbst 200 mg Zink im Liter Wasser unschädlich sein; eine gewisse Vorsicht ist jedoch nicht überflüssig.

Zinnröhren sind zu Hausleitungen zwar in jeder Weise empfehlenswert; wo aber die Beschaffenheit des Wassers derart ist, daß Bleiröhren unbedenklich angewendet werden können, wird man diese des weit geringeren Preises wegen vorziehen.

Bleiröhren. Schon die alten Römer bedienten sich zu den Zweigleitungen meist der Bleiröhren; Bleiröhren aus Pompeji enthielten 99,1 Proz. Blei. Aber auch die Tatsache, daß durch Bleirohre geleitetes Wasser unter Umständen gesundheitsschädlich werden kann, war schon zur Zeit des alten Roms bekannt. Auf die ältern Beobachtungen und Versuche über das Angreifen des Bleies durch Wasser muß verwiesen werden[2]. Auch die neueren Versuche[3] bestätigen, daß reines, völlig luftfreies Wasser Blei nicht angreift, daß aber besonders sauerstoff- und kohlensäurehaltiges, weiches Wasser Bleirohre stark angreift. Enthält das Wasser Carbonate oder Sulfate, so kommt es zur Bildung eines die Bleioberfläche überziehenden unlöslichen Salzes; harte Wässer hemmen deshalb die Bleilösung. Nach *Klut*[4] besitzen Wässer, die gegen Rosolsäure alkalisch reagieren und eine vorübergehende Carbonathärte von mehr als 7° haben, anfangs bleilösende Eigenschaft, die sich später fast ganz verliert. Die hohe Härte eines Wassers wirkt nur dann auf die Bleilösung hemmend, wenn sie vorwiegend durch Calciumbicarbonat bedingt ist; Sulfate sind ohne merklichen Einfluß. Wasser von saurer Reaktion (Huminsäuren aus torfreichem Boden) bewirkt Bleilösung. Begünstigend auf die Bleilösung wirken Nitrate und Nitrite, etwas weniger Chloride. Erhöht wird die Bleilösung bei Anwesenheit anderer Metalle (Kupfer, Zink, Zinn) infolge elektrolytischer Einflüsse; legiertes Blei wird daher viel stärker angegriffen als reines. Wasser, welches wesentlich Calciumbicarbonat und wenig Nitrate enthält, kann meistens durch Bleiröhren geleitet werden[5]. In zweifelhaften Fällen müssen Versuche an Ort und Stelle ausgeführt werden.

[1] Journ. f. Gasbel. 1912, 423.

[2] Dingl. pol. Journ. 219, 457.

[3] Fischers Jahresber. 1887, 427; 1888, 569; 1889, 519; 1900, 515; 1901, 427; 1904, 516; Arb. a. d. K. Gesundheitsamt (1906) 23, 333; Journ. f. Gasbel. 1911, 409.

[4] Mitt. a. d. K. Prüfungsanst. f. Wasser 1910, Heft 13; Viertelj. f. gerichtl. Med. 1910, 330.

[5] Dingl. pol. Journ. 219, 460. Zu Nebenleitungen sind nur Bleirohre verwendet in Altenburg, Berlin, Bochum, Danzig, Dortmund, Essen, Göttingen, Halle, Hannover, Posen, Rostock, Steele; Rohre aus Blei oder Eisen in Altona, Braunschweig, Breslau, Cöln, Düsseldorf, Hamburg, Stuttgart, Zittau u. a.

Als Schädlichkeitsgrenze des Bleigehaltes von Trinkwässern bezeichnet *Wolffhügel*[1] 0,2 mg im Liter, *Klut* 0,3 mg, *Gärtner* 1 mg. Jedenfalls ist es empfehlenswert, von Wasser, welches irgendwie Blei angreift, morgens einige Eimer voll abzunehmen, ehe es zu Genußzwecken verwendet wird.

Zur Beseitigung des Bleiangriffs durch das kohlensäurehaltige Wasser wurde nach *Heyer*[2] gepulverter Kalkspat zugesetzt, später die berechnete Menge Soda, um Bicarbonat zu bilden; auch in Emden verwendet man für gleichen Zweck Soda. Auch Natronlauge oder Kalkmilch sind vorgeschlagen. Versuche stellten fest, daß durch die chemische Bindung der freien Kohlensäure mittels Chemikalienzusatzes die Bleilösungsfähigkeit stärker herabgesetzt wird als durch eine die Kohlensäure entfernende Durchlüftung. Die Sicherheit der Erzielung eines guten und dauernden Erfolges verlangt bei dem angegebenen Verfahren zur Herabsetzung der Bleilösungsfähigkeit des Wassers eine ständige chemische Überwachung des Wasserwerksbetriebes durch einen auf diesem Gebiete erfahrenen Sachverständigen. Empfehlenswert ist die Filtration des Wassers über Marmor (vgl. S. 152).

Innen geschwefelte oder verzinnte Bleiröhren haben sich nicht bewährt[3]; sog. Zinnrohre mit Bleimantel sind teuer und erfordern große Vorsicht beim Legen[4]. Beachtenswert ist das Zerfressen von Bleiröhren durch Zement.

Eisenrohre. Zu den Hauptleitungen werden bekanntlich weitaus am meisten gußeiserne Röhren angewendet. Die große absolute und relative Festigkeit derselben, die Leichtigkeit der Verbindung und der Herstellung der Anschlüsse werden bis jetzt bei gleichem Preise von keinem andern Röhrenmaterial erreicht. Während nun aber die Rohre einiger Leitungen wenig oder gar nicht von dem Wasser angegriffen werden, sind bei andern Anlagen die eisernen Rohre mehr oder weniger rasch unbrauchbar. Dieses geschieht durch innere Absätze oder durch Zerfressen der Rohre. An die Zerstörung der Röhren durch elektrische (vagabondierende) Ströme kann hier nur erinnert werden[5].

Die Bildung von Rostniederschlägen in den Röhren ist schon lange bekannt[6]. In St. Johann[7] hatte ein Eisenrohr von 26 mm l. Weite (Fig. 8 S. 41) sich bis auf einen kleinen Durchgang von 7 mm mit der braunen Kruste zugesetzt, während das Eisen des Rohres selbst von 3,5 mm bis auf etwa 1 mm weggefressen war (Fig. 9). Der abgesetzte Rostniederschlag bestand neben metallischem Eisen und etwas Kohlensäure wesentlich aus Eisenoxyd bzw. Eisenoxydhydrat. Das Wasser war sehr weich und enthielt freie Kohlensäure.

---

[1] Arb. a. d. Gesundheitsamt 2, 496.
[2] Viertelj. f. öffentl. Gesundh. 1888, 339.
[3] Dingl. pol. Journ. 219, 461 u. 522.
[4] Journ. f. Gasbel. 1875, 866; Dingl. pol. Journ. 219, 524.
[5] Journ. f. Gasbel. 1901, 449; 1910, 118, 649.
[6] Dingl. pol. Journ. 219, 525.
[7] Gesundheit 1899, Nr. 5; Zft. d. Ver. deutsch. Ing. 1899, 102 u. 220.

Während in Frankfurt das Quellwasser aus dem Vogelsberg und Spessart sich normal verhielt, greift das seit 1885 zugeführte Grundwasser das Eisen der Rohrleitungen, die Wände der Warmwasserreservoire in den Küchen und die Wände der Dampfkessel, diese namentlich an der Wasserlinie, und die Zementwände des Hochbehälters stark an;[1] die Rohre zeigten in kurzem starke Rostausblühungen, mehrere Rohre wurden dadurch bis auf die Hälfte ihres Querschnitts verengt (Fig. 10). Analysen ergaben:

Analysen mg im Liter	Quellwasser aus Vogelsberg und Spessart	Grundwasser aus dem Frankfurter Stadtwalde
Abdampfrückstand	72,4	59,3
Glühverluste	1,5	4,2
Kalk	12,7	11,5
Magnesia	9,0	3,4
Natron und Kali	5,1	7,8
Eisenoxydul	Spuren	Spuren
Kieselsäure	17,5	10,3
Chlor	5,7	8,1
Schwefelsäure	2,5	4,8
Salpetersäure	fehlt	2,6
Salpetrige Säure	fehlt	fehlt
Ammoniak	fehlt	fehlt
Kohlensäure gebunden	18,5	8,4
Gesamthärte	**2,5°**	**1,5°**
Sauerstoff	**10,3**	**6,0**
Freie Kohlensäure	**8,5**	**30,0**
Verhalten	normal	aggressiv

Popp fand außerdem im Quellwasser 0,941 mg Humussäuren, im Grundwasser 0,697 mg Humussäuren und 0,544 mg Harzsäuren. Da man die Kohlensäure als besonders schädlich ansah, so wird das Wasser durch Marmor filtriert; die Schädigungen hörten auf (vgl. S. 152).

Auf die Reinigung der Wasserleitungsröhren von solchen Ansätzen oder den durch Niederschlagen aus dem Wasser (Crenothrix u. dgl.) gebildeten Absätzen sei verwiesen[2].

Auf die Theorie des Rostens kann hier nur verwiesen werden[3], desgleichen auf die älteren Versuche über das Rosten[4].

Nach *Kröhnke*[5] bedingen die chemischen Unterschiede der zur Herstellung von Rohren verwendeten Eisensorten keine Unterschiede in der Art des

[1] Tonindustrieztg. 1908, 1546; Deutsche Bauztg. 1908, 153.

[2] Journ. f. Gasbel. 1902, 612; Wochenschr. d. Verb. techn. Ver. Hannover 1912, Nr. 23.

[3] Mitt. a. d. Materialprüfungsamt 1910, 63; Zft. f. anorg. Chem. **69**, 107; Zft. d. Ver. deutsch. Ing. 1911, 538; 1913, 22; Journ. f. Gasbel. 1912, 430.

[4] Dingl. pol. Journ. **219**, 525.

[5] Gesundheitsing. 1910, 392; *Kröhnke:* Über das Verhalten von Guß- und Schmiederöhren in Wasser, Salzlösungen und Säuren (Berlin 1912).

Rostvorganges. Ohne Rücksicht auf die Oberflächenbeschaffenheit müßten alle eisernen Rohre gleichmäßig rosten. Je höher der Gehalt einer Eisensorte an fremden Stoffen ist, desto größer ist die anfängliche Rostgeschwindigkeit. Demgemäß rostet das gußeiserne Rohr anfangs schneller als das schmiedeiserne.

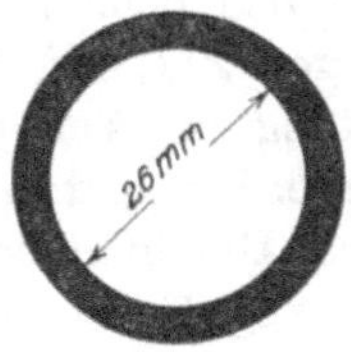

Fig. 8.

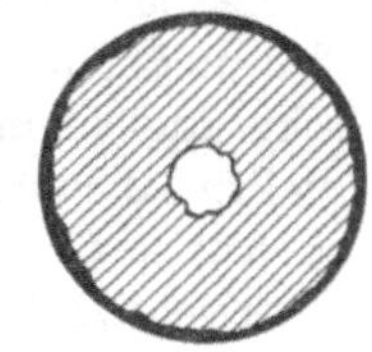
Fig. 9.

Nach Versuchen von *Arndt*[1] rostet Gußeisen anfangs rascher, später langsamer als Flußeisen. In gewalzten, normalisierten und geglühten Stählen nimmt nach *Chappel*[2] die Korrosion mit dem Kohlenstoffgehalt zu bis zu einem Maximum beim Sättigungspunkt (0,89 Proz. Kohlenstoff) und nimmt dann mit weiterer Zunahme des Kohlenstoffes ab, in abgeschreckten und getemperten Stählen nimmt die Korrosion stetig mit dem Kohlenstoffgehalt zu[3].

Vielfach wird der Kohlensäure eine wesentliche Bedeutung beim Rosten zugeschrieben. Nach Versuchen von *Heyn* und *Bauer*[4] kann aber der Vorgang

$$\text{a)}\quad Fe + CO_2 + H_2O = FeCO_3 + H_2,$$
$$\text{b)}\quad 2\,FeCO_3 + 3\,H_2O + O = Fe_2(OH)_6 + 2\,CO_2$$

wohl eintreten, bedingt aber nicht notwendigerweise den Rostvorgang, der unabhängig von der Gegenwart des Kohlendioxyds vor sich gehen kann[5]. Fehlt der Sauerstoff, so kann der Vorgang a) nur bis zu einer Grenze vor sich gehen, die gegeben ist durch die Löslichkeit des Ferrocarbonates in kohlendioxydhaltigem Wasser. Wenn sonach das auf das Eisen einwirkende, beständig mit Kohlendioxyd gesättigte Wasser in seiner Menge beschränkt ist, so kann der Angriff des Eisens beim Durchleiten reinen Kohlendioxyds durch das Wasser unter Umständen kleiner sein, als beim Durchleiten eines Gemisches von Luft und Kohlendioxyd oder von kohlendioxydfreier Luft durch das Wasser. Die Verhältnisse ändern sich natürlich, wenn immer frische, mit Kohlendioxyd gesättigte Wassermengen auf das Eisen einwirken können. Dann erreicht der Lösungsvorgang keine Grenze, sondern kann beständig weiter gehen. — Während die verwendeten Eisensorten (Fluß-, Schweiß- und Gußeisen) bezüglich des Rostangriffs im ruhenden Wasser nach früheren Beobachtungen keine nennenswerten Unterschiede zeigen, treten solche Unterschiede hervor, wenn das Rosten im bewegten

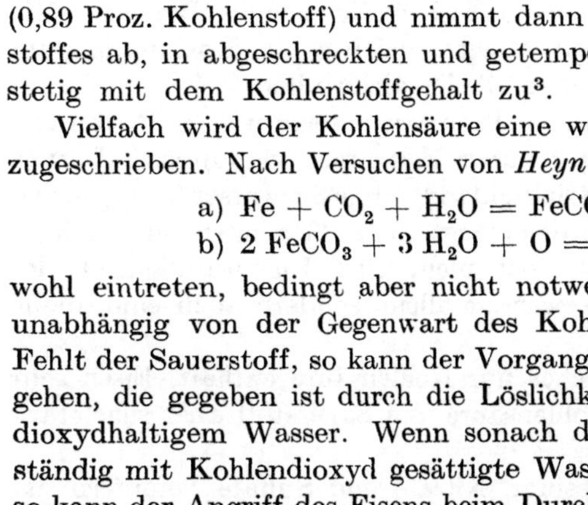

Fig. 10.

[1] Chemikerztg. 1910, 425 u. 1078; Metallurgie **8**, 354; **9**, 105; Zft. f. angew. Chem. 1912, 2074.

[2] Zft. f. angew. Chem. 1912, 1575.

[3] Vgl. Mitt. a. d. Materialprüfungsamt 1902, Heft 3 u. 4.

[4] Mitt. a. d. Materialprüfungsamt 1900, 39; 1908, 1; 1910, 62.

[5] Vgl. Zft. f. anorg. Chem. **69**, 107.

Wasser erfolgt. Hierbei ist der Angriff des verwendeten Gußeisens im allgemeinen wesentlich stärker als derjenige der verwendeten schmiedbaren Eisensorten. Der hierdurch bedingte scheinbare Vorzug des verwendeten Flußeisens gegenüber dem verwendeten Gußeisen wird aber dadurch zum Teil wieder wettgemacht, daß der Angriff des Flußeisens in bewegtem Wasser sehr ungleichmäßig vor sich geht, so daß Stellen geringen Angriffs neben Stellen sehr starker Ein- und Anfressungen auf derselben Eisenprobe wechseln, so daß örtliches Durchfressen zu befürchten ist. Bei dem verwendeten Gußeisen ist der Angriff wesentlich gleichmäßiger. So steht bei beiden Eisensorten einem Vorteil ein Nachteil gegenüber.

Die Stärke des Rostangriffs des verwendeten Fluß- und Gußeisens ist wesentlich abhängig von der Bewegungsgeschwindigkeit des Wassers. Mit steigender Bewegungsgeschwindigkeit steigt zunächst der Rostangriff, um nach Überschreiten eines Höchstwertes wieder abzusinken.

Beachtenswert ist, daß schon geringe Temperatursteigerung, z. B. von 18° auf 40° den Angriff der Lösung gegenüber Eisen fast verdoppelt. Daraus erklärt sich die Tatsache, daß das natriumchloridhaltige Seewasser in tropischen Gegenden wesentlich stärkeren Angriff erzeugt, als in Gegenden mit mäßiger Durchschnittstemperatur. Dies ist aber nicht eine Eigentümlichkeit der Natriumchloridlösungen und des Seewassers allein, sondern auch eine solche des destillierten Wassers.

Nach *Davis*[1] greift Wasser, welches nur Kohlensäure enthält, Eisen sehr wenig, nur Sauerstoff erheblich, Kohlensäure und Sauerstoff aber sehr stark an (vgl. S. 61).

Chloride, besonders Chlormagnesium, Nitrate und Sulfate befördern das Rosten, alkalische Lösungen vermindern das Rosten[2]. Enge Wasserleitungsröhren, die innen nicht mit einem wirksamen Schutzanstrich versehen werden können, für ein angreifendes Wasser anzuwenden, ist jedenfalls nicht ratsam. Weite Rohre sollen innen und außen mit Anstrich versehen werden.

Rostanstriche. Von einem brauchbaren Rohranstrich ist vor allem Beständigkeit gegen chemisch wirksame Bestandteile der Luft, des Wassers und des Bodens, Unlöslichkeit in Wasser, Säuren, Alkalien, Salzen und Gasen zu fordern. Ein Anstrich muß ferner die durch Temperaturschwankungen hervorgerufenen Veränderungen der Leitung mitmachen, ohne zu reißen, sowie eine gewisse Widerstandsfähigkeit gegen den Angriff durch Sandteilchen usw. haben. Dagegen darf er nicht spröde sein, keine Risse haben oder abblättern. Der Anstrich muß sich ferner leicht auf beiden Rohrseiten so aufbringen lassen, daß er in gleichmäßiger Schicht haften bleibt, und schließlich elektrischen Einflüssen gegenüber isolierend wirken. Die z. B. von *Friedmann*[3] untersuchten Anstriche, eine charakteristische Auswahl der im Handel befindlichen Rostschutzmittel, erfüllten die Anforderungen an einen brauch-

[1] Chem. Engin. 1907, 174.
[2] Vgl. Dingl. pol. Journ. **219**, 526.
[3] Zft. d. Ver. deutsch. Ing. 1911, 538.

baren Rohranstrich nur unvollkommen. Die Anstriche der Teer- und Asphaltgruppe sind gegen mechanische Beanspruchungen weniger widerstandsfähig als die andern, haben aber diesen gegenüber in bezug auf Farbenaufwand, Einheitlichkeit, Streich- und Verteilfähigkeit Vorteile[1].

Versuche von *Liebreich*[2] ergaben, daß das Eisen unter dem Schutzanstrich um so leichter rostet, je öfter dieser aufgetragen, je dicker er also ist. Dieses Ergebnis wurde durch zahlreiche Versuche mit den verschiedensten Farben ausnahmslos bestätigt, und zwar mit Bleiweiß, Zinkweiß, Bleimennige, Eisenoxyd, sowie an mit Ruß versetzten und einigen fertig käuflichen Farben, die sämtlich mit Leinölfirnis angerührt waren. *Liebreich* (D. R. P. Nr. 203 957) verwendet nun den Kunstgriff, der Farbe Stoffe beizumengen, die erst beim Hinzutritt von Feuchtigkeit Alkali bilden, sei es von selbst, sei es unter der verseifenden Wirkung des Farbstoffes. Über der so vorbereiteten Farbschicht bringt er dann noch einen gewöhnlichen Deckanstrich an, um das Eindringen von Feuchtigkeit und Sauerstoff möglichst zu erschweren, so daß der Vorrat an Chemikalien möglichst lange reicht.

Einrichtung, Betrieb und Überwachung öffentlicher Wasserversorgungsanlagen.

Von dem Bundesrat ist in der Sitzung vom 16. Juni 1906 den verbündeten Regierungen eine im Reichsgesundheitsamte vorberatene Anleitung für den Betrieb und die Überwachung öffentlicher Wasserwerke zur Richtschnur empfohlen.

Durch Erlaß des Ministers der geistlichen, Unterrichts- und Medizinalangelegenheiten vom 11. Februar 1905 waren bereits für Preußen die „Grundsätze für Anlage und Betrieb von Grund- (Quell-) Wasserwerken, welche durch eine Kommission von Ministerialkommissären, Vertretern des Deutschen Vereins der Gas- und Wasserfachmänner und der Kgl. Versuchs- und Prüfungsanstalt für Wasserversorgung und Abwässerbeseitigung festgestellt waren, den Regierungspräsidenten als Anhaltspunkte empfohlen, und dieselben sind bei den im Jahre 1905 vorgenommenen Kontrollen der öffentlichen Wasserwerke benutzt worden.

Anleitung für die Einrichtung, den Betrieb und die Überwachung öffentlicher Wasserversorgungsanlagen, welche nicht ausschließlich technischen Zwecken dienen.

A. Einrichtung. I. Wahl des Wassers. 1. Behufs Gewinnung eines Maßstabes für die an eine Wasserversorgungsanlage zu stellenden Anforderungen ist der Gesamtbedarf an Wasser für die Gegenwart und eine nicht zu ferne Zukunft festzustellen. Sodann ist der Ort und die Beschaffenheit der verschiedenen in der betreffenden Gegend in genügenden Mengen zugänglichen, für Trink- und Gebrauchszwecke geeigneten Wässer zu ermitteln.

2. Für die Entscheidung, ob ein Wasser und welches Wasser zur Versorgung herangezogen werden soll, kommen in Betracht: a) die Wasserbeschaffenheit (Nr. 3 bis 8), b) die Wassermenge (Nr. 9 und 10).

3. Das zur Verwendung kommende Wasser muß frei sein von Krankheitserregern und solchen Stoffen, welche die Gesundheit zu schädigen geeignet sind; auch soll die Sicherheit geboten sein, daß das Wasser solche nicht in sich aufnehme (vgl. auch Nr. 11

[1] Vgl. Gesundheitsing. 1911, 33; Journ. f. Gasbel. 1912, 432.
[2] Zft. f. Elektrochem. 1912, 94; vgl. das. S. 233.

bis 13). Das Wasser soll möglichst farblos, klar, gleichmäßig kühl, frei von fremdartigem Geruch und Geschmack, kurz von solcher Beschaffenheit sein, daß es gern genossen wird.

4. Diejenigen Krankheiten, welche durch Oberflächen- wie auch durch Grund- und Quellwasser verbreitet werden können, sind in erster Linie Typhus und Cholera; unter Umständen kommen auch die Ruhr, die Weylsche Krankheit, tierische Schmarotzer und Milzbrand (bei Tieren) in Betracht. Auch wird von manchen angenommen, daß Epidemien von Brechdurchfällen durch verunreinigtes Trinkwasser entstehen. — Führt ein zufließendes Quell- oder Grundwasser bei sachgemäßer Probeentnahme dauernd oder zu Zeiten mehr als vereinzelte Bakterien, so ist das ein Zeichen, daß die Bodenfiltration an der einen oder der anderen Stelle oder in weiteren Gebieten nicht ausreicht. Eine Gefahr liegt alsdann vor, wenn das schlecht filtrierende Gebiet der Verunreinigung durch menschliche Schmutzstoffe ausgesetzt ist; sie kann unter Umständen auch bei Verunreinigung durch tiefische Schmutzstoffe vorhanden sein. In dem ruhenden oder langsam sich erneuernden Wasservorrate von Brunnen, Quellstuben, Sammelbehältern u. dgl. findet erfahrungsgemäß eine gewisse Vermehrung von Bakterien statt, welcher, sofern das zufließende Wasser einwandfrei ist und die Behälter gegen Verunreinigung von außen geschützt sind, eine Bedeutung für die Bewertung des Wassers nicht beizumessen ist.

5. Trübungen in einem Quell- oder Grundwasser, die auf Erdteilchen beruhen, sind an sich ungefährlich, aber sie können, ähnlich wie die Bakterien, andeuten, daß ungenügend filtriertes Wasser eindringt. Feste Gesteine geben trübende Teilchen in der Regel nicht ab. — Ebenso können kleine Wasserpflanzen und -tiere oder Luftblasen ein Anzeichen für ungenügende Bodenfiltration sein.

6. Größere Temperaturschwankungen weisen beim Grund- und Quellwasser darauf hin, daß Oberflächenwasser rasch und in erheblicher Menge dem unterirdischen Wasser zufließt. Das Gleichbleiben der Temperatur aber schließt das Vorhandensein solcher Zuflüsse noch nicht mit Sicherheit aus.

7. Die chemische Beschaffenheit eines Wassers hängt ab von der Art und Beschaffenheit des Bodens, auf und in dem es sich befindet und den es durchflossen hat. Mineralische und organische Stoffe sollen in dem Wasser höchstens in solcher Menge enthalten sein, daß sie den Genuß und Gebrauch nicht stören. Kochsalzarme und weiche Wässer sind im allgemeinen den kochsalzreichen und harten Wässern vorzuziehen. Örtliche Anhäufungen größerer Mengen von organischen Stoffen, von Chloriden, von schwefelsauren, kohlensauren, salpetrigsauren und salpetersauren Salzen, namentlich der Alkali- und Erdalkalimetalle, sowie von Salzen des Ammoniums im Wasser können auf das Vorhandensein einer Infektionsgefahr oder unappetitlicher Verunreinigungen hinweisen. Unter Berücksichtigung der Verhältnisse an Ort und Stelle ist unter Umständen durch Versuche zu entscheiden, ob die Mutmaßung richtig ist. An sich sind die vorgenannten Stoffe in den Mengen, in welchen sie im Wasser in der Regel gefunden werden, gesundheitlich nicht schädlich. — Nachteilig ist es, wenn ein Wasser die Eigenschaft hat, die Materialien der Leitung (Fassungen, Sammelbehälter, Leitungsrohre) anzugreifen; insbesondere kann die Eigenschaft, Blei zu lösen, unmittelbar zu Gesundheitsschädigungen führen. Bleiröhren sind deshalb von der Verwendung auszuschließen, wenn das Wasser die Eigenschaft besitzt, dauernd Blei aus den Röhren aufzunehmen. Natürliche färbende Stoffe (Huminstoffe), sowie ein etwa vorhandener Eisen- oder Mangangehalt können ein Wasser unansehnlich machen und seinen Genuß und Gebrauchswert herabsetzen; jedoch lassen sich diese Fehler in der Regel bis zu einem nicht mehr störenden Grade beseitigen.

8. Oberflächenwasser oder durch Kanäle, Spalten oder ungenügend filtrierende Schichten mit der Erdoberfläche in Verbindung stehende Wässer des Untergrundes (von der Erdoberfläche aus verunreinigtes Grund- und Quellwasser) entsprechen meistens den Anforderungen unter Nr. 3 nicht, insofern als Krankheitserreger und Verunreinigungen unter Umständen in das Wasser hineingelangen können, und als die Temperatur ungleichmäßig sein kann. — Die Temperaturschwankungen lassen sich nur wenig ausgleichen. Durch geeignete Verfahren können die schwebenden Teilchen entfernt und die etwa vorhandenen Krankheitserreger soweit beseitigt werden, daß eine Gefahr praktisch nicht mehr in Frage kommt.

9. Das durch die Anlage zu liefernde Wasser muß für die Gegenwart und eine nicht zu ferne Zukunft den Bedarf an Wasser zu jeder Tages- und Jahreszeit mit voller Sicherheit zu decken vermögen. Auch in der weiteren Entwicklung ist dem sich steigernden Bedarfe rechtzeitig, und zwar vor dessen Eintritt Rechnung zu tragen.

10. Der Grundsatz einer einheitlichen Versorgung ist möglichst überall durchzuführen. Ist es in Ausnahmefällen nicht möglich, eine für alle Zwecke ausreichende Menge von Wasser nach Maßgabe der vorstehenden Anforderungen zu beschaffen, so muß mindestens das Trink- und Hausgebrauchswasser den Anforderungen entsprechen. — Zwingen die Verhältnisse zur Anlage einer besonderen Leitung für Betriebswasser (d. h. Wasser zum Straßenwaschen, Feuerlöschen, Gartensprengen, Wasser für gewisse Betriebe, Kesselspeisewasser, Industriewasser und ähnliches), so ist sie von der Trink- und Hausgebrauchswasserleitung vollständig getrennt zu halten und sind, falls das Betriebswasser gesundheitliche Nachteile bietet, die Zapfstellen so einzurichten, und anzulegen daß eine mißbräuchliche Benutzung für Trink- und Hausgebrauchszwecke tunlichst verhindert wird.

II. Bildung eines Schutzbezirks. 11. Sowohl bei Quell- und Grundwasser-, als auch bei Oberflächenwasseranlagen, kann die Sicherung eines Schutzbezirks notwendig werden, einerseits, um das Abgraben oder eine sonstige schädigende Entnahme oder Ableitung zu verhindern, anderseits, um eine Infektion, Vergiftung oder Verunreinigung des Wassers zu verhüten.

12. Die Größe, Gestalt und Lage des Schutzbezirks ist den jeweiligen örtlichen Verhältnissen entsprechend nach Anhörung von Sachverständigen (Geologen, Wasserversorgungsingenieure, Chemiker, Hygieniker usw.) festzusetzen.

13. Soweit geeignete Wassergewinnungsstellen oder Schutzbezirke nicht freihändig zu Eigentum erworben oder in einer anderen, dauernd sicheren Weise geschützt werden können, empfiehlt es sich, die Verleihung des Enteignungsrechts zu beantragen. — Unter Umständen gewährt der Erlaß polizeilicher Anordnungen, durch welche innerhalb eines Schutzbezirks tiefere Aufgrabungen (Schürfungen Ausbaggerungen, Steinbrüche, Bergbau usw.), die Erzeugung, Ansammlung oder Lagerung nachteilig auf das Wasser einwirkender Stoffe oder die Einleitung häuslicher, städtischer oder industrieller Abwässer in Gewässer verboten oder beschränkt werden, ausreichenden Schutz. Auch läßt sich bei Flußregulierungen oft von vornherein ein Schutzbezirk schaffen. — Es liegt im Interesse der öffentlichen Gesundheitspflege, daß Anträge auf Erteilung des Enteignungsrechts zur Erwerbung von geeigneten Wassergewinnungsstellen und Schutzbezirken oder auf Erlaß der im Abs. 2 bezeichneten polizeilichen Anordnungen tunlichst Berücksichtigung finden.

III. Einrichtung der Anlage. 14. Die Anlage selbst muß so eingerichtet und beschaffen sein, daß sie, sofern ein gesundheitlich einwandfreies Wasser geschöpft wird, dieses nicht verschlechtert, sofern aber nur ein gesundheitlich bedenkliches oder sonstwie nicht einwandfreies Wasser zur Verfügung steht, dieses in ein unschädliches und billigen Ansprüchen genügendes Wasser umwandelt.

15. Quell- und Grundwasseranlagen sind so anzulegen und einzurichten, daß Krankheitserreger oder Verunreinigungen nicht eindringen können. — Demgemäß sind Sammelröhren, Sammelstollen, Sammelgalerien, Kessel-, Röhren-, artesische Brunnen, Quellfassungen, Sammelschächte, Sammelbrunnen, Revisionsschächte, kurz alle wassersammelnden, wasserführenden und wasserhaltenden Bauwerke der Gewinnungsanlage so einzurichten, daß nur das zur Erschließung und Benutzung vorgesehene Wasser gefaßt, dagegen jedes Tagewasser oder wilde Wasser oder sonstige Verunreinigungen, namentlich durch den menschlichen Verkehr, sicher und dauernd ferngehalten werden. — Die Saugleitungen und Pumpen und die Heberleitungen müssen mit den Brunnen derartig verbunden werden, daß kein anderes als das zur Erschließung vorgesehene Wasser in die Brunnen oder Leitungen eintreten kann. — Zur Reinigung (Spülung) der Anlagen sind tunlichst Entleerungsvorrichtungen vorzusehen. Etwaige Anlagen zum Ausgleiche des Luftdrucks sind hygienisch einwandfrei einzurichten. — Wenn mehrere Brunnen, Stollen, Quellfassungen oder ähnliche Einrichtungen angelegt werden, müssen sie, soweit angängig, einzeln ausschaltbar gemacht werden.

16. Anlagen, welche Oberflächenwasser oder ein der Infektionsgefahr ausgesetztes Grund- oder Quellwasser verarbeiten, sind so einzurichten, daß die im Rohwasser etwa vorhandenen Krankheitserreger beseitigt werden und neue nicht hineingelangen (vgl. Nr. 15). — Die in den „Grundsätzen zur Reinigung von Oberflächenwasser durch Sandfiltration" vom 13. Januar 1899 (vgl. Veröffentlichungen des Kaiserlichen Gesundheitsamts Jahrg. 1899, S. 107) enthaltenen Bestimmungen werden hierdurch nicht berührt.

17. Es sind Einrichtungen zu treffen, durch welche Färbungen und Trübungen des Wassers sowie Fehler im Geschmack und Geruch beseitigt oder wenigstens auf ein erträgliches Maß herabgedrückt werden (vgl. Abs. 2 Nr. 7), ohne daß Verschlechterungen des Wassers in anderer Hinsicht eintreten. — Sämtliche Lüftungseinrichtungen dieser Anlagen sollen mit Drahtgewebe oder auf andere Art abgeschlossen sein. Die zum Begehen der Anlagen erforderlichen Laufplanken, Gänge usw. sind zu wasserdichten Rinnen auszubilden, welche eine Reinigung ohne eine Beschmutzung des Filter- oder Lüfterwassers gestatten.

18. Alle Behälter für reines oder gereinigtes Wasser müssen so eingerichtet sein, daß das Wasser gegen Verunreinigungen und Infektionen völlig gesichert ist, daß die Behälter leicht gereinigt werden können und daß tunlichst Wasserumlauf in ihnen stattfindet. Die Behälter und Rohre müssen so tief liegen oder so eingedeckt sein, daß das darin befindliche Wasser von der Tagestemperatur möglichst wenig beeinflußt wird. Die Rohrleitungen müssen so beschaffen sein, daß ein Eindringen von Schmutz und Krankheitskeimen ausgeschlossen und ein guter Wasserumlauf gewährleistet ist. Eine ausgiebige Spülung des Rohrnetzes soll möglich sein. — Auch müssen Einrichtungen getroffen sein, um Proben des Wassers zum Zwecke der Untersuchung sachgemäß entnehmen zu können.

IV. Pläne, Bauausführung und Abnahme. 19. Die Durchführung der vorstehenden Grundsätze erscheint nur dann gesichert, wenn die für eine Neuanlage oder eine größere Erweiterung einer bestehenden Anlage ausgearbeiteten Pläne vor der Ausführung, der Bau während der Ausführung und die fertigen Anlagen vor der Inbetriebnahme seitens der Behörde einer sachverständigen Prüfung in hygienischer Hinsicht unterworfen werden.

B. Betrieb. 20. Der Betrieb der Anlage ist so zu gestalten, daß den Anforderungen der Nr. 14, 15 und 16 dauernd entsprochen wird. Bei Anlagen mit Sandfiltration ist bezüglich der Betriebshaltung den „Grundsätzen für die Reinigung von Oberflächenwasser durch Sandfiltration" vom 13. Januar 1899 stets in vollem Umfange Rechnung zu tragen. Anlagen anderer Konstruktion, die gleichen Zwecken dienen, sind so in Betrieb zu halten, daß ihre Wirkung dauernd der einer guten Sandfiltrationsanlage mindestens gleichkommt.

21. Anlagen mit Einrichtungen, durch welche Färbungen oder Trübungen oder andere Fehler beseitigt werden sollen, müssen so betrieben werden, daß ein zufriedenstellender Erfolg (vgl. Nr. 17) dauernd erzielt wird.

22. Es ist Vorsorge zu treffen, daß der Betriebsleitung zuverlässiger, sachkundiger, hygienischer Beirat stets zur Seite steht. Insbesondere hat die Betriebsleitung bei Störungen oder Änderungen im Betriebe sich rechtzeitig über die gesundheitliche Tragweite derartiger Vorkommnisse zu unterrichten und darauf bei ihren Maßnahmen Rücksicht zu nehmen. Wesentliche Störungen sind alsbald, wesentliche Betriebsänderungen vor der Ausführung der Behörde anzuzeigen, so daß diese die etwa vom Standpunkte der öffentlichen Gesundheitspflege erforderlichen Maßnahmen rechtzeitig treffen kann.

23. Das beim Betriebe der Anlage mit dem Wasser in Berührung kommende Personal soll an Zahl möglichst gering sein; es ist zur Reinlichkeit anzuhalten; fortlaufende ärztliche Überwachung des Personals ist erwünscht. Personen, welche an ekelerregenden oder ansteckenden Krankheiten leiden, müssen vom technischen Betriebe sofort und solange ferngehalten werden, als nach ärztlichem Ermessen noch eine Gefahr besteht. Bezüglich der in Nr. 4 bezeichneten Krankheiten gilt dies auch für solche Personen, welche der Krankheit nur verdächtig oder Infektionsträger oder auch nur einer Infektionsmöglichkeit in erhöhtem Maße, z. B. infolge von Typhusfällen in ihrer näheren Umgebung (Familie, Haus) ausgesetzt sind.

24. Bei Beschäftigung in den Filtern ist den Arbeitern besonderes Schuhzeug für alle Arbeiten, durch welche sie während des Betriebs mit dem Wasser in Berührung gebracht werden, und außerdem eine wasserdichte Kleidung vorrätig zu halten. — Zu den Betriebsarbeiten dürfen nur saubere Werkzeuge benutzt werden, welche in besonderen Behältnissen aufzubewahren sind. — Sind im Innern von Anlagen zur Gewinnung, Sammlung und Zuleitung von Wasser Arbeiten ausgeführt worden, so ist vor erneuter Benutzung eine kräftige Spülung erforderlich.

25. Wenn in Fällen höherer Gewalt die Lieferung gesundheitlich nicht einwandfreien Wassers unvermeidbar ist, muß dies sofort öffentlich bekannt gemacht und der zuständigen Behörde angezeigt werden.

C. Überwachung. 26. Die Überwachung verfolgt den Zweck, festzustellen, daß ein an sich einwandfreies Wasser nicht infiziert, verschmutzt oder sonstwie nachteilig verändert, sowie daß ein nicht einwandfreies Wasser zu einem unschädlichen und billigen Ansprüchen genügenden Genußwasser umgewandelt wird. Wenn dies bei dem einen oder dem anderen Wasser nicht der Fall ist, oder wenn ein Wasser nachträglich verschlechtert wird, sind die Ursachen zu ermitteln und, wenn möglich, Mittel zu ihrer Beseitigung anzugeben. Auch das Vorhandensein der genügenden Wassermenge ist durch die Überwachung festzustellen.

27. Die Überwachung hat sich zu erstrecken auf a) die Umgebung der Anlage, b) die Anlage selbst, einschließlich Wassergewinnung, Fassung, Zuleitung, Verteilung, Entnahme und c) den Betrieb.

28. Die Art der Überwachung hat sich nach der mehr oder minder großen Sicherheit, welche die Wasserversorgungsanlage bietet, und nach der ihr zukommenden mehr oder minder großen wirtschaftlichen Bedeutung zu richten. Dabei macht es, sofern die Anlage öffentlichen Zwecken dient, keinen Unterschied, ob sie sich im Eigentum oder in der Verwaltung eines Staates, eines öffentlichen Verbandes (Kreis, Bezirk, Gemeinde od. dgl.), einer Genossenschaft oder einer oder mehrerer Privatpersonen befindet. Öffentlichen Zwecken im Sinne dieser Grundsätze dienen auch die Anlagen solcher Anstalten, welche dem Publikum geöffnet oder zugewiesen sind, z. B. Krankenhäuser, Schulen und Erziehungsanstalten, Kasernen, Gefangenanstalten.

29. Die Überwachung wird ausgeübt teils durch regelmäßig wiederkehrende, teils durch außerordentliche, infolge besonderer Vorkommnisse notwendig werdende Prüfungen. — Die regelmäßigen Prüfungen finden in bestimmten, von der zuständigen Behörde festzusetzenden Zwischenräumen, mindestens aber alle drei Jahre einmal statt. — Die Prüfungen haben tunlichst zu den Zeiten stattzufinden, welche sich erfahrungsgemäß als gefährlich erwiesen haben, z. B. Wasserknappheit, Wasserfülle.

30. Die Prüfung hat in jedem Falle durch einen hygienischen Sachverständigen, sofern es sich aber nicht um ganz einfache Anlagen handelt, auch durch einen in Wasserversorgungsfragen erfahrenen technischen Sachverständigen zu erfolgen. — Wenn es erforderlich erscheint, hat die Behörde die Hinzuziehung weiterer Sachverständiger (Geologen, Chemiker, Bakteriologen usw.) anzuordnen. Namentlich kommt dies außer bei der ersten Anlage oder bei der Erweiterung größerer Werke (Nr. 19) bei solchen Betriebsstörungen in Betracht, welche nicht auf eine durch offensichtliche äußere Einflüsse hervorgerufene Veränderung der Menge oder der Beschaffenheit des Wassers zurückzuführen sind.

31. Bei besonderen Vorkommnissen kann die Behörde auch jederzeit eine Prüfung einer Wasserversorgungsanlage oder eine Wiederholung in kürzeren Zeiträumen anordnen, namentlich dann, wenn die Entstehung der Verbreitung einer durch Wasser übertragenen Epidemie, z. B. Typhus, Cholera zu befürchten steht, oder wenn eine solche bereits ausgebrochen ist. — Die Behörde hat dafür zu sorgen, daß wesentliche Änderungen im Betriebe rechtzeitig zu ihrer Kenntnis gelangen und hat sich über die Einwirkung der Veränderungen auf die gesundheitlichen Verhältnisse alsbald zu unterrichten.

32. Die Wasserwerksleitung hat die Beauftragten der Behörde nach Möglichkeit zu unterstützen und ihnen das zur Prüfung erforderliche Material zur Verfügung zu stellen. Bei den Prüfungen ist zu begutachten, ob, und zutreffendenfalls wie oft, wann

und wie chemische, bakteriologische oder andere Untersuchungen sowie Mengenbestimmungen des Wassers stattzufinden haben. Die Behörde entscheidet, ob und inwieweit diesen Anforderungen zu entsprechen ist.

33. Es empfiehlt sich, den Gang und Umfang der Prüfung der Wasserversorgungsanlagen durch Ausführungsbestimmungen zu regeln. — Über die Prüfung ist eine Niederschrift aufzunehmen, welche den Beteiligten abschriftlich mitgeteilt werden soll.[1]

Gesichtspunkte für Beschaffung eines brauchbaren, hygienisch einwandfreien Wassers in Preußen. Erlaß der Minister der usw. Medizinalangelegenheiten und des Innern vom 23. April 1907, an sämtliche Herren Regierungspräsidenten.

Um dem schon mehrfach hervorgetretenen Bedürfnisse nach Leitsätzen für diejenigen Stellen zu entsprechen, denen es obliegt, für die Beschaffung eines brauchbaren, hygienisch einwandfreien Wassers zu sorgen, sind auf Grund umfassender Vorarbeiten im Kaiserlichen Gesundheitsamte seitens des Reichs-Gesundheitsrats (Unterausschuß für Wasserversorgung) die Gesichtspunkte zusammengestellt worden, welche bei Aufgabe der gedachten Art, soweit die Verhältnisse es gestatten, zu berücksichtigen sind.

In Übereinstimmung mit den Vorschlägen des Reichsgesundheitsrats hat der Bundesrat in der Sitzung vom 16. Juni 1906 beschlossen, die verbündeten Regierungen zu ersuchen, die ausgearbeitete Anleitung bei Einrichtung, Betrieb und Überwachung der öffentlichen Wasserversorgungsanstalten tunlichst zur Richtschnur dienen zu lassen, auch die dazu gegebenen Erläuterungen entsprechend zu verwerten. — Die Anleitung umfaßt die Einzelabschnitte: A. Einrichtung. I. Wahl des Wassers. II. Bildung eines Schutzbezirkes. III. Einrichtung der Anlage. IV. Pläne, Bauausführung und Abnahme. — B. Betrieb. — C. Überwachung. — Der Inhalt ist hiernach nicht auf die hygienischen Anforderungen beschränkt, welche an das Wasser bei seinem Ausfluß aus dem Leitungsnetze gestellt werden müssen, sondern auch auf die Bedingungen erstreckt, welche hinsichtlich der Gewinnung des Wassers, sowie hinsichtlich der Gewinnung, der Einrichtung und des Betriebes der Wasserversorgungsanstalten erfüllt sein sollen. Dies erschien zweckmäßig, weil das zur Verfügung stehende Wasser in der Regel nicht ohne weiteres zu Trink- und Gebrauchszwecken geeignet ist, sondern erst einer Vorbehandlung unterworfen werden muß und außerdem der Gefahr ausgesetzt ist, daß es infolge fehlerhafter Einrichtungen bei der Gewinnung, Zuleitung oder Aufspeicherung verschlechtert wird.

Da das Wasser nicht nur als Trank, sondern auch in seiner Verwendung zur Reinhaltung des Körpers, der Gegenstände des täglichen Gebrauches, der Wohnung und der Umgebung des Menschen von hervorragender, gesundheitlicher Bedeutung ist, bezieht sich die Anleitung auf jedes Wasser, das nicht ausschließlich technischen Zwecken dient. — Unberührt bleiben die mit dem Erlasse vom 14. Oktober 1902 mitgeteilten „Grundsätze für die Reinigung von Oberflächenwasser durch Sandfiltration“. Die vom Bundesrat beschlossene Anleitung erscheint geeignet, im Zusammenhang mit den auf dem bezeichneten Gebiete bereits ergangenen diesseitigen Anordnungen die Versorgung der Bevölkerung mit gutem Wasser, welche zu den wichtigsten Aufgaben der Gesundheitspflege gehört, in wirksamer Weise sicherzustellen. Weiterhin wird sie den Aufsichtsbehörden zweckdienliche Anhaltspunkte für die sachgemäße Durchführung der Bestimmungen des § 35 des Reichsgesetzes, betreffend die Bekämpfung gemeingefährlicher Krankheiten, vom 30. Juni 1900 (R.-G.-Bl. S. 306) bieten, wonach die dem allgemeinen Gebrauche dienenden Einrichtungen für Versorgung mit Trink- und Wirtschaftswasser durch staatliche Beamte fortlaufend zu überwachen sind, die Gemeinden für Beseitigung vorgefundener gesundheitsgefährlicher Mißstände Sorge zu tragen haben und nach Maßgabe ihrer Leistungsfähigkeit zur Herstellung von Wasserversorgungseinrichtungen, sofern diese zum Schutze gegen übertragbare Krankheiten erforderlich sind, jederzeit angehalten werden können.

Ew. Hochwohlgeboren lassen wir beifolgend je ... Exemplare der Anleitung nebst Erläuterungen sowie der von uns dazu erlassenen Ausführungsanweisung mit dem Ersuchen ergebenst zugehen, je ein Exemplar den Landräten, den Ortspolizeibehörden der

---

[1] Die Erläuterungen im Journ. f. Gasbel. 1906, 781.

Stadtkreise und den Kreisärzten (Gerichts- und Kreisassistenzärzten) des Bezirkes mit dem Auftrage zu übersenden, sich mit dem Inhalt eingehend vertraut zu machen. Gleiches gilt für die Kreisbaubeamten, auch zur sinngemäßen Beachtung bei den selbständigen Wasserversorgungsanlagen in fiskalischen Bauten, und für die Wasserbaubeamten derjenigen Bezirke, in denen die ingenieurtechnischen Geschäfte den Wasserbaubeamten übertragen sind, sowie für die Beamten der Meliorationsbauverwaltung. — Um etwaigen Mißverständnissen hinsichtlich der in Nr. 28 der Anleitung beispielsweise aufgeführten Kasernen zu begegnen, weisen wir darauf hin, daß für die Einrichtung, den Betrieb und die Überwachung militärfiskalischer Wasserversorgungsanlagen gemäß § 39 Ziff. 4 des Gesetzes, betreffend die Bekämpfung gemeingefährlicher Krankheiten vom 30. Juni 1900, die Militärbehörden zulässig bleiben. . . . . Über die bei der Handhabung der Anleitung gemachten Beobachtungen sehen wir nach zwei Jahren einem Bericht entgegen. Dabei sind Abschriften der entsprechend der Nr. 33 der Anleitung etwa erlassenen weiteren allgemeinen Anordnungen über den Gang und den Umfang der Prüfung der Wasserversorgungsanlagen mit einzureichen. — Zur Durchführung der in der Sitzung des Bundesrats vom 16. Juni 1906 beschlossenen und den Bundesstaaten zur Richtschnur mitgeteilten „Anleitung für die Einrichtung, den Betrieb und die Überwachung öffentlicher Wasserversorgungsanlagen, welche nicht ausschließlich technischen Zwecken dienen", erlassen wir im Einvernehmen mit den Herren Ministern für Landwirtschaft, Domänen und Forsten, für Handel und Gewerbe und der öffentlichen Arbeiten die nachstehende Anweisung:

Bei der Feststellung des Wasserbedarfes wird nur bei den großen und mittleren Städten gemäß den Angaben in den Erläuterungen S. 8 mit durchschnittlich 100 l für den Kopf und Tag zu rechnen sein. Bei Landgemeinden empfiehlt es sich nach den bisher gewonnenen Erfahrungen täglich 50 l für den Einwohner, 50 l für das Stück Großvieh und 15 l für das Stück Kleinvieh in Ansatz zu bringen. Ein etwaiger Zuschlag für Bevölkerungszuwachs ist nach dem 5- oder 10jährigen Durchschnitte den örtlichen Verhältnissen anzupassen und dabei besonderen Verhältnissen, wie großer gewerblicher Bedarf, voraussichtlich außergewöhnliche Steigerung der Bevölkerung, gebührend Rechnung zu tragen, damit einem Wassermangel rechtzeitig vorgebeugt wird. — Vor allem ist es wichtig, die vorhandenen Wassermengen durch zuverlässige, über längere Zeit sich erstreckende Ergiebigkeitsmessungen sicher zu ermitteln, bevor darauf eine Wasserleitung gegründet wird. Bei größeren Anlagen sind solche Messungen regelmäßig, etwa 14tägig, unter Beachtung der den Messungen vorhergegangenen Witterung auszuführen. Für einfache Wassermessungen genügt ein geeichtes Meßgefäß von mindestens 10 l Inhalt; zur Vornahme der Messung ist der Schürfgraben abzudämmen und in die Abdämmung ein etwa 1 m langes Rohr oder Rinne einzubauen, durch die sämtliches Wasser abfließen muß. Bei Pumpversuchen ist zu beachten, ob bei der Ergiebigkeitsbestimmung sich der Wasserspiegel im Beharrungszustande befunden und in welcher Zeit nach Aufhören des Pumpens der frühere Wasserspiegel sich wieder eingestellt hat. — Reicht das erschlossene und als geeignet befundene Wasser zur Deckung des Wasserbedarfes nicht aus, so empfiehlt es sich, insbesondere wenn über die Grundwasserverhältnisse des betreffenden Gebiets noch keine sicheren Erfahrungen vorliegen, die Königliche Geologische Landesanstalt in Berlin um gutachtliche Äußerung zu ersuchen. — Dasselbe gilt bei der Feststellung von Schutzbezirken (A. II. 12 der Anleitung).

Zum Nachweis ungehöriger Zuflüsse zu Quell- und Grundwasser (Nr. 5) kann, abgesehen von der bakteriologischen Untersuchung, vielfach auch die mikroskopische Untersuchung der Wasserproben wertvoll sein und den Zusammenhang mit benachbarten Flüssen oder die ungenügende Filtration des Bodens ohne weiteres zweifellos dartun, wenn dasselbe Plankton, die gleiche Fauna und Flora mikroskopisch ermittelt werden. — Ist es geboten, zur Feststellung der Verbindung eines Brunnens mit verdächtigen Flüssen, Bächen oder Gruben oder zur Feststellung der Richtung des Grundwasserstroms leicht nachweisbare Stoffe in den Erdboden oder benachbarte Gewässer einzuführen, so kommt an erster Stelle hierfür Kochsalz in Betracht. Unter Umständen kann auch eine Untersuchung auf den elektrischen Leistungswiderstand, der in seiner Stärke durch verunreinigende Stoffe im Wasser beeinflußt wird (Wheatstone bzw. Kohlrausch-Kirchhoffsche Brücke) an Wert für die Klarstellung der Verhältnisse sein. Bei Verwendung von Fluorescin ist zu berücksichtigen, daß dieses, da es in saurem Boden ausgeschieden wird, nur in alkalischem Boden mit Erfolg verwendet werden kann und daß durch seine Einbringung in Brunnen das Wasser längere Zeit fluorescierend gefärbt bleibt. Beim Gebrauche von riechenden Stoffen, wie Saprol und Trimethylamin, ist zu beachten, daß das Trinkwasser bei Zutritt derselben auf Tage, selbst Wochen hin genußunfähig gemacht wird. Bei Versagen vorbenannter Methoden kann weiterhin die Verwendung von solchen Farbstoff bildenden Bakterien, welche in der Regel im Wasser nicht vorkommen (Prodigiosus-Kultur auf stärkemehl- oder kohlehydrathaltigem Agarnährboden) in Betracht gezogen werden. — Die in neuerer Zeit durch das unvermutete Auftreten von großen Mengen Mangan hervorgerufenen Schwierigkeiten bei mit Grundwasser gespeisten Wasserversorgungen lassen es geboten erscheinen, dem Vorkommen von Mangan besondere Beachtung zu schenken und gegebenenfalls neben dem Eisengehalt auch den Mangangehalt zu untersuchen.

Bei Wasserversorgungen, bei denen ungeschützte Bleiröhren zur Verwendung gelangen sollen, ist stets auf freie Kohlensäure möglichst an Ort und Stelle zu untersuchen. Bei Vorhandensein von freier Kohlensäure in weichen Wässern ist von der Verwendung ungeschützter Bleirohre abzusehen, es sei denn, daß durch den Versuch ausgeschlossen werden kann, daß das betreffende Wasser bleilösende Eigenschaften besitzt. Der Versuch ist in folgender Weise anzustellen: Man stellt in einem mit schräg abgeschnittenem Glasstopfen verschließbaren Standzylinder von ungefähr 1 l Inhalt ein der Höhe des Zylinders entsprechendes Stück eines halbierten, etwa 1 bis 2 cm starken Bleirohrs ein, nachdem seine Oberfläche mit stark verdünnter Salpetersäure gereinigt, in destilliertem Wasser sorgfältig längere Zeit abgewaschen und darauf mit einem sauberen Tuch abgetrocknet und blank poliert ist. Dann wird das zu untersuchende Wasser in den Zylinder längere Zeit unter möglichster Vermeidung des Miteintritts von Luft eingeleitet (bis sich der Inhalt des Zylinders mehrere Male erneuert hat). Der Zylinder wird dann mit dem Glasstopfen so geschlossen, daß keine Luft zwischen dem Stopfen und dem Wasser mit eingeschlossen wird. Nach frühestens 24 Stunden wird der Zylinder geöffnet, das mit einer reinen Pinzette gefaßte Bleirohr mehrere Male durch das Wasser auf- und niedergezogen, um etwa anhaftende ungelöste Bleisalze von dem Bleirohr abzuschütteln, und das — unfiltrierte — Wasser nach den bekannten Methoden auf seinen Bleigehalt untersucht. — Zur Erzielung einwandfreier Ergebnisse ist es unbedingt notwendig, die Wasserprobe so zu entnehmen, daß der ursprüngliche Gasgehalt des Wassers (Sauerstoff, Kohlensäure) möglichst wenig geändert wird. Deshalb ist der Versuch mit frisch geschöpftem Wasser möglichst an Ort und Stelle auszuführen. Bei Versendung von Wasserproben ist das Versandgefäß nach mehrmaligem Durchspülen bis zum Rande zu füllen. — Bakteriologische Untersuchungen sind in der Regel erst nach der Ausführung der Wasserfassung vorzunehmen und möglichst an Ort und Stelle einzuleiten. Von der bakteriologischen Untersuchung kann nur Abstand genommen werden, wenn die örtliche Prüfung der Wasserentnahmestelle durch den zuständigen Kreisarzt völlig einwandfreie Verhältnisse ergeben hat.

Bei örtlicher Prüfung eines Projektes für zentrale Wasserleitungen durch den Kreisarzt[1] gemäß der Bestimmung des § 74 Abs. 4 der Dienstanweisung für die Kreisärzte vom 23. März 1901 (Minist.-Bl. f. Med.-Ang. S. 2) hat sich in Nachachtung der Bestimmung des § 37 der genannten Dienstanweisung die chemische Prüfung des Wassers jedesmal zu erstrecken auf die Reaktion, das etwaige Vorhandensein von Ammoniak, Salpetersäure, salpetriger Säure und freier Kohlensäure.

Mit Bezug auf die Erläuterungen zu Nr. 8 S. 15, betreffend das Ozonverfahren und die Schnellfiltration, wird auf die bezüglichen Veröffentlichungen in den „Mitteilungen der Königlichen Prüfungsanstalt für Wasser- und Abwässerbeseitigung“ Heft 6, S. 60

[1] Es sollte doch stets ein Chemiker und für größere Anlagen auch ein Geologe zugezogen werden; vgl. S. 29.

und 80ff. verwiesen, in welchen die Ergebnisse der in der Anstalt ausgeführten Prüfungen des Ozonverfahrens und der amerikanischen Schnellfiltration niedergelegt sind. An der Hand dieser Feststellungen wird im gegebenen Falle geprüft werden können, ob diese Verfahren zur Besserung eines den Anforderungen unter Nr. 3 der Anleitung nicht entsprechenden Wassers anwendbar sind. — Auf die weiteren Angaben sei verwiesen.

Verwendung des Wassers.

Trinkwasser.

Bekanntlich enthält der menschliche Körper 50 bis 60 Proz. Wasser, von dem durch den Stoffwechsel täglich erhebliche Mengen ausgeschieden werden und somit wieder ersetzt werden müssen. Dieser Ersatz geschieht teils als Trinkwasser, teils als künstlich zubereitete Getränke, teils aber auch durch die verschiedenen Speisen, welche sämtlich wasserhaltig sind. Es liegt daher in der Natur der Sache, daß die Beschaffenheit des Genußwassers auf das Wohlbefinden des Menschen von großem Einfluß sein muß.

Schon im Altertum legte man großen Wert auf die Beschaffung eines guten Trinkwassers. *Hippokrates* meint, der Genuß des Sumpfwassers habe Milzanschwellung und Abmagerung zur Folge, Flußwasser bewirke Stein- und Nierenkrankheiten. *Plinius* fordert von einem Trinkwasser, daß es wie die Luft geruchlos und ohne Geschmack sei; es soll nicht lehmig sein, keinen Absatz machen und nicht schwer im Magen liegen. Stagnierendes Wasser wird verworfen, lebhaft fließendes Wasser vorgezogen, da es im Laufe besser werde. Auch die Indier, Perser und Ägypter schrieben den verschiedenen Wässern gute oder schlechte Eigenschaften zu.

Vor etwa 50 Jahren begann die wissenschaftliche Beurteilung des Wassers[1]. Von *Schulze*[2], *Almén*[3] und besonders von *Reichardt*[4] wurden sog. Grenzzahlen für den zulässigen Höchstgehalt eines Wassers an verschiedenen Stoffen aufgestellt. Verf.[5] zeigte bereits, daß diese Grenzen viel zu eng gezogen waren, daß sie besonders für die Stadt Hannover durchaus nicht paßten, für welche er andere Zahlen aufstellte, die daher selbstverständlich keine allgemeingültigen sein sollten. Wie nachfolgende Zusammenstellung zeigt, sind die später von *Tiemann*[6] bzw. *Tiemann* und *Gärtner*[7], *Wibel*[8] und vom Verein Schweizer analytischer Chemiker[9] aufgestellten Zahlen sehr ähnlich,

[1] Zusammengestellt in Dingl. pol. Journ. **212**, 75; **223**, 517.

[2] Dingl. pol. Journ. **188**, 206.

[3] Ber. d. deutsch. chem. Ges. 1871, 750.

[4] *E. Reichardt:* Grundlagen zur Beurteilung des Trinkwassers (Jena 1872) S. 31; Arch. d. Pharm. 1888, Heft 23.

[5] Vgl. *Ferd. Fischer:* Das Trinkwasser, seine Beschaffenheit, Untersuchung und Reinigung (Hannover 1873) S. 16; *Derselbe:* Chemische Technologie des Wassers (Braunschweig 1878) S. 138; Zft. f. angew. Chem. 1889, 502 u. 565; 1890, 461.

[6] *Kubel-Tiemann:* Anleitung zur Untersuchung von Wasser (Braunschweig 1874) S. 175.

[7] *Tiemann* und *Gärtner:* Untersuchung des Wassers (Braunschweig 1889) S. 651.

[8] *Wiebel:* Fluß- und Bodenwässer Hamburgs (Hamburg 1876) S. 101.

[9] Fischers Jahresber. 1888, 561.

während die vom Brüsseler internationalen Kongreß angenommenen[1] und die ähnlichen von *Vaughan*[2] wieder unannehmbar sind. Die englische Kommission[3] legt den Hauptwert auf die organischen Stoffe.

mg im Liter	*Reichardt* 1872	*F. Fischer* 1873 für Hannover	*Tiemann* 1874	Engl. Comm. 1874	Brüsseler Kongreß 1885	Schweizer Chemiker 1888	*Tiemann* und *Gärtner* 1889
Org. Stoffe (KMnO verbr.)	2 bis 10	8 bis 16	6 bis 10	—	10	10	6 bis 10
Darin: Organ. Kohlenstoff	—	—	—	2	—	—	5
Organ. Stickstoff .	—	—	—	0,3	—	—	—
Albuminoidammon	—	—	—	—	0,1	0,05	0,2
Ammoniak	—	0	0	—	0,5	0,02	0
Salpetrigsäure	—	0	0	—	—	0	0
Salpetersäure	4	27	5 bis 15	—	2	20	5 bis 15
Chlor	2 bis 8	36	20 bis 30	—	8	20	20 bis 30
Schwefelsäure	2 bis 63	80	80 bis 100	—	60	—	80 bis 100
Rückstand	100 bis 500	—	500	—	500	500	500
Härte (deutsche Grade) .	18	17 bis 20	18 bis 20	—	20	—	18 bis 20

Diese Stoffmengen als solche sind ganz unbedenklich; sie sollen nur zeigen, daß bei Mehrgehalt auffällige Verunreinigungen stattgefunden haben.

Inzwischen gelang es *R. Koch*[4], den Erreger der Cholera, den Cholerabacillus aufzufinden und nun begann die Keimzählung[5] der Hygieniker und Bakteriologen[6]. Besonders *Flügge*[7] will die Keimzählung durch Hygieniker; die chemische Analyse sei für die hygienische Beurteilung eines Wassers wertlos. Schon früher hatte Verf.[8] gezeigt, wie durchaus notwendig bei Beurteilung eines Wassers die örtliche Untersuchung ist. Jetzt ist wohl kein Zweifel mehr darüber[9], daß zur Beurteilung eines Wassers nicht die chemische, noch viel weniger die bakteriologische Untersuchung allein genügt zur Beurteilung eines Wassers, daß vielmehr die örtlichen Verhältnisse berücksichtigt werden müssen (vgl. S. 19).

Trinkwasser soll 1. durchaus frei sein von schädlichen Stoffen; 2. so beschaffen sein, daß es zum Genuß anregt[10].

[1] Fischers Jahresber. 1885, 933.

[2] Journ. Anal. Chem. 1890, 142; Zft. f. angew. Chem. 1890, 404.

[3] Rivers Pollution Commission (1868). Sixth report of the Commissioners appointed in 1868 to inquire into the best means of preventina the pollution of rivers (London 1874) S. 426.

[4] Reichsanz. v. 30. März 1884; Bericht über die Tätigkeit der zur Erforschung der Cholera im Jahre 1883 entsandten Kommission (Berlin 1887) S. 182. Fischers Jahresber. 1883, 1018; 1884, 1071; 1886, 873.

[5] Vgl. *Fischer:* Das Wasser (Berlin 1891) S. 33.

[6] Vgl. *Mez:* Mikroskopische Wasseranalyse (Berlin 1898) S. 497.

[7] Zft. f. Hygiene **22**, 445.

[8] Dingl. pol. Journ. **211**, 139; **215**, 517; **219**, 461; **226**, 302; Zft. f. angew. Chem. 1889, 504, 564; 1890, 462; 1892, 572.

[9] *G. Kabrhel:* Theorie und Praxis der Trinkwasserbeurteilung (München 1900); *M. Kuhner, M. v. Gruber, M. Ficker:* Handbuch der Hygiene, II. Bd., 2. Abt.; *R. Kolkwitz, C. Reichle, A. Schmidtmann, O. Spitter, K. Thumm:* Wasser und Abwasser (Leipzig 1911).

[10] Vgl. Dingl. pol. Journ. **223**, 517.

Daß ein für den Hausgebrauch bestimmtes Wasser keine Gifte (Arsen u.dgl.) enthalten darf, ist selbstverständlich; wo dieselben überhaupt in Frage kommen können, ist ihre Nachweisung nicht schwer. Ebenso selbstverständlich ist die Forderung, daß das Wasser keinesfalls Krankheitskeime enthält. Der Nachweis derselben ist aber sehr schwierig, weil sie von anderen, unschädlichen Bakterien nur sehr wenig verschieden sind; dazu kommt, daß doch nur sehr geringe Wassermengen daraufhin geprüft werden können, so daß sie sehr leicht übersehen werden. Besonders erschwerend ist aber der Umstand, daß sie aus dem Brunnen oder Bach meist bereits wieder verschwunden sind, wenn die Aufmerksamkeit (durch Ausbruch der Krankheit) darauf gelenkt wird. Berücksichtigt man ferner, daß ein Wasser bei der Untersuchung frei davon sein kann, welches nach einigen Tagen gefährliche Mengen davon enthält, so kann die unmittelbare Prüfung eines Wassers auf Krankheitskeime vorkommendenfalls den Bakteriologen überlassen werden. Bei der Beurteilung eines Wassers bzw. einer Wassergewinnungsanlage ist vielmehr entscheidend, inwieweit jede Verunreinigung mit menschlichen bzw. tierischen Stoffwechselprodukten ausgeschlossen ist, da diese Stoffe die Träger von Krankheitskeimen sein können.

Die organischen Bestandteile dieser Abfallstoffe zerfallen unter dem Einfluß niederer Organismen sehr bald in noch wenig gekannte Zwischenprodukte und bilden Kohlensäure sowie Ammoniak, dann Salpetrigsäure und Salpetersäure. Die meisten Bodenarten halten Phosphate, Kali, Ammoniak und stickstoffhaltige Stoffe zurück, während die Chloride und Nitrate, sowie die Sulfate vom Wasser fortgeführt werden und so unmittelbar in die Brunnen und Quellen gelangen. Demnach kann man aus dem Gehalte an Chlor, welches (soweit es nicht der natürlichen Beschaffenheit des Bodens entstammt) meist wesentlich aus dem Kochsalz des Urins stammt, auf die Zuflüsse aus Gruben u. dgl. schließen, wenn gleichzeitig die Zersetzungsprodukte der Stickstoffverbindungen (Ammoniak, Nitrate) vorhanden sind. Ist die Absorptionsfähigkeit des Bodens erschöpft und der Sauerstoffzutritt ungenügend, so treten auch Nitrite, Ammoniak und die in Zersetzung begriffenen organischen Stoffe selbst auf. Es sind also namentlich ins Auge zu fassen, außer den organischen Stoffen selbst, Ammoniak, Salpetrigsäure, Salpetersäure und Chlor; minder wichtig ist die Bestimmung der Schwefelsäure, des Kalkes, der Magnesia und der übrigen Bestandteile. (Vgl. S. 19.)

Um die zweite Bedingung zu erfüllen, soll ein gutes Wasser farblos, völlig klar und geruchlos sein. Das Wasser soll im Winter nicht kalt, im Sommer nicht warm sein, also möglichst 10 bis 12° zeigen. Daß es außerdem nicht durch menschliche bzw. tierische Abfälle verunreinigt sein soll — auch wenn die Krankheitskeime durch den Boden zurückgehalten sind — ist selbstverständlich.

Beachtenswert ist, daß der Geschmack des Wassers durch das Absterben von Muscheln und sonstigen kleinen Tieren verdorben werden kann. Bezüglich der unorganischen Bestandteile läßt sich über den Geschmack allerdings schwer streiten; die Angaben über die Schmeckbarkeit der Salze sind daher sehr verschieden[1]. — Chlornatrium wird nach *Valentin* als salzig geschmeckt, wenn 1,5 cc einer Lösung von 4,5 g im Liter, oder 12 cc einer Lösung von 2,5 g im Liter genommen werden. Nach *Baily* und *Nichols* schmecken im Durchschnitt Männer 1 Teil Kochsalz in 2240 Teilen Wasser, Frauen 1 Teil Salz in 1980 Teilen Wasser. Nach *Cammen* werden 450 mg Kochsalz von jedermann im Wasser erkannt, nach *Glotzbach*[2] erst bei 6,00 mg; Leute mit sehr empfindlichem Geschmacksorgan finden noch 150 mg im Liter heraus; nach *Rubner*[3] ist die Grenze, wo Kochsalz im Wasser bemerkbar wird, auf etwa 370 mg im Liter zu bemessen. — Chlorcalcium soll sich nach *Pappenheim* bei 500 mg im Liter durch den Geschmack verraten. *Rubner* und seine Mitarbeiter fanden 2000 mg im Liter ($CaCl_2 + 6\,H_2O$) Chlorcalcium = 1004 $CaCl_2$ salinisch schmeckend, aber nicht abstoßend wirkend. Bei 1000 mg im Liter = 502 $CaCl_2$ war beim Trinken kein auffallender Geschmack, aber nach dem Trinken noch ein geringer Nachgeschmack zu bemerken.

Reines krystallisiertes Chlormagnesium gab nach *Rubner* bei 2 g im Liter = 926 mg $MgCl_2$, ein bitteres, ungenießbares Wasser, auch 1000 mg im Liter = 463 $MgCl_2$ waren untrinkbar, ebenso 500 mg im Liter. 100 mg gaben (= 46,3 $MagCl_2$) noch deutlichen Nachgeschmack. Er will die Grenze für die Wahrnehmlichkeit des Chlormagnesiums auf etwa 60 mg = 28 mg $MgCl_2$ im Liter festsetzen. Nach *Kraut*[4] steht eine Lösung von 1 g krystallisiertem Chlormagnesium (= 465 mg $MgCl_2$), oder 1,5 g Carnallit (= 213 mg $MgCl_2$) oder 2 g Bittersalz (= 976 mg $MgSO_4$) in 1 l hannoverschem Leitungswasser[5] auf der Grenze der Geschmackswahrnehmbarkeit der Magnesiumverbindungen. *Landolt*[6] hat sich sogar durch den Versuch überzeugt, daß der bittere Geschmack der Magnesiumsalze in Flüssigkeiten, welche in 100 000 weniger als 150 bis 160 Teile Chlormagnesium (= 1,5 bis 1,6 g $MgCl_2$) enthalten, denselben nicht mehr wahrnehmen lassen. Nach *Dunbar*[7] verändert aber schon ein Zusatz von 50 mg Chlormagnesium den Geschmack eines reinen Wassers so, daß es als gutes Trinkwasser nicht mehr bezeichnet werden kann.

Sulfate schmecken weniger als die entsprechenden Chloride; *de Chaumont* bemißt bei dem Gips die Geschmacksgrenze auf 300 bis 430 mg, *Glotzbach* auf 250 mg im Liter, *Pappenheim* auf 500 mg, was nach *Rubner* zutrifft; „eine eigentliche und reine Geschmacksempfindung kann man aber den Vorgang kaum nennen. Man hat das Gefühl eines Adstringens nach dem Schlucken stark gipshaltiger Wässer". — Das Wasser des Reinsbrunnen, mit welchem

---

[1] Viertelj. f. gerichtl. Med. **24**, 1 u. 79.

[2] Zft. f. Wasserwirtschaft 1912, 30.

[3] Preußischer Medizinalbeamten-Verein; offiz. Bericht über die 12. Hauptversammlung zu Berlin am 26. und 27. April 1895, S. 22.

[4] Gutachten bezügl. Magdeburg gegen Mansfeld.

[5] Hannoversches Leitungswasser ist ziemlich hart; vgl. Zft. f. angew. Chem. 1892, 574.

[6] Aktenstücke betr. Anlage einer Kalifabrik zu Löderburg, S. 24.

[7] *Dunbar:* Die Abwässer der Kaliindustrie (München 1913) S. 59.

die Wasserleitung der Stadt Göttingen (früher allein, jetzt mit mehr oder weniger Grundwasser gemischt) gespeist wird, enthält aber im Liter:

Schwefelsäure	349 bis 377 mg
Kalk	306 „ 358 „
Magnesia	64 „ 72 „

Trotz dieses hohen Gipsgehaltes schmeckt das Wasser gut, von adstringierendem Gefühl ist keine Rede. Für schwefelsaures Magnesium macht *Pappenheim* die Angabe, daß 1000 mg Bittersalz im Liter = 976 $MgSO_4$ einen leicht bitteren und etwas salinisch, aber nicht etwa kochsalzartigen Geschmack haben. Bei 1000 mg = 488 $MgSO_4$ vermochte er irgendwelche Empfindungen nicht mehr wahrzunehmen. Ferner mildert die Zugabe von Magnesiumsulfat zu Kochsalz den salzigen Eindruck des letzteren[1].

Diese bis jetzt vorliegenden Angaben sind offenbar gar nicht vergleichbar; während *Rubner* noch 28 mg Chlormagnesium im Liter Wasser schmeckt, genügen für *Landolt* selbst 1600 mg Chlormagnesium nicht, um dasselbe zu schmecken. Bekanntlich ist der Geschmacksinn beim Menschen sehr verschiedenartig entwickelt. Abgesehen von der so sehr verschiedenen individuellen Geschmacksentwicklung ist zu beachten, daß man in kaltem Wasser die Salze längst nicht so leicht schmeckt als bei Zimmertemperatur (man setzt daher saure Weine in Eis). Sehr wesentlich ist der Einfluß des Lösungsmittels; in destilliertem Wasser gelöst verraten sich schon geringe Salzmengen, welche im Brunnen- oder harten Leitungswasser nicht geschmeckt werden.

Nach Versuchen des Verf. und einiger Bekannten zeigen z. B. die hier in Frage kommenden Salze, gelöst in destilliertem und im Göttinger Leitungswasser folgende Geschmackswirkungen:

Salzmengen		Gelöst in 1 Liter destill. Wasser	Leitungswasser
Chlormagnesium . .	90 mg	schwach salzig m. bitter. Nachgeschm.	nichts
„ . .	180 „	deutlich salzig m. bitter. Nachgeschm.	zweifelhaft
„ . .	280 „	salzig-bitter	schwach
„ . .	470 „	stark bitter-salzig	salzig-bitter
Schwefels. Magnesium	500 „	sehr schwach salzig, kühlend	zweifelhaft
Kochsalz	400 „	schwach salzig	nichts
„	500 „	deutlich salzig	zweifelhaft
„	900 „	rein salzig	schwach salzig.

Während also im destillierten Wasser 0,5 g Kochsalz deutlich salzig schmeckt, sind im Göttinger Leitungswasser für dieselbe Wirkung 0,9 g erforderlich; in dem bekannten „Tafelwasser“ Selters, welches im Liter 2,33 g

[1] Die Behauptung, daß in den Gewässern nicht Salze, sondern Ionen vorhanden seien, daß man daher einen Unterschied zwischen Chlormagnesium und Magnesiumsulfat nicht annehmen könne und eine nachteilige Wirkung durch diese Salze auf Magnesiumsulfat in gleicher Weise zurückzuführen sei wie auf Chlormagnesium (Zft. f. angew. Chem. 1913, 152), trifft nicht zu. *Nobbe* machte zwei Ernährungsversuche mit Pflanzen und beobachtete dabei, daß eine Lösung von Chlorkalium und salpetersaurem Kalk, die genau die gleiche Menge von Chlor, Salpetersäure, Kalium und Kalk enthielt wie eine zweite Lösung, bestehend aus Chlorcalcium und salpetersaurem Kali, sich ganz verschieden verhielten; in der einen Lösung gediehen die Pflanzen, in der anderen wuchsen sie schlecht. (Dresdner Anzeiger 1908, Nr. 28.)

Kochsalz enthält, wird kaum jemand das Salz herausschmecken. Magnesiumchlorid schmeckt intensiver als die äquivalente Menge Magnesiumsulfat. Der als Tafelgetränk bekannte Apollinarisbrunnen enthält 237 mg Magnesia im Liter als Bicarbonat[1]. Wenn man dasselbe durch Neutralisation mit Salzsäure in Chlormagnesium verwandelt, so schmeckt das Wasser bitter, zusammenziehend, mit längere Zeit anhaltendem Nachgeschmack. Die Ionentheorie[2] stimmt da nicht ganz.

Beachtenswert ist der Nachweis von *Koeppe*[3], daß reines Wasser gesundheitsschädlich wirkt. Destilliertes Wasser entzieht den Geweben Salze und führt zu einer Quellung derselben. Jedenfalls schmecken harte Wässer, welche vorwiegend kohlensauren Kalk enthalten, besser als weiche, ohne das Wohlbefinden irgendwie zu stören[4].

Nach *Röse*[5] ist es sogar wichtig, ein möglichst kalkreiches Wasser zur Wasserversorgung heranzuziehen, da der dauernde Genuß weichen Wassers die Zahnverderbnis begünstige und auch sonst die körperliche Entwicklung beeinträchtige. Die Gegenden sollen den größten Prozentsatz an militärtauglichen Leuten liefern, in welchen die Kalkformation vorherrscht. In solchen kalkreichen Gegenden ist nicht nur das Trinkwasser kalkreicher als anderswo, sondern auch die Gewächse, welche Menschen und Tieren als Nahrung dienen. *Emmerich*[6] empfiehlt, jeden Tag 1,5 g Chlorcalcium zu nehmen: die Verdauung soll dadurch verbessert werden. Wenn das Wasser nicht genügend Kalk enthält, so soll dem Brot Chlorcalcium zugesetzt werden. Nach *Bergheim*[7] begünstigt hartes Wasser die Verdauung durch den Speichel mehr als weiches.

Daß Gemüse in einem Wasser, welches viel Kalk und Magnesia enthält, nicht weich kochen, sondern mehr oder weniger hart bleiben, ist schon seit mehr als 100 Jahren bekannt und hat offenbar Veranlassung gegeben, solche Wasser „hart" zu nennen. Nach *Boutron* und *Boudet* ist das Hartbleiben von Bohnen, Erbsen und Linsen mehr dem Gips als dem kohlensauren Calcium zuzuschreiben, und nach den Versuchen von *Ritthausen* bildet sich in hartem Wasser eine Verbindung von Legumin mit Kalk oder Magnesia, die beim Kochen hornartig erhärtet. Auch beim Kochen der übrigen Gemüse und des Fleisches machen sich ähnliche unangenehme Wirkungen des harten Wassers geltend. Andererseits ist Gemüse mit destilliertem Wasser gekocht weniger schmackhaft, als wenn es Kochsalz enthält[8]. Teeaufguß

[1] Zft. f. angew. Chem. 1911, 155.

[2] Zft. f. physiol. Chem. **29**, 343; Fischers Jahresber. 1899, 915.

[3] Deutsche med. Wochenschr. 1898, 624.

[4] *Gärtner* (Klin. Jahrbuch 1902) führt als härtestes, ihm bekanntes Trinkwasser, welches schon seit 1000 Jahren unbeschadet genossen wird, das Wasser des thüringischen Städtchens Bürgel an. Es hat 103 Härtegrade, davon 88 durch Kalk und 15 durch Magnesia bedingt. Weitere Beispiele sind die Wässer der Wasserversorgungsanlagen Göttingens mit 40° und Würzburgs mit 30° Härte. (Vgl. S. 5).

[5] *Röse:* Erdsalzarmut und Entartung (Berlin 1908).

[6] Chemikerztg. 1913, 186.

[7] Journ. Amer. Chem. Soc. 1913, 461.

[8] Dingl. pol. Journ. **132**, 400.

mit 10° hartem Wasser war nach *Leschtschenke*[1] aromatischer und feiner im Geschmacke als ein solcher mit destilliertem Wasser. 15° hartes Wasser gibt eine nur wenig trinkbare und 30° bereits eine widerlich trübe, nach Gras schmeckende und riechende ungenießbare Flüssigkeit. Mit Gips hartgemachtes Wasser ist günstiger, indem selbst mit 30° noch trinkbare, wenn auch weniger gute Aufgüsse erhalten werden. Der Teingehalt geht bei kalkhartem Wasser von 10 bis 30° von 0,1 bis auf 0,034 g in 1 l Flüssigkeit, hergestellt aus 4 g Tee, herunter. Gips wirkt weniger ein. Mit destilliertem Wasser und 0,5 g Soda auf 1 l war die Farbe fast 4mal intensiver als bei destilliertem Wasser, sonst aber büßte der Aufguß an guten Eigenschaften nicht ein. Dasselbe gilt von Wasser mit kohlensaurer Magnesia bei 10° Schwefelsaures Natrium 0,5 g in 1 l, Kochsalz 1 g in 1 l und Magnesiumsulfat geben bei 10° einen helleren, sonst aber guten Aufguß. Aber schon 30 mg Chlormagnesium im Wasser macht dasselbe nach *Dunbar*[2] minderwertig für die Herstellung von Tee; 75 mg Chlormagnesium im Liter Wasser würde die Bewohner Hamburgs bei Herstellung von Kaffee jährlich um 2 Millionen Mark schädigen.

Mineralwasser.

Da sämtliche in der Natur vorkommende Quellwässer Mineralstoffe enthalten, so sind sie auch streng genommen alle als Mineralwasser anzusehen. Im gewöhnlichen Leben bezeichnet man jedoch mit diesem Namen nur diejenigen Quellwässer, welchen man heilkräftigende Wirkungen auf den menschlichen Organismus zuschreibt, sei es infolge der höheren Temperatur oder der gelösten Bestandteile. Haben die Mineralwässer eine höhere Temperatur, als der mittleren Jahrestemperatur entspricht, z. B. Aachen, Baden-Baden, Wiesbaden, so nennt man sie Thermen, enthalten sie Schwefelwasserstoff oder Sulfide, so werden sie als Schwefelwässer, sind sie reich an Kohlensäure, als Säuerlinge bezeichnet. Ein stark magnesiahaltiges Wasser nennt man auch Bitterwasser, eisenhaltiges Stahlwasser, natriumbicarbonathaltiges, alkalisches Mineralwasser usw. Nach *v. Than*[3] sind die Salze in den Mineralwässern dissoziiert. Aus dem „osmotischen Druck“ und der „Gefrierpunktserniedrigung“ könne man den Grad der Dissoziation berechnen. Die Bestandteile der dissoziierten Salze, die „Ionen“ sollen mit Elektrizität geladen und daher sehr reaktiv sein. Die Bedeutung der Salze im Organismus sei zurückzuführen auf die elektrischen Ladungen der Ionen. Beachtenswert ist die Radioaktivität[4] mancher Mineralwässer, der in vielen Fällen

[1] Farmazeft 1903, 1234. [2] *Dunbar:* Die Abwässer d. Kaliindustr. (München 1913) S. 65.

[3] Tschermaks mineral. Mitteil. (1892) Bd. 28; Fischers Jahresber. 1902, 964.

[4] Chemikerztg. 1907, 811; 1912, 1469; *Sommer:* Radioaktivitätsverhältnisse der natürlichen Heilquellen (München 1910). — Die Radiumemanation ist nach *S. Loewenthal* (Berl. klin. Wochenschr. 43, 1484) im Wasser gelöst und wird bei Trinkkuren mitgetrunken, verbreitet sich im ganzen Körper und entfaltet ihre Wirkung an den kranken Stellen. Bei Badekuren wird die Emanation nicht durch die Haut aufgenommen, da diese für Gase undurchdringlich ist, sondern durch die Atmung, und zwar haben Messungen in Wiesbaden und Baden-Baden ergeben, daß die Baderäume beträchtliche Mengen von Emanation in der Luft enthalten.

ein wesentlicher Teil der Heilwirkung zu verdanken ist. Da die Radioaktivität rasch verschwindet, so sollen derartige Wässer an der Quelle getrunken werden. Die Quellen in Wildbad enthalten Argon und Helium.[1]

In den Handel kommen die Mineralwässer (in Flaschen) entweder in dem natürlichen unveränderten Zustande (aber ohne Radioaktivität), oder es sind aus denselben einzelne Bestandteile ausgeschieden, oder es sind durch Zusätze einzelne an und für sich in dem betreffenden Mineralwasser vorhandene Bestandteile der Menge nach vermehrt worden. Dieses gilt besonders für die sog. Tafelwässer, welche in ihrer ursprünglichen natürlichen Beschaffenheit nicht den Ansprüchen der Konsumenten genügen würden, sondern erst nach Enteisenung, Versetzung mit Kochsalz, doppeltkohlensaurem Natron, citronensauren oder weinsauren Salzen od. dgl. und nach Übersättigung mit der oft vorher nur in Spuren vorhandenen Kohlensäure zu Tafelwässer geeignet sind. Als „natürliche Mineralwässer" kurzweg sollen nur solche bezeichnet werden, welche bei dem Abfüllen keine willkürliche Veränderung erfahren haben. Das abgefüllte Wasser darf also in seiner Zusammensetzung gegenüber dem Wasser der Quelle nur insofern Abweichungen zeigen, als dies durch das Abfüllen bedingt ist[2].

Der Gedanke, Mineralwasser künstlich zu erzeugen, wird *Thurneisser*[3] zugeschrieben; 1722 erschien von *F. Hoffmann* die erste Anleitung zur Herstellung künstlicher Mineralwässer. Ein einigermaßen brauchbares Produkt war aber erst dann zu erreichen, nachdem *Venel* (1750) den Vorschlag machte, in verschlossenen Gefäßen Soda und Salzsäure zu mischen, um so eine mit Kohlensäure gesättigte Lösung zu erhalten. *Pristley* schlug 1772 vor, Wasser direkt mit Kohlensäure zu sättigen und 1774 veröffentlichte *Bergmann* bereits Vorschriften zur künstlichen Herstellung des Mineralwassers von Selters und Pyrmont auf Grund entsprechender Analysen; er zeigte bereits, daß der erfrischende Geschmack der Säuerlinge von dem darin gelösten „mephitischen Gas" (Kohlensäure) herrühre[4]. *Meyer*, der bereits im Jahre 1787 in Stettin Selterswasser in großen Mengen herstellte, gab weitere Anleitung zur Übersättigung des Wassers mit Kohlensäure, worauf dann *Paul* 1789 in Genf eine Mineralwasserfabrik errichtete, in der er die Kohlensäure bereits mittels einer Pumpe in das Wasser preßte. Weitaus das größte Verdienst um die Herstellung und Einführung der künstlichen Mineralwässer hat jedoch *F. A. Struve*, der nach mehr als zehnjährigen Versuchen im Jahre 1821 eine Fabrik künstlicher Mineralwässer in Dresden errichtete.

Die Darstellung der künstlichen Mineralwässer geschieht allgemein durch Sättigen des mit den betreffenden Stoffen versetzten Wassers mit Kohlensäure unter Druck in bestimmten Apparaten, und Auffüllen des

---

[1] Chemikerztg. 1913, 936.

[2] Zft. f. öffentl. Chem. 1900, 125; 1901, 2.

[3] *Thurneisser:* Von kalten, warmen-mineralischen und metallischen Wassern (Frankfurt 1572); zweite Auflage (Straßburg 1682).

[4] *Leonhardi:* Chymisches Wörterbuch (Leipzig 1798), 7, 76.

fertigen Mineralwassers auf sofort luftdicht verschlossene Flaschen. Die Kohlensäure wird hergestellt aus Marmor und Salzsäure oder Magnesit und Schwefelsäure; auf Empfehlung von *Raydt*[1] wird auch flüssige Kohlensäure verwendet. Sie wird entweder mittels Pumpen in den Apparat eingepreßt (Pumpenapparate) oder aber man entwickelt die Kohlensäure in verschlossenen Gefäßen, so daß sie durch ihren eigenen Druck eingepreßt wird (Selbstentwickler). Das Wasser löst unter verschiedenen Drucken gleiche Raumteile Kohlensäure. Auf die praktische Herstellung der Mineralwässer muß verwiesen werden[2]. Es ist zu beachten, daß nur reines Wasser verwendet werden darf, da Krankheitskeime durch die Kohlensäure nur langsam getötet werden[3].

Die zur Herstellung künstlicher Mineralwässer verwendete Kohlensäure ist in Wirklichkeit Kohlensäureanhydrid (CO_2), welche im Wasser nur langsam und teilweise in Kohlensäure übergeht. Dementsprechend scheiden die natürlichen, stark kohlensauren Mineralwässer die Kohlensäure beim Ausgießen im Glase in gleichmäßigen kleinen Bläschen erst allmählich aus. Dieselben beschlagen die Glaswände wie mit einem feinen Tau, während die künstlichen Mineralwässer die Kohlensäure mehr explosiv in großen Gasblasen entweichen lassen, welche rasch an die Oberfläche steigen[4].

Dampfkesselspeisewasser.

Bei der Beurteilung des Dampfkesselspeisewassers ist zu berücksichtigen, ob dasselbe 1. zerstörend auf die Kesselbleche und die Armaturen einwirken, 2. feste Absätze bilden kann[5].

Abnutzung der Dampfkessel. Während die Zerstörung der Kesselbleche von außen auf die Einwirkung der Schwefligsäure und des überschüssigen Sauerstoffes der Rauchgase bei gleichzeitigem Vorhandensein von Feuchtigkeit zurückzuführen ist[6], sind die Ursachen der Zerstörungen der Dampfkessel auf der innern Seite vorwiegend in den Bestandteilen des Speisewassers zu suchen.

---

[1] Zft. f. Mineralwasser 1884, 105.

[2] *B. Hirsch* und *P. Siedler:* Die Fabrikation der künstlichen Mineralwässer, 3. Aufl. (Braunschweig 1897).

[3] Pharm. Centralh. 1892, 745.

[4] Dasselbe gilt von den beliebten Kohlensäurebädern, welche vielfach dadurch hergestellt werden, daß man flüssige Kohlensäure (als Gas) in das Wasser leitet. Das Kohlensäureanhydrid perlt durch das Wasser, hat aber die gewünschte Wirkung nicht. Wirkliche Kohlensäurebäder stellt Verf. seit etwa 30 Jahren aus Bicarbonat her:

$$NaHCO_3 + HCl = NaCl + H_2CO_3.$$

Da die Salzsäure sofort gesättigt wird, ist ein Angreifen der Badewanne ausgeschlossen Wenn das Badewasser die gewünschte Temperatur usw. hat, löst man darin 250 g doppeltkohlensaures Natron (technisch), gießt dann der Mitte entlang 250 g Salzsäure (vorher mit etwa 1 l Wasser verdünnt) hinzu, rührt vorsichtig einmal um; dann hinein. Nach wenigen Sekunden bilden sich am eingetauchten Körper unzählige Kohlensäurebläschen; daher ruhig liegen!

[5] Vgl. Dingl. pol. Journ. **220**, 172 u. 367; **226**, 530; **230**, 137; **237**, 393; **239**, 197; **241**, 362; **247**, 454.

[6] Dingl. pol. Journ. (1878) **229**, 131; **230**, 38 u. 134.

Verf.[1] hat mehrfach Rostbildungen untersucht, die wesentlich aus Oxydoxydul bestanden und teils unter Kesselsteinkrusten, teils ohne solche gebildet waren. Besonders charakteristisch sind diese Rostbildungen in den Kesseln mit sog. Gegenströmung, wo das nicht vorgewärmte Speisewasser in den kältesten Teil des Kessels eingeführt wird, der sich dann regelmäßig angegriffen zeigt. So berichtet *Greiner*[2], daß an 4 Kesseln, die mit Spreewasser gespeist wurden, die Untersieder nach halbjährigem Betriebe Hunderte von Buckeln in Erbsen- bis Bohnengröße bekommen hatten, nach deren Entfernung sich Vertiefungen im Bleche zeigten, ausgefüllt mit einer dunkelbraunen Masse, welche wie die Buckel selbst aus Eisenoxyd und Oxydul bestand. Einlagen von Zink erwiesen sich wirkungslos. Ähnliche Zerfressungen zeigen auch andere Vorwärmer[3]. Ob und inwieweit galvanische Wirkungen verschiedener Bleche od. dgl. in Betracht kommen[4], ist noch fraglich.

Bekanntlich zeigen sich die Rostbildungen im Unterkessel namentlich stark im Scheitel des kurzen Endes hinter dem Verbindungsstutzen mit dem oberen Kessel, wenn sich hier Dampf und Luftblasen sammeln. Eine derartige schwarze, ziemlich feste, 4 bis 5 mm dicke Kruste aus einem hannoverschen Kessel zeigte folgende Zusammensetzung:

Eisenoxyd	60,12
Eisenoxydul	32,28
Unlöslich	3,55
Wasser, Kalk u. dgl.	4,05

bestand also fast nur aus Eisenoxydoxydul.

Hieraus erklärt sich leicht die Entstehung derartiger Rostbildungen. Bekanntlich rostet Eisen stark bei gleichzeitiger Einwirkung von Sauerstoff und Feuchtigkeit.[5] Die Korrosion wird nach *H. Rinne*[6] und *Rudeloff*[7] nicht durch die Beschaffenheit des Eisens, sondern durch die Bestandteile des Wassers, besonders den Sauerstoffgehalt desselben veranlaßt. Nach *Niemeyer*[8] ist auffallend stark die zerstörende Wirkung des Sauerstoffes in der Höhe der Wasserlinie bei stehenden Röhrenkesseln und Quersiederkesseln, da die höhere Temperatur der über dem Wasserspiegel liegenden, also nicht genügend gekühlten Heizflächen eine Oxydation begünstigt. Da nun wohl kaum jemals ein Speisewasser zur Verwendung kommt, welches frei ist von Sauerstoff und Kohlensäure, so werden die Kesselbleche überall da verrosten, wo sie von diesen Gasen getroffen werden, namentlich aber da, wo sie längere Zeit mit ihnen in Berührung bleiben, also in den kälteren Teilen des Kessels

[1] Dingl. pol. Journ. (1878) **230**, 43 u. 134.

[2] Zft. d. Ver. deutsch. Ing. 1871, 296.

[3] Zft. d. Ver. deutsch. Ing. 1871, 519, 522 u. 732; Wochenschr. d. österreich. Ing. u. Arch. 1877, 253; Fischers Jahresber. 1900, 516.

[4] Dingl. pol. Journ. (1864) **172**, 110; **173**, 340; (1866) **179**, 89 u. 93; (1876) **222**, 242; Engineer. **40**, 371; Zft. d. Ver. deutsch. Ing. 1871, 296; 1872, 786.

[5] Vgl. S. 39; Dingl. pol. Journ. **218**, 75; **219**, 526.

[6] Stahl u. Eisen 1904, 83.

[7] Verhandl. Gewerbefl. 1910, 441.

[8] Stahl u. Eisen 1909, 1953.

und im Vorwärmer. Enthält das Wasser vorwiegend kohlensaures Calcium, oder wird es gut vorgewärmt, so daß die genannten Gase größtenteils entfernt sind, so kann die Rostbildung unmerklich, ja auch durch eine dünne Kesselsteinschicht beschränkt werden. Wenn durch Hin- und Herbiegen der Wandungen durch abwechselndes Ausdehnen und Zusammenziehen die schützende Schicht, die auch aus magnetischem Eisenoxyd bestehen kann, fortwährend gelockert wird, so daß der feuchte Sauerstoff immer wieder mit metallischem Eisen in Berührung kommt, so wird der Rost rasch tief eindringen. Daher zeigen auch namentlich die Kessel Rostbildungen, welche über Nacht sich abkühlen, um so mehr hier die Luftblasen während der Ruhe länger an einer Stelle haften. Noch mehr muß das Zerfressen der Kessel durch die das Rosten begünstigenden Salze beschleunigt werden, namentlich durch Chlormagnesium[1]. Da ferner nach *Deville* (1870) Eisen schon bei 150° von reinem Wasser angegriffen wird, so werden die Bleche in der Wasserlinie angegriffen, sobald diese durch die Feuergase erhitzt wird; auch unter dicken Kesselsteinschichten werden sich die erwähnten Rostbildungen zeigen. Nach *Whitney*[2] ist die CO_2 für die Eisenauflösung nicht erforderlich, spielt aber bei Dampfkesseln oder Heißwasseranlagen eine bedenkliche Rolle. In dem heißen Wasser wird die CO_2 ausgetrieben und bildet im Kondenswasser, entsprechend der Gleichung

$$Fe + 2\,CO_2 + 2\,H_2O = H_2Fe(CO_3)_2 + H_2,$$

ein saures Carbonat. Dieses kommt wieder in den Kessel zurück und wird da durch die Hitze wieder vollkommen in Eisenoxyd und CO_2 zerlegt. Das CO_2 wandert wieder zu dem Kondenskessel, greift dort an derselben Stelle das Eisen an, kehrt wieder als Eisendicarbonat zurück usf. Nach Versuchen von *Blacher*[3] verdanken besonders die unter dem Schlamm auftretenden Korrosionen des Kesselbleches dem Mangangehalt desselben; das gebildete Calciummanganit wirkt als Sauerstoffüberträger.

Um das Verhalten des Chlormagnesiums im Dampfkessel festzustellen, erhitzte Verf.[4] in einem kleinen eisernen Kessel eine Lösung von 100 g reinem krystallisiertem Chlormagnesium in 1 l Wasser bei 2 Atm. Überdruck etwa 16 Stunden lang; das verdampfte Wasser wurde durch ausgekochtes destilliertes Wasser ersetzt. Als der Kessel geöffnet wurde, zeigte sich die ganze innere Fläche desselben sehr stark angegriffen; das Eisen war im Dampfraum mit einer dicken, rotbraunen Rostschicht bedeckt, im Wasserraum metallisch blank, aber von millimetertiefen Furchen wurmfraßig durchgezogen. Das etwa 400 cc betragende Kesselwasser war schwarz von suspendiertem magnetischem Eisenoxyd (F_3O_4), reagierte neutral und enthielt in 100 cc soviel Eisen gelöst, als 43 mg Eisenchlorid entspricht. Es konnten 22 g eines schwarzen Schlammes gesammelt werden, der aus Fe_3O_4 mit Eisenoxydhydrat [$Fe_2(OH)_6$] und

[1] Vgl. Dingl. pol. Journ. (1866) **179**, 93; **218**, 78; **222**, 244.

[2] Journ. f. phys. Chem. 1903, 394.

[3] Zft. f. Dampfkessel 1910, 137.

[4] Dingl. pol. Journ. (1876) **222**, 244.

Magnesiumoxychlorid bestand. Auch Zinkeinlagen vermochten die schädliche Wirkung des Chlormagnesiums nicht zu verhindern.

Nach anderen Versuchen[1] greifen alle Chloride bei 10 Atm. Eisen an unter Entwicklung von Wasserstoff und Bildung von Fe_3O_4, bei Magnesiumsulfat, mehr noch bei Chlormagnesium bleibt ein Teil des Eisens gelöst. Nach Versuchen von *Ristenpart*[2] gibt Chlormagnesiumlösung von 108° ab salzsäurehaltige Dämpfe. Auch nach *Faraday*, *Forster*[3], *Vogel*[4], *Vogt*[5], *Schierholz*[6], *Basch*[7] und *Heuser*[8] greift Chlormagnesium das Eisen stark an; das Kondensationswasser reagiert bei Verwendung von chlormagnesiumhaltigem Speisewasser zuweilen sauer. *Stingl*[9] hat gefunden, daß Chlormagnesium im Dampfkessel bei 4 Atm. Überdruck geradezu in Magnesiumhydrat und freie Salzsäure zerfällt; selbst schwefelsaures Magnesium zerfällt nach *Mrazek*[10] in dieser Weise. *Wolff*[11] findet, daß bei Vorhandensein von Kesselstein auf der Feuerbrücke und an den Rohrwänden und durch die dadurch bedingte örtliche Temperaturerhöhung, die den Kesselstein durchtränkte, anfangs wasserreiche Chlormagnesiumlösung immer wasserärmer wird, und daß schon von 190° an die Zersetzung des $MgCl_2$ mit wenig Wasser in $Mg(OH)_2$ und 2 HCl vor sich geht. *Langbein* und *Gilbert*[12] heben hervor, daß die peruanischen Kesselspeisewässer durch den Chlormagnesiumgehalt in kürzester Zeit nicht nur die Kesselbleche, sondern auch die Pumpen, Ventile und Röhren korrodierten, durch welche das Wasser seinen Lauf aus dem Vorwärmer nach dem Dampfkessel nahm. Calciumcarbonat fällt aus Chlormagnesium im Kessel Magnesiumoxyd[13], so daß bei dessen Gegenwart die schädliche Wirkung des Chlormagnesiums im Kesselwasser verhindert werden kann (vgl. S. 68).

Daß Wasser, welches Schwefelwasserstoff enthält, mehr aber noch die sauren Grubenwässer, die Kesselbleche stark angreifen müssen, liegt auf der Hand. Auch Bachwasser, welches viel freie Kieselsäure enthält, soll die Kessel korrodieren.

Es ist ferner mehrfach beobachtet, daß Dampfkessel, welche mit Wasser aus Torfmooren gespeist wurden, sehr stark angegriffen waren. Verf.[14] sah, daß enge Flammröhren aus einem mit Torfwasser gespeisten Röhrenkessel

[1] Chemikerztg. 1902, 820, 847 u. 1099; 1903, 87.
[2] Zft. f. angew. Chem. 1912, 290.
[3] Dingl. pol. Journ. (1866) **179**, 93.
[4] Wagners Jahresber. 1865, 567.
[5] Mitt. Praxis Dampfkessel 1903.
[6] Zft. f. Dampfkessel 1909, 155.
[7] Zft. f. Dampfkessel 1911, 461.
[8] Zft. d. Ver. deutsch. Chem. 1913, 31.
[9] Zft. f. Rübenzucker in Österreich 1879, 165.
[10] Dingl. pol. Journ. (1869) **194**, 147.
[11] Zft. f. Dampfkessel 1911, 333.
[12] Dingl. pol. Journ. (1879) **232**, 455.
[13] Zft. f. öffentl. Chem. 1900, 241; Zft. d. Ver. deutsch. Ing. 1900, 1296; Chemikerztg. 1902, 826.
[14] Dingl. pol. Journ. **230**, 137.

völlig zerfressen waren. *Heräus*[1] hat beobachtet, daß Wasser, welches stickstoffhaltige, in Zersetzung begriffene Stoffe aus Kloaken enthält, die Kessel stark angreift. Nach *Bruhns*[2] wurde ein Kessel stark angegriffen durch ein Wasser, welches Huminstoffe und Nitrate enthielt.

Faulende organische Stoffe veranlassen starkes Schäumen des Wassers[3].

Zucker im Dampfkessel wirkt sehr schädlich[4]. Befindet sich in einem Dampfkessel Zucker in sehr großer Verdünnung, so setzt sich derselbe in Ameisensäure, Essigsäure und andere organischen Säuren um, welche die Wandungen des Kessels stark angreifen, und zwar um so energischer, je höher der Dampfdruck ist. Wie arg diese Zerstörung werden kann, zeigt der Durchschnitt (Fig. 11) der Feuerplake eines mit zuckerhaltigem Wasser gespeisten Dampfkessels. Gelangen jedoch große Mengen Zucker auf einmal in den Kessel, so brennt sich der Zucker an den heißesten Stellen der Flammrohre fest; es bildet sich eine Schicht poröser Kohle, deren Dicke sehr schnell soweit zunimmt, daß das Kesselblech darunter glühend wird und sich durch den inneren Druck nach außen ausbeult. Diese Art der Schädigung der Kessel

Fig. 11.

durch zuckerhaltiges Speisewasser ist jedenfalls die gefährlichste, weil sie sehr schnell, schon einige Stunden nachdem die großen Mengen Zucker in den Kessel gelangt sind, auftritt.

Bedenklich sind die Erscheinungen, welche nach dem Speisen der Dampfkessel mit Kondensationswasser auftreten, wenn dasselbe infolge des Schmierens der Dampfzylinder fetthaltig ist. *Bolley* u. A.[5] haben die rasche Zerstörung der Kesselbleche infolge einer aus, dem Fett oder Mineralöl enthaltenden, Speisewasser abgesetzten dünnen Schicht einer Kalkseife, welche die Benetzung der Bleche hinderte, beobachtet.

Daß die mit Kondensationswasser gespeisten Schiffskessel stark angegriffen werden, ist bekannt. Es ist ferner beobachtet, daß ein Kessel rasch zerstört wurde, dessen Speisewasser durch Fettsäuren verunreinigt war.[6] Ferner

[1] Arch. d. Pharm. 1874, 317.

[2] Centralbl. Zucker. 1910, 224; vgl. Zft. f. Spiritus. 1903, 215.

[3] Zft. f. Zucker in Böhmen **12**, 35; Deutsche Zuckerind. 1887, 434 u. 1028; Centralbl. Zucker. 1898, 404; Jahresb. Dampfk. Berlin 1903; Zft. f. Dampfkessel 1910, 225; Fischers Jahresber. 1898, 445.

[4] Dingl. pol. Journ. **230**, 137; **247**, 454.

[5] Dingl. pol. Journ. **146**, 221; **162**, 164; **173**, 23; **180**, 254; **213**, 488; **230**, 135; **219**, 252; Zft. d. Bayer. Dampfk. 1903, 35.

[6] Dingl. pol. Journ. **231**, 88.

haben *Kämmerer, Schondorff* und der Verf.[1] nachgewiesen, daß das zum Schmieren der Dampfzylinder verwendete Fett teilweise zerlegt wird, und die Bildung von Eisenseife veranlaßt. Daß aber ein mit diesen teilweise zersetzten Fetten geschwängertes Kondensationswasser die Kesselbleche vielleicht direkt angreifen, jedenfalls aber die Zerstörung durch den Sauerstoff des Speisewassers begünstigen wird, ist wohl unzweifelhaft. Ferner mischt sich das Fett mit dem sich im Kessel abscheidenden (besonders dem magnesiahaltigen) Schlamm, und eine mit Öl geschwängerte Schlammschicht wirkt schlimmer isolierend, als das Öl allein. Erfahrungsgemäß genügt eine mit Öl geschwängerte Schlammschicht von 1 mm Stärke, um das Blech des Kessels durch Wärmestauung derart zu erweichen, daß es dem Dampfdruck nachgibt[2].

Kesselsteinbildungen. Nach früheren Angaben[3] kann durch Dampfkessel, deren innere Flächen mit Krusten und Schlamm bedeckt sind, nur eine sehr unvollkommene Ausnützung des Brennmaterials erreicht werden; nach *Cousté* beträgt dieser Verlust sogar 40 bis 60 Proz. Nach neueren Versuchen der physikalisch-technischen Reichsanstalt[4] ist zwar der Einfluß innerer Beläge auf die höchste Blechtemperatur sehr ungünstig, dieser Einfluß hängt aber sehr von der Art des Belages ab; insbesondere wirken Ölbeläge ungleich ungünstiger als Steinbeläge. Der Einfluß des Kesselsteines auf die Wärmeübertragung ist aber gering. Für die Betriebssicherheit kommt als Folge des Steinbelages, von Korrosionen, die unter der Steinschicht bestehen, abgesehen, lediglich die Steigerung der Blechtemperatur in Frage.

Nach *Eberle*[5] beträgt die Verminderung der Wärmeausnutzung durch einen Steinbelag von 5 mm Dicke nur 3 bis 5 Proz. Nach weiteren Versuchen von *Reutlinger*[6] wird die Wärmeausnutzung durch Kesselsteinschichten nicht erheblich beeinflußt. Viel schädlicher wirken Teeranstriche oder Ölablagerungen; schon eine Ölschicht von 0,5 mm wirkt viel schädlicher als eine Steinschicht von 5 mm. Viel bedenklicher ist, daß bei stärkeren Steinbelägen, bei Bildung sog. Kuchen, bei Schlammansammlungen und Öl- oder Fettablagerungen sich infolge der Wärmestauung Blechtemperaturen einstellen, die namentlich in den ersten Heizflächenteilen direkt gefeuerter Heizvorrichtungen die Festigkeit des Materiales beträchtlich vermindern und zu Deformationen führen. Die Schädlichkeit kleinerer Deformationen äußert sich vornehmlich in der von der Vertiefung begünstigten stärkeren Ablagerung von Verunreinigungen und damit in der gesteigerten Möglichkeit von Überhitzungen und Korrosionen, die häufig zum Durchrosten der Beulen führen. Ferner können Risse infolge Durchrostens von Einbeulungen oder durch Verletzungen der Schweißnähte als indirekte Folge der Verunreinigungen eintreten.

[1] Dingl. pol. Journ. **230**, 136; **237**, 393.
[2] Vgl. Dingl. pol. Journ. **230**, 134; **237**, 393.
[3] Vgl. Dingl. pol. Journ. **212**, 208; **220**, 172.
[4] Zft. f. Dampfkessel 1907, Nr. 39.
[5] Österr. Zft. f. Berg- u. Hüttenw. 1910, 267.
[6] Zft. d. Ver. deutsch. Ing. 1910, 545.

Jede Vergrößerung derartiger, durch Überhitzung infolge von Heizflächenablagerungen entstandener Risse kann die Ursache für den plötzlichen Austritt von größeren Wasser- und Dampfmengen und damit den Anlaß einer Kesselexplosion bilden. Eine andere Begleiterscheinung häufiger Überhitzung ist das Verbrennen und Abblättern von Blechen, die im ersten Feuer liegen, ein Vorgang, der ebenso wie das Ablösen von Oxydschichten bei der Entfernung des Steines mit der Zeit eine starke Schwächung der Wandstärke verursacht. Die Verminderung des Wasserraumes bei eng stehenden Heizrohren, das teilweise Zuwachsen von Speiseleitungen und Vorwärmerquerschnitten, die schädliche Wirkung mitgerissener Schlammteile in Dampfmaschinen, namentlich aber das Verlegen von Armaturen, besonders der Wasserstandgläser, und ähnliche auf Stein- und Schlammbildung zurückzuführende Erscheinungen lassen gleichfalls die Verwendung weichen Wassers im Interesse der Betriebssicherheit höchst wünschenswert erscheinen.

Versuche von *C. Bach*[1] zeigen, daß durch das Abklopfen des Kesselsteines eine weitergehende Schädigung des Bleches stattfinden kann, als man bisher annahm.

Nach *Cousté* bestehen die in Schiffskesseln abgesetzten Krusten vorwiegend aus schwefelsaurem Kalk, weniger Magnesiumoxyd, basisch kohlensaurer Magnesia, Spuren von Eisen und Tonerde; der schlammige Niederschlag dieser Kessel aus den gleichen Bestandteilen mit organischen Stoffen, Kieselsäure usw. gemengt. Nach *Völker* bestand der Kesselstein eines Seedampfers aus 72,42 Proz. Anhydrit ($CaSO_4$) und 24,24 Proz. Magnesiumhydrat (MgO_2H_2) nebst Spuren Chlor, Fluor, Kieselsäure, Phosphorsäure, Tonerde und Eisen. Nach *Wallace*[2] bestanden die Kesselsteine aus fünf verschiedenen Seedampfern, welche mit den angegebenen Pressungen arbeiteten, aus folgender Zusammensetzung:

Druck in Atmosphären	0,34	0,4 bis 0,7	0,7	1 bis 1,2	1,4
Schwefelsaures Calcium	33,95	66,88	69,77	74,21	72,85
Magnesiumoxyd	40,05	18,96	15,75	14,95	13,18
Kohlensaures Calcium	—	0	3,44	—	0,34
Chlornatrium	Spur	Spur	0,99	2,04	2,16
Eisenoxyd, Tonerde, Calciumphosphat	1,33	0,50	1,36	1,34	2,40
Kieselsäure	Spur	Spur	0,16	0,57	0,80
Wasser und Spuren von Kohlensäure	24,67	11,66	8,25	6,89	8,27

Dieser hohe Gehalt an Magnesiumhydrat der aus dem Meerwasser abgeschiedenen Krusten zeigt, daß sich auch das Chlormagnesium bei der Bildung derselben beteiligt. Nach *Mrazek* bestand die in einem mit Grubenwasser gespeisten Dampfkessel abgeschiedene Kruste aus 81,01 Proz. Anhydrit und 17,78 Proz. Magnesiumhydrat oder Brucit.

[1] Zft. d. Ver. deutsch. Ing. 1911, 1296; 1913, 1061.
[2] Iron 1876, 427.

Der Verf.[1] hat eine Reihe Kesselsteinbildungen nebst den dazu gehörenden Speisewässern untersucht und in der folgenden Tabelle zusammengestellt. Die erste Kesselsteinkruste ist aus einem *Field*schen Röhrenkessel, 2 mm dick, fast schwarz gefärbt, sehr fest, spez. Gewicht 2,703, Härte 3. Der zweite Stein ist 6 bis 7 mm dick, besteht aus dunkeln und helleren Schichten, je nach den Verunreinigungen des Färbereiabwässer aufnehmenden Flußwassers, ist sehr fest, hat Härte 3 und ein spez. Gewicht von 2,659. Aus demselben

Zusammensetzung von Kesselsteinen und Speisewässern.

Druck im Kessel in Atmosphären	2,5 bis 3	3	3,5	3,5	—	etwa 2	5 bis 6	3,5
Kalk (CaO)	44,38	34,13	36,43	44,32	38,20	40,07	46,27	49,54
Magnesia (MgO)	0,82	6,69	2,64	4,90	3,02	0,25	5,59	1,78
Eisenoxyd und Tonerde . .	2,24	5,28	1,67	2,10	0,52	Spur	2,44	1,48
Schwefelsäure (SO_3)	28,22	37,04	45,21	18,76	48,41	56,94	0,95	5,82
Kohlensäure (CO_2)	19,25	6,09	3,66	24,48	3,40	Spur	35,66	34,50
Kieselsäure	0,47	Spur	0,88	Spur	—	—	0,87	1,07
Wasser unter 120°	—	—	0,41	—	0,71	1,07	—	—
„ über 120°	3,68	7,90	3,04	2,31	3,50	0,68	2,47	1,06
Unlösliches	0,48	2,25	5,65	2,46	1,91	—	4,65	2,47
Also im wesentlichen:								
Anhydrid: ($CaSO_4$)	—	—	49,98	31,96	50,44	90,44	1,63	9,86
Calciumsulfat ($2CaSO_4 \cdot H_2O$)	50,75	67,14	29,73	—	30,30	—	—	—
Gips ($CaSO_4 \cdot 2\,H_2O$) . . .	—	—	—	—	4,27	8,60	—	—
Calciumcarbonat ($CaCO_3$) .	44,25	14,65	8,30	55,65	8,20	—	81,45	81,10
Magnesiumhydrat	1,19	9,69	3,83	7,11	4,36	—	8,10	2,58
Das Kesselspeisewasser enthält im Liter:								
Magnesia } Kochabsatz . .	225	86	Spur	63	146	Spur	—	—
Kalk } Kochabsatz . .	19	3	0	39	0	0	—	—
Kalk } Gesamt . .	450	147	46	155	444	599	—	—
Magnesia } Gesamt . .	85	22	9	68	32	81	—	—
Schwefelsäure (SO_3)	219	121	40	89	232	306	—	—
Chlor	293	59	—	91	9	770	—	—

Speisewasser hatte sich in einem anderen Kessel ein 70 bis 80 mm dicker, fester, krystallinischer Stein abgesetzt, von sehr ähnlicher Zusammensetzung. Der dritte Stein ist 40 mm dick, sehr fest; Härte 3 bis 3,5, spez. Gewicht 2,748. Die 0,41 Proz. Wasser, welche bei 125° entweichen, sind auf etwas oberflächlich gebildeten Gips und hygroskopische Feuchtigkeit zurückzuführen. Die vierte Kruste ist nur 2 bis 4 mm dick, hellrosa gefärbt; Härte 3, spez. Gewicht 2,664. Der fünfte Stein war 4 bis 5 mm dick, grau. Der sechste bildet rein weiße, schwer zerreibliche, kaum 1 mm dicke Platten. Die siebente Kesselsteinbildung besteht aus 1 bis 2 mm dicken, sehr harten, rotbraunen, offenbar von den Siederohren abgesprungenen Krusten, welche dann am Boden des Lokomotivkessels zu einem 110 bis 120 mm dicken Kuchen zusammen-

[1] Dingl. pol. Journ. (1874) **212**, 212.

gekittet sind. Die Härte der einzelnen Krusten beträgt 3,5, ihr spez. Gewicht 2,70. Die achte Kruste hatte sich nach 300tägigem ununterbrochenem Betriebe aus vorgewärmtem Weserwasser in 8 bis 10 mm dicken, graubraunen Platten abgesetzt, welche mit zahlreichen feinen Röhrchen, senkrecht zur Ablagerungsfläche, durchsetzt sind. Mit Säuren übergossen entwickelt sich ein stark bituminöser Geruch und etwas Schwefelwasserstoff, so daß die 2,28 Proz., welche in der Analyse fehlen, als organische Stoffe angesehen werden können.

Diese Analysen zeigen, daß die Kesselsteinkrusten Gips entweder gar nicht, oder doch nur oberflächlich, wohl infolge von Wasseraufnahme, enthalten.

Cousté (1854) hat die Löslichkeit des schwefelsauren Calciums im Meerwasser untersucht. 1000 Teile Meerwasser lösen:

bei 103,0°	= 5,00 $CaSO_4$	bei 124,0°	= 1,40 $CaSO_4$
111,0	= 3,55 „	127,0	= 0,97 „
118,5	= 2,26 „	130,0	= 0,60 „
121,2	= 1,83 „	133,3	= 0,23 „

Über 140° wird also das schwefelsaure Calcium im Meerwasser so gut wie vollkommen unlöslich. Nach *Hoppe-Seyler*[1] scheidet sich das schwefelsaure Calcium bei 125° aus einer gesättigten Kochsalzlösung lediglich als Anhydrit aus; beim gewöhnlichen Dampfkesselbetrieb scheinen dazu je nach der Konzentration des Kesselwassers 3 bis 4 Atm. (135 bis 145°) erforderlich zu sein[2], während bei minder hoher Temperatur die Verbindung $2\,CaSO_4 \cdot H_2O$, vielleicht auch ein inniges Gemisch von Anhydrit und Gips ausgeschieden wird, welches jedoch in dünner Schicht auch völlig wasserfrei werden kann.

Das Magnesium ist nur als Hydrat in diesen Kesselsteinbildungen vorhanden, obgleich die Speisewässer dasselbe als Bicarbonat, Chlorid und Sulfat enthalten. Daß Magnesiumbicarbonat und Chlormagnesium bei höheren Temperaturen, wie sie im Dampfkessel vorkommen, unter Abscheidung von Hydrat zersetzt werden, ist bekannt (S. 62).

Kraut[3] hat 1898 der Bode entnommenes Kesselspeisewasser und nach 4wöchentlichem Betriebe des Dampfkessels (4 Atm.) das Kesselwasser untersucht (mg im Liter):

	Speisewasser	Kesselwasser
Kalk	176	2176
Magnesia	161	3782
Chlor	1084	50902
Schwefelsäure	268	782

Der Chlorgehalt zeigt, daß das Wasser auf mindestens $^1/_{50}$ konzentriert ist, daß daher außer schwefelsaurem Kalk auch mehr als 50 Proz. der Magnesia aus Chlormagnesium gefällt sind, wohl als Hydrat.

Beim Eindampfen von Salzlösungen bildet sich Chlormagnesium aus

[1] Poggend. Ann. **127**, 161.

[2] Dingl. pol. Journ. **212**, 211; **237**, 313.

[3] *K. Kraut:* Cum grano salis (Berlin 1902) S. 44.

$CaCl_2 + MgH_2(CO_3)_2$, andererseits wird Chlormagnesium im Dampfkessel zersetzt[1]:

$$MgCl_2 + CaCO_3 = CaCl_2 + MgCO_3.$$

Chevalet[2] führte in einen mit Kesselstein belegten Kessel 60 k Chlormagnesium ein; nach 18 Stunden war alle Magnesia ausgeschieden. Unter Druck verdampft:

$$CaH_2(CO_3)_2 + MgSO_4 = CaSO_4 + Mg(OH)_2 + 2\,CO_2.$$

Ferner reagieren u. U.:

$$Mg(HCO_3)_2 + CaSO_4 = MgSO_4 + Ca(HCO_3)_2.$$
$$CaCO_3 + MgSO_4 \rightleftarrows CaSO_4 + MgCO_3;$$
$$Na_2SO_4 + CaCO_3 \rightleftarrows Na_2CO_3 + CaSO_4;$$
$$Na_2CO_3 + H_2O \rightleftarrows 2\,NaOH + CO_2.$$

Vorhandener Schlamm kann also auch zur Bildung von Kesselstein führen.

Aus einer Lokomotive, die an 3 Wasserstationen hält, wurde von *J. Pfeifer*[3] das Kesselwasser nach je einer Tour entleert; es wurden sowohl die einzelnen Speisewässer, wie auch das abgelassene Kesselwasser untersucht. I., II., III. sind die verwendeten Speisewässer; IV. und V. das Kesselwasser, nach je einer Tour in beiden Richtungen:

	I	II	III	IV	V
Alkalinität	6,6°	5,2°	4,5°	1,0°	1,8°
Gesamthärte	25,0°	27,0°	9,5°	12,9°	8,9°
Fixe Bestandteile . . . . . mg	760	740	330	1,380	1,695
CaO im Liter	152	161	66	121	78
MgO	70	78	21	6	8
Cl	49	50	18	1160	249
SO_3	49	22	21	388	424
N_2O_3	55	35	—	221	272
SiO_2	17	19	22	5	4

In dem Oberkessel eines Dampfkessels hatte sich innerhalb 8 Wochen eine 7 bis 10 mm dicke, schwach graugefärbte Kruste abgesetzt, infolgedessen eine Platte schadhaft geworden war; gespeist wurde der Kessel mit nach der *E. de Haen*schen Methode gereinigtem Ihmewasser. Die Kruste war ziemlich fest, leicht spaltbar senkrecht zur Ablagerungsfläche, von groß-blätterig-krystallinischem Gefüge, und hatte nach Analyse des Verf.[4] folgende Zusammensetzung:

Calciumhydrat	70,45 Proz.
Calciumoxyd	14,58
Calciumcarbonat	6,00
Magnesiumhydrat	4,32

[1] Dingl. pol. Journ. **212**, 216.
[2] Bericht über den III. intern. Kongr. f. angew. Chem., Wien 1898.
[3] Zft. f. angew. Chem. 1902, 194.
[4] Dingl. pol. Journ. (1874) **212**, 218.

Dem Wasser wurde also zuviel Kalkmilch zugesetzt, welche die Bildung dieser eigentümlichen Kruste veranlaßt hat. Eine ähnliche Beobachtung hat *Stingl* gemacht.

Ansätze aus einem Dampfkessel hatten nach *Vermehren*[1] folgende Zusammensetzung:

	Schlamm	Krusten von höheren Stellen	Krusten von den Feuerröhren	Krusten von den Feuerröhren	Ansätze aus der Höhe des Wasserspiegels
Wasser bei 110° C	1,28	3,51	—	1,61	2,07
Kieselsäure	4,63	15,44	6,35	16,16	11,50
Kohleartige Substanz	0,69	2,05	0,32	1,88	1,42
Eisenoxyd	0,60	2,30	—	0,70	0,49
Kohlensaures Calcium	78,87	49,64	12,44	47,68	57,48
Calciumhydroxyd	—	—	—	—	1,57
Schwefelsaures Calcium	2,82	3,09	32,03	2,86	1,94
Kohlensaures Magnesium	11,04	—	47,01	2,31	—
Magnesiumhydroxyd	—	23,44	—	24,88	22,71

Goldberg[2] bestimmte als wesentlichen Bestandteil einer Ablagerung in einem Kessel Brucit-Magnesiumhydroxyd. Es werden noch die Analysen von Kesselstein- und Schlammproben derselben Kessel gegeben, z. B.:

	Kesselstein	Kesselschlamm bei 110° getrocknet
Gewichtsverlust bis 180°	0,03 Proz.	0,37 Proz.
Gesamtglühverlust	1,32	19,06
Unlösliches	0,26	20,95
Eisenoxyd und Tonerde	0,51	22,59
Kalk	40,62	5,14
Magnesia	0,40	25,29
Schwefelsäure	57,77	6,56
Kohlensäure	0,02	4,58

Ein Kesselstein hatte nach *Stillman*[3] folgende Zusammensetzung:

Kieselsäure und Ton	11,70 Proz.
Fe_2O_3, Al_2O_3	2,81
$CaSO_4$	1,69
$CaCO_3$	5,45
$MgCO_3$	7,36
$Ca(OH)_2$	13,70
$Mg(OH)_2$	56,37
Feuchtigkeit	0,69

Ein krystallinischer Kesselstein bestand nach *Fryer*[4] wesentlich aus Anhydrid. Nach *Rothstein*[5] ergaben 7 Wässer folgende Zusammensetzung (mg im Liter):

[1] Deutsche Zuckerind. 1908, 751; 1910, 848.
[2] Chemikerztg. 1904, 639.
[3] Journ. Anal. Chem. 1890, 24.
[4] Journ. Soc. Chem. Industr. 1890, 373.
[5] Zft. f. angew. Chem. 1905, 540.

	I	II	III	IV	V	VI	VII
	Derbent	Kotelnikowo	Tichoretzkaja	Petrowsk	Stawropol	Welikoknjatscheskaja	Grosny
Kalk	141	198	213	124	259	194	122
Magnesia	143	86	271	178	85	91	33
Schwefelsäure	229	519	1407	633	152	456	148
Geb. Kohlensäure	222	149	167	224	178	123	96
Chlor	74	340	39	658	52	42	26

in verschiedenen Kesseln folgende Kesselsteine:

	I			II		III	IV	V	VI	VII
	Aus einem Kessel bei 6 at	Kessel 10 at	Kessel 10 at	Kessel 6 at	Kessel 10 at	Kessel 10 at	Kessel 6 at	Kessel 6 at	Kessel 6 at	Kessel 6 at
Schwefels. Kalk . .	15,59	41,75	40,65	55,37	80,76	80,13	46,46	40,80	47,90	58,53
Kohlens. Kalk . . .	43,93	2,80	5,02	31,20	0	0	0	48,90	0	24,03
Kohlens. Magnesia .	0	2,77	0	0	0	0	3,35	0	0	5,89
Magnesiumhydroxyd	33,06	38,57	38,86	4,50	13,95	6,06	30,53	6,50	46,98	3,76
Eisenoxyd + Tonerde	1,43	4,02	2,97	3,12	0,96	5,83	5,57	0,81	1,22	3,18
Kieselsäure	4,58	5,67	6,29	4,20	1,56	1,08	4,14	2,14	1,16	3,96
Wasser + Organ. .	1,26	4,19	4,90	1,51	2,28	6,72	10,28	—	1,62	1,08
	99,85	99,77	98,69	99,90	99,51	99,82	100,33	99,15	98,88	100,43

Ein fester Stein enthielt:

Schwefelsaurer Kalk.	43,37 Proz.
Magnesiumhydroxyd	11,60
Kieselsäure	1,40
Eisenoxyd + Tonerde	0,72
Kohlensäure	0,24
Wasser	1,22
Schwefelsaures Natrium	40,99

Das verwendete Wasser war mit Natronlauge gereinigt.

In den Dampfkesseln der Zuckerfabriken bilden sich oft Absätze, welche Kupfer enthalten, das aus den ammoniakhaltigen Brüdenwässern stammt, welches die Heizkörper angreift. Ein solcher Absatz enthielt nach *Skärblom*[1]:

Sand	1,34
Kieselsäure	4,28
Kupferoxyd	14,62
Eisenoxyd	24,68
Zinkoxyd	2,08
Kalk	0,21
Magnesia	0,59
Wasser	0,35
Mineralöl	37,57
Organisch und Kohlensäure	14,28

Das Mineralöl stammt aus den Dampfzylindern.

[1] Centralbl. f. Zucker 1905, 798.

Eine andere Ablagerung in einem Dampfkessel enthielt nach *Vorbuchner*[1]:

Wasser	3,33
Fett (Petrolätherextrakt)	24,24
Andere organ. Substanz	9,14
Kohlensäure	6,66
In konz. Salzsäure unlösl.	1,63
In konz. Salzsäure lösl.:	
Kieselsäure	1,18
Kupferoxyd	5,47
Eisenoxyd	14,35
Kalk	15,05
Magnesia	3,14
Schwefelsäure	15,66
Alkalien und Verluste	0,15

Die organischen Stoffe waren Zersetzungsprodukte des mit dem Brüdenwasser eingeführten Zuckers.

Ablagerungen aus Dampfkesseln zweier Zuckerfabriken enthielten nach *Andrlik*[2]:

	I	II
SiO_2	0,42	4,76
CuO	—	3,37
ZnO	—	2,69
FeO	27,01	—
Fe_2O_3	63,36	9,12
CaO	0,33	0,91
MgO	0,13	3,96
Fett	—	67,65
Humuskörper	5,57	—

Bei I war Zuckersaft in den Kessel gelangt, bei II war mit dem Retourdampf Schmieröl in den Dampfkessel gekommen.

Verhütung der Krustenbildung und Reinigung des Kesselspeisewassers. Da es nur in den seltensten Fällen möglich sein wird, ein reines Wasser zum Speisen der Dampfkessel anzuwenden, so müssen die Kesselstein bildenden Bestandteile des gewöhnlichen Wassers unschädlich gemacht werden. Man hat dieses zu erreichen gesucht: a) durch Vorrichtungen und Zusätze, welche im Kessel selbst zur Anwendung kommen, um die Bildung eines festen Ansatzes zu verhüten, oder b) durch Überführen der Kesselsteinbildner des Speisewassers in leichtlösliche Verbindungen oder Ausfällen derselben, bevor das Wasser in den Kessel kommt.[3]

Elektrizität und Zinkeinlagen. Es ist vielfach behauptet, daß bei der Bildung von Kesselstein Elektrizität im Spiele sei bzw. diese Kesselsteinbildung durch Elektrizität verhütet werden könne. Verf.[4] muß das nach seinen Versuchen bezweifeln.

---

[1] Österr. Zft. f. Zuckerind. 1912, Heft 3.
[2] Zft. f. Zuckerind. Böhmen **23**, 559.
[3] Vgl. Dingl. pol. Journ. **220**, 172.
[4] Dingl. pol. Journ. **222**, 166; **226**, 323; **231**, 58.

Die in letzter Zeit vielfach besprochene Anwendung des Zinks gegen Kesselsteinbildungen und gegen das Verrosten der Bleche ist nicht neu. *J. Davy* bemerkte schon in einem am 8. Juni 1826 gehaltenen Vortrage, daß eiserne Dampfkessel durch ein Stück Zinn oder Zink gegen Oxydation geschützt werden könnten. Nach den Beobachtungen des Verf. wird das Rosten der Dampfkessel durch eingelegtes Zink zwar etwas vermindert, keineswegs aber verhindert. (Vgl. S. 62).

Auch zur Verhütung von Kesselsteinbildungen wurden Zinkeinlagen vielfach empfohlen, von anderen Seiten wurde aber keinerlei günstige Wirkung des Zinks beobachtet; wohl aber ist mehrfach festgestellt, daß infolge der Zinkeinlagen die Feuerplatte der Dampfkessel in kurzer Zeit durchbrannte[1].

In den Kessel einer hannoverschen Fabrik waren etwa 3 mm dicke Zinkplatten eingelegt worden. 1 l des Speisewassers (I) und des beim Außerbetriebsetzen des Kessels abgelassenen Kesselwassers (II) enthielt nach Analysen des Verf.[2]:

	I	II
Zink	0 mg	0 mg
Schwefelsäure	361	738
Chlor	253	7199
Salpetersäure	56	468
Salpetrige Säure	stark	sehr stark
Organisch	108 mg	563 mg
Kalk	422	2467
Magnesia	7	36

Dem Chlorgehalt entsprechend war das Kesselwasser demnach auf das 30fache konzentriert; organische Stoffe und die Salpetersäure wurden hierbei teilweise zersetzt. Die Kesselsteinbildung war aber trotz des vorwiegend schwefelsauren Calciums dieselbe, als sie früher ohne Zink gewesen war. Die 10 bis 12 mm dicken, festen Kesselsteinkrusten bestanden aus:

Anhydrit ($CaSO_4$)	54,52 Proz.
Schwefelsaures Calcium, halbgewässert ($2CaSO_4 \cdot H_2O$)	26,54
Magnesiumhydrat (MgO_2H_2)	5,95
Kohlensaures Calcium ($CaCO_3$)	9,90

Eine Probe des bei 100° getrockneten Schlammes bestand aus:

Schwefelsaures Calcium	61,08 Proz.
Kohlensaures Calcium	30,30
Kohlensaures Magnesium	4,12
Unlöslich	1,39
Wasser, Eisenoxyd usw.	

Das Zink war mit einer sehr dünnen Oxydschicht überzogen, sonst aber völlig unverändert. Auch andere Versuche ergaben ungünstige Ergebnisse.

Als Ursache der von einigen Seiten beobachteten Wirkungen des Zinks auf die Kesselsteinbildungen wird allgemein Elektrizität angenommen. Das Zink soll als positiver, das Eisen als negativer Pol wirken und durch den elek-

[1] Dingl. pol. Journ. (1876) **222**, 172; **224**, 224; **227**, 307.
[2] Dingl. pol. Journ. (1876) **222**, 170 u. 244.

trischen Strom soll dann die Kesselsteinbildung verhütet werden. Nach dem Versuch des Verf. ist die dabei auftretende elektrische Wirkung nicht nennenswert, so daß Zinkeinlagen nicht empfohlen werden können. (S. 62).

Schlammfänger und Kesseleinlagen[1]. Eine ganze Anzahl Vorrichtungen sind angegeben, um die ausgeschiedenen Kesselsteinbildner zu sammeln, damit sie sich nicht auf die Kesselbleche, namentlich nicht auf die Feuerplatte absetzen. So bringt *Johnson* unter dem Kessel einen kleinen Nebenkessel an, welcher mit demselben durch eine oder mehrere Röhren in Verbindung steht und in dem sich der Schlamm ablagern soll. *Dervaux* (D. R. P. Nr. 3176 u. 40 475) setzt den Schlammsammler neben oder auf den Kessel. Andere schöpfen die schwimmenden Verunreinigungen aus dem Kesselwasser, z. B. *Bond* (D. R. P. Nr. 38 567), *Kennely* (D. R. P. Nr. 6966); nach andern Angaben wird der durch die Bewegung des kochenden Wassers oder durch Rühren aufgewirbelte Schlamm abgefangen, z. B. *Walz* (D. R. P. Nr. 6135). Alle derartigen Einlagen können zwar dadurch für Kessel mit Unterfeuer nützlich werden, daß sie den Schlamm und die abgesprengten Kesselsteinsplitter sammeln und so das Festbrennen auf der Feuerplatte verhüten, zuweilen sind aber die Zwischenräume zwischen Einlage und Kesselblech dennoch so mit Unreinigkeiten verstopft gewesen, daß die Bleche durchgebrannt waren. Derartige Vorrichtungen sind daher nur mit Vorsicht anzuwenden. Krustenbildungen sind auch bei raschester Bewegung des Wassers möglich. Diese Einlagen können daher die Bildung fester Kesselsteinkrusten nicht hindern; dieselben werden nur deshalb etwas dünner als sonst, weil sie sich auch auf beiden Seiten der Blecheinlagen ansetzen. Es kann weniger in Betracht kommen, ob ein Kesselstein 2 oder 5 mm dick ist, als daß er überhaupt vorhanden ist.

Ferrari empfahl zur Verhütung von Kesselsteinbildungen gewöhnliche Kohle in die Kessel zu bringen, *Johnson* zerstoßenes Glas, Flintsteine, Kiesel, Porzellanscherben, Eisen-, Kupfer-, Zink- und andere Metallabfälle, überhaupt harte, im Wasser unlösliche Körper, durch deren Bewegung die Wände und der Boden der Dampfkessel abgescheuert werden. Diese Körper können zwar anfangs den Ansatz einer festen Kruste erschweren, dann aber legen sie sich bei Anhäufung des Schlammes auf den Boden, die ganze Masse brennt leicht fest, so daß die Bleche nun erst recht zerstört werden[2].

Schwennhagen behauptet, daß jede Kesselsteinbildung beseitigt werde, wenn man in die Dampfkessel gepulverte Kreide bringe; — offenbar ein Irrtum. Ebenso wertlos ist schwefelsaures Barium, welches von *Meyer* in Lüttich als Poudre algérienne, von *Lazare* in Paris als Poudre italienne zu dem Schwindelpreise von 3 Mk. für 1 kg in den Handel gebracht wurde, während der wirkliche Wert nur etwa 20 Pfg. beträgt. Dasselbe gilt von dem durch *Chaix* vorgeschlagenen Ton, von Talk und ähnlichen pulverförmigen Stoffen.

[1] Dingl. pol. Journ. (1876) **220**, 173; **228**, 205; **231**, 58; **239**, 200; **247**, 454.
[2] Dingl. pol. Journ. **220**, 176; **237**, 395.

Auch Malzkeime, Torf, Sägespäne sind verwandt. Die Anwendung dieser Substanzen, welche im günstigsten Falle Schlammbildungen veranlassen, kann in keiner Weise empfohlen werden.

Fetten und Teeren der Kesselwände[1]. Der Vorschlag, die Kesselbleche mit Fett einzureiben, um das feste Anhaften der Kesselsteinkrusten zu verhüten, und so das Abklopfen derselben zu erleichtern, ist schon alt. *West* will das Innere des Kessels mit 14 k Kalk, 1,5 k Seife, 250 cc Rüböl, 250 cc Terpentin, 1 k Graphit, 1,5 k Soda, 4 k Bleiweiß und 17 l Wasser überziehen. Nach *Büttgenbach* mischt man 25 Teile Kolophonium, 2,5 Teile Graphit und 2,5 Teile Schwärze mit 240 Teilen Gasteer, erwärmt unter Umrühren und fügt 6 Teile Talg und 140 Teile Erdöl hinzu. Mit der noch warmen Lösung werden die Kessel angestrichen. Alle derartige Gemische haben keinen Vorteil vor Teer oder Erdölrückständen. Es hat sich gezeigt, daß aller Anstrich erst vollkommen trocken sein muß, bevor der Kessel wieder in Betrieb gesetzt wird, da sonst, namentlich bei Verwendung von Teer, Wasserstandszeiger, Sicherheitsventile, Dampfmaschine usw. stark verunreinigt werden und das Wasser leicht aufschäumt und überkocht. Es ist ferner zu berücksichtigen, daß der Dampf eines mit Teer u. dgl. gestrichenen Kessels nur mit Vorsicht zu gebrauchen ist in Färbereien, Brauereien, überhaupt allen Anlagen, welche direkten oder reinen Dampf gebrauchen, sowie daß ein solcher Kessel wegen dieser isolierenden Schicht die Wärme ebensowenig ausnutzt und leichter erhitzt wird als mit Kesselstein. Nach *C. Bach*[2] kann Ölfarbenanstrich auf Kesselwände starke Anfressungen der Bleche veranlassen. Derartige Anstriche sollten also nur da in Frage kommen, wo man Korrosionen vermeiden will. Fettgemische sind überhaupt auszuschließen (s. S. 64).

Gerbstoffe u. dgl.[3] *Johnson* schlug vor, in die Kessel Farbhölzer, Gerberlohe u. dgl. zu bringen; *Board* Sägespäne von Mahagoniholz, *Elsner* Tormentillwurzeln, andere Loheauszüge, Catechu u. dgl. *Rolf* und *Kramer* in Osnabrück lieferten (für 100 Mk.) als Geheimnis ein Reiserbündel[4]. *Blondonneau* verwendet Ulminsäure. *Burfitts* Komposition besteht aus Galläpfeln, Leim und Soda. Andere empfehlen Lederabfälle u. dgl. Alle diese gallertartigen, klebrigen Stoffe verunreinigen und verstopfen die Wasserstandshähne, Rohre und Ventile, werden selbst mit dem dadurch leicht aufschäumenden Wasser in die Maschine übergerissen und geben mindestens Schlammassen, welche sehr leicht festbrennen. Vor Anwendung derselben ist daher zu warnen.

Stärke, Zucker, Glycerin[5]. Die Anwendung der Kartoffeln gegen Inkrustation ist schon alt. Sonderbarerweise wurden sie wieder von *Hoppe*[6]

[1] Dingl. pol. Journ. (1850) **115**, 463; (1876) **220**, 178; (1877) **224**, 337; (1878) **227**, 558; **230**, 137; (1879) **231**, 59; Bayer. Industr. 1899, 403; Braunkohle 1909, 816; Wochenschrift f. Brauerei 1905, 720.

[2] Zft. d. Ver. deutsch. Ing. 1913, 1061.

[3] Vgl. Dingl. pol. Journ. **220**, 177, 476; **224**, 105; **231**, 60.

[4] Dingl. pol. Journ. **231**, 60.

[5] Dingl. pol. Journ. **220**, 180; **221**, 185 u. 483.

[6] Verhandl. Gewerbefl. 1878, 171.

empfohlen. In Amerika soll die sog. Apparatine, mit Alkalien gekochte Stärke, angewendet werden. *Trouète* und *Ducoux* in Paris liefern unter dem Namen „Tartrifuge" ein Gemisch aus Talk, Mehl, Fett, Blauholzextrakt u. dgl. *Hörkens* schlug Zichorien vor, *Rosenkranz* isländisches Moos, *Knoll* (D. R. P. Nr. 229 428) ein Gemisch von Carragheen[1] und Agar-Agar, *Downie* (D. R. P. Nr. 25 119) Eucalyptus. *Guinon* bringt in die Kessel Melassenzucker, *Guimet* Stärkezuckersirup. Dextrinsirup war früher unter dem Namen „Winkelmanns Lithophagon" im Handel. Auch Süßbier mit Malz u. dgl. Unsinn mehr sind vorgeschlagen. *Asselin* empfahl zur Verhinderung von Kesselsteinbildungen Glycerin in die Dampfkessel zu bringen.

Alle bisher besprochenen Mittel, welche nur die Bildung einer fest anhaftenden Kruste verhindern sollen und im günstigsten Falle eine starke Schlammbildung veranlassen, sind aus den mehrfach erwähnten Gründen keinesfalls zu empfehlen.

Fällungen im Kessel[2]. Um die Bildung fester Krusten zu verhüten, hat man verschiedene Stoffe in die Dampfkessel gebracht, welche die Kesselsteinbildner ganz oder zum Teil als unlösliche Pulver ausfällen sollten. Als derartige Fällungsmittel sind namentlich Chlorbarium, Kalk, ätzende und kohlensaure Alkalien, sowie verschiedene Gemische zu erwähnen.

Die Anwendung von Chlorbarium zur Reinigung gipshaltiger Wässer ist schon alt[3]. In richtiger Menge angewendet verhindert Chlorbarium die Bildung einer festen Kruste, wenn das Speisewasser nur schwefelsaures Calcium als Kesselsteinbildner enthält; aus einem Wasser, welches Calciumbicarbonat enthält, wird sich auch trotz Anwendung von Chlorbarium fester Kesselstein absetzen. Aus einem Magnesia enthaltenden Wasser, mit Chlorbarium versetzt, bildete sich ein sehr harter Kesselstein:

Baryt	54,98
Schwefelsäure	32,70
Magnesia	7,35
Chlor	0,11
Kalk	Spur
Wasser	4,22

also Bariumsulfat mit Magnesiumhydrat.

Wird ein Wasser, welches Calciumbicarbonat enthält, mit Kalkwasser versetzt, so bildet sich einfachkohlensaures Calcium, welches in schwer löslichen Flocken ausgeschieden wird:

$$H_2Ca(CO_3)_2 + CaO_2H_2 = 2\,CaCO_3 + 2\,H_2O.$$

100 Teile als Bicarbonat gelöstes kohlensaures Calcium geben demnach 200 Teile oder genau die doppelte Menge des Niederschlages, welcher beim Erhitzen des Wassers entstanden sein würde. Außerdem wird das kohlensaure

[1] Vgl. Dingl. pol. Journ. **231**, 60.

[2] Vgl. Dingl. pol. Journ. **220**, 261; **221**, 90; **222**, 92 u. 395; **223**, 327; **224**, 455; **227**, 307.

[3] Zft. d. Ver. deutsch. Ing. 8, 283; Wagners Jahresber. 1866, 510.

Magnesium und, bei hinreichendem Kalkzusatz durch Zersetzung der leicht löslichen Magnesiumverbindungen, Magnesiumhydrat gefällt. So schätzenswert Kalkmilch zur Abscheidung dieser Bestandteile des Speisewassers, bevor dasselbe in den Kessel kommt, auch ist (S. 195), so wenig rationell ist es, dieselbe, wie *v. Reiche* meint, in den Dampfkessel zu bringen. Abgesehen von den dadurch gebildeten mächtigen Schlammassen, welche leicht festbrennen, kann überschüssiger Ätzkalk für die Dampfkessel doch sehr gefährlich werden (S. 68). Daß Kalk die Bildung einer festen Kruste aus gipshaltigem Wasser nicht verhindern kann, liegt auf der Hand.

Besonders häufig wird Soda in die Dampfkessel gebracht. Da aber der gebildete Schlamm (S. 194) unter Umständen festbrennt, die überschüssige Soda für den Kessel schädlich werden kann, so ist auch dieses Verfahren nicht empfehlenswert.

Geheimmittel gegen Kesselsteinmittel sind in sehr großer Anzahl im Handel erschienen, weil sie leider, und zwar durchweg zu hohen Schwindelpreisen gekauft wurden und noch werden. Auf die Untersuchungen des Verf.[1] und denen der Karlsruher Station[2] muß verwiesen werden.

Häufiges Ausblasen. *Field* ließ sich bereits im Jahre 1826 eine Vorrichtung patentieren, durch häufiges Ausblasen die Bildung fester Kesselsteinkrusten und, namentlich bei Schiffskesseln, die zu große Konzentration des Kesselwassers zu verhüten. Auch für Landkessel ist das Abblasen als wirksames Mittel zur Verhütung von Kesselstein empfohlen worden. Da die Carbonate von Calcium und Magnesium die zu ihrer Lösung als Bicarbonate erforderliche Kohlensäure schon beim Erhitzen verlieren, das schwefelsaure Calcium bei 140° unlöslich abgeschieden wird, so ist die Bildung von Kesselsteinkrusten durch häufiges Ausblasen bei Kesseln mit mittlerem und hohem Druck zu vermindern, nicht aber zu verhindern. Dagegen aber wird der Schlamm entfernt und die Konzentration der gelösten Salze vermindert, welche das Schäumen des Wassers und die Bildung fester Absätze (von (Na_2SO_4 oder NaCl) veranlassen können. Die Anwesenheit von Natriumnitrat verlangt weitgehendste Wasserreinigung und ausgiebiges Abblasen, weil es die Kesselbleche unter Stein oder Schlamm anzugreifen vermag[3].

Die bisher besprochenen Vorschläge zur Verhütung der Kesselsteinbildungen sind demnach teils mangelhaft, teils geradezu verwerflich; die Kesselsteinbildner des Speisewassers müssen daher in leicht lösliche Verbindungen übergeführt oder ausgefällt werden, bevor das Wasser in den Dampf-

---

[1] Vgl. Dingl. pol. Journ. **220**, 180, 261 u. 373; **231**, 59; **233**, 216; **247**, 457; **251**, 538; ferner *Ferd. Fischer:* Chemische Technologie des Wassers (Braunschweig, F. Vieweg) S. 205 bis 207.

[2] *Bunte, Eitner* und *Eckermann:* Berichte über Geheimmittel, welche zur Verhütung und Beseitigung von Kesselsteinen dienen sollen (Hamburg 1905).

[3] Vgl. Chemikerztg. 1905, 878; 1913, 290.

kessel kommt, wie wiederholt gezeigt wurde[1]. Dieses wird zu erreichen versucht durch:

Chlorwasserstoffsäure oder Salmiak. Auf den Vorschlag von *Wienhaus* wurde das Speisewasser für die Kessel der Grube Neu-Schunk-Olligschläger, welches fast nur die Bicarbonate des Calciums und Magnesiums enthielt, mit soviel Salzsäure versetzt, daß diese zu etwa $^5/_6$ in Chloride übergeführt waren. *Haber* berichtet, daß sich die nicht zersetzten Carbonate dennoch als feste Kruste absetzten, die Kesselbleche aber wegen des Chlormagnesiums ziemlich stark angegriffen wurden. Von anderen Seiten wurde Holzessig, Branntweinspülung u. dgl. verwendet. Jedenfalls sind Säuren nur mit großer Vorsicht anzuwenden.

Flesselle schlug vor, dem Kesselspeisewasser Kochsalz zuzusetzen, um so leicht lösliche Verbindungen zu bilden. *Ritterbandt* ließ sich die Verwendung von Chlorammonium, essigsaurem oder salpetersaurem Ammonium patentieren. Um die Bildung des Kesselsteins aus gipshaltigen Wässern zu verhindern, will *Laporta* (D. R. P. Nr. 239 905) den gipshaltigen Kesselspeisewässern neutrales Alkalisulfat, insbesondere Natriumsulfat, zusetzen (wirkungslos). Durch Zuführung von Kohlensäure zum Speisewasser will *Klopsch* die Kesselsteinbildung vermindern. Nach *Braungard*[2] ist dieses (selbstverständlich) nicht der Fall.

Die Verwendung von Chlorbarium im Dampfkessel wurde bereits S. 75 besprochen; um die Schlammbildung zu verhüten, ist es jedenfalls vorzuziehen, das Wasser in einem besondern Behälter mit der passenden Menge Chlorbarium zu mischen und nach dem Absetzen des Niederschlages das so gereinigte Wasser zum Speisen der Dampfkessel zu verwenden. — *Lelong-Burnet* wollen Bariumhydrat anwenden. Kohlensaures Barium empfahl schon *Würtz*, dann *Dehne* (D. R. P. Nr. 183 965) und *Reisert* (D. R. P. Nr. 194 710) zur Wasserreinigung. Zur Ausführung der Reaktion ist aber der natürlich vorkommende Witherit nicht verwendbar. Die künstlich gefällte Verbindung erfordert großen Überschuß und kräftige Mischung. *Bourjan* (D. R. P. Nr. 8492 u. 10 893) will Schwefelbarium zusetzen; das gebildete Schwefelcalcium soll durch die Bicarbonate gefällt werden.

Nach *A. Koch* (D. R. P. Nr. 255 929) sollen durch Anwendung verdichteter Lichtstrahlen von vorwiegend blauer Farbe die in natürlichen Wässern vorhandenen kesselsteinbildenden Stoffe derart verändert werden, daß ein fester Kesselsteinansatz beim Verdampfen des so behandelten Wassers in Dampfkesseln u. dgl. sich nicht mehr bildet. — Violettes Licht vernichtet Bakterien (S. 182), aber keine Kesselsteinbildung.

---

[1] Vgl. Dingl. pol. Journ. (1876) **220**, 172 u. 367; **221**, 90; **226**, 94 u. 531; **230**, 43 u. 135; **231**, 58 u. 120; **237**, 394; **239**, 197; **247**, 456; **261**, 335; Fischers Jahresber. 1880, 730; 1881, 852; 1882, 949; 1883, 1024; 1884, 1081; 1885, 941; 1886, 881; 1887, 1131; 1888, 572 u. 831; 1889, 532; 1890, 578.

[2] Chemikerztg. 1911, 1178.

Für das sog. „Luminatorverfahren" (D. R. P. Nr. 222 181) lautet der Schutzanspruch: „Kesselspeisewasserreiniger, gekennzeichnet durch eine schräg aufgestellte, aus stark gewelltem Metallblech bestehende, an dem Wasserbehälter angeschlossene Ablaufrinne." Nach *Reintzen*[1] bestand in Hannover die Vorrichtung aus einem unter etwa 60° geneigten Streifen aus gewelltem Aluminiumblech von etwa 120 cm Länge und 12 bis 15 cm Breite. Am oberen Ende war ein kurzes Rohr wagerecht gelagert, das aus etwa 6 radial angeordneten Löchern Wasserstrahlen auf das Blech entsandte. Das Wasser floß in dünner Schicht auf dem Bleche herunter, wurde am unteren Ende aufgefangen und von dort der Speisepumpe zugeführt. *Basch*[2] bezweifelt (mit Recht) die Wirkung. Jedenfalls kann sich, wie bei jeder Rieselung (s. u.), nur ein Teil des Calciumbicarbonates zersetzen, keinesfalls Gips. *Hilliger*[3] ist der Ansicht, „daß das Luminatorverfahren dazu berufen ist, unter Berücksichtigung der maßgebenden Eigenschaften des Speisewassers eine Rolle in der Technik der Speisewasserversorgung zu spielen." Das muß entschieden bestritten werden.

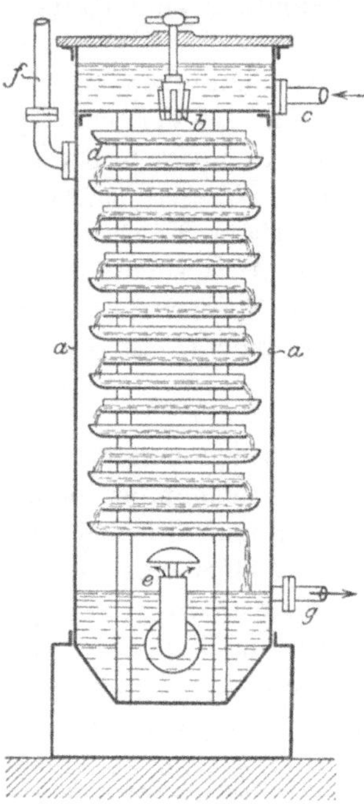

Fig. 12.

Erhitzen in Vorwärmern[4]. Ungemein zahlreich sind die Vorschläge und Konstruktionen von Apparaten, in denen das Wasser, bevor es zum Speisen der Dampfkessel verwendet wird, erwärmt werden soll, teils um vorwiegend die Wärme der abgehenden Dämpfe und Verbrennungsgase auszunützen, meist aber mit der ausgesprochenen Absicht, die Kesselsteinbildner des Wassers abzuscheiden. Beispielsweise tritt bei dem in Fig. 12 abgebildeten Apparat von *Wagner* (oder richtiger *Nolden*) der Abdampf durch das Rohr *e* ein; der nicht verdichtete entweicht durch das Rohr *f*. Das aus dem Rohr *c* eintretende Speisewasser fließt bei entsprechender Stellung des Hahnes *b* auf die Teller *d* und geht durch das Rohr *g* zur Speisepumpe. In einem solchen *Nolden*schen Apparate der Ultramarin- und Chininfabrik von *Armet de Lisle* in Nogent sur Marne wurden auf den Platten im Verlauf eines Monates 400 k Niederschlag gesammelt. Das Wasser wurde auf 80 bis 90° erhitzt und enthielt vor (I) und nach dem Durchgang durch den Apparat (II) im Liter mg:

	I	II
Kohlensaures Calcium und Magnesium . .	114	18
Schwefelsaures Calcium	64	16
Kieselerde, Chloride u. dgl.	4	2

[1] Zft. d. Ver. deutsch. Ing. 1910, 399. [2] Zft. f. Dampfkessel 1912, 190.
[3] Zft. f. Dampfkessel 1912, 189.
[4] Vgl. Dingl. pol. Journ. (1876) **220**, 369; (1879) **231**, 62; (1883) **247**, 454; *Fischer:* Chemische Technologie des Wassers, S. 246.

Dabei ist zu beachten, daß das Wasser durch das aus dem Dampf gebildete Wasser vermehrt wurde.

Robertson und *Henderson* lassen den Abdampf durch das Rohr *B* (Fig. 13) in das Wasser selbst eintreten; infolge der eigentümlichen Mündung *CD* dieses Rohres sollen im Wasser Strömungen entstehen, damit dasselbe gleichmäßig vorgewärmt wird. Der nicht kondensierte Dampf entweicht aus dem Rohr *x*. Das so vorgewärmte Wasser steigt in dem Rohre *F* auf und fließt durch das zur Speisepumpe führende Rohr *E* ab. Die auf diese Weise zurückgehaltenen Fett- und Schmutzteile werden durch die Öffnung *a* abgelassen, während das vorzuwärmende Wasser durch *b* eintritt.

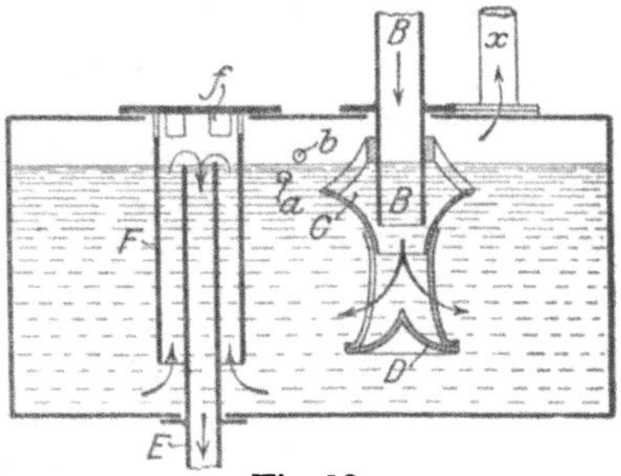

Fig. 13.

Ohne Frage nützen diese Vorwärmer die Wärme des abgehenden Maschinendampfes sehr vollkommen aus. Das Speisewasser verliert dabei Sauerstoff und Kohlensäure, setzt je nach dem Grade der Erwärmung und Bewegung größere oder geringere Mengen kohlensaures Calcium und Magnesium ab und wird außerdem durch das bei der Kondensation des Dampfes gebildete destillierte Wasser verdünnt. Wird aber zum Schmieren des Maschinenzylinders Fett angewendet, so muß das erwärmte Wasser von den Fetteilen befreit werden, bevor es in den Kessel kommt (S. 64). Bei einem Wasser, welches namentlich kohlensaures Calcium und Magnesium enthält, kann dieses durch den in Fig. 13 abgebildeten oder einen ähnlichen Apparat geschehen, aus dem weder die aufschwimmende Fettschicht noch die gefällte Kalk- oder Magnesiaseife zur Speisepumpe gelangt.

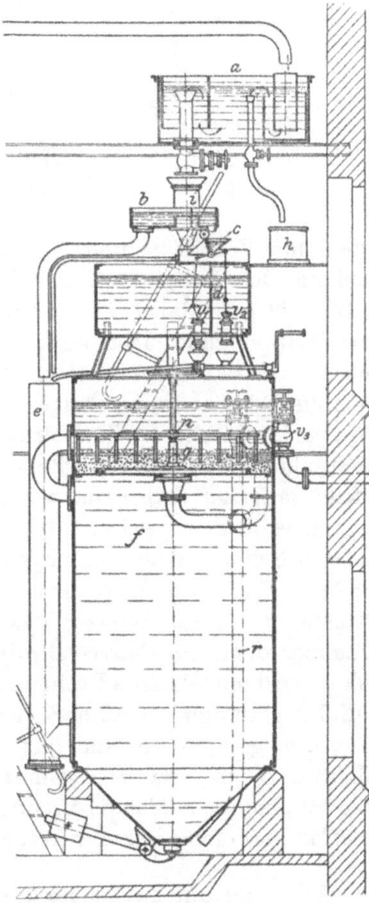

Fig. 14.

Aus dem zur Kesselspeisung verwendeten f e t t h a l t i g e m W a s s e r muß das Fett abgeschieden werden. *Gebr. Howaldt* (D. R. P. Nr. 24 021 u. 35 613) begünstigen die Abscheidung durch Erwärmen. *Perret* (D. R. P. Nr. 171 277) läßt das Wasser zwischen Elektroden durchfließen, was keine nennenswerte Wirkung haben kann.

Der von *Breda* & *Holzt* in Berlin[1] gelieferte Reiniger hat den Zweck, das dem Ausgußkasten des Kondensators entnommene Speisewasser von Öl zu befreien. Dies wird dadurch erreicht, daß durch Zusatz von Eisensulfat und Ätznatron künstlich ein flockiger schwerer Niederschlag von Eisenhydroxyd gebildet wird, welcher die feinen Ölteilchen mit fällt. Das zu reinigende Wasser fließt bei *a* (Fig. 14) zu. In dem oberen Behälter scheidet sich bereits ein großer Teil des Öles ab und wird durch einen Überlauf in ein Sammelgefäß *h* geleitet. Von *a* aus gelangt das Wasser in einen Ventilkasten *b*, in welchem der Strom von der verschiebbaren Blechwand *i* in zwei Teile zerlegt wird; der größte Teil des Wassers läuft durch ein Überführrohr unmittelbar in das Mischgefäß *e*, während der Rest zunächst eine Wippe *c* betätigt und dann ebenfalls nach *e* abfließt. Je nach der Stellung der verschiebbaren Blechwand in *b* macht die Wippe mehr oder weniger Spiele, wodurch die Zuflußmenge der Lösungen bestimmt werden kann. Die durch *c* gesteuerten Ventile v_1 und v_2, von denen jedes eine Abteilung des Laugenbehälters *d* abschließt, sind doppelsitzig, öffnen daher nur während des Überschwingens der Wippe, sind aber während deren Ruhelagen nach oben oder unten geschlossen. Die Lösungen fließen dem Mischgefäß *e* zu und gelangen so mit dem zu reinigenden Wasser gemischt in die Klärkammer *f*. Hier findet der sich bildende Niederschlag Zeit zum Absetzen; das Wasser steigt langsam empor und wird durch ein Knierohr über das Kiesfilter *g* geleitet. In diesem Filter werden die letzten Schlammteile zurückgehalten, und das gereinigte Wasser fließt durch *m* dem Speisebehälter des Kesselhauses zu. Zum Ablassen des Schlammes aus der Klärkammer dient ein Fußventil mit Gewichthebel. Das Kiesfilter wird mittels eines Rechens *n* unter reichlicher Wasserzufuhr gereinigt. Während des Auswaschens wird das Ventil v_3 geschlossen, und das Abwasser läuft durch das Fallrohr *r* in den Schlammkanal. Der Reiniger ist für 20 cbm stündliche Leistung bemessen; die Zusätze hierfür betragen rund 50g Ätznatron und 50g Ferrosulfat.

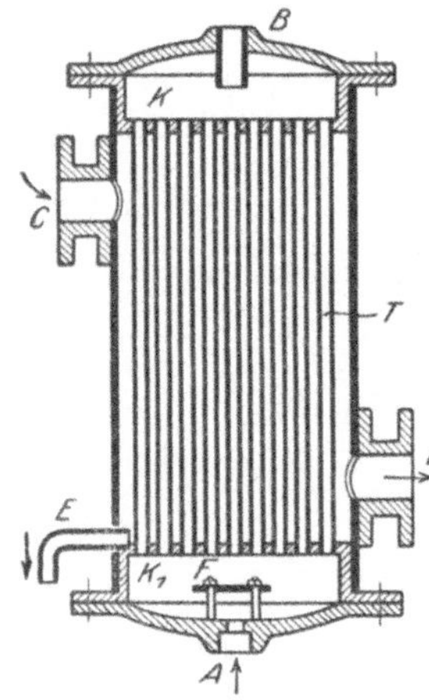

Fig. 15.

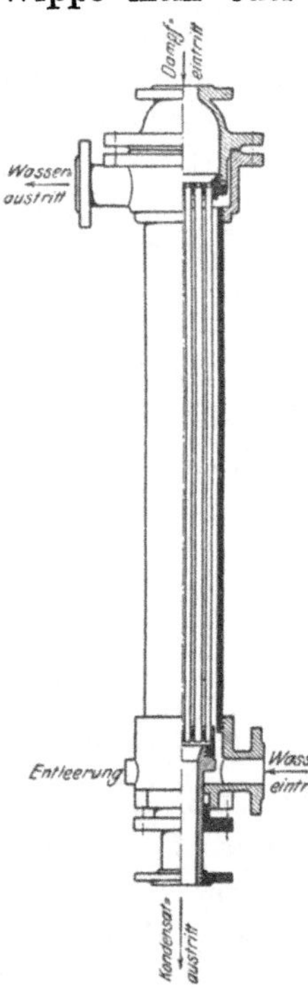

Fig. 16.

Will man auf das reine (aber fettige) Dampfwasser verzichten, so hält man Dampf und Wasser getrennt. Fig. 15 zeigt einen solchen praktisch bewährten Vorwärmer. Der senkrechte Mantel ist aus 4 mm starkem Kessel-

[1] Zft. d. Ver. deutsch. Ing. 1903, 113.

blech, der obere und untere Kesselkranz K und K_1, sowie die beiden Deckel sind aus Gußeisen hergestellt. Das Speisewasser tritt von unten durch die Öffnung A ein, steigt in den 57 Röhren T aus Kupfer, Messing oder Eisenblech auf und fließt mit einer Temperatur von etwa 96° bei B ab. Der Abblasdampf tritt durch C ein, und entweicht aus der Öffnung D, während das gebildete Kondensationswasser aus den Röhren E abfließt. Die über die Eintrittsöffnung gestellte Kreisscheibe F soll eine bessere Verteilung des Wassers und ein gleichmäßigeres Aufsteigen in den etwa 25 mm weiten Röhren T bewirken.

Nach *Schneider*[1] zeigen Fig. 16 und 17 zwei Bauarten der Vorwärmer von *Schaffstädt*, welche sich für den Lokomotivbetrieb besonders eignen. Die Bauart Fig. 16 wird vorwiegend für kleinere Heizflächen ausgeführt. Der Wasserinhalt ist gering. Die Röhren sind in die Böden eingewalzt und werden innen vom Dampf, außen vom Speisewasser bestrichen. Es

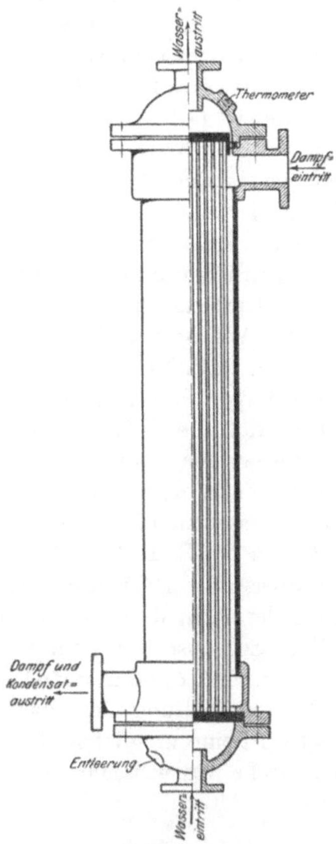

Fig. 17.

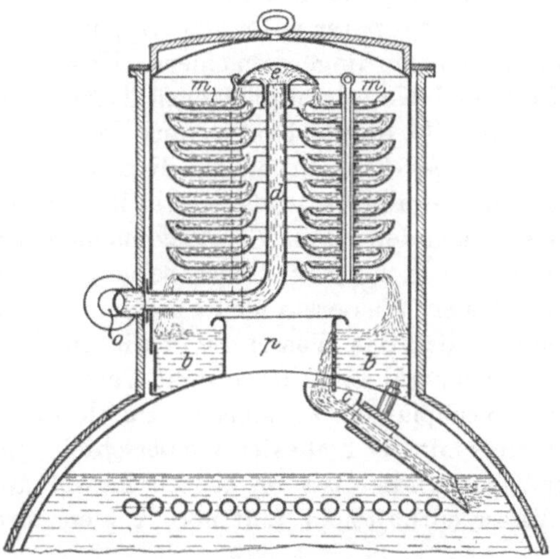

Fig. 18.

ist natürlich auch möglich, die Anordnung so zu treffen, daß sich das Wasser innen, der Dampf außerhalb der Röhren befindet, was den Vorzug der leichteren Abdichtbarkeit hat. Zum Abdichten dient eine stopfbüchsenartige Vorrichtung, welche der verschiedenen Wärmeausdehnung der Teile in der Längsrichtung Rechnung trägt. Der Vorwärmer Fig. 17 hat einen festen und einen kolbenartig im Gehäuse beweglichen Rohrboden, der die Ausdehnung des Rohrbündels gestattet. Hierbei befindet sich der Dampf außerhalb, das Speise-

[1] Zft. d. Ver. deutsch. Ing. 1913, 905.

wasser innerhalb der Rohre, die ebenfalls in die Rohrböden eingewalzt sind. Ähnlich ist der Gegenstromvorwärmer von *Mattick* mit ausziehbarem Röhrenbündel.

Zur Vorwärmung und Reinigung des Speisewassers für Lokomotivkessel in einem in der Rauchkammer des Kessels angebrachten Behälter ist nach *Pogany* (D. R. P. Nr. 216 383) dieser Speisewasserbehälter in der Rauchkammer seitlich angeordnet und der Wölbung der Rauchkammer angepaßt.

Schau[1] bringt seinen namentlich für Lokomotiven bestimmten Vorwärmer im Kesseldom an, wie der Schnitt Fig. 18 zeigt. Das Speisewasser steigt im Rohre *d* auf, strömt strahlenförmig aus der Brause *e* auf die Teller *m*, setzt auf denselben, indem es von einem auf den andern fällt und dabei auf die Dampftemperatur erhitzt wird, einen großen Teil der Kesselsteinbildner ab, fällt dann in den Schlammsack *b* und schließlich durch die Rinne *c* in den Kessel, mit dem der Apparat durch die Öffnung *p* verbunden ist. Bei Versuchen mit 12 Lokomotiven der österreichischen Eisenbahngesellschaft schied der Apparat 10 bis 73, im Mittel 31 Proz. der sämtlichen im verwendeten Wasser enthaltenen festen Stoffe ab. Nach *Meyer* wird der im Behälter *b* abgesetzte Schlamm durch das Rohr *d* abgeblasen. Wenig verschieden ist der 45 Jahre später patentierte Apparat von *Schäfer* (D. R. P. Nr. 216 272) und auch der neuerdings empfohlene „Kesselsparschoner Vapor"[2]. *Cario*[3] will den Rost- und Kesselsteinbildungen dadurch vorbeugen, daß die Luft- und Gasbestandteile durch Kochen aus dem frischen Speisewasser herausgetrieben werden, bevor dieses in das Kesselwasser gelangt. Zu diesem Zwecke soll das Speisewasser mittels feinster Zerstäubung dem Kessel zugeführt werden. Wesentlich denselben Vorschlag machen *Hörenz & Imle* (D. R. P. Nr. 257 454) u. A.[4] Nach der sog. „Hochspeisung"[5] wird das Speiserohr nahe unter dem niedrigsten Wasserstande in horizontaler Richtung derart in den Kessel eingeführt, daß das Wasser durch seitliche Löcher (bei geschlossenem Rohrende) in feinen Strahlen in der oberen Wasserschicht verteilt wird, ohne unmittelbar auf Blechplatten zu stoßen. Durch die schnelle Vermischung des Speisewassers mit der heißesten Wasserschicht im Kessel wird eine möglichst gleichmäßige Temperatur im ganzen Kessel und das rasche Entweichen der im Wasser enthaltenen Luft und Kohlensäure erzielt.

Cavendish beobachtete bereits im Jahre 1766, daß auf Zusatz von Kalkwasser aus einigen Wässern eine erhebliche Menge kohlensaures Calcium und Magnesium gefällt wurde. *Clark* ließ sich am 8. März 1841 für Wässer, welche beim Kochen einen in Salzsäure unter Aufbrausen löslichen Absatz geben, die Reinigung durch Kalkwasser patentieren. Ein Brunnenwasser, welches

[1] Dingl. pol. Journ. (1863) **169**, 103; (1881) **239**, 203.
[2] Kali 1909, 487.
[3] Techn. Rundschau 1909, Nr. 5.
[4] Vgl. *Fischer:* Chemische Technologie des Wassers. S. 262.
[5] Durch Erlasse des Ministers für Handel und Gewerbe vom Jahre 1891 und 1897 wird diese Art der Speisung ausdrücklich anempfohlen.

zum Speisen des Dampfkessels und zum Bierbrauen verwendet werden mußte, wurde durch den Abdampf einer kleinen Maschine auf 40 bis 50° vorgewärmt, dann in einem offenen, 6 cbm fassenden Kasten mit der durch einige Vorversuche bestimmten Menge zu einem steifen Brei gelöschten Kalk durch Umrühren gut gemischt und nach dem bald erfolgten Absetzen des Niederschlages gebraucht. Die vom Verf.[1] ausgeführte Analyse dieses Wassers ergab vor (I) und nach der Reinigung (II) im Liter folgende Bestandteile:

	I	II
Chlor	152	153 mg
Schwefelsäure	216	208
Salpetersäure	71	70
Salpetrige Säure	Spur	Spur
Ammoniak	fast 0	0
Organische Stoffe	51	28
Kalk	322	172
Magnesia	45	7
Davon durch Kochen fällbar:		
Kalk	176	Spur
Magnesia	4	0
Demnach veränderliche Härte	18,1°	—
Gesamthärte	38,5°	18,2°

Durch den Kalkzusatz wurden also nicht nur die Bicarbonate, sondern auch fast das gesamte Magnesium und ein großer Teil der organischen Stoffe abgeschieden[2]. Als aber später die Reinigung mit weniger Sorgfalt ausgeführt wurde, bildete sich ein sehr fester Kesselstein von folgender Zusammensetzung:

			entspr.
Calciumoxyd	41,34		
Magnesiumoxyd	8,36		
Eisenoxyd und Tonerde	2,03	6,03 Proz.	CaO_2H_2
Kieselsäure	0,31	40,00 „	$CaCO_3$
Schwefelsäure	20,51	31,69 „	$CaSO_4$
Kohlensäure	17,61	3,41 „	$2\,CaSO_4 + H_2O$
Unlösliches	2,75	12,12 „	MgO_2H_2
Wasser	6,03		
Organisch, Verlust	1,06		

Hier war also meist zu viel, oft auch zu wenig Kalk zugesetzt (S. 68). Jedenfalls ist die Kontrolle des Verfahrens durch Anwendung von Kalkwasser (S. 196) leichter, wo kein reiner Kalk verfügbar ist. Nach *Lamy*[1] enthält 1 k Kalkwasser:

bei 0°	1,381 g CaO
10°	1,342
15°	1,299
30°	1,162

Im allgemeinen dem Calciumhydrat entsprechend ist die Wirkung des Magnesiumhydrates. Nachdem *Suckow*, *Mitscherlich* und *Bineau*[3] gezeigt hatten, daß kohlensaures Magnesium in Lösung mit Chlorcalcium und schwefel-

[1] Dingl. pol. Journ. (1876) **220**, 264.
[2] Vgl. Zft. f. angew. Chem. 1902, 201; Journ. f. Gasbel. 1907, 480.
[3] *Ludwig:* Natürliche Gewässer, S. 70 u. 96.

saurem Calcium kohlensaures Calcium abscheidet, während schwefelsaures oder Chlormagnesium gelöst bleiben, stellte *Hunt*[1] fest, daß diese Ausfällung des Kalkes aus seinen Lösungen auch durch Magnesiumhydrat in Gegenwart von Kohlensäure erreicht wird, sowie, daß das kohlensaure Calcium aus seinen Lösungen als Bicarbonat durch basisch kohlensaure Magnesia gefällt wird:

$$MgCO_3 + CaSO_4 = CaCO_3 + MgSO_4$$
und
$$MgCO_3 + CaCl_2 = CaCO_3 + MgCl_2.$$

Bohlig (D. R. P. Nr. 3187, 16 574 u. 39 181) empfahl gebrannte Magnesia zur Reinigung von Kesselspeisewasser; die Magnesia kam als „Magnesiapräparat" in den Handel. Verf.[2] zeigte die unrichtigen Angaben der Reklame. Das Präparat wird nicht mehr angewandt.

Nach dem Verfahren von *E. de Haen*[3] mischt man das Wasser mit der zur Fällung der Schwefelsäure erforderlichen Menge Chlorbarium (S. 77) und der zur Zersetzung der Bicarbonate nötigen Menge Kalkmilch. Das Verfahren wurde unter anderm in zwei großen Fabriken Hannovers seit Jahren ausgeführt; eine Probe des Wassers vor (I) und nach der Reinigung (II) und des Kesselwassers (III) enthielt nach Analysen des Verf.[4] im Liter:

	I	II	III
Kohlensaures Calcium	145 mg	0 mg	0 mg
Schwefelsaures Calcium . . .	155	0	0
Chlorcalcium	26	284	7481
Chlormagnesium	27	Spur	58
Chlorbarium	0	Spur	Spur

Bei richtiger Ausführung wurde durch dieses Verfahren jede Kesselsteinbildung vermieden.[5] Es wurde aber von vielen Fabriken verlassen, weil die gebildeten Chloride auf die Kessel ungünstig einwirkten; jetzt ist es durch das Soda-Kalkverfahren ersetzt.

H. Reisert (D. R. P. Nr. 225 281) will kohlensaures Barium und Ätzkalk zusetzen. (Vgl. S. 77.)

Soda. Die Reinigung des Wassers mit Soda, sowie mit Soda und Kalk wird S. 194 besprochen. Für den Dampfkesselbetrieb ist zu beachten, daß schon seit etwa 50 Jahren bei Verwendung von Soda schädliche Wirkungen auf die Kessel beobachtet wurden. Nach *Heyn*[6] können sehr verdünnte Lösungen von Natriumcarbonat bei hohen Wärmegraden (95°) örtliche Anfressungen auf dem Eisen hervorrufen. Nach Versuchen von *Küster* und *Grüters*[7] kann Soda schon an die Atmosphäre Kohlensäure abgeben. *Leighton*[8]

[1] Jahresber. d. Chem. 1858, 128; 1859, 134; 1866, 175; 1867, 192.
[2] Dingl. pol. Journ. **226**, 96, 529, 642; **227**, 307; **228**, 450, 470; **230**, 44 u. 139.
[3] Dingl. pol. Journ. (1873) **208**, 271.
[4] Dingl. pol. Journ. (1876) **220**, 374; **226**, 94.
[5] Dingl. pol. Journ. (1876) **221**, 385.
[6] Mitt. Vers. 1910, 109.
[7] Ber. d. deutsch. chem. Ges. 1903, 748.
[8] Chem. News 1903, 64.

beobachtete die Bildung von Ätznatron aus Soda im Dampfkessel. *J. Brand*[1] stellte fest, daß durch die mehrwöchentliche Erhitzung des Wassers im Dampfkessel bei $7^1/_2$ Atm., wobei sich dasselbe etwa 72fach konzentriert hatte, ein großer Teil der Soda in Ätznatron umgewandelt worden war. Der bei 120° getrocknete Rückstand des Kesselwassers enthielt 21,7 Proz. Ätznatron. Auch nach *Frischer*[2] bildeten sich im Dampfkessel bei 10 Atm. aus Soda erhebliche Mengen Ätznatron. Nach *Grünwald*[3] zersetzt sich Soda im Kessel in Gegenwart von Wasser und bei höherer Temperatur in Ätznatron und Kohlensäure. Es wird angenommen, daß ein größerer Überschuß als 1 bis 1,5 g Soda oder Ätznatron leicht ein Zerfressen der Armaturen veranlaßt, wenn diese mehr als 3 Proz. Zink enthalten.[4] (Vgl. S. 87).

A. Rossel[5] schlug vor, Kesselspeisewasser mit im Kessel regenerierter Soda zu reinigen. Die Reinigung mit Soda erfolgt nach den Gleichungen:

$$Ca(HCO_3)_2 + Na_2CO_3 = CaCO_3 + 2\,NaHCO_3,$$
$$Mg(HCO_3)_2 + Na_2CO_3 = MgCO_3 + 2\,NaHCO_3.$$

Beim Kochen im Kessel wird das Bicarbonat wieder in Soda verwandelt[6]:

$$2\,NaHCO_3 = Na_2CO_3 + H_2O + CO_2,$$

welches nach *Rossel* abermals zur Reinigung von Kesselwasser dienen soll. *O. Vogt*[7] beschreibt die Ausführung dieses Verfahrens in der Schweiz. Neuerdings taucht dies Verfahren wieder als *Reichling*sches Regenerativverfahren auf. Der dafür bestimmte Apparat (Fig. 19) besteht aus einem schmiedeisernen Zylinder, mit zwei Hauptabteilungen, dem Misch- und Heizraum *a* und *b* und dem Setzraum *c*. Das zu reinigende Wasser gelangt in den Mischraum *a*, wo es gleichzeitig den entsprechenden Zusatz von Sodalauge erhält. Durch das Ventil *v*, welches vom Wasserstande des unteren Setzkastens betätigt wird, gelangt darauf das Gemisch in den Heizraum *b*, rieselt über die Zwischenbleche herab und wird von dem entgegenströmenden Abdampf tüchtig gemischt und fast bis zur Siedetemperatur erhitzt. Hat man keinen Auspuffdampf, so geschieht die Erwärmung und Mischung des Wassers hauptsächlich in dem oberen Abteil *a*, und zwar entweder durch direkte Dämpfe oder bei dem Regenerativverfahren durch Kesselwasser.

Auf der Weltausstellung in Brüssel wurde das Speisewasser für jeden Kessel einzeln durch eine auf ihm stehende Siede-Klärvorrichtung der Bauart *Lemaire* gereinigt[8]. Bei diesem Reinigungsverfahren wird dem Kessel selbsttätig Dampf und durch Einführung von kohlensaurem Natron in den Kessel leicht laugig gemachtes Kesselwasser gemischt entnommen und im Siede-Klärbehälter mit

[1] Zft. ges. Brauw. 1904, 456.
[2] Chemikerztg. 1906, 126.
[3] Zft. d. Ver. deutsch. Ing. 1910, 402.
[4] Chemikerztg. 1912, 521; 1913, 296.
[5] *Rossel:* Das Reinigen von Speisewasser für Dampfkessel (Winterthur 1891).
[6] Wie schon *Varrentrapp* bemerkt (Wagners Jahresber. 1866, 511).
[7] *Vogt:* Reinigung des Dampfkesselspeisewassers (Frauenfeld 1893).
[8] Zft. d. Ver. deutsch. Ing. 1911, 1276.

dem frischen Speisewasser zusammengebracht, um die im Speisewasser gelöst enthaltenen Salze: Bicarbonate, Sulfate und Chlorverbindungen in unauflösliche Salze umzuwandeln, die sich als schlammige Ausscheidung und Niederschlag außerhalb des Kessels im Klärbehälter ansammeln und zeitweilig daraus abgelassen werden. Der Siede-Klärbehälter hat 2 Abteilungen, nämlich eine Siedekammer, in welche bei *a* (Fig. 20) das frische Speisewasser zufließt, während bei *f* ein Gemisch von Dampf und laugigem Kesselwasser mittels der **U**-förmigen Röhre *d*, in *e* regelbar, zufließt, und zwar nach Maßgabe der durch das eintretende kältere Speisewasser bewirkten Dampfkondensation. Das Wasser erreicht in der Siedekammer eine Temperatur von 150 bis 190°. Die in der Siedekammer gebildeten Ausscheidungen und die erdigen Teile können sich in der zweiten Abteilung des Siede-Klärbehälters, der Klärkammer, absetzen und mittels des Schlammablaufes *v* entfernt werden. Das geklärte Wasser findet bei *b* seinen Ablauf nach dem Kessel. Besonders empfehlenswert sind diese Regenerationsverfahren keineswegs.

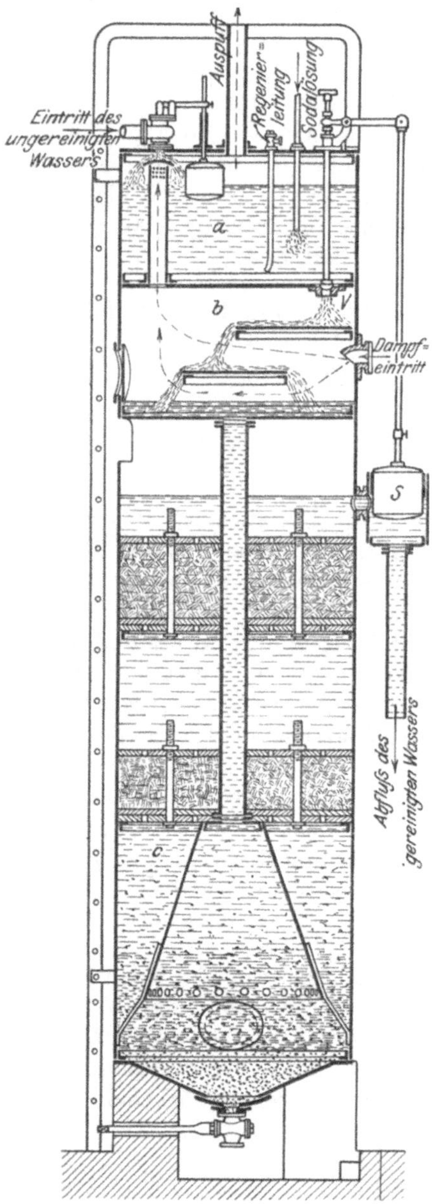

Fig. 19.

Über die Erfahrungen, die bei der Reinigung des Speisewassers für **Lokomotivkessel** gemacht wurden, wird in dem 14. Ergänzungsband des „Organ für die Fortschritte des Eisenbahnwesens (1912)" auf Grund einer Rundfrage mitgeteilt, daß zur Enthärtung des Wassers von den meisten Verwaltungen das **Kalksodaverfahren** angewendet wird; die Ergebnisse der Wasserreinigung nach diesem Verfahren sind als durchweg günstig zu bezeichnen. Die Einwirkungen des gereinigten Kesselspeisewassers auf den Betrieb sind im allgemeinen günstig. Rinnen der Siederohre ist in wesentlich geringerem Maße zu verzeichnen als bei Speisung mit ungereinigtem Wasser; die Ausbesserungen an den kupfernen Rohrwänden werden daher herabgemindert, so daß sich die Verwendungsdauer dieser Kesselteile erhöht. Ferner sind die im Kessel auftretenden Ablagerungen geringer und lassen sich leichter entfernen, das Auswaschen des Kessels ist deshalb weniger häufig erforderlich. Die Enthärtung des Wassers soll im allgemeinen nicht unter 6 Härtegrade getrieben werden, da sonst infolge des zu großen Sodazusatzes ein Schäumen des Wassers und ein Spucken der Lokomotive eintritt; außerdem macht sich bei zu großer Enthärtung der Übelstand geltend, daß die Rohre, namentlich an den Schweißstellen, mangels einer schützenden Kesselsteinschicht durch Chlorverbindungen stark angefressen werden, ein Umstand, der leicht zu Betriebsstörungen Veranlassung geben kann. In welchem Maße ein Überschuß an Soda zugelassen werden kann, darüber liegen Angaben von den meisten Verwaltungen nicht vor. Im allgemeinen halten es die Verwaltungen mit Ausnahme von zweien für zweckmäßig, Sodaüberschuß ganz zu vermeiden.

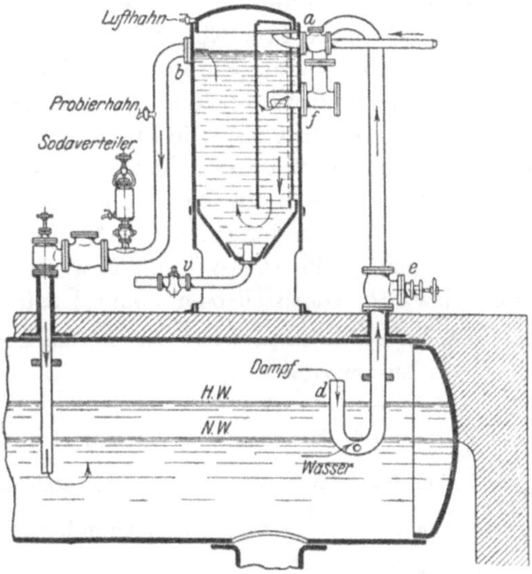

Fig. 20.

Vor Verwendung des Dampfkesselspeisewassers ist zuerst durch die chemische Analyse des Speisewassers (vgl. S. 20) festzustellen, wieviel Calcium und Magnesium als Bicarbonat und wieviel schwefelsaures Calcium und sonstige Calcium- und Magnesiumverbindungen vorhanden sind.

Alle sog. Universalkesselsteinmittel sind, abgesehen von den unverhältnismäßig hohen Preisen derselben, verwerflich oder doch mindestens irrationell, da ihre Anwendung nur nach der Größe der Heizfläche oder der Anzahl der Pferdestärken bemessen werden soll, nicht aber, wie es doch allein vernünftig wäre, nach der Menge und der Beschaffenheit des verdampften Wassers. Trotz aller günstigen Zeugnisse, welche mit großer Vorsicht aufzunehmen sind, ist daher vor Anwendung dieser Mittel entschieden zu warnen.

Mangelhaft ist ferner jedes Fällungsmittel, welches im Kessel selbst angewendet wird; das Speisewasser ist, bevor es in den Dampfkessel kommt, von den Kesselstein oder Schlamm bildenden Bestandteilen zu befreien. Enthält dasselbe nur oder fast ausschließlich die besprochenen Bicarbonate, so sind diese durch einen guten Vorwärmer oder durch passenden Zusatz von Kalkmilch zu beseitigen; enthält es nur schwefelsaures Calcium (Gips), so kann Chlorbarium oder besser kohlensaures Natrium angewendet werden; sind sowohl doppeltkohlensaure als schwefelsaure Verbindungen zugegen, so muß das Wasser zur Abscheidung derselben am besten mit Kalkmilch und Soda vermischt werden. Zu berücksichtigen ist dabei, daß durch gute Vorwärmung des Wassers mehr oder weniger der Sauerstoff entfernt wird, welcher das Rosten veranlaßt (S. 62), die Bicarbonate zersetzt werden, somit an Kalk gespart wird, daß ferner die Klärung des Wassers wesentlich beschleunigt wird (vgl. S. 196). Das Speisen mit warmem Wasser ist auch deshalb vorteilhaft, weil dadurch die beim Kaltspeisen auftretenden Spannungen im Kesselblech vermieden werden.

Zur Kontrolle des Kesselwassers mißt *Weissenberger*[1] in einem Meßkolben 100 cc des auf Zimmertemperatur abgekühlten Wassers ab, fügt aus einem Tropffläschchen 10 Tropfen einer 20 proz. Kochsalzlösung hinzu, versetzt mit 2 Tropfen Phenolphthalein und titriert mit Säure bis zur Entfärbung. Die Anzahl der verbrauchten cc wird notiert (p). Nun gibt man 2 Tropfen Methylorange dazu und läßt so lange Säure einfließen, bis der Farbenumschlag von Gelb in Rot eintritt. Die für Methylorange verbrauchte Menge Salzsäure gibt den zweiten Wert (m). Sodann wird die neutrale Flüssigkeit mit Seifenlösung titriert, wozu die Zahl von h cc notwendig ist. Man sucht nun den betreffenden Fall in der Tabelle auf[2]. Für die täglich mehrmal vorzunehmende Prüfung genügt die Probe (am Wasserstandshahn) mit Lackmus; das Wasser soll schwach alkalisch oder neutral sein.

Die Titration ergab	Vorhandene Verbindungen
$p = o \quad m = o \quad h = o$ . .	Neutralsalze der Alkalien.
$p = o \quad m = o \quad h > o$ . .	Neutralsalze der Erdalkalien.
$p = o \quad m > o \quad h = o$ . .	Natriumbicarbonat.
$p = o \quad m > o \quad h > o$	
a) $m > h$	Carbonate oder Bicarbonate der Erdalkalien und Natriumbicarbonat.
b) $m = h$	Carbonate oder Bicarbonate der Erdalkalien.
c) $m < h$	Carbonate oder Bicarbonate und Neutralsalze der Erdalkalien.
$p > o \quad m = o \quad h = o$ . .	Ätznatron.
$p > o \quad m = o \quad h > o$	
a) $p > h$	Ätznatron und Ätzkalk.
b) $p = h$	Ätzkalk.
c) $p < h$	Ätzkalk und Neutralsalze der Erdalkalien.
$p > o \quad m > o \quad h = o$	
a) $p > m$	Ätznatron und Soda.
b) $p = m$	Soda.
c) $p < m$	Soda und Natriumbicarbonat.

[1] Zft. f. angew. Chem. 1913, 140.
[2] Vgl. Zft. f. angew. Chem. 1910, 392; Kali 1910, 422.

Wasser für Stärke- und Zuckerfabriken.

Für Stärkefabriken kann nach *Saare*[1] das Betriebswasser neben einer Reihe von Zersetzungsprodukten von Blättern, Gräsern oder anderen pflanzlichen Teilen, Algen (Diatomeen) enthalten. Alle diese können, wenn sie in die Stärke gelangen, da sie beim Trocknen braun werden, ebenfalls Stippen in der Stärke erzeugen, und müssen also vorher aus dem Betriebswasser entfernt werden. Ferner kommen im Betriebswasser bisweilen gewisse Pilze vor, welche zu den Bakterien gezählt werden, wie Crenothrix, Cladothrix u. a. Diese haben die Eigenschaft, auf ihrer Oberfläche Eisenabscheidungen hervorzurufen, indem sie die Eisenoxydulsalze zersetzen, und sie als Eisenflocken auf ihren Körpern niederschlagen. Weiter können in dem Wasser Fäulnisprozesse eintreten. Endlich können sich in dem Wasser noch eine Reihe von farblosen Algen, wie Leptomitus und Beggiatoa befinden. Für Kartoffelstärkefabriken brauchbares Wasser soll folgenden Anforderungen genügen: 1. Das Wasser muß frei sein von darin schwebenden Stoffen, wie organischen Ausscheidungen und Pflanzenresten (Schlammflocken), Eisenhydrat und Algen oder höheren Pilzen. Alle diese Stoffe oder Organismen können durch die Siebe mit der Stärke gehen und auch in den Schleudern zum Teil in der Stärke verbleiben und treten dann im trockenen Zustande in der fertigen Ware als Stippen auf, welche je nach der Menge, in der sie vorhanden sind, die Qualität der Stärke herabdrücken können. 2. Das Wasser muß frei sein von Gärungserregern, hefenartigen oder Spaltpilzen. Erstere verhindern das Absitzen der Stärke und tragen zum Entstehen der sog. fließenden Stärke bei, die anderen bilden in der Stärke organische Säuren (Milchsäure, Buttersäure), welche durch das sorgfältigste Waschen nicht wieder ganz zu entfernen sind, und welche in Primaware nicht vorhanden sein dürfen; oder sie geben außerdem der Stärke noch einen schlechten Geruch nach Buttersäure, oder einen dumpfigen, fauligen Geruch. Je tiefer in die warme Jahreszeit hinein die Fabrikation dauert, um so gefährlicher ist das Vorhandensein der Pilze. 3. Das Wasser darf kein Ammoniak oder Salpetrigsäure enthalten, da die Anwesenheit dieser Stoffe, ebenso wie eine zu erhebliche Menge von leicht zersetzlicher organischer Substanz (die im Liter mehr als 10 mg übermangansaures Kalium zur Oxydation verbraucht) auf Gegenwart faulender organischer Massen und die Fäulnis bewirkender Bakterien schließen läßt. Besonders wichtig ist es ferner, daß das Wasser frei von Eisenverbindungen ist, da diese die Stärke gelblich färben.

Auch für andere Stärkefabriken soll das Wasser klar, farblos und frei von Eisen und faulenden Stoffen sein. Ein großer Gehalt des Wassers an Calcium- und Magnesiumbicarbonat kann zur Erhöhung des Aschengehaltes der Stärke beitragen, besonders bei Mitverwendung von Natronlauge; in letzterem Falle werden auch die übrigen Magnesium- und Calciumverbindungen zersetzt.

Die Bestandteile des bei Gewinnung des Zuckers verwendeten Wassers sind von Einfluß, indem faulende Stoffe schon im Diffuseur Zersetzungen

[1] *O. Saare:* Die Fabrikation der Kartoffelstärke (Berlin 1897); Zft. f. Spiritusind. 1886, 511; 1897, Ergänzungsbd.

veranlassen können, während Salze beim Kochen und Krystallisieren stören und schließlich noch den Aschengehalt vergrößern können, wobei zu berücksichtigen ist, daß bei Berechnung des Wertes von Zucker der Salzgehalt desselben fünffach von der Polarisation abgezogen wird.

Zur Saftgewinnung verwendete *Pfeiffer*[1] ein Wasser, welches im Liter enthielt: 0,48 g Gips und 0,3 g Kochsalz, wobei jedoch zu bemerken ist, daß der gesamte Schwefelsäuregehalt auf Gips, der Chlorgehalt auf NaCl berechnet wurde. Nimmt man an, daß die Füllmasse 7,1 Proz. Wasser hat, so ergibt sich, daß dieses „Füllmasse-Wasser" 6,25 Proz. Gips und 3,9 Proz. Kochsalz enthalten muß. Bei Anwendung dieses Wassers waren die Säfte, auch der Dicksaft, sehr hell und von durchaus gesundem Aussehen. Auch im Vakuum war ihr Verhalten anfangs normal. Aber nach 2 bis 3stündigem Kochen begann eine starke Braunfärbung, und Füllmasse und Zucker waren ganz dunkel. Der Aschengehalt von 95er Zucker betrug 1,3 Proz. Wurde Wasser angewendet, welches im Liter 0,063 g Schwefelsäure und 0,03 g Chlor enthielt, so betrug der Aschengehalt 1 Proz., also über $^1/_4$ Proz. weniger, und die Füllmassen waren stets von heller Farbe und normaler Beschaffenheit. Ein größerer Gipsgehalt des Wassers ist auf den Aschengehalt weniger von Einfluß, weil die Diffusionsschnitzel ein ausgesprochenes Absorptionsvermögen für Kalksalze haben. Dies bestätigt sich insofern, als die beiden erwähnten Füllmassen einen fast gleichen Gehalt von Gips aufwiesen, trotzdem das eine Wasser fast die dreifache Menge davon enthielt, als das andere. An Kochsalz reiches Wasser gibt aschenreichen Zucker[2]. Als die Zuckerfabrik Linden Wasser verwenden mußte, welches Schachtwasser eines Kaliwerkes aufgenommen hatte, inkrustierten die Kessel und wurden undicht. Der Aschengehalt des Zuckers stieg beim ersten Produkt um 0,95 bis 1,00 Proz. auf 1,20 bis 1,40 Proz., bei den Nachprodukten betrug die Zunahme an Asche 0,5 bis 1 Proz. Außerdem bekamen die Zucker ein schlechtes Aussehen und klebrige Beschaffenheit (vgl. S. 221).

Als Melassebildner gelten besonders die Nitrate, welche die sechsfache Menge Zucker am Krystallisieren hindern, dann die Sulfate und Alkalicarbonate, weniger die Chloride.

Wasser für Bierbrauereien.

Wenn man auch vielleicht der Beschaffenheit des Wassers zuweilen einen zu großen Einfluß auf die Güte des Bieres hat zuschreiben wollen, so ist doch zweifellos, daß einige Bestandteile des Wassers günstig, andere ungünstig auf das Weichen der Gerste, auf den Sud- und Gärungsprozeß einwirken können[3].

[1] Zft. f. Zucker 1889, 607.

[2] Deutsche Zuckerind. 1902, 483.

[3] Vgl. *Ferd. Fischer:* Chemische Technologie des Wassers (Braunschweig 1902); Fischers Jahresber. 1881, 766; 1882, 836 u. 855; 1883, 891; 1884, 930; 1885, 832; 1886, 781; 1887, 1027, 1029 u. 1030; 1888, 1031 u. 1037; 1890, 1003; 1891, 978; 1895, 905; 1899, 859; *Griessmayer:* Bierbrauerei S. 23; Zft. ges. Brauwesen **16**, 269; Zft. f. Spiritus 1900, 320; Wochenschr. f. Brauerei 1901, 546.

Nach *Lintner*[1] wird die Extraausbeute aus dem Malz durch einen Gipsgehalt des Brauwassers wesentlich herabgestimmt, bei Anwendung gesättigter Gipslösung etwa um 6 bis 7 Proz. des lufttrocknen Malzes. Der Gehalt der Würze an Proteinoiden wird durch den Gipsgehalt des Brauwassers nicht beeinflußt. Der Phosphorsäuregehalt der Würze wird durch den Gipsgehalt des Brauwassers wesentlich herabgestimmt; der Aschengehalt der Würze wird durch gipshaltiges Brauwasser nicht entsprechend vermehrt. Bei Anwendung von gesättigter Gipslösung gehen 63 Proz. ihres Fixgehaltes in die Treber über.

Von *Lott*[2] werden an ein Brauwasser folgende Anforderungen gestellt: 1. es sei vollkommen frei von organischen Verunreinigungen und von giftigen Metallsalzen; 2. für Stout und dunkle Biere ist weiches Wasser vorzuziehen; 3. zur Alebereitung eignet sich dagegen Wasser mit einer gewissen Menge von Chloriden und kleinen Mengen von Sulfaten; 4. für Weiß- und Lagerbier und „stock ale" verwendet man gewöhnlich hartes Wasser mit einem merklichen Zusatz von Sulfaten der alkalischen Erden, wobei das Magnesiumsulfat im Verhältnis zum Gips geringer ist; hierdurch erhält man gesündere und wohlschmeckendere Biere als mit weichem Wasser oder solche mit mehr Chloriden und Alkalisalzen.

Versuche über die Wirkung der Bestandteile des Brauwassers von *Neumann*[3] ergaben:

1. Extraktgehalt:

Calciumcarbonat: erniedrigt ansehnlich.
Calciumsulfat: erhöht.
Calciumnitrat: erhöht ansehnlich.
Magnesiumcarbonat: verhält sich neutral.

2. Reduzierende Zucker:

Calciumcarbonat: erniedrigt ansehnlich.
Calciumsulfat: erniedrigt.
Calciumnitrat: erhöht.
Magnesiumcarbonat: erniedrigt ansehnlich.

3. Protein:

Calciumcarbonat: erhöht.
Calciumsulfat: neutral.
Calciumnitrat: erhöht.
Magnesiumcarbonat: erniedrigt.

4. Farbenton:

Calciumcarbonat: färbt zu.
Calciumsulfat: neutral.
Calciumnitrat: paralysiert ansehnlich die Wirkung der Carbonate des Kalkes und der Magnesia.
Magnesiumcarbonat: färbt ansehnlich zu.

Nach Ansicht englischer Chemiker und Gärungsphysiologen ist dem Gips im Brauwasser, falls er in reichlichen Mengen vorhanden ist, insofern eine

[1] *Lintner:* Bierbrauerei (Braunschweig) S. 113; Bayer. Bierbrauer 1880, 8.
[2] Journ. Inst. Brewing, 1897, 374.
[3] Ber. Versuchsanst. f. Brauind. Böhmen 1898, H. 1.

große Bedeutung beizumessen, als er nicht nur zur besseren Koagulierung der Eiweißstoffe beim Würzekochen und zu feingriesiger Bruchbildung im Hopfenkessel beiträgt, sondern auch die allzuweit gehende Auslaugung besonders unangenehm scharf-bitterer Geschmacksstoffe aus dem Hopfen verhindern soll und die Herstellung glanzfeiner Biere ermöglicht. Gipsreiche Wässer sollen sich zur Erzeugung sehr mild, süß und pappig schmeckender dunkler Biere nicht eignen, da sie ihnen einen härtlichen Charakter geben würden, welcher bei den Stouts nicht gewünscht wird[1].

Zum Weichen der Gerste ist nach *Brown*[2] hartes und weiches Wasser gleich geeignet. Da beim Einweichen von unbeschädigten Gerstenkörnern in hartes oder weiches Wasser nur Wasser allein in die Körner eindringt und während des Weichens keine Stoffe aus dem Innern der Körner extrahiert werden.

Nach *Hayduck*[3] besteht kein gesetzmäßiger Zusammenhang zwischen dem Kalkgehalt des Brauwassers und dem der Würze, und der letztere ist wiederum nicht regelmäßig maßgebend für den Kalkgehalt der Hefe. Die Gärungserscheinungen und der Charakter der Hefe sind, von extremen Fällen abgesehen, nicht abhängig von dem absoluten Kalkgehalt der Würze und Hefe, sondern werden beeinflußt durch die Art des Kalksalzes im Brauwasser. Jedes Kalksalz hat seine spezifischen Wirkungen; kohlensaurer Kalk wirkte günstig, schwefelsaurer ungünstig auf Hefe und Gärung.

Nach *Seyffert*[4] bedingen folgende Brauwassertypen den Charakter der Biere:

	Gesamt-Rückstand	$CaCO_3 + MgCO_3$	$CaSO_4$	Na_2SO_4	NaCl
München	47,35	45,59	5,36	—	3,87
Wien	47,60	29,40	8,12	4,23	2,59
Dortmund	79,04	22,27	41,21	—	13,25
Pilsen	17,33	8,15	4,00	0,47	1,78
Newa	4,33	2,01	0,56	0,09	0,44
Burton	179,09	41,30	111,12	14,57	5,57
London	62,37	24,88	—	23,76	12,29

Daraus ergibt sich, daß die Biere, vom Münchener angefangen, mit abnehmendem Gehalt an kohlensauren Erden immer heller werden und ihren Charakter völlig ändern. Der Gips spielt zwar nicht die wichtigste, aber immerhin eine sehr wichtige Rolle als Charakterbildner. Er ist bei harten Wässern derjenige Bestandteil, welcher die Erzeugung heller Biere begünstigt, ja, wenn er in sehr großen Mengen vorhanden ist, sogar erzwingt! Das Typische

[1] Wochenschr. f. Brauer. 1901, 533.
[2] Zft. f. ges. Brauw. 1908, 192.
[3] Wochenschr. f. Brauer. 1908, 241.
[4] Zft. ges. Brauw. 1907, 199, 336, 540, 561; 1908, 169, 601; 1912, 113, 125.

der böhmischen Wässer ist die sehr geringe Härte. Große Mengen von Carbonaten erleichtern eben die Erzeugung dunkler Biere, geringe Mengen dagegen begünstigen die Herstellung lichter Biere. Gar zu weiche Wässer (unter etwa 100 mg Gesamtrückstand) sind im allgemeinen als Weichwasser ungeeignet. Sie geben nur bei Verwendung sehr edler Gersten, die arm sind an unedlen Spelzstoffen, einigermaßen gute Biere. Je carbonatreicher das Wasser ist, um so bescheidenere Anforderungen darf man füglich an die Qualität der Gerste stellen. Daß auch die übrigen Salze des Wassers, die Chloride, Sulfate usw. für das Bier von Bedeutung sind, kann keinem Zweifel unterliegen. Hier steht der wissenschaftlichen sowohl wie der praktischen Forschung noch ein weiter Spielraum offen. Wer etwa glaubt, daß man in München dunkle Biere braut, weil die Bevölkerung diese lieber trinkt, der würde Ursache und Wirkung verwechseln[1]. — Nach weiteren Angaben desselben ist maßgebend für den Typus eines Wassers als Brauwassers in erster Linie sein Gehalt an Bicarbonaten des Calciums und des Magnesiums. Der Grundcharakter eines Bieres wird bei sonst zweckentsprechender Arbeitsweise bestimmt durch das Wasser, und zwar in erster Linie durch das Weichwasser. Das Brauwasser übt ebenfalls einen starken Einfluß auf den Charakter des Bieres aus, doch kommt er nicht in vollem Maße zur Geltung, wenn nicht das Weichwasser bereits in dem entsprechenden Sinne vorgearbeitet hat. Typische Biere lassen sich nur aus typischen Wässern herstellen. Helle Biere verlangen entweder sehr weiche, aber nicht zu weiche Wässer (Pilsener Typus), oder aber harte Wässer mit stark prävalierendem Gips (Dortmunder Typus). Carbonatwässer sind für helle Biere nicht geeignet. Dunkle Biere verlangen ausgesprochene Carbonatwässer (Münchener Typus).

Wenn nach *Moufang*[2] das Brauwasser weich, alkalihaltig ist, so liefern Malze, deren Gersten auch in alkalihaltigem Weichwasser geweicht waren, verhältnismäßig hellere Würzen als solche Malze, zu denen harte, gipshaltige Weichwässer dienten. Entsprechend den erheblichen Verzögerungen in der Verzuckerung zeigen sich ebenso große Unterschiede im Abläutern, die bei dem Münchener Wasser rund den dreifachen Betrag der Abläuterungszeit des Dortmunder Wassers ausmacht. Auf das Aroma wirkte das Münchener Wasser am kräftigsten. Zwischen dem Pilsener und Dortmunder Wasser war ein wesentlicher Unterschied im Aroma nicht festzustellen. In der Farbe und Säure traten bemerkenswerte Unterschiede auf. Die höchsten Ausbeuten ergaben sich bei Verwendung von Pilsener und Dortmunder Wasser. Wesentlich niedriger fielen die Extraausbeuten bei Verwendung von Münchener bzw. Wiener Wasser aus. Die Würzen der Carbonatwasser wiesen absolut am wenigsten gesamtlösliches Eiweiß auf, während jene aus Sulfatwässern mehr enthielten. Eine gleiche Gesetzmäßigkeit läßt das assimilierbare Eiweiß erkennen[3].

[1] Vgl. Zft. ges. Brauw. 1906, 680; Wochenschr. f. Brauer. 1902, 339.

[2] Zft. ges. Brauw. 1908, 190; 1913, 29 u. 121; Wochenschr. f. Brauer. 1909, 345, 642 u. 677.

[3] Vgl. Fischers Jahresber. 1889, 595; 1890, 1038; 1901, 418.

Nach *Maurer* und *Steinäcker*[1] erhöhte ein Gipsgehalt von 0,202 bis 0,232 Proz. den Extrakt im Durchschnitt um 0,36 Proz., die wasserfreie Ausbeute um 4,18 Proz. Die Erhöhung ist bei den einzelnen Malzen verschieden; der Gips ist nur zum Teil an der Erhöhung beteiligt. Der Eiweißgehalt der Würzen erhöht sich im allgemeinen; die Erhöhung ist für verschiedene Malze verschieden. Der höchste Gipsgehalt erzeugte jedoch nicht die eiweißreichste Würze, sondern mit der Erhöhung des Gipsgehaltes des Brauwassers steigt der Eiweißgehalt rasch an und erreicht seinen Höhepunkt, der meist bei $^1/_2$ oder $^3/_4$ Sättigung mit Gips liegt. Bei dem höchsten Gipsgehalt des Wassers erhöht er sich nicht mehr, sondern wird meist ein niedrigerer. Das $^1/_4$ gesättigte Gipswasser nimmt insofern wieder eine Ausnahmestellung ein, als bei diesem am meisten Extrakt vergoren war. Es hat also unvergärbare Dextrine zu vergärbaren abgebaut. Der hohe Gipsgehalt bewirkte bei den dunklen Malzen, daß die Menge des vergärbaren Extraktes sich etwas verringerte. Vermutlich werden durch Gipswasser auch die Pentosen angegriffen. Gegenüber dem vor dem Maischen zugesetzten Kalk wurde nach vollendeter Gärung eine Abnahme von fast 60 Proz. bei der einen Probe gefunden; eine andere zeigte nur noch einen verschwindenden Gehalt an Kalk. Die größte Helligkeit der Würzen war meist bei halber Sättigung des Brauwassers mit Gips erreicht.

Nach *F. Emslander*[2] gibt Grobschrot, mit Betriebswasser behandelt, viel höhere Ausbeuten, tiefere Farben und höhere Viscosität der Würzen usw. als mit destilliertem Wasser. Wahrscheinlich lösen die Erdalkalien die Zellhaut des Stärkemoleküls und bedingen so die Ausbeuteerhöhung. Gegenwart der Erdalkalien bedingt ferner Erhöhung des Vergärungsgrades, indem die Eiweißkörper weiter abgebaut werden; es wird auch deren Koagulation vermieden. Da beim Ausfallen der Eiweißkörper stets jene Suspensionen mitgerissen werden, welche die Vollmündigkeit der Biere bedingen, wodurch die „leeren" Biere entstehen, ist die Gegenwart der Erdalkalien auch der Vollmundigkeit der Biere förderlich. Die Erdalkalien wirken also beim Brauprozeß dispergierend und üben auf die vorhandenen Kolloide einen stabilisierenden Einfluß aus.

Nach *Bleisch* und *Wenzel*[3] dürfte der Magnesiagehalt der Würzen und Biere zum größten Teil nicht aus dem angewandten Wasser, sondern aus dem Malz stammen, wenn nicht ganz abnorme Verhältnisse in der Zusammensetzung des Wassers vorliegen. Während des Sudprozesses findet eine bedeutende Abnahme des Kalkes (47 bis 58 Proz.) und der Magnesia (36 bis 64 Proz.) gegenüber dem Gehalt der Maische an diesen Körpern statt. Gleichgültig ist dabei, ob diese Stoffe aus dem Malz selbst oder dem betreffenden Wasser stammen, oder in welcher Form sie im Wasser gebunden sind. Eine

[1] Zft. ges. Brauw. 1913, 44.
[2] Zft. f. Kolloide **5**, 25; **6**, 156.
[3] Zft. ges. Brauw. 1912, 166, 445 u. 459.

Abnahme der Schwefelsäure findet beim Sudprozeß nicht statt. Sie ist sicher am Schluß des Sudprozesses zum größten Teil in einer anderen Weise gebunden wie beim Beginn des Maischprozesses. Während der Gärung, welche allerdings mehr der Hauptgärung entsprach, konnte im allgemeinen eine bedeutendere, außerhalb der Fehlergrenzen liegende Abnahme von Kalk, Magnesia und Schwefelsäure nicht nachgewiesen werden. Wenn der Bedarf dieser Körper als Baustoffe für die wachsende Hefe augenscheinlich sehr gering ist, so dürfte ihre Gegenwart bei der Gärung oder auch ihr Einfluß auf diese bei den physiologischen Vorgängen von mehr oder weniger hervorragender Bedeutung sein. Während des Sudprozesses findet eine bedeutende Abnahme der Gesamtphosphorsäure in der Würze statt. Bei Ausschließung aller enzymatischen Vorgänge ist die Wasserlöslichkeit der Gesamtphosphorsäure des Malzes im carbonathaltigen Wasser am größten, dann folgt das destillierte Wasser, am geringsten ist sie bei dem sulfathaltigen Wasser. Während des Sudprozesses findet eine sehr bedeutende Löslichmachung der Phosphate statt, die aber bei den einzelnen Wässern sehr verschieden ist. Vorzüglich beteiligt sind daran die anorganischen Phosphate. Während der Gärung findet eine nicht unbedeutende Abnahme der Gesamtphosphorsäure statt; besonders stark ist diese bei den Bieren aus sulfathaltigem Wasser. Diese Erscheinung dürfte auf eine erhöhte Hefetätigkeit zurückzuführen sein, verbunden mit einer stärkeren Hefenvermehrung. Die Phosphorsäureabnahme während der Gärung ist hauptsächlich bedingt durch die anorganischen Phosphate; doch wurde speziell bei dem Bier aus sulfathaltigem Wasser auch eine starke Abnahme der organischen Phosphorsäure konstatiert. Die Art der Härte des Wassers beeinflußt den Phosphorsäuregehalt der Würze und der daraus erzeugten Biere, sowohl die anorganischen, als auch die organischen.

Die an kohlensauren Erden reichen Wässer schädigen nach *P. Petit*[1] die Verzuckerung der Malze; die Vergärung wird niedriger und die Biere sind schlecht haltbar. Durch Aufkochen, durch Zusatz von Säure oder von „saurer“ Maische erzielt man wieder normale Verhältnisse. Der „Oberteig“ quillt beim Überschwänzen mit alkalischem Wasser auf, wird zäh und hemmt die Filtration. Bei mangelhafter Acidität ist der Bruch schlecht. Auch auf die Hefe ist die Acidität von großem Einfluß. Die Hefe bedeckt sich mit einer zähen Glutinschicht, die die Diffusion der Würze in die Hefe verhindert. Durch Säure wird diese Glutinschicht aufgelöst.

Nach *Windisch*[2] ergaben Versuche, daß natürliche, carbonatfreie Wässer Würzen von der Farbe der Würzen aus destilliertem Wasser von gleichem Säuregehalt und mit gleicher Extraktausbeute liefern; während Carbonatwässer dunklere, langsamer und schleirig laufende Würzen geben bei geringerer Ausbeute. Werden die Carbonatwässer neutralisiert, so läuft die Würze hell, schnell und feurig bei größerer Ausbeute. Carbonatwässer verlangsamen die

---

[1] Wochenschr. f. Brauer. 1910, 20.

[2] Zft. f. angew. Chem. 1912, 1176; 1913, 41; Jahrb. d. V. L. B. 1910, 279; Wochenschr. f. Brauer. 1913, 209 u. 310.

Lösungsvorgänge beim Maischen, verzögern das Läutern und verursachen Ausbeuteausfälle; die Biere klären schlecht und reifen langsam, die Hefe entartet schnell und verschmiert leicht. Diese Erscheinungen verschwinden, wenn die Wässer von den Carbonaten befreit werden. Die besten Brauwässer sind die ganz reinen und weichen, die man leicht nach Bedarf verbessern kann. — Wichtig ist die Acidität; für Malz, Maische und Würze ist die Phosphatacidität, für das fertige Bier die Acidität, bewirkt durch die bei der Gärung gebildete freie organische Säure (Milchsäure). Die Säureacidität der Biere ist um so höher, je höher die Phosphatacidität der zur Gärung gebrachten Würze war. Nicht oder höchstens in ihrer Massenwirkung bei Vorhandensein übergroßer Mengen kommen in Frage, sämtliche in den natürlichen Wässern vorhandenen Alkalisalze, außer den selten vorkommenden Carbonaten. Acidität vernichten, also schädlich wirken die Carbonate des Kalkes und der Magnesia. Acidität bilden, also nützlich wirken die bleibenden Kalk- und Magnesiumverbindungen des Wassers ($CaSO_4$, $MgSO_4$, $CaCl_2$, $MgCl_2$).

An Wasser für Bierbrauereien stellt *C. J. Lintner*[1] dieselben Anforderungen als an ein Trinkwasser. Für Mälzerei ist eisen- und kochsalzhaltiges Wasser unerwünscht; Calciumbicarbonat löst die schlechtschmeckenden Gerbstoffe der Spelzen und ist als Brauwasser für helle Biere ungeeignet. Bakterien- und wilde Hefen haltiges Wasser soll vor der Verwendung gekocht werden.

Mit Wasser, aus welchem die Carbonate durch Erhitzen entfernt waren[2], erhielt *Elsässer*[3] vollständige Verzuckerung der Maische, schönen dunklen Würzespiegel im Läuterbottich, reinen, hellen, feurigen Ablauf der Würze, Verschwinden des widerlichen Geruches des Glattwassers gegenüber der früheren unvollständigen Verzuckerung der Maischen, dem fuchsigen Würzespiegel im Läuterbottich, den rötlichen Würzeablauf und dem widerlichen Geruch des Glattwassers. Die Ausbeute war höher. Die aus dem entcarbonisierten Wasser erzeugten Biere haben einen außerordentlich milden, feinen Geschmack, bei welchem besonders ein edles, feines Hopfenaroma zum Durchbruch kommt. Nach *Will*[4] kommt für die Zwecke des Sudhauses die chemische Zusammensetzung des Wassers allein in Betracht, da die Organismen beim Kochen getötet werden. Auch für die Mälzerei ist die chemische Zusammensetzung besonders wesentlich, da die Gerste schon mit soviel Bakterien und Schimmelpilzen beladen ist, daß die des Wassers dagegen zurücktreten. Beim Waschen der Hefe kommt es auf die chemische Zusammensetzung des Wassers nur insofern an, als weiches Wasser die Hefe auslaugt und schwächt. Hier wie für alle Reinigungszwecke ist festzustellen, wie sich die im Wasser vorhandenen Organismen gegen Würze, Bier und Hefe verhalten und ob sich unter ihnen bierschädliche Arten befinden.

[1] *Lunge* und *Berl:* Chemisch-technische Untersuchungsmethode (1911) Bd. 4, S. 283.
[2] Zft. ges. Brauw. 1913, 9 u. 41.
[3] Zft. ges. Brauw. 1912, 483.
[4] Zft. ges. Brauw. 1901, 745; 1911, 125 u. 163; *H. Will:* Anleitung zur biologischen Untersuchung (München 1909) S. 253.

Nach Versuchen von *Zickes*[1] entwickelten sich von den 107 Bakterienstämmen in Süßwürze bei 10° 50 Proz., bei 25° 73 Proz.; in gehopfter Würze bei 10° 36 Proz., bei 25° 44 Proz.; in gehopfter Würze unter gleichzeitiger Einsaat von Hefe bei 10° 15 Proz., bei 25° 28 Proz.; in Bier bei 10° 1,8 Proz., bei 25° 3,7 Proz. Von *Hansen* ausgeführte vergleichende Versuche mit *Koch*scher Nährgelatine (I) und gehopfter Würzegelatine (II) ergaben folgende Mengen entwicklungsfähiger Keime:

	I	II
1.	100	0
2.	222	0
3.	1000	7
4.	750	3
5.	1500	9

Um zu entscheiden, welche von den Bakterien das Bier angreifen, und welche unschädlich sind, muß man also die Versuche mit denjenigen Organismen anstellen, welche sich wirklich in der Würze entwickelt haben.

Die biologische Wasseruntersuchung für Brauereien beschreiben *Stockhausen*[2] und *H. Will* (S. 96).

Für Branntweinbrennereien gilt im wesentlichen dasselbe; Wasser, welches viel Calciumcarbonat enthält, eignet sich außerdem weniger zum Kühlen, weil die auf den Kühlflächen abgesetzte Steinschicht die Wärmeübertragung stört.

Märker (Spiritusfabrikation) legt das Hauptgewicht auf die organischen Stoffe und Fäulnisorganismen, da sie im Getreidekorn Fäulnis- und Zersetzungsvorgänge einleiten, welche für die Wirksamkeit des gewonnenen Malzes sehr verderblich werden können. Kochsalz, namentlich aber Chlormagnesium und Chlorcalcium, sind für den Keimungsvorgang sehr nachteilig und daher möglichst zu vermeiden.

Das Wasser, welches in den Likörfabriken zum Auflösen des Zuckers und zum Verdünnen des Weingeistes in Anwendung kommt, muß weiches Wasser sein. Hartes Wasser ist nicht brauchbar, weil der Alkohol aus demselben Gips ausscheidet und so ein opalisierendes trübes Gemisch gibt, das sich langsam klärt. Selbstverständlich muß das Wasser außerdem farblos und geruchlos, überhaupt sehr rein sein. Destilliertes Wasser muß man nach der Destillation erst einige Zeit offen stehen lassen, damit es den sog. Blasengeschmack verliere.

Zum Ausspülen der Fässer und Flaschen für Wein ist ebenfalls ein reines Wasser erforderlich, welches namentlich kein Eisen und keine faulenden Stoffe enthält.

Für Bäckereien ist jedes Wasser bedenklich, welches faulende Stoffe enthält, da diese die Gärung stören, zudem mindestens unappetitlich sind.

---

[1] Jahrb. Vers. Brauerei. 1903, 442.

[2] Berliner Jahrbuch 1907, 717

Wasser für die Behandlung von Faserstoffen.

Zum Waschen der Rohwolle ist weiches Wasser vorzuziehen, da Kalk und Magnesia entsprechende Mengen Soda oder Seife unwirksam machen (S. 101); die gebildete Kalkseife erschwert die weitere Verarbeitung besonders beim Färben.

Bei der Verarbeitung der Rohseide ergaben Versuche von *Gabba* und *Textor*[1], daß die in den weichen Wässern ersponnenen Seiden weniger ansehnlich, weniger schön in Farbe und weniger kräftig waren als jene, welche mit den härteren Wässern dargestellt waren. Der Grund liegt darin, daß die löslichen Stoffe von den weichen Wässern leichter als von den harten aufgelöst und damit der Seide entzogen werden, während sie derselben doch gerade erhalten bleiben sollten. Die in destilliertem Wasser gesponnene Seide war weich, trüb von Farbe, aber sehr elastisch. Die trübe Farbe rührte von aufgelösten organischen Bestandteilen des Kokons her, welche von dem Rohseidenfaden aufgesaugt wurden. Die in der Lösung von schwefelsaurem Calcium gesponnene Seide war hell, weißlich von Farbe, hart und wenig elastisch. Die in Natriumcarbonat-Lösung erhaltene Seide war grünlich und hatte einen starken Glanz. Wenig ansehnlich und von trüber, grünlicher Farbe war die Seide aus der Lösung von schwefelsaurem Magnesium und die aus Chlorcalcium hatte eine schmutzige Farbe und war stark haarig. Daraus folgt, daß die Seiden, welche in kalk- und alkalireichen Wässern ersponnen werden, die schönsten Produkte geben, daß also der Rohseidenproduzent der Verwendung der harten Wässer den Vorzug gibt. Für den Stoffabrikanten und namentlich für die Färber sind aber die mit hartem Wasser ersponnenen Seiden nicht die vorteilhaftesten, denn solche Seiden enthalten immer etwas Kalk mechanisch eingeschlossen. Durch die Aschenanalysen wurde der Kalk nachgewiesen; je härter die Wässer waren, in denen die Seiden gesponnen wurden, um so größer waren auch die gefundenen Kalkmengen, und selbst durch das Abkochen der Rohseide behufs des Färbens ließen sich diese Kalkeinschlüsse nicht vollständig entfernen. Da, wo Kalkteilchen auf dem Seidenfaden haften, wird der Farbstoff des Färbebades weniger leicht aufgenommen und die Seide infolgedessen streifig erscheinen, ein Umstand, der namentlich für die nicht beschwerten Seiden von größter Wichtigkeit ist. Für helle Farben wird also der Färber den Seiden den Vorzug geben, welche in weichen Wässern gesponnen wurden.

Bei Versuchen mit Waschpulver fand *Heermann*[2], daß Kochsalz ohne Einfluß auf die Bleichwirkung blieb, desgleichen ein geringer Kalkzusatz, während stärkerer Kalkgehalt die Bleichwirkung des Waschpulvers erhöhte oder doch beschleunigte.

Enthält ein Wasser soviel organische Stoffe, daß es davon deutlich gefärbt ist, so kann es nach *Jarmain*[3] in der Wollbleiche Veranlassung zu

[1] Ber. d. deutsch. chem. Ges. 1879, 17.
[2] Mitt. Materialprüf. 1909, 373.
[3] Färberztg. 1909, 371.

Flecken in der Ware geben. Besonders gefährlich ist aber die Verunreinigung des Wassers durch Eisensalze. Zunächst veranlaßt sie beim Behandeln der Wolle mit Soda oder mit Urin die Befestigung von Eisenoxyd auf der Gewebsfaser oder auf derselben bei der Behandlung mit Seife die Bildung einer Eisenseife, welche sich nachher bei der gefärbten Ware in Form von Flecken bemerklich macht. Beim Färben mit Schwefelfarbstoffen ist Eisen meist unschädlich.

Fließendes Wasser ist für Färbereien und Bleichereien besonders wichtig; das Wasser muß aber klar und farblos sein. Im harten Waschwasser erhalten nach *Kielmeyer*[1] Cochenillerot und Holzrot auf Wolle oder Baumwolle einen bläulichen Stich, der ihrer Lebhaftigkeit bedeutend schadet. Auch das echte alte Krapprot und Krapprosa, wie auch das moderne Alizarinrot und -rosa entziehen sich dem Einfluß des kalkhaltigen Wassers nicht. Dagegen wird das sonst so unechte Corallinrot, auf Wolle oder Baumwolle befestigt, durch kalkhaltiges Wasser nicht verändert, wie auch auffallenderweise Corallinrot auf Wolle der öfteren Behandlung mit schwacher Seifeflüssigkeit viel energischer widersteht als Cochenillerot. Der Einfluß des im Wasser enthaltenen kohlensauren Kalkes und der kohlensauren Magnesia zeigt sich vornehmlich, wenn die ausgewundene feuchte Ware in der Warmhänge oder auf dem heißen Zylinder getrocknet wird. Hier wirken die im feuchten Gewebe mit dem Wasser zurückgebliebenen kohlensauren Erdalkalien auf das Rot ein, indem sie, wie ein schwaches Alkali, dasselbe bläulich nüancieren und damit verdüstern.

Nach *Hausmanns* Angabe vom Jahre 1791 wie nach den eingehenden Untersuchungen *Rosenstiehls*[2] ist für die Krapp- und Garancinefärberei wie für das Färben mit künstlichem Alizarin ein bestimmter Kalkgehalt des Wassers, ungefähr in den Verhältnissen der Mülhauser Doller, nicht bloß schädlich, sondern sogar erforderlich. Das Alizarin und das Purpurin soll im Wasser der Farbkufe soviel natürlichen kohlensauren Kalk oder sonst ein passend zugefügtes Kalksalz, wie essigsauren Kalk vorfinden, daß sich unter allen Umständen Monocalciumalizarat oder der demselben entsprechende Purpurinkalklack bilden kann, wenn gleich die Bildung des letzteren nicht unbedingt nötig, aber immerhin für die Echtheit und Lebhaftigkeit der aus der Flotte hervorgehenden Farbe von Vorteil ist. Als schädlich für Färbereien und Druckereien gilt der Gips.

Für das Färben der Wolle ist nach *Ulrich*[3] die Beschaffenheit des Wassers wesentlich; steht dem Färber kein weiches Wasser zur Verfügung, so empfiehlt es sich, zuerst in den Farbstofflösungen Waren für dunkle Töne zu färben und in den erschöpften und passend regenerierten Farblösungen die Färbung zarter und feuriger Farben vorzunehmen. Bei manchen Fär-

[1] Dingl. pol. Journ. **228**, 81.
[2] Dingl. pol. Journ. **216**, 447; **221**, 167.
[3] Zft. f. angew. Chem. 1900, 690.

bungen ist es unbedingt nötig, das Wasser vorerst zu reinigen. Bei Verwendung des Alkaliblaus scheiden sich beim Kochen des Wassers die Monocarbonate des Kalks und der Magnesia aus, ein Teil bleibt im Wasser verteilt; die Bildung von Farbstofflack ist gegeben; diese Kalkverbindungen setzen sich an der Faser ab, und wird nun die Ware nach dem Waschen in die Säurelösung gebracht, so scheidet sich an jenen Stellen die Sulfonsäure in größerer Menge aus, wodurch eine Ungleichmäßigkeit der Färbung, ein unschönes Aussehen bedingt werden kann. Das Echtviolett der *Farbwerke vorm. Bayer & Co.* ist ein vorzüglicher Farbstoff, dessen Anwendung bei Benutzung stark kalkhaltigen Wassers aber sehr erschwert, ja unmöglich gemacht werden kann. Werden die Kalkverbindungen auch durch die Säure der Farblösung wieder zersetzt, so gelingt es doch nicht, diese Zerlegung so zu leiten, daß nicht einzelne Stellen stärker als andere gefärbt erscheinen. Hartes Wasser wirkt besonders ungünstig auf Diphenylfarbstoffe, Echtrot und Bordeaux. — Für die Gärungsküpe wird weiches Wasser gefordert.

Ist man nach *Ristenpart*[1] genötigt, in sauren Bädern arbeiten zu müssen, so kann die salpetrige Säure freie Amidgruppen dieser Faser diazotieren, wobei gelb bis braungefärbte Produkte entstehen können. Das gebildete Diazofibrinsulfat ist beispielsweise eine sehr unbeständige Verbindung, die sich unter der Einwirkung von Licht und Wärme unter Zerfall in die entsprechende bräunliche Phenolverbindung des Fibroins, ferner Stickstoff und Schwefelsäure zersetzt. Schon 1 mg Salpetrigsäure im Liter Wasser ist so zu erkennen.

Beim Gebrauch von Seife beim Waschen, sei es in der Technik oder im Haushalt, ist der Gehalt des Wassers an Kalk und Magnesia von großer Bedeutung. Daß Kalk und Magnesia im Wasser Seife zersetzen und die gebildete unlösliche Kalk- und Magnesiaseife sich auf die Faserstoffe niederschlägt, ist schon lange bekannt[2].

Seife löst sich im kalten Wasser nicht klar auf, sie wird in einen löslichen, mehr alkalihaltigen und einen selbst in Alkohol unlöslichen saueren Teil zerlegt; nach *Fricke*[3] hatten dieselben bei einem Versuche mit einer guten Kernseife folgende prozentuale Zusammensetzung:

	Seife	Unlöslicher Teil	Löslicher Teil
Fettsäuren	89,55	91,36	86,51
Natron	10,45	8,64	13,49

Der unlösliche Teil enthielt vorwiegend Palmitinsäure, der lösliche Ölsäure. Der unlösliche Teil scheint, im kalten Wasser wenigstens, völlig wirkungslos zu sein, der lösliche bildet beim Schütteln in reinem Wasser Schaum, dessen zahllose Bläschen beim Waschen den Schmutz aufnehmen und von dem zu reinigenden Gegenstande entfernen. Nach *W. Spring*[4] entsteht beim

[1] Zft. f. Farben. 1907, 94.
[2] Dingl. pol. Journ. **90**, 77; **100**, 469; **118**, 239; **124**, 205; **128**, 213; **155**, 396; **169**, 225.
[3] Dingl. pol. Journ. **209**, 46; **232**, 93.
[4] Zft. f. Kolloide 1910, 164.

Lösen der Seifen in Wasser ein kolloidales System, indem die Seife in saure und basische Seife zerfällt. Während erstere vorwiegend in Lösung bleibt, bildet die basische Seife mit den wegzuwaschenden Stoffen Adsorptionsverbindungen, welche leicht entfernt werden können. Diese Wirkung kann aber erst dann eintreten, wenn das Seifenwasser schäumt, und das ist wieder erst dann möglich, wenn die vorhandenen Kalk- und Magnesiasalze als unlösliche, schmierige, fettsaure Verbindungen ausgeschieden sind. Bei dieser Zersetzung werden 31 Teile Natron und 47 Teile Kali durch 28 Teile Kalk oder 20 Teile Magnesia ersetzt, so daß 1 Härtegrad etwa 120 mg gute Kernseife vernichtet, oder 1 l eines Wassers von 25° Härte 3 g Seife, 1 cbm dieses Wassers demnach 3 k Seife[1]. Nach *Dunbar* bedingt 1° Härte für 1 cbm sogar einen Mehrverbrauch an Seife von 125 bis 250 g, je nach dem Fettsäuregehalt derselben. Die gebildeten Kalk- und Magnesia seifen verstopfen beim Waschen die Poren unserer Haut, setzen sich in die Fasern der gewaschenen Stoffe, namentlich der Wolle fest, die infolgedessen beim Trocknen ihre Weichheit verlieren und übelriechend werden. Ein kalk- und magnesiahaltiges Wasser sollte daher vor Anwendung der Seife sowohl beim Walken der Tuche, Decken u. dgl. wie auch bei der Hauswäsche am besten mit der erforderlichen Menge Soda auf 80 bis 100° erwärmt, dann von dem gebildeten Niederschlage abgegossen werden (vgl. S. **196**).

Für Papierfabriken schadet namentlich ein Eisengehalt wegen Bildung von Flecken; Humusstoffe geben mißfarbiges Papier[2]. Faulende organische Stoffe können unter Umständen zu Pilzbildungen im Papier Veranlassung geben. Kalk und Magnesia zersetzen die Harzseife. Beim Leimen der Papiermasse macht nach *Neugebauer*[3] je 1° vorübergehende Härte in 1 cbm Wasser 50 g schwefelsaures Aluminium ($Al_2(SO_4)_3 \cdot 18$ aq) unwirksam (vgl. S. 221).

Wasser für Gerbereien usw.

Bei der Weiche werden nach *W. Eitner*[4] in weichem Wasser die Felle im allgemeinen schlank und dünn, was erwünscht ist, weil sich in diesem Zustand der fettige und schmutzige Inhalt löst und leicht entfernt werden kann; hartes Wasser hält den Fettstoff in der Erstarrung und löst sich derselbe, und im Zusammenhang damit der Schmutz, nur schwer. Calciumbicarbonat erschwert die Reinemacherarbeit, da dieses den Kalk fest an das Hautgewebe bindet. Zum Anschärfen der Weiche erfordert hartes Wasser mehr Schwefelnatrium. Fauliges Wasser bewirkt vollständige Blindheit der Narbe. Im Zusammenhang damit steht auch die Erscheinung des Einfressens von Löchern von der Fleischseite aus. Es bilden sich Vertiefungen in länglich-

[1] Vgl. Dingl. pol. Journ. **118**, 213.
[2] Mikr.-techn. Gew. Wien 1900, 33.
[3] Zft. f. angew. Chem. 1912, 2155.
[4] Gerber 1884, 221 u. 205; 1891, 183; 1894, 39; 1898, 204 u. 283; 1909, 128 u. 240.

runder Form, die bis auf die blanke Narbe durchdringen, welche von der Größe einer Linse bis zu einer Bohne sich weiter fressen, anfänglich vereinzelt und fortschreitend sich über das ganze Fell verbreiten, so daß dasselbe endlich das Aussehen eines vom Ungeziefer zernagten, bis auf die Narbe aufgezehrten Gefetzes annimmt, welches dann haltlos wird und dessen bloßgelegte Narbe an allen Stellen durchreißt. Ferner bildet sich auf der Narbe eine Aderung aus, breitere dunkle Furchen in Zügen, die auffallende Ähnlichkeit mit der bekannten Aderung einer Marmortafel haben. Am weißen Leder haben diese Züge ein gelblich-schmutziges Aussehen, am gefärbten dunkel und matt, als ob sie mit dem Pinsel mittels eines Auftrags eingeprägt wären. Es sind dies die verkörperten, eingefressenen Niederschläge der im Wasser vorkommenden Fäulnisorganismen, der Bakterien, Hefen u. dgl. Diese Erscheinung tritt jedoch erst nach längerer, ununterbrochener Ruhe der Ware in solchem Wasser auf. Endlich ist es eine auffallende Erscheinung, daß die Ware, statt zu schwellen, zurückgeht, d. h. jedoch nicht etwa matt wird, sondern eher fester und dabei dünner wird; es scheint bald eine gewisse Verglasung des die Fasern umhüllenden Schmelzes einzutreten. Die Außenseiten der Ware fühlen sich dessen ungeachtet nicht rauh und spröde an, sondern eher glatter, zarter; aber man findet sofort heraus, daß das Leder zu dünn und zu fest im Kerne ist, daß es daher ungefügig und nicht geöffnet ist. Dies ist auch die Ursache, daß bei den feinen Handschuhfellen die Farbe schlecht eingreifen kann, wenigstens nicht leicht genug und nicht egal eingreifen kann. Besonders Abwasser von Stärkefabriken, welches Bacterium megatherium enthält, schädigt die Kleienbeize[1]. Beim Weichen, Reinigen usw. der Haut fand *Eitner*, daß freie Kohlensäure und infolgedessen auch die Wässer, welche Bicarbonate enthalten, schwellend auf die Häute wirken. Dagegen schwellen die Chloride die Haut nicht; sie heben sogar die schwellende Wirkung der Säuren auf. Meerwasser ist daher für Gerbereizwecke nicht brauchbar. Als vorzüglich gute Schwellstoffe für Häute ergeben sich dagegen das schwefelsaure Calcium und Magnesium. Hieraus erklärt sich auch die vorteilhafte Wirkung eines vorsichtigen Zusatzes von Schwefelsäure zu einem Wasser, welches viel Bicarbonate enthält. — Für das Brochieren von Glacéleder darf kein hartes Wasser benützt werden, weil solches Wasser an die Narbe und auch im Innern solchen Leders Kalk in Form von Gips niederschlägt, welcher einerseits das Färben erschwert, anderseits dem Leder einen rauhen Griff beibringt. Das Wasser beim Gerben soll nach *Eitner* nicht zu hart sein und keine großen Mengen Chlorverbindungen enthalten. Die frühere Annahme, daß hartes Wasser festes Leder mache, ist nicht richtig, vielmehr wird die Ausnützung der Gerbmittel durch hartes Wasser wesentlich beeinträchtigt. Beim Gerben mit an Chloriden reichem Wasser erhält man weniger Gewicht; die Häute gerben schwer und man muß mehr Sätze geben, um dieselben gar zu bekommen. Das chlorhaltige Leder hält mehr Wasser zurück und zieht leichter Feuchtigkeit an, bleibt daher weich und wird nicht fest. Eisengehalt ist keineswegs so schädlich, als meist angegeben wird.

[1] Fischers Jahresber. 1898, 453.

Nach Versuchen von *Nihoul*[1] löst hartes Wasser viel weniger Gerbstoff aus dem Gerbmittel als weiches Wasser. Dagegen findet *Paessler*[2], daß selbst hohe Härtegrade, wenn dieselben durch doppeltkohlensauren Kalk (vorübergehende Härte) bzw. durch schwefelsauren Kalk (bleibende Härte) hervorgerufen werden, bei Eichenrinde, Eichenholz, Quebrachoholz, Mimosenrinde keine ins Gewicht fallenden Gerbstoffverluste bedingen. Mit einem Wasser von hoher vorübergehender Härte erzeugte Brühen liefern ein wesentlich dunkleres Leder. Wo es auf eine möglichst helle Farbe des Leders ankommt, ist ein Wasser, welches eine niedrige vorübergehende Härte besitzt, stets einem solchen mit hoher vorübergehender Härte vorzuziehen.

Nach *Barthel*[3] bilden sich im Kalkäscher leicht durch den überschüssigen Kalk unlösliche basische Salze in der Haut, wodurch dieselbe spröde und brüchig wird, und enthält das Wasser außerdem noch viel Eisen oder organische Säuren, so erscheinen leicht die sog. Kalkflecken auf den Häuten oder sie nehmen ganz und gar eine blaugraue, unansehnliche Färbung an. Auf den Schwellprozeß wirken die kohlensauren und besonders die schwefelsauren Erdalkalisalze vorteilhaft ein. In der Oberledergerberei ist besonders darauf zu sehen, daß nach dem Kälken die Häute von dem aufgenommenen Kalk gehörig befreit werden, da sonst leicht ein brüchiger Narben die Folge ist. Durch gründliches Beizen und genügenden Säuregehalt der Farben kann die hier unerwünschte Schwellwirkung der Kalksalze auf ein richtiges Maß zurückgeführt werden.

Nach *J. Paessler*[4] soll das Wasser für Gerbereien möglichst frei sein von faulenden organischen Stoffen und Fäulnisorganismen, Hefearten u. dgl. Unerwünscht ist Wasser mit viel Calciumcarbonat; ein weiches Wasser ist im allgemeinen vorzuziehen.

Nach *Kühl*[5] darf bei der Beurteilung eines Gerbereiwassers die Anwesenheit von Mikroorganismen nicht unberücksichtigt bleiben, von denen schädigend wirken Bacillus fluorescens liquefaciens, Bacterium radiatum Mez. und die Fäulnisbakterie: Bacterium vulgare, indem sie das Corium zersetzen. Die Fäulnisbakterie ist indessen beim Schwitzprozeß notwendig, doch ist eine sorgfältige Überwachung für den richtigen Verlauf dieses Prozesses unerläßlich.

Bei der Herstellung von Leim ist zu berücksichtigen, daß die Erschöpfung der dazu verwendeten Gerbereiabfälle mit weichem Wasser weit vollständiger ist als mit hartem. Ein mit hartem Wasser gekochter Leim löst sich ferner nach dem Trocknen nicht klar wieder auf.

[1] Ledermarkt 1902, 80; Fischers Jahresber. 1902, 598.
[2] Deutsche Gerberztg. 1902, Sonderabz.
[3] Dingl. pol. Journ. **299**, 137.
[4] *Lunge* und *Berl:* Chemisch-technische Untersuchungsmethoden (Berlin 1911) Bd. 4, S. 341.
[5] Ledertechn. Rundschau 1911, 49.

Den Einfluß des Waschwassers auf Kautschuk untersuchte *R. Ditmar*[1]. Danach hat die Verwendung gewöhnlichen Wassers zum Waschen von Rohkautschuk häufig schlechte Vulkanisationsprodukte im Gefolge. Von den in solchem Wasser enthaltenen Salzen sind vor allem gefährlich die Chloride, in erster Linie das Magnesiumchlorid, aber auch das häufiger vorkommende Chlornatrium. Auf die Dampfdruckvulkanisation war ein Zusatz von Chlornatrium ohne Einfluß. Bei der Trockenvulkanisation waren ohne den in der Praxis angewandten Zusatz von Bleiglätte keine brauchbaren Muster zu erzielen; die mit Glättezusatz vulkanisierten Proben wiesen Schäden auf, woraus zu schließen ist, daß Kochsalz bei der Trockenvulkanisation des Kautschuks zerstörend wirkt.

Wasser für sonstige technische Zwecke.

Bei der Amalgamation von Golderzen stört nach *Witter*[2] Wasser, welches Humusstoffe enthält.

In Glashütten macht sich der Einfluß des Wassers bei der Herstellung von Tafelglas bemerkbar. „Das Glas hält im Stock." Es rutscht, gleitet, dreht sich nicht so leicht im Stock, die Finger, Handgelenke und Armmuskeln werden zu höherer Kraftanstrengung gezwungen. Daß dies nachteilig auf Arbeitsleistung und auf die Dauer der Arbeit wirkt, braucht keines Beweises. Die Buchenklötze, die Wallstöcke werden nämlich vor und nach dem Gebrauche in einem Wasserbehälter aufbewahrt, sie nehmen Wasser in sich auf, saugen sich voll. Bei ihrer Gebrauchsnahme wird durch die Hitze des in der Aushöhlung sich drehenden Glaspostens das Wasser in Dampf verwandelt, und um das Ausbrennen des Stockes zu verringern, ist stetes Bespritzen mit Wasser notwendig. Bei diesem sich fortwährend wiederholenden Vorgang werden die erdigen Stoffe ausgeschieden, dadurch geht die Feinheit und Glätte der Aushöhlung verloren, durch Reibung entsteht ein Widerstand gegen die Drehung der Pfeife. — Auch bei der Herstellung von Kathedralglas soll zum Kühlen der Walze und der Platte nur weiches Wasser verwendet werden[3].

Bei der Herstellung von Tonwaren, Vermauern von Ziegelsteinen u. dgl. verwendetes Wasser kann durch seinen Gehalt an Sulfaten von Magnesium, Calcium und Natrium oder Chlornatrium leicht Ausschläge auf denselben veranlassen; Chlorcalcium und Chlormagnesium machen dieselben feucht und fleckig.

Für Steingutfabriken sind bedenklich die schwefelsauren und kohlensauren Verbindungen des Kalkes, die beim Trocknen der Erzeugnisse nach dem Verdunsten des Wassers in der Masse zurückbleiben. Beim Aufschläm-

[1] Gummiztg. 1907, 392.
[2] Berg- u. Hüttenm. Ztg. 1899, 349.
[3] Sprechsaal 1887, 219.

men wird wieder neues Wasser, welches wiederum lösliche Stoffe enthält, zugeführt, so daß sich zuletzt im Tonbrei alle löslichen Verunreinigungen vorfinden, welche der grubenfeuchte Ton und das Schlämmwasser enthielten. Aus den gefertigten Waren verdunstet das Wasser, die gelösten Stoffe bleiben im Ton enthalten und sammeln sich infolge der Capillarität des Tones an der Oberfläche der Waren an, deshalb sind sie die Ursache, daß auf der Oberfläche des Scherbens häufig eine harte feste Kruste entsteht, welche infolge der in feiner Verteilung eingebetteten Verunreinigungen die später aufgetragene Glasur schwer aufsaugt und das Eindringen der Glasur in die Scherbenporen beim Glattbrand hindert, so daß die Waren mit rauhen Stellen aus dem Ofen kommen[1].

Auch beim Bau unserer Häuser ist die Beschaffenheit des verwendeten Wassers von großem Einfluß. Bekanntlich zeigen Ziegelsteine nicht selten weißliche, gelbe, grüne, selbst schwarze Ausschläge. Die weißen Anflüge bestehen aus den Sulfaten von Magnesium, Calcium und Natrium, aus Chlornatrium oder Natriumbicarbonat, welche schon im Ton enthalten waren, oft aber auch durch das beim Bauen verwendete Wasser zugeführt sind. Die grünen Ausschläge auf hellfarbigen Steinen sind meist Algenbildungen, die schwarzen, wie an der Berliner Synagoge beobachtet, Pilze, welche sich nur da ansetzen, wo die Steine Auswitterungen von kohlensaurem und schwefelsaurem Calcium zeigen. Bei feuchtem Wetter zerfließen die löslichen der genannten Salze, machen die Mauern feucht und fleckig, efflorescieren bei trocknem Wetter, lockern durch Ausdehnung beim Krystallisieren den Bewurf und blättern ihn ab. Noch bedenklicher sind Chlorcalcium und Chlormagnesium, welche, einmal in eine Wand gelangt, kaum wieder herauszubringen sind. Die Zimmerdecken werden leichter grau, weil der Staub besser haftet, die Tapeten fleckig.

Wasser für landwirtschaftliche Zwecke.

Wasser für Viehtränken. Nach *Schönjahn*[2] liegt unmittelbar neben dem Solbad Werne eine mit 36 Stück Rindvieh betriebene gute Weide. Etwa 20 m neben der Weide entspringt die etwa 8 Proz. Salz enthaltende Quelle des Solbads Werne, welche ungefähr 180 l Wasser in der Minute liefert. Das Wasser dieser Quelle läuft durch einen Graben in den Hornbach, welch letzterer durch die oben genannte Weide fließt. Infolgedessen kann das Vieh auch auf der genannten Weide Wasser aus dem Hornbach (Salzgehalt 1,3 bis 12,6 g im Liter) sowohl oberhalb der Einmündung des Salzwassergrabens in den Hornbach, als auch unterhalb dieser Einmündung entnehmen. Etwa 17 Jahre lang ist die Beobachtung gemacht, daß das Vieh auf der genannten Weide bald das Süßwasser nimmt und bald das Salzwasser. Nach andern Beobachtungen diente Wasser mit 3 g Salz im Liter noch unbeschadet dem Vieh zur Tränke.

[1] Sprechsaal 1902. [2] Piesberger Prozeß.

Künnemann[1] fand, daß das Chlormagnesium bei den großen Haustieren gesundheitsschädlich erst nach Aufnahme größerer Mengen wird. Bis zu 20 g im Tag sind für junge Schweine unschädlich, bis 60 g für Schafe; 800 g sind für Pferde schädlich. Die Aufnahme des Trinkwassers oder des mit dem Wasser angemengten Futters wird verweigert, wenn der Gehalt an Chlormagnesium eine gewisse Grenze überschreitet. Diese Grenze ist für das Pferd mit einem Gehalt von 5 g Chlormagnesium im Liter Wasser erreicht. Tiere, besonders Geflügel und Schafe, können sich nach *Titze*[2] an ziemlich große Dosen (bis 60° Härte) Kaliendlauge im Wasser gewöhnen.

Für die Milchwirtschaft äußert sich die Verwendung eines unreinen schlechten Wassers beim Reinigen der Gefäße schon dadurch schädlich, daß es unter Umständen Krankheiten der Milch (z. B. das Fadenziehen oder Schleimigwerden der Milch), eine mit schlechtem Geschmack verbundene falsche Säuerung des Rahms oder ein schnelles Ranzigwerden der Butter verursacht, wenn diese mit solchem unreinen Wasser gewaschen bzw. durchknetet worden ist[3].

Berieselung. Ein kochsalzhaltiges Wasser, welches 0,5 bis 1 g Kochsalz und mehr im Liter enthält, löst mehr Bestandteile, und zwar mehr der wichtigen Pflanzennährstoffe aus dem Boden auf, als ein Wasser, welches solche Kochsalzmengen nicht enthält, wie *K. Eichhorn*[4], *A. Frank*[5], *E. Peters* und *E. Heiden*[6], *Dietrich*[7], *F. Storp*[8] u. a.[9] fanden. Aus diesem lösenden Einfluß des Kochsalzes selbst in Mengen von 0,5 bis 1 g im Liter auf die Nährsalze des Bodens erklärt man die düngende Wirkung des Kochsalzes bei Aufbringung auf den Acker. Dabei wird aber das Kochsalz nur in fester Form und in geringen Mengen gegeben, so daß es mit den gelösten Nährsalzen im Boden verbleibt. Bei der Berieselung aber sickert fortwährend das kochsalzhaltige Wasser durch den Boden und führt die erhöhte Menge der gelösten Pflanzennährstoffe aus dem Boden aus. Ferner soll ein kochsalzhaltiges Wasser dadurch indirekt schädlich für den Pflanzenwuchs sein, daß es den Boden dicht schlämmt und unfruchtbar zu machen imstande ist. Nach *G. Reinders*[10] macht schon 0,25 Proz. Chlor, entsprechend 0,41 Proz. Kochsalz, im Bodenwasser den Boden unfruchtbar. Nach *A. Mayer*[11] beruht die solcherweise

---

[1] Journ. f. Landw. 1897, 265.
[2] Arb. a. d. Kais. Gesundheitsamt **38**, Heft 3.
[3] Vgl. Gesundheitsing. 1911, 163.
[4] Landw. Jahrb. 1875, 16; 1877, 958.
[5] Landw. Verssuchsstat. 1866, 45.
[6] *Heiden:* Düngerlehre, 2. Aufl., **2**, 849.
[7] Jahresber. f. Agrik. 1862, 13.
[8] Landw. Jahrb. **12**, 814.
[9] Jahresber. f. Agrik. 1873, 7; 1877, 36; Landw. Versuchsstat. **51**, 6.
[10] Landw. Versuchsstat. **19**, 190.
[11] Journ. f. Landw. 1879, 389.

bewirkte Unfruchtbarkeit des Bodens auf einer Dichtschlämmung desselben und sind schon geringere Mengen als 0,25 Proz. Chlor bzw. 0,41 Proz. Kochsalz imstande, diese Unfruchtbarkeit zu bewirken. *König*[1] meint, daß ein Wasser, welches einseitige Mengen Kochsalz enthält, für Berieselungszwecke schädlich wirkt, und daß diese schädliche Wirkung schon bei einem Gehalt des Wassers von 0,5 g Kochsalz im Liter beginnt, daß aber ein Wasser, welches 1 g Kochsalz enthält, überhaupt nicht mehr verwendet werden soll. Desgleichen *Wohltmann*[2], dessen „Gießkannenversuche" aber wertlos sind. Nach *Stutzer*[3] wirkt 1 g Kochsalz noch nicht schädlich. Nach Versuchen von *Orth*[4] war das Maximum des Ertrages bei 0,1 Proz. Salzlösung. Bei einem Zusatz von 2 g Kochsalz auf 1 l Wasser war der Ertrag noch besser als bei reinem Leitungswasser. Der Erfolg wird einmal auf die bodenlösende, zweitens auf die durch Kochsalz kalisparende Kraft des Salzwassers zurückgeführt werden müssen. Von 5 pro Mille Salzlösung ist eine vergiftende Wirkung auf die Vegetation zu verzeichnen. (Vgl. S. 337.)

Coupin[5] nennt toxisches Äquivalent das Gewichtsminimum eines Giftes, welches, in 100 Teile Wasser aufgelöst, die Keimung verhindert. Die Untersuchung ergab, daß das toxische Äquivalent des Kochsalzes für Weizen 1,8, für Erbsen und Lupinen 1,2, für Mais 1,4, für Wicken 1,1, im Mittel also für Pflanzen, die nicht an Meeresküsten wachsen, 1,5 Proz. beträgt. Nach *Marek*[6] wirkte Chlorkalium etwas hemmend auf die Keimungsenergie des Roggens; die Pflanzen entwickelten sich normal und brachten es zu einer mittelguten Ernte. Bei der Keimung der Zuckerrüben wirkte Chlorkalium fördernd. Nach Versuchen von *Rusche*[7] wirken die Chloride ungünstig.

Nach *König* und *Haselhoff*[8] wirkte Chlorcalcium und Chlormagnesium im Wasser, ähnlich wie Kochsalz, auslaugend auf die Bodenbestandteile, dementsprechend besitzen beide eine aufschließende und indirekt düngende Wirkung. Wasser mit 1 g dieser Chloride im Liter ist nach *König* für die Berieselung schädlich. Himbeeren und Erdbeeren werden nach *Jensch*[9] chlorcalciumhaltig.

Barytverbindungen sind nach *Haselhoff* den Pflanzen schädlich; schon 10 mg Bariumnitrat im Liter Wasser waren nachteilig. Strontianhaltiges Wasser aus Cölestin- und Strontianitgruben ist für den Pflanzenwuchs unschädlich.

Nach *Haselhoff*[10] wirkt Wasser mit 10 mg Kupfersulfat im Liter auf

---

[1] Landw. Jahrb. 1893, 847.
[2] Landwirt 1895, Nr. 81.
[3] Vgl. 3. Aufl., S. 39.
[4] Arb. a. d. Kais. Gesundheitsamt 1900, 253.
[5] Rev. Botan. **10**, 171.
[6] Österr. Zft. f. Zuckerind. 1892, 1.
[7] Journ. f. Landw. (1912) **60**, 305.
[8] Landw. Jahrb. 1893, 847; 1895, 962.
[9] Zft. f. angew. Chem. 1894, 111 u. 508.
[10] Landw. Jahrb. **21**, 263; **22**, 851 u. 861; Landw. Versuchsstat. **38**, 345.

die Pflanzen schädlich, desgleichen 2,5 mg Nickeloxydul. Durch Berieseln mit kupfersulfat- und kupfernitrathaltigem Wasser werden die Pflanzennährstoffe des Bodens, besonders Kalk und Kali, ausgelaugt und dafür Kupferoxyd absorbiert, wodurch die Feuchtigkeit des Bodens bedeutend herabgemindert wird. Durch zinkvitriolhaltiges Wasser wird das Zinkoxyd vom Boden absorbiert und an seiner Stelle geht eine entsprechende Menge anderer Basen in Lösung, während der so behandelte Boden entsprechend ärmer an diesen Basen wird. Auf Pflanzen wirkt zinksulfathaltiges Wasser in Sandböden schädlich, in Kalkböden wenig oder gar nicht[1]. Nach *Jensch*[2] wuchsen auf Galmeihalden, welche 15 bis 18 Proz. Zinkoxyd enthielten, die verschiedensten Pflanzen. Eisenvitriolhaltiges Wasser ist für Wiesenberieselung nachteilig durch Absetzen von Ocker; direkt schädliche Wirkung tritt nur bei stärkeren Konzentrationen auf, da besonders in kalkhaltigen Böden das Ferrosulfat bald zersetzt wird[3].

Carbolsäure vernichtet schon in 0,1 proz. Lösung die Keimung der Samen und schädigt die Pflanzen[4].

Rhodanammonium wirkt schädlich auf Pflanzen, es wird aber im Boden rasch zersetzt, so daß eine schädliche Wirkung von rhodanhaltigem Abwasser praktisch sehr selten vorkommen wird[5]. Schwefelcalciumhaltiges Abwasser schädigt den Pflanzenwuchs[6].

Fischwasser.

Während salmonidenartige Fische besonders Temperaturen von 10 bis 14° lieben, nach *Frenzel*[7] bei genügendem Sauerstoff aber noch 25° ertragen, wollen Karpfen möglichst 20 bis 30° haben. Die Forderung, kein heißes Wasser abzulassen, wodurch die Temperatur von salmoniden Gewässern über 16° warm wird[8], ist entschieden ungerechtfertigt. Die an Forellen reichen kleinen Flußläufe des südlichen Harzes sind im Sommer nicht selten bis 25° warm. Es ist zu beachten, daß Sauerstoffüberfluß das Widerstandsvermögen der Fische gegen warmes Wasser steigert.

Wichtig ist der Sauerstoffgehalt des Wassers. Nach *Winckler*[9] löst 1 l Wasser cc Gase:

---

[1] Liebigs Annal. **127**, 243; Landw. Jahrb. 1883, 827; 1893, 848; Landw. Versuchsstat. **1**, 9; **28**, 472; **30**, 381 u. 410; **31**, 1 u. 33.
[2] Zft. f. angew. Chem. 1894, 14.
[3] Landw. Versuchsstat. **26**, 77; **32**, 365.
[4] Landw. Versuchsstat. **30**, 52.
[5] Landw. Versuchsstat. **15**, 230; Journ. f. Landw. **21**, 432; **30**, 271.
[6] Landw. Versuchsstat. **13**, 755.
[7] Zft. f. Fischerei 1895, 277.
[8] *Weigelt:* Vorschriften für Fischwässer (Berlin 1900) S. 57.
[9] Ber. d. deutsch. chem. Ges. **21**, 2843; **22**, 1764.

Temp. des Wassers	Luft darin	Sauerstoff	Stickstoff	Temp. des Wassers	Luft darin	Sauerstoff	Stickstoff
1	28,08	9,97	18,11	16	20,06	7,01	13,05
2	27,38	9,70	17,67	17	19,70	6,87	12,82
3	26,70	9,45	17,24	18	19,34	6,74	12,60
4	26,04	9,21	16,83	19	19,00	6,62	12,38
5	25,42	8,97	16,45	20	18,69	6,50	12,18
6	24,82	8,75	16,06	21	18,39	6,38	12,00
7	24,24	8,54	15,69	22	18,09	6,27	11,82
8	23,68	8,34	15,34	23	17,81	6,16	11,64
9	23,15	8,15	15,00	24	17,53	6,06	11,47
10	22,64	7,96	14,67	25	17,27	5,95	11,32
11	22,16	7,78	14,37	26	17,01	5,86	11,15
12	21,70	7,61	14,08	27	16,76	5,76	11,00
13	21,26	7,45	13,81	28	16,52	5,66	10,86
14	20,85	7,30	13,54	29	16,22	5,50	10,71
15	20,45	7,15	13,29	30	16,07	5,48	10,59

Nach *Dost* und *Grosse-Bohle*[1] kommen aber auch häufig Sauerstoffübersättigungen des Wassers, z. B. des Rheinwassers vor.

Versuche von *Kupzis*[2] zeigen, daß bei 1 cc Sauerstoff im Liter Wasser Fische Unwohlsein zeigten, sie starben nach folgender Zusammenstellung bei 0,6 bis 0,7 cc Sauerstoff.

Art der Fische	Gewicht des Fisches g	Temp. des Wassers °	Sauerstoff cc	Gewicht des Fisches g	Temp. des Wassers °	Sauerstoff cc	Gewicht des Fisches g	Temp. des Wassers °	Sauerstoff cc
Weißlinge	10,0	12	0,72	10,5	12	0,74	12,0	14	0,58
Gründlinge	11,0	14	0,64	14,0	11	0,59	11,0	11	0,61
Kaulbarsche . . .	12,0	14	0,72	10,0	14	0,68	10,0	14	0,77
Flußbarsche	8,0	12	0,71	9,5	13	0,66	10,0	13	0,78
Rotaugen	9,5	13	0,54	10,0	11	0,57	13,0	11	0,63
Brachse	11,0	11	0,54	11,5	12	0,58	12,0	11	0,62
Mittel . . .	—	—	0,65	—	—	0,64	—	—	0,66

Nach *Chlopin* und *Nekitin*[3] genügt für Rotaugen und Kaulbarsche ein Sauerstoffgehalt von 1 cc im Liter Wasser; erst bei 0,51 bis 0,68 cc tritt der Tod ein.

Während frische menschliche Exkremente von Fischen bekanntlich sehr gern verzehrt werden[4], sind faulige Kanalwässer, Abflüsse aus landwirtschaftlichen Düngerställen und Jauchegruben sehr schädlich für Fische, teils wegen Entziehung von Sauerstoff, teils durch die Fäulnisprodukte, Bakterien u. dgl.

[1] Mitt. d. Prüfungsanst. f. Wasser, Heft 7, 168 u. 172.

[2] Zft. Unters. Nahrungsm. 1901, 631; Fischers Jahresber. 1901, 534.

[3] Wratsch 1898, 1497.

[4] Viertelj. f. öffentl. Gesundh. 1881, 197; *G. Jäger:* Die Seele der Landwirtschaft (Leipzig 1884) S. 51.

Nach *Knauthe*[1] ist in stagnierenden, an organischen Stoffen reichen Wässern der Sauerstoffverbrauch so beträchtlich, daß die Zufuhr aus der Atmosphäre zu einer Deckung nicht ausreicht. Die mikroskopischen grünen Pflanzen geben unter Einwirkung des Lichtes so erhebliche Sauerstoffmengen an das Wasser ab, daß dessen Sauerstoffgehalt auf mehr als das Dreifache desjenigen Wertes wächst, welcher beim vollkommenen Ausgleich mit dem Sauerstoffgehalte der Atmosphäre erreicht wird. Diese Sauerstoffentwickelung erfolgt so rasch, daß im grellen Sonnenscheine schon nach wenigen Stunden maximale Werte eintreten. Bei diffusem Tageslichte ist letztere auch noch lebhaft genug, um den Gehalt des Wassers fast auf das Doppelte der dem Absorptionskoeffizienten entsprechenden Zahl zu steigern, im Dunkeln sinkt sie indessen schnell.

Die schädliche Einwirkung von Kohlensäure beginnt nach *Kupzis* erst bei einem Gehalt von mehr als 126 mg in 1 l Wasser bei 7,5°; zur Tötung der Fische war eine Lösung von über 280 mg freier Kohlensäure erforderlich. Den Gründling tötete sogar diese Menge nicht, und schon am zweiten Tage war er gesund, obgleich noch am dritten Tage 1 l des Wassers 56 mg Kohlensäure mehr enthielt, als am Anfang des Versuches.

Weigelt[2] versuchte die Wirkung verschiedener Stoffe auf Fische in einem 100 l fassenden Steintroge:

Das Wasser enthält im Liter	Fischart	Verhalten des Fisches
Kalk: 0,07 g H_2CaO_2	Forelle	Nach 26 Min. tot.
0,03 g H_2CaO_2	„	Nach 44 Min. heftig erregt.
Soda: 3 g $Na_2CO_3 \cdot 10\,H_2O$	„	Nach 5 Min. Seitenlage.
1 g $Na_2CO_3 \cdot 10\,H_2O$	„	Nach 3 Min. unruhig.
1 g $Na_2CO_3 \cdot 10\,H_2O$	Schleie	In 14 Std. keine Wirkung.
Schwefelnatrium: 0,1 g Na_2S	„	Bei 6°: Nach 1 Std. Luft schnappend, nach $9^3/_4$ Std. Seitenlage.
0,1 g Na_2S	„	Bei 20°: Nach 8 Min. Luft schnappend, nach 1 Std. Seitenlage, stirbt.
Chlorkalk: 0,0005 g	Forelle	Nach 3 Std. tot.
Salzsäure: 0,1 g HCl	„	Sofort Wirkung, nach 4 Min. Seitenlage.
Schwefelsäure: 0,1 g H_2SO_4	„	SofortSeitenlage; Schleie: keineWirkung.
0,03 g H_2SO_4	„	Gleich unruhig.
Schwefligsäure: 0,0005 g	„	Nach 3 Min. Seitenlage.
Schwefelwasserstoff: 10 mg	„	In 5 Min. Rückenlage.
Ammoniak: 50 mg	„	Tot nach 47 Min.
Arsensäure: 1 g $Na_2AsO_4 \cdot 12\,H_2O$	„	Nach 2 Std. stirbt.
0,1 g $Na_2AsO_4 \cdot 12H_2O$	„	Nach 4 Std. heftige Wirkung.
Quecksilberchlorid: 0,05 g $HgCl_2$	„	Nach 29 Min. Rückenlage, 54 Min. tot.
Kaliumchromat: 0,2 g $K_2Cr_2O_7$	„	Nach 46 Min. Wirkung.
Chromalaun: 1 g $Al_2Cr(SO_4)_4 \cdot 24H_2O$	„	Nach 5 Min. Seitenlage.
Ammoniakalaun: 1 g	„	Sofort Wirkung.
Kalialaun kryst.: 1 g	„	Nach 10 Min. Seitenlage, 3 Std. tot.

[1] Biolog. Centralbl. **18**, 785.

[2] Archiv f. Hygiene 1885, 39; vgl. *Weigelt:* Vorschriften für Fischwässer (Berlin 1900).

Das Wasser enthält im Liter:	Fischart	Verhalten des Fisches
Kalialaun kryst.: 1 g	Schleie	Nach 15 Std. keine Wirkung.
0,1 g	Forelle	Nach 15 Std. tot.
Chlorcalcium: 10 g $CaCl_2$	Schleie	Bald unruhig, nach 3¹/₄ Std. stirbt.
1 g $CaCl_2$	Forelle	Nach 2 Std. Wirkung.
Chlornatrium: 10 g NaCl	„	Nach 2 Std. schwache Wirkung.
Eisenvitriol: 0,1 g $FeSO_4 \cdot 7\,H_2O$	Saibling	Nach 2 Std., Lachs nach 3¹/₂, Forelle nach 5 Std. tot.
0,05 g $FeSO_4 \cdot 7\,H_2O$	Forelle	Nach 16 Std. keine Wirkung.
Eisenchlorid: 1 g Fe_2Cl_6	„	Nach 3 Min. Seitenlage.
Manganchlorür: 1 g $MnCl_2$	„	Gleich unruhig.
Cyankalium: 0,005 g KCy	Schleie	Nach 73 Min. heftige Wirkung.
Rhodanammon: 0,1 g	Forelle	Nach 1 Std. keine Wirkung.
Carbolsäure: 0,05 g	Schleie	Nach 3 Min. Wirkung, nach 1 Std. stirbt.
0,005 g	Forelle	Nach 15 Min. unruhig.
Seife: 1 g (unfiltriert)	Lachs	Nach 1¹/₂ Std. tot, Forelle lebt.
1 g (filtriert)	„	Keine Wirkung.

Die Versuche von *Hampel*[1] mit Forellen in nur 5 l fassenden Behältern sind nicht maßgebend.

C. Nienhaus-Meinau[2] fand, daß das Abwasser einer Anilinfarbenfabrik, welches im Liter 18,8 g Arsensäure enthielt, noch in 100facher Verdünnung Fische in 4 Stunden tötete.

Nach *H. de Varigny* und *P. Bert*[3] wirken 2,2 g Magnesiumsulfat, 4 g Chlormagnesium oder 3 g Chlorkalium im Liter Wasser noch nicht schädlich, während nach *Ch. Richet*[4] schon 12 mg Chlorzink, 0,1 g Chlorkalium, 1,5 g Chlormagnesium oder 2,4 g Chlorcalcium im Liter Wasser tödlich wirken. Nach *L. Grandeau*[5] töten 10 g Chlorcalcium Schleien in 5 Stunden, 0,1 g Schwefelcalcium töteten nach 22 Minuten, selbst 0,016 g CaS im Liter wirkten schädlich, während 5 g Calciumhyposulfit nur wenig einwirkten.

Nach *E. v. Raumer*[6] wirken 140 mg Zinksulfat nach 2¹/₂ Stunden tödlich.

Versuche von *H. Borgmann*[7] ergaben u. a.:

Untersuchte Substanz und Fischart	Gehalt der Lösung mg im Liter	Temp. des Wassers °	Dauer des Versuchs	Verhalten des Fisches
Chilisalpeter:				
Barsch, 12 cm	10	5	3¹/₄ Std.	Nach 4 Min. †.
„ 2 „	5	5	4¹/₂ „	Anf. unruhig, kein Schaden.
Schleie, 12 cm	0,1	2	41 „	Ohne Einwirkung.
Karpfen, 7 „	0,1	2	41 „	Ohne Einwirkung.
Forelle, 12 „	0,1	5	7¹/₂ „	Ohne Einwirkung.

[1] *L. Hampel:* Wirkungen von Abwässern auf die Forelle (Wien 1893).
[2] Bericht über die Verunreinigung des Rheines (Basel 1883) S. 10.
[3] Compt. rend. **97**, 55 u. 131.
[4] Compt. rend. **97**, 1004.
[5] La soudière de Dieuze (Paris 1872).
[6] Forschungsber. 1895, 17.
[7] *Borgmann:* Die Fischerei im Wald (Berlin 1892) S. 123.

Untersuchte Substanz und Fischart	Gehalt der Lösung mg im Liter	Temp. des Wassers °	Dauer des Versuchs	Verhalten des Fisches
Chlormagnesium:				
Weißfisch, 10 cm . . .	12,60	12,5	4 1/2 Std.	Nach 15 Min. gelbfleckig, erholt sich.
„ 10 „ . . .	10	12,5	24 „	Keine Wirkung.
Barsch, 12 cm	12,60	12,5	4 1/2 „	Keine Wirkung.
Zinksulfat:				
Barsch, 12 cm	0,50	5	18 Std.	5 Std. †.
Forelle, 12 „	0,10	10	7 „	6 Std. †.
„ 22 „	0,010	6	31 „	30 Std. †.
„ 12 „	0,005	5	73 „	Unruhig, bleibt leben.
Rottewasser, unfiltriert:				
6 Forellen, 28 cm . . .	100	7,5	120 Min.	50 Min. †.
6 „ 19 „ . . .	100	7,5	160 „	124 „ †.
6 „ 10 „ . . .	100	7,5	180 „	130 „ †.
Rottewasser, filtriert:				
6 Forellen, 28 cm . . .	100	7,5	118 „	39 „ †.
6 „ 28 „ . . .	100	7,5	156 „	98 „ †.
6 „ 10 „ . . .	100	7,5	180 „	120 „ †.
Nach 8 Tagen, unfiltriert:				
6 Forellen, 28 cm . . .	100	8	255 „	160 „ †.
6 „ 19 „ . . .	100	8	285 „	194 „ †.
6 „ 10 „ . . .	100	8	385 „	204 „ †.
Nach 8 Tagen, filtriert:				
6 Forellen, 28 cm . . .	100	8	240 „	180 „ †.
6 „ 19 „ . . .	100	8	280 „	200 „ †.
6 „ 10 „ . . .	100	8	360 „	220 „ †.

J. König und *Haselhoff*[1] haben Versuche in der Weise angestellt, daß sie die einzelnen Fische (meistens Karpfen und Schleien, vereinzelt Goldorfen und Forellen) aus einem größeren gemeinschaftlichen Behälter in einen kleineren Behälter, welcher mit demselben Wasser (Grundwasser als Leitungswasser) wie der große Behälter gefüllt war, setzten, hier erst einen Tag ohne Änderung der Verhältnisse verweilen ließen und dann erst das Wasser veränderten, indem sie letzteres durch Leitungswasser, welchem der betreffende schädliche Bestandteil in einem Glasballon zugesetzt worden war, allmählich verdrängten und ersetzten. Weil auf diese Weise durch Zusatz von Salzen zu dem Leitungswasser in dem Glasballon wie in dem kleinen Behälter häufig Umsetzungen und Niederschläge entstanden, so wurde das zuleitende Wasser vorher filtriert und die Menge des schädlichen Bestandteiles in dem Wasser des Behälters, in welchem sich die Versuchsfische befanden, erst am Ende des Versuches bestimmt.

[1] Landw. Jahrb. **26**, 65.

Für Schwefelwasserstoff fängt die schädliche Grenze anscheinend bei 3 mg, sicher erst bei 8 bis 12 mg H_2S im Liter Wasser an. Eine typische Erscheinung bei der Schwefelwasserstoffvergiftung scheint eine senkrechte Stellung im Wasser und ein Emporschnellen des Oberkörpers etwas über die Oberfläche des Wassers zu sein. Von freiem Ammoniak können kleine Fische in Wasser mit 16 mg, große Fische in einem solchen mit 30 mg Ammoniak im Liter eine Zeitlang ohne dauernde schädliche Wirkung leben. Mit 17 mg Ammoniak im Liter beginnt aber für kleine, mit 30 mg für große Fische die schädliche Wirkung. Die schädliche Wirkung des kohlensauren Ammons beginnt bei 170 bis 180 mg als $CO_3(NH_4)_2 + 2\,CO_3HNH_4$ berechnet = 36 bis 38 mg Ammoniak im Liter. Die schädliche Wirkung von Chlorammonium beginnt wahrscheinlich schon bei 0,4 g, sicher aber bei 0,7 bis 1 g Chlorammonium im Liter Wasser.

Kochsalzhaltiges Wasser. In der Nähe von Rügen leben Süßwasserfische (Barsche und Zander) noch bei einem Kochsalzgehalt von 7,5 g im Liter; in der Emscher gedeihen Hechte, Barsche, Weißfische und Aale noch gut bei 3 bis 6 g Salzen im Liter. *Grandeau* fand, daß Kochsalz in einer Menge von 10 g im Liter bei einer Wassertemperatur von 20° für Schleien in 5 Stunden den Tod bewirkte, während nach *Weigelt* (S. 110) diese Menge für Schleien noch nicht schädlich war. *Richet* hält erst die Menge von 24 g Kochsalz im Liter für tödlich, was ungefähr dem Gehalt des Meerwassers entsprechen würde. *Bert*[1] erblickt in dem Schleimüberzuge der Wassertiere ein Schutzmittel gegen die nachteilige Wirkung des Kochsalzes und anderer Salze. Ein ausgewachsener Aal konnte z. B. lange Zeit im Meerwasser leben, als aber der schützende Schleim von irgendeiner Stelle des Körpers entfernt war, starb der Fisch in wenigen Stunden. *Bert* nimmt an, daß infolge der alsdann wirkenden Exosmose eine Austrocknung des Körpers eintritt. Er hält einen Salzgehalt, welcher dem einer Mischung von 2 Teilen Süßwasser und 1 Teil Meerwasser (also ungefähr 8 g Kochsalz im Liter) entspricht, für Süßwassertiere für tödlich, glaubt aber, daß letztere bei allmählicher Steigerung des Salzgehaltes leicht an eine Mischung von gleichen Teilen Meer- und Süßwasser, d. i. an etwa 10 bis 12 g Kochsalz im Liter, angepaßt werden können. — Diese Ansicht und Schädlichkeitsmenge findet eine Bestätigung durch vorliegende Versuche von *König*, nach welchen bei allmählicher Steigerung des Kochsalzes 13,33 g desselben im Liter Wasser bei 14 bis 16° auf 100 g schwere Karpfen noch keine schädlichen Wirkungen äußerten, daß aber 15,18 g Kochsalz im Liter bei 18,8 bis 21° den Tod eines 150 g schweren Karpfens bewirkten.

Über die für Fische tödliche Menge von Chlorcalcium liegen verschiedene Angaben vor. *Richet* gibt dieselben zu 2,4 g im Liter, *Grandeau* zu 10 g und *Weigelt* zu 5 g $CaCl_2$ im Liter an. Nach *König* beginnt die Schädlichkeit des Chlorcalciums bei 7 bis 8 g $CaCl_2$ im Liter und bei einer Temperatur des Wassers von 6 bis 9°. *Richet* gibt die tödliche Menge von Chlormagne-

[1] Compt. rend. **97**, 55 u. 131.

sium zu 1,5 g im Liter an. Nach *König* beginnt die schädliche Wirkung für 9 bis 14° Wassertemperatur bei 7 bis 8 g $MgCl_2$ im Liter Wasser. Nach Versuchen von *Hofer*[1] über die Wirkung von Kaliablaugen auf Wassertiere ertrugen Gramm im Liter:

Kleinfauna:

	Chlormagnesium	Kochsalz	Chlorcalcium	Endlaugen
Daphniden . . .	3,5 bis 5	4 bis 5	—	—
Infusorien . . .	5 „ 20	—	5 bis 20	—
Cyclopiden . . .	4 „ 9	4	4 „ 9	10 bis 20
Insektenlarven . .	10 „ 15	4 bis 5	4 „ 15	15 „ 20
Gammarinden . .	9 „ 10	5 „ 7,5	9 „ 15	10 „ 20
Schnecken . . .	15 „ 20	—	9 „ 15	—
Fische:				
Salmoniden . . .	10 bis 15	10 bis 15	11 bis 15	—
Bartgrundel . . .	10 „ 15	10 „ 15	10 „ 15	—
Karpfen	10 „ 20	10 „ 20	10 „ 20	—
Aale	15 „ 20	15 „ 20	—	—

Für Kieseritwaschwässer mit 12 Proz. Chlornatrium wurde für Kleinfauna eine Schädlichkeitsgrenze von 3 Proz. festgestellt.

Die Grenze der schädlichen Wirkung des Chlorstrontiums liegt nach *König* bei 145 bis 172 mg im Liter, jedoch kann diese durch allmähliche Steigerung der Gaben auf 181 bis 235 mg $SrCl_2$ im Liter bei 15 bis 21° erhöht werden, ohne eine bleibende nachteilige Wirkung hervorzurufen. Fernere Versuche ergaben, daß in einem Falle ein Gehalt von 20 mg $BaCl_2$ im Liter bei 16 bis 17° auf einen 59 g schweren Karpfen und eine 90 g schwere Schleie nach 7 Tagen tödlich wirkte. In anderen Fällen wirkten Mengen von:

Chlorbarium im Liter . . .	9 mg	17 mg	30 mg	38 mg,
auf Karpfen von	100 g	60 g	110 g	75 g
auf Schleien von	90 g	70 g	100 g	60 g
bei einer Temperatur des Wassers von ° nach Stunden .	10 bis 14 40: Seitenl.	10 bis 14 31: Seitenl.	10 bis 14 20 bzw. 72: tot	17,5 bis 18,7 80: tot

Bei einer Versuchsreihe bewirkten 37 mg Gesamt- und 31 mg gelöstes Zinkoxyd in Form von Sulfat nach 20 Stunden deutliche krankhafte Erscheinungen, während in der zweiten Versuchsreihe diese Mengen nach 72 Stunden ohne Einfluß blieben und die Fische erst bei 55 mg gelöstem Zinkoxyd in Form von Sulfat im Liter nach 40 Stunden Seitenlage annahmen. Indes ist anzunehmen, daß die schädliche Wirkung bei rund 31 mg ZnO = rund 63 mg $ZnSO_4$ = 110 mg $ZnSO_4 + 7\,H_2O$ im Liter Wasser beginnt. Das ausgeschiedene feinflockige Zinkhydrat wirkt ferner noch dadurch nachteilig, daß es sich auf die Kiemen niederschlägt und den Atmungsvorgang beeinträchtigt. Versuche mit kupfersulfathaltigem Wasser zeigen, daß die schädliche Wirkung schon bei einem Gehalt von rund 4 mg CuO = 8 mg $CuSO_4$

[1] Vgl. Zft. f. angew. Chem. 1907, 1037.

= rund 12 mg $CuSO_4 + 5\,H_2O$ im Liter Wasser beginnt, und daß sogar noch geringere Mengen Kupfersulfat auf die Dauer nachteilig wirken werden.

Die Schädlichkeitsgrenze des Ferrosulfats für sich allein läßt sich bei ungehindertem Luftzutritt zum Wasser nicht genau ermitteln; denn es scheidet sich, wie bei Zink- und Kupfersulfat Zink- und Kupferhydrat, hier fortgesetzt Ferrihydrat oder Ferrihydroxydoxydul aus, welches neben dem Ferrosulfat seine schädliche Wirkung äußert. Würde man aber den Sauerstoff der Luft vom Fischwasser abhalten, so würde das Wasser bald an Sauerstoff verarmen und würden die Fische aus Sauerstoffmangel eingehen. Die Versuche von *König* beziehen sich daher nicht auf den schädlichen Einfluß von Ferrosulfat allein, sondern sind getrübt durch die gleichzeitige Anwesenheit von Ferrisulfat und Ferrihydrat. Nach den Versuchen wirken 15 bis 35 mg Ferrosulfat ($FeSO_4 + 7\,H_2O$) im Liter Wasser bei 18 bis 19° schon schädlich auf Fische, wobei zu berücksichtigen ist, daß das Wasser neben dem Ferrosulfat noch 6,7 bis 13,5 mg Eisenoxyd enthielt, welches wie Zink- und Kupferhydroxyd schädlich auf den Atmungsvorgang wirken muß. Unter Hinzurechnung dieses in der Schwebe gehaltenen Eisenoxyds würde ein Wasser, welches 40 bis 50 mg Ferrosulfat ($FeSO_4$, $7\,H_2O$) enthält, bei längerer Einwirkung schon schädlich wirken können. Dieses Ergebnis steht im Widerspruch mit den Versuchen von *Weigelt*, der von 50 mg Ferrosulfat ($FeSO_4$, $7\,H_2O$) im Liter bei Forellen und Äschen noch keine dauernde schädliche Wirkung, dagegen von 10 bis 20 mg Fe in Form von Eisenoxydsalzen, also von 15 bis 30 mg Ferrisulfat [$_1Fe_2(SO_4)_2$] im Liter eine spezifische schädliche Wirkung beobachtete. Diese Verschiedenheit in den Schädlichkeitsmengen der Ferro- und Ferrisalze wird in den verschiedenen Mengen des ausgeschiedenen flockigen Ferrihydrats begründet sein. Denn wenn man mit *Hofer*[1] annimmt, daß das Ferrihydroxyd in einem Fischereiwasser dadurch schädlich wirkt, daß es sich beim Atmen der Fische mit dem Atemwasser auf den Kiemen festsetzt, und daß die die Kiemen bedeckende Lage von Ferrihydroxyd den Atmungsvorgang unmöglich macht und schließlich den Erstickungstod bewirkt, so müssen auch schon geringe Mengen sowohl von Ferro- wie Ferrisalzen, aus welchen beiden sich mit der Zeit Ferrihydroxyd in einem Bachwasser abscheidet, mit der Zeit schädlich auf die Fische wirken.

Bei einem großen Fischsterben in der „Ach" wurde von *Hofer* als Todesursache neben großen Mengen Mangan, Chlorcalcium und Calciumsulfat Eisenoxydschlamm erkannt, welcher sich beim Atmen der Fische mit dem Atemwasser auf die Kiemen festgesetzt, den Atmungsvorgang unmöglich gemacht und eine Erstickung bewirkt hatte; der Eisenoxydschlamm rührte von dem Abwasser einer Pfannenfabrik her.

Braunsteintrübe nebst Quarzsand wirken nach *R. Leuckart*[2] auf die Fische dadurch schädlich, daß sie dieselben mechanisch reizen und verletzen und durch Arsen und Kupferverbindungen giftig wirken.

[1] Allgem. Fischereiztg. 1894, 394.

[2] *Leuckart:* Gutachten über die Verunreinigung von Fischwässern (Kassel 1886).

Versuche von *Haselhoff*[1] über die Wirkung der Teerfarbstoffe mit Schleien und Karpfen ergaben:

Untersuchter Farbstoff	Gehalt der Lösung mg im Liter	Temperatur des Wassers °	Dauer des Versuchs	Verhalten der Fische
Methylenblau . . (K)	217,5—177,5	6 bis 12	7 Tage	Fische erkranken, †.
Methylenblau . . (K)	157,5— 57,5	6 „ 12	7 Tage	Desgl.
Chrysoidin	5,0	3 „ 4,5	8 Stunden	Desgl.
Bismarckbraun	8,0	3,5 „ 5	4 Tage	Desgl.
Bismarckbraun	5,0	3,5 „ 5	4 Tage	Ohne Einwirkung.
Martiusgelb . . . (K)	85,0	10 „ 12,5	4 Tage	Fische erkranken, †.
Martiusgelb . . . (K)	57,5	10 „ 12,5	4 Tage	Ohne Einwirkung.
Indigotin . . . . (K)	471,5	9 „ 17,5	5 Tage	Desgl.
Naphtholschwarz . . .	150	5 „ 8,5	3 Tage	Desgl.
Wollschwarz	150	5 „ 8,5	3 Tage	Desgl.
Diamantfuchsin . (K)	125,0	7,5 „ 10	14 Tage	Desgl.
Metanilgelb . . . (K)	120,0	7 „ 10	14 Tage	Desgl.
Kongorot	110	3 „ 8,5	5 Tage	Desgl.
Azoorseille	100,0	4 „ 5,8	4 Tage	Desgl.
β-Naphtholorange . .	100	7,5 „ 10	14 Tage	Desgl.
Naphtholgrün	100	4 „ 8,5	3 Tage	Desgl.
Dinitrokresol	80	4 „ 8,5	3 Tage	Desgl.
Dinitroresorcin	80	4,5 „ 9	6 Tage	Desgl.
Chrysamin	60,0	4 „ 8,5	3 Tage	Desgl.

Nach *Hofer*[2] wirken 6 bis 10 mg Carbolsäure für Forellen schädlich.

Nach *Hasenbäumer*[3] ist Kaliumcyanid für Fische äußerst giftig; 2 mg im Liter wirken nach kurzer Zeit tödlich. Bei Ferrocyankalium beginnt die schädliche Wirkung mit einem Gehalt von 1,5 bis 3 g, bei Ferricyankalium von etwa 1,7 g, bei Kalium- und Ammoniumrhodanid von etwa 1,5 g im Liter.

Nach *Mojsisovics*[4] gingen die Forellen ein, als dem Bachwasser feine Holzpapiermasse zugeführt wurde. *Malmgren*[5] führt aus, daß die Holzflößerei die Fischerei ungemein schädigt, besonders durch den Rindenabfall. Auch die von Sägemühlen ins Wasser geworfenen Sägespäne können die Fischerei eines Baches völlig vernichten. In mehreren Flüssen Schwedens und Norwegens ist durch die Holzflößerei der Fischstand so vermindert, daß die Fischerei überhaupt nicht mehr lohnt.

Weigelt verwahrt sich dagegen, daß seine Zahlen als feststehende Werte bei etwaiger gutachtlicher Äußerung über Fragen der Schädlichkeiten von Abwässern für Fischzucht und Fischhaltung herangezogen werden. Versuche,

[1] *König:* Gewässer, 2. Aufl., Bd. 2, S. 339.
[2] Allgem. Fischereiztg. 1899, 52.
[3] Zft. Unters. Nahrungsm. 1906, 97.
[4] Allgem. Fischereiztg. 1894, 234.
[5] Relation om Timmerflottningen i Konungarikena Sverige och Norge af *And. Joh. Malmgren,* Helsingfors 1884.

die Widerstandsfähigkeit der Fische bei tage- und wochenlanger Dauer des Einflusses der Verunreinigung zu prüfen, schlugen völlig fehl, da die Fische schon nach 3 bis 4 Tagen in reinem Wasser ebenso rasch starben als in dem verunreinigten. „Wir müssen für solche Versuche Wasserläufe, Fischgewässer zur Verfügung haben, welche durchaus den normalen Anforderungen der Versuchstiere zu entsprechen vermögen in bezug auf Gefälle, Wasserreichtum, Wassertiefe! Mit Aussicht auf Erfolg vermögen wir mit Forellen nur zu experimentieren in rasch fließendem Wasser, mit Karpfen und anderen Teichfischen nur in Flußgewässern mit schwammiger Sohle und schwachem Gefälle." Das ist richtig. Zu beachten sind ferner die vielen Fischkrankheiten[1]. Die Beurteilung eines Fischwassers ist daher sehr schwierig (vgl. S. 120).

Reines Wasser ist auch für Fische schädlich; „Fischwasser" muß also einen gewissen Grad von Verunreinigungen zeigen. *W. Weith*[2] findet, daß unter sonst gleichen Verhältnissen dasjenige Wasser am reichsten an Fischen ist, welches die größte Menge kohlensauren Calciums gelöst enthält.

Gesetzliche Bestimmungen. In Württemberg bestimmt das Gesetz über Fischerei vom 27. November 1865 in § 15: „Die Verunreinigung der Fischwässer durch schädliches Abwasser oder durch sonstige die Fische gefährdende Abfälle gewerblicher Einrichtungen ist möglichst zu vermeiden und bei der polizeilichen Kognition über die Einrichtung solcher Anstalten das Interesse der Fischerei, insbesondere durch Anordnung von Schutzmaßregeln gegen Verunreinigung der Fischwässer, zu wahren, sofern solche Schutzmaßregeln ohne unverhältnismäßige Belästigung ausgeführt werden können." (Vgl. S. 75.)

Zum Vollzuge des Art. 4 des Fischereigesetzes und des Art. 23 Ziffer 1 des Wassergesetzes ist auf Grund einer mit dem Reichslande Elsaß-Lothringen und der Schweiz getroffenen Verständigung die Bekanntmachung vom 11. Oktober 1884, betreffend die Verunreinigung von Fischwässern, erlassen worden[3]. In dieser werden die Verwaltungsbehörden angewiesen, falls die Genehmigung bzw. Untersagung der Einleitung von fremden Stoffen in ein Fischwasser in Frage steht, bei der Beurteilung darüber, ob und in welcher Mischung die betreffenden Stoffe als für den Fischbestand schädlich zu erachten und welche Maßregeln zur tunlichen Verhütung des Schadens anzuwenden sind, die nachstehenden Grundsätze zu beachten:

I. Als schädliche Stoffe im Sinne des Artikels 4 des Gesetzes vom 3. März 1870 gelten:

1. Flüssigkeiten, in welchen mehr als 10 Proz. suspendierte und gelöste Substanzen enthalten sind;
2. Flüssigkeiten, in welchen die nachverzeichneten Substanzen in einem stärkeren Verhältnis als in demjenigen von 1 : 1000 (beim Rhein von 1 : 200) enthalten sind, nämlich: Säuren, Salze, schwere Metalle, alkalische Substanzen, Arsen, Schwefelwasserstoff, Schwefelmetalle, Schwefligsäure und Salze, welche Schwefligsäure bei ihrer Zersetzung liefern;
3. Abwässer aus Gewerben und Fabriken, welche feste fäulnisfähige Substanzen enthalten, wenn dieselben nicht durch Sand- oder Bodenfiltration gereinigt worden sind;
4. Chlor- und chlorkalkhaltige Wässer und Abgänge der Gasanstalten und Teerdestillationen, ferner Rohpetroleum und Produkte der Petroleumdestillation;
5. Dampf und Flüssigkeiten, deren Temperatur 40° R (50° C) übersteigt.

[1] *B. Hofer:* Handbuch der Fischkrankheiten (München 1904).
[2] Naturforscher 1880, 330.
[3] Veröffentlichung d. Kais. Gesundheitsamts 1886, 649, 782.

II. Die unter I Ziffer 2 und 3 aufgeführten Flüssigkeiten sollen, wie immer die Beschaffenheit der Wasserläufe es gestattet, durch Röhren oder Kanäle abgeleitet werden, welche bis in den Strom des Wasserlaufes reichen und unter dem Niederwasser ausmünden, jedenfalls aber derart zu legen sind, daß eine Verunreinigung der Ufer ausgeschlossen bleibt.

Diese Bestimmung gilt auch für in Fluß- und Bachläufe einmündende Abfuhrkanäle, sofern sie durch die vorerwähnten Flüssigkeiten übermäßig stark verunreinigte Abwässer enthalten.

Bei der Einrichtung von Fabrikanlagen, welche ihre Abgänge einem fließenden Gewässer, insbesondere auch dem Rhein zuzuführen beabsichtigen, werden stets auf Grund des Art. 23 Ziffer 1 des Wassergesetzes und § 16ff. der Gewerbe-Ordnung die zur Verhütung von Schädigungen der öffentlichen und nachbarlichen Interessen, namentlich auch des Fischbestandes, dienlichen Bestimmungen getroffen; dabei wird je nach den Umständen des Falles die Einleitung der Abgänge ganz untersagt oder hinsichtlich der Masse oder der Mischung an Beschränkungen gekn pft, vielfach auch die Herstellung von Filtrierbassins zur Abklärung der Abgänge angeordnet.

Zu dem Bundesgesetz der Schweiz über die Fischerei vom 18. August 1875 und 18. Mai 1877 wurde am 13. Juli 1886 eine Vollziehungsverordnung erlassen:

„Es ist verboten, Fischgewässer zu verunreinigen oder zu überhitzen: a) durch feste Abgänge aus Fabriken und Gewerken. Bei Flüssen, welche bei mittlerem Wasserstand 80 m und darüber breit sind, dürfen solche Stoffe nur in einer Entfernung von 30 m vom Ufer abgelagert und eingeworfen werden; b) durch Flüssigkeiten, welche mehr als 10 Proz. suspendierte oder gelöste Substanzen enthalten; c) durch nachbenannte Flüssigkeiten, in welchen die Substanzen in einem stärkeren Verhältnis als 1 : 1000 in Flüssen von wenigstens der in a bezeichneten Breite in einem stärkeren Verhältnis als 1 : 200 enthalten sind. Säuren, Salze, schwerer Metalle alkalische Substanzen, Arsen, Schwefelwasserstoff, Schwefelmetalle, Schwefligsäure. Die zulässigen Quantitäten derjenigen Verbindungen, welche bei ihrer Zersetzung Schwefelwasserstoff bzw. Schwefligsäure liefern, sind in dem für letztere angegebenen Verhältnis von 1 : 1000 bzw. 1 : 200 entsprechend zu berechnen. Wo immer tunlich, sind die hier angeführten Flüssigkeiten durch Röhren oder Kanäle abzuleiten, die bis in den Strom des eigentlichen Wasserlaufes reichen und unter dem Niederwasser ausmünden, jedenfalls aber so zu legen sind, daß eine Verunreinigung der Ufer ausgeschlossen ist; d) durch Abwasser aus Fabriken und Gewerken, Ortschaften u. dgl., welche feste fäulnisfähige und bereits in Fäulnis übergegangene Substanzen von obiger Konzentration enthalten, sofern dieselben vorher nicht durch Sand- oder Bodenfiltration gereinigt worden sind. Die Einleitung solcher Substanzen unter obigem Maße der Konzentration hat so zu geschehen, daß keine Ablagerung im Wasserlauf stattfinden kann. Ferner sollten diese Flüssigkeiten, wo immer tunlich, in der unter c Absatz 3 angegebenen Weise abgeleitet werden; e) durch freies Chlor oder chlorhaltige Wässer oder Abgänge der Gasanstalten und Teerdestillationen, ferner durch Rohpetroleum oder Produkte der Petroleumdestillation; f) durch Dämpfe oder Flüssigkeiten in dem Maße, daß das Wasser die Temperatur von 25° erreicht.“

In § 22 der Landes-Fischerei-Ordnung vom 3. Februar 1888[1] für Baden sind folgende Bestimmungen aufgenommen:

„Wenn die Genehmigung bzw. Untersagung der Einleitung von fremden Stoffen in ein Fischwasser in Frage steht (Art. 23 des Wassergesetzes, Art. 4 des Gesetzes vom 3. März 1870), so sind bei der Beurteilung der Frage, ob und in welcher Mischung die betreffenden Stoffe als für den Fischbestand schädlich zu erachten, und welche Maßregeln zur tunlichen Verhütung des Schadens anzuwenden sind, die nachstehenden Grundsätze zu beachten.

[1] Ferner Gesetz vom 25. August 1876 mit Nachtrag vom 12. Mai 1882.

I. Die Einleitung von schädlichen Abgängen irgend welcher Zusammensetzung darf erst dann gestattet werden, wenn nachgewiesen ist, daß deren Beseitigung auf anderem Wege, oder daß eine Aufarbeitung derselben nicht ohne unverhältnismäßigen Aufwand als durchführbar sich erweist. Im Fall der Gestattung der Einleitung ist dieselbe jedenfalls von folgenden Voraussetzungen abhängig zu machen:

a) Die Abgänge müssen die im gegebenen Falle mögliche chemische oder mechanische Reinigung und eine Verdünnung mit den etwa vorhandenen reineren Abwässern erfahren.

b) Die Einleitung der Abgänge hat in allen Fällen, in denen von einer nur periodisch erfolgenden Einleitung Gefahren für den Fischbestand zu befürchten sind, in allmählicher, auf den ganzen Tag gleichmäßig verteilter Weise zu erfolgen.

c) Die Ableitung soll, wo immer die Beschaffenheit der Wasserläufe es gestattet, in Röhren oder Kanälen erfolgen, welche bis in den Strom des Wasserlaufes reichen und unter dem Niederwasser ausmünden, jedenfalls aber derart zu legen sind, daß eine Verunreinigung der Ufer ausgeschlossen bleibt.

II. Stoffe der nachstehend verzeichneten Beschaffenheit dürfen unter keinen Umständen in Fischwasser eingeleitet werden:

1. Flüssigkeiten, in welchen mehr als 10 Proz. suspendierte und gelöste Substanzen enthalten sind;
2. Flüssigkeiten, in welchen die nachverzeichneten Substanzen in einem stärkeren Verhältnis als in demjenigen von 1 : 1000 (beim Rhein von 1 : 200) enthalten sind, nämlich: Säuren, Salze, schwere Metalle, alkalische Substanzen, Arsen, Schwefelwasserstoff, Schwefelmetalle, Schwefligsäure und Salze, welche Schwefligsäure bei ihrer Zersetzung liefern;
3. Abwässer aus Gewerben und Fabriken, welche feste fäulnisfähige Substanzen enthalten, wenn dieselben nicht durch Sand- oder Bodenfiltration gereinigt worden sind;
4. Chlor- und chlorkalkhaltige Wässer und Abgänge der Gasanstalten und Teerdestillationen, ferner Rohpetroleum und Produkte der Petroleumdestillation;
5. Dampf und Flüssigkeiten, deren Temperatur 40° R (50° C) übersteigt."

Hiernach ist es gestattet, Wasser in den Rhein abzulassen, welches im Liter 4,999 g Arsen od. dgl. enthält, während Chlor und Chlorkalk, ja sogar sonst ganz reines Wasser von 51° völlig ausgeschlossen ist.

Abgesehen vom Rhein ist hier — wie in der Schweiz — keine Rücksicht genommen auf die Abwassermengen im Vergleich zum Flußwasser. Eine Fabrik darf also stündlich 100 cbm und mehr Wasser in einen Bach ablassen, welches im Liter 0,99 g Säuren, Salze u. dgl. enthält, aber nicht 1 l mit 1,1 g und selbst in den Rhein nicht 1 l Wasser von 51°.

Ein Entwurf zu einer Verordnung über die Abführung von Schmutzstoffen in die Gewässer, welcher 1899 dem deutschen Fischereirat vorgelegt wurde von *Hulva* und *Weigelt*[1], wurde mit Recht angegriffen, dann in folgender Fassung wieder von *Weigelt*[2] empfohlen:

Art. I. Bei neu entstehenden, konzessionierten oder auch einer Konzession nicht bedürfenden neuen Betrieben sind die nachfolgenden Normen streng einzuhalten.

Art. II. Der Einwurf von groben Abfällen jeglicher Art in die Gewässer darf nur dann stattfinden, wenn nachgewiesen wird, daß deren Beseitigung oder Nutzbarmachung durch Aufarbeitung und Wiedergewinnung oder auf anderem Wege ohne unverhältnismäßigen Kostenaufwand nicht durchführbar ist.

Art. III. Bei Erteilung der Genehmigung zur Ableitung von verunreinigenden Abgängen aus Wohnstätten, Fabriken, gewerblichen oder land- und hauswirtschaftlichen

[1] Fischers Jahresber. 1898, 470.

[2] *Weigelt:* Vorschriften für die Entnahme und Untersuchung von Fischwässern (Berlin 1900) S. 249.

Betrieben in ein Gewässer sind die in den folgenden Artikeln festgestellten Maßnahmen anzuordnen, wobei als Voraussetzung gilt, daß das die Abwässer aufnehmende fließende Gewässer bei Niederwasser eine mindestens zehnfache Wassermenge führt.

Art. IV. Die Abgänge sind vor Einleitung in die Gewässer, wenn nötig, abgekühlt, durch Klärung bzw. Reinigung und Verdünnung tunlichst unschädlich zu machen (vgl. Nr. 7 bis 9):

1. Trübe Abwässer dürfen nur bis zu 1 pro Mille Sink- und Schwebestoffe enthalten, unter der Voraussetzung, daß sich darunter nicht mehr als höchstens 0,5 pro Mille organische Stoffe befinden — und
2. ablaufende Flüssigkeiten nicht mehr als 10 pro Mille gelöster Mineralstoffe, mit Ausnahme von Kochsalz und Chlorcalcium, welche bis zu 30 pro Mille in den Abwässern zulässig sind, oder 0,5 pro Mille löslicher organischer Substanzen.
   Eisen und Tonerdesalze in Lösung, sowie Ammoniumcarbonat dürfen bis 0,1 pro Mille geduldet werden.
3. Eine noch geringere Konzentration muß von Abwässern verlangt werden, welche freie Säuren und giftige Metallsalze (Arsen-, Blei-, Kupfer-, Zinkverbindungen) oder freies Ammoniak enthalten; hier darf höchstens ein Gehalt bis zu 0,01 pro Mille zugelassen werden.
4. Ätzkalklösungen dürfen nur in solchen minimalen Konzentrationen in die öffentlichen Gewässer geleitet werden, daß unterhalb der Einflußstellen, nach Durchmischung mit dem Wasser des freien Gewässers, eine deutliche alkalische Reaktion nicht mehr wahrgenommen werden kann.
5. Von der Einleitung in einen Wasserlauf sind auszuschließen:
   a) Abwässer, welche freies Chlor oder unterchlorigsaure Salze, freie schweflige Säure, Schwefelwasserstoff oder lösliche Schwefelmetalle und Cyanverbindungen in mehr als chemisch eben noch direkt nachweisbaren Mengen aufweisen;
   b) faulige oder leicht in stinkende Fäulnis übergehende feste Stoffe — wie z. B. Kadaver, Fleischreste, Hautschabsel (Gerberei), Blutgerinnsel, Fäkalien und Mist;
   c) faulige oder leicht in stinkende Fäulnis übergehende Flüssigkeiten — z. B. städtische Jauchen und ähnliches —, wenn sie nicht, zuzüglich des Aufnahmegewässers, eine Verdünnung erfahren haben, bei welcher stinkende Fäulnisvorgänge ausgeschlossen erscheinen;
   d) Kohlenwasserstoffe (Petroleum, Teeröle usw.) und Fette in deutlich nachweisbaren Mengen.
6. Bei Nr. 1 bis 3 inkl. ist eine entsprechende Hinaufschiebung der oben angeführten Grenzwerte zulässig, wenn das fließende Aufnahmegewässer bei Niederwasser eine Verdünnung gewährleistet, welche größer ist, als die oben vorgeschriebene zehnfache Verdünnung, doch darf dem Aufnahmegewässer eine mehr als fünffache Konzentration der obigen ziffernmäßigen Werte niemals geboten werden.
7. Heiße Abwässer müssen mindestens bis auf 30° am Einfluß in die Gewässer abgekühlt sein.

Auf das Weitere muß verwiesen werden.

Auch diese Vorschläge sind zurückzuweisen, weil viel zu streng und einseitig. Weshalb soll z. B. das Abwasser — gleichgültig in welchen Mengen — auf 30° abgekühlt werden[1], während in Baden usw. 50° zugelassen werden? Weshalb soll ein Abwasser mit Spuren von Chlor zurückgewiesen werden, selbst wenn es in dem Flusse millionenfach verdünnt wird? Solche Grenzwerte für Abwässer mögen für den betreffenden Beamten ja recht bequem sein, als gesetzliche Bestimmung oder Polizeiverordnung sind sie entschieden zurückzuweisen, da vernünftigerweise nur verlangt

[1] Auf dem Pariser „Kongreß" wurden 35° verlangt; vgl. Zft. f. angew. Chem. 1897, 517; 1899, 1132.

werden kann, daß das betreffende Flußwasser nicht durch das Abwasser so verunreinigt wird, daß dadurch seine bisherige Verwendung beeinträchtigt wird[1]. Das kann aber nur von Fall zu Fall durch unparteiische Sachverständige festgestellt werden.

Wasserreinigung.

Entspricht das zur Verfügung stehende Wasser nicht den Anforderungen der Industrie (S. 59 bis 104) und Hauswirtschaft (S. 51 bis 57), so muß dasselbe möglichst gereinigt werden.

Filtration.

Der Gebrauch, trübes Wasser zu filtrieren, also die suspendierten Stoffe zu entfernen, in der irrigen Meinung, daß klares Wasser nun auch unschädlich sei, ist längst bekannt. Die Filter der Alten bestanden aus künstlichen Steinen, Muscheln usw. *Plinius* erwähnt Becher, in denen das Wasser durch Wolle filtriert wurde.

Ganz besonders zahlreich sind die in den letzten 50 Jahren vorgeschlagenen Filtriervorrichtungen zur Reinigung und Klärung von Wasser für den Hausgebrauch, auf Reisen usw. Man läßt das Wasser durch die verschiedensten tierischen und pflanzlichen Stoffe, durch Kohle, Eisen, Steine, Sand u. dgl. von oben nach unten hindurchfließen, oder von unten nach oben darin aufsteigen, oder aber man preßt das Wasser durch die filtrierenden Stoffe hindurch[2].

Versuche ergaben, daß die Filtration mit Kohle, Eisenschwamm u. dgl. sehr bald geradezu Bakterienherde werden, daß das „Mikromembranfilter“ aus Asbest, das *Berkefeld*sche Filter aus Infusorienerde (vgl. D. R. P. Nr. 219 324) und das aus gebranntem Ton von *Pasteur* praktisch unbrauchbar sind[3].

Das „Sukrofilter“ besteht aus einem Asbestgewebe, in dessen Webemaschen eine Tonerdeverbindung eingebrannt ist. Das Filter soll in Südwestafrika mit Erfolg angewendet werden[4]. Nach Versuchen von *Hilgermann*[5] ermöglicht aber nur eine sachverständige Kontrolle eine einwandfreie Anwendung dieses Filters.

---

[1] Zu berücksichtigen ist, daß auch faulende landwirtschaftliche Abwässer den Fischen sehr schädlich sind, daß besonders die Wiesenbewässerung mit Bachwasser zahllose Fische vernichtet.

[2] Vgl. *F. Fischer:* Chemische Technologie des Wassers (Braunschweig 1880) S. 148 bis 162; vgl. Dingl. pol. Journ. **228**, 421; Fischers Jahresber. 1880, 732; 1881, 851; 1882, 949; 1883, 1023; 1884, 1077; 1885, 939; 1886, 877; 1888, 571; 1889, 520 u. 532; 1890, 579; 1896, 467.

[3] Vgl. Fischers Jahresber. 1885, 940; 1886, 877; 1896, 467; Zft. f. Hygiene **8**, 48; **14**, 299; Veröff. d. Militärsanitätswesens Heft 9; Génie civ. 1911, 480.

[4] Zft. f. angew. Chem. 1909, 865.

[5] Gesundheitsing. 1911, 188.

Alle die vielen kleineren Filterapparate für Hausgebrauch oder Reise klären nur das Wasser, sie geben aber nur sehr wenig Wasser oder überhaupt kein gesundheitlich einwandfreies Filtrat, wenn nicht gleichzeitig Desinfektionsmittel (Chlor u. dgl.) oder Hitze angewendet wird. (S. 191).

Für technische Zwecke verwendet man zuweilen aufgeschwemmte Filterschichten aus Cellulose oder Asbest.

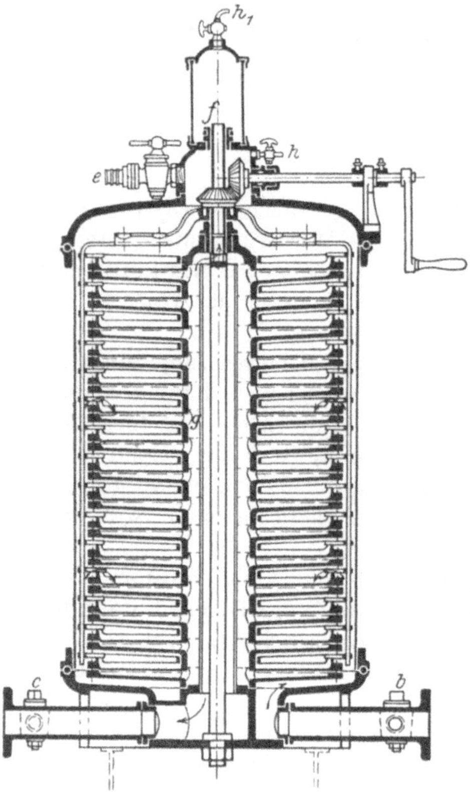

Fig. 21.

Bei dem Asbestcellulosefilter von *Piefke* (Fig. 21) z. B. ist in einem druckdicht verschlossenen Außengefäß eine Anzahl gleichzeitig wirkender Filterkammern übereinander angeordnet. Der Raum über den aus verzinnter Messingdrahtgaze hergestellten, durch starke Siebbleche unterstützten Kammerböden steht mit dem äußeren Gefäßraum in freier Verbindung. Unter den Filterböden sind zur Ableitung der filtrierten Flüssigkeit bestimmte Hohlräume gebildet, welche nach außen dicht geschlossen sind und nach innen mit einem zylindrischen Sammelraume für das aus sämtlichen Kammern abgehende Filtrat in Verbindung stehen. In dem zylindrischen Sammelraume ist ein Standrohr angeordnet, durch welches eine gleichmäßige Wirkung sämtlicher Einzelfilter herbeigeführt wird. Die sämtlichen Filterkammern werden durch einen inmitten des Standrohres angebrachten Bolzen mit einer Mutter zusammengezogen. Für jede Kammer ist ein Rührarmpaar auf den zylindrischen Außenrändern aufgelagert. Die Bewegung der Rührarme wird durch einen Bügel bewirkt, welcher die Enden sämtlicher Arme umfaßt. Der Bügel wird durch einen Aufsatz auf der Verschlußmutter für den Filtereinsatz zentrisch geführt und kann durch ein Kurbelwerk in Drehbewegung gesetzt werden. Das Filtriermaterial wird dem Apparat in starker Verdünnung durch den Hahn *b* zugeführt und lagert sich auf den Gazeböden der Filterkammern gleichmäßig ab, während das Verdünnungswasser durch Hahn *c* abfließt. Denselben Weg nimmt hiernach die zu filtrierende Flüssigkeit; sie tritt bei *b* ein und verläßt durch *c* filtriert den Apparat.

Vorwiegend werden aber Sandfilterapparate verwendet, oft mit Alaunvorklärung oder dergl. Die Reinigung des Sandes erfolgt durch

Rückspülung, oft unterstützt durch Rechen oder Drehen des ganzen Apparates.

Nach *Halvor Breda* liegt Sand auf einem mit Bronzedrahtgewebe bespannten Siebboden *b* (Fig. 22). Das trübe Wasser steigt durch Ventil *f* und Rohr *k* in den oberen Teil des Filters, verbreitet sich über die Kiesschicht, durchdringt diese, die Unreinigkeiten auf der Oberfläche zurücklassend, und fließt durch den Leistungsregler *e* ab. Zum Auswaschen des Filters dient Druckwasser entweder von einem Hochbehälter oder einer Pumpe, das durch das Rohr *g* zugeleitet wird. Der Wasserstrom durchdringt den Kies von unten, wäscht ihn aus und fließt mit

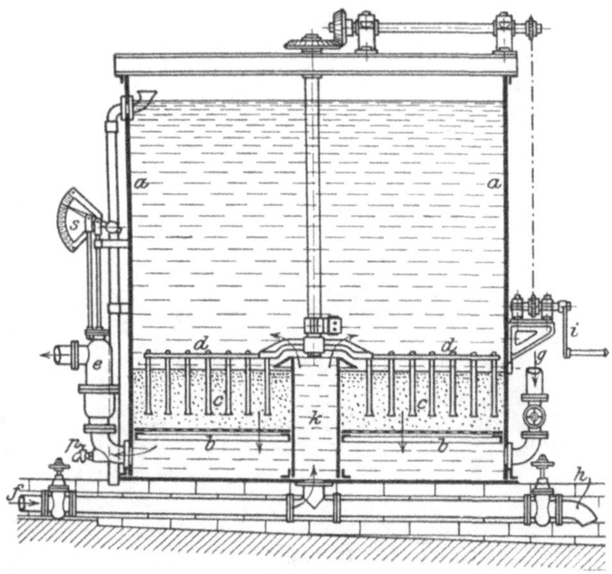

Fig. 22.

Schlamm beladen durch Rohr *k* und Schieber *h* ab. Gleichzeitig wird das Rührwerk durch die Kurbel *i*, bei größeren Anlagen auch durch maschinellen Antrieb in Umdrehung versetzt und so ein durchaus gleichmäßiges Auswaschen erzielt.

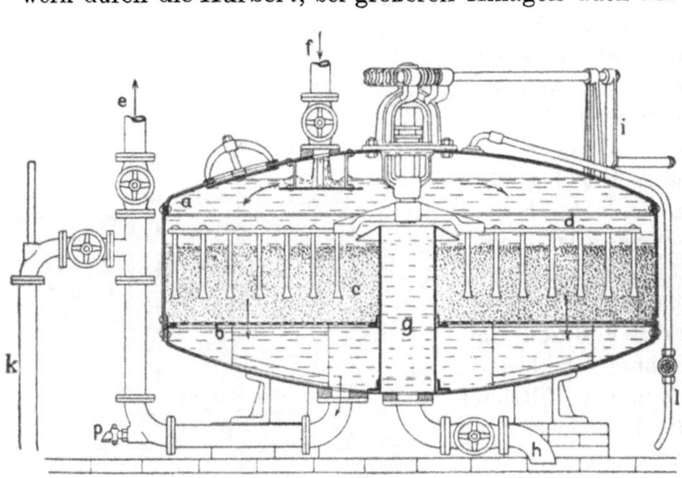

Fig. 23.

Bei dem geschlossenen Filter (Fig. 23) fließt das Rohwasser bei *f* zu, durchdringt die Kiesschicht *c* und den Siebboden *b* und wird bei *e* abgelassen. Beim Reinigen des Filters fließt das Schmutzwasser durch *g h* ab.

Bei dem Filter (Fig. 24) fließt das durch die Rohrleitung *B* herangeführte zu reinigende Wasser in den Trichter *E*, woraus es auf die Teilungsplatte *R* fällt, welche es horizontal über eine Kiesschicht verteilt, die auf einem starken

Eisengestell ruht. Das Wasser tritt klar unter das Metallgestell und geht durch die besonders eingerichteten Öffnungen des konischen Trägers hindurch, infolgedessen es etwaige mitgeführte kleine Kiesteilchen vor seinem Austritte abgeben muß. Um die Filtermasse zu reinigen, leert man das Filter und stellt einen Stromrückgang her, indem man den Schützen des Ausflusses *P* offen läßt. Man fördert die Reinigung, indem man mittels einer äußeren Kurbel eine große Scheibe in Bewegung setzt, welche die obere Kiesschicht nach allen Richtungen bearbeitet. Unter dem Drucke des Wasserlaufes und der Wirkung der mechanischen Bearbeitung gibt die Filtriermasse schnell allen in sich aufgenommenen Schlamm ab, den man durch den Schützen des Ausflusses *P*· entleert.

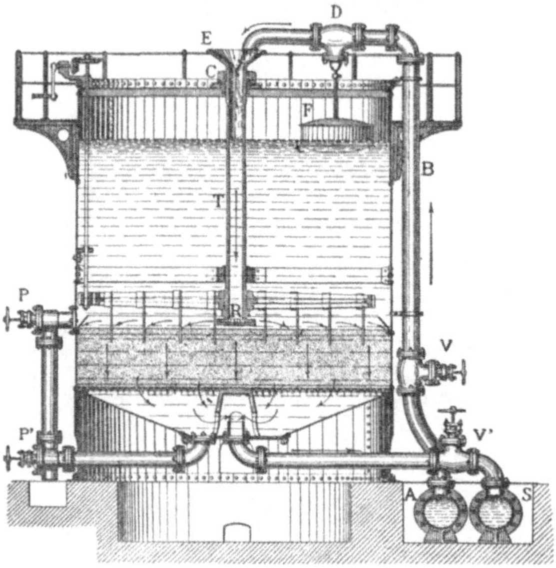

Fig. 24.

Das Filter von *Kröhnke*[1] besteht aus einer horizontal in zwei Achsen drehbar verlagerten, an beiden Enden geschlossenen Trommel als Filtergehäuse, im Innern durch vertikale Querwände so geteilt, daß sich scheibenförmige Kammern bilden, abwechselnd mit Sand und Wasser gefüllt (Fig. 25). Die Wasserkammern sind durch geeignete Kanäle mit je einer der Hohlachsen des Trommelgehäuses so verbunden, daß eine bestimmte Anzahl von Kammern Rohwasser durch die eine Hohlachse aufnimmt, während eine andere Anzahl Kammern filtriertes Wasser durch die Hohlachse abgibt. Zwischen Rohwasserkammern und Reinwasserkammern liegen die Filterscheiben aus Sand zwischen feinen Metallsieben, durch starke, gestanzte Schutzböden verstärkt. Die Sandkammern sind nicht völlig mit Sand gefüllt. Die Scheidewand bis zur Roh-

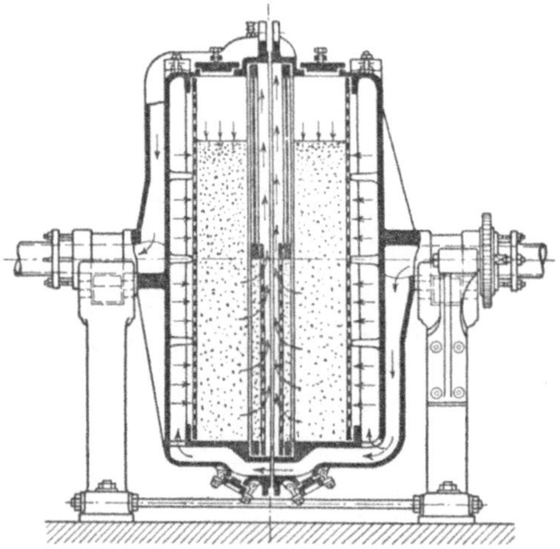

Fig. 25.

[1] Zft. f. angew. Chem. 1900, 1153.

wasserkammer ist vollständig durchlässig, diejenige zur Reinwasserkammer nur im unteren Drittel. Bei der Reinigung des Filters wird die Filtertrommel durch ein eingebautes Zahnradgetriebe mittels Kurbel in langsame Umdrehung gebracht. Vorher wird der Wasserstrom im Filter umgelenkt, so daß das Wasser von der Reinwasserseite aus gegen die Schmutz- und Schlammschichten auf den Filterflächen strömt. Bei der Drehung reiben sich die Sandteilchen hierbei aneinander, wodurch die Sandwaschung wirksam erfolgt; der aufgelagerte Schlamm und der Schmutz wird bis in die Siebmaschen hinein verteilt und weggespült. Wenige Minuten Drehens genügen zumeist, das Filter auf seine ehemalige Filtrierfähigkeit zurückzuführen.

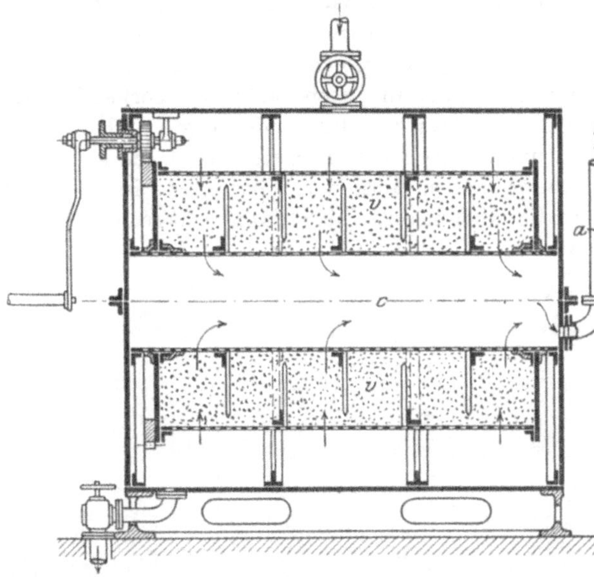

Fig. 26.

Das Filter von *Bruch* und *Schlee* (Fig. 26) ist in ein Mantelgehäuse eingebaut und um einen festliegenden Zylinder *c* drehbar. Das unreine Wasser tritt aus dem Filtermantel durch die gelochte Filterwand nach dem inneren festliegenden Zylinder und durchzieht hierbei eine entsprechend starke Filterschicht, deren Korngröße dem Zwecke des zu filtrierenden Wassers angepaßt wird. Zur Reinigung wird das Filter in langsame drehende Bewegung gebracht, und der Auslauf nach der Entleerungsleitung umgeschaltet. Während der Umdrehung bringen die eingebauten Rechen das Filtermaterial in fortgesetzte gegenseitige Reibung, wobei unter Wasserdurchfluß seine gründliche Ausspülung erfolgt.

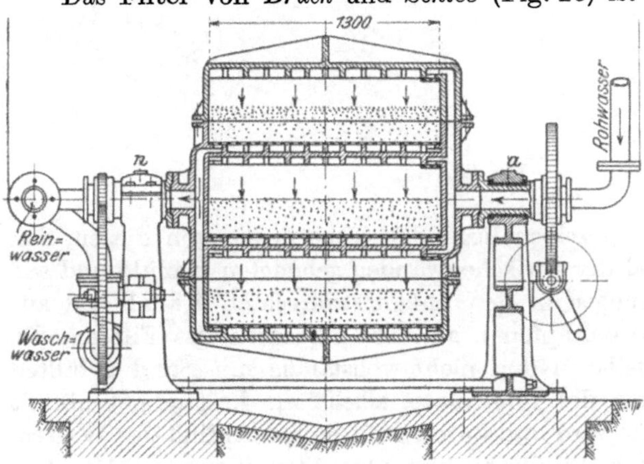

Fig. 27.

Das Filter von *Missong*[1] besteht aus einem zweiseitig gelagerten, drehbaren, geschlossenen, gegossenen, zylindrischen Behälter, in dem durch Zwischenwände je nach der Größe desselben 2 bis 8 Kammern gebildet werden (Fig. 27). Auf den Zwischenwänden befinden sich konzentrische Rippen, auf den Rippen kupferne Siebe und auf letzteren der Filtersand. Die Zwischenwände, Rippen und Siebe bilden Wasserkanäle für die Abführung des filtrierten Wassers. Das zu filtrierende Wasser tritt durch den rechten Hohlzapfen *a* in den rechten senkrechten Kanal, und von diesem gelangt es durch die Aussparungen über dem Filtersande in die einzelnen Kammern des Filtermaterialbehälters, fließt dann senkrecht von oben nach unten durch den

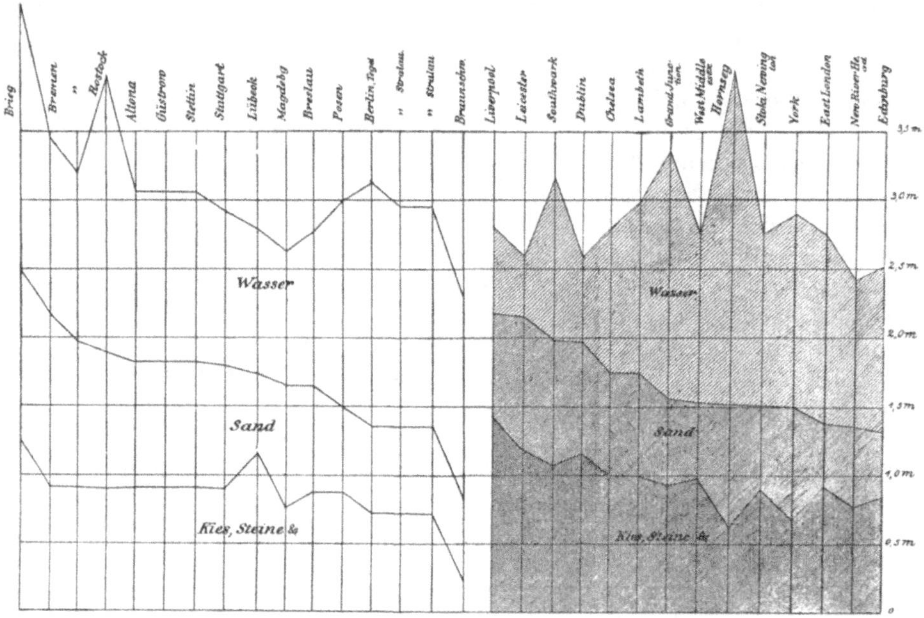

Fig. 28.

Filtersand und die unter demselben liegenden Siebe in die von diesen, den konzentrischen Rippen und den Zwischenwänden gebildeten Kanäle und aus diesen durch die Aussparungen in den linken senkrechten Kanal und aus diesem durch den linken Hohlzapfen *n* ab. Die Reinigung des Filtersandes erfolgt dadurch, daß derselbe in den nicht vollständig mit Sand gefüllten Kammern bei der Drehung des Filtermaterialbehälters kräftig geschüttelt und durcheinander geworfen wird und durch periodischen Abfluß des Wassers durch einen außerhalb des Behälters liegenden Steuerapparat (Muschelschieber), welcher nach je 4 Umdrehungen des Behälters sehr rasch geöffnet und geschlossen wird und dadurch Stromstöße erzeugt werden, welche die Auswaschung beschleunigen.

[1] D. R. P. Nr. 153 381 u. 173 609; Journ. f. Gasbel. 1912, 254, 446 u. 705.

Bei Einrichtung von großen Filteranlagen ist zunächst zu berücksichtigen, daß eine Ablagerung vor der Filtration zur Erhaltung der Filter sehr wesentlich ist, da sonst die im Wasser suspendierten Teile, namentlich Ton, Pflanzenreste, niedere Organismen u. dgl. auf der Oberfläche der Filterschicht sich ablagern und dadurch eine häufigere Reinigung nötig machen. Die Größe der Absatzbehälter richtet sich nach der zu reinigenden Wassermenge, der Beschaffenheit der Sinkstoffe und der chemischen Zusammensetzung der Wässer. Einige Wässer setzen ihren Schmutz schon innerhalb 12 bis 24 Stunden ab, andere, die wenig Salze gelöst enthalten, fordern mehr Zeit. Nach *Houston*[1] bewirkt die Reinigung durch Ablagern die Bildung eines Bodensatzes, der die groben Verunreinigungen enthält, wodurch vielen Bacillen die Lebenskraft entzogen wird. Das Ablagern vermindert die Zahl aller Arten von Bakterien; die typischen Kolibakterien und die koliähnlichen Mikroben werden verringert. Die im Wasser suspendierten Stoffe werden zum großen Teil durch die Aufstauung entfernt, die Färbung nimmt ab, desgleichen die Härte. Das Zahlenverhältnis der Bakterien wird auch geändert, denn das Ablagern verringert die Zahl der typischen Kolibakterien verhältnismäßig stärker als die Zahl der übrigen Bakterien. Falls das Wasser lange genug aufgestaut wird, so wird durch das Ablagern dem Typhusbacillus und den Choleravibrionen die Lebenskraft entzogen.

Für die Reinigung von größeren Mengen Oberflächenwasser werden in Deutschland vorwiegend Sandfilter angewendet[2]. Beim Berliner Wasserwerk haben z. B. die Filterschichten folgende Zusammensetzung:

feiner scharfer Sand	559 mm
grober Sand	51
feiner Kies	152
mittlerer Kies	127
grober Kies	76
kleine Feldsteine	102
große Feldsteine	305
	1372 mm

Fig. 28 zeigt nach *Kümmel*[3] die in verschiedenen Städten verwendeten Höhen von Kies, Sand und Wasser.

Zur Reinigung des Dünenwassers in Leidün für Amsterdam wird nach *Pennink*[4] Dünensand verwendet, der, feiner als jeder andere Sand, mit Schlamm, Muschelteilen, Holzstücken, Moor usw. vermischt ist. Derselbe besteht zu 94 Proz. aus Körnern unter 0,5 mm Größe, von welcher Masse die Hälfte unter 0,2 mm Größe hat. Das Porenvolumen beträgt im Mittel 35 Proz., wenn die Körner als Kugeln betrachtet werden, die Wasseraufnahme im natürlichen feuchten Zustande ungefähr $^1/_4$ des Volumens. Besteht nun

[1] Journ. f. Gasbel. 1912, 1288.

[2] Vgl. *F. Fischer:* Chemische Technologie des Wassers (Braunschweig 1878) S. 164 bis 190.

[3] Journ. f. Gasbel. 1900.

[4] Journ. f. Gasbel. 1908, 617.

der Dünensand aus Kugeln von 0,5 mm Größe und darunter, dann enthält nach *Lueger* 1 cbm Dünensand nicht weniger als 50 000 bis 60 000 Millionen Kugeln, die eine Oberfläche von 20 000 qm = 2 ha haben. Ein Filterbett von 2500 qm Größe und 1 m dickem Sandbett würde demnach eine Gesamtkörneroberfläche von 2500 × 20 000 = 50 Millionen qm = 5000 ha haben, über die das Filtrat fließen muß. Da bei 100 mm stündlicher Filtergeschwindigkeit (d. i. 400 mm im Sande) 250 cbm stündlich abströmt, so kann infolgedessen die Stromschicht nicht dicker als 0,005 mm, d. h. 5 Mikron sein. Dagegen verwendet man für die Rotterdamer Filter[1] nur groben Flußsand von 0,35 mm Durchmesser. Auf 1 qm Filteroberfläche erhielt man in Leidün im Mittel 19 cbm, in Rotterdam aber 48 cbm Wasser.

Die Wahl des Sandes hängt von der Beschaffenheit des Rohwassers und von örtlichen Verhältnissen ab. Um den Filtersand zu tragen und zu verhindern, daß Teile desselben von dem filtrierten Wasser mitgenommen werden, ruht der Sand auf einer Schicht feinen, ausgesiebten Kieses von etwa Erbsengröße, deren Korngröße so bemessen sein muß, daß die Sandkörner des Filtersandes nicht durch die Zwischenräume der Kieskörner hindurch gelangen können. Diese Schicht feinsten Kieses ruht wiederum auf einer gröberen Schicht, deren Korngröße durch dieselbe Rücksicht in bezug auf die feinste Kiesschicht bedingt ist; diese Kiesschicht ruht wiederum auf einer gröberen und so fort; die unterste gröbste Schicht muß so grob sein, daß ihre kleinsten Kiesel nicht durch die Löcher oder Fugen der darin eingebetteten Sammelkanäle gelangen können; diese Zweig-Sammelkanäle pflegen aus mit Zwischenräumen aufgesetzten Ziegelsteinen oder aus durchlöcherten Tonröhren zu bestehen, können aber auch in anderer, sehr verschiedener Weise gebildet sein.

Unter Filtriergeschwindigkeit versteht man allgemein die Geschwindigkeit des im Filterbehälter infolge der Durchlässigkeit des Sandes sinkenden Wassers, und zwar den Weg, den dasselbe in einer Stunde zurücklegt. Man spricht in diesem Sinne von einer Filtriergeschwindigkeit von 100 mm, von mehr oder weniger, gedacht aus der Gesamtfilteroberfläche bzw. dem Wasserquerschnitt des Filters oberhalb der Sandfläche F und der Filterleistung in der Stunde Q, als $v = Q : F$. Wesentlich größer als diese scheinbare Filtriergeschwindigkeit ist die Durchflußgeschwindigkeit des Wassers in den Porenkanälen des Sandes. Die Angaben über die zulässigen (scheinbaren) Filtriergeschwindigkeiten schwanken im allgemeinen zwischen 50 und 100 mm die Stunde. Nach Versuchen von *Bertschinger*[2] konnte die Filtriergeschwindigkeit sogar zwischen 120 bis 500 mm schwanken, ohne daß die Reinigung des Wassers aus dem Zürichersee gelitten hätte. *Samuelson*[3] fordert für Elbwasser 62,5 mm oder für 1 qm Filterfläche 1,5 cbm in 24 Stunden. Nach seinen Versuchen betragen die Hohlräume, wenn der gesamte, von dem betreffenden Material eingenommene Raum = 1 ist:

---

[1] Journ. f. Gasbel. 1909, 519.
[2] Viertelj. naturforsch. Gesellsch. Zürich 1889.
[3] Journ. f. Gasbel. 1892, 660.

Material	Hohlraum, wenn der Gesamtraum = 1
Filtersand	0,31
Kies Nr. 4 (etwa bis Erbsengröße)	0,35
Kies Nr. 3	0,39
Kies Nr. 2	0,41
Kies Nr. 1 (größere Steine bis hinunter zu etwa Walnußgröße) .	0,43

Bei 62,5 mm der Stunde abwärts gerichteter, gleichmäßiger Bewegung des Wassers im Sande beträgt also die Geschwindigkeit des Wassers in den Zwischenräumen der Sandkörner (in mm ausgedrückt):

$$\frac{62{,}5}{60 \times 60 \times 0{,}31} = 0{,}056 \text{ mm}$$

oder nahezu $^1/_{20}$ mm die Sekunde.

Offenbar hängt die zulässige Filtriergeschwindigkeit ab von der Beschaffenheit des zu reinigenden Wassers und von der des Filtersandes, so daß feste Normen hierfür nicht gegeben werden können.

Beim Anlassen eines Filters ist die Filtriergeschwindigkeit möglichst gering zu nehmen. Eine Stadt hatte z. B.

	Anfangsgeschwindigkeit	Dauer des Filters	Bakterien
1894	150 bis 250	im Min. 5 Tage	im Mittel 120 im Max. 1800
1895	60 bis 75	14 Tage	im Mittel 80 im Max. 350

Aber auch diese Anfangsgeschwindigkeit ist oft noch zu groß. *Beer*[1] betont, daß unter gleichen Verhältnissen die Betriebsdauer und die Reinheit des Wassers desto größer ist, je geringer die Anfangsgeschwindigkeit gewählt wird.

Versuche über den Keimgehalt der Filterschicht eines 30 Jahre alten Filters ergaben nach *Kümmel*[2] in 1 cc an der Sandoberfläche 4 000 000 Keime, 10 mm tiefer nur 1 038 000 Keime, 25 mm von der Oberfläche 756 000 Keime, 50 mm 210 000, 250 mm 98 500, 500 mm tief 56 700, an der Oberfläche der Kiesschicht 70 300 und in der Kiesschicht 24 800 Keime. Das Wasser, das man durch das Filter durchfiltriert hatte, enthielt bei den unmittelbar vorher entnommenen Proben unter 20 Keime.

Bei der Sandwäsche von *Piefke* (a. a. O.) wird der schmutzige Sand vermittels einer Schaufel in kleinen, aber regelmäßigen Posten in die Trommel

[1] Journ. f. Gasbel. 1893, 161; Fischers Jahresber. 1893, 490.
[2] Journ. f. Gasbel. 1900, 613.

(Fig. 29) eingeworfen und durch die doppelgängige Spirale *s*, deren Windungen nach dem. vorderen Ende zu allmählich größere Neigung annehmen, nach vorne geschraubt, entgegen einem Wasserstrome, der sich durch die Trommel hindurchbewegt. Zahlreiche Stifte (gegen 1200 Stück) und einzelne zwischen die Windungen der Spirale eingesetzte Schaufeln durchwühlen den Sand und bewirken, daß sich die Schlammteilchen loslösen und zerteilen, wobei sie vom Wasserstrom mit fortgerissen werden. Der Sand wird also allmählich reiner, je weiter er nach vorn gedrängt wird. Außerhalb der Trommel angelangt, wird er von den Strahlen einer kräftigen Brause erfaßt, um einer gründlichen Abspülung unterworfen zu werden. Es wurden wiederholt 500 g sowohl vom schmutzigen, wie vom gereinigten Sande entnommen, mit je 1 l sterilen Wassers in eine verstöpselte Flasche gefüllt und 5 bis 10 Minuten lang kräftig durchgeschüttelt; von dem Spülwasser wurde darauf 1 cc mit sterilem Wasser 100fach verdünnt und von der Verdünnung 1,0 bzw. 0,5 cc zum Gießen der Platten verwendet:

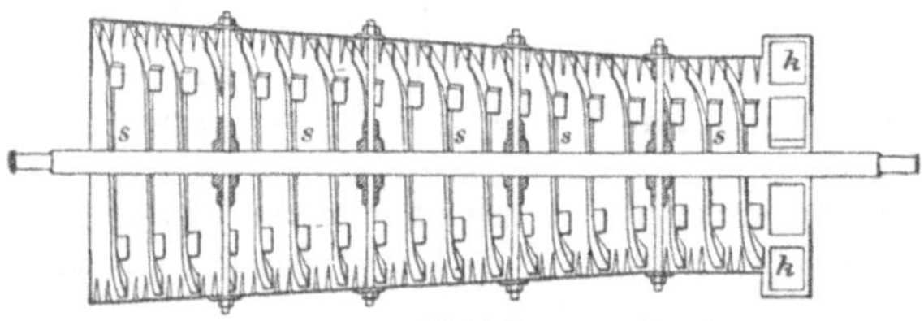

Fig. 29.

1 k Sand enthielt entwicklungsfähige Keime:

Datum	Vor dem Waschen	Nach dem Waschen
1. Febr. 1886	6298 Millionen	50 Millionen
2. „ 1886	7940 „	
3. „ 1886	5948 „	61 „
4. „ 1886	7586 „	
5. „ 1886	6538 „	
7. April 1886	6300 „	61,6 „
8. „ 1886	4320 „	73,6 „
Durchschnitt	6420 Millionen	61,3 Millionen

Danach hat der Sand beim Waschen von der Gesamtmenge der Bakterien mehr als 99 Proz. verloren und etwas weniger als 1 Proz. festgehalten.

Bei den Hamburger Filteranlagen wird der Sand durch Wasserstrahlgebläse (Fig. 30) 7 mal gehoben und dadurch gewaschen[1]. Dieses Verfahren erfordert zwar etwa 3 mal soviel Wasser von 1 bis 1,5 Atm. Druck, aber keine besondere Betriebskraft für die Drehung der Trommel. Nach *Götze*[2] verbindet man die Vorteile beider Reinigungsarten dadurch, daß man (in Bremen) eine Filtersandwäsche mit

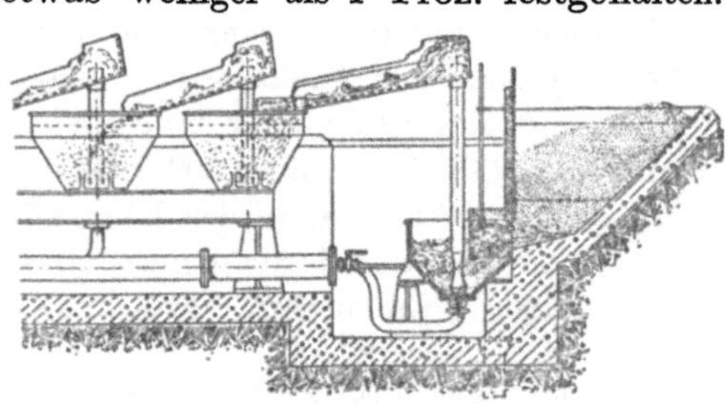
Fig. 30.

[1] Zft. d. Ver. deutsch. Ing. 1895, Nr. 28. [2] Journ. f. Gasbel. 1899, 528.

vom Waschwasser bewegter Trommel anwendet. Um das Abräumen des Sandes zu sparen, wird die Reinigung auch dadurch bewirkt, daß reines Wasser von unten eingeführt wird, welches den Schmutz abschwemmt. Nach *C. Piefke* (D. R. P. Nr. 70 513) erfolgt die Reinigung in der Weise, daß die Schlammdecke durch Stachelwalzen gelockert und von einem Wasserstrom überspült wird. Von anderen Seiten wird das Miteinpressen von Luft empfohlen[1]. Ob diese Art der Reinigung genügt, hängt von Umständen ab.

Grundsätze für die Reinigung von Oberflächenwasser durch Sandfiltration. Nach längeren Verhandlungen[2] sind am 13. Januar 1898 vom Reichskanzler mittels Rundschreiben folgende Grundsätze zur Kenntnis der Bundesregierungen gebracht:

§ 1. Bei der Beurteilung eines filtrierten Oberflächenwassers sind folgende Punkte zu berücksichtigen: a) Die Wirkung der Filter ist als eine befriedigende anzusehen, wenn der Keimgehalt des Filtrats jene Grenze nicht überschreitet, welche erfahrungsgemäß durch eine gute Sandfiltration für das betreffende Wasserwerk erreichbar ist. Ein befriedigendes Filtrat soll beim Verlassen des Filters in der Regel nicht mehr als ungefähr 100 Keime im Kubikzentimeter enthalten. b) Das Filtrat soll möglichst klar sein und darf in bezug auf Farbe, Geschmack, Temperatur und chemisches Verhalten nicht schlechter sein, als vor der Filtration.

§ 2. Um ein Wasserwerk in bakteriologischer Beziehung fortlaufend zu kontrollieren. empfiehlt es sich, wo die zur Verfügung stehenden Kräfte es irgend gestatten, das Filtrat jedes einzelnen Filters täglich zu untersuchen. Von besonderer Wichtigkeit ist eine solche tägliche Untersuchung: a) nach dem Bau eines neuen Filters, bis die ordnungsmäßige Arbeit desselben feststeht, b) bei jedesmaligem Anlassen des Filters nach Reinigung usw. desselben, und zwar wenigstens 2 Tage oder länger bis zu dem Zeitpunkte, an welchem das Filtrat eine befriedigende Beschaffenheit hat, c) nachdem der Filterdruck über $^2/_3$ der für das betreffende Werk geltenden Maximalhöhe gestiegen ist, d) wenn der Filterdruck plötzlich abnimmt, e) unter allen ungewöhnlichen Verhältnissen, namentlich bei Hochwasser.

§ 3. Um bakteriologische Untersuchungen im Sinne des § 1 zu a veranstalten zu können, muß das Filtrat eines jeden Filters so zugänglich sein, daß zu beliebiger Zeit Proben entnommen werden können.

§ 4. Um eine einheitliche Ausführung der bakteriologischen Untersuchungen zu sichern, wird das in der Anlage angegebene Verfahren zur allgemeinen Anwendung empfohlen.

§ 5. Die mit der Ausführung der bakteriologischen Untersuchung betrauten Personen müssen den Nachweis erbracht haben, daß sie die hierfür erforderliche Befähigung besitzen. Dieselben sollen, wenn irgend tunlich, der Betriebsleitung selbst angehören.

§ 6. Entspricht das von einem Filter gelieferte Wasser den hygienischen Anforderungen nicht, so ist dasselbe vom Gebrauch auszuschließen, sofern die Ursache des mangelhaften Verhaltens nicht schon bei Beendigung der bakteriologischen Untersuchung behoben ist. Liefert ein Filter nicht nur vorübergehend ein ungenügendes Filtrat, so ist es außer Betrieb zu setzen und der Schaden aufzusuchen und zu beseitigen.

§ 7. Um ein minderwertiges, den Anforderungen nicht entsprechendes Wasser beseitigen zu können (§ 6), muß jedes einzelne Filter eine Einrichtung besitzen, die es erlaubt, dasselbe für sich von der Reinwasserleitung abzusperren und das Filtrat abzulassen. Dieses Ablassen hat, soweit die Durchführung des Betriebes es irgend gestattet, in der

[1] Vgl. D. R. P. Nr. 135 550, 140 603, 172 505, 215 047, 241 091, 243 195.

[2] Veröff. d. Kais. Gesundheitsamts 1892, 767; Fischers Jahresber. 1893, 489; Journ. f. Gasbel. 1894, 185; 1889, 330; 1900, 590.

Regel zu geschehen: 1. unmittelbar nach vollzogener Reinigung des Filters und 2. nach Ergänzung der Sandschicht. — Ob im einzelnen Falle nach Vornahme dieser Reinigung bzw. Ergänzung ein Ablassen des Filtrats nötig ist und binnen welcher Zeit das Filtrat die erforderliche Reinheit wahrscheinlich erlangt hat, muß der leitende Techniker nach seinen aus den fortlaufenden bakteriologischen Untersuchungen gewonnenen Erfahrungen ermessen.

§ 8. Eine zweckmäßige Sandfiltration bedingt, daß die Filterfläche reichlich bemessen und mit genügender Reserve ausgestattet ist, um eine den örtlichen Verhältnissen und dem zu filtrierenden Wasser angepaßte mäßige Filtrationsgeschwindigkeit zu sichern.

§ 9. Jedes einzelne Filter soll für sich regulierbar und in bezug auf Durchfluß, Überdruck und Beschaffenheit des Filtrats kontrollierbar sein; auch soll es für sich vollständig entleert, sowie nach jeder Reinigung von unten mit filtriertem Wasser bis zur Sandoberfläche angefüllt werden können.

§ 10. Die Filtrationsgeschwindigkeit soll in jedem einzelnen Filter unter den für die Filtration jeweils günstigsten Bedingungen eingestellt werden können und eine möglichst gleichmäßige und vor plötzlichen Schwankungen oder Unterbrechungen gesicherte sein. Zu diesem Behufe sollen namentlich die normalen Schwankungen, welche der nach den verschiedenen Tageszeiten wechselnde Verbrauch verursacht, durch Reservoire möglichst ausgeglichen werden.

§ 11. Die Filter sollen so angelegt sein, daß ihre Wirkung durch den veränderlichen Wasserstand im Reinwasserbehälter oder -Schacht nicht beeinflußt wird.

§ 12. Der Filtrationsüberdruck darf nie so groß werden, daß Durchbrüche der obersten Filtrierschicht eintreten können. Die Grenze, bis zu welcher der Überdruck ohne Beeinträchtigung des Filtrats gesteigert werden darf, ist für jedes Werk durch bakteriologische Untersuchungen zu ermitteln.

§ 13. Die Filter sollen derart konstruiert sein, daß jeder Teil der Fläche eines jeden Filters möglichst gleichmäßig wirkt.

§ 14. Wände und Böden der Filter sollen wasserdicht hergestellt sein, und namentlich soll die Gefahr einer mittelbaren Verbindung oder Undichtigkeit, durch welche das unfiltrierte Wasser auf dem Filter in die Reinwasserkanäle gelangen könnte, ausgeschlossen sein. Zu diesem Zwecke ist insbesondere auf eine wasserdichte Herstellung und Erhaltung der Luftschächte der Reinwasserkanäle zu achten.

§ 15. Die Stärke der Sandschicht soll mindestens so beträchtlich sein, daß dieselbe durch die Reinigungen niemals auf weniger als 30 cm verringert wird, jedoch empfiehlt es sich, diese niedrigste Grenzzahl, wo der Betrieb es irgend gestattet, auf 40 cm zu erhöhen.

§ 16. Es ist erwünscht, daß von sämtlichen Sandfilterwerken im Deutschen Reiche über die Betriebsergebnisse, namentlich über die bakteriologische Beschaffenheit des über diese Frage in dauernder Verbindung mit der seitens der Filtertechniker gewählten Wassers vor und nach der Filtration dem Kaiserlichen Gesundheitsamt, welches sich Kommission halten wird, alljährlich Mitteilung gemacht wird. Die Mitteilung kann mittels Übersendung der betreffenden Formulare in nur je einmaliger Ausfertigung erfolgen.

Anlage zu § 4.

Ausführung der bakteriologischen Untersuchung.

1. Herstellung der Nährgelatine. Die Anfertigung der Nährgelatine ist nach folgender, lediglich zu diesem besonderen Zwecke gegebenen und vereinfachten Vorschrift vorzunehmen.

Fleischextraktpepton-Nährgelatine.

2 Teile Fleischextrakt Liebig, 2 Teile trockenes Pepton Witte und 1 Teil Kochsalz werden in 200 Teilen Wasser gelöst; die Lösung wird ungefähr $^1/_2$ Stunde im Dampfe erhitzt und nach dem Erkalten und Absetzen filtriert. Auf 900 Teile dieser Flüssigkeit werden 100 Teile feinste weiße Speisegelatine zugefügt, und nach dem Quellen und Erweichen der Gelatine wird die Auflösung durch (höchstens halbstündiges) Erhitzen im Dampfe bewirkt. Darauf werden der siedendheißen Flüssigkeit 30 Teile Normalnatron-

lauge zugefügt und jetzt tropfenweise so lange von der Normalnatronlauge zugegeben, bis eine herausgenommene Probe auf glattem, blauviolettem Lackmuspapier neutrale Reaktion zeigt, d. h. die Farbe des Papiers nicht verändert. Nach viertelstündigem Erhitzen im Dampfe muß die Gelatinelösung nochmals auf ihre Reaktion geprüft und wenn nötig die ursprüngliche Reaktion durch einige Tropfen der Normalnatronlauge wieder hergestellt werden. Alsdann wird der so auf den Lackmusblauneutralpunkt eingestellten Gelatine $1^1/_2$ Teil krystallisierte Soda zugegeben und die Gelatinelösung durch weiteres, halb- bis höchstens dreiviertelstündiges Erhitzen im Dampfe geklärt und darauf durch ein mit heißem Wasser angefeuchtetes, feinporiges Filtrierpapier filtriert. Unmittelbar nach dem Filtrieren wird die noch warme Gelatine zweckmäßig mit Hilfe einer Abfüllvorrichtung, z. B. des *Treskow*schen Trichters in sterilisierte (durch einstündiges Erhitzen auf 130 bis 150°) Reagensröhrchen in Mengen von 10 cc eingefüllt und in diesen Röhrchen durch einmaliges 15 bis 20 Minuten langes Erhitzen im Dampfe sterilisiert. Die Nährgelatine sei klar und von gelblicher Farbe. Sie darf bei Temperaturen unter 26° nicht weich und unter 30° nicht flüssig werden. Blauviolettes Lackmuspapier werde durch die verflüssigte Nährgelatine deutlich stärker gebläut. Auf Phenolphthalein reagiere sie noch schwach sauer.

2. Entnahme der Wasserproben. Die Entnahmegefäße müssen sterilisiert sein. Bei der Entnahme der Proben ist jede Verunreinigung des Wassers zu vermeiden; auch ist darauf zu achten, daß die Mündung der Entnahmegefäße während des Öffnens, Füllens und Verschließens nicht mit den Fingern berührt wird.

3. Anlegen der Kulturen. Nach der Entnahme der Wasserproben sind möglichst bald die Kulturen anzulegen, damit die Fehlerquelle ausgeschlossen wird, die aus der Vermehrung der Keime während der Aufbewahrungszeit des Wassers entsteht. Die Gelatineplatten sind daher möglichst unmittelbar nach Entnahme der Wasserproben anzulegen. Die zum Abmessen der Wassermengen für das Anlegen der Kulturplatten zu benutzenden Pipetten müssen mit Teilstrichen versehen sein, welche gestatten, Mengen von 0,1 bis 1 cc Wasser genau abzumessen. Sie sind in gutschließenden Blechbüchsen durch einstündiges Erhitzen auf 130 bis 150° im Trockenschrank zu sterilisieren. — Für die Untersuchung des filtrierten Wassers genügt die Anfertigung einer Gelatineplatte mit 1 cc der Wasserprobe; für die Untersuchung des Rohwassers dagegen ist die Herstellung mehrerer Platten in zweckentsprechenden Abstufungen der Wassermengen, meist sogar eine vorherige Verdünnung der Wasserproben mit sterilem Wasser erforderlich. — Das Anlegen der Gelatineplatten soll in der Weise erfolgen, daß die aus der zu untersuchenden Wasserprobe mit der Pipette unter der üblichen Vorsicht herausgenommene Wassermenge in ein Petrischälchen entleert und dazu gleich darauf der zwischen 30 und 40° verflüssigte Inhalt eines Gelatineröhrchens gegossen wird. Wasser und Gelatine werden alsdann durch wiederholtes sanftes Neigen des Doppelschälchens miteinander vermischt; die Mischung wird gleichmäßig auf dem Boden der Schale ausgebreitet und zum Erstarren gebracht. — Die fertigen Kulturschälchen sind vor Licht und Staub geschützt bei einer Temperatur von 20 bis 22° aufzubewahren; zu diesem Zwecke empfiehlt sich die Benutzung eines auf die genannte Temperatur eingestellten Brutschrankes.

4. Zählung der Keime. Die Zahl der entwickelten Kolonien ist 48 Stunden nach Herrichtung der Kulturplatten mit Hilfe der Lupe und nötigenfalls einer Zählplatte festzustellen. Die gefundene Zahl ist unter Bemerkung der Züchtungstemperatur in die fortlaufend geführten Tabellen einzutragen.

Bei Verwendung der Filter beeinträchtigen besonders Algenwucherungen die Betriebsfähigkeit der Filter. *Strohmeyer*[1] fand im Filterschlamm und im Elbwasser 160 Algenarten. Die Algendecke der Filter kann, wenn diese dem Lichte frei zugänglich ist, als ein wirksames Mittel zur Verminderung des Bakteriengehalts des Leitungswassers angesehen werden, ein Grund dafür, daß die offenen Filter den bedeckten vorzuziehen sind.

[1] Centralbl. f. Bakt. 1898, 481.

Nach Untersuchungen in Rotterdam[1] entwickeln sich auf den Filtern verschiedene Algen, nämlich grüne Algen (Chlorophyceen), blaue Algen (Cyanophyceen) und Kieselalgen (Diatomeen), die mit dem Wasser der Maas auf die Filter gebracht werden. Es sind hauptsächlich die Diatomeen, die durch das Absetzen einer 1 bis 2 cm dicken schleimigen Schicht Veranlassung zur schnellen Verstopfung der Filter geben. Solange diese Schicht unter dem Einfluß einer starken Einwirkung des Lichts ein kräftiges Leben zeigt und eine starke Sauerstoffabscheidung stattfindet, arbeitet das Filter gut. Verringert sich die Sauerstoffentwicklung, wodurch die Schicht dichter wird und zusammensinkt, so schließt sich das Filter. Tritt eine starke Vermehrung der Sauerstoffentwicklung ein, so wird die Schicht aufgehoben und es steigen Flocken an die Oberfläche. In den Filtern für Amsterdam traten ungeheure Mengen von Mückenlarven auf. Der Inhalt einer solchen Larve ist untersucht; in den angelegten Kulturen wurden ungefähr 100 000 Kolibakterien gezählt, die sehr viele Ähnlichkeit mit dem menschlichen Koli haben. Dieses ist wichtig, da noch niemand daran gedacht hat, daß die in dem Filtrat gefundenen Koli vermutlich zum großen Teil von den Mückenlarven herrühren können.

Zur Beseitigung der grünen Algen, welche dem Wasser einen unangenehmen Fischgeruch erteilen, empfiehlt *Moore*[2] Kupfervitriol. Das Wasser enthielt 7000 Algen in 1 cc und wurde mit einer verdünnten Lösung von 1 : 4 000 000 Kupfervitriol behandelt. In wenigen Stunden war der üble Geruch fast verschwunden, in 24 Stunden begann die grüne Färbung des Wassers nachzulassen und nach 3 Tagen war das Wasser angeblich genießbar. Das Verfahren wird in Amerika praktisch ausgeführt[3]. *Clark* und *Gage*[4] stellten Versuche in größerem Maßstabe an, um zu prüfen, ob durch vorhergehenden Zusatz von Kupfersulfat zum Wasser bei der langsamen Sandfiltration eine größere reinigende Wirkung zu erzielen ist. Zusätze von 1 bis 7,5 mg Kupfersulfat im Liter ergaben, daß die Filter schlechtere Resultate lieferten, als bei kupfersulfatfreiem Wasser.

Die Versuche der englischen Flußkommission (VI. Report S. 217) zeigten, daß bei der Sandfiltration, wie sie die Londoner Wassergesellschaften in großem Maßstabe ausführen, das Wasser nicht nur geklärt wird, sondern daß auch die organischen Stoffe teilweise beseitigt werden. Auch *Bertschinger*[5] und *Wolffhügel*[6] bestätigten, daß der Gehalt an organischen Stoffen und Ammoniak durch die Filtration vermindert wird. Nach Versuchen von *Piefke*[7] trat bei Verwendung eines völlig sterilisierten Filters statt der erwarteten Verminderung eine außerordentliche Vermehrung der Mikroorganis-

[1] Journ. f. Gasbel. 1909, 520.
[2] Gesundheit Juni 1905.
[3] Gesundheitsing. 1906, 324.
[4] Journ. f. Infekt., Febr. 1906.
[5] Zft. angew. Chem. 1889, 546.
[6] Arb. a. d. Kais. Gesundheitsamt 1886, 1.
[7] Fischers Jahresber. d. chem. Technol. 1890, 579; Zft. f. Hygiene (1894) **16**, 181.

men ein, die erst nach einer längeren Reihe von Tagen ein wenig wieder nachließ. Hatte der Druck, der auf das Filter wirken mußte, um eine Filtriergeschwindigkeit von 0,1 m zu unterhalten, die Größe von 0,8 m erreicht, so wurde die Filtration unterbrochen und der an der Sandoberfläche angesammelte Schmutz entfernt. Bei Wiederingangsetzung des Filters wiederholten sich dieselben Erscheinungen, indessen schon minder auffällig als in der ersten Periode. Die dritte und vierte Periode lieferten ebenfalls noch gänzlich unbrauchbares Wasser, und erst bei Schluß der fünften Periode fing das Filter an, leidlich zu arbeiten, aber es verging lange Zeit, ehe es sich mit einem alten Filter messen konnte. Kennzeichnend für das mit sterilem Sande erzielte Filtrat war außer der großen Anzahl von Mikroorganismen noch die etwas mangelhafte Klarheit. — Mit der Besserung, die in dieser Beziehung allmählich eintrat, ging ersichtlich Hand in Hand eine stetige Vervollkommnung der chemischen Reinigung des Wassers. Während dasselbe anfangs fast unverändert den sterilen Sand verließ, wurde später mehr und mehr eine Abnahme der Oxydierbarkeit bemerkbar. Es dauerte jedoch ziemlich lange, ehe das sterile Filter dem Wirkungsgrade eines reifen näher kam.

Die während des Filtrierens auf der Oberfläche der Sandschicht sich ansammelnde Schmutzdecke ist der Hauptsitz der Bakterien. Wird sie beim Reinigen des Filters nebst dem unmittelbar darunter folgenden, dem Auge verschmutzt erscheinenden Sande entfernt, so kommen damit gerade die am stärksten verdichteten Teile in Wegfall, denen man eine besondere Wichtigkeit zuschreiben muß. Bevor nicht die Verdichtung der obersten Zone annähernd wiederhergestellt ist, muß daher die Leistung des Filters etwas mangelhaft sein. Das beweisen in der Tat die Ergebnisse der bakteriologischen Prüfung nach jeder Filterreinigung; es vergehen immer mehrere Tage, ehe die Nachwirkungen ganz vorüber sind.

Die Tatsache, daß in sterilen Filtern trotz kräftiger Sauerstoffabsorption keine nennenswerte Oxydierung der aufgelösten organischen Stoffe stattfindet, wies darauf hin, daß dauernde und belangreiche chemische Reaktionen allein von den im Sande angesammelten Bakterien ausgehen. Demgemäß sind die kräftigsten Reaktionen von den Zonen zu erwarten, welche der Hauptsitz der Bakterien sind, also von den oberen, wohingegen in den tieferen im Verhältnis zu der geringeren Zahl der von ihnen beherbergten Bakterien die chemischen Wirkungen aller Wahrscheinlichkeit nach sich vermindern werden. Ihre Bestätigung fand diese Vermutung bei der Vergleichung der Ergebnisse der Versuchsfilter, welche Sandschichten von verschiedener Dicke enthielten. — Es ergab sich, daß die chemische Wirkung der tieferen Schichtenglieder schwächer wurde, und daß nach Reduktion der organischen Substanz auf einen gewissen Betrag keine weitere Verminderung derselben durch Bakterien mehr herbeigeführt wurde. Da dieses nicht an etwaigem Sauerstoffmangel gelegen haben kann, so bleibt als einzig möglicher Grund der übrig, daß schließlich die Nährstoffe ausgegangen sind. Der nach hinlänglich ausgedehnter Filtration im Wasser noch zurückbleibende, nahezu konstante Rest von organischer Substanz besitzt also keinen Nährwert mehr und ist folglich nicht gärungs- oder fäulnisfähig. So ist die Filtration, nach ihrer chemischen Seite betrachtet, vorwiegend ein Gärungsprozeß; darin beruhen sowohl ihre Vorzüge wie ihre naturgemäßen Beschränkungen. Nach weiteren Versuchen von *Piefke* und *Fränkel*[1] sind die Sandfilter keine keimdicht arbeitenden Apparate; weder die gewöhnlichen Wasserbakterien, noch auch Typhus- und Cholerabacillen werden von denselben mit Sicherheit zurückgehalten. Die Menge der in das Filtrat übergehenden Mikroorganismen ist abhängig von der Anzahl der im unfiltrierten Wasser vorhandenen und von der Schnelligkeit der Filtration. Anfang und Ende einer jeden Periode sind besonders gefährliche Zeiten, weil im ersteren Falle die Filter noch nicht ihre volle Leistungsfähigkeit erlangt haben, im letzteren die Pressung der oberflächlichen Filterschichten, vielleicht auch das selbständige Durchwachsen der Bakterien durch diese ein Abwärtssteigen der Mikroorganismen begünstigen. Auf die Menge der die Filter durchdringenden Bakterien ist somit von Einfluß die Anzahl der im unfiltrierten Wasser bereits vorhandenen und besonders die Schnelligkeit der Filtration. Für Spreewasser wären womöglich 50 mm nicht zu überschreiten. Auf jeden Fall sind die Sandfilter, selbst wenn ihr Betrieb von berufenster und sachkundigster Hand geleitet wird, doch nicht imstande, eine vollständige Sicherheit für ausreichende Säuberung des Trinkwassers von schädlichen, infektiösen Stoffen zu geben. Mag man auch die Wahrscheinlichkeit des Überganges pathogener Bakterien in das Filtrat als eine sehr geringfügige hinstellen, so muß man doch die Möglichkeit eines derartigen unglücklichen Zufalls zugeben. Die Menge des untersuchten Filtrates betrug jedesmal nur 1 cc, war ein verschwindend kleiner Bruchteil der Gesamtmenge, und wenn sich hier nur wenige pathogene Keime entdecken lassen, so werden daraus doch, auf das Ganze berechnet, recht erhebliche Zahlen, die genügen, um die ausgedehnteste Epidemie zu veranlassen. Nimmt man endlich an, daß die Bakterien sich innerhalb des Filters vermehren und durch dasselbe hindurchwachsen können, so vermag schon ein einziger Anfangskeim auf diesem Wege schließlich das größte Unheil anzurichten. — Es gibt demnach überhaupt keine praktisch brauchbaren, keimdichten Filter[2].

Nach neueren Beobachtungen ist die Wirkung der Filterhaut nicht so ausschlaggebend, als früher angenommen wurde[3]. In Magdeburg bildet sich nach Einführung der Stufenfilter keine Filterhaut mehr, weil die feinen Schwebestoffe schon vorher abgefangen sind. Somit bleibt für die Entfernung der Bakterien nur die Wirkung der schleimigen Beschaffenheit des Sandes übrig, die ja ihrerseits wieder durch Wasserbakterien bedingt wird; und diese Wirkung erweist sich als vollkommen ausreichend. Auch in Amsterdam bildet

---

[1] Zft. f. Hygiene 8, Sonderabdr.
[2] Vgl. Journ. f. Gasbel. 1890, 501; 1891, 207; Fischers Jahresber. 1890, 582.
[3] Journ. f. Gasbel. 1910, 188 u. 717; vgl. das. 1895, 85 u. 99; 1902, 585.

sich nach Einrichtung der Vorfilter auf den Nachfiltern keine Filterhaut mehr; auch hier ist die bakteriologische Reinigung an die Oberflächenwirkung der Sandkörner selbst und nicht an die Filterhaut gebunden.

Die Sauerstoffzehrung in Sandfiltern untersuchte *Noll*[1]. Die Herabsetzung der Oxydierbarkeit scheint danach durch chemische und physikalische Vorgänge zustande zu kommen[2].

Zur Entlastung der Filter versetzt man neuerdings das Wasser auch wohl mit Tonerdesulfat (vgl. S. 149).

Nach *Götze* wird in Bremen (vgl. S. 142) in Fällen, in denen das Rohwasser der Verarbeitung zu einwandfreiem Trinkwasser größere Schwierigkeiten bereitet, Doppelfiltration und Vorklärung mit schwefelsaurer Tonerde zu Hilfe genommen. Die Zumischung der schwefelsauren Tonerde geschieht in der Weise, daß in Behältern festes Material mit Wasser zu einer starken Lösung unbestimmter Sättigung aufgelöst wird. In einer zweiten Batterie von Fässern wird die starke Lösung verdünnt und nach dem Aräometer auf den bestimmten Sättigungsgrad 1 : 5 gebracht, so daß also in 5 l dieser Lösung 1 k Tonerdesulfat enthalten ist. Von der Lösung wird dann 1 : 5000 bis 1 : 10 000 dem Rohwasser zugesetzt. Der Verbrauch an schwefelsaurer Tonerde war im Betriebsjahr 70 t für 10 325 Mk. oder für 1 cbm geförderten Wassers 0,092 Pfg.

In Hamburg ist nach *Schertel*[3] durch die Vorbehandlung des Wassers mit schwefelsaurer Tonerde die Durchsichtigkeit erhöht, eine Verminderung der Keimzahl im Filtrat wurde nicht erreicht, ebensowenig ein nennenswert günstiger Einfluß auf die Laufzeit der Filter. Die Oxydierbarkeit wurde vermindert.

Nach *Fuller*[4] ließ sich aus Ohiowasser durch Klärbassins und Sandfiltration im allgemeinen blankes Wasser erzielen; zu Zeiten starker Trübung des Ohiowassers mußte jedoch zur chemischen Reinigung mittels Aluminiumsulfats mit nachfolgender Klärung und Filtration geschritten werden (etwa 20 mg Sulfat auf 1 l bei 50 bis 100 mg suspendierten Stoffen bzw. 300 bis 400 mg bei 2,6 g). Ferner wurde das Wasser erst durch Stehen vorgeklärt, dann mit Aluminiumsulfat versetzt und filtriert; die oberste Filterschicht wurde zu ihrer Wiederbelebung von Zeit zu Zeit aufgeritzt, der Sand wurde im Filter selbst gewaschen durch Aufrühren und Durchspülen mit Reinwasser von unten nach oben.

Bei der Anlage für Ithaka von Seewasser war es nur selten möglich, mit weniger als 156 g Tonerdesulfat für 1 cbm Wasser auszukommen; in einzelnen Fällen, wo es sich um sehr starke Trübungen handelte, mußte für wenige Stunden der 8 bis 10fache Betrag zugegeben werden, um eine genügende Klärung zu erreichen. Wird von diesen Ausnahmefällen abgesehen, so kann

---

[1] Gesundheitsing. 1911, 77.
[2] Vgl. Arb. a. d. Kais. Gesundheitsamt (1910) **34**, 230.
[3] Journ. f. Gasbel. 1910, 8.
[4] Journ. f. Gasbel. 1900, 42.

der durchschnittliche Zusatz mit 200 g für 1 cbm Wasser angegeben werden. Dann folgt Sandfilter[1].

Nach Versuchen von *Nachtigall*[2] konnten durch größeren Alaunzusatz Filtrationsdauer und Ergiebigkeit erhöht werden, es machte sich aber nicht bezahlt, mehr Alaun zu verwenden, als zur gründlichen Ausflockung in der jeweiligen Zeit erforderlich ist. Größere Zusätze erhöhen die Flockenbildung, wodurch natürlich mehr Bakterien, Suspensionen und Farbstoffe zu Boden gerissen werden; aber die dadurch erzielte Verbesserung des Rohwassers steht in keinem Verhältnis zu den Kosten für den mehrverbrauchten Alaun, auch wird die Betriebsdauer der Filter wohl kaum dadurch verlängert.

Für Leeuwarden wird nach *Halbertsma*[3] das einem Binnensee entnommene Wasser mit Aluminiumsulfat versetzt, etwa 0,1 k auf 1 cbm; dasselbe enthielt vor (I) und nach (II) der Reinigung (mg im Liter):

	I	II
Aufgelöste feste Stoffe	650	714
Kalk	67	94
Magnesia	44	43
Tonerde	0	Sp.
Schwefelsäure	95	146
Chlor	235	230
Kochsalz	388	379
Nitrose Verbindungen	Sp.	0
Ammoniak	0,3	0,2
Kalipermanganat zur Oxydation erf.	70	38

Das Aluminiumsulfat wird in 2 dazu bestimmten Becken von je 10 cbm Inhalt in 6 Teilen Wasser aufgelöst. Die kleinen Alaunpumpen saugen diese Auflösung aus den Becken und drücken dieselbe über ein offenes Standrohr hin in die Entlastungsröhren der Filterpumpen, wodurch eine vollkommene Vermischung stattfindet. Der Alaun scheidet die moorigen Teile aus dem Wasser aus; man läßt diese auf den Boden sinken und zapft das darüber verbleibende hellere Wasser auf die Sandfilter ab. Die Filterbetten bestehen aus folgenden, wagerechten Schichten, von oben beginnend:

20	cm	feiner (Dünen-) Sand,
20	„	grober Flußsand,
10	„	Seemuscheln,
10	„	feiner Kies und
10 bis 20	„	grober Kies.

Beim Berliner Wasserwerk am Stralauer Tor dient nach *Piefke*[4] als Sammler für das filtrierte Wasser ein über der Sohle aufgemauerter Kanal, der sich über die ganze Länge des Filters von einer Stirnmauer bis zur gegenüberliegenden erstreckt (Fig. 31 bis 34). Der Kanal ist oben durch ein wasserdichtes, halbkreisförmiges Gewölbe geschlossen; seine Höhe und Breite sind

[1] Journ. f. Gasbel. 1908, 753.
[2] Gesundheitsing. (1911) **34**, 545.
[3] Journ. f. Gasbel. 1893, 688.
[4] Zft. f. Hygiene **8**, Sonderabdr.

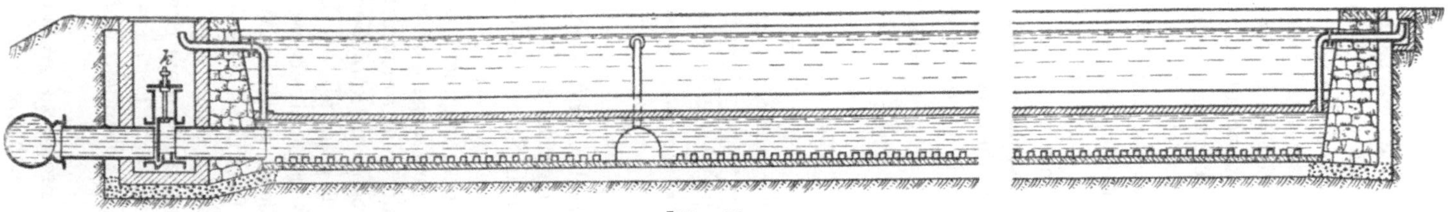

Fig. 31.

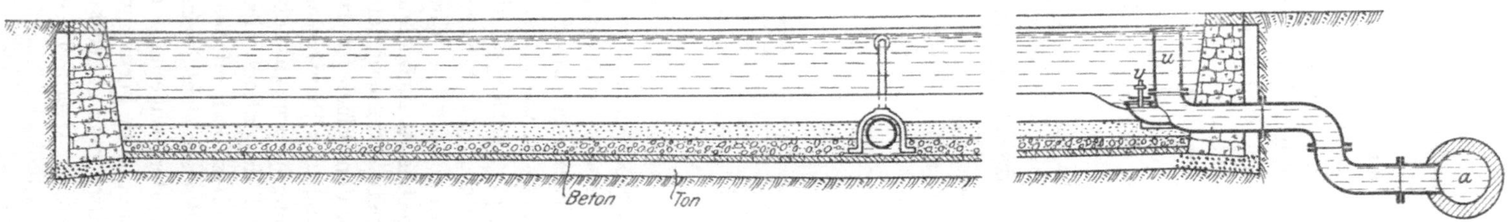

Fig. 32.

einander gleich und so bemessen, daß der Querschnitt ein Rohr von 0,61 m aufnehmen kann. Die Wangen des Kanales haben auf beiden Seiten am Grunde, wo sie auf der Sohle aufstehen, zahlreiche Öffnungen, welche das filtrierte Wasser einlassen. Die Öffnungen sind hergestellt durch Auslassen einzelner Steine in der untersten Ziegelschicht. Bei Filtern, deren Grundrißform mehr quadratisch als länglich ist, werden gewöhnlich noch mehrere kleinere, vom Hauptkanal rechtwinklig abzweigende Seitenkanäle angeordnet. Am Ende eines jeden Kanales ist auf den Scheitel ein 10 cm weites Rohr aufgesetzt und nach oben bis über die Wasserfläche in den Luftraum hinein verlängert. Die Ausmündung ins Freie ist gegen Verstopfung durch ein Gitter geschützt. Wo der Hauptkanal die Stirnwand trifft, durch welche das filtrierte Wasser das Filter verlassen soll, ist sie durchbrochen und durch die Durchbruchsstelle ein 61 cm weites Rohr geschoben. Dasselbe schließt sich genau an den Sammler an und leitet das filtrierte Wasser in einen nach dem Reinwasserbehälter führenden Rohrstrang über. Um die Verbindung des Filters

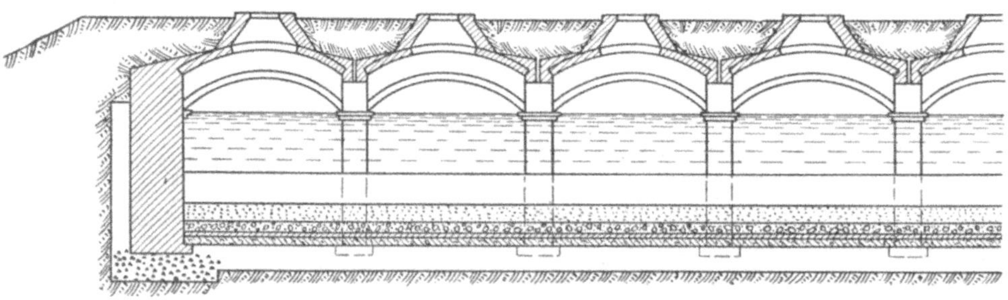

Fig. 33.

und des Reinwasserbehälters nach Belieben aufheben und wieder herstellen zu können, ist in das Rohr ein Keilschieber *k* eingeschaltet. — Bei der Zuführung des Wassers ist darauf zu achten, daß kein Strom entsteht, der imstande ist, den Sand von seiner Lagerstelle fortzuspülen und etwa gar den Kies freizulegen. Deshalb ist das Zuführungsrohr, nachdem es durch die Stirnwand hindurchgeführt worden, knieförmig umgebogen und seine Mündung nach oben gerichtet. — Ein in das Zuführungsrohr *l* eingesetzter, durch einen Einsteigeschacht zugänglicher Schieber *t* regelt die zufließende Wassermenge und sperrt erforderlichenfalls den Zufluß ganz ab. — Da es nicht immer gelingt, den Schieber *t* so zu stellen, daß er genau ebensoviel Wasser zuführt als durch den Reinwasserschieber *k* abfließt, so ist der Wasserspiegel im Filter mancherlei Schwankungen ausgesetzt. Dem Überfließen des Wassers über den Rand des Filters wird vorgebeugt durch einen sog. Überlauf, ein ziemlich weites, oben offenes Rohr *u*, welches bis zu dem Stande reicht, welcher vom Wasser nicht überschritten werden darf. Unten steht es mit einem tiefliegenden, außerhalb des Filters vorbeiziehenden Abflußkanal *a* durch ein Knierohr in Verbindung.

Das Sandfilter muß entleert werden, wenn infolge zu großer Schlammansammlung an der Oberfläche des Sandes die Durchlässigkeit des letzteren so stark vermindert ist, daß das Filter weit hinter seiner Normalleistung zurückbleibt. Das Ablassen des über dem Sande stehenden Wassers wird vollzogen mit Hilfe eines am Überlauf sitzenden Tellerventils *v*. — Die Reinigung eines Filters besteht im Abschippen der auf der Oberfläche des Sandes angesammelten Schmutzschicht. In den wärmeren Jahreszeiten sind es vorzugsweise nadel- und schuppenförmige Algen, welche das Filter schnell undurchdringlich oder „tot" machen, wie der Ausdruck lautet. Für die Reinigung muß die den Sand verlegende Schicht vollständig abgeräumt werden; außerdem auch noch die ganze obere Partie des Sandes, soweit dieselbe dem Auge von Schmutz durchdrungen erscheint, herauszunehmen, ist unzweckmäßig, da nach *Piefkes* Beobachtungen ein Filter fast ebenso leicht weiter arbeitet, wenn man von der Sandschicht nur 10 oder 15 mm abnimmt, statt der 30 oder 40, die im ganzen etwa schmutzig gefärbt erscheinen. Die Auffüllung der Filterbetten mit gewaschenem Sand (S. 130) wird vorgenommen, sobald die Sandschicht nur noch die Hälfte ihrer ursprünglichen Dicke besitzt. Während der obere Sand in beständiger Bewegung ist, verbleibt der untere viele Jahre lang unangetastet an seinem ursprünglichen Platze liegen, bis die Ergiebigkeit zu sehr abnahm, so daß auch dieser untere Sand gewaschen werden mußte. Die bakteriologische Untersuchung des Sandes (durch Schütteln mit Wasser und Prüfen des Spülwassers) aus einem 10 Jahre und einem 30 Jahre betriebenen Filter ergab in 1 k folgende Keimmengen (Millionen):

Fig. 34.

	10 jährig	30 jährig
Entnommen an der gereinigten Oberfläche .	735 Mill.	1586 Mill.
Entnommen 100 mm unter derselben . . .	191	1751
„ 200 „ „ „ . . .	150	1873
„ 300 „ „ „ . . .	91	795
Kies an der Grenzfläche	68	305

Diese Versuche zeigen, wie stark die Tiefschichten mit der Zeit von Mikroorganismen übervölkert werden (vgl. S. 129).

Hamburg[1]. Elbwasser wird durch große Absatzbehälter auf die Filter geführt. Die Filter haben unter dem Tonschlag an der Sohle noch eine 0,15 m starke Betonunterlage erhalten, und die Böschungen über der Sandoberfläche sind mit 0,12 m starken Betonplatten belegt, die sich leichter von den sich ansetzenden Algen reinigen lassen als die Ziegelschichten. Beachtenswert ist die Reinigung der 175 000 qm großen Filter bei starker Eisbildung.

Empfehlenswert ist die selbsttätige Regelung des Filterbetriebes. Fig. 35 zeigt z. B. ein offenes Sandfilter mit Regler für Rohwassereinlauf in

[1] Zft. f. angew. Chem. 1892, 589; Zft. d. Ver. deutsch. Ing. 1902, 785 u. 828; Journ. f. Gasbel. 1893, 21; 1897, 5; 1910, 8.

Bremen nach *Götze*[1]. Der Zulauf wird durch Schwimmerventil 2 geregelt; die Ringe 4 sind abnehmbar, der Höhe der Sandschicht A entsprechend. Unter der Sandschicht liegt eine Lage Kies und darunter Steine n, deren Zwischenräume als Nebenkanäle dienen.

Fig. 36 zeigt den Regler für Filterablauf desselben Bremer Werkes. Aus dem Hauptkanal v — die Nebenkanäle werden durch die Steinpackung ersetzt — gelangt das Reinwasser durch Ablauf 5 mit Schieber in den Raum 6 und die Reinwasserleitung 7. Teleskoprohr und Schwimmer 9 regeln den Filterdruck automatisch. Zeiger 10 zeigt die Filtriergeschwindigkeit, 11 den Filterdruck; 12 ist der Filtratleerlauf. Die Hauptvorteile dieser Regler sind die durchaus gleichmäßige Arbeit der Filter, wodurch die höchst hygienische

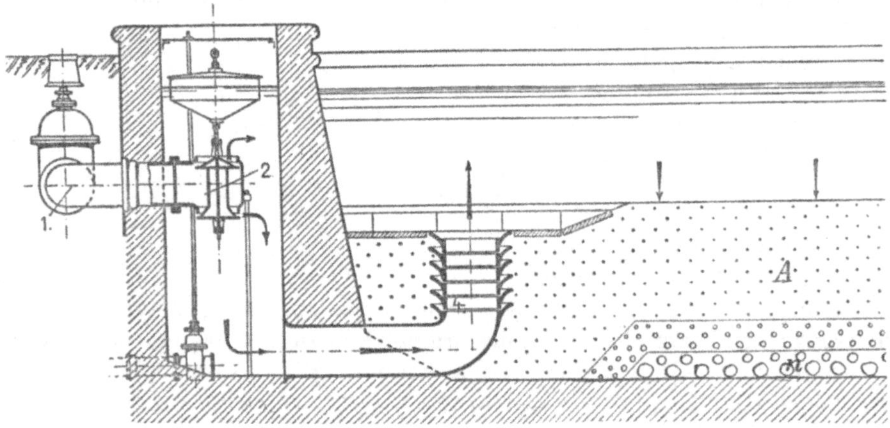

Fig. 35.

Leistung gesichert wird und der Wegfall einer Bedienung der Apparate und somit Ersparnisse an Betriebskosten.

Ferner sind nach *Götze* beim Bremer Sandfilterwerk die Rohwasserräume und Reinwasserräume der einzelnen Filter wechselseitig durch Heberleitungen verbunden. Die 12 offenen Filter sind so verbunden, daß mit wenigen Ausnahmen ein jedes von 2 anderen Filtrat zur Nachfiltration erhalten kann, und daß ein jedes sein Filtrat an das eine oder das andere von 2 naheliegenden Filtern abgeben kann. Soll eine Leitung in Betrieb genommen werden, so wird sie durch einen darauf angebrachten kleinen *Körting*schen Wasserstrahl-Luftsauger binnen 2 bis 5 Minuten angesaugt. Die treibende Kraft für das durch den Heber nach einem andern Filter zu fördernde Wasser wird dadurch hergestellt, daß der Wasserspiegel im Nachfilter um die für den Heber erforderliche Druckhöhe (etwa 50 bis 100 mm) niedriger gehalten wird als im Vorfilter. Der Absperrschieber in der Rohwasserleitung eines als Nachfilter benutzten Filters ist für gewöhnlich geschlossen, doch kann durch ihn dem

[1] Journ. f. Gasbel. 1896, 34; 1897, 169; 1903, 968; 1907, 195; Arb. a. d. Kais. Gesundheitsamt 1895, 426; Zft. d. Ver. deutsch. Ing. 1896, 820.

einfach filtrierten Wasser auch nach Belieben Rohwasser zugesetzt werden. Jedes Filter filtriert einfach und gibt sein Filtrat unmittelbar in den Reinwasserbehälter ab. Abweichungen davon finden nach Reinigungen und nach Sandauffüllungen der Filter, ferner bei Hochwasser statt. Nach jeder Reinigung und Neuauffüllung wird das erste, infolge solcher Eingriffe in den regelmäßigen Arbeitsgang minderwertige Filtrat so lange durch ein naheliegendes Filter nachfiltriert, bis es nach Bildung einer Schlammschicht gleich einwandfreie Beschaffenheit hat wie das der normal arbeitenden Filter. Fig. 37 zeigt zwei offene Filter zur Doppelfiltration angestellt, mit Heber für Doppel-

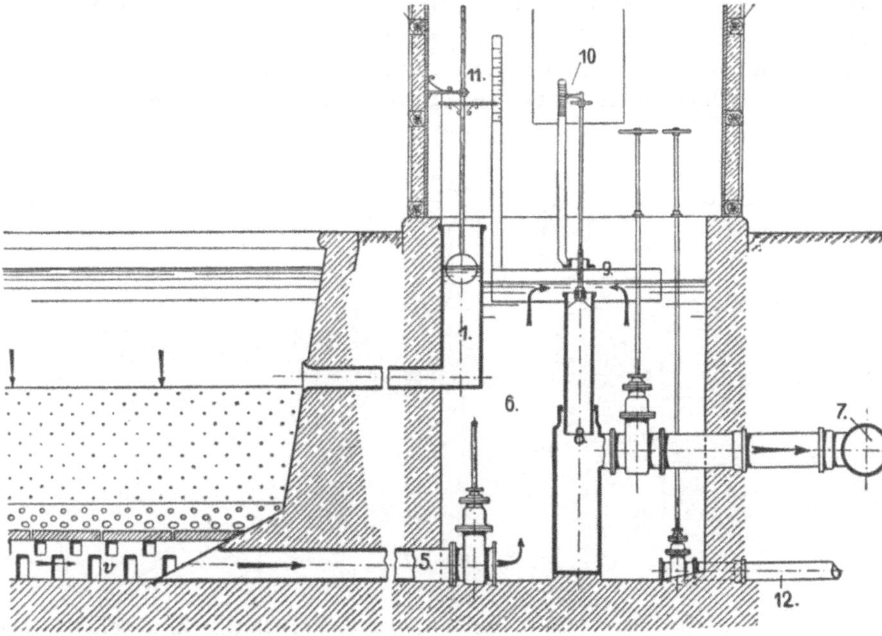

Fig. 36.

filtration. Die höher als die Filter liegende Überlaufkante des Hebers 10 macht Rücklauf von Rohwasser von 2 nach 1 unmöglich: 1. Vorfilter, 2. Nachfilter, 3. Rohwasser, 4. erstes Filtrat (Vorfiltrat), 5. Reinwasserleitung des Vorfilters (abgesperrt), 6. Heberleitung, 7. Wasserstrahlapparat, 8. zweites Filtrat (Doppelfiltrat).

Das Wasserwerk der Stadt Remscheid entnimmt das Wasser dem Stauweiher im Eschbachtal. Zur Filtration wurde nach *Borchardt*[1] in dem stark ansteigenden Berghausertal eine terrassenförmige Filteranlage, bestehend aus 12 überwölbten Filterkammern von je 200 qm Grundfläche und 2 Reinwasserbehältern von je 1000 cbm Inhalt in Zementtraßbeton erbaut. In jeder Filterkammer (Fig. 38) sind auf dem Boden in der Querrichtung Drainrohre und

[1] Journ. f. Gasbel. 1903, 995.

daran anschließend ein gemeinschaftliches, in der Längsrichtung liegendes geschlitztes Zementrohr verlegt, auf welche zunächst eine Steinpacklage von grobem Material in einer Höhe von 20 cm, dann eine Steinpacklage von feinem Material in einer Höhe von 15 cm, dann eine grobe Kiesschicht in einer Höhe von 20 cm, eine mittelgrobe Kiesschicht in einer Höhe von 15 cm, eine aus feinem Kies und grobem Sand bestehende Schicht in einer Höhe von 30 cm und endlich eine ganz feine Sandschicht von 60 cm Höhe aufeinander getragen sind. Die letztere Sandschicht wird allmählich abgenommen und später erneuert, während alle übrigen Sand-, Kies- und Steinschichten nur den eigentlichen Träger der oberen Sandschicht bilden. Außerdem befindet sich über dem Filterraum ein Aufbau bzw. eine Lüftungsvorrichtung, welche aus einer Verteilungsrinne und einer daran anschließenden, mit durchlöchertem Boden versehenen Regenrinne besteht, aus welcher

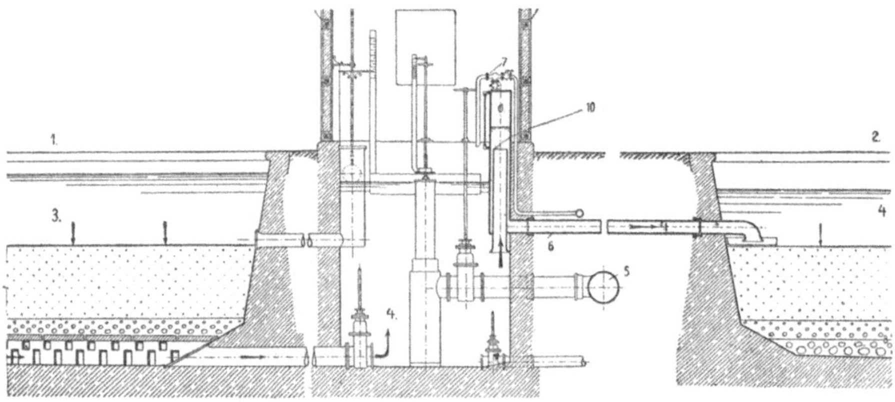

Fig. 37.

das Wasser in eine etwa 1,70 m tiefer liegende Verteilungsrinne sehr langsam und gleichmäßig in den Rohwasserraum sickert. — Das zu filtrierende Wasser wird durch eine geschlossene 350 mm Rohrleitung der Sohle des Stauweihers entnommen und fließt mit natürlichem Druck durch den Lüftungsapparat, durchzieht die Sand- und Kiesschichten von oben nach unten und fließt durch die Drainrohre in einen Reinwasserschacht, in welchem der Druck zur Erzielung einer gleichmäßigen Geschwindigkeit durch einen selbsttätigen Schwimmer und daran hängendem Teleskoprohr bewirkt wird, geht von da aus in die Reinwasserbassins, aus welchen die Betriebspumpen das Wasser ansaugen und nach der Stadt Remscheid fördern. — Die Arbeitszeit bzw. Betriebsdauer einer Filterkammer beträgt 3 bis 4 Wochen, je nach der Qualität bzw. dem Planktongehalt des zu filtrierenden Wassers bei einer Filtergeschwindigkeit von 2 bis 3 m in 24 Stunden. Die Höhe der jedesmal zu entfernenden Sandschicht beträgt bis 10 mm; der Sand wird ausgetragen und wieder gewaschen. — Zur Entlastung der Filter wurden dann Vorfilter angelegt, in denen das Wasser durch Wolltücher fließt.

Zur Vermeidung der Störungen des Planktongehaltes im Zürichsee sind bei den Filtern des Züricher Wasserwerkes nach *Peter*[1] Vorfilter mit den Feinfiltern verbunden. Die Größe des Vorfilters beträgt 5 bis 10 Proz. der Sandfläche; es wird auf Säulen in das Sandfilterbassin eingebaut (Fig. 39 u. 40). Zur Füllung dient grober Sand von 1 bis 3 mm Korngröße auf Kiesschicht. Die Filtriergeschwindigkeit beträgt 2 bis 3 m. Zur Reinigung des Sandes wird unter der Sandschicht Luft eingepreßt, gleichzeitig Wasser zugeführt. Der Schmutz fließt durch die Spülleitung ab. Erfahrungsmäßig halten die Grobfilter bis 80 Proz. der mechanischen Unreinigkeiten im Wasser zurück, Tiere, namentlich Krebse passieren dieselben überhaupt nicht, und der verhältnismäßig kleine Gehalt an Pflanzenfasern ist gerade noch notwendig, um die Schlammdecke auf dem Reinfilter zu erzeugen und das biologische Leben daselbst zu erhalten. Von den Bakterien werden schon etwa 50 Proz. im Grobfilter absorbiert, namentlich die parasitisch vorkommenden. In chemischer Beziehung ist die erhebliche Verminderung des albuminoiden Ammoniaks beachtenswert, die als Folge der Verminderung der organischen Substanz auftritt. — Der Einfluß dieser Vorreinigung des Wassers auf die Reinfiltration macht sich namentlich bemerkbar durch eine sehr weitgehende Erleichterung des Filterbetriebes. Die bei unreinem Wasser so kurzen Filtrationsperioden verlängern sich auf die 3 bis 4fache Zeit, die Zahl der erforderlichen Abschlammungen wird entsprechend geringer und Störungen des Betriebes wegen Einwanderung von Crustaceen od. dgl. werden vermieden; außerdem wird es möglich, einen wesentlich feineren Filtersand als früher zu verwenden, wodurch die Wirkung des Reinfilters erhöht wird.

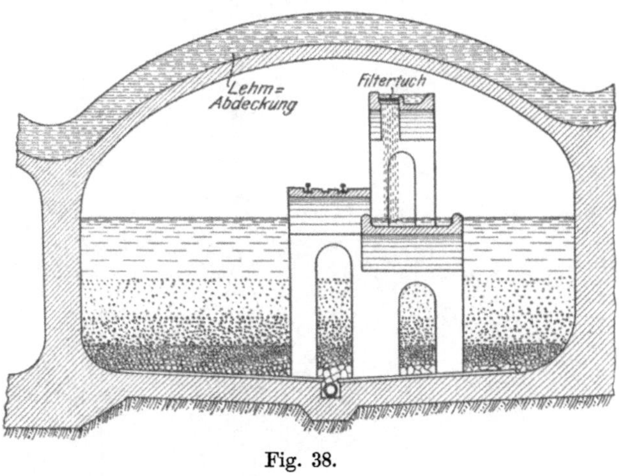

Fig. 38.

Puech will das Rohwasser unter Zuhilfenahme von Luft und Licht in einer Reihe von Grob- und Vorfiltern soweit reinigen, daß den Feinfiltern im wesentlichen nur die Aufgabe zufällt, die Entkeimung zu vervollständigen und die letzten Suspensionen aus dem Wasser zu entfernen[2]. Zu diesem Zweck sind Grob- und Vorfilter treppenförmig hintereinander angelegt und durch Anordnung von Überläufen und Kaskaden, die zwischen den einzelnen Filtern

[1] Journ. f. Gasbel. 1901, 681.
[2] Journ. f. Gasbel. 1901, 702; 1907, 283; 1910, 719.

eingeschaltet sind, ist dafür Sorge getragen, dem Wasser Gelegenheit zu geben, mit dem Sauerstoff der Luft in Berührung zu kommen, während gleichzeitig dem Lichte eine ausgiebige Einwirkung auf das Wasser ermöglicht ist. — Bei der Anlage in Suresnes für täglich bis 35 000 cbm wird das Rohwasser

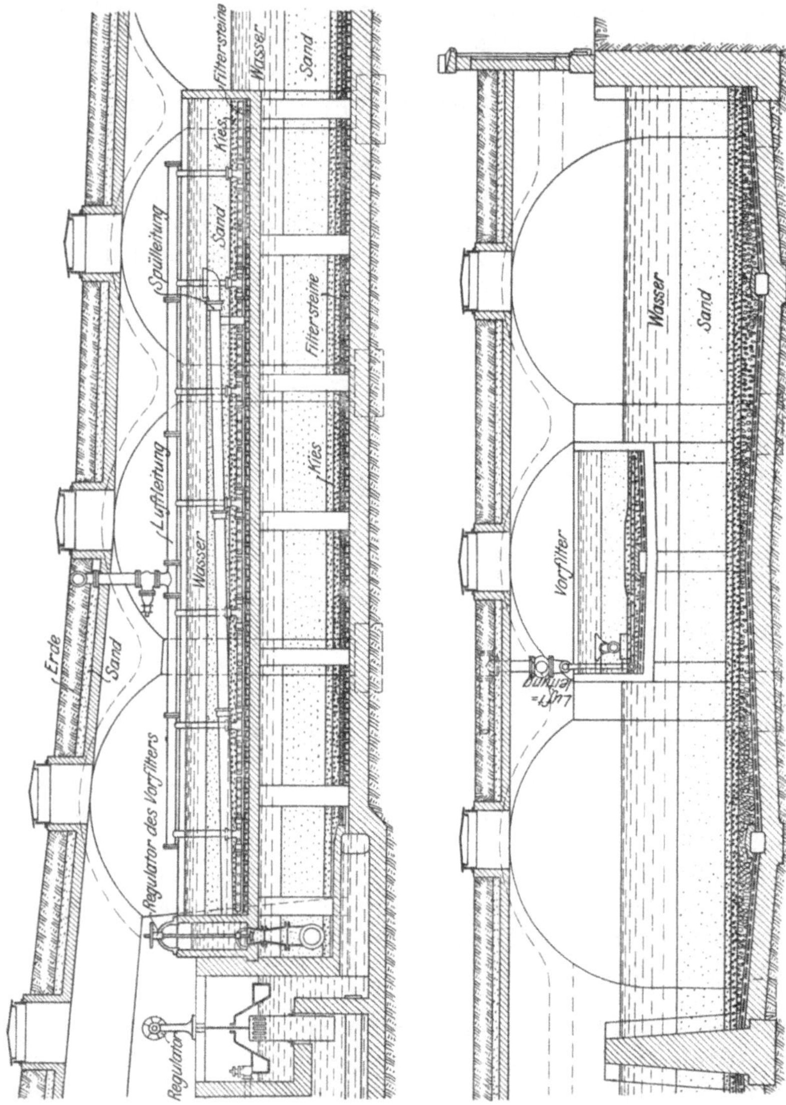

Fig. 39 u. 40.

unterhalb Paris aus der Seine geschöpft und erfährt nach einer ersten Klärung zunächst eine Behandlung in den Grobfiltern von *Puech*, die eine Gesamtoberfläche von 146 qm besitzen und treppenförmig hintereinander angeordnet sind (Fig. 41 u. 42). Jedes dieser Grobfilter hat 4 Abteilungen von gleicher Größe. Das verwendete Filtermaterial, Kies aus der Seine, ist im obersten

Filter am gröbsten und nimmt in jedem folgenden Filter an Feinheit sowohl als auch an Mächtigkeit zu. Es findet daher eine allmähliche Abnahme der Filtergeschwindigkeit statt, weshalb die Abmessungen der Filterbetten in gleichem Verhältnis zunehmen. Vor dem 1. und 4. Grobfilter sind Kaskaden angeordnet, wogegen der Übertritt des Wassers von dem 1. auf das 2. und von diesem auf das 3. Filter durch Überläufe vermittelt ist. Das so behandelte Wasser stürzt nach seinem Austritt aus dem 4. Grobfilter zunächst wieder über eine Reihe von Überfällen und gelangt darauf auf die Vorfilter, die in 12 gleichgroßen Abteilungen Geine esamtoberfläche von 2160 qm besitzen. Das Filtermaterial ist hier grober Sand, der in einer Stärke von 60 cm auf Kies über einer Dranageleitung von besondes geformten Loschsteinen lagert. Nach Verlassen der Vorfilter wird das Wasser über neue Kaskaden und Überfälle geleitet, so daß es erst nach 8maliger Durchlüftung auf die Feinfilter tritt. Diese haben in 18 Abteilungen von je 700 qm eine Gesamtoberfläche von 12600 qm. Die filtrierende Schicht hat eine Stärke von 70 cm und besteht aus dem feineren Seinesand, der durch ein Sieb von 2 mm Maschenweite fällt; sie ruht auf einer 20 cm starken Lage gröberen Sandes, denen 2 Kieslagen mit nach unten gröber werdendem Korne folgen. Von da fließt das Wasser zum Reinwasserbehälter. In Magdeburg ist seit 1909 diese Stufenfiltration als Vorfilter eingeführt.

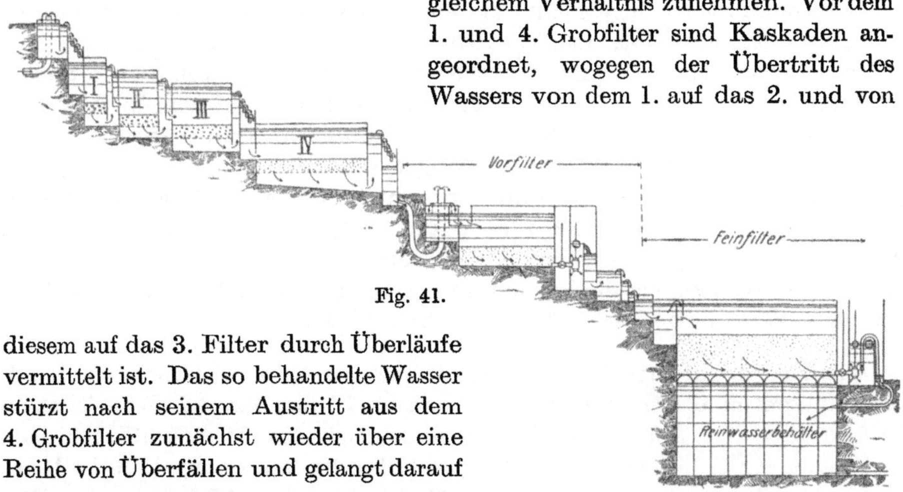

Fig. 41.

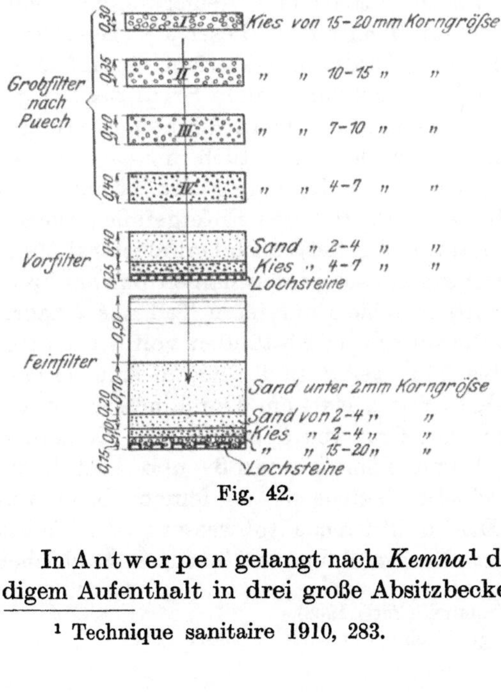

Fig. 42.

In Antwerpen gelangt nach *Kemna*[1] das Wasser zuerst zu 12 bis 24stündigem Aufenthalt in drei große Absitzbecken, wo ihm zur Entfärbung (nicht

[1] Technique sanitaire 1910, 283.

zur Unterstützung der Absitzwirkung) Aluminiumsulfat zugesetzt wird. Dann wird es durch Zentrifugalpumpen auf eine 3stufige Kiesfilteranlage System *Puech-Chabal* gehoben. Die 3. Stufe ist unterhalb der überdeckten beiden ersten Stufen angebracht, um eine besondere Überdeckung zu sparen. Durch Verhinderung des Lichtzutritts wird das Wachstum von Algen verhütet. Die weitere Reinigung des Wassers erfolgt in 9 gewöhnlichen Sandfiltern von zusammen 10 600 qm Fläche. Die Filter sind einzeln ausschaltbar und bedienbar, um den Sand nicht aufzuwühlen, werden sie nicht mehr wie früher von unten her gefüllt. Der abgehobene Sand wird durch Abspritzen gereinigt, das einfachste, aber sehr wirksame Verfahren. — Gelegentlich wird bei der Wasserentnahme Chlorkalk zugesetzt, wodurch eine beträchtliche Keimverminderung bewirkt wird. Im Sommer setzt man vor den Filtern Kupfersulfat zu, um die Vermehrung schwimmender Algen zu verhindern, die dem Wasser einen schlechten Geschmack geben.

Nicht überstaute Filter nach *Miquel* und *Mouchet*[1] haben eine Sandschicht von mindestens 1,30 m Höhe (0,5 bis 1,5 mm Korngröße); sie lassen zunächst ein sehr bakterienreiches Filtrat abfließen, nach etwa 16 Wochen geht aber der Bakteriengehalt der Reinwasserproben gewöhnlich bis unter 100 herab. Die Reinigung des Filters, bei welchem sich eine eigentliche Filterhaut, wie sie auf den Filtern für langsame Sandfiltration entsteht, nicht ausbildet, ist erst ungefähr nach Jahresfrist notwendig. Im Sande des Filters läßt sich bis zu einer Tiefe von etwa 30 cm eine Steigerung des Keimgehaltes nachweisen, dann nimmt dieser ab. Das Filtrat eines eingearbeiteten Filters soll bakterienfrei sein. Diese sog. Trockenfilter sind durch einen Erlaß des Kriegsministeriums nunmehr in der französischen Armee eingeführt worden. Sie werden namentlich in Kasernen und Truppenübungsplätzen zur Reinigung des Trinkwassers Verwendung finden[2]. Die Höhe der Filtergefäße (in denen das Filtermaterial aufgebaut ist) beträgt mindestens 1,50 m; ihre Oberfläche je nach der gewünschten Leistung einen halben bzw. mehrere Quadratmeter. Der Filterkörper wird in seinem untersten Teil aus 2 Lagen von Klinkern gebildet, von denen die unteren in Abständen von 4 bis 5 cm, die oberen in Abständen von 1 bis 2 cm gelegt sind; hierauf kommt eine 5 cm starke Schicht von grobem Kies von 2 bis 4 cm Durchmesser, worauf eine abermals 5 cm starke Schicht von Grus von 5 bis 10 mm Korngröße lagert. Dann folgt 5 cm Grobsand von 3 mm Korngröße und endlich die eigentliche, 1,20 m starke Filterschicht, bestehend aus feinem Sand von 0,5 bis 1,0 mm Korndurchmesser. Das zu filtrierende Rohwasser tritt zunächst in einen Zwischenbehälter mit Schwimmerventil, um von hier in stets gleicher

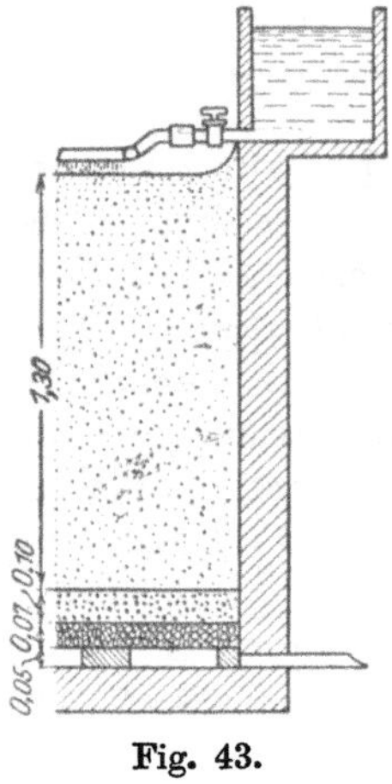

Fig. 43.

[1] *Baudet:* Filtres à sable non submergé (Paris 1908).
[2] Technique sanitaire 1910, 27; vgl. Techn. Gemeindebl. 1907, 154.

Menge auf das Filter zu fallen. Doch wird der Sand nicht unmittebar getroffen, vielmehr strömt das Wasser in einen Trichter und verteilt sich aus diesem austretend in gelochten Rinnen über die Filteroberfläche.

Bei der in Amerika gebräuchlichen Schnellfiltration wird die Vorklärung durch Zusatz von Chemikalien, welche unlösliche Verbindungen erzeugen, erheblich beschleunigt (S. 138). Bei Zusatz von 20 bis 40 mg schwefelsaurer Tonerde auf 1 l entsteht ein flockiger, schleimiger Niederschlag:

$$Al_2(SO_4)_3 + 3\,CaCO_3 + 3\,H_2O = Al_2(OH)_6 + 3\,CaSO_4 + 3\,CO_2,$$

der je nach der Zeit der Sedimentation einen mehr oder weniger großen Teil der suspendierten Bestandteile niederreißt. *Schreiber*[1] erzielte u. a. bei einer 3stündigen Sedimentationszeit eine durchschnittliche Verminderung der Keimzahlen um 37,2 Proz. Bei einer Sedimentationszeit von 1 Stunde 28 Minuten betrug die Reduktion der Keimzahl 20 Proz. Die Bedeutung der Sedimentationszeit liegt darin, daß während derselben sich das Wasser innig mit dem Zusatz mischt, daß durch die Verlangsamung der Stromgeschwindigkeit sich ein flockiger Niederschlag bildet, daß schwerere Suspensionen als Bakterien, Ton und Planktonorganismen sich besser entfernen lassen.

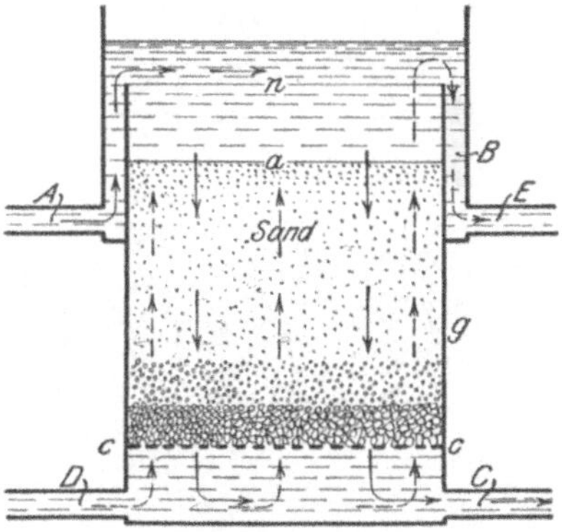

Fig. 44.

Nach Angabe der *Jewell Filter Comp.* benutzte *Schreiber*[1] ein zylindrisches Filter (Fig. 44). Über dem eigentlichen Boden lag ein zweiter, mit einer Reihe von Siebköpfen versehener Boden *c*, welcher das Filterbett *g* trug. Dieses bestand aus einer unteren Schicht Kies und einer darüberliegenden, etwa 1 m starken Sandschicht. In etwa halber Höhe ist dieser Zylinder durch einen zweiten von etwas größerem Durchmesser umschlossen. Zwischen beiden liegt ein etwa 5 cm breiter, ringförmiger Raum, der nach unten abgeschlossen ist, und in welchen bei *A* das von den Niederschlagsbassins kommende sedimentierte Rohwasser eintritt. Dasselbe fließt, wie durch die in vollen Linien eingezeichneten Pfeile angedeutet ist, über den Rand des inneren Zylinders auf das Filterbett, durchströmt dieses und tritt bei *C* aus. Beim Spülen nimmt das Wasser den umgekehrten Weg, welcher durch die in gebrochenen Linien eingezeichneten Pfeile angedeutet ist. Es tritt unter Druck bei *D* ein, durchströmt das Filterbett in der Richtung von unten nach oben, um dann über den Rand des inneren Zylinders in den ringförmigen Raum *B* zu gelangen und von dort durch das Rohr *E* abzufließen. Selbst bei 5 m Filtriergeschwindigkeit wurde genügende Reinigung erzielt.

Fig. 45 zeigt eine Ausführung dieses Filters nach *Blagden*. Bei der Reinigung des Sandes wird dasselbe durch ein rechenartiges Rührwerk in Bewegung

[1] Mitt. d. Kais. Prüfungsanst. f. Wasser 1906, Heft 6, S. 88.

versetzt. Wenn das Spülwasser abgestellt wird und das Filterbett zur Ruhe kommt, liegen die Stangen des Rührwerkes in schräger Lage auf der Oberfläche desselben. Nunmehr wird auch das Rührwerk zum Stillstand gebracht, und das Filter steht wieder fertig zum Filtrieren. Das erste filtrierte Wasser läßt man jetzt 10 oder 15 Minuten lang in den Abwasserkanal laufen, bis eine etwa vorhandene leichte Trübung geschwunden ist, was gewöhnlich nach 10 bis 15 Minuten der Fall ist. *Friedberger*[1] und *Bitter*[2] loben das Verfahren.

Nach Versuchen von *Hilgermann*[3] liefert bei Rohwasser mit geringem Keimgehalt die amerikanische Schnellfiltration gute Resultate. Die Wirkung des ganzen Filtrationsverfahrens liegt in der Sedimentation; der jeweilige Zusatz der schwefelsauren Tonerde ist von der Menge der im Rohwasser suspendierten Bestandteile abhängig. Bei schlechtem Rohwasser versagt das Schnellfilter, falls nicht sofort mit der Zunahme des Rohwassers an Schwebestoffen die Menge des Fällungsmittels entsprechend erhöht werden kann. — Soll die Fernhaltung sämtlicher im Rohwasser vorhandenen Bakterien bewirkt werden, so ist die langsame Sandfiltration anzuwenden. Enthält das Wasser Färbungen oder tonige Trübungen, so wird man irgend einer chemischen Klärung den Vorzug geben, die aber durchaus nicht mit der amerikanischen Schnellfiltration verbunden zu sein braucht, sondern wegen der größeren Bakteriensicherheit auch der langsamen Sandfiltration vorgeschaltet werden kann. Die Entscheidung der Wahl muß dann nach den örtlichen Verhältnissen getroffen werden (vgl. S. 152).

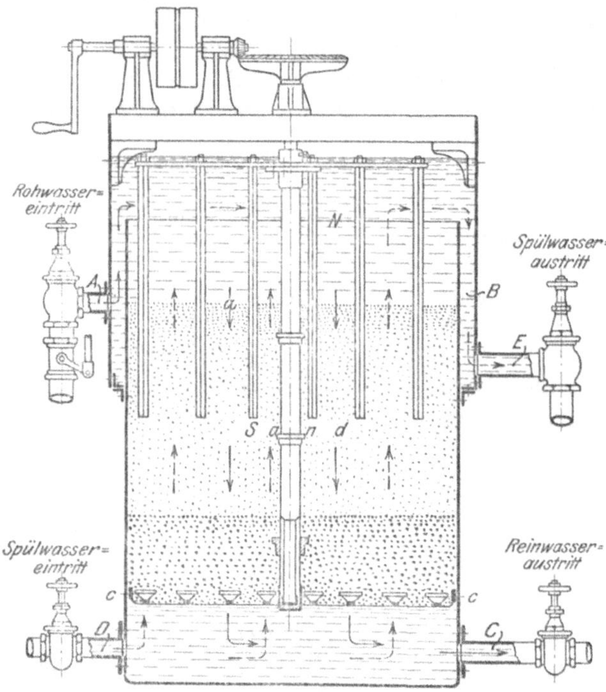

Fig. 45.

Nach *K. Lemberg*[4] ist die Größe des Mischbehälters durch Versuche festzustellen. Die Filter sind am besten zylindrisch. Die Wahl der Korngröße

[1] Gesundh. 1907, 236.
[2] Zft. f. Hygiene 1908.
[3] Viertelj. f. gerichtl. Med. 32; Journ. f. Gasbel. 1906, 989.
[4] Dissertation Dresden 1912.

des Filtersandes, die 0,5 bis 1 mm und größer sein kann, sowie der Stärke des Filterbettes hat nach den Ergebnissen des Vorversuches zu erfolgen, und die Öffnungen des Siebbodens, auf dem der Filtersand ruht, haben sich nach der gewählten Korngröße zu richten. Die Höhe der Filterschicht soll mindestens 30 cm betragen. Es ist dafür zu sorgen, daß durch ungleichmäßige Belastung, Wasserstöße u. dgl., Störungen der Filterhaut vermieden werden. Der Filterdruck soll fortlaufend automatisch aufgezeichnet oder zum mindesten sichtbar gemacht werden, um auf diese Weise ständig über den Zustand des Filters und über den Grad seiner Verschlammung unterrichtet zu sein. Jede Filterkammer muß vollständig entleert und von unten mit filtriertem Wasser angefüllt werden können. Es muß für gute Entlüftung der Filter gesorgt sein. Die Konstruktion muß unter allen Umständen ein Ansammeln von stagnierendem Wasser innerhalb des Filters verhindern. Die Reinigung soll möglichst einfach und schnell vorgenommen werden können, was durch Rückspülung geschieht. — *Lemberg* fordert folgende Vorversuche zur Gewinnung von Unterlagen für die Projektierung und den späteren Betrieb: 1. Art und Menge der zu verwendenden Chemikalien, 2. Größe des Vorklärbehälters, 3. zulässige Filtrationsgeschwindigkeit, 4. der höchst zulässige Filtrationsüberdruck, 5. die Länge der Arbeitsperiode und die Leistung während dieser Zeit, 6. das geeignetste Filtermaterial in bezug auf Korngröße und Stärke der filtrierenden Schicht, 7. die beste Art der Filterreinigung, 8. der notwendige Druck des Spülwassers und dessen Menge a) in der Zeiteinheit, b) in Prozenten der in der vorausgehenden Filterperiode verarbeiteten Rohwassermenge, 9. die Zeitdauer von der Reinigung bis zum Wiedereinarbeiten des Filters, 10. die bakteriologische, chemische und physikalische Leistung des Filters unter den verschiedenen Betriebsverhältnissen, 11. alle sonstigen für die Ausführung wertvollen Daten. — Sind die Vorversuche beendet, so sind die Ergebnisse einer gründlichen Bearbeitung zu unterziehen.

Die Kosten der Sterilisierung größerer Wassermengen berechnet *Peter*[1]:

	Anlagekosten für 100 cbm Tagesleistung	Gestehungskosten für 100 cbm Tagesleistung
1. Langsame Sandfiltration von Seewasser in Zürich, ohne Vorfilter	2400 Mk.	0,65 Mk.
2. Vorfilter für Seewasser in Zürich	280	0,088
3. Langsame Sandfiltration mit Vorfilter in Zürich	2680	0,488
4. Stufenfilter *Puech-Chabal* mit Schnellsandfilter $v = 10$ m	2000	0,55
5. Dasselbe mit langsamem Sandfilter $v = 3$ m	4400	0,95
6. Koagulierung mit etwa 30 g Aluminiumsulfat für 1 cbm inkl. Klärbecken 8 Std. Einwirkung	350	0,28
7. Vorreinigung mit Kaliumpermanganat 2 g für 1 cbm, 2 Std. Einwirkung im Klärbecken	80	0,206
8. Amerikanisches Schnellfilter Jewell, Klärung mit Aluminiumsulfat 30 g für 1 cbm	1500	0,81

[1] Journ. f. Gasbel. 1912, 645.

	Anlagekosten per 100 cbm Tagesleistung	Gestehungskosten per 100 cbm Tagesleistung
9. Missongfilter als Vorreiniger, einfache Filtration $v = 24$ m	1667	0,91
10. Chlorkalkbehandlung ohne Klärung und ohne Filtration	—	0,01 bis 0,03
11. Ozonisierung des Wassers für sich allein . . etwa	1500	0,60
12. Ozonisierung des Wassers inkl. Vorklärung mit Aluminiumsulfat, Jewellfilter	4000	1,48
13. Ultraviolettbestrahlung für sich allein, 37 Watt Stromverbrauch für 1 cbm Wasser	800	0,51
14. Ultraviolettbestrahlung, komplette Einrichtung mit Stufenfilter und Schnellsandfilter $v = 10$ m	3000	1,08

Nach seinen Angaben soll der Techniker die in Betracht kommenden Verhältnisse genau prüfen, erst die Eigenschaften des Rohwassers erforschen und darauf sein Projekt bearbeiten. Die langsame Sandfiltration mit Vorfiltration ist in vielen Fällen die wirtschaftlich günstigste Lösung; ist ein zeitweise stark trübes Wasser zu reinigen, so tritt die chemische Koagulierung in Konkurrenz mit Stufenfilter, die Sterilisation kommt in Frage, wo das Rohwasser so stark verunreinigt ist, daß eine Infektion trotz sorgfältigster Filtration möglich erscheint, eventuell auch als Vorsichtsmaßnahme während des Auftretens von Epidemien im Einzugsgebiete des Entnahmeflusses. Die Sterilisierung kann auch in Frage kommen als zeitweise anzuwendendes Mittel neben der langsamen Sandfiltration; es ist technisch zulässig, die Geschwindigkeit wesentlich zu steigern, also die Reinfilterfläche bedeutend kleiner zu machen, wenn das Wasser nachher mit Ozon oder Ultraviolettlicht behandelt würde, es ergäben sich dabei erhebliche Ersparnisse an Baukapital und Betriebskosten.

Das Stadtwaldgrundwasser für Frankfurt a. M. war nach *Scheelhaase*[1] bei nur 1,5° Härte, 5 bis 6 mg freiem Sauerstoff und 30 mg Kohlensäure eisenfrei, griff die Eisen- und Bleirohre, sowie den Zementputz des Hochbehälters stark an. Es wird nun durch Marmor filtriert. Das Marmorbett ruht auf einer 40 cm hohen Lage groben Kieses. Es folgen von unten nach oben:

8 cm Marmorkies von Walnußgröße,
8 „ „ „ Bohnengröße,
8 „ „ „ Erbsengröße,
61 „ Marmorgrieß.

Das gesamte Stadtwaldgrundwasser, im Minimum 22 000 cbm, im Maximum 32 000 cbm in 24 Stunden, durchrieselt das Marmorbett von unten nach oben mit 40 m Höchstgeschwindigkeit in 24 Stunden. Irgendeine Bedienung ist nicht erforderlich, nur 2 mal im Jahre müssen etwa 25 cm Marmorgrieß nachgefüllt werden. Das Vorfilter arbeitet mit 1 bis 30 cm, das Marmorbett mit 24 bis 12 cm Druckhöhe. Es werden täglich 1700 k, jährlich 60 000 k = 60 Eisenbahnwagenladungen Marmor vom Wasser verzehrt. Die Betriebskosten belaufen sich auf $^1/_5$ Pfg. für das cbm Wasser. Die freie CO_2 wird,

[1] Tonindustrieztg. 1908, 1546.

indem der kohlensaure Kalk des Marmors in doppeltkohlensauren Kalk übergeht, gleichmäßig von 30 mg auf 2 bis 4 mg im Liter beseitigt, wobei die Härte von 1,6 auf 5,0° steigt. Die früheren Übelstände sind dadurch beseitigt. (S. 40) — Das Verfahren bewährt sich auch in Eisfeld.

Enteisenung.

Viele Grundwässer, besonders der Norddeutschen Tiefebene, enthalten Eisen (oft auch Mangan) meist als Ferrobicarbonat, zuweilen an Huminstoffe gebunden. Von Natur aus sauerstofffrei, sind sie bei der Gewinnung farblos, nehmen aber in Berührung mit Luft sehr rasch Sauerstoff auf, werden opalisierend, dann trüb unter Abscheidung von braunem Ferrihydrat. Schon bei 1 mg Eisen im Liter Wasser schmeckt es tintenartig, verursacht Flecken in der Wäsche, im Papier usw., außerdem werden oft die Rohrleitungen verstopft durch Ablagerungen von Eisenschlamm, welcher zeitweise aus den Zapfhähnen an den Verbrauchsstellen herausgespült wird. Sehr oft hat ein eisenhaltiges Grundwasser massenhafte Wucherungen der Eisenalge zur Folge, welche in langen Fäden das Wasser durchzieht, die Leitung verfilzt und nach ihrem Absterben dem Wasser einen fauligen Geschmack verleiht. Nach *Kolkwitz*[1] ist von den 3 Gattungen, welche man zu unterscheiden pflegt: Gallionella, Crenothrix und Chlamydothrix, die letztgenannte die häufigste, die erstgenannte (meist schraubig gedrehte) die seltenste. Alle drei sind fädig und von ziemlich festen Scheiden umhüllt. Lediglich in diesen besonders bei Chlamydothrix stark quellungsfähigen Scheiden speichern diese Organismen braune Eisensalze und tragen dadurch zur Anhäufung von ungelösten Eisenverbindungen bei. In derselben Weise werden auch Mangansalze, die durch ihre im Vergleich zu den Eisenverbindungen dunklere braune Farbe auffallen, gespeichert. Nach *E. v. Raumer*[2] beruht die Fähigkeit von Crenothrix polyspora aus eisenhaltigem Wasser das Eisenoxyd in unlöslicher Form als braune, flockige Massen abzuscheiden, nur auf dem Vorhandensein von Eisen an organische Substanzen, wie Humussäure usw. gebunden. Dieses, sowie die organischen Substanzen des Wassers sind die alleinigen Lebensmittel für den Pilz. Der Crenothrixgefahr kann daher nicht durch einfache Durchlüftung des Wassers und Entfernung des an Kohlensäure gebundenen Eisens vorgebaut werden.

Die geringen Mengen Sauerstoff — 1 cc Sauerstoff vermag 10 mg Eisen aus der Oxydulform in die Oxydform überzuführen — werden sehr leicht aufgenommen, so daß Windkessel, Schnüffelventile, Entnahme aus Kesselbrunnen, Durchspülen der Filter mit sauerstoffhaltigem Wasser oder das Pumpen in offene Behälter vor der Filtration sehr oft genügen, Enteisenungsanlagen in Betrieb zu erhalten, die nach Annahme der Erbauer ohne Sauerstoffaufnahme arbeiten sollen.

[1] Journ. f. Gasbel. 1907, 851; Wasser u. Abw. 1910, 455.

[2] Zft. f. analyt. Chem. 42, 590.

Schmidt und *K. Bunte*[1] stellen folgende Formeln auf:

$$6\,FeCO_3 + 3\,H_2O + 3\,O = Fe_2(OH)_6 + 2\,Fe_2(CO_3)_3,$$
$$2\,Fe_2(CO_3)_3 + 6\,H_2O = 2\,Fe_2(OH)_6 + 6\,CO_2.$$

Das Eisenoxydcarbonat, welches bei der Oxydation des Oxyduls entstehen sollte, ist nicht existenzfähig, sondern zerfällt sofort hydrolytisch vollständig in Kohlensäure und Ferrihydroxyd, welches sich dann von der Lösung durch Zusammenflocken trennt. Nach *Prinz*[2] scheidet sich beim Entweichen der Kohlensäure Ferrocarbonat aus, welches durch Oxydation erst in Flockenform übergeht und abfiltriert werden kann. Das gebildete Ferrihydrat wirkt als Sauerstoffüberträger. Schon *Dunbar* und *Kryck*[3] haben die Wirkung des auf den Sandfiltern niedergeschlagenen Eisenhydroxyds auf das Bindungsvermögen desselben für Sauerstoff zurückgeführt. Der Sauerstoffgehalt des das Filter verlassenden Wassers ist zu Anfang größer als der Sauerstoffgehalt des auf das Filter gegebenen Wassers und nimmt mit der Zeit immer mehr ab, bis das Filter schließlich in seiner Wirkung zurückgeht. Mit stark eisenhaltigem Wasser eingearbeitete Filter vermögen mehr Sauerstoff aufzunehmen als solche, die mit eisenarmem Wasser betrieben sind, ein Zeichen, daß das Eisenhydroxyd der den Sauerstoff verdichtende Bestandteil ist. Wird aber nach *Schmidt* und *Bunte* dieser Sauerstoff durch Auskochen aus dem Brauneisenstein entfernt und der Zusatz zu dem zu enteisenenden Wasser unter völligem Luftabschluß bewirkt, so tritt nicht die geringste Veränderung im Eisengehalte im Laufe von 2 Tagen ein. Es ist also nur der verdichtete Sauerstoff und nicht das Eisenoxydhydrat, welcher die Oxydation bewirkt.

Man kann daher die Enteisenung durch die einfache Gleichung:

$$2\,FeCO_3 + 3\,O + 3\,H_2O = Fe_2(OH)_6 + 2\,CO_2$$

ausdrücken. Ob das Eisen zunächst in kolloidaler Form gelöst ist (Hydrosol), welche dann in die unlösliche (Hydrogel) Form übergeht und als Eisenhydroxydschlamm ausgeschieden wird[4], ist praktisch ohne Bedeutung. Wesentlich ist aber, daß die Abscheidung durch mechanischen Anstoß und durch überschüssigen Sauerstoff beschleunigt wird. *Darapski*[5] meint sogar, daß die Zeiten, welche erforderlich sind, um gleiche Mengen Eisen abzuscheiden, sich umgekehrt verhalten, wie die relativen Luftmengen.

Die Lüftung des Wassers geschieht meist durch freien Fall oder durch Rieseln über Koks o. dgl.

Die Sauerstoffaufnahme des Wassers im Regenfall einer Enteisenungsanlage bestimmte *G. Oesten*[6]. Das untersuchte Wasser enthielt 1,5 mg Eisenoxydul im Liter und war reich an Huminstoffen, es hatte 20° deutsche Härte vor, 16° nach der Filtration und eine Temperatur von rund 11°. Die Lüftung

[1] Journ. f. Gasbel. 1903, 481.
[2] Journ. f. Gasbel. 1902, 163 u. 941.
[3] Zft. f. Hygiene (1896) 22, 68; Journ. f. Gasbel. 1898, 528 u. 545.
[4] Zft. f. angew. Chem. 1900, 1156; Chemikerztg. 1907, 396.
[5] Zft. d. Ver. deutsch. Ing. 1907, 1112.
[6] Journ. f. Gasbel. 1902, 283.

fand mittels Regenfall von 2 m Höhe statt, die Filtration durch ein Kiesfilter von 30 cm Stärke. Das Wasser war nach der Filtration eisenfrei. Der Sauerstoffgehalt des Wassers betrug in 1 cbm:

in der Pumpe wie unmittelbar beim Austritt aus der Brause . . .	2,25 l
nach einer Fallhöhe von 10 cm	3,10
„ „ „ „ 25 „	3,50
„ „ „ „ 50 „	4,01
„ „ „ „ 1 m	6,08
„ „ „ „ 2 „	7,38

Der Sättigungspunkt lag bei 7,69 l. Die Sättigung des Wassers mit Sauerstoff wird daher bei der Lüftung nahezu erreicht. Im Filter nimmt infolge der Oxydationsvorgänge der Sauerstoffgehalt des Wassers wieder ab, 1 m unter der Oberfläche desselben wurden noch 7,03 l, in dem unter dem Filter austretenden Reinwasser nur noch 5 l Sauerstoff gefunden. Der hohe Sauerstoffverbrauch von 2,4 l im Filter kann nur zum kleinsten Teil auf Rechnung der Eisenoxydation gesetzt werden; zur Oxydation von 1,5 g Eisenoxydul zu Eisenoxyd sind nur 0,17 g = 0,123 l Sauerstoff bei 11° erforderlich. Es müssen daher von den verbrauchten 2,38 l 2,26 l durch andere oxydierbare, wahrscheinlich organische oder Huminstoffe gebunden worden sein.

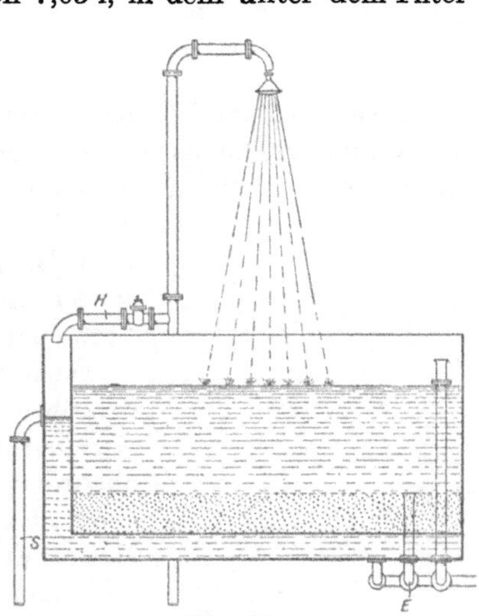

Fig. 46.

G. Oesten[1] läßt das Wasser frei durch die Luft fallen. Bei der Form Fig. 46 fällt das Wasser als feiner Regen 2 m hoch aus einer Brause auf den Wasserspiegel des Filters, dessen Wasserhöhe je nach der leichteren oder schwereren Fällbarkeit des Eisens niedriger oder höher bestimmt wird und zwischen den Grenzen 0,5 m und 2 m ausgeführt ist. Das Wasser sinkt, nachdem die Flockenbildung des entstehenden Eisenoxydhydrats genügend vorgeschritten ist, durch das 30 cm starke Kiesfilter, steigt als gereinigtes Wasser in der Reinwasserkammer auf und fließt aus ihr durch das Rohr *S* zum Gebrauch oder in einen Reinwasserbehälter ab.

Bei der Enteisenungsanlage in Freienwalde (Fig. 47) fällt das Wasser aus 18 Brausen unmittelbar auf den Wasserspiegel des Filters und wird durch diesen Regenfall besonders bei dem Aufschlagen und Zerstäuben auf der Wasserfläche ausreichend gelüftet. Die Filterkiesschicht ist 30 cm stark. Sie liegt auf einem mit Messinggewebe bedeckten Filterboden aus gelochten Monierplatten, die auf lose eingelegten Klötzen aus Zementbeton ruhen. Das

[1] Journ. f. Gasbel. 1892, 625; 1897, 100; 1902, 183 u. 283; 1906, 115; 1908, 203; Zft. d. Ver. deutsch. Ing. 1890, 1343; 1900, 976; 1906, 1115; D. R. P. Nr. 115 519 u. 125 395.

Filter wird durch Rückspülung gereinigt, wobei der Kies mit eisernen Harken umgeharkt wird. Der dadurch abgelöste Eisenschlamm fließt unmittelbar ins Freie. Die Leistung des Filters beträgt 1 cbm/Std. Reinwasser auf 1 qm.

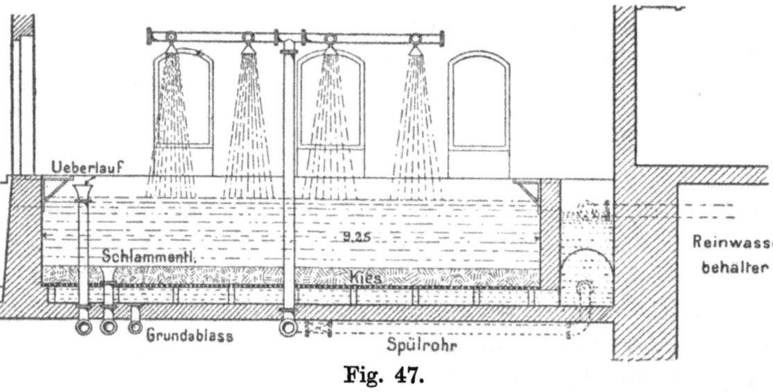

Fig. 47.

Die Anlage ist seit Juli 1896 in Betrieb. — Fig. 48 zeigt eine Enteisenungsanlage im Königreich Sachsen. Über dem Hochbehälter befindet sich die Lüftungsbrause, in der Falleitung sind unten die Filter aufgestellt. Das Wasser wird oben durchlüftet, in dem Hochbehälter wird das Eisen ausgeschieden, und an der Stelle, wo das Wasser zum Verbrauch abfließt, wird es gefiltert.

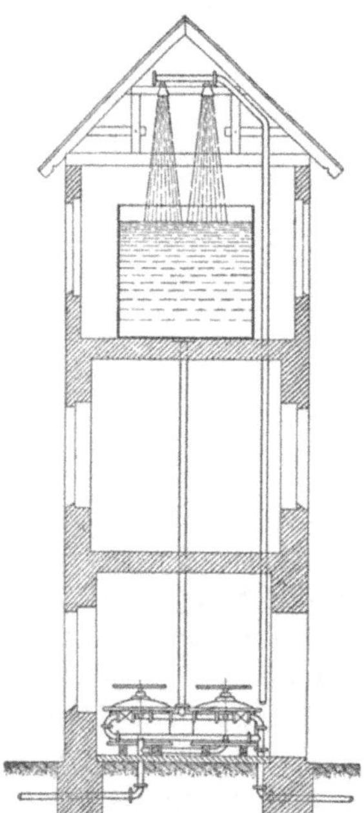

Fig. 48.

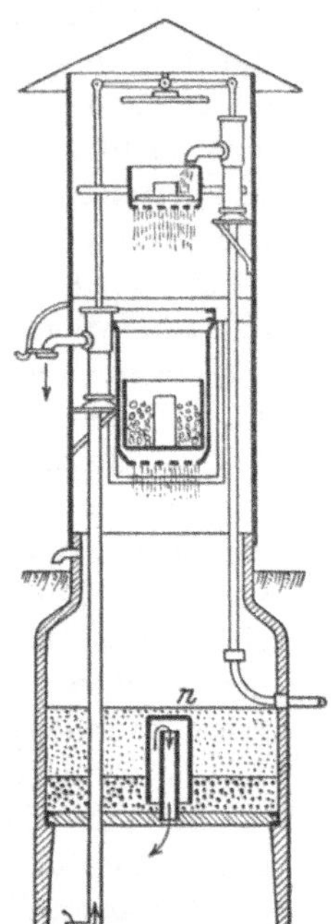

Fig. 49.

Nach einem anderen Vorschlage desselben wird das Grundwasser eisenhaltig zutage gefördert, dann oberirdisch in einem Behälter mit einer bestimmten ausreichenden Menge lufthaltigen Wassers gemischt und dann filtriert. — Oder es wird eisenfreies sauerstoffhaltiges Wasser in die einen Rohrbrunnen umgebende Bodenschicht geleitet und dadurch der Eisengehalt des Grundwassers im Boden selbst niedergeschlagen, so daß, da der Boden als Filter das niedergeschlagene Eisen zurückhält, eisenfreies Wasser aus dem Brunnen gefördert werden kann (D. R. P. Nr. 114 709).

Auf demselben Prinzip des freien Falls beruht die kleine Anlage Fig. 49[1]. Das Wasser fällt in fein verteiltem Zustande durch die Luft, dann auf eine Schicht Koks und darauf auf einen Filter *n*, der aus grobem Sand und feinem Kies besteht und die Eisenverbindungen zurückhält. Das gereinigte

[1] De Ingenieur 1910, No. 12.

Wasser sammelt sich in dem untersten Raume des Brunnens. Durch 2 Pumpen mit einem gemeinschaftlichen Schwengel wird Wasser aus dem Reinwasserraum und zugleich unfiltriertes Wasser aus dem Röhrenbrunnen gepumpt, so daß stets eine konstante Wassermenge in dem Reinwasserraum verbleibt.

Holle & Comp. (D. R. P. Nr. 130 359) wollen das Wasser zur Oxydation des Eisens durch Schleudertrommeln führen, *Hammelrath* (D. R. P. Nr. 254 857) durch einen Injektor.

Das durch Brunnen entnommene Grundwasser der Stadt Mannheim wird nach *Pichler*[1] von 0,41 bzw. 0,34 mg Fe_2O_3 auf 0,01 bzw. 0,03 mg enteisent. Das Wasser fällt 3,5 m hoch in freiem Regenfall in Absatzbehälter und fließt von hier auf 8 Vorfilter. Dieses sind rückspülbare Grobfilter mit grober und feiner Schotter- bzw. Lavafilterkiespackung von 40 bis 60 und 12 bis 15 mm Korngröße mit je etwa 55 qm Filterfläche. Das in diesen Filtern vorgefilterte Wasser tritt durch eine gemeinsame Sammelleitung dann in die Haupt- bzw. Feinfilter über. Vorhanden sind 4 Stück Feinfilter von je 500 qm Filterfläche. Die Filterpackung in denselben besteht unten aus einer Schicht von etwa 40 cm Grobschotter (40 bis 60 mm Korngröße) mit eingebauten Wassersammelkanälen aus losen Backsteinen. Darüber liegt eine Schicht von 10 cm Feinschotter (15 bis 25 mm Korngröße) als Übergangsschicht zu den Feinfilterschichten. Die Feinfilterschichten bestehen aus etwa 30 cm Mainkies von 3 bis 10 mm Korngröße und 35 cm Mainsand von 1 bis $2^1/_2$ mm Korngröße als eigentliche Filterschicht. Die Gesamthöhe der Hauptfilterpackung beträgt also etwa 1,15 m. Nach den täglich gemachten Beobachtungen arbeitet die so ausgeführte Enteisenungsanlage außerordentlich günstig. Im Jahresdurchschnitt werden in den Absetzbehältern unter den Regenfällen des Rieselers etwa 3 bis 8 Proz., in den Vorfiltern etwa 35 bis 40 Proz. und der Rest in den Hauptfiltern ausgeschieden. Die ganze Anlage scheidet 95 bis 99 Proz. des Eisens aus. — Im regelmäßigen Betrieb werden die Vorfilter je einmal die Woche rückwärts mit Reinwasser (enteisnetem Wasser) gespült. Die dazu benötigte Wassermenge betrug 1911 bei einer Gesamtwasserenteisenung von etwa 7,8 Mill. cbm nur etwa 30 000 cbm. Die Haupt- bzw. Feinfilter werden jährlich nur einmal gereinigt. Dabei wird die obere, mit Eisenschlamm durchsetzte Filterschicht in einer Dicke von etwa 10 bis 15 cm nach Trockenlegung der einzelnen Filter mit Schaufeln abgehoben und das abgehobene Filtersandmaterial in der vorhandenen Sandwaschanlage (Trommelwasch- und Sortiermaschinen mit Wasserspülung) gewaschen und nach dem Waschen wieder in die Filter eingebracht. Das Auswaschen des Filtersandes geht ohne jeden Sandverlust vor sich und erfordert zur vollständig wasserklaren Wäsche etwa 3 cbm Wasser pro cbm Filtermaterial.

Nach *C. Piefke*[2] fließt das durch Rohr *a* (Fig. 50) zugeführte Wasser in eine Schale *b*, fällt von hier glockenförmig ausgebreitet auf die gelochte

[1] Journ. f. Gasbel. 1907, 577; 1912, 823.
[2] Zft. f. angew. Chem. 1890, 712; 1891, 250.

Platte *e*, welche es gleichmäßig auf die Koksfüllung des Zylinders *G* verteilt. Die 1,5 bis 2 m hohe Koksstückenschicht ruht auf dem Siebboden *c*. Das der bei *s* eintretenden atmosphärischen Luft entgegenrieselnde Wasser sammelt sich in der Abteilung *k* und fließt durch Rohr *d* auf ein Sandfilter. Das Ferrocarbonat verliert die Kohlensäure und wird als Ferrihydrat ausgeschieden. Versuche mit Brunnenwasser (I) ergaben am Ausfluß des Lüfters *G* (II) und am Ausfluß des Filters (III) folgende Gehalte:

	Das Wasser enthielt mg im Liter		Für 1 qm Grundfläche des Lüfters stündlich verrieselte Wassermenge	Zeit, in welcher das Wasser den Lüfter durchströmte	Für 1 qm Filterfläche stündlich abfiltrierte Wassermenge
	Eisenoxydul	freie Kohlensäure	l	Sekunden	l
I	2,17	29,0			
II	0,26	17,0	2300	30	500
III	0,10	11,0			
I	1,82	25,0			
II	0,30	13,0	2300	30	500
III	0,15	8,0			
I	2,88	42,0			
II	0,60	18,0	7000	13	600
III	0,20	12,0			
I	2,94	49,0			
II	0,50	30,0	6000	15	600
III	0,15	12,5			

Die Filtrate waren tadellos und dauernd klar.

Das neue Kieler Wasserwerk im Schwentinetal gewinnt das Wasser durch Rohrbrunnen. Dieses enthält bis 3 mg Eisen im Liter und ist durch Huminstoffe gefärbt. Zur Reinigung werden nach *Birnbaum*[1] Koksriesler verwendet. Das Rohwasser wird durch die Vorpumpen auf den Rieseler gehoben und verteilt sich durch einen Teilkasten, 2 Hauptrinnen und 6 Nebenrinnen auf die 6 Kokskammern. Die Hauptrinnen und Nebenrinnen sind durch Flachschieber einzeln absperrbar; ebenso kann die Zuflußmenge durch diese Schieber geregelt werden. Von den durchlöcherten Nebenrinnen und einem Wellblech-Siebboden aus gelangt das Wasser, etwa 0,5 m freifallend, in feinverteiltem Zustand als Regen auf die lose gelagerten groben Koksstücke (Fig. 51). Beim Rieseln durch diese rund 2,5 m hohe Koksschicht werden die einzelnen Wassertropfen zerstäubt, wobei der Sauerstoff der durch den Rieseler streichenden Luft die Enteisenung bewirkt. Aber nicht nur das Eisen wird dadurch ausgefällt und lagert sich zum Teil schon in den unter den Kokskammern befindlichen Absatzbecken ab, auch die Färbung durch Huminsäuren verschwindet bei dieser und der nachfolgenden Behand-

[1] Zft. d. Ver. deutsch. Ing. 1911, 1010; vgl. Journ. f. Gasbel. 1893, 241; 1896, 650; 1902, 86; 1911, 271.

lung im Sandfilter vollständig, so daß von einem Chemikalienzusatz abgesehen werden konnte. Bei der Belüftung geht auch eine sich oft unangenehm bemerkbar machende Begleiterscheinung eisenhaltigen Wassers, der Schwefelwasserstoffgeruch, verloren, der sich im Lüfter stark ausbreitet. — Die 6 Kammern des Lüfters haben zusammen 200 qm Grundfläche. Die Kokse sind auf verzinkten Eisenrosten über den 3 m tiefen Absetzbecken von gleicher Grundfläche wie die Kammern gelagert. — Aus diesen Behältern tritt das gelüftete Wasser von unten nach oben durch Meßüberfälle in den gemeinschaftlichen Mittelgang, den Sammler, von wo es in rund 1 m Höhe über der Sohle abgeleitet und den Filtern zugeführt wird.

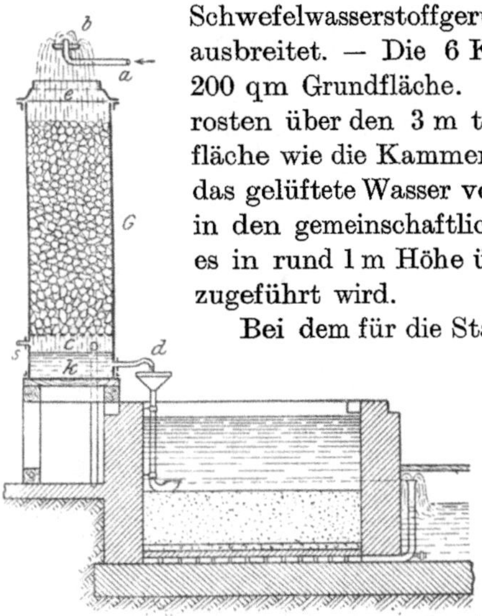

Fig. 50.

Bei dem für die Stadt Hannover erbauten Grundwasserwerk bei Elze ist nach *A. Bock*[1] das Rohwasser im Sammelschacht klar, trübt sich aber bald unter Ausscheidung von gelbem Eisenoxyd. Es riecht nach Schwefelwasserstoff und schmeckt deutlich nach Eisen. Es wird in einer offenen, 4 teiligen Rieselanlage über Grobkoksfüllung belüftet und in einer Langsamfilteranlage gereinigt. Die Enteisenung erfolgt leicht. Das filtrierte Reinwasser ist klar und farblos und bleibt auch bei mehrtägigem Stehen an der Luft krystallklar; der Geruch ist verschwunden, der Geschmack rein

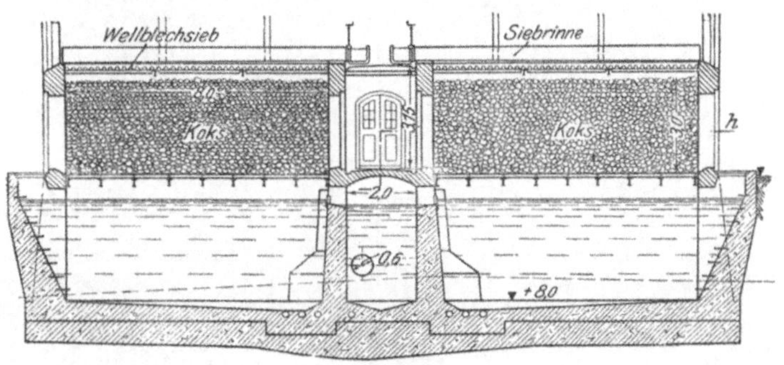

Fig. 51.

und weich. Der Eisengehalt im Rohwasser ist 2,6 mg, im Reinwasser beträgt er noch 0,053 mg.

Die Enteisenungsanlage für Bodenheim besteht nach *Boehmer*[2] aus 2 Koksrieslern *a* (Fig. 52), auf die das Wasser von 2 besonderen Pumpen gefördert wird. Unterhalb der Koksriesler liegt in einem Bassin aus Zement-

[1] Journ. f. Gasbel. 1912, 578.
[2] Journ. f. Gasbel. 1906, 9.

beton je eine Filtertrommel nach *Kröhnke*, die mit Filterkies gefüllt ist. Jede dieser Filtertrommeln vermag die Sekunde 16 l Wasser zu filtrieren. Der Gehalt an Eisenoxyd wird von 3,4 auf 0,4 mg gebracht.

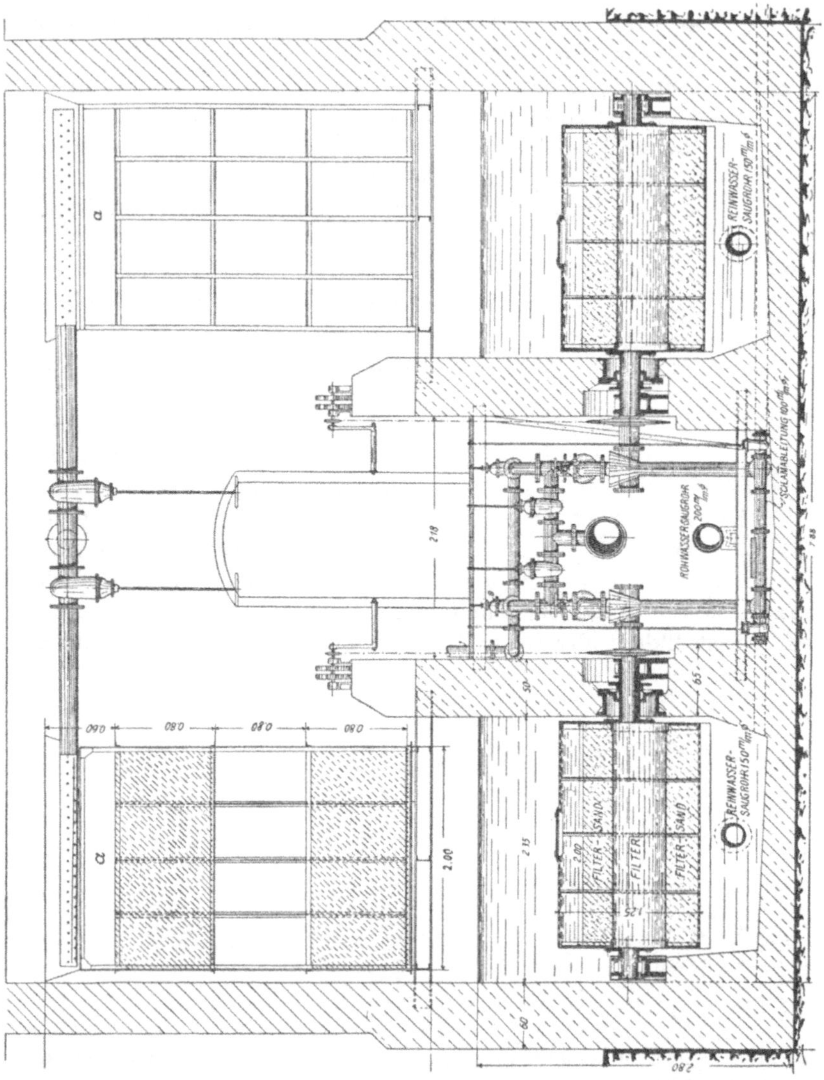

Fig. 52.

Das Berliner Wasserwerk bei Tegel[1] gewinnt Grundwasser durch Rohrbrunnen, welche mindestens 40 m tief sind; sie bestehen aus 23 cm weiten verzinkten, schmiedeisernen Röhren, die im untern, 15 cm weiten Teil auf etwa 13 m Höhe gelocht und mit verzinktem Kupferdrahtgewebe umgeben sind. Der Oxydationsvorgang des Eisens beginnt schon im Heber-

[1] Journ. f. Gasbel. 1903, 681; 1906, 977; Gesundheitsing. 1907, 58.

rohr, dessen oberer Teil streckenweise mit Luft erfüllt ist, und er setzt sich auf dem Wege durch die Pumpe und den Rieseler fort. Der Einbau der Rieseler besteht auf beiden Berliner Werken ganz aus Holz (Fig. 53). In Müggelsee bestehen die vorhandenen 4 Rieseler aus je 2 Abteilungen; jede Abteilung ist in 5 Kammern zerlegt und erhält das zugeleitete Rohwasser durch ein besonderes, 610 mm weites Steigrohr. Die Rieselergerüste sind von allen 4 Seiten zugänglich und haben bei 3 m Höhe eine Länge von 10 m und eine Breite von 5 m. Aus dem Steigrohr läuft das Wasser zunächst in eine über die ganze Abteilung sich erstreckende eiserne Hauptrinne und von dieser durch Regulierschützen in die Gruppenrinnen, die nur den einzelnen Kammern vorgelagert sind. Durch kleine hölzerne Schützen wird es in die Verteilungsrinnen eingelassen, von denen je 5 eine Kammer in der ganzen Länge durchziehen. — Durch die vielen kleinen Bodenlöcher der Verteilungsrinnen gelangt das Wasser dann in kleinere Rinnen, welche rechtwinklig zu letzteren gelagert sind, und aus diesen tropft es auf die darunter befindlichen, kreuzweise übereinander gestellten, aus 13 mm starken kiefernen Brettchen bestehenden Hürden und sammelt sich in der darunter befindlichen Kammer. Das Eisen setzt sich zu Boden, das geklärte Wasser fließt zum Filter. — Das in den Verteilungsrinnen sich ablagernde Eisen wird von Zeit zu Zeit herausgenommen; aus den kleinen Rinnen und Hürden wird es durch eine kräftige Spülung beseitigt. Zu dem Zweck wird das Wasser in den Verteilungsrinnen so hoch angestaut, daß es über die dreikantig geschlitzten Seitenwände strömt. Wenn erforderlich, kann auch eine Spülung mittels Druckwasser und Schlauch erfolgen. Der größte Teil des Eisens bleibt im Rieseler zurück; als Oxydul gelangt selten mehr als $^1/_{10}$ auf das Filter. Das Filtrat ist gewöhnlich ganz eisenfrei.

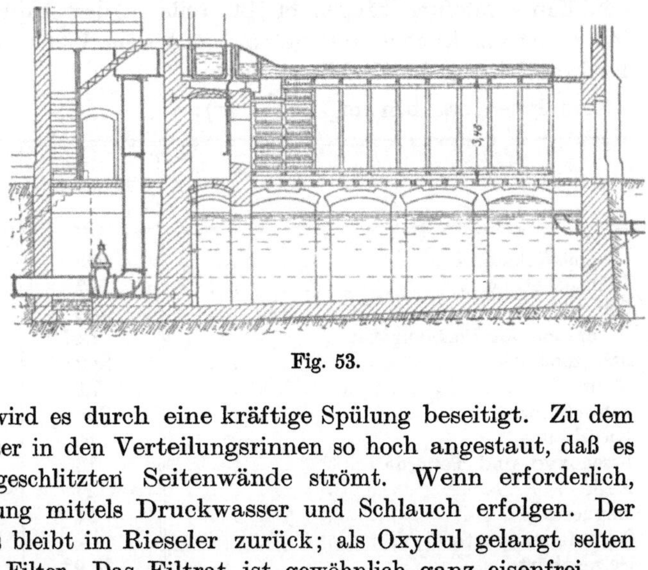

Fig. 53.

Halle wird mit Grundwasser versorgt; in der Enteisenungsanlage fällt nach *Schreyer*[1] das Wasser in feinen Strahlen auf Ziegelsteine, welche 3 m hoch im Verband mit 1 cm Zwischenraum aufgestellt sind und die Kammern bis auf 0,5 m unter die Wellenkasten anfüllen. An diesen Steinen rieselt das Wasser in dünnen Schichten herab und kommt mit der Luft in so innige Berührung, daß alles doppeltkohlensaure Eisenoxydul und doppeltkohlensaure Manganoxydul in Eisenoxyd und Manganoxyd umgewandelt wird. Ein Teil des Schlammes bleibt an den Steinen haften und muß von

[1] Journ. f. Gasbel. 1899, 633.

Zeit zu Zeit abgespült werden. Das Wasser wird dann auf Sandfilter geleitet.

Für Prenzlau fällt das durch Brunnen gewonnene Grundwasser nach *Scheven*[1] in feinen Strahlen auf die 60 cm darunterliegende Ziegelpackung, die 3 m hoch ist und den ganzen Raum bis dicht an die Wand des Lüfters einnimmt. Das durchlüftete Wasser fällt in einen Sammelbehälter, in welchem sich die gröbsten Ausscheidungen absetzen. Damit sie nicht etwa mitgerissen werden, wird das Wasser, das von hier aus zu den einzelnen Filterkammern gelangt, an der Oberfläche entnommen. Zum Filtern des Wassers sind Wormser Plattenfilter verwendet.

Beim Wasserwerk zu Oppeln fällt das Tiefbrunnenwasser aus Rinnen in darunterbefindliche Wellblechkästen und von hier durch die Durchlochung ihrer Wellentäler auf die 3 m hoch mit je 2 cm Zwischenraum lagenweise übereinander aufgestapelten Klinkersteine, während gleichzeitig die Luft durch die ebenfalls durchlochten Wellenberge entgegengesetzt nach dem Dachlaternenaufbau hindurchstreicht. Das Eisen scheidet aus, indem es teils an den Klinkersteinen hängen bleibt, teils in den Auffangbehältern zu Boden fällt; nur ein kleiner Rest gelangt mit dem Wasser sodann durch die Verbindungsleitung in die Filteranlage.

Analysen ergaben (mg im Liter):

	Rohwasser	Enteisentes Wasser vor der Filtration	Enteisentes Wasser nach der Filtration
Gesamtrückstand	345	284	237
Glührückstand	217	184	207
Glühverlust	128	100	29
Verbrauch an Permanganat	1,17	1,17	1,16
Salpetersäure	Spur	Spur	—
Chlor	7,0	8,4	5,3
Schwefelsäure	Spur	Spur	13,2
Kieselsäure	14	14	14,2
Eisenoxyd und Tonerde	12	4	1,2
Kalk	120	113	98
Magnesia	21	16	11
Schwefelwasserstoff	—	—	—
Gesamthärte	14,9°	13,6°	10,3°
Permanente Härte	2,7°	2,5°	2,0°

Bei der Enteisenungsanlage für Lehe besteht nach *Friese*[2] das Rieselergebäude (Fig. 54) aus 4 voneinander getrennten Kammern von 4 · 7 m l. W. mit darunterliegenden Kiesvorfiltern und einem den Kammern vorgelagerten gemeinsamen Sammelkanal. Die Koks- und Kiespackungen sind auf eisernen Rosten gelagert und erfolgt die Zuführung von Frischluft zu den Rieselern

[1] Zft. d. Ver. deutsch. Ing. 1900, 33.
[2] Journ. f. Gasbel. 1906, 168.
[3] Journ. f. Gasbel. 1912, 151 u. 548.

durch reichlich angelegte Luftkanäle sowie durch die in den Stirnwänden der Rieselerkammern vorgesehenen 1,50 m weiten Öffnungen, die durch eisenarmierte Zementplatten jalousieartig zugesetzt sind. Um eine ausgiebige Belüftung zu erzielen, sind auch die Trennungswände der Rieselerkammern in durchlochten Ziegelsteinen ausgeführt. Das zu reinigende Wasser wird von den Vorpumpen, dem Sammeltopf und aus diesem durch Rohrleitungen mit Absperrschiebern den durchlochten Verteilungsrinnen zugeführt. Aus den Rinnen, die in ihren oberen Teilen mit derartig großen Öffnungen versehen sind, daß zur Durchspülung der Kokspackung die ganzen 320 cbm Wasser auf eine Rinne aufgelassen werden können, fällt das Wasser auf die Wellblech-Rieselkästen und dann weiter durch den Koks- und den Kiesvorfilter in den gemeinsamen Sammelkanal. Die Rückspülung des Vorfilters erfolgt alle 2 Monate durch Aufsetzen einer 1,2 m hohen Wassersäule über dem Kies und Freilegung eines 50 cm l. W.-Abflußrohres durch Schnellschlußschieber, die in dem Laufgang über den Kanal aufgestellt sind. Zur Erzielung eines gleichbleibenden günstigen Enteisenungseffektes sind den Vorfiltern weitere 4 Schnellfilter der Firma *Halvor Breda* angeschlossen; sie bestehen aus Zement-Stampfbetonbehältern von 4,75 m im Durchmesser. Jedes Filter hat eine 50 cm hohe Quarzsandschicht und ein mechanisches Rechenrührwerk. Die Zacken der Rechen ragen bis auf etwa 30 cm in den Sand hinein und beschreibt jede Zacke beim Drehen des Rührwerks einen eigenen Kreis. Der Antrieb der Rühr-

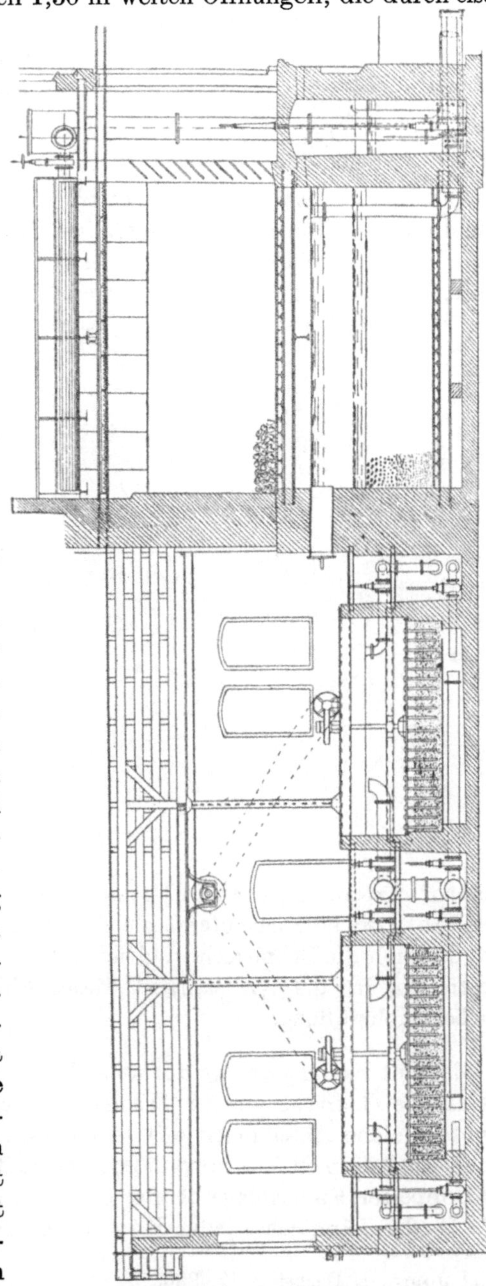

Fig. 54.

werke erfolgt durch Schneckenrad- und Riemenantrieb von der in der Mitte des Gebäudes an Trägern aufgehängten Transmission, die durch einen Elektromotor in Bewegung gesetzt wird (vgl. S. 123). Analysen ergaben:

	Rohwasser	Reinwasser
Eisen	3,03 mg	0,14 mg
freie Kohlensäure	81,5	5,9
Mangan	0,17	Spur
Sauerstoff	3,1 cc	7,1 cc

Scheelhaase[1] bemerkt dazu, daß für die Entfernung der Kohlensäure und Aufnahme von Sauerstoff ein lebhafter Luftwechsel wichtig sei.

Auf den Charlottenburger Wasserwerken waren die Riesler, wie bei den Kieler, mit Koks gefüllt. Bei der neueren Anlage für 60 000 cbm werden nach *Wellmann*[2] die Durchlüftungskammern nicht mehr mit Koks gefüllt,

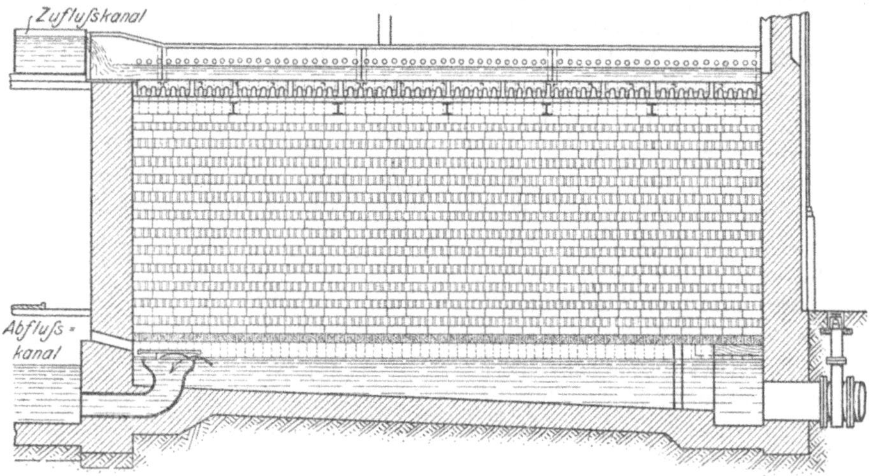

Fig. 55.

sondern letztere durch einen Steineinbau ersetzt (s. Fig. 55). Durch diesen Steinbau wird eine bedeutend gleichmäßigere Verteilung des Wassers erzielt und, da auch die Steine sich in gleicher Weise wie Koks mit einer Eisenschicht überziehen, ist die Wirksamkeit dieses Einbaues fast um 50 Proz. größer wie bei Koksfüllung.

Die Enteisenungsanlage für das durch 22 bis 233 m tiefe Rohrbrunnen gewonnene Grundwasser für Hamburg[3] enthält 2 durch einen Gang getrennte gleiche Abteilungen mit je 4 Rieseler- und Filterkammern von 10 m Länge und 5 m Breite, also 50 qm Grundfläche, und baut sich auf einer mit doppelter Eiseneinlage armierten, 55 m langen, 19 m breiten Betonplatte auf. In der Längsachse jeder Kammer enthält diese Platte eine 0,5 m breite

[1] Journ. f. Gasbel. 1912, 890.
[2] Journ. f. Gasbel. 1894, 595; 1902, 183.
[3] Journ. f. Gasbel. 1906, 1023.

und ebenso tiefe Rinne als Sammelkanal für enteisentes Wasser, von deren Rändern die mit Rinnensteinen belegte Filtersohle in 1 : 10 nach den Seitenwänden ansteigt. Der Filterraum hat eine geringste lichte Höhe von 2,60 m, seine Decke besteht aus rostartig mit 20 mm weiten Zwischenräumen in der Längsrichtung der Kammern verlaufenden I-Eisen, die auf drei in Abständen von 2,5 m verlegten, auch in der Mitte noch durch einen Betonpfeiler gestützten Querträgern ruhen und den Boden des Rieselers bilden. Das Filtermaterial besteht in seiner untersten Schicht aus faustgroßen Steinen, in seiner obersten Schicht aus sorgfältig gesiebtem Sand von mindestens 2 mm und höchstens 3 mm Korngröße mit Zwischenlagen von grobem bis zu feinem Kies; es hat eine Gesamthöhe von 0,80 m, wovon der Sand 0,50 m einnimmt. Die Rieseler setzen sich aus kreuzweise mit durchschnittlich 20 mm weiten Zwischenräumen 3 m hoch übereinander gestapelten Ziegelsteinen zusammen; die Verteilung des Wassers über diese findet in der bekannten Weise durch Wellblechrinnen statt, welchen es in jeder der 5 m breiten Kammern von zwei in 2,5 m Abstand verlegten durchlochten Kastenrinnen zufließt. Die einer Längswand des Gebäudes folgende Hauptrinne, welcher das Wasser in der Mitte durch ein 1100 mm weites, nach beiden Seiten sich gabelndes Rohr zugeführt wird, hat eine solche Höhenlage, daß bei tiefster Absenkung des Wasserspiegels im Sammelbrunnen das Wasser rund 13 m gehoben werden muß. Die Belüftung des Rieselers erfolgt durch jalousieartige, mit Türen aus Drahtgewebe verschlossene Öffnungen in den Stirnwänden der Kammern.

Bad Homburg wird mit Grund- und Quellwasser aus dem Taunusgebirge versorgt; das Wasser wird in mehreren Gebirgsstollen gesammelt und von hier zur Abscheidung des Eisens durch Röhren der Filteranlage zugeführt. Hier durchfließt es erst ein Kiesfilter, dann das Steinfilter von *Lanz*[1]. Analysen von *Popp* ergaben:

mg im Liter	Rohwasser	Nach dem Kiesfilter	Hinter dem Sandsteinfilter
Aussehen	getrübt, flockig	schwach getrübt	klar und farblos
Das Sediment besteht aus Eisenoxydhydrat			
Abdampfrückstand	49,6	46,0	42,0
Glührückstand	43,2	35,2	32,0
Kalk	12,0	9,8	8,0
Magnesia	2,8	2,8	2,8
Chlor	6,0	6,0	6,0
Schwefelsäure	4,4	2,4	2,7
Kieselsäure	4,4	2,0	3,0
Eisen Gesamt	2,0	0,2	0,1
Gelöst	0,11	0,1	0,04
Sauerstoff cc im Liter	7,6	7,1	8,0
Organisch entspr. Sauerstoff	0,9	0,8	1,2

[1] Journ. f. Gasbel. 1906, Sonderabdr.

Fig. 56 zeigt eine kleinere Enteisenungsanlage in Verbindung mit Filterkerzen[1], die aus gefrittetem Quarzsand bestehen. Das Wasser fällt durch eine Brause in Regenform in einen mit Koks oder Steinschotter gefüllten eisernen Korb, durchrieselt denselben in vielen feinen Strahlen, tritt durch den Siebboden, wieder in Regenform gleichmäßig verteilt, heraus und passiert in gleicher Weise noch 2 solcher Körbe. Auf diesem Wege hat das Wasser Luft aufgenommen und scheidet bereits in den Körben einen Teil des Eisens aus. Aus dem untersten Korbe fällt das Wasser in ein Verbundfilter, durchdringt Sand und Kerzen und steigt geklärt außerhalb des Gefäßes wieder empor bis zum Reinwasserablauf.

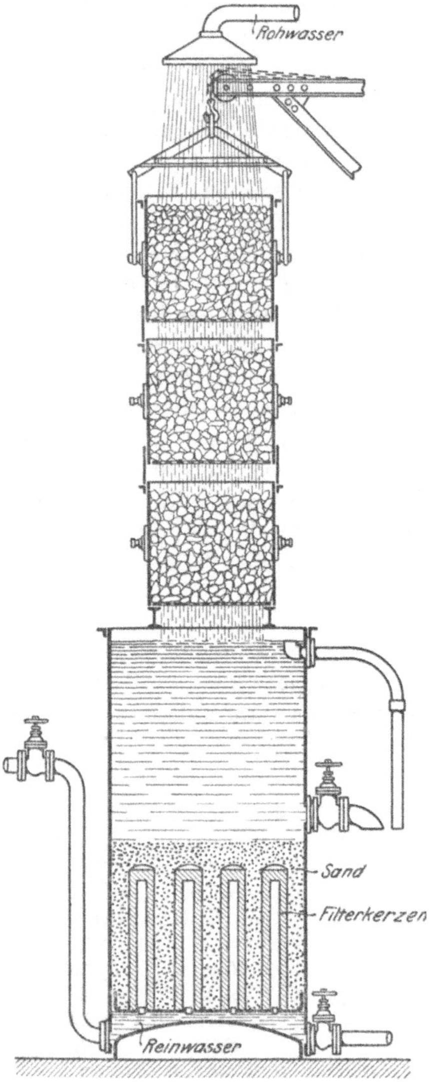

Fig. 56.

Bei dem geschlossenen Enteisenungszylinder mit mehreren übereinander angeordneten, durchlochten und verstelbaren Platten, welche das Filtermaterial zwischen sich aufnehmen und festdrücken, von *A. Bock* (D. R. P. Nr. 179 417), ist mit jeder einzelnen durchlochten Platte oder mit jedem Armkreuz, auf welchem die durchlochte Platte ruht, eine an ihrem oberen Ende mit Langloch versehene Spindel mit der darüber angeordneten Spindel im zugehörigen Armkreuz durch einen Keil verbunden.

Nach *R. Reichling* (D. R. P. Nr. 225 807) ist über den Wasserspiegel des geschlossenen Filters ein schirmartiger Einbau angeordnet, welcher einerseits die sauerstoffarme Luft abführt und andererseits das niederfallende Rohwasser von der verbrauchten Luft getrennt hält.

Nach *Deseniss & Jacobi* (D. R. P. Nr. 180 687, 191 287 u. 234 253) werden Luft und Wasser in einer einzigen Pumpe, der sog. Bastardpumpe, angesaugt und gemeinsam durch das Filter hindurchgeführt. Dabei scheidet sich in jedem Punkt des Filters eine vorausbestimmbare Menge Eisen ab. Das Ganze kann in die Druckleitung eingeschaltet werden. Das Filter selbst ist geschlossen und arbeitet unter Druck.

[1] Journ. f. Gasbel. 1905, 1113.

Nach Versuchen von *Schreiber*[1] war die Leistung der Enteisenungsanlage befriedigend.

Nach *D. Grove* (D. R. P. Nr. 220 794) wird nur ein Teil der zur Hebung des Wassers bis zum Enteisenungsfilter erforderlichen Luft in das Filter geleitet, während der andere Teil der Luft dem Ausgußrohr vor dem Austritt des Wasserluftgemisches in das Filter entnommen wird, um von dem Kompressor erneut angesaugt zu werden.

Nach *Morawe & Kriegsheim* (D. R. P. Nr. 236 703) wird dem Rohwasser eine größere Luftmenge zugeführt, als zur Zuführung des vom Wasser gebrauchten Sauerstoffs erforderlich ist; zur Ersparung von Kompressionsarbeit wird die aus jedem Enteisenungsapparat austretende Luftmenge, soweit sie nicht zur Entfernung schädlicher Gase mit diesen ins Freie abgeblasen wird, aus den unter Druck stehenden Apparaten durch eine Zirkulationspumpe wieder angesaugt und dem Rohwasser von neuem zugeführt, so daß im weiteren Verlauf nur die zur Oxydation der Eisenverbindungen erforderliche Sauerstoffmenge in Form von Frischluft dem Rohwasser in geeigneter Weise, z. B. durch eine besondere Luftpumpe (Frischluftpumpe) oder durch die Zirkulationspumpe mit Hilfe von selbsttätig wirkenden Ventilen oder durch die Schnüffelventile der Wasserpumpe zugeführt zu werden braucht, während die zirkulierende, bereits benutzte und daher sauerstoffarme Luft die Mischwirkung des Wassers mit dem Sauerstoff der Frischluft hervorruft.

Zur Enteisenung des Wassers werden nach Angabe der *Allgemeinen Städtereinigungsgesellschaft* (D. R. P. Nr. 141 278) Eisenoxyd und Kreide zugesetzt. Nach *Helm* und *Freund* (D. R. P. Nr. 142 929) wird das Wasser über Eisenerz filtriert[2], nach *Bruhns* (D. R. P. Nr. 145 797, 148 404 u. 154 792) über Mangansuperoxyd, welches auf Faserstoffe u. dgl. niedergeschlagen ist.

In Danzig ergaben Versuche mit den Zinnoxyd-Holzspänen nach *Linde* und *Hess* (Apparate von *Büttner & Meyer*), daß die Holzspäne die Bakterienvermehrung außerordentlich begünstigen, wenn die Enteisenungsanlage längere Zeit außer Betrieb gesetzt werden muß. Das Wasser wird dann vollständig schwarz, die Späne faulen und die Bakterien vermehren sich ins Unendliche. — Auch in Charlottenburg wurde dieses Verfahren wieder aufgegeben, weil in den Spänen Bakterienwucherungen auftraten[3].

Nach *Schmidt* und *Bunte*[4] findet sowohl bei Verwendung der mit Zinnoxyd getränkten Holzspäne, wie bei Eisenhydrat und Brauneisenstein eine Ausscheidung des Ferrocarbonates nur durch den Sauerstoffgehalt des Wassers bzw. des im Filter verdichteten Sauerstoffes statt. Nach Versuchen von *Bock*[5] wirkte ein Filter mit einfacher Holzwolle sogar besser als die mit Zinnoxyd oder Braunstein. Dementsprechend wird das Wasser der Hannover-

[1] Mitt. a. d. Kais. Prüfungsanst. f. Wasser, Heft 6, S. 52.
[2] Journ. f. Gasbel. 1903, 687 u. 930.
[3] Journ. f. Gasbel. 1903, 481.
[4] Journ. f. Gasbel. 1903, 689; 1904, 1104; Chemikerztg. 1907, 869.
[5] Gesundheitsing. 1901, 97.

schen Wasserwerke bei Ricklingen (vgl. S. 30), welches im Liter 0,05 bis 0,98 mg FeO und 0,12 bis 0,65 mg MnO enthält, lediglich durch Holzwolle filtriert, welche etwa 50 bis 70 Proz. der beiden Metalle zurückhält. Das Holzwolldruckfilter erfüllt danach die an eine Enteisenungsanlage zu stellende Hauptforderung unter den verschiedensten Rohwasserverhältnissen, solange der Eisengehalt niedrig. Der Vorgang der Enteisenung in dem Holzwollfilter ist der gleiche wie bei den bekannten Verfahren, nur fällt hier die besondere Belüftung weg, da das Förderwasser vorher soviel Sauerstoff auf natürlichem Wege in inniger Vermischung aufgenommen hat, als zur Überführung des Oxyduls in das unlösliche Oxyd nötig wird. Für das städtische Wasserwerk kam eine Anlage für 33 000 cbm Leistung in 24 Stunden in Frage; es wurden Projekte nach den verschiedenen Verfahren ausgearbeitet und der Baukostenbedarf festgestellt bei:

Holzwoll-Oxydationsdruckfilter auf	105 000 Mk.
Zinnoxyd-Druckfilter von *Büttner & Meyer*	195 000
Brauneisenstein-Druckfilter von *Helm*	260 000
Koksrieseler mit Grobfiltration	300 000
Koksrieseler mit *Kröhnke*-Schnellfilter	370 000

Die Holzwoll-Oxydationsfilteranlage ist als die billigste und für die örtlichen Verhältnisse einfachste ausgeführt. Für die Höchstleistung von 33 000 cbm sind 32 Kessel von 1,50 m Weite und 2 m Höhe vorgesehen, von denen 2 als Reserve dienen sollen und noch nicht aufgestellt sind. Der Einbau in die vorhandenen beiden Druckleitungen ist so erfolgt, daß auf jedes Druckrohr 16 parallel geschaltete Kessel kommen. Der Wasserzulauf findet von oben, der Ablauf unten statt. Jeder Kessel ist am tiefsten Punkte mit einer Entleerung vorgesehen, ferner mit einer Rückspülvorrichtung und mit abnehmbarem Deckel ausgestattet. Die Holzwolle ist zunächst in 2 Lagen von 70 cm auf Holzrosten derart eingebaut, daß nach Abnahme des Deckels jede Lage herausgehoben und bequem gereinigt werden kann. Die vorgesehene 3. Holzwollage hat sich nicht als notwendig erwiesen. Der Schlamm, der sich in den Behältern auf der Holzwelle absetzt, hat eine Zusammensetzung von:

46,7	Proz.	Fe_2O_3,
23,0	„	Mn_2O_3,
3,4	„	Kieselsäure,
10,7	„	Calciumcarbonat,
1,2	„	Magnesiumsulfat,
15,0	„	Glühverlust (Wasser und organische Stoffe).

Untersuchungen des Schlammes, der sich seit Inbetriebnahme der Wasserwerke in dem Rohrnetz und im Hochbehälter ausgeschieden hat, haben eine Zusammensetzung gezeigt:

im Hochbehälter am 15. Mai 1879

23,7	Proz.	Eisenoxyd,
15,3	„	Manganoxyd,
41,9	„	Kieselsäure,
2,8	„	Kalk,
5,1	„	Magnesia,
11,2	„	organische Substanz.

Die Kosten der Enteisenung stellen sich nach den bisherigen Ergebnissen:

an Betriebskosten	0,09 Pfg.	für	1	cbm
für Verzinsung und Amortisation des Anlagekapitals	0,05 „	„	1	„
Insgesamt	0,14 Pfg.	für	1	cbm

gegenüber 0,19 Pfg. bei Anlagen ähnlicher Leistung mit Koksrieseler und Grobfiltration, und 0,30 bis 0,35 Pfg. bei Anlagen mit Koksrieseler und Sandfiltration.

Nach *Weise*[1] ist das bei Posen aus Tiefbrunnen erhaltene Wasser durch Bitumen braun gefärbt; wird dasselbe mit dem oberflächlichen eisenhaltigen Grundwasser gemischt, so entsteht bei Gegenwart von Luftsauerstoff eine feinkörnige Trübung, die nach kürzerer Zeit als ein dicker, braunschwarzer, mittelschwerer, schlammiger Bodensatz zu Boden fällt und aus den Eisensalzen und den Huminstoffen beider Mischungen besteht. Das darüberstehende Wasser ist blank und klar und enthält nun weder Eisen noch Huminstoffe.

Manche Grundwässer enthalten auch Mangan, meist als Bicarbonat, seltener als Sulfat. Aufsehen erregte die Verunreinigung des Breslauer Leitungswassers mit Eisen und Mangan. Nach den Mitteilungen von *Beyschlag*[2], *Lüdecke*[3], *Woy* und *Lührig*[4] wird seit Anfang 1905 Grundwasser eines in der Ohleniederung in der Nähe von Breslau gelegenen Geländes benutzt. Dieses Wasser enthielt ursprünglich 10 mg Eisenoxyd im Liter und war nach der Enteisenung, die nach dem Rieselverfahren durchgeführt wurde, von vorzüglicher Beschaffenheit. Im Winter 1906 wurde der Wasserspiegel stark gesenkt, am 27. März um 7,5 m. Am 28. März trat Hochwasser ein und nun enthielt das Wasser steigende Mengen von Eisen (bis 400 mg) und Mangan (bis 220 mg) als Sulfat, welche das Wasser geradezu unbrauchbar machten.

Ist das Mangan als Carbonat vorhanden, so kann es wie Eisen durch Lüftung gefällt werden, jedoch geschieht die Fällung langsamer[5].

Nach Versuchen von *Thiesing*[6] schieden die Koksrieseler anfangs sehr wenig Mangan ab, erst als nach mehreren Wochen im Rieseler und auf den Filtern Manganausscheidungen sich abgelagert hatten, war der Erfolg befriedigend. Auch das Steinrieselersystem entfernte das Mangan nach einigen Wochen bis auf Spuren. Die geeignete Höhe für den Rieselkörper beträgt 3 m. Die Filtriergeschwindigkeit konnte bis auf 2,2 m gesteigert werden. Weniger zuverlässig waren Brausen.

Pappel (D. R. P. Nr. 241 571) will das Wasser über Braunstein leiten; eine chemische Reaktion desselben ist unwahrscheinlich.

[1] Centr. Bauverw. 1906, 260.
[2] Zft. f. prakt. Geolog., Mai 1907.
[3] Das Wasser des Odertales (Leipzig 1907).
[4] Gesundheitsing. 1907, 159; Zft. f. öffentl. Chem. 1906, 121; 1907, 401; Zft. Unters. Nahrung. 1907, 40.
[5] Vgl. Gesundheitsing. 1907, 763; Journ. f. Gasbel. 1908, 767.
[6] Mitt. a. d. Kais. Prüfungsanst. f. Wasserversorg. (1912) Heft 16, S. 210.

Ist das Mangan als Sulfat vorhanden (Breslau), so versagt die Rieselung. *Lührig*[1] setzt Kalkwasser zu.

Das Verfahren von *Riedel* (D. R. P. Nr. 211 118 u. 220 609) und *Gans* zur Entmanganation unter Verwendung der künstlichen Zeolithe bietet nach Angabe desselben[2] den Vorteil, daß unlösliche Fällungsmittel benutzt werden, die man also in größerem Überschuß anwenden kann. Führt man die Ca-Zeolithe mittels Manganchlorür in Mn-Zeolithe über und läßt auf diese nun Ca-Permanganatlösungen einwirken, so entstehen wieder Ca-Zeolithe und daneben höhere Oxyde des Mangans. Diese haften fest im und am Zeolithkorn und beeinträchtigen im Gegensatz zu den reinen Manganoxyden die Filtrationsgeschwindigkeit in keiner Weise. Je höher der Mangangehalt des Filters, desto größer ist seine entmanganende Kraft. In der Praxis macht sich eine Regeneration des Filters mit Permanganatlösung erforderlich.

Nach *Noll*[3] wurde das Mangan aus dem Wasser nahezu quantitativ ausgeschieden, so lange der Permutit weniger als ungefähr 2 Proz. Mangan enthielt. Der ausgebrauchte Permutit ließ sich durch Chlornatrium- bzw. Chlorcalciumlösung auf dem Wege der Filtration leicht und schnell wieder regenerieren, doch enthielt er nach der Regeneration noch geringe Manganmengen, welche seine Wirksamkeit bei der nachfolgenden Wasserreinigung entsprechend herabsetzten.

Ozonreinigung.

Während die elektrischen Wasserfilter (vgl. D. R. P. Nr. 122 018, 146 997, 151 673 u. 224 752) wenig Erfolg versprechen, hat sich die Ozonbehandlung[4] bewährt.

Der Apparat zur Sterilisierung von Wasser mittels Ozon besteht nach *Tindal* (D. R. P. Nr. 103 659 u. 105 083) aus einem mit feingelochten Sieben versehenen stehenden Behälter, dessen einzelne Abteilungen durch Überleitungsrohre für die Flüssigkeit verbunden sind, so daß das von unten durch den Behälter emporsteigende Ozon in innige Berührung mit der strömenden Flüssigkeit gebracht wird. Die zwei benachbarte Behälterabteilungen verbindenden Überleitungsrohre können auch in der Nähe der äußeren Siebplatten einmünden, so daß innerhalb der einzelnen Abteilungen das Wasser eine seiner allgemeinen Stromrichtung entgegengesetzte Strömung ausführt. — Nach Versuchen von *Andreoli*[5] verbrauchte der Apparat 250 Watt für 1 g Ozon; es zeigte sich aber, daß zur Sterilisierung des Brüsseler Wassers nur

[1] Chemikerztg. 1907, 255.
[2] Chem. Industr. 1910, 48.
[3] Gesundheitsing. 1908, 533.
[4] Vgl. *Oppermann* (D. R. P. Nr. 76 858), *Rotten* (D. R. P. Nr. 107 984), *Dillan* (D. R. P. Nr. 124 238 u. 148 193), *Möller* (D. R. P. Nr. 151 673), *Kohlschmieder* (D. R. P. Nr. 146 997), *E. Fischer* (D. R. P. Nr. 158 603), *Comp. Ozone* (D. R. P. Nr. 158 885), *Felten & Guilleaume* (D. R. P. Nr. 168 493), *Schneller* (D. R. P. Nr. 170 459), *Frise* (D. R. P. Nr. 186 199), *Bouillanne* (D. R. P. Nr. 228 407) und *Piestrak* (D. R. P. Nr. 238 442)
[5] Electricien 1898, 226.

etwas über $^1/_3$ g Ozon für 1 cbm Wasser notwendig ist. Die zur Erreichung dieses Resultats aufgewendete elektrische Energie betrug unter den vorliegenden ungünstigen Verhältnissen etwa 95 Watt = 0,127 Pfg. für 1 cbm Wasser. Versuche von *van Ermengem* ergaben:

	Wasser aus			
	Ostende	Ostende, gereinigt	dem Kanal Plas Schendaele	dem Kanal von Bruges
Vor der Ozonisierung:				
Kolonien aus 1 cc	6528	6848	389 280	1 430 000
Organische Substanz	0,098	0,036	0,080	0,102
Chlor	0,280	0,298	0,124	0,208
Ammoniak	mg 0,66	0,06	0,01	0,9
„ (Eiweiß)	„ 0,35	0,21	0,18	0,31
Nitrite	0	Spuren	Spuren	Spuren
Nitrate	Spuren	Spuren	Spuren	Spuren
Geschmack	schlammig	schlammig	schlammig	schlammig
Geruch	moorig	moorig	moorig	moorig
Nach der Ozonisierung.				
Kolonien aus 1 cc	steril	steril	steril	steril
Organische Substanz	0,063	0,022	0,052	0,055
Chlor	0,268	0,271	1,104	0,184
NH_3	0	0	0	0,1
NH_3 als Protein	mg 0,01	0,06	0,04	0,18
Nitrite	0	0	0	0
Nitrate	Spuren	0	Spuren	Spuren
Geschmack	gut	gut	gut	gut
Geruch	gut	gut	gut	gut

Der Apparat von *Abraham* und *Marmier* besteht nach *Krull*[1] aus einem luftdichten Kasten von etwa $2^3/_4$ m Höhe. In demselben sind parallel nebeneinander die Elektroden *e* (Fig. 57) isoliert aufgehängt. Diese Elektroden sind gußeiserne, hohle Scheiben, deren Flächen abgedreht und mit starken Spiegelglasplatten *i* belegt sind, so daß jede Elektrode *e* zwei solcher Isolierplatten *i* trägt. Die Aufhängung der Elektroden im Kasten ist derartig, daß zwischen je 2 Elektroden ein größerer Zwischenraum sich befindet. Zur Kühlung wird durch die zu diesem Zwecke hohlen Elektroden Kühlwasser geleitet, und zwar sind zur Vermeidung von Erdschluß 2 isolierte Wasserbehälter vorhanden, deren einer die +Elektroden, und deren anderer die — Elektroden kühlt; außerdem wird der Wasserstrahl beim Einfließen in die Behälter und beim Verlassen

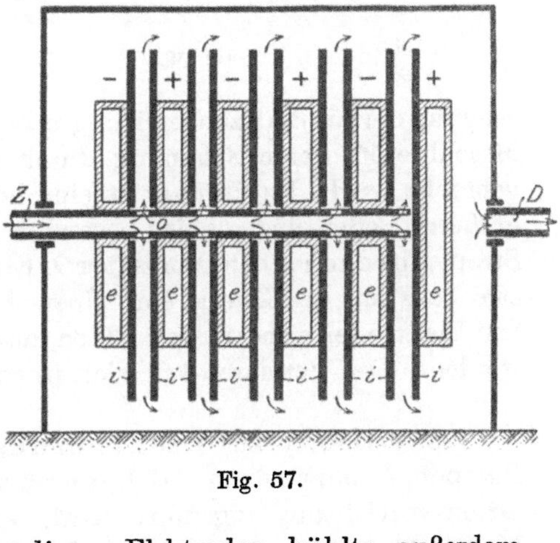

Fig. 57.

[1] Zft. f. angew. Chem. 1901, 57.

der Elektroden in Tropfen aufgelöst und so die Leitung unterbrochen. Ferner sind alle Elektroden bis auf die letzte in der Mitte durchbohrt und nehmen ein weites Luftzuführungsrohr *Z* auf, in welches die Luft eingeblasen wird, die dann durch die am Umfange des Rohres *Z* befindlichen Löcher *o* in die zwischen den Elektroden befindlichen Zwischenräume tritt und hier durch die zwischen den entgegengesetzt elektrischen Elektroden stattfindende stille Entladung ozonisiert wird und ozonisiert bei *D* den Ozonisator verläßt. — Das Schema einer solchen Ozonsterilisierungsanlage zeigt die Fig. 58. Die Luft wird durch den Ventilator *V* in den Trockner *S* gedrückt und gelangt, nachdem sie hier von ihrer Feuchtigkeit befreit ist, in den Ozonisator *O*, den sie ozonisiert durch das Rohr *a* verläßt. Durch Rohr *a* gelangt sie in den Reiniger *R*; die innere Einrichtung dieses im übrigen nichts Neues bringenden Reinigers ist derartig, daß das oben eintretende, zu reinigende Wasser in feinster Weise verteilt und mit der ihm von unten entgegenströmenden ozonisierten Luft aufs innigste gemischt und dabei gereinigt wird. Die Zuführung des zu reinigenden Wassers erfolgt durch die Pumpe *C* aus der Wasserentnahmestelle *A*; das im Reiniger *R* gereinigte Wasser sammelt sich im unteren Teile desselben und fließt durch Rohr *n* zum Reinwasserbehälter oder wird herausgepumpt. — Zur Erzeugung der für die Ozonbereitung nötigen Elektrizität dient als Wechselstrom-Maschine *M*, deren Spannung durch den Transformator *T* auf 40 000 Volt gebracht wird. Im übrigen ist eine hohe Wechselzahl für die Ausbeute von größerer Bedeutung, als eine besonders hohe Spannung. Der so transformierte Strom tritt dann in den Ozonisator *O*. Eine in die Leitung eingeschaltete Funkenstrecke *F* hat den Zweck, eine Überschreitung der gewünschten Spannung an den Elektroden sicher zu vermeiden, damit die Glasplatten nie durchgeschlagen werden. Das Verfahren soll sich in mehreren belgischen Städten bewähren.

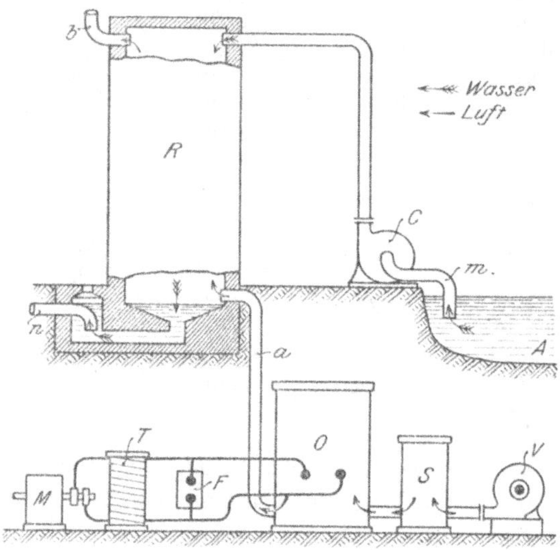

Fig. 58.

Das Verfahren zur Ozonisierung von Wasser unter Anwendung von Pumpen, Kompressoren o. dgl., durch welche das Ozonluftgemisch der Sterilisationsvorrichtung zugeführt wird, von *Siemens & Halske A.-G.* (D. R. P. Nr. 241 368) besteht darin, daß der Pumpe o. dgl. beim Ansaugen mit dem Ozonluftgemisch geringe Wassermengen zugeführt werden, die ausreichend sind, um eine Oxydation der inneren Metallteile der Pumpe zu vermeiden.

Die Ozonisieranlagen von *Siemens & Halske* beschreibt *Erlwein*[1], besonders die Anlagen für Wiesbaden[2], Paderborn, Chemnitz, Petersburg und Paris. Zur Herstellung des Ozons wird die elektrische Glimmentladung zwischen Aluminium und Glaszylindern (Fig. 59) eingeleitet. Je ein Aluminium und ein an seiner Außenwand durch Wasser gekühlter Glaszylinder bilden ein selbständig arbeitendes Ozonröhrenelement, deren gewöhnlich 6 oder 8 in einem gußeisernen Kasten zu einer größeren Apparateneinheit vereinigt sind. Fig. 59 zeigt einen solchen Kasten, in dessen mittlerem, von Kühlwasser durchflossenen Teil die Ozonröhrenelemente, parallel nebeneinanderstehend, angebracht sind, während der untere leere Teil den Raum für Zutritt der zu ozonisierenden Luft, der obere den für Aufnahme und Abführung der Ozonluft bildet. Die Betriebshochspannung beträgt je nach der Periodenzahl des benutzten Wechselstroms 6000 bis 8000 Volt; ein Pol der Hochspannung, nämlich der an den Glasröhren liegende, ist durch das Kühlwasser und den Gußeisenkasten geerdet, so daß der Ozonapparat an seinen äußeren, zugänglichen Stellen trotz des Hochspannungsbetriebs ohne irgendwelche Gefahr für das Betriebspersonal berührt werden kann. Die Ozonkastenapparate werden in der Praxis in horizontaler und vertikaler Anordnung ausgeführt. In den Apparaten der Technik wird 1 k Ozon mit einem Aufwand von 17 bis 20 KW-St. erzeugt. In den Sterilisatoren werden, um Ozon mit Wasser zusammenzubringen, entweder Rieseltürme verwendet oder Wasserstrahlluftpumpen oder endlich Preßluft.

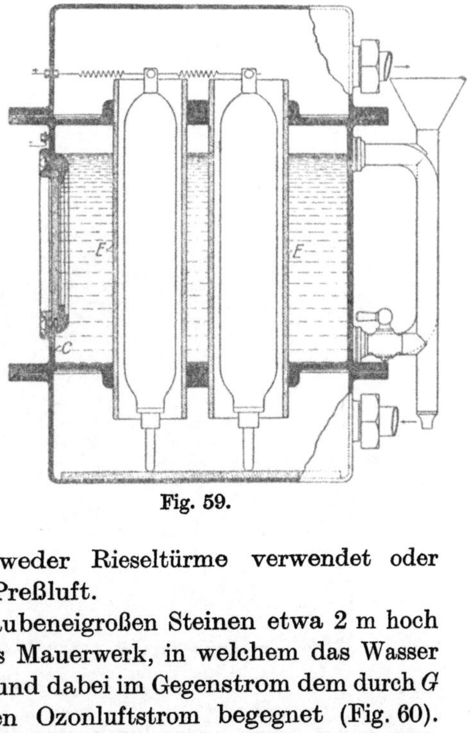

Fig. 59.

Der Sterilisationsturm ist ein mit taubeneigroßen Steinen etwa 2 m hoch gefüllter Riesel- oder Skrubberturm aus Mauerwerk, in welchem das Wasser von *A* nach *B* in feiner Verteilung fließt und dabei im Gegenstrom dem durch *G* eingeblasenen und nach oben gehenden Ozonluftstrom begegnet (Fig. 60). Das Ozon, das stets in angemessener Konzentration (1,5 bis 2,5) und großem Überschuß den Turm durchzieht, geht, soweit es nicht absorbiert und verbraucht ist, durch *A* im Kreislauf wieder zu den Ozonapparaten zurück.

[1] Journ. f. Gasbel. 1901, 552 u. 574; 1902, 741; 1903, 884 u. 904; Zft. f. Elektrochem. 1904, 13; Gesundheitsing. 1908, 357; 1910, 457; 1911, 200; 1913, Nr. 2, Sonderabdr.; Zft. f. angew. Chem. 1912, 165; Zft. f. Sauerstoffind. 1913, Heft 7.

[2] Das dort zur Ozonisierung bestimmte Wasser hatte einen geringen Eisengehalt, der sich durch die bekannte Trübung nicht bemerkbar machte. Als ihm aber Sauerstoff in Form von Ozon zugeführt wurde, trat die Eisentrübung ein, und der nicht gewünschte Erfolg der Ozonisierung bestand darin, daß das Wasser noch zu filtern gewesen wäre. Man hat die Anlage nunmehr als nicht zweckdienlich entfernt.

Die in Paderborn verwendeten Sterilisationstürme, in welchen das Wasser mit Ozonluft in Berührung gebracht wird, sind 4 m hohe Türme (Fig. 61) aus Mauerwerk von Zementbeton, welche nach Art der *Gay-Lussac*-Türme die Gase durch einen Rieselungsprozeß auswaschen und in Lösung führen, wie es hier mit dem Ozon geschehen muß. Das Wasser wird in den Sterilisationstürmen beim Herunterrieseln durch eine Schicht von taubeneigroßem Kies fein verteilt und begegnet der unter schwachem Überdruck

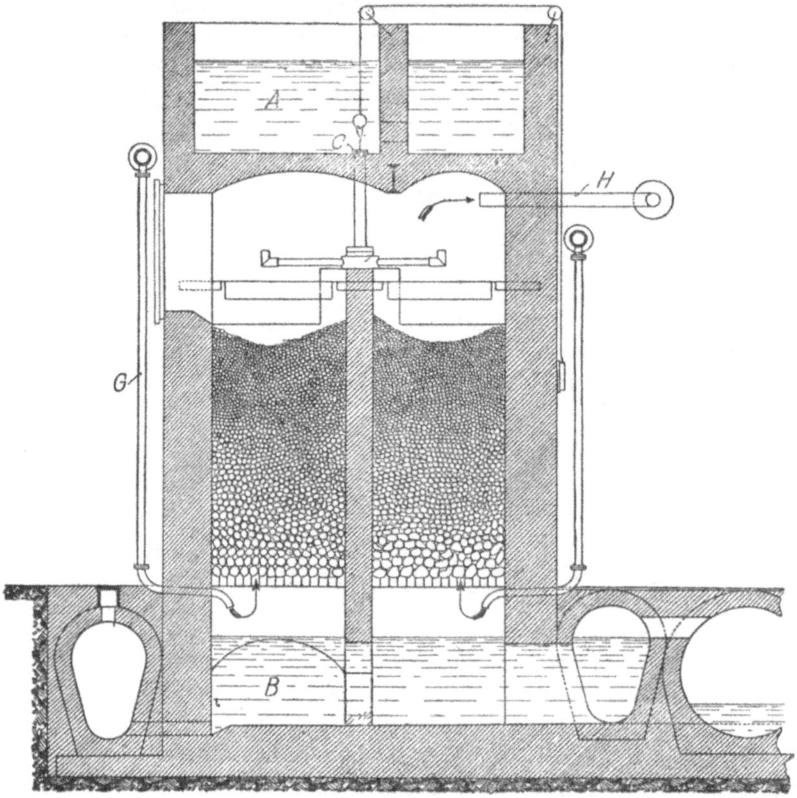

Fig. 60.

von unten nach oben durch den Turm bzw. die Kiesschicht strömenden Ozonluft, wobei eine für die Sterilisation ausreichende Ozonmenge in Lösung geht. Jeder Vollturm besteht aus einem oberen Rohwasserbassin, dem eigentlichen Sterilisationsraum und dem Sammelbassin für behandeltes Wasser. Das Innere eines Vollturmes ist durch 2 Querwände in 4 selbständige Türme bzw. Turmschächte zerlegt, die alle ihr Rohwasser durch einen gemeinsamen Wasserzulauf mit Absperrventil erhalten. Jeder Einzelturm ist wieder durch einen Eisenrost in 2 Teile geteilt, einen oberen mit einer 2 m hohen Kiesschicht, und einen unteren Teil, der das Reinwassersammelbassin bildet. Das Rohwasser fließt von dem gemeinsamen Wasserzufluß durch einen vierarmigen Verteiler in die einzelnen Türme und wird hier durch ein Verteilungssieb in gleichmäßigem Regenfall auf die Kiesschicht gebracht, durchrieselt dieselbe, geht dann ozonisiert in das darunterliegende Sammelbassin und fließt von hier zu dem Sammelbassin der Netzpumpen. Durch jeden Turmschacht von 1 qm Querschnitt gehen stündlich etwa 15 bis 20 cbm Wasser und 30 bis 40 cbm Ozonluft von geeignetem Ozongehalt. Die Ozonluft bewegt sich in geschlossenem Kreislauf durch die Ozonapparate *O* und Sterilisationstürme; an einer Saugstelle der Kreislaufleitung ist ein Frischlufthahn zum Ersatz des verbrauchten Luftsauerstoffs angebracht. Bei der Turmkonstruktion in Paderborn sind an jedem Vollturm seitlich Kaskaden *n* vorgesehen, über die das ausfließende Wasser läuft und dabei durch Lüftung seine Spuren gelösten Ozons verliert, die angesichts der chemischen Reinheit des Wassers in Paderborn etwas langsamer als sonst bei Flußwasser ver-

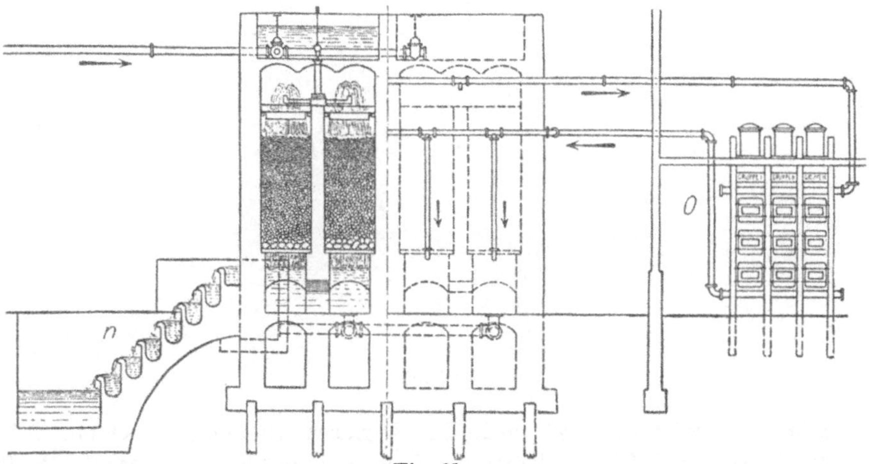

Fig. 61.

schwinden. Die Kosten der Reinigung des Wassers durch Ozon, mit einer Vorreinigung in Schnellfiltern, stellen sich auf etwa 3 Pfg./cbm[1]. Das Verfahren bewährt sich[2].

Im **Petersburger** Werk (Fig. 62) wird das Wasser aus der Newa mit Aluminiumsulfat versetzt und durch Schnellfilter filtriert. In den *Siemens*schen Ozonapparaten *O* (S. 173) wird der Luftsauerstoff mit Hilfe der Hochspannungsentladungen, die zwischen zylindrischen Polen aus Aluminium und Glas stattfinden, in Ozon verwandelt. Die Ozonkonzentration (Gramm Ozon im Kubikmeter ozonisierter Luft) ist mit Rücksicht auf die Arbeitsweise der Emulseur-Sterilisationstürme auf den verhältnismäßig hohen Wert von 2,5 eingestellt worden. Die Luft wird vor dem Eintritt in die Ozonapparate durch eine Kühlmaschine auf einen für die Ozonausbeute günstigen Trock-

[1] Vgl. Journ. f. Gasbel. 1903, 883; Zft. d. Ver. deutsch. Ing. 1906, 422.
[2] Mitt. a. d. Kais. Prüfungsanst. f. Wasser. Heft 6, S. 60.

nungsgrad gebracht. Die Bewegung der Luft durch die Ozonbatterie und Rohrleitungen *r* geschieht durch Emulseure *E* nach *Otto*. Dieses sind Injektoren oder Wasserstrahlluftpumpen, die bei einem Wasserdruck von etwa 4 m die Ozonluft aus der Ozonbatterie ansaugen und gemischt mit dem Wasser in die Sterilisationstürme bringen. Die Absorption des Ozons und die damit verbundene Sterilisation des Wassers erfolgt teils in den auf den Sterilisationstürmen angebrachten Emulseuren *E*, teils in den Türmen, von deren Sohle aus die Ozonluft in sehr feiner Verteilung und daher in sehr inniger Berührung mit Wasser in die Höhe steigt. Aus den Emulseur-Sterilisationstürmen tritt das Wasser über Entlüftungskaskaden *e* in eine Abflußrohrleitung, die das sterile Wasser zu den Behältern *B* für Reinwasser leitet. Aus diesen gelangt das Wasser zu den Hochdruckpumpen, von denen es in

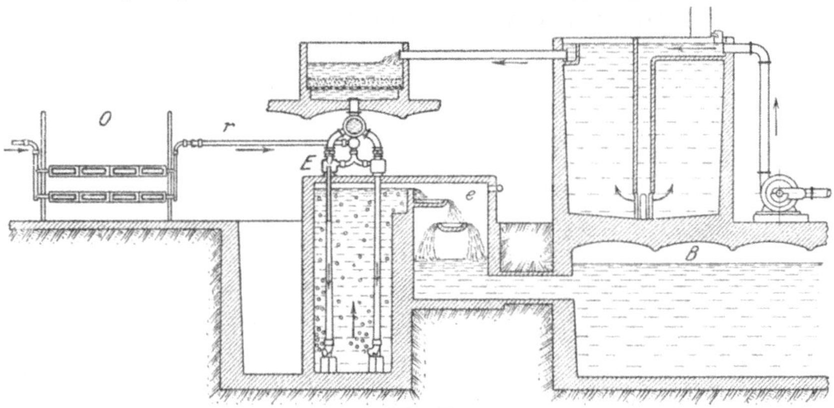

Fig. 62.

das städtische Netz gedrückt wird. Die Betriebskosten stellen sich einschließlich Vorklärung und Schnellfiltration auf rund 0,9 bis 1 Kopeken pro 100 Wedro, also auf rund 1,6 bis 1,8 Pfg. für 1 cbm, wobei auf die Ozonisierung nur rund die Hälfte entfällt. Auf deutsche Verhältnisse übertragen, können die Betriebskosten der Ozonisierung allein, also ausschließlich Vorklärung und Schnellfiltration, für Anlagen von gleicher Größe zu rund 0,6 Pfg. für 1 cbm berechnet werden. Hinsichtlich der physikalischen und bakteriologischen Reinigungswirkung entspricht dieses kombinierte Schnellfilter-Ozonwasserwerk allen darauf gesetzten Erwartungen. Das schmutzige Newawasser wird in klares und hygienisch einwandfreies Trinkwasser umgewandelt; die Keimzahlen des ozonisierten Wassers sind sehr niedrig, sie bewegen sich zwischen 0 bis 3 für 1 cc; Kolibakterien oder pathogene Keime der Cholera und des Typhus werden in dem Reinwasser nicht gefunden.

Bei dem Verfahren von *Otto* (D. R. P. Nr. 138 637) wird das Rohwasser durch eine Reihe von Grobfiltern und Vorfiltern vorgereinigt und darauf mittels Ozons sterilisiert. Bei einem Versuche von *Köhler*[1] waren 4 Grobfilter *F*

[1] Journ. f. Gasbel. 1912, 1102.

hintereinander geschaltet, während die beiden Vorfilter *V* in Parallelbetrieb waren (Fig. 63). Die Grobfilter *F* bestanden aus rechteckigen Behältern von zusammen 9 qm Fläche. Auf dem gelochten Boden derselben ruhte eine 50 cm starke Grusschicht von 3 bis 4 mm Korngröße. Das Filtermaterial war in den Vorfiltern feinkörniger Sand, der in einer Stärke von 50 cm in die Filterbecken eingebracht war. Aus den Vorfiltern gelangte das Wasser in einen kleinen Saugraum, aus dem es mit Hilfe einer Pumpe in den Sterilisationsapparat *S* gedrückt wurde. Das vorgereinigte Wasser trat, unter Ansaugen der zugeführten Ozonluft, durch einen Zerstäuber, wobei das Wasser mit dem Ozon in innige Vermischung kam. In einem Rohr von etwa 5 m Länge nahm dann das mit Ozonluft vermischte Wasser seinen Weg nach abwärts, um nach Austritt aus dem Rohr im Sterilisationsturm wieder aufwärts zu steigen. Dabei hatte das im Wasser enthaltene überschüssige Ozon Gelegenheit, in die Atmosphäre zu entweichen. Die letzten Reste von Ozon verliert das Wasser, indem es zum Schluß in einem Behälter in Kaskaden herunterfällt, worauf es seiner Bestimmung zugeführt werden kann.

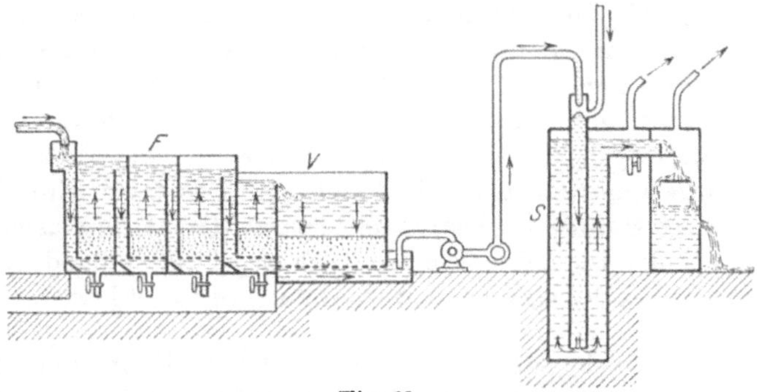

Fig. 63.

Versuche von *Ohlmüller*[1] und *Proskauer*[2] ergaben, daß das Ozon, von einer Konzentration, wie es aus den *Siemens*schen Ozonapparaten kommt, wenn es dem Wasser in *Siemens*schen Sterilisationstürmen mit Grobkiesfüllung zugeführt wird, auf ein Gemenge von pathogenen Keimen (z. B. Cholera, Typhus, Ruhr) und nicht pathogenen Bakterien derart wirkt, daß die pathogenen alle und die gewöhnlichen Wasserbakterien bis auf einige sporenbildende resistente, aber ganz harmlose abgetötet werden. Die keimtötende Wirkung des Ozons ist von der Menge und Beschaffenheit der im Wasser befindlichen leblosen, oxydablen Stoffe, der organischen und anorganischen, abhängig; weniger kommt die Höhe der Keimzahl in Betracht. Diese Eigenschaften sind bei der Auswahl eines Wassers, dessen Reinigung durch Ozon beabsichtigt wird, besonders zu berücksichtigen. Sichtbare Schwimmstoffe müssen vor der Ozoneinwirkung durch eine Schnellfiltration von dem Wasser abgeschieden werden, teils aus ästhetischen Rücksichten, teils weil die von diesen eingeschlossenen Bakterien der Ozonwirkung schwerer zugänglich sind. Auch *Calmette*[3], *Andreoli*[4], *J. van't Hoff*[5], *Baron*[6] und *Rideal*[7] bestätigen die keim-

[1] Arb. a. d. Kais. Gesundheitsamt **18**, Heft 3; Viertelj. f. öffentl. Gesundh. 1903, 132.
[2] Zft. f. Hygiene **41**, 227; **42**, 293.
[3] Ann. Inst. Pasteur **13**, 344.
[4] Eng. Min. **67**, 706.
[5] Zft. f. Elektr. 1902, 30.
[6] Rev. chim. **1906**, 45.
[7] Sanitary Rec. 1909, 44.

tötende Wirkung des Ozons. *Schreiber*[1] meint, daß die Ozonbehandlung des Wassers alle bisherigen, zur Trinkwasserreinigung im Großbetriebe angewandten Verfahren übertrifft und hierin allen Ansprüchen genügt. Diesem Vorzuge des Ozonverfahrens können gegenüber die höheren Kosten der Erbauung und des Betriebes einer solchen Anlage (in Paderborn berechnen sich die Kosten für die Ozonisierung nach der Angabe des Bürgermeisters auf 2,0 Pfg., nach Angabe der Firma *Siemens & Halske* auf 2,3 Pfg. pro cbm) bei einem Wasser, das der Infektion durch pathogene Keime, d. h. Typhus oder Cholera, ausgesetzt ist, nicht ernstlich ins Gewicht fallen.

Die Firma *Siemens & Halske*[2] gibt nebenstehende (S. 179) Kostenrechnung für in Reserve zu haltende Ozonisierungsanlagen für Wasserwerke.

Nach *Felten & Guillaume-Lahmeyerwerke* (D. R. P. Nr. 185 274) wird der mittels Ozon betriebene Wasserreiniger dadurch zu einem Hausapparat ausgebildet, daß die zum Öffnen der Leitungen, Mischen und Sterilisieren und die zur Inbetriebsetzung des Ozonerzeugers dienenden Einzelapparate zu einem Gesamtapparat vereinigt werden, welcher an jeder Wasserleitung anzubringen ist. Zugleich ist der Ozonerzeuger nur solange im Betrieb, als Wasser der Leitung entnommen wird. Dadurch wird nicht nur an elektrischem Strom gespart, sondern es kommt auch stets frisch erzeugtes, also möglichst wirksames Ozon zur Verwendung. Das Ozon wird durch das beim Öffnen eines Hahnes in einen Strahlapparat strömende Wasser angesaugt. Die Hahnspindel ist mit einem Kontaktkörper so verbunden, daß beim Öffnen des Hahnes der dem Ozonerzeuger zufließende elektrische Strom geschlossen wird.

Fahrbare Ozonanlagen für militärische Zwecke wurden nach *Erlwein*[3] für die chilenische Militärverwaltung geliefert. Die Filteranlage (Sucrofilter) besteht aus 2 auf der oberen Wagendecke angebrachten Vorfiltern, in denen das Rohwasser durch Holzwolle von allen gröberen Verunreinigungen befreit wird, und aus einem großen Feinfilter, das aus 8 rechteckigen, mit Asbesttuch überspannten Hohlkörpern besteht. Diese Filterlamellen befinden sich in einem großen rechteckigen Kasten aus Aluminiumguß, der den Hauptteil des Wageninnern ausfüllt. Das Wasser strömt unter dem Druck der Wasserpumpe in die Vorfilter und von dort in den Filterkasten und dringt von außen nach innen in die Filterlamellen ein, aus denen es durch eine gemeinsame Sammelleitung in den Sterilisationsturm gelangt. Die zwei Ozonapparate, von denen einer zur Reserve dient, sind *Siemens*sche vertikal angeordnete Acht-Röhrenapparate. Sie sind federnd gelagert und sind im Gegensatz zu früheren Ausführungen auf dem Filterwagen angeordnet, um sie während des Betriebes den durch den Benzinmotor verursachten Erschütterungen zu entziehen. Der Sterilisationsturm, der eine Höhe von 1,5 m und einen Durchmesser von 0,35 m hat, besitzt gegen die älteren Karren

[1] Mitt. d. Kais. Prüfungsanst. f. Wasser. Heft 6, S. 60.
[2] Journ. f. Gasbel. 1912, 964
[3] Gesundheitsing. 1913, Nr. 6.

Leistung der Anlagen pro Stunde	250 cbm	500 cbm	1000 cbm	2000 cbm	4000 cbm	
Anzahl der Jahreskubikmeter	2 190 000	4 380 000	8 760 000	17 500 000	35 000 000	
Anlagekosten mit Schnellfilter . . . Mk.	rd. 220 000	rd. 360 000	rd. 700 000	rd. 1 300 000	rd. 2 600 000	Amortisation u.
Kubikmeterpreis ohne Betrieb . . . Pfg.	0,7	0,58	0,56	0,52	0,52	Verzsg. 7 Proz.
do. 1 Monat Betrieb . . . Pfg.	0,9	0,74	0,71	0,66	0,65	Amortisation u. Verzsg. 8 Proz.
do. 2 „ „ . . . „	0,99	0,82	0,77	0,72	0,71	
do. 3 „ „ . . . „	1,06	0,875	0,83	0,76	0,76	
do. 12 „ „ . . . „	1,87	1,57	1,46	1,3	1,24	
Ungefährer Energiebedarf . . . die Stunde	ca. 14 KW	rd. 28 KW	sd. 50,5 KW	rd. 99 KW	rd. 194 KW	
Anzahl der Monteure } für den Betrieb	3	3	3 und 1 Obermt.	6, 1 Ing., 1 Chem.	6, 1 Ing., 1 Chem.	
Anzahl der Hilfsarbeiter } für den Betrieb	3	6	9	15	24	
Anlagekosten ohne Schnellfilter . . . Mk.	rd. 157 500	rd. 235 000	rd. 420 000	rd. 800 000	rd. 1 600 000	Amortisation u.
Kubikmeterpreis ohne Betrieb . . . Pfg.	0,5	0,38	0,34	0,32	0,32	Verzsg. 7 Proz.
do. 1 Monat Betrieb . . . „	0,66	0,47	0,45	0,43	0,42	Amortisation u. Verzsg. 8 Proz.
do. 2 „ „ . . . „	0,735	0,54	0,49	0,48	0,465	
do. 3 „ „ . . . „	0,81	0,615	0,54	0,52	0,51	
do. 12 „ „ . . . „	1,55	1,25	1,14	1,05	1,01	
Ungefährer Energiebedarf . . . die Stunde	rd. 13 KW	rd. 26 KW	ca. 46,5 KW	rd. 91 KW	rd. 178 KW	
Anzahl der Monteure } für den Betrieb	3	3	3	4 u. 1 Ing.	5 u. 1 Ing.	
Anzahl der Hilfsarbeiter } für den Betrieb	2	3	6	8	12	

bei der Eintrittsstelle der Ozonluft eine größere Anzahl von Verteilungssieben und außerdem an der Austrittstelle des Wassers aus dem Turm eine besondere, rieselartig konstruierte Vorrichtung, in der der Wasserstrom wiederholt gebrochen und zerteilt wird, so daß eine intensive Nachbehandlung des Wassers mit überschüssigem Ozon stattfindet. Alle diese unbeweglichen Teile: Filter, Ozonapparate, Sterilisationsturm sowie der Transformator sind auf einem Karren untergebracht, während der zweite Karren alle beweglichen maschinellen Teile wie: den 6 pferdigen Benzinmotor mit direkt gekuppelter Wechselstrom- und Erregermaschine, sowie die beiden Pumpen für Luft- und Wasserförderung enthält. Als Wechselstrommaschine, die den durch den Transformator hochgespannten Wechselstrom zum Betrieb der Ozonapparate zu liefern hat, dient ein Hochfrequenzgenerator von 500 Perioden, der eine Spannung von 85 Volt gibt, die durch den Transformator auf die Betriebsspannung von 5000 Volt gebracht wird. Die Apparate arbeiten zufriedenstellend.

Belichtung.

Durch Sonnenlicht werden nach *Kedzior*[1] Bakterien getötet. Die bakterientötende Kraft des Sonnenlichtes, die auf seinem Gehalt an ultravioletten Strahlen beruhen, hat *Courmont*[2] und *Nogier* veranlaßt, Versuche über die Sterilisation des Trinkwassers mit künstlich erzeugten ultravioletten Strahlen anzustellen. Letztere werden von einer Quecksilberdampflampe aus Quarz geliefert. Die Sterilisation, die bei jedem klaren Wasser in kürzester Zeit vollständig eintritt, unterbleibt in Flüssigkeiten, die reich an Kolloiden sind. Nach *Vallet*[3] ist es möglich, mit einer Lampe von 110 Volt ein stark verunreinigtes Wasser in Mengen von etwa 10 cbm in der Stunde zu sterilisieren, wenn folgende Bedingungen eingehalten werden: 1. das Wasser ist vor der Bestrahlung völlig zu klären; 2. das Wasser ist dem Apparat so zuzuführen, daß die neu hinzukommenden Massen nach und nach mit dem Bestrahlungsapparat in Berührung kommen; 3. die Kapazität des Rezipienten ist derart zu wählen, daß jedes Wassermolekül wenigstens eine Minute lang beleuchtet wird innerhalb der wirksamen Zone der Strahlen; 4. das nach außen abzuführende Wasser muß direkt aus der die Lampe umgebenden Schicht entnommen werden. Nach *Schwarz*[4] genügt eine Bestrahlung von 7 Sekunden.

Nach *Henri* und *v. Recklinghausen* (D. R. P. Nr. 238 443 u. 254 882) wird das Wasser, während es den Strahlen einer Lampe ausgesetzt ist, durch Krümmung oder zickzackförmige Gestaltung des Flüssigkeitsweges, z. B. durch Leitplatten gezwungen, ihre Strömungsrichtung zu ändern, zum Zweck, die Flüssigkeit durcheinander zu bewegen und dadurch die Teilchen fester Masse

---

[1] Archiv f. Hygiene **36**, 323.
[2] Journ. f. Gasbel. 1911, 675.
[3] Compt. rend. (1910) **150**, 1076.
[4] Zft. f. Hygiene (1912) **73**, 119.

in der Flüssigkeit von allen Seiten der Wirkung der Strahlen auszusetzen. Nach weiteren Mitteilungen von *v. Recklinghausen*[1] bewährt sich das Verfahren.

In dem Sterilisationsapparat der *Westinghouse-Cooper-Hewitt Co.* kommt die Quecksilberlampe von *Cooper-Hewitt* mit Quarzhülle der *Silica-Gesellschaft* zur Anwendung, deren Leuchtrohr aus Quarz besteht. Im Apparat ist die Lampe nicht ins Wasser eingetaucht, sondern, wie Fig. 64 zeigt, über dem Wasser, aber in sehr geringer Entfernung von der Wasseroberfläche angebracht, ist also keine Unterwasser-, sondern eine Überwasserlampe und hat daher auch keinen Quarzschutzmantel. Im Innern des zylindrischen, emaillierten Apparates *A* befinden sich trichterförmig ineinanderstehende Einsätze *B* und *C* als Scheidewände, die das bei *E* eintretende Rohwasser zwingen, im Sinne der eingezeichneten Pfeile durch den Sterilisator zu fließen und in geringster Entfernung von der Lampe deren intensivstes Strahlungsbereich wiederholt zu passieren. Vermittelst eines seitlich am Apparat angebrachten Kettchens wird die Lampe durch Kippen zur Zündung gebracht. Der Apparat wird für Leistung von 600 bis 1200 l die Stunde gebaut. Die nur mit Gleichstrom gehende Lampe arbeitet beim Apparat von 600 l Stundenleistung mit 110 Volt und rund 3,5 Amp., was daher für 1 l einen Aufwand an elektrischer Energie von $3{,}5 \times 110 : 600 = 0{,}6$ Wattstunden, d. h. für 1 cbm 600 Wattstunden ergibt.

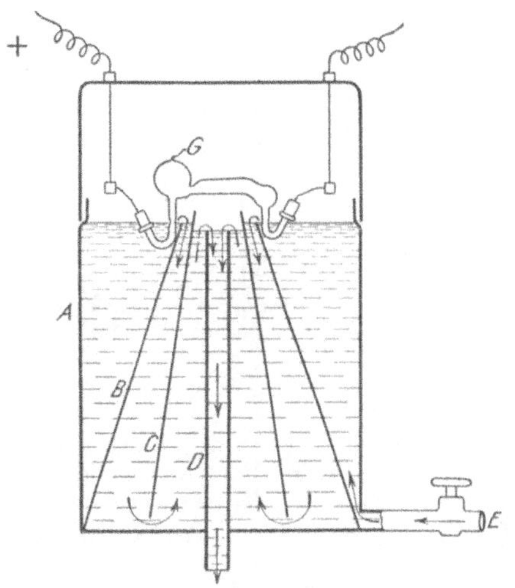

Fig. 64.

Nach *Siemens & Halske* brennt eine Quarzlampe mit evakuiertem Quarzmantel, axial angebracht, als Unterwasserbrenner in einem zylindrischen Gefäß, in welches das Wasser tangential einströmt und in mehrfachen Rotierungen dem Strahlungsbereich der Lampe ausgesetzt wird (Fig. 65). Das Wasser strömt aus einer trompetenförmig erweiterten Röhre ab, die dicht über dem Leuchtrohr angebracht ist, so daß das Wasser beim Austritt aus dem Kasten nochmals in dünner Schicht der energischen Bestrahlung ausgesetzt wird (vgl. D. R. P. Nr. 254 731).

Nach *Knips* (D. R. P. Nr. 258 685) wird das Wasser nacheinander an der äußeren und der inneren der ring- oder zylindermantelförmigen Leuchtflächen oder in umgekehrter Richtung entlanggeleitet. In dem Behälter *a* (Fig. 66) ist die Quarzlampe angeordnet, die aus dem eigentlichen Leuchtrohr *b* und dem dieses umgebenden evakuierten Quarzmantel *c* besteht. An das Rohr *b* schließen sich weiter die Quecksilber- oder Amalgamelektroden *d* und *e* an, an welche die Stromzuführungen *f* und *g* angeschlossen sind. An

[1] Genie civ. 1910, 10; Compt. rend. 1910, 150; Journ. f. Gasbel. 1912, 1058.

der Unterseite des Behälters *a* befinden sich das Zuführungsrohr *h* und das Abführungsrohr *k* für die zu sterilisierende Flüssigkeit. Die abgebildete Ausführungsform ist im Grundriß vollkommen ringförmig ausgebildet. Der Hohlraum *i* der Lampe ist oben offen und steht unten mit der Wasserabführung *k* in Verbindung, während die Wasserzuführung *h* in den Boden des Behälters *a* einmündet. Das zu sterilisierende Wasser fließt durch den Rohrstutzen *h* zu, gelangt in den Behälter *a*, steigt an der Außenfläche der Lampe in der Pfeilrichtung empor, wobei es vorbestrahlt wird, und gelangt dann in einer Umkehrbewegung in den Innenraum der Lampe, wo es nochmals einer intensiven und vor allem schattenlosen Bestrahlung unterworfen wird, um dann schließ-

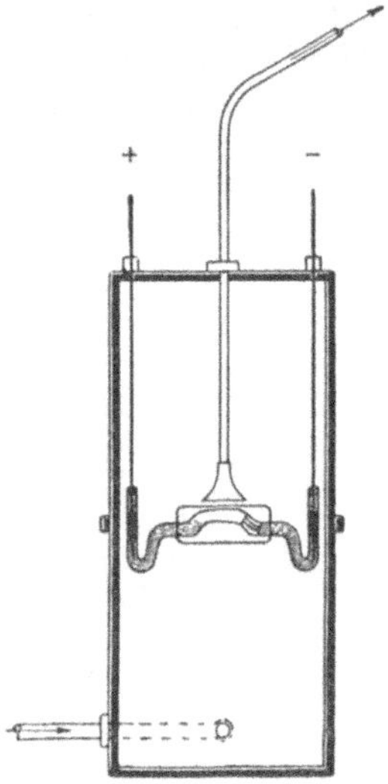

Fig. 65.

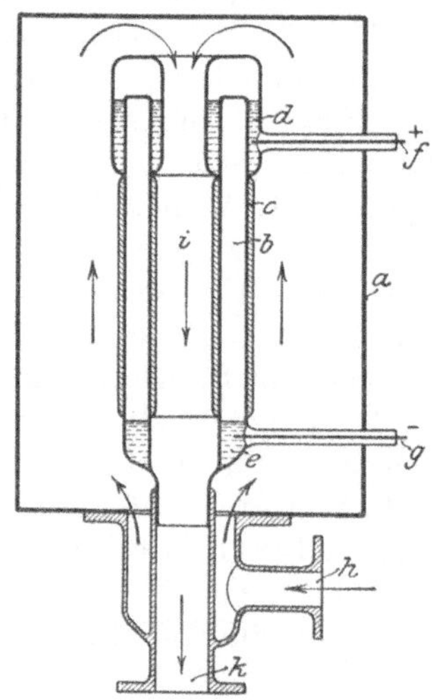

Fig. 66.

lich in sterilisiertem Zustande durch den Abflußstutzen *k* nach der Verbrauchsstelle zu gelangen.

Nach *Berthelot*[1] machen die Anhänger der eingetauchten Lampen geltend: die quantitative Ausnutzung der Strahlung, die sofortige Erreichung des stationären Zustands, die lange Lebensdauer der Lampen infolge der Kühlung. Die Anhänger der in Luft brennenden Lampen heben hervor: die große Erhöhung der Ausbeute an ultravioletten Strahlen durch die Steigerung der Temperatur und den Wegfall der Reinigung der Lampe von angesetztem Kesselstein. Flüssigkeiten wie Wein, Most, Bier usw. können angeblich wie Wasser sterilisiert werden; Milch dagegen eignet sich als Emulsion schlecht zu diesem Verfahren. Die ultravioletten Strahlen sind auch verwendet worden zur Sterilisation von Fässern vor Einfüllen des Bieres sowie zur Sterilisation des zum Auswaschen von Mineralwasserflaschen, zum Waschen von Butter usw. verwendeten gewöhnlichen Wassers. Endlich wird jetzt in einigen großen

[1] Journ. f. Gasbel. 1912, 1238.

Seehäfen in Südamerika, wo durch die Abwässer der Stadt die Fische zugrunde gingen, der Versuch gemacht, in ganz großem Maßstabe die Sterilisation des Wassers mit Hilfe ultravioletter Strahlen durchzuführen.

Nach *Dienert*[1] ist bei der Reinigung mit ultravioletten Strahlen darauf zu achten, daß das zu behandelnde Wasser klar ist, es darf nicht fluorescieren; wenn es gelblich ist, muß die Färbung erst beseitigt werden. Das Quecksilber in den Lampen muß rein sein und darf vor allem kein Blei enthalten. Eisenhaltiges Wasser muß vor der Behandlung mit ultravioletten Strahlen gelüftet und gefällt werden.

Nach *Erlwein*[2] hat sich gezeigt, daß 1 cbm Wasser zur Reinigung nach dem Ultraviolettverfahren einen Kraftaufwand von 100 bis 300 KW-St. nötig hat. In Marseille, wo ein Sterilisator der *Westinghouse-Gesellschaft* angewandt wurde bei Versuchen, die dazu dienen sollten, um zu ermitteln, ob das Ultraviolettverfahren ökonomischer ist als das Ozonverfahren, wurden zwar nur 40 KW-St. verbraucht, das Wasser war aber für diese Versuche überaus gut vorgeklärt mit Schnellfilter, Bakterien- und Langsamfilter. Versuche, die in Berlin, Hamburg und Petersburg durchgeführt wurden, ergaben, daß ein Energieaufwand von 100 bis 300 KW nötig ist. Beim Ozonverfahren sind für 1 cbm nur 60 bis 100 Wattstunden erforderlich, je nach der Reinheit des Rohwassers[3].

Nach Versuchen von *Grimm* und *Weldert*[4] kann mit der Quecksilberlampe Hanau klares Wasser, welches wenig Bakterien enthält, in 1 Stunde in einer Menge von 0,55 cbm sterilisiert werden. Sehr bakterienreiches, aber klares Wasser kann dagegen nur in einer Menge von 0,45 cbm steril hergestellt werden, wobei es gleichgültig ist, ob die Bakterien Wasserbakterien oder Kolibakterien sind. Trübungen des Wassers, selbst leichten Grades, machen die Desinfektionswirkung unsicher; bei starken Graden erweist sich die Abtötung der Keime durch die Lampe, wenigstens in den Grenzen, wie sie für die Praxis in Betracht kommen, als unmöglich. Ebenso wirkt sehr stark hindernd die durch Kolloide bewirkte gelbliche Färbung des Wassers, wie sie Moorwässer darbieten, und zwar schon bei leichten Graden, so daß dann diese Desinfektionsmethode praktisch undurchführbar wird. Auch *Schwarz*[5] kann dieses Verfahren nicht empfehlen und nach *A. Müller*[6] sowie *Schröter*[7] waren die Erfolge selbst bei klarem Wasser unregelmäßig.

Vorläufig kommt also das Ultraviolettverfahren nur für kleinere Anlagen, bez. Hausanlagen in Betracht, wo die Kosten keine solche Rolle spielen. Für Zentralwasseranlagen ist das Ozonverfahren vorzuziehen, zu dessen Gunsten

[1] Journ. f. Gasbel. 1912, 1289.
[2] Elektr. Ztg., 10. Sept. 1910.
[3] Vgl. Journ. f. Gasbel. 1911, 955; 1912, 1126; Zft. f. angew. Chem. 1912, 167.
[4] Mitt. d. Kais. Prüfungsanst. f. Wasser. 1911, Heft 14, S. 85.
[5] Zft. f. Hygiene (1911) **69**, 68.
[6] Arb. a. d. Kais. Gesundheitsamt (1912) **43**, Heft 3.
[7] Zft. f. Hygiene (1912) **72**, 189.

der Energieaufwand spricht. Auch gibt die Ozonisierung auch dann noch gute Resultate, wenn das Wasser gelb oder opalescierend ist, das Ultraviolettverfahren versagt, wenn im Wasser kolloidale Substanzen, Huminerden vorhanden sind.

Chlor und Brom.

Die Anwendung des von *Traube*[1] empfohlenen Chlorkalkes zur Desinfektion des Trinkwassers hat sich überraschend schnell in Amerika eingeführt. Man rechnet etwa 2 g Chlorkalk auf 1 cbm Wasser[2]. Nach *Johnsen*[3] ist aber Chlorkalk auch kein Allheilmittel, da die Bakteriensporen nicht abgetötet werden. Die in suspendierte feste Partikel eingebetteten Bakterien bleiben unbeeinflußt. Die Trübigkeit des Wassers bleibt ungeändert. Die Färbung des Wassers durch organische Auslaugungsprodukte bleibt unverändert. Die organischen Stoffe werden nicht angegriffen. Mooriger Geschmack oder Geruch wird nicht beseitigt.

F. Ballner[4] fordert für 1 l Wasser 100 mg wirksames Chlor zur vollständigen Desinfektion und 30 Minuten Einwirkung; er hält Chlorkalk nur bei mehrstündiger Einwirkung für brauchbar, *Robe*[5] fordert 30 Minuten, *Engels*[6] 0,45 g Chlorkalk auf 1 l Wasser. Nach *Tresh*[7] kann Wasser, welches fast frei von suspendierten Körpern und gelösten organischen Substanzen ist, praktisch mit sehr geringen Mengen Chlor (1 : 100 000 Teile Wasser) sterilisiert werden. Nach Versuchen von *Plücker*[8] wirken aber selbst 40 mg Chlor auf 1 l Wasser nicht sicher und nach *Grimm*[9] genügen die in der Praxis bei Wasserwerken in Amerika und England und neuerdings auch in Deutschland zugesetzten Chlorkalkmengen bis zu 2 : 1 Millionen zu einer vollkommenen Desinfektion des Trinkwassers nur dann, wenn der Chlorkalk 24 Stunden auf das Wasser einwirken kann, welches nur wenig organische Stoffe enthält. Ähnlich *Antonowsky*[10].

Nach Versuchen von *Schwarz* und *Nachtigall*[11] sind zur Behandlung von unsedimentiertem Rohwasser aus der Elbe (3080 Keime) 2 bis 3 g Chlorkalk auf 1 cbm notwendig. Sedimentiertes, kaltes Wasser erfordert 2 g, Einwirkungszeit 4 Stunden. Mit Alaun vorgeklärtes Wasser (40 g für 1 cbm) erfordert nur 1 g Chlorkalk, Einwirkungszeit 8 Stunden, Reduktion der Keime

[1] Zft. f. Hygiene (1894) **16**, 149.
[2] Eng. News (1910) **63**, 394; **64**, 228 u. 335; Engineering 1910, Nr. 2348; Contract. Journ. 1910, 1392; Eng. Rec. **62**, 334; **63**, 128 u. 277; **65**, 595; Proc. Cambridge Phil. **15**, 559; Journ. f. Gasbel. 1910, 1119; 1912, 1133.
[3] Eng. Rec. (1910) **62**, 321; Genie civ. 1910, 7.
[4] Archiv f. Hygiene (1903) **48**, 140.
[5] Hyg. Rundschau **11**, 1085.
[6] Centralbl. f. Bakt. **32**, 495.
[7] Chemikerztg. 1909, 626.
[8] Journ. f. Gasbel. 1911, 385.
[9] Mitt. a. d. Kais. Prüfungsanst. f. Wasserversorg. 1912, Heft 13, S. 297.
[10] Zft. f. Hygiene (1912) **72**, 421.
[11] Gesundheitsing. 1912, Nr. 13.

von 342 auf 20. Nach langsamer Sandfiltration reduzieren in 8 Stunden 0,5 g 64 Keime auf 9, und 1 g in 2 Stunden von 86 auf 0 Keime. Gleichzeitiger Zusatz von 20 bis 30 g Alaun und 3 g Chlorkalk haben annähernd die gleiche Wirkung wie Vorklärung mit derselben Menge Alaun und nur 1 g Chlorkalk; erforderliche Zeit der Einwirkung 4 Stunden. Die Abtötung der Kolibakterien erheischt eine 3 bis 6stündige Einwirkung von 7,5 g Chlorkalk für 1 cbm. Die Abtötung von Choleravibrionen erfordert 3 bis 5 g Chlorkalk für 1 cbm bei 1stündiger Einwirkung. Typhusbacillen waren im Elbewasser mit 3 bzw. 5 g Chlorkalk nicht völlig zu beseitigen. Ein Zusatz von 0,5 g Chlorkalk war nach 8 Stunden noch, nach 24 Stunden nicht mehr durch den Geschmack zu erkennen; bei Verwendung von 1 g dauerte die Wahrnehmung 48 Stunden. Chemisch blieb 1 g nach 1 Stunde nicht mehr nachweisbar.

Für Notfälle genügte nach *Reese*[1] praktisch sogar ein Zusatz von $^1/_3$ g wirksames Chlor. Nach *Bruns*[2] kann man mit 0,5 bis 1 g Chlor, vorausgesetzt, daß das Wasser selbst nur kleine Mengen von oxydierbaren Stoffen enthält, wenigstens soweit eine wirksame Desinfektion erreichen, als der allergrößte Teil der im Wasser vorhandenen Bakterien dadurch vernichtet wird. Der Nachteil derartig geringer Chlorkalklösungen, deutlich unangenehmer Geschmack, kann bis zu einem gewissen Grade dadurch bekämpft werden, daß dem Wasser noch Natriumthiosulfat (1 bis 2 mg für 1 l) nachträglich zugefügt wird[3]. Das Verfahren ist im Jahre 1911, als infolge des niedrigen Wasserstandes besonders schwierige Verhältnisse herrschten, auf einer Anzahl von Ruhrwasserwerken in Gebrauch gewesen und ist dort an mehreren Stellen 3 bis 4 Monate lang durchgeführt worden, zum Teil ohne daß Klagen aus der Bevölkerung über den schlechten Geschmack des Chlorkalks laut wurden; an anderen Stellen dagegen wurde lebhaft über die Geschmacksverschlechterung geklagt. Ein Verfahren, um schmutziges Wasser in reines zu verwandeln, ist es keinesfalls und nicht imstande, andere Verfahren, um Trinkwasser zu reinigen, zu ersetzen. Insbesondere kann es zur Reinigung von Oberflächenwasser nur in Verbindung mit einer Filtrationsanlage verwandt werden, da keine vollständige Vernichtung sämtlicher Bakterien mit Sicherheit dadurch gewährleistet werden kann; es ist immer nur den größten Teil der Bakterien zu vernichten in der Lage. Es ist ein Verfahren, das nur in Ausnahmefällen seine Berechtigung hat, und zwar nur dort, wo vorübergehend und für ganz kurze Zeit hohe Keimzahlen in einem sonst brauchbaren Trinkwasser auftreten, und wo ein größeres Mißverhältnis zwischen der Trinkwasser- und Gebrauchswasserversorgung besteht, die die Verwendung anderer, ihm in gewisser Beziehung überlegener Sterilisationsverfahren, die erhebliche Anlagekosten erfordern (Ozonisierung, Ultraviolettbestrahlung) unwirtschaftlich erscheinen lassen würden. Für diese Fälle hat das Verfahren den Vorzug der Billigkeit und leichten Anwendbarkeit.

[1] Journ. f. Gasbel. 1912, 148.

[2] Journ. f. Gasbel. 1912, 629 u. 649.

[3] Nach *Goldschmidt* (D. R. P. Nr. 256 387) wird das mit Chlorkalk gereinigte Wasser mit Zinn behandelt.

Das mit Chlorkalk sterilisierte Wasser behandeln die *Farbenfabriken vorm. Bayer & Co.* (D. R. P. Nr. 260 653) mit Wasserstoffsuperoxyd oder seinen Derivaten, wie Peroxyden und Persalzen. Dabei verschwindet der Chlorgeruch in kurzer Zeit restlos, ebenso der Geschmack nach Chlor; das Wasser erhält keinen laugenhaften oder salzigen Beigeschmack, sondern schmeckt frisch und angenehm. Beispielsweise werden 1000 Teile Wasser, welche man durch Zugeben von 0,3 Teilen eines 30 proz., mit Wasser angeriebenen Chlorkalkes 10 Minuten lang sterilisiert hat, mit 0,25 bis 0,3 Teilen Natriumperborat unter Umrühren versetzt. An Stelle von Natriumperborat können äquivalente Mengen von Wasserstoffsuperoxyd, Calcium- oder Natriumsuperoxyd u. dgl. verwendet werden. Nach einigen Minuten kann man von den sich ausscheidenden Kalksalzen abfiltrieren. Bei Verwendung von Perboraten befindet sich die Borsäure fast vollständig in dem Niederschlag.

Hermite (D. R. P. Nr. 78 766 u. 83 069) empfahl Zusatz von Chlornatrium oder Chlormagnesium und Elektrolyse für den Hausgebrauch (unpraktisch). Nach *Hünermann*[1] würden durch Zusatz von Natriumhypochlorit mit 0,04 g wirksamem Chlor alle in 1 l Wasser enthaltenen Typhus- und Kolibacillen und Choleravibrionen in 10 Minuten abgetötet.

Auch *Rideal*[2] empfiehlt Natriumhypochlorit. Er findet, daß, wenn das Hypochlorit durch organische Stoffe aufgebraucht ist, die Desinfektion noch für einige Zeit fortdauert infolge Bildung von Chloraminen, welche, da sie nur in geringer Menge vorkommen, für die höheren Tiere unschädlich sind und später wieder verschwinden.

Nach dem Vorschlage von *Bergé* wird das aus Kaliumchlorat und Schwefelsäure von 64° Bé. gewonnene Gas durch Wasser geleitet und die so gewonnene Lösung mit dem zu reinigenden Wasser gemischt, so daß die Reaktion mit Jodkaliumstärke einen kleinen Überschuß anzeigt. Nach kurzer Einwirkungsdauer soll dann das Wasser allen hygienischen Anforderungen entsprechen. *Schoofs*[3] verwirft das Verfahren.

Zum Sterilisieren von Wasser will *Stein* (D. R. P. Nr. 104 438) dasselbe mit Chlortetroxyd versetzen.

Die Wasserversorgung des Badeorts Ostende (35 000 Einwohner, im Sommer 70 000, mit einem täglichen Wasserverbrauch von 3800 cbm) entnimmt ihr ziemlich trübes, hartes und mehr oder weniger salziges Rohwasser einem kleinen Kanal, der vor verunreinigenden Zuflüssen nicht geschützt ist[4]. Das Rohwasser wird nach dem Durchfließen eines Absitzbeckens mit einer geringen Menge Alaun versetzt und dann durch ein Filter geschickt, dann erfolgt Desinfektion mit Chlortetroxyd. Dieses Mittel wird in der Anlage selbst aus Kaliumchlorat und Oxalsäure (früher Schwefelsäure) hergestellt. Bei einer Temperatur von 40° soll die Umsetzung erfolgen:

---

[1] Deutsche med. Wochenschr. **27**, 391.

[2] Journ. f. Gasbel. 1912, 1288.

[3] Rev. d'hygiène **22**, 680.

[4] Journ. f. Gasbel. 1907, 165; vgl. das. 1912, 1085.

$$6\,KClO_3 + 3\,H_2C_2O_4 = 3\,K_2C_2O_4 + 6\,HClO_3$$
$$6\,HClO_3 = 2\,HClO_4 + 2\,Cl_2O_4 + 2\,H_2O.$$

Das in Wasser gelöste Chlortetroxyd wird dem Abfluß von den mechanischen Filtern zugesetzt. Unter dem Einfluß des Sonnenlichts in dem mit Glas bedeckten Sterilisierraum wirkt das Chlortetroxyd auf das Wasser nach folgender Gleichung ein:

$$3\,Cl_2O_4 + 2\,H_2O = 4\,HClO_3 + O_2 + Cl_2.$$

Der Badeort Middelkerke (2000 Einwohner, im Sommer 12 000, mit einem täglichen Verbrauch von 1180 cbm Wasser) besitzt eine ähnliche Wasserreinigungsanlage wie Ostende. Das aus Brunnen, im Sommer auch zum Teil aus einem Kanal entnommene Wasser wird durch Filter geschickt. Doch benutzt man hier als Fällungsmittel nicht Alaun, sondern das sog. Ferrochlor, das bei einer Mischung der Lösungen von Eisenchlorid und Chlorkalk sich etwa nach folgender Gleichung bildet:

$$Fe_2Cl_6 + 3\,CaO_2Cl_2 = 3\,CaCl_2 + Fe_2O_3 + 6\,HClO.$$

Der Prozeß zeichnet sich also durch die gleichzeitige Bildung eines Fällungs- (Fe_2O_3) und Desinfektionsmittels ($HClO$) aus. Die Lösungen der beiden Chemikalien werden kurz vor dem von oben in die mechanischen Filter erfolgenden Zusatze zum Wasser gemischt.

Rouquette[1] empfiehlt gleichzeitige Einwirkung von Natriumanhydropersulfat, $Na_2S_2O_9$, und dem Chlorid des Natriumperoxyds, Na_2O_2Cl, im Verhältnis 1 : 10. Durch die gleichzeitige Einwirkung der beiden Stoffe auf das Wasser erreicht man angeblich eine Oxydation der organischen Substanz und zugleich eine Zerstörung der Bakterien, und zwar in stärkerem Maße und schneller als mit gewöhnlichem Hypochlorit und ohne dessen Nachteile. Die Menge der zugesetzten Stoffe beträgt je nach dem Gehalt des Wassers an Verunreinigungen 1 Teil auf 1 Million Teile bis zu 1 Teil auf 5 Millionen Teile Wasser.

Brom. Nach *P. Altmann* (D. R. P. Nr. 104 437) wird dem Wasser zur Tötung der in ihm enthaltenen Keime freies Brom zugesetzt, welches nach entsprechender Einwirkungsdauer durch Ammoniak oder ein Gemisch von schwefligsaurem und kohlensaurem Natron unschädlich gemacht wird.

Köhler[2] empfiehlt Tabletten von Bromsalz, das durch Eindampfen von Brom mit Ätznatronlösung erhaltene Salzgemisch von $5\,NaBr + NaBrO_3$, ferner als Säure Natriumbisulfat, als Brombindemittel für den Überschuß an Brom bicarbonathaltiges Thiosulfat.

Zur Herstellung von keimfreiem Trinkwasser genügen nach *Schumburg*[3] auf 1 l Wasser 0,06 g Brom, am besten als Bromkalilösung (100 Wasser,

[1] Compt. rend. 1912, 447.
[2] Pharm. Ztg. **50**, 246.
[3] Deutsche med. Wochenschr. 1897, 10.

20 Bromkalium, 20 Brom). Von dieser Lösung reichen 0,2 cc aus, um in 5 Minuten 1 l Spreewasser zu sterilisieren. *Pfuhl*[1] und *Kaess*[2] halten das Verfahren für brauchbar. Nach *Engels*[3] ist es aber unzuverlässig, da weder Typhus- noch Cholerakeime vollständig beseitigt werden. Jedenfalls ist Chlorkalk billiger.

Sonstige Verfahren.

Wasserstoffsuperoxyd zur Desinfektion von Wasser ist mehrfach empfohlen. Entgegen älteren Angaben[4] hatte *Altehofer*[5] erst bei einem Zusatz von Wasserstoffsuperoxyd im Verhältnis von 1 : 1000 und 24stündiger Einwirkungsdauer gute Resultate. Bei Trinkwasserproben, die 160, 600 und 6000 Keime in 1 cc enthielten, waren nach 24 Stunden nur noch 3 bis 10 Bakterien in 1 cc lebensfähig geblieben. Cholera- und Typhusbacillen in reichlicher Menge in gewöhnlichem wie auch in sterilisiertem Leitungswasser suspendiert, waren bei einem Zusatz von H_2O_2 1 : 1000 nach 24 Stunden abgetötet. *Altehofer* hält nach diesen Versuchen das Wasserstoffsuperoxyd für ein gutes Desinfiziens für Trinkwasser, wenn es im Verhältnis von 1 : 1000 zugesetzt wird und 24 Stunden einwirkt. *Kirchner*[6] hält diese Konzentration für noch zu niedrig; jedoch erklärt auch er das Wasserstoffsuperoxyd für ein brauchbares Wasserdesinfektionsmittel. Auch *Blatz* fand, daß zur sicheren Abtötung der Bakterien im Mainwasser innerhalb 24 Stunden mindestens eine Konzentration von 1,5 : 1000 nötig ist.

Natriumsuperoxyd als Desinfiziens für Trinkwasser empfiehlt *F. Blatz*[7]. Versuche ergaben, daß Natriumsuperoxyd unter Zusatz äquivalenter Mengen Citronensäure bakterienhaltiges Wasser im Verhältnis 1 : 1000 zugesetzt und bei einer Einwirkungsdauer von 24 Stunden sicher keimfrei macht. Sollen Cholerabacillen abgetötet werden, so genügt eine Einwirkung von 3 Stunden, bei Anwesenheit von Typhusbacillen ist eine 6stündige Einwirkungsdauer nötig. *E. Bonjean*[8] empfiehlt Zusatz von Calciumsuperoxyd. — Magnesiumsuperoxyd wird als Wassersterilisierungsmittel von den „*Oxydin-Sterilisierungswerken*" Berlin vertrieben zur Herstellung keimfreier und sauerstoffhaltiger Mineralwässer. Die Kohlensäure der Mineralwässer soll das Wasserstoffsuperoxyd freimachen. Nach *Croner* tritt eine Sterilisation des Wassers durch Mengen von 0,7 bis 1,0 g Magnesiumsuperoxyd im Liter Wasser nicht ein.

---

[1] Zft. f. Hygiene **33**, 53.
[2] Pharm. Ztg. 1900, 471.
[3] Centralbl. f. Bakt. **31**, 651.
[4] Apothekerztg. 1898, 728.
[5] Centralbl. f. Bakt. **8**, 131.
[6] Militärgesundheitspflege, S. 155.
[7] Apothekerztg. 1898, 728.
[8] Bull. thérap. **149**, 185.

In Paris wurde auf Vorschlag einer Kommission Seinewasser dadurch geklärt, daß man dasselbe mit Alaun versetzte und den gebildeten voluminösen Niederschlag absetzen ließ[1]. Auch nach *d'Arcet*[2] und *Jennet*[3] soll schlechtes Wasser dadurch in wenig Minuten trinkbar werden. Zur Vorreinigung (S. 137) wird es oft angewendet.

Versuche zur Klärung des Königsberger Trinkwassers mit schwefelsaurer Tonerde ergaben nach *Denk*[4], daß mit 30 bis 40 g Alaunzusatz nicht nur eine bedeutende Farbenreduktion, sondern auch eine nicht unwesentliche Bakterienverminderung erreicht werden kann. Rohwasser von 110 bis 116 Farbengraden wurde mit 30 g schwefelsaurer Tonerde auf rund 30° im Reinwasser entfärbt, ebenso Rohwasser von 120 bis 140° mit 40 g auf rund 55°.

Versuche ergaben[5], daß der Gehalt des Rohwassers an organischer Substanz durch den Zusatz von schwefelsaurer Tonerde eine erhebliche Verminderung erfährt; sie beträgt bei 50 g Tonerdezusatz zu 1 cbm Wasser je nach der Zusammensetzung des Rohwassers 26 bis 39 Proz.

Dieselbe Wirkung hat das von *Armengaud*[6] zu gleichem Zweck vorgeschlagene schwefelsaure Eisenoxyd. *Peligot*[7] und *Gunning*[8] verwenden statt dessen Eisenchlorid; 1 l trübes Wasser mit 32 mg Eisenchlorid und dann mit der äquivalenten Menge Soda versetzt, wurde angeblich vollkommen gereinigt. *Dragendorff*[9] will in gleicher Weise eine dialysierte Eisenlösung verwenden.

H. Schweickert empfiehlt, kolloidale Eisenhydroxydlösung dem zu reinigenden Wasser zuzusetzen (D. R. P. Nr. 173 773).

F. Schulze[10] wendet das schon von *A. W. Hofmann*[11] empfohlene übermangansaure Kalium an. Er versetzt das Wasser mit etwas Kalkmilch und fügt soviel Kaliumpermanganat hinzu, daß das Gemisch noch nach 15 Minuten schwach rötlich gefärbt ist. Das Wasser wird von dem Niederschlage klar abgegossen, zur Entfernung des überschüssigen Kalkes mit Natriumbicarbonat versetzt und nach geschehener Ausfällung mit Chlorwasserstoffsäure neutralisiert, um dem Wasser durch die freiwerdende Kohlensäure den erforderlichen, erfrischenden Geschmack zu erteilen.

Boisserand (D. R. P. Nr. 93 740) benutzt die Wechselwirkung zwischen Mangansuperoxyd (Weldonschlamm) in porösem Zustande und einer

---

[1] Dingl. pol. Journ. (1829) **31**, 110.
[2] Dingl. pol. Journ. (1832) **46**, 390.
[3] Dingl. pol. Journ. (1866) **180**, 141.
[4] Journ. f. Gasbel. 1910, 631.
[5] Ber. d. Untersuchungsamt. Altona 1909, 46.
[6] Dingl. pol. Journ. (1865) **175**, 324.
[7] Dingl. pol. Journ. (1865) **178**, 400.
[8] Dingl. pol. Journ. (1870) **196**, 170.
[9] Chem. Jahresber. 1872, 166.
[10] Dingl. pol. Journ. (1868) **188**, 210.
[11] Dingl. pol. Journ. (1859) **153**, 62.

Lösung von Erdalkalipermanganat, vorzugsweise von Calcium- oder Aluminiumpermanganat. Dabei zersetzen sich das Mangansuperoxyd und die Erdalkalipermanganatlösung unter Bildung von Ozon bzw. aktivem Sauerstoff und Wasserstoffsuperoxyd, welche Umsetzungsprodukte die im Wasser vorhandenen Mikroben zerstören und die im Wasser befindlichen organischen Substanzen oxydieren sollen.

Nach *Lavollay* und *Bourgoin* (D. R. P. Nr. 124 986) wird dem Wasser gepulvertes Manganat, insbesondere Calciummanganat, im Verhältnis von 20 bis 50 g auf 1 hl zugesetzt und dann ein elektrischer Strom in der Dichte von 2 bis 10 Amp. auf 1 qm Elektrodenfläche während der Dauer von 5 bis 10 Minuten hindurchgeleitet. Die Stromstärke und Dauer richtet sich nach dem Grade der zu beseitigenden Verunreinigungen des Wassers.

Nach *Pellas* (D. R. P. Nr. 166 625) wird das Wasser mit einem Zusatz von wasserlöslichem Permanganat versehen und gleichzeitig der Einwirkung des elektrischen Stromes ausgesetzt, worauf die Niederschläge abfiltriert werden. *Cambier* (D. R. P. Nr. 170 341) will das Wasser durch Bariumpermanganat leiten. *Charitschkoff*[1] verwendet Calciumpermanganat. *Delorme*[2] verwendet Kaliumpermanganat zur Desinfektion von Brunnen.

Zur Herstellung von keimfreiem Trinkwasser will *J. D. Riedel* (D. R. P. Nr. 227 087) keimhaltiges Wasser über einen Zeolith filtrieren, der höhere Manganoxyde enthält, oder ein keimhaltiges Wasser mit Lösungen von Permanganaten im Überschuß versetzen und dann über einen Zeolith filtrieren, der durch Manganoxydulsalzlösungen reduzierte Manganoxyde enthält.

Kupferchlorür ist von *B. Kröhnke*[3] empfohlen; bei einem Zusatze von 1 : 50 000 trat nach 1stündiger, von 1 : 25 000 schon nach 1 bis 3stündiger, von 1 : 80 000 schon nach 8stündiger und von 1 : 100 000 schon nach 24stündiger Einwirkung völlige oder nahezu vollständige Sterilisation ein. Zur Beseitigung des Kupfers diente Kalk. Kupfersulfat wird gegen Algen verwendet (S. 134).

Nach *A. Frank* (D. R. P. Nr. 224 192) wird das Wasser zunächst mit Alkalisilikat und dann mit Aluminiumsiliciumflorid bis zur neutralen oder schwach sauren Reaktion behandelt. Nachdem schon durch den Zusatz von Wasserglas die teilweise Fällung einzelner, im Wasser gelöst enthaltener Stoffe wie Kalk-, Magnesia- und Eisenverbindungen bewirkt ist, entsteht bei der dann erfolgenden Zugabe von Kieselfluoraluminium ein sehr reichlicher Niederschlag von Kryolith und Kieselsäurehydrat. Gelegentlich entstehen auch die dem Chiolith und Chodneffit entsprechenden Fluornatrium- oder Fluorkalium-Fluoraluminiumverbindungen. Alle diese Niederschläge haben durch ihre kolloidale Beschaffenheit eine kräftig klärende und reinigende Wirkung und unterstützen hierdurch auch die Entfernung organischer, färben-

[1] Chemikerztg. 1910, 1175.
[2] München. med. Wochenschr. 1900, 1121.
[3] Journ. f. Gasbel. 1898, 513.

der Bestandteile aus dem Wasser. Ein sehr geringer Überschuß von Kieselfluoraluminium soll noch antiseptisch und sterilisierend wirken. Soll das Wasser dem menschlichen Genuß dienen, so werden die in Lösung gebliebenen geringen Reste von Kieselfluoraluminium oder Kieselsäurehydrat durch Zufügung kleiner Mengen von Erdalkalien wie Kalkwasser oder kohlensaurem Kalk noch vor der Filtration entfernt.

Nach *Plagge* bewirkte ein Zusatz von 4 cc 6proz. Essigs zu 100 cc Wasser (= 0,24 Proz. Essigsäure im Wasser) nach 2stündiger Einwirkung eine Herabminderung der Bakterien im Spreewasser von 2500 auf 40 bis 60, eine solche von 2 000 000 Typhusbacillen auf 5000 und eine vollständige Vernichtung von 3 500 000 Cholerabacillen; die Typhusbacillen waren erst nach 24stündiger Einwirkung vernichtet. Das stimmt mit Beobachtungen von *Kitasato*[1] überein, der die Wirkungsgrenze der Essigsäure gegen Cholerabacillen bei 0,2 Proz. Essigsäure fand.

Zur Desinfektion von Trinkwasser für militärische Zwecke werden nach *Riegel*[2] in Limonaden aus Zuckerwasser und Citronensäure mit einem Gehalt von 0,6 Proz. Säure Cholerabacillen innerhalb 1/2 Stunde, Ruhrbacillen nach etwa 6 Stunden und Typhusbacillen nach erst 24 Stunden abgetötet. Werden die Limonaden gleichzeitig der Wirkung der Sonnenstrahlen ausgesetzt, so erfolgt die Abtötung der Cholera in 5 Minuten, bei Ruhr in 1 bis 1 1/2 Stunden und bei Typhus in 1 1/2 bis 2 Stunden.

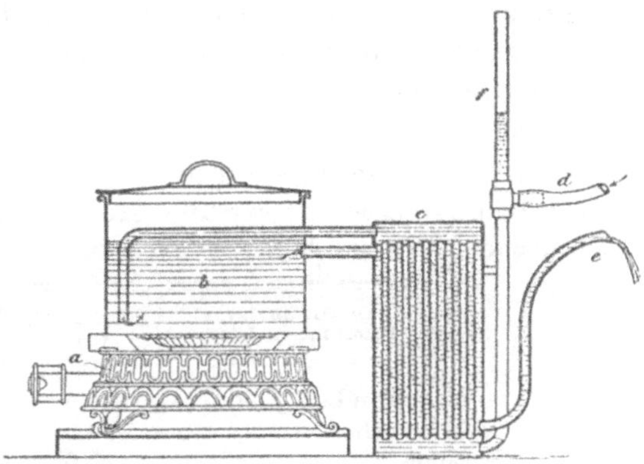

Fig. 67.

Die Sterilisierung des Wassers durch Abkochen ist jedenfalls sicher.[3] Der Kochapparat von *Siemens* besteht aus einem etwa 3 l fassenden, offenen Kochgefäß *b* (Fig. 67), in welchem das Wasser durch Gas oder eine sonstige Heizquelle beständig im Sieden erhalten wird; das Gefäß steht mit einem Kühler *c* in Verbindung, der mittels Gegenstromes wirkt, d. h. das gekochte Wasser fließt durch ein Schlangenrohr, um welches sich kaltes, bei *d* eintretendes Wasser entgegenbewegt; das gekochte und abgekühlte Wasser tritt bei *e* aus, während das vorgewärmte Wasser von oben bis auf den Boden des Kochgefäßes wieder zugeführt wird. Der Druck im Kochgefäß darf 20 bis 30 cm nicht übersteigen; zur Messung des Druckes dient das Standrohr *f*.

Bizzozero[4] empfiehlt das Abkochen besonders.

[1] Zft. f. Hygiene (1888) **3**, 204.
[2] Arch. f. Hygiene **61**, 219.
[3] Veröffentl. a. d. Gebiet d. Militär-Sanitätswesens. Untersuch. über Wasserfilter 1895 (Berlin bei Aug. Hirschwald), Heft 9, S. 172 bis 179. — Vgl. D. R. P. Nr. 58829 u. 131096.
[4] Zft. f. Bakt. 1901, 29.

Die neuen fahrbaren Trinkwasserbereiter für Truppen im Felde zeigen nach *Hoffmann*[1] Verbesserungen des bisher verwendeten Modells 1907. Nicht einwandfreies, infektionsverdächtiges Wasser wie Flußwasser wird dadurch trinkfertig gemacht, daß dasselbe durch Pumpen in einen mit Quersiederöhren ausgestatteten Kessel gehoben wird, wobei es beim Passieren des Saugkorbes und eines Bimssteinvorfilters von größeren und feineren suspendierten Bestandteilen befreit wird. Im Kessel wird das Wasser sodann gekocht und darauf in einen sog. Kastenkühler gedrückt und hier wieder abgekühlt. Darauf wird ihm zur Beseitigung des Kochgeschmackes mittels Lüftung und Sprühregendusche wieder Luft zugeführt, die beim Kochen verlorengegangen war, während es von dem beim Kochen ausgefällten kohlensauren Kalk durch Passieren eines Nachfilters befreit wird. Von dem trinkfertigen Wasser können bis zu 50 l angesammelt werden; dasselbe ist nur etwa 2° wärmer als das kalte Rohwasser. Die Leistungsfähigkeit der Apparate beträgt etwa 500 l Reinwasser in der Stunde. Bei betriebstechnischen und bakteriologischen Prüfungen hat sich der Apparat bewährt.

Anhangsweise ist zu bemerken, daß beim Frieren von Wasser wesentlich reines Wasser auskrystallisiert, während die Unreinigkeiten im zurückbleibenden Wasser bleiben. Berliner Wasser und Eis untersuchte *Heyroth*[2]:

Gehalt an (im Mittel mg im Liter)	1884/85		1885/86	
	Eis	Wasser	Eis	Wasser
Rückstand	15,3	185,1	20,5	198,7
Glühverlust	6,0	80,0	11,5	74,6
Chlor	1,6	19,8	0	22,9
Kalk	0	50,1	0	57,5
Ammoniak	0,6	0,1	0,2	0,1
Oxydierbarkeit	2,7	20,4	4,3	16,8

Es ist beachtenswert, daß die organischen Stoffe und das Ammoniak in geringerem Grade beim Gefrieren ausgeschieden werden als Kalk, Chlornatrium u. dgl. Die bakteriologische Untersuchung von 25 Eisproben ergab in 1 cc Eiswasser 2 bis 14 400 entwicklungsfähige Keime. Zur Herstellung von Speiseeis ist daher reines Wasser zu verwenden. *Christomanos*[3] zeigt, daß Trübeis weniger rein ist als Klareis:

	Wasser der Eisfabrik	Wasser aus Klareis	Wasser aus Trübeis	Nicht gefrorenes Wasser
Feste Bestandteile	640	5,5	202	8680
Kalk	190	—	405	4605
Chlor	78	—	309	215
Organisch	14	—	30	275
Ammoniak	—	—	—	—
Salpetrigsäure	—	—	—	—
Salpetersäure	4	—	Spuren	35

[1] Berlin. klin. Wochenschr. 1910, Nr. 24.
[2] Zft. f. angew. Chem. 1888, 602.
[3] Ber. d. deutsch. chem. Ges. 1894, 3431.

Enthärtung.

Eine teilweise Enthärtung bzw. Beseitigung der veränderlichen Härte (S. 24) kann durch Vorwärmen (S. 79) und Kochen (S. 191) erzielt werden.

Beim Erhitzen bzw. Kochen des Wassers wird zunächst Calciumbicarbonat zersetzt, unter Abscheidung von Carbonat, langsamer wird Magnesia abgeschieden. Nach *Bischof* (Geologie) lösen 1000 Teile Wasser, durch welches andauernd Kohlensäure geleitet wird, 0,91 bis 13,53 Teile $CaCO_3$ als Bicarbonat, im Mittel jedoch nur 1,012, nach *Warington* 0,98, nach *Cossa* je nach Temperatur und Druck 0,77 bis 1,22 Teile Calciumcarbonat, nach *Schlösing*[1] bis 1,7 Teile Bicarbonat. Nach *A. Wagner*[2] enthielt eine Lösung von $CaCO_3$ in Kohlensäure nach dem Austreiben der nicht gebundenen Kohlensäure durch Erwärmen noch 1,12 g und nach einigen minutenlangem Sieden 280 mg $CaCO_3$ gelöst als $H_2Ca_2(CO_3)_3$. Schließlich wird aber auch diese Verbindung zerlegt und es scheidet sich kohlensaures Calcium aus. Nach *Bineau* löst 1 l Wasser 30 mg kohlensaures Calcium, desgleichen nach *Peligots* Versuchen, nach *A. W. Hofmann*[3] 34 mg, nach *Weltzien* 36 mg und nach Versuchen von *Chevalet* ebenfalls 34 mg[1]. Nach *Schierholz*[4] löst 1 l reines Wasser 25 mg $CaCO_3$, reines Kalkwasser aber nur 8 mg. Nach *Treadwell*[5] besteht Calciumbicarbonat als solches in wässeriger Lösung, und seine Löslichkeit im Liter bei 15° und mittlerem Barometerstand beträgt 385 mg. Magnesiumbicarbonat besteht in Lösung nur bei Anwesenheit von freier Kohlensäure.

Magnesiumcarbonat beim Kochen der Lösung in Wasser verliert nach *R. Rinne*[6] Kohlensäure, es fällt ein basisches Carbonat aus, so daß nach 7stündigem Kochen nur 18 mg MgO in Lösung bleiben. Versuche ergaben z.B.:

Gehalt an MgO in 1 l Lösung vor dem Kochen	Dauer des des Kochens	Gehalt an MgO in 1 l Lösung nach dem Kochen
0,288 g	1 Std.	99 mg
0,288 „	2 „	60 „
0,288 „	3 „	53 „
0,288 „	4 „	34 „
0,288 „	5 „	22 „
0,288 „	6 „	21 „
0,288 „	7 „	18 „

Auch nach *Mayer* und *Kleiner*[7] bedarf es eines längeren Siedens, um die freie und halbgebundene Kohlensäure vollständig auszutreiben. Durchleiten von Luft während der Erwärmung befördert die Ausscheidung der Kohlensäure.

[1] Compt. rend. **74**, 1552; **75**, 70.
[2] Bayerisch. Ind. Gew. Bl. 1877, 192.
[3] Zft. f. analyt. Chem. **8**, 145; vgl. Dingl. pol. Journ. **212**, 216.
[4] Österr. Chemikerztg. 1900, 543.
[5] Zft. f. anorg. Chem. 1898, 170.
[6] Chemikerztg. 1907, 125.
[7] Journ. f. Gasbel. 1907, 479.

Nach *Fresenius* löst 1 l Wasser 18 mg Magnesia als Hydrat, nach *Schierholz* löst reines Wasser 12 mg, schwach alkalisches Wasser nur 2 bis 4 mg, nach *Bineau* nur 5 bis 10 mg MgO, dagegen 100 mg Magnesiumcarbonat[1]. Die Carbonate werden also durch Kochen nicht vollständig gefällt. Wasserproben vor und nach dem Kochen enthielten nach *J. Pfeifer*[2]:

	I		II		III	
	Ungekocht	Gekocht	Ungekocht	Gekocht	Ungekocht	Gekocht
Alkalinität	11,35°	1,1°	6,7°	0,6°	10,75°	0,8°
Gesamthärte	63,84°	32,44°	41,16°	22,12°	40,32°	11,48°
Temporäre Härte . . .	31,78°	3,08°	18,76°	1,67°	30,10°	2,24°
Permanente Härte . .	32,06°	29,36°	22,40°	20,44°	10,22°	9,24°
CaO . . . . mg	324	17	247	53	266	8
MgO . . . . mg	224	220	128	120	98	81

Auch beim Entcarbonisierapparat von *Schückher* wurde nach *Bleisch*[3] bei 5 Atm. Überdruck, welche am meisten und ohne längeres Halten benutzt werden, ein Härtegrad des Wassers erhalten, welcher demjenigen des 1 Stunde lang gekochten Wassers in der Härte nahestand; diese geringe Härte ist aber fast ausschließlich durch Magnesia bedingt. Erst bei längerem Halten des Druckes bei 5 Atm. fällt die Magnesia und drückt auf diese Weise die Härte noch unter diejenige des 1 Stunde lang gekochten Wassers.

Die Enthärtung bis auf 1 bis 4° geschieht durch Kalk und Soda bzw. Ätznatron, selten durch Baryt (S. 77). Beim Zusatz von Kalk können folgende Reaktionen eintreten:

$$CO_2 + Ca(OH)_2 = CaCO_3 + H_2O$$
$$CaH_2(CO_3)_2 + Ca(OH)_2 = 2\,CaCO_3 + 2\,H_2O$$
$$MgH_2(CO_3)_2 + Ca(OH)_2 = MgCO_3 + CaCO_3 + 2\,H_2O$$
$$MgCO_3 + Ca(OH)_2 = CaCO_3 + Mg(OH)_2$$
$$MgCl_2 + Ca(OH)_2 = CaCl_2 + Mg(OH)_2.$$

Bei Zusatz von Ätznatron:

$$CO_2 + 2\,NaOH = 2\,NaCO_3 + H_2O$$
$$CaH_2(CO_3)_2 + 2\,NaOH = CaCO_3 + Na_2CO_3 + 2\,H_2O$$

usw. wie bei Kalkzusatz; die gebildete Soda wirkt dann wie bei Sodazusatz, während die Natronlauge selbst nicht auf Gips einwirkt:

$$CaH_2(CO_3)_2 + CaSO_4 + 2\,NaOH = 2\,CaCO_3 + Na_2SO_4 + 2\,H_2O.$$

Bei Zusatz von Soda:

$$CO_2 + Na_2CO_3 + H_2O = 2\,NaHCO_3$$
$$CaH_2(CO_3)_2 + Na_2CO_3 = CaCO_3 + 2\,NaHCO_3$$
$$MgH_2(CO_3)_2 + Na_2CO_3 = MgCO_3 + 2\,NaHCO_3$$
$$CaSO_4 + Na_2CO_3 = CaCO_3 + Na_2SO_4$$
$$MgCl_2 + Na_2CO_3 = MgCO_3 + 2\,NaCl.$$

[1] Vgl. Dingl. pol. Journ. **212**, 215.
[2] Zft. f. angew. Chem. 1902, 193.
[3] Zft. f. ges. Brauw. 1913, 41.

Zur Ausscheidung von Kalk und Magnesia sind also äquivalente Mengen eines Fällungsmittels erforderlich. Für 56 : 2 = 28 Teile Kalk, CaO, in jeder Verbindung (also z. B. 136 : 2 = 68 Calciumsulfat) 40 Teile Natron oder 106 : 2 = 53 Teile Soda, desgleichen für 40 : 2 = 20 Teile Magnesia (MgO). Ist die Analyse des Wassers statt auf mg auf Milligrammäquivalente (S. 27) berechnet[1], so ergibt sich ohne weiteres auch die Menge des anzuwendenden Fällungsmittels in Milligrammäquivalenten. Alle die von verschiedenen Seiten angegebenen umständlichen Berechnungsformeln sind völlig überflüssig!

Folgende Tabelle zeigt die besonders in Frage kommenden Molekular- und Äquivalentgewichte (abgerundet):

	Mol. Gew.	Äq. Gew.
CaO	56	28
$CaCO_3$	100	50
$CaSO_4$	136	68
MgO	40	20
$MgCl_2$	95	47,5
$Ca(OH)_2$	74	37
NaOH	40	40
Na_2CO_3	106	53

Die Bildung und Abscheidung der Niederschläge wird beschleunigt durch Erwärmen, Rühren, besonders mit festen Körpern (Niederschläge früherer Reinigungen, Sand u. dgl.; vgl. S. 196) und überschüssige Fällungsmittel[2]. Einige Bestandteile des Wassers können die Fällung verzögern, andere beschleunigen[3].

Da bekanntlich die Zusammensetzung aller Brunnen- und Flußwässer sich sehr oft ändert (S. 8), so ist es erforderlich, die Wirkung der auf Grund der Wasseranalyse — die doch nur von Zeit zu Zeit ausgeführt wird — ausgeführten Reinigung zu kontrollieren. Für den laufenden Betrieb wird man bei der gekochten Probe meist mit Lackmuspapier auskommen.

Zur Feststellung der erforderlichen Mengen werden nach *Binder*[4] 500 cc Wasser (bei sehr großer Härte weniger) mit 100 cc reinem Kalkwasser von bekanntem Gehalt versetzt, $^1/_2$ Stunde auf schwach siedendem Wasserbade erwärmt, nach dem Erkalten rasch abfiltriert und in 500 cc der Überschuß zurücktitriert. Die angewandte Kalkmenge um $^6/_5$ der wiedergefundenen vermindert, ergibt den zur Reinigung von 0,5 l Rohwasser noch etwa erforderlichen Zusatz. Die Sodamenge wird derart festgestellt, daß ebenfalls 0,5 l Wasser, mit 20 und mehr cc $^1/_{10}$ normaler Sodalösung versetzt, in einer Platinschale auf dem Wasserbade zur Trockne verdampft wird. Hierauf wird 2 Stunden bei 120° getrocknet und im wässerigen Auszug die überschüssige Soda zurücktitriert. Wegen der Löslichkeit der kohlensauren Magnesia muß nach

[1] Die Berechnung ist für die Maßanalyse (1 cc norm = 1 mg äquiv.) und auch für die Gewichtsanalyse bequemer als auf mg.

[2] Vgl. Österr. Chemikerztg. 1900, 539.

[3] Vgl. Zft. f. angew. Chem. 1902, 201; Journ. f. Gasbel. 1907, 480.

[4] Zft. f. analyt. Chem. 1888, 176.

Pfeifer[1] der Rückstand bei 150 bis 180° getrocknet werden (vgl. S. 26). Das Verfahren genügt für diesen Zweck (vgl. S. 88).

Für kleinere Betriebe läßt man das mit den erforderlichen Fällungsmitteln versetzte und durch Hand oder Dampfrührgebläse gemischte Wasser durch Absetzen klären. Vorhandener Schlamm früherer Fällungen oder zugesetzter Sand u. dgl. beschleunigen die Klärung. *Dehne* (D. R. P. Nr. 34 415) empfiehlt für die Abscheidung des Schlammes Filterpressen.

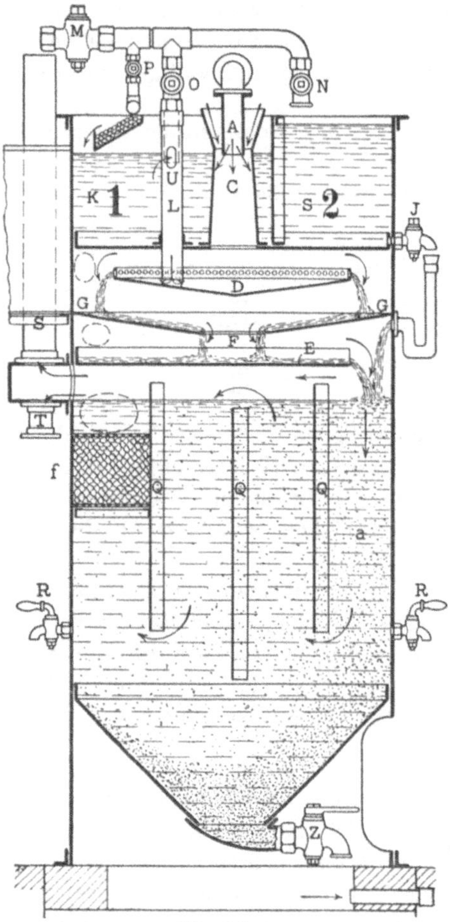

Fig. 68.

Für größere Betriebe sind die selbsttätig arbeitenden Apparate zu empfehlen.[2]

Auf die besonderen Vorrichtungen zur Herstellung von Kalkwasser von *Jensen* (D. R. P. Nr. 68 755), *Krause* (D. R. P. Nr. 147 652), *Eichenauer* (D. R. P. Nr. 164 713), *Golmert* (D. R. P. Nr. 223 360) und *Schwarze* (D. R. P. Nr. 227 642) sei verwiesen (vgl. S. 83).

Das selbsttätige Abmessen der Reagentien erfolgt nach *Schönemann* (D. R. P. Nr. 3238) mit Hilfe eines kleinen Wasserrades, welches durch das zufließende Wasser getrieben wird; desgleichen nach *Hönig* (D. R. P. Nr. 105 849 und anderen (S. 203), nach *Visser* (D. R. P. Nr. 114 738), *Brecht* (D. R. P. Nr. 239 743), *Nooltgedagt* (D. R. P. Nr. 230 045) u. A. durch Kippgefäße, nach *Förster* (D. R. P. Nr. 225 485) durch Walzen; ferner D. R. P. Nr. 159 378, 163 748, 166 854, 167 796, 171 791, 172 570, 174 060, 175 370 u. 175 192.

Der Apparat von *Nuss* (D. R. P. Nr. 100 937 u. 109 064; Friedrich-Wilhelmshütte) bildet einen aufrecht stehenden Zylinder, welcher durch 2 Zwischenböden in 3 Hauptabteilungen geteilt wird, deren oberste durch eine senkrechte Querwand in einen Behälter *k* (Fig. 68) zur Aufnahme und Aufbereitung von Kalkwasser und einen Behälter *S* für Sodawasser zerfällt. Die mittlere Abteilung dient als Kondensator und Vorwärmer. Die untere Ab-

[1] Zft. f. angew. Chem. 1902, 196.

[2] Die älteren Apparate vgl. *Fischer:* Chemische Technologie des Wassers, S. 269.

teilung ist wiederum durch 3 senkrechte Querwände in 4 Klärkammern eingeteilt, in welchen der Schlamm abgeschieden wird. Der Abdampf tritt von der Dampfmaschine durch die Rohrleitung *A* in ein weiteres Rohr *C* ein, welches unter Durchsetzung der oberen Abteilung in den Kondensator und Vorwärmer einmündet. Im Rohre *C* beginnt die Mischung des Dampfes mit Luft und infolgedessen die niederschlagende Wirkung letzterer auf den Dampf, welcher größtenteils als Wasser in die Schale *D* abfällt. Zu diesem Dampfwasser wird außerdem durch Rohr *L* unreines Kühlwasser eingelassen, welchem die seinem Gehalt an doppeltkohlensauren Verbindungen entsprechende Mengen Kalkwasser durch Schlitz *U* zugesetzt sind. Von der Schale *D* fällt das Wasser auf den Boden *G*, durch dessen Öffnung *F* auf den Boden *E* und von diesem in die Klärkammer, wo demselben durch Hahn *J* entsprechende Mengen Sodawasser zur Ausfällung der schwefelsauren und Chlorverbindungen zulaufen. Von der Schale *D* bis in die Klärkammer bilden sich 3 Wasserfälle, welche das Dampfluftgemisch durchqueren muß, was eine fernere ergiebige Niederschlagung des Abdampfes zur Folge hat. Die Luft und der noch etwa übriggebliebene Dampf entweichen durch Kamin *S*. In Kammer *a* beginnt durch den Zusatz von Kalk und Soda und die hohe Temperatur sofort die Ausfällung der kohlensauren und schwefelsauren Verbindungen des Kalkes, der Magnesia und der Chlorverbindungen, welche in Schlamm verwandelt und als solcher in den Kammern der unteren Abteilung abgeschieden wird. Das im Wasser enthaltene Öl oder Fett wird teils verseift, teils von den Kalkflocken eingehüllt und in den gemeinsamen Schlammfang mitgerissen. Zur Entfernung des Schlammes ist der Klärraum mit aufrechten Quer- oder Stauwänden *Q* versehen, welche einerseits sich nur über den oberen Teil des Reinigers erstrecken, d. h. dessen unteren Raum als gemeinsamen Schlammablageraum freilassen, andererseits abwechselnd über den Spiegel der Wasserfüllung des Reinigers ragen und unter diesen tauchen, d. h. in vertikalem Sinne gegeneinander versetzt sind, wie es die Abbildung veranschaulicht. Die Gegeneinanderversetzung der Scheidewände hat zur Folge, daß dem Wasser beim Übergang nach der Überlaufleitung *T* ein Zickzackweg durch die Kammern auf- und abwärts vorgeschrieben wird[1].

Fig. 69.

[1] Vgl. Zft. d. Ver. deutsch. Ing. 1897, 946.

Beim Wasserreiniger der *Allgemeinen Städtereinigungsgesellschaft* fließt das Wasser einer Mischrinne *m* zu, über welcher die Zusatzbehälter *f* und *k* stehen (Fig. 69). Zur Verteilung der Zusätze dreht sich in der Mischrinne eine Rührwelle, angetrieben durch eine kleine Turbine im Zuflußrohr. Die im übrigen verschlossenen Zusatzbehälter halten durch oben eingefügte Standrohre die Flüssigkeitssäule im Behälter unter stets gleichem Ausflußdruck. Die Standrohre endigen in Luftventilen, die durch selbstregulierendes Klinkwerk abwechselnd geöffnet und geschlossen sind. Geöffnet lassen diese Luftventile unter dem Einflusse der eindringenden Luft jeweilig ein genau be-

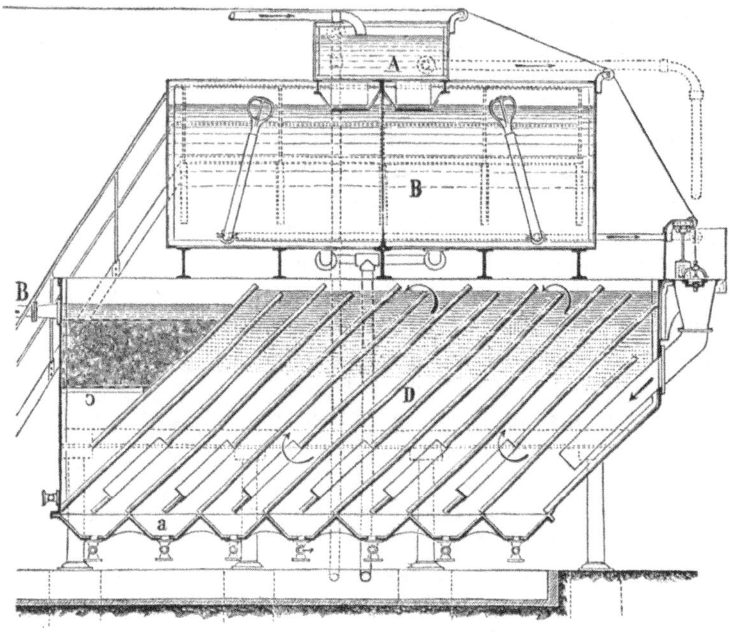

Fig. 70.

messenes Zusatzquantum aus den unteren Auslauftüllen in die Mischrinne fließen. Für milchige Zusätze werden auch die Zusatzbehälter *k* mit Rührwerk versehen, das von der Mischrinne aus gleichzeitig angetrieben wird. Aus der Mischrinne fließt das Wasser in das durch eine Mittelwand geteilte Becken, so daß die schwebenden Schlamm- und Kalkteilchen entweder an den äußeren Schrägflächen bald zur Ruhe kommen oder durch die wachsende Strömung nach unten gedrängt im Schlammsack ausscheiden. Im aufsteigenden Behälterteil scheiden die restlichen Nachfällungen mit abnehmender Geschwindigkeit gleichfalls aus oder werden von dem oben im Klärbehälter eingebauten *Kröhnke*-Filter zurückgehalten.

Bei dem Apparat der *Maschinenbauanstalt Humboldt*[1] (D. R. P. Nr. 38 032) fällt in den Behälter *A* (Fig. 70) das frische Wasser, um abwechselnd dem

[1] Vgl. Glasers Annal. 1889, 175.

in 2 Abteilungen getrennten Behälter *B* zugeführt zu werden, in dem Maße, wie die darin enthaltenen Mengen von Chemikalien es erfordern. Während die eine Hälfte des Behälters durch einen selbsttätigen Regulator sich entleert und frisches Wasser aus *A* im Kasten *C* je nach dem Speisewasserbedarf sich sammelt, fließt die Lösung durch ein in *C* angebrachtes Ventil in den Absatzkasten *D*. Dieser ist mit schrägliegenden Wänden versehen, welche teils unten Öffnungen haben und so das Wasser zwingen, die gebildeten Fächer von oben nach unten und umgekehrt zu durchströmen und den Schlamm unten in den mollenförmigen Kasten ab-

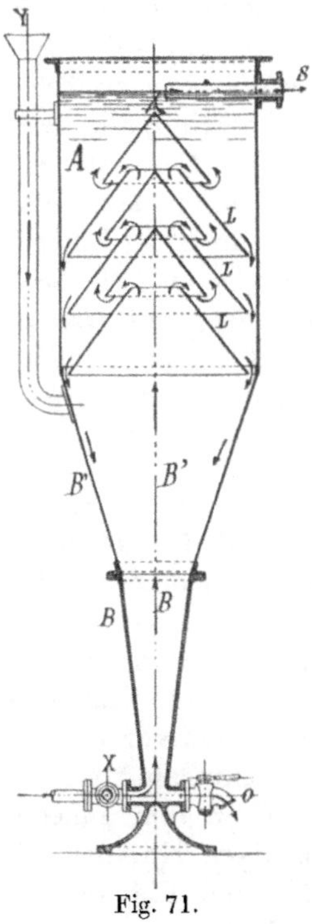

Fig. 71.

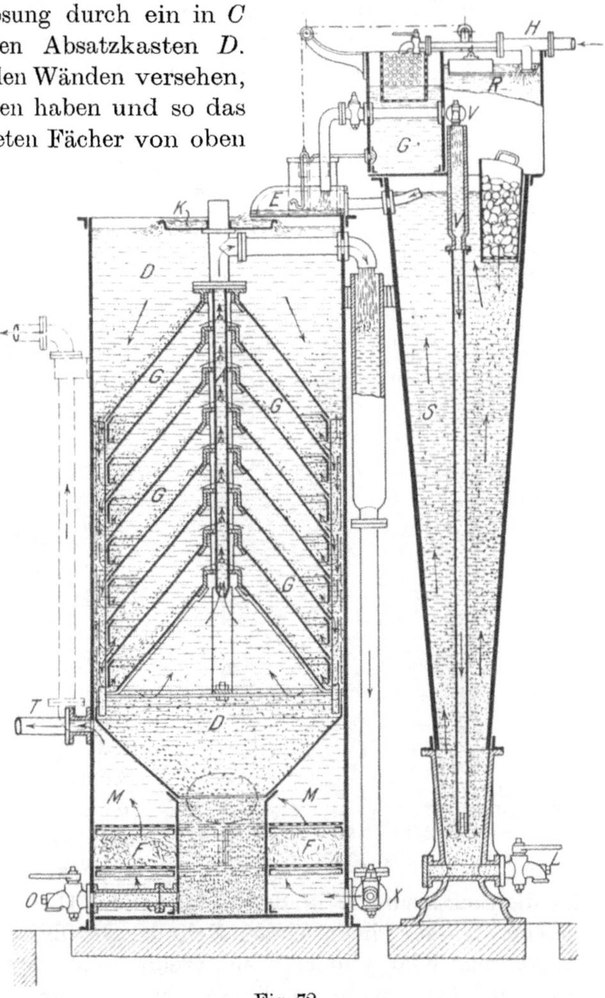

Fig. 72.

zulagern, aus denen er durch Hähne abgelassen werden kann. Schließlich durchzieht das so gereinigte Wasser noch eine Filterschicht, welche aus Hobelspänen o. dgl. bestehen kann, die etwa mechanisch mitgerissenen Teile zurückhaltend, um durch das Rohr *b* dem Speisekasten kontinuierlich zuzufließen.

Dervaux (D. R. P. Nr. 48 268, 61 025, 61 029 u. 72 007) verwandte (1888) zur Beschleunigung der Klärung schräge Bleche. Zur Herstellung von Kalkwasser wurden die Behälter mit Zwischenwänden versehen; die Kalkmilch tritt durch Trichterrohr *Y*, das Wasser durch Hahn *X* zu, das Kalkwasser fließt durch Stutzen *S* ab (Fig. 71). In derselben Weise wurde das mit Kalk und Soda versetzte Wasser geklärt. Fig. 72 zeigt eine neuere Ausführung des Apparates. Die im Klärbehälter *D* befindlichen konischen Zwischenwände *G* bilden für sich derart geschlossene Abteilungen, daß sie oben nur durch Öffnungen in dem für alle Abteilungen gemeinschaftlichen zentralen Sammelrohr *A* verbunden sind. Da nun die Öffnungen alle genau gleich groß und ihr Gesamtquerschnitt kleiner als der des Sammelrohres, ferner der wirksame Druck (der Höhenunterschied zwischen den Wasserspiegeln in dem Klärbehälter und im Sammelrohr) für alle Abteilungen derselbe ist, so müssen auch die Ausflußmengen durch alle Öffnungen einander gleich sein. Das durch *H* zufließende Wasser sättigt sich teilweise in Behälter *S* mit Kalk, trifft mit der Sodalösung aus *G* zusammen, der Schlamm setzt sich in *D* ab, das Wasser durchfließt Rohr *A*-*X*, Filter *F* und tritt bei *T* aus.

Ähnlich ist der Apparat *Grevenbroich* (D. R. P. Nr. 149 723); *Pulinx* (D. R. P. Nr. 151 079) verwendet derartige Blechkegel mit der Spitze nach unten.

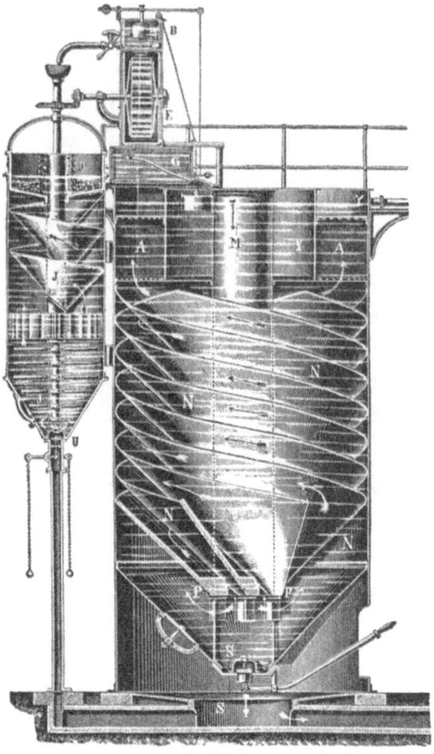

Fig. 73.

Desrumaux (D. R. P. Nr. 57 082 u. 66 034) verwendet schraubenförmige Bleche (Fig. 73). Das vom Verteiler *B* her zufließende Wasser treibt das Rad *E*, welches den Rührer im Kalklöseapparat *J* und die Meßvorrichtung für die Sodalösung *G* in Bewegung setzt. Das mit den Fällungsmitteln gemischte Wasser fließt in den Zylinder *M* und tritt bei *P* in den äußeren Absatz und Klärzylinder *N* ein, steigt, den schraubenförmigen Kanälen folgend, aufwärts, während die Schlammteilchen sich auf deren Flächen absetzen, dann abwärts gleiten und sich unten auf dem Entleerungsventil *S* ansammeln. Das geklärte Wasser fließt bei *Y* ab[1].

Der Apparat von *Beissel* (D. R. P. Nr. 117 538) unterscheidet sich im wesentlichen von beiden nur durch eine größere Anzahl von Blechen.

Nach *Reisert* (Köln) hat der Verteilungsapparat 3 Abteilungen (Fig. 74). In *R* wird das Rohwasser eingepumpt, in *S* befindet sich eine Sodalösung

[1] Der Apparat wird unter dem Namen „Automat" von *Kyll* in Bayenthal geliefert.

von bestimmtem Gehalt, und in *K* wird der Kalk abgelöscht und zu Kalkmilch angerührt. Diese gelangt durch Hahn *v* und das darunterstehende Trichterrohr in den konischen *Dervaux*schen Kalksättiger. Das Kalkwasser tritt im Reaktionsraum *D* in das Mischrohr *E*, in das auch durch Siphon *N* aus Abteilung *S* die Sodalösung und aus Kammer *R* durch Hahn *P* das Rohwasser fließt. Der schlammförmige Teil gelangt mit dem Wasser durch ein Überlaufrohr in das *Reisert*sche Filter *F*, wo er zurückbleibt, während das klare Wasser durch Rohr *Z*, Dreiweghahn *M* und Abzugsrohr *T* abgeführt wird.

Bei dem Apparat von *Förster*[1] fließt das Wasser dem Kalksättiger *a* (Fig. 75) aus dem Verteiler *b* zu. Die Sodalösung wird aus dem hinteren Teil des Kastens *c* durch ein kleines Gefäß zugemessen, das durch eine Kippvorrichtung entleert wird, welche ein Teil des aus dem Verteiler abfließenden Rohwassers betätigt. Da alle Abflüsse im Verteiler durch Überfälle mit genau einstellbaren Schiebern geregelt werden, so wird nach einmaliger Einstellung stets eine durchaus gleichmäßige Mischung stattfinden. Der Kalksättiger *a* und der Fäll- und Klärzylinder *d* zeigen die üblichen bewährten Formen. Das abfließende Wasser wird noch durch ein Feinquarzfilter *e* geleitet, das in bekannter Weise durch Umstellen des Wassers gereinigt wird.

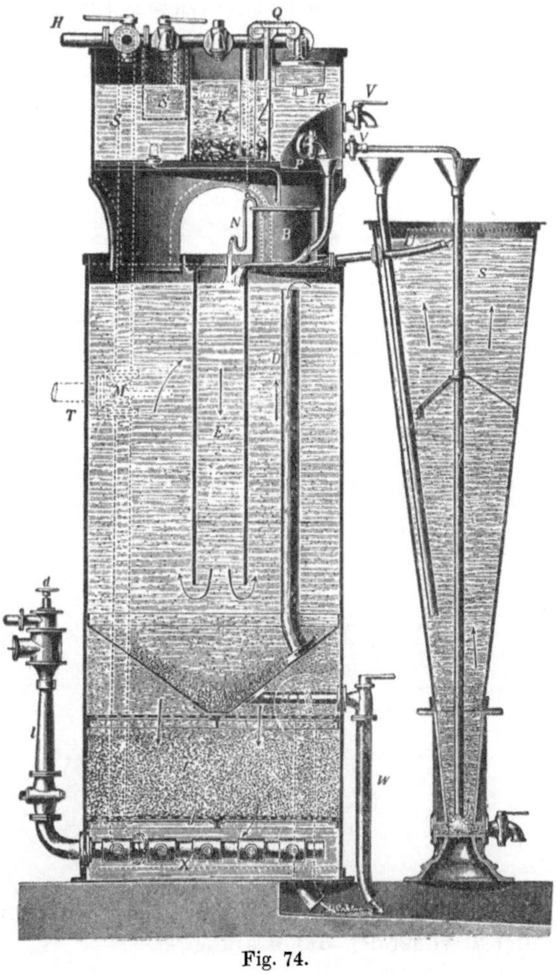

Fig. 74.

Nach *L. Schröter* (Reppen) erfolgt der Zufluß des Rohwassers bei *A* (Fig. 76) aus einem Hochbehälter, automatisch durch das Schwimmerventil *B-C* geregelt, je nachdem bei *U* dem Apparat gereinigtes Wasser entnommen wird.

[1] Zft. d. Ver. deutsch. Ing. 1905, 1845.

Der Wasserstrom fällt größtenteils auf das Wasserrad *D* und setzt es in Bewegung; durch Räderübersetzung wird außerdem das im Sodareguliergefäß *L* befindliche Sodaschöpfrad *M* betätigt. Zum Bereiten der Soda- und Kalklösung dienen Sodagefäß *K* und Kalksättiger *F*. Erstere tritt aus Gefäß *K* in das Sodareguliergefäß *L*, wo ein Schwimmer *N* beständig ein konstantes Niveau herstellt. Ein Teil des Wassers fließt durch Rohr *E* zum Kalksättiger *F*, in welchem durch das Wasserrad *D* ein Rührwerk angetrieben wird. Das Rohwasser fließt über das Wasserrad in den Mischraum *O*, mischt sich mit

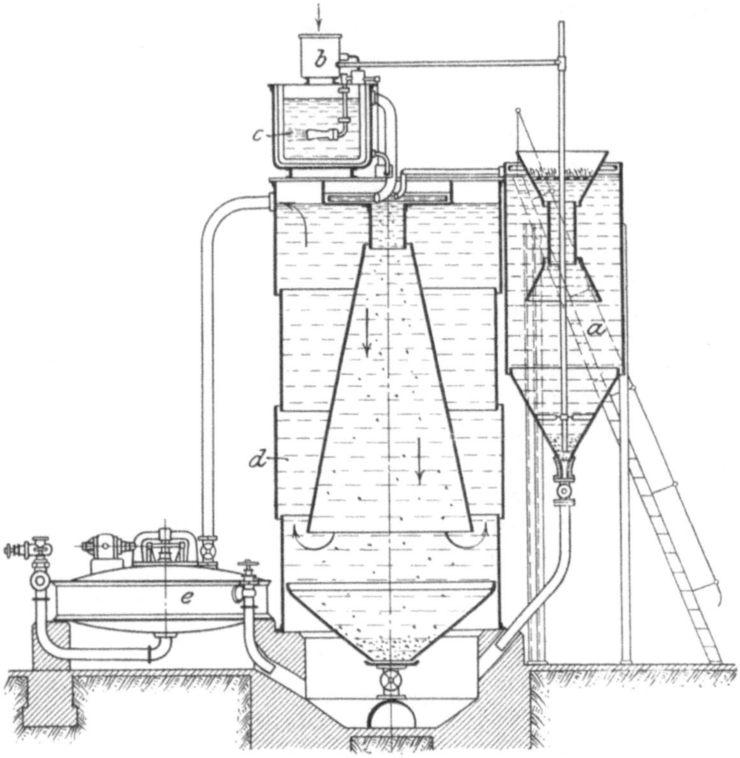

Fig. 75.

Kalk und Soda; der größte Teil des Schlammes sammelt sich bei *P*; Kiesfilter *T* vollendet die Klärung.

Bei dem vereinfachten Wasserreiniger der *Maschinenfabrik Grevenbroich*[1] wird das zu reinigende Wasser durch Rohr *r* (Fig. 77) dem oberen Teile des Apparates zugeführt. Die Hauptwassermenge strömt nach dem Mittelrohr *R* des Apparates und vereinigt sich hier mit dem in einem besonderen Vorwärmer angewärmten Gemisch von Wasser und Lauge. Nach dem Zusammentreffen des Wassers und des heißen Laugengemisches beginnt sofort die Ausfällung der kesselsteinbildenden Salze, die sich zum größten Teil auf dem Boden

[1] D. R. P. Nr. 74 643, 148 047, 149 723.

des Klärbehälters absetzen und hier von Zeit zu Zeit durch den Schlammablaßhahn entfernt werden. In dem Klärbehälter steigt das Wasser langsam in die Höhe und fließt mit den noch in ihm schwimmenden, spezifisch leichteren Schlammteilchen in das nebenstehende, waschbare Kiesfilter *n*; aus diesem fließt das vollständig geklärte und gereinigte Wasser durch Rohr *w* in den Reinwasserbehälter.

Auf die entsprechenden Apparate von *Reichling* (D. R. P. Nr. 154661 u. 200912), *Schmidt* (D. R. P. Nr. 187312, 216331 u. 220433), *Maschinenfabrik Kyll* (D. R. P. Nr. 225825) und *Lacombe* (D. R. P. Nr. 235866) sei verwiesen.

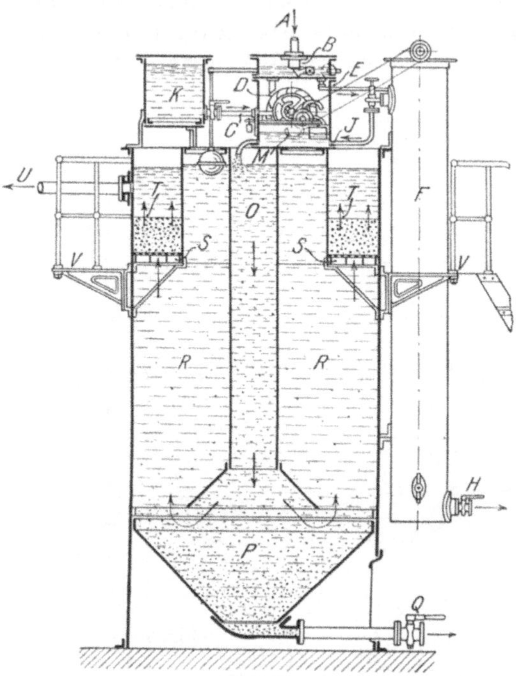

Fig. 76.

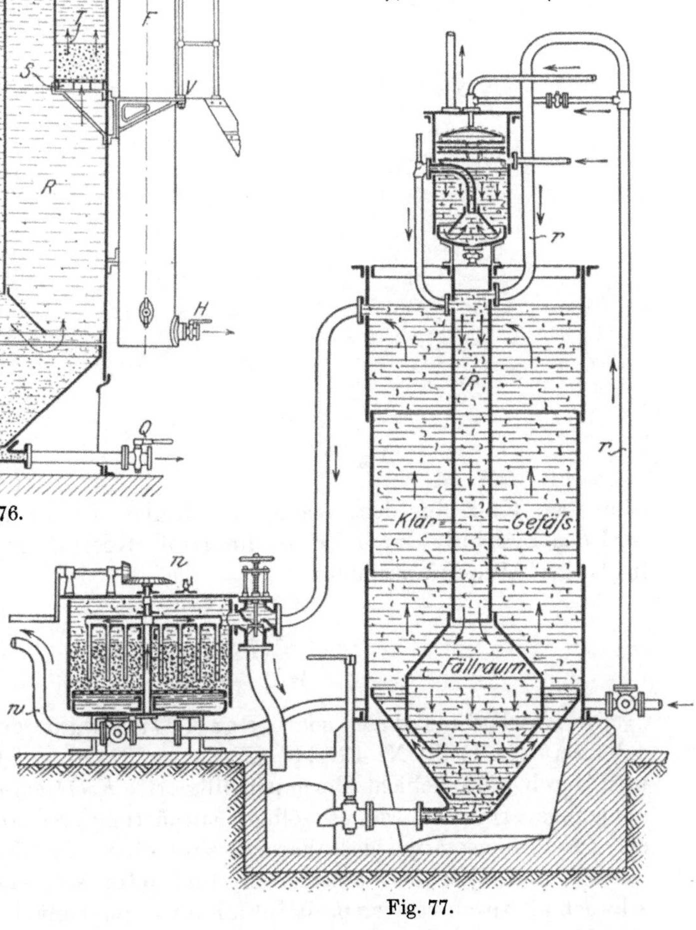

Fig. 77.

Miller & Co. (D. R. P. Nr. 175193) verwenden als Filter liegende Zylinder mit Schlammablässen *i* (Fig. 78). Der Reiniger für Kalk und Soda hat einen Sodabehälter *a*, Wasserverteiler *b* und Sodameßgefäß *c*. Durch Rohr *d* wird Luft in den Kalkwassersättiger *e* gedrückt. Der Mischbehälter ist mit Überlauf *f*, Schwimmer *g* für die Rohwasserregelung und Dampfeinströmung *h* versehen.

Die Umlaufleitung *k* dient zum Reinigen des Filters; *l* ist ein Dreiweghahn, *w* ein Ablauf[1]. — Einen einfachen Reiniger zeigt Fig. 79.

Permutit. *R. Gans*[2] zeigte, daß Aluminatsilikate oder künstliche Zeolithe, welche durch Schmelzen von Tonerdesilikaten mit Alkalicarbonat unter Zusatz von soviel Quarz erhalten werden, daß alles Alkalicarbonat zersetzt wird, das Natrium gegen andere Metalle austauschen können. Besonders

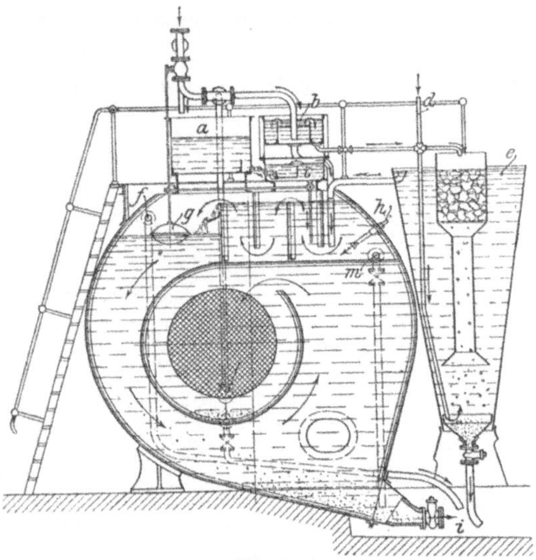

Fig. 78.

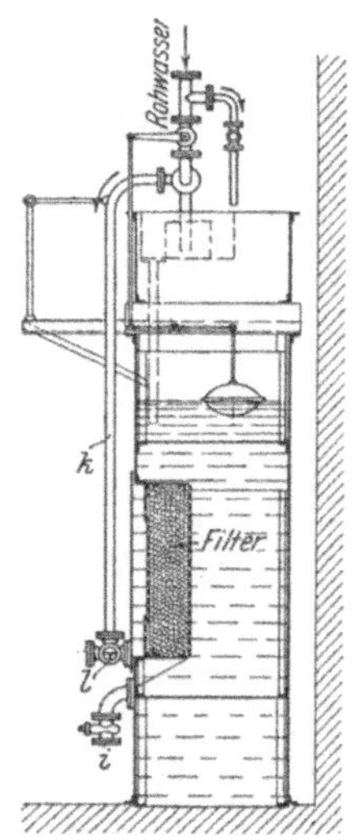

Fig. 79.

kann man Kalk aus dem Wasser beseitigen. Ist die Wirkung erschöpft, so wird das Präparat durch Behandlung mit Kochsalz regeneriert. *Gans* empfiehlt das Aluminiumsilikat:

SiO_2 = 34 Proz.
Al_2O_3 = 25,00
Na_2O = 14,75
H_2O = 25,40

Die Anwendung dieses sog. „Permutit" wurde der Firma *J. D. Riedel* patentiert (D. R. P. Nr. 197 111, 224 934, 227 087 u. 237 603). Das Wasser wird durch eine Schicht Permutit filtriert. *Kolb*[3] empfiehlt dieses Wasserreinigungsverfahren, weil es völlige Enthärtung gestattet. Schwankungen in der Zusammensetzung des Wassers sind ohne Einfluß. Das zu filtrierende Wasser muß aber mechanisch rein und ölfrei sein und neutral bzw. ganz schwach alkalisch reagieren, da schlammige, mechanisch verunreinigte Wasser alsbald zu einer Verstopfung oder Verschlämmung der Filtermasse führen

[1] Vgl. Zft. d. Ver. deutsch. Ing. 1906, 1951.

[2] Jahrb. d. geolog. Landesanst. 1906, 63; Mitt. a. d. Kais. Prüfungsanst. f. Wasserversorg. 1907, Heft 8, S. 103; Chem. Ind. 1909, 197.

[3] Chemikerztg. 1911, 1393.

und hierdurch die Wirksamkeit des Permutits beeinträchtigen. Nach *Hilliger*[1] bewährt sich das Verfahren.

Wittels und *Wetwart*[2] und *Onders*[3] sprechen sich dagegen ungünstig aus. Nach *Braungard*[4] ist das Kalk-Sodaverfahren (S. 195) vorzuziehen. *Basch*[5] bemängelt den ins Wasser gehenden Gehalt an Natriumcarbonat und Natriumsulfat. Es soll daher ein tägliches Abblasen von im Mittel 1,5 cbm Kesselwasser etwaige Übelstände ausschließen. Danach erhöht sich infolge dieser Maßnahme der Preis für 1 cbm Speisewasser, nach dem Permutitverfahren gereinigt, einschließlich 2 Pfg. für Kochsalzverbrauch um 5,2 Pfg. Zum Speisen der Lokomotiven ist das Wasser des hohen Salzgehaltes wegen minderwertig. Nach *Queisser*[6] wird das Permutitverfahren namentlich dann, wenn viel doppeltkohlensauere Salze im Rohwasser vorhanden sind, erheblich teurer als das Reinigungsverfahren mit Kalk-Soda, nur in seltenen Fällen kostet das erstere weniger. Nach *Anders*[7] ist das permutitfiltrierte Wasser im wesentlichen eine sehr verdünnte Lösung von Natriumsulfat, -bicarbonat und -carbonat, die als Maische- oder auch nur als Weichwasser für Brauereizwecke nicht empfehlenswert ist, da die erwähnten Salze auf die Lösung der Malz- und Hopfenbestandteile, auf die Verzuckerung und auf die Klärung, die Farbe und den Geschmack des Bieres ungünstig einwirken können.

Nach *Reichling* (D. R. P. Nr. 254 893) wird das Wasser mit den Magnesiumdoppelsilikaten der Alkalien oder alkalischen Erden in Berührung gebracht. Die Regenerierung der bei der Wasserreinigung erschöpften Magnesiadoppelsilikate geschieht mit Alkalisalzen, insbesondere Kochsalzlösungen.

Das sog. Allagitverfahren arbeitet mit einem natürlichen Filtermaterial, und zwar einem vulkanischen Produkt, nämlich Eifeltraß, einem durch Hydratation zersetzten Bimssteintuff, von durchaus ähnlicher, wenn auch erheblich schwächerer Wirkung wie der Permutit. Die wirksamen Bestandteile des Allagits stehen in ihrer chemischen Zusammensetzung wie in ihrem chemischen und physikalischen Verhalten dem Permutit äußerst nahe und sind, wie dieser, wenigstens teilweise, wasserhaltige Aluminatsilikate[8].

Destillation.

Die Herstellung von destilliertem Wasser ist besonders für große Schiffe, für Orte, welche kein Süßwasser haben (Baku, Kairo usw.), aber auch für manche Zweige der chemischen Industrie, für Dampfkesselbetrieb u. dgl. sehr wichtig[9].

[1] Zft. f. Dampfkessel. **34**, 125.
[2] Zft. f. Dampfkessel. 1908, 102.
[3] Zft. f. angew. Chem. 1911, 2075.
[4] Chemikerztg 1912, 521.
[5] Chemikerztg. 1912, 769.
[6] Zft. f. d. ges. Textilind. **15**, 903.
[7] Wochenschr. f. Brauer. 1911, 78 u. 258.
[8] Zft. f. angew. Chem. 1913, 128.
[9] Auf die älteren Patente sei verwiesen (D. R. P. Nr. 38 927, 47 219, 53 397, 117 271, 118 539, 179 392, 182 555 u. 184 320.

Das Verfahren für Trink- und Speisewassererzeuger auf Schiffen unter Benutzung des erzeugten Dampfes als Heizmittel von *R. Nowacki* (D. R. P. Nr. 217 137) ist dadurch gekennzeichnet, daß der auf beliebige Weise erzeugte Dampf, bevor er zur Heizung benutzt wird, durch einen Überhitzer *c* (Fig. 80) geleitet wird, der nach Abstellung des anfangs benutzten Heizmittels ausschließlich die weitere Wärmezufuhr aufrechterhält.

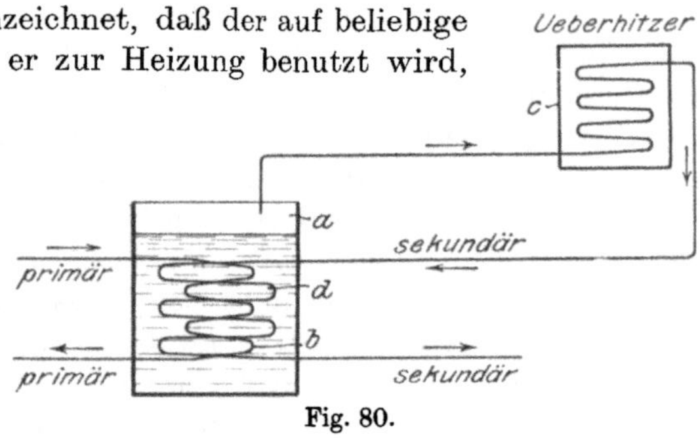

Fig. 80.

Nach *Busley*[1] vollzieht sich die Destillation des Seewassers im allgemeinen derartig, daß in einem mit solchem Wasser gefüllten Kessel Dampf von niedriger Spannung erzeugt, in einen aus engen Rohren bestehenden Oberflächenkondensator geleitet und dort niedergeschlagen wird. In neuester Zeit wird vielfach von der Mitnahme eines besonderen Destillierkessels Abstand genommen; es tritt dann an seine Stelle einer der Hauptkessel, dessen Wasser heute nahezu rein ist. vielleicht einige Fettstoffe, jedenfalls aber nur sehr wenig Salz enthält. Der niederzuschlagende Dampf kann noch zum Verdampfen des ihn kühlenden Wassers benutzt werden, indem man den Kondensator mit einem zweiten Kondensationsgefäße in Verbindung bringt, worin sich die entstehenden Dämpfe abkühlen. Nach diesem Grundsatze war der früher in der Marine benutzte Destillierapparat von *Normandy* eingerichtet, bei dem sich aus 1 k in den Apparat tretenden Dampfes auf die vorbeschriebene Weise etwa 1,5 bis 1,75 k destilliertes Wasser gewinnen ließen. Ehe dies in die Trinkwasserkasten abfloß, mußte es noch ein mit Knochenkohle gefülltes Filter durchströmen. War es aus dem Dampfe der Hauptkessel gewonnen, so hatte es häufig einen leicht süßlichen, faden Geschmack, der von dem Mineralöl herrührte, womit die dampfführenden Teile der Maschine geschmiert werden. Die hieraus entstehenden Öldämpfe gehen mit in die Maschinenkondensatoren, schlagen sich dort ebenfalls nieder, treten mit dem Speisewasser in die Kessel,

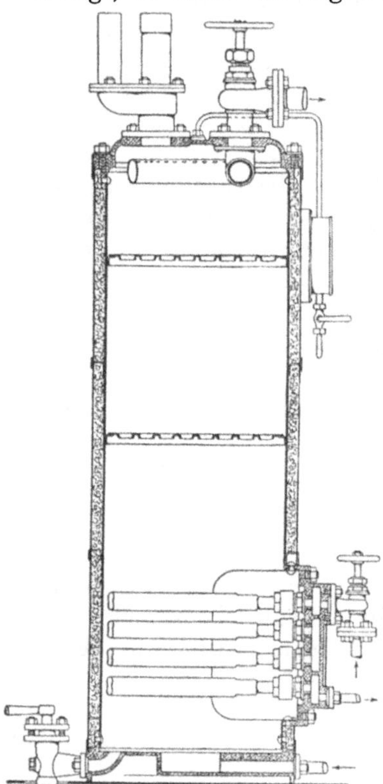
Fig. 81.

[1] Zft. d. Ver. deutsch. Ing. 1897, 34.

verdampfen hier zum Teil wieder und gelangen in den Destillierapparat und in das gewonnene Trinkwasser, das trotz der Filtration noch Spuren davon enthält. Diesen Übelstand kann man bei den neuen Destillierapparaten von *Pape & Henneberg* in Hamburg (Fig. 81 u. 82) vermeiden. Dampf aus einem der Hauptkessel durchströmt eine kupferne Heizschlange und bringt das sie umgebende reine Seewasser zum Verdampfen. Das in den Heizröhren aus dem Kesseldampfe entstehende Kondenswasser wird wieder zum Speisen der Kessel gebraucht und fließt deshalb in die Speisewasserzisterne ab. Der aus dem Seewasser gebildete Dampf wird in einen eigenartigen Oberflächenkondensator und dann in ein Filter geleitet, aus dem er als reineres Wasser hervorgeht, wie unter ähnlichen Verhältnissen ein *Normandy*scher Apparat liefern kann. — Der

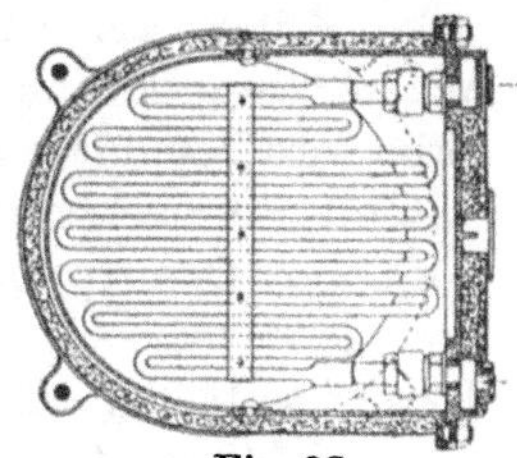

Fig. 82.

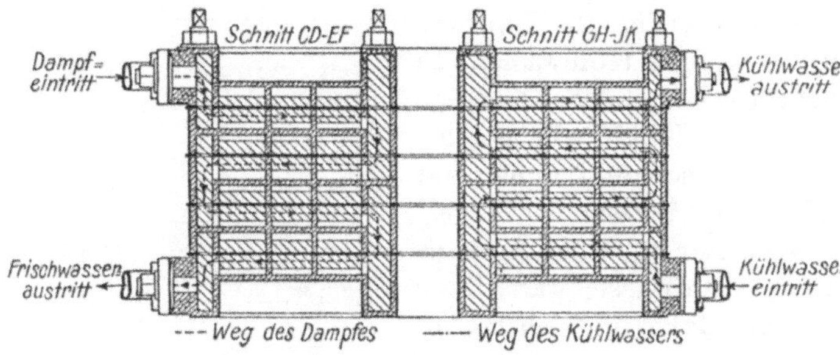

Fig. 83.

*Pape & Henneberg*sche Kondensator (Fig. 83 u. 84) besteht aus einer Anzahl flacher Elemente, die, durch eine Mittelwand getrennt, oben und unten spiralförmig angeordnete Kammern enthalten. Zwischen die einzelnen Elemente werden dünne verzinnte Kupferscheiben mit Papierdichtung gelegt. Das von unten zugeführte Kühlwasser geht vom Umfange bis zur Mitte der unteren Spiralkammer des untersten Elementes, steigt dort durch eine Öffnung in der trennenden Kupferplatte in die untere Kammer des zweiten Elementes, die es von der Mitte nach dem Umfange hin durchfließt, steigt durch den hier befindlichen Kanal in die untere Kammer des dritten Elementes, bis es endlich am Umfange der obersten Kammer austritt. Den entgegengesetzten Weg macht der oben einströmende Dampf; er durcheilt

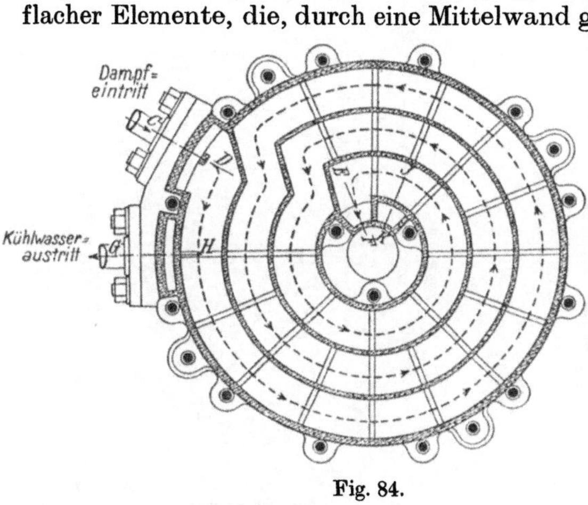

Fig. 84.

die oberen Kammern der Elemente und gibt hierbei seine Wärme durch die dünnen Kupferplatten an das darüber befindliche Kühlwasser ab, bis er unten als Wasser herauskommt. Diese Wärmeabgabe wird besonders dadurch begünstigt, daß die Kammerboden nicht glatt, sondern von Querrippen durchzogen sind, von denen sowohl das Wasser wie der Dampf beständig umgerührt werden. In einem 4 Platten von 0,56 qm Kühlfläche enthaltenden Kondensator sind stündlich auf 1 qm Kühlfläche 270 k Dampf von 116,29° in Wasser von 13,60° verwandelt worden, das nur 2,90° wärmer war als das eintretende Kühlwasser. In einem aus 6 Platten bestehenden Kondensator von 0,84 qm Kühlfläche wurden stündlich 162 k desselben Dampfes auf 1 qm Kühlfläche in Wasser von 12,64° verwandelt, das nur 0,21° wärmer als das eintretende Kühlwasser war. Diese Versuche zeigen, daß die höchste Ab-

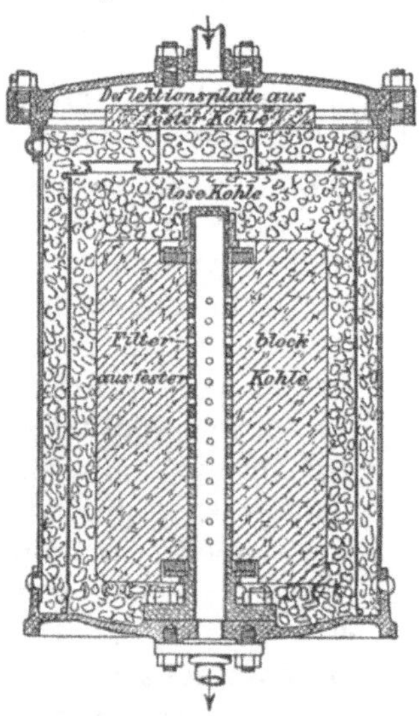

Fig. 85.

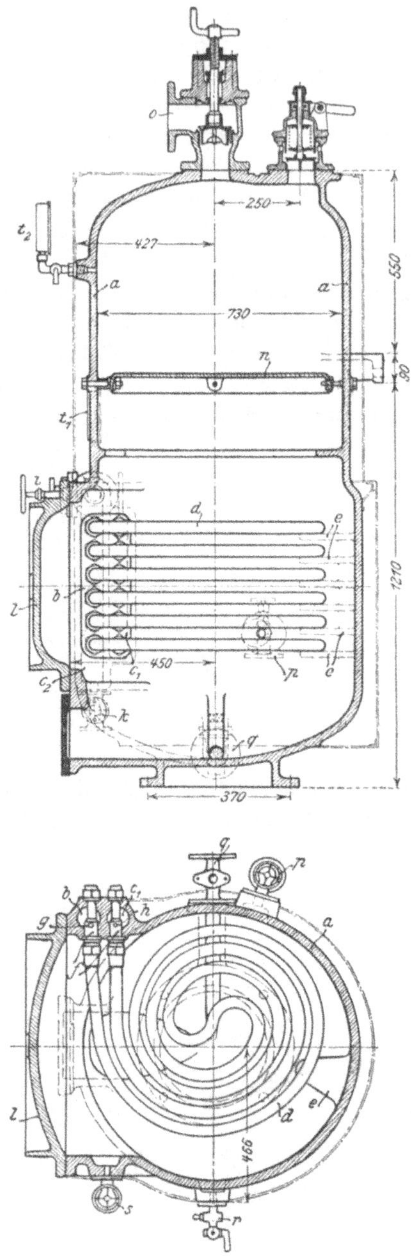

Fig. 86 und 87.

kühlung mit einer beträchtlichen Verminderung der Leistung erkämpft werden muß, daß man aber mit den Apparaten jede Abkühlung sicher erreichen kann, während Röhrenkondensatoren selbst bei geringster Leistung immer noch einen merklichen Temperaturunterschied zwischen Kondensator und Kühlwasser aufweisen. — In dem zugehörigen Filter (Fig. 85) tritt das Wasser oben ein und wird durch die feste Kohlenplatte gleichmäßig auf die lose Kohle verteilt. Es durchfließt den äußeren Ringraum zwischen dem aus emailliertem Eisenblech bestehenden Einsatzgefäße und dem Filtergehäuse und tritt darauf in den inneren Ringraum zwischen Einsatzgefäß und Filterblock, um endlich, nachdem es von der losen Kohle vorgereinigt ist, auch den festen Kohlenblock zu durchdringen.

Der Verdampfer der *Atlaswerke A.-G.*, Bremen, besteht aus einem gußeisernen Gehäuse *a*, (Fig. 86 u. 87), an dessen unterem Teil, dem Wasserraum, seitlich die Heizdampf-Verteilkammer *b* und die Kondensationswassersammler c_1 und c_2 angegossen sind. Die kupfernen, bei Verwendung hochüberhitzten Dampfes stählernen Heizrohre *d* sind in rückkehrenden Spiralen gewunden, ruhen innerhalb des Gehäuses auf den Lappen *e* auf und sind mit ihren nur teilweise hohlen Endansätzen *f* durch die Kammern *b*, c_1 und c_2 hindurch mit dem Gehäuse dicht verschraubt. Bohrungen *g* und *h* verbinden die Heizschlangen mit den Dampf- und den Kondensationswasserkammern, so daß einerseits der durch das Dampf-Eintrittsventil *i* zugeführte Heizdampf zu allen Rohrschlangen mit Ausnahme der untersten Zutritt hat, während andererseits das Kondensat, das sich durch Wärmeabgabe an das zu destillierende Rohwasser bildet, aus dem Sammler c_1 durch die unterste Heizschlange über die Kammer c_2 und das Austrittventil *k* einem Kondenstopf zugeführt wird, der es selbsttätig und stetig ableitet. Die Heizrohr-Verschraubung ermöglicht es, die Rohre in einfachster Weise zum Abklopfen der Steinablagerungen aus- und wieder einzubauen und damit gleichzeitig die nur metallisch dichtenden Dampf- und Wasseranschlüsse zu lösen und wieder herzustellen. Die große Öffnung, deren Deckel *l* mit dem drehbaren Ausleger *m*, s. leicht gehandhabt werden kann, macht das ganze Gehäuse zum gleichen Zwecke bequem zugänglich. *Höpfl*[1] empfiehlt den Apparat besonders zur Erzeugung von Zusatzwasser zur Kesselspeisung.

Zur Massendestillation von Wasser empfiehlt *L. Bothas*[2] den Apparat von *Jagn-Koppel*. Das Rohwasser erwärmt sich im Gegenstrom mit dem heißen destillierten Wasser auf 36° und kühlt letzteres auf 25° ab. (Fig. 88.) Je mehr Rohwasser genommen wird, um so besser wird das Destillat gekühlt, aber um so weniger wird auch das Rohwasser vorgewärmt. Das vorgewärmte Rohwasser von 36° fließt weiter in den Kondensator und erhitzt sich hier bis 98°, wobei gleichzeitig der 101° warme Abdampf des letzten achten Destillierelementes kondensiert wird. In den Hauptwasserkühler tritt nur das Destillat aus den acht Destillierelementen, während das Destillat aus dem Kondensator noch durch einen darunter liegenden Hilfs-

[1] Zft. d. Ver. deutsch. Ing. 1913, 463.
[2] *L. Bothas:* Massendestillation von Wasser (Berlin 1908).

kühler abgekühlt wird, wenn das überhaupt notwendig ist. Das fertige Destillat fließt frei aus in das in Fußbodenhöhe befindliche Reinwasser-Reservoir. Das im Dampfkühler auf 98° erhitzte Rohwasser fließt unter Gefälle der Kesselspeisepumpe zu, wird aber nicht direkt in den Kessel gespeist, sondern durch die Vorwärmer 1 bis 8 hindurchgedrückt. Im Gegenstrom mit dem Destillat aus den Elementen I bis VIII erhitzt sich das unter 6 Atm. Druck stehende Rohwasser allmählich auf 130° und wird mit dieser Temperatur in den Kessel gedrückt. Das in den Kessel mit 130° eintretende Speisewasser wird im Kessel auf 164° weiter erhitzt und gleichzeitig in Form von Wasser und Dampf in zwei getrennten Rohrleitungen in das Element I abgeführt. Das Kesselwasser von 164° wird in das Dampffaß 1 geleitet, in welchem eine Dampftemperatur von 157° herrscht. Infolgedessen verdampft sofort beim Eintritt ein kleiner Teil des Kesselwassers, wobei die benötigte

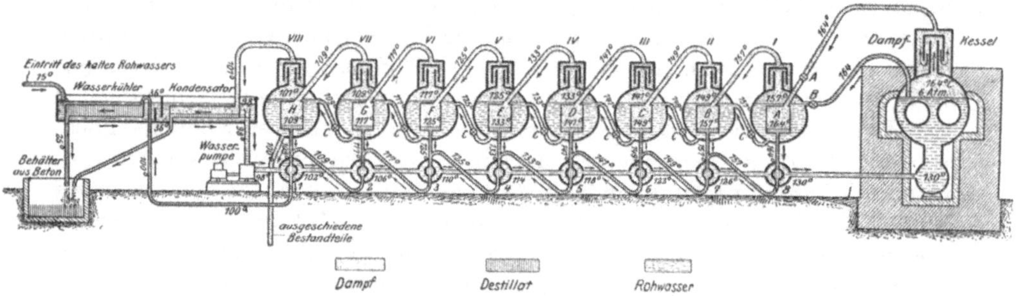

Fig. 88.

latente Wärme des sich bildenden Dampfes dem übrigbleibenden Wasser entzogen werden muß; die Temperatur des Kesselwassers sinkt daher ebenfalls bei Eintritt in das Element I auf 157°. Der Frischdampf des Kessels dagegen von 164° wird in das Innere der Verdampf- und Kondensbatterie A geleitet und dort vollständig in destilliertes Wasser von 164° verwandelt, wobei letzteres unter eigenem Druck durch den Vorwärmer 8 in den Vorwärmer 7 usw. strömt und sich dabei allmählich abkühlt. Der in der Batterie *A* kondensierende Frischdampf gibt seine freiwerdende latente Wärme an das umgebende Rohwasser ab, wodurch neuer Dampf (der erste Abdampf) natürlich von geringerer Spannung als der Frischdampf gebildet wird. Die Dampfmenge, welche von Element *I* zu Element *II* strömt, setzt sich zusammen aus den beiden obenerwähnten, verschiedenartig entwickelten Dampfarten, welche jedoch gleiche Spannung und Temperatur haben und zusammen als Abdampf *I* bezeichnet werden. Im Element *II* wiederholt sich derselbe Vorgang wie im Element *I*, nur daß der eintretende Dampf der obengenannte Abdampf *I* ist und nicht Frischdampf aus dem Kessel, und daß das eintretende Speisewasser aus dem Element *I* entnommen wird und nicht aus dem Kessel.

Abwasser.

Das bei der Verwendung zu den verschiedensten Zwecken (S. 51 bis 104) verunreinigte Wasser muß entfernt werden.

Man unterscheidet allgemein die Haushaltsabwässer bzw. Kanalwässer und die Abwässer der Industrie.

Haushaltsabwasser.

Am ältesten ist die Verunreinigung des Wassers durch die menschlichen Stoffwechselprodukte[1]. Für 1000 Personen rechnet man etwa[2]:

	Faeces		Urin	
	Menge	Wert	Menge	Wert
Gesamtmenge	33166 k	— Mk.	428290 k	— Mk.
Stickstoff	489 „	244 „	3482 „	1741 „
Phosphate	687 „	55 „	1725 „	207 „
		299 Mk.		1948 Mk.

Somit stellt sich unter Hinzurechnung des Kalis der theoretische Wert der Faeces von 1000 Personen auf rund 310 Mk., der des Harns auf 2000 Mk.

Trotz dieses hohen theoretischen Düngerwertes der menschlichen Abfallstoffe ist ihr praktischer Wert meist negativ, d. h. besonders die Bewohner der Städte müssen den diese „wertvollen Stoffe“ abholenden Landleuten oder Unternehmern erheblich zuzahlen. Ganz aussichtslos ist die Verarbeitung der Abortstoffe zu Poudrette o. dgl., da die Verarbeitungskosten den Wert der erhaltenen Produkte übersteigen.

Das steigende Bedürfnis nach Reinlichkeit und die öffentliche Gesundheitspflege drängen zweifellos zum Schwemmsystem, da nur dieses alle schädlichen und belästigenden Abfälle des menschlichen Stoffwechsels rasch und sicher aus der Nähe der Wohnungen entfernt. Dieses kann um so mehr geschehen, als Menge und Beschaffenheit des Kanalwassers dadurch nicht

[1] Wasserabtritte sind alten Ursprungs und wahrscheinlich asiatische Erfindung. Entgegen der primitiven den Kindern Israel im 5. Buch Mose Kap. 23, 12 u. 13 gebotenen Notdurftverrichtung scheint schon die Sommerlaube des Moabiterkönigs Eglon (Buch d. Richter Kap. 3, 20 bis 25) mit Klosett versehen gewesen zu sein. In Rom wurden Klosetts zur Zeit der Republik eingeführt, und geschieht ihrer mehrfach Erwähnung in den Schriften von *Vitruvius*.

[2] Vgl. *F. Fischer:* Verwertung der städtischen und Industrieabfallstoffe (Leipzig 1875), S. 102.

wesentlich geändert wird. Wie früher gezeigt[1], gelangen bei Anwendung eines der sog. Abfuhrsysteme folgende Mengen in den

	Abort	Kanal
Faeces	33 100 k	66 k
Harn	142 760 „	285 530 „
Häusliches Abwasser	? „	36 500 000 „
Regenwasser	— „	18 000 000 „
	175 860 k	54 785 596 k

Nach den Untersuchungen der *Englischen Flußreinigungskommission*[2] hatte das Kanalwasser aus 15 Städten mit Gruben und Kübeln im Durchschnitt von 37 Analysen, und das aus 16 Städten mit Wasserabtritten im Durchschnitt von 50 Analysen folgende Zusammensetzung (mg im Liter):

		Kanalwasser aus Städten mit Abortgruben	Kanalwasser aus Städten mit Wasserabtritten
Gelöst:	Organ. Kohlenstoff	41,81	46,96
	Organ. Stickstoff	19,75	22,05
	Ammoniak	54,35	67,03
	Stickstoff als Nitrate und Nitrite	0	0,03
	Gesamtstickstoff	64,51	77,28
	Chlor	115,4	106,6
	Gesamtgehalt	824,0	722,0
Suspendiert		391,1	446,9
	Darin organisch	213,0	205,1

Auch die Analysen des Abwassers aus deutschen Städten zeigen, daß dasselbe aus Städten mit sog. Abfuhr wesentlich dieselbe Zusammensetzung hat, als beim Schwemmsystem.

Verf.[3] hat gezeigt, daß die Zusammensetzung des Göttinger Kanalwassers schon innerhalb 5 Minuten schwankt. Es wurden ferner während 24 Stunden halbstündlich, des Nachts nur stündlich, größere Proben genommen, von jeder Permanganatverbrauch (in saurer Lösung), Chlorgehalt und Reaktion auf Salpetrigsäure festgestellt; sodann wurden die innerhalb 4 Stunden genommenen Proben gemischt und mit diesen Durchschnittsproben die weiteren Bestimmungen ausgeführt (vgl. S. 344) (mg im Liter):

Zeit der Probenahme	$KMnO_4$-Verbrauch	Chlor	Salpetrigsäure	Salpetersäure	Suspendierte Stoffe	Gelöst: Abdampfrückstand	Gelöst: Geglüht	Schwefelsäure	Ammoniak
11 Uhr morgens	89	142	0						
11½ „ „	87	121	0	0	344	1050	870	256	44
12 „ mittags	76	110	0						

[1] *Ferd. Fischer:* Die menschlichen Abfallstoffe, ihre praktische Beseitigung und landwirtschaftliche Verwertung (Braunschweig 1882), S. 22 u. 80.

[2] Firsth report of te Commissioners appointed in 1868 to inquire into the best means of preventing the pollution of rivers. Vol. I. Report and plans (London 1870). Vol. II. Evidence. Second report. The ABC process of treating Sewage (London 1870). Third report (London 1871). Sixth report (London 1874).

[3] Zft. f. angew. Chem. 1896, 158; Fischers Jahresber. 1903, 399.

Zeit der Probenahme	KMnO₄-Verbrauch	Chlor	Salpetrigsäure	Salpetersäure	Suspendierte Stoffe	Gelöst Abdampfrückstand	Gelöst Geglüht	Schwefelsäure	Ammoniak
12½ Uhr mittags	76	124	0						
1 „ „	74	92	Spur						
1½ „ „	84	121	0	0	344	1050	870	256	44
2 „ „	81	114	0						
2½ „ „	88	131	0						
3 „ „	84	176	0						
3½ „ „	90	149	0						
4 „ „	89	142	0						
4½ „ „	116	138	0	0	371	1125	983	219	37
5 „ „	93	103	Spur						
5½ „ „	93	89	stark						
6 „ „	91	85	„						
7 „ „	77	107	„						
8 „ „	87	99	Spur						
9 „ „	87	106	„	0	144	1095	920	223	13
10 „ „	81	121	„						
11 „ „	69	99	„						
12 „ nachts	66	78	„						
1 „ „	78	121	„	0	90	995	830	203	17
2 „ „	74	114	„						
3 „ „	24	64	„						
4 „ „	18	57	stark						
5 „ „	17	60	Spur	Spur	9	870	705	212	3
6 „ morgens	13	53	„						
7 „ „	13	57	stark						
8 „ „	15	50	„						
8½ „ „	23	53	„						
9 „ „	34	85	„	Spur	254	855	720	233	17
9½ „ „	66	85	„						
10 „ „	73	85	0						

Lubberger[1] untersuchte das Kanalwasser der Stadt Freiburg i. B.:

Zeit	Wassermenge	Organ. Substanz		Chlor		Ammoniak		Phosphorsäure	
		im Liter	zusammen	im Liter	zusammen	im Liter	zusammen	im Liter	zusammen
	cc	mg	k	mg	k	mg	k	mg	k
12 bis 1 Uhr nachts	239	88	21,0	31	7,4	23	5,5	11	2,6
1 „ 2 „ vorm.	217	52	11,3	32	6,9	19	4,1	11	2,4
2 „ 3 „ „	196	31	6,1	27	5,3	15	2,9	11	2,2
3 „ 4 „ „	196	21	4,1	27	5,3	11	2,1	10	2,0
4 „ 5 „ „	196	21	4,1	28	5,5	6	1,2	10	2,0
5 „ 6 „ „	196	30	5,9	29	5,8	5	1,0	10	2,0
6 „ 7 „ „	217	38	8,2	30	6,5	5	1,1	10	2,2
7 „ 8 „ „	281	132	37,1	30	8,4	50	14,0	20	5,6
8 „ 9 „ „	397	235	93,0	39	15,5	69	27,6	29	11,5

[1] Gesundheitsing. 1892, 658.

Zeit	Wassermenge cc	Organ. Substanz im Liter mg	Organ. Substanz zusammen k	Chlor im Liter mg	Chlor zusammen k	Ammoniak im Liter mg	Ammoniak zusammen k	Phosphorsäure im Liter mg	Phosphorsäure zusammen k
9 „ 10 „ „	433	250	108,0	37	16,2	65	28,4	35	15,2
10 „ 11 „ „	376	238	89,5	29	10,9	64	24,1	34	12,8
11 „ 12 „ „	361	182	65,7	32	11,5	80	28,9	28	10,1
12 „ 1 „ nachm.	361	138	49,8	34	12,3	73	26,3	24	8,7
1 „ 2 „ „	336	140	47,0	34	11,4	55	18,5	15	5,0
2 „ 3 „ „	351	170	59,7	34	11,9	44	15,4	12	4,2
3 „ 4 „ „	365	194	70,8	32	11,7	34	12,4	15	5,5
4 „ 5 „ „	329	218	71,7	28	9,2	28	9,2	14	4,6
5 „ 6 „ „	315	232	73,0	27	8,5	26	8,2	13	4,1
6 „ 7 „ „	325	218	70,8	28	9,1	29	9,4	13	4,2
7 „ 8 „ „	335	184	61,6	30	10,0	36	12,1	12	4,0
8 „ 9 „ „	300	158	47,4	31	9,3	36	10,8	13	3,9
9 „ 10 „ „	271	143	38,7	33	8,9	31	8,4	14	3,8
10 „ 11 „ „	257	129	33,1	34	8,7	27	6,9	13	3,3
11 „ 12 „ „	243	116	28,2	35	8,5	25	6,0	12	2,9
	7093	156	1106,0	32	224,7	40	284,5	17	124,8

Die Angabe, daß das Wasser auch bis 68 mg Salpetersäure enthalten habe, muß Verf. bezweifeln, da städtische Kanalwässer höchstens Spuren dieser durch faulende Stoffe reduzierbaren Säure enthalten. Dementsprechend fand auch *O. Korn*[1] im Freiburger Kanalwasser keine Salpetersäure und nur 3 mal Spuren von Salpetrigsäure; ferner (1896) (mg im Liter):

	Gesamtrückstand bei 110°	Glührückstand	Organisch K Mn O$_4$	Chlor	Ammoniak	Phosphorsäure	Anzahl der Keime in 1 cc
1 Uhr mittags	455	165	206	61	95	21	832 000
3 „ „	523	199	178	56	102	20	1 632 000
5 „ „	387	168	207	44	56	11	1 312 000
7 „ abends	587	204	214	49	102	18	1 024 000
9 „ „	416	188	180	50	78	15	704 000
11 „ „	363	196	149	59	52	12	800 000
1 „ nachts	251	130	114	35	35	11	288 000
3 „ „	139	89	30	15	31	9	200 000
5 „ „	147	85	38	11	31	9	121 600
7 „ morgens	124	77	39	14	29	9	300 800
9 „ „	321	166	151	50	78	20	460 800
11 „ „	488	200	242	61	108	22	1 040 000

In Chemnitz wurden (1903) mit Chloroform konservierte Durchschnittsproben, die in 5 minutlichen Zwischenräumen während 12 Stunden nach besonderer Anleitung entnommen waren, geprüft. Die Probenentnahmen erfolgten nacheinander an allen Wochentagen sowohl während des Tages wie auch bei Nacht (mg im Liter):

[1] Archiv f. Hygiene **32**, Sonderabdr.

mg im Liter	Sonntag		Montag		Mittwoch		Freitag		Sonnabend	
	Tag 6. X.	Nacht 10./11. X.	Tag 31. VIII.	Nacht 28./29. IX.	Tag 9. IX.	Nacht 16./17. IX.	Tag 25. IX.	Nacht 2./3. X.	Tag 12. IX.	Nacht 26./27. IX.
Suspendierte Stoffe . . .	140	18	126	54	104	26	84	31	139	109
a) mineralische	32	16	58	22	13	5	22	7	66	37
b) organische	72	2	67	32	91	21	62	24	73	72
Gelöste Stoffe	384	218	402	289	444	298	452	297	480	298
a) mineralische	277	197	328	238	347	231	350	232	401	261
b) organische	106	21	74	50	97	66	102	65	78	37
Chlor	60	33	64	34	63	34	62	37	65	41
Schwefelsäure.	30	27	51	31	55	33	53	32	63	35
Salpetersäure	0	2	Sp.	6	0	Sp.	Sp.	Sp.	Sp.	Sp.
Salpetrige Säure	0	Sp.	0	Sp.	0	Sp.	0	0	Sp.	0
Phosphorsäure	4	1	4	3	1	2	3	3	3	3
Ammoniak	12	3	8	2	8	4	2	4	6	4
Gesamt-Stickstoff	12	5	10	5	10	5	10	5	11	8
Organ. Stickstoff	2	3	4	3	3	2	8	1	6	4
Album. „	1	0	2	0	1	Sp.	Sp.	0	Sp.	0
Kalk	41	31	51	33	36	34	34	36	37	34
Magnesia	11	13	14	11	12	12	12	13	15	12
Oxydierbarkeit (Verbrauch an $KMnO_4$	53	56	130	109	129	80	188	124	143	86

Die bisher bekannten veröffentlichten Analysen städtischer Abwässer (vgl. S. 332) entsprechen durchweg Einzelproben, welche wohl allgemein vormittags oder mittags genommen wurden, also zu Zeiten, wo die Kanalwässer am stärksten verunreinigt sind. Es ist daher ganz unzulässig, aus der Gesamtmenge des Kanalwassers und den jetzigen Analysen die Mengen der verunreinigenden Stoffe zu berechnen, welche durch die Kanäle abgeführt werden. Da ferner die betreffenden Flußwasseranalysen ebenfalls Tagesproben entsprechen, so ist die Verunreinigung der Flüsse durch städtische Kanalwässer zweifellos geringer, als bisher behauptet wurde. Zur Klärung dieser Frage sind daher neue, auch die (wenn auch unbequeme) Nachtzeit umfassende Versuche erforderlich. Dieser Umstand ist auch wichtig für die Probenahme. Hätte z. B. in einem Streitfalle die eine Partei die Probe morgens um 7 Uhr, die andere um 11 Uhr genommen (S. 212) und einem Chemiker zur Begutachtung geschickt, so hätte der gefunden:

	$KMnO_4$-Verbrauch	Cl	NH_3	Suspendiert
I.	13	57	3	9
II.	89	142	44	344

Die beiden Gutachten, welche sich — anscheinend — auf dasselbe Kanalwasser beziehen, würden sich natürlich vollständig widersprechen.

Industrieabwässer.

Bergbau.

Abwässer aus Braunkohlengruben[1] enthalten organische Stoffe, oft auch Salz.

Abwässer aus Steinkohlengruben bei Orzesche in Oberschlesien führten nach *Poleck*[2] dem kleinen Birawkaflusse freie Schwefelsäure, Ferri- und Ferrosulfat, Spuren von Nickelsulfat und andere Verbindungen zu. In dem Flusse und in zwei großen Teichen, welche von demselben durchflossen werden, bildete sich ein starker Absatz von Eisenoxyd mit etwas Nickel und Mangan. Das Wasser des Flusses und der Teiche reagierte sauer und war weder zum Trinken, noch zum Kochen und Waschen verwendbar; sämtliche Fische starben, und alle Versuche, aufs neue Fische in den Teichen anzusiedeln, schlugen fehl. 1 l dieser Wässer enthielt mg:

	Orzescher Grubenwasser	Birawkawasser	
		vor dem Einfluß der Grubenwasser	nach dem Einfluß der Grubenwasser
Schwefelsäure (SO_3) . .	1278	5	209
Chlor	4	8	—
Kieselsäure	46	—	19
Kali	16	1	2
Natron	18	5	8
Kalk	256	29	79
Magnesia	119	5	25
Eisenoxydul	10[1])	—	11
Eisenoxyd	229	3	6
Manganoxyd, Tonerde	102	1	—
Freie Schwefelsäure . .	152	—	29

Abwasser aus Steinkohlenwäschen enthält ebenfalls zuweilen Schwefelsäure bzw. schwefelsaures Eisen, gebildet durch Oxydation von Schwefelkies:

$$FeS_2 + 7\,O + H_2O = FeSO_4 + H_2SO_4,$$

besonders aber Kohlenschlamm, von welchem es durch Absetzenlassen getrennt werden muß.

Bedson[3] fand im Kohlengrubenwasser neben 6 Proz. Chlornatrium erhebliche Mengen Chlorcalcium, Chlorbarium und Chlormagnesium, *Koninck* mehr-

[1] Die Grubenwässer sind die durch den Bergbaubetrieb erschrotenen Wässer. *Schneider* definiert das Grubenwasser als „dasjenige Wasser, welches mit Stollen, Schürfen oder Röschen erschroten wird"; ähnlich *Aschenbach:* „die Wasser, welche durch bergbauliche Arbeiten, durch Schürfe, Röschen, Schächte, Stollen, Strecken erschroten werden, einschließlich der Wässer verlassener Bergwerke". *H. Barvik* (Bergr. Bl. 1909, 154) bespricht dieselben bergrechtlich.

[2] *Poleck:* Beiträge zur Kenntnis der chemischen Veränderung fließender Gewässer.

[3] Fischers Jahresber. 1888, 557.

fach Natriumbicarbonat. Auch nach *König*[1] enthalten Steinkohlengrubenwässer zuweilen Baryt; Wasser der Zeche „Graf Moltke" bei Gladbeck, etwa 5 cbm in der Minute, enthielt nach *Middelschulte*[2] im Liter:

43,319 g $NaCl$,
3,728 „ $CaCl_2$,
0,652 „ $BaCl_2$,
0,222 „ $MgCl_2$.

Die starken Solquellen mehrerer Ruhrkohlengruben werden zu Bädern verwendet.

Wie verhängnisvoll salziges Grubenwasser für die Grube werden kann, zeigt die Einstellung des Kohlenbergwerks am Piesberge bei Osnabrück[3]. Einem im Juni 1896 vom Verf. erstatteten Gutachten[4] seien folgende Angaben entnommen.

Vor etwa 40 Jahren lieferte die Grube nur 1,8 cbm Wasser in der Minute mit

Kalk	229 mg im Liter.
Schwefelsäure	2763 „ „ „
Eisenoxyd	1432 „ „ „

Dann trat Kochsalz hinzu, dem Zechstein entstammend, so daß der Kochsalzgehalt des Grubenwassers 1892 etwa 1 Proz. betrug; gleichzeitig stieg die Wassermenge. Zur Abscheidung des Ferrihydrates und zur Aufspeicherung des salzigen Wassers, um es nur zeitweilig in die Hase abzuleiten, wurden 4 sehr große Klärteiche und 2 Sammelteiche angelegt.

Im August und September 1895 vom Verf. entnommene Proben des Grubenwassers, wie es in die Klärteiche kam, enthielten (mg im Liter):

	Chlor	Schwefelsäure	Salpetersäure	Salpetrigsäure	Ammoniak	Kalk	Magnesia	Eisenoxyd suspendiert	Phosphorsäure
Grubenwasser 13. 8. . . .	20160	1668	Sp.	stark	0	1526	432	164	Sp.
„ 4. 9. . . .	22420	1706	„	„	0	1705	418	Sp.	„
4. Klärteich 5. 9.	21840	1709	„	„	Sp.	1582	419	0	„
2. Sammelteich 5. 9. . . .	21680	1754	„	s. st.	0	1492	401	—	„
Sickerwasser 5. 9.	24600	1896	„	0	0	1340	631	5	„

Das Grubenwasser enthält Ferrobicarbonat gelöst; durch den Einfluß der atmosphärischen Luft wird aber teilweise schon in der Zuleitung so gut wie

[1] Zft. f. angew. Chem. 1894, 389.

[2] Zft. f. Berg- u. Hüttenw. 1902, 320. Im Wasser artesischer Brunnen in Derbyshire fand *Withe* bis 400 mg Bariumverbindungen. (Anal. 1899, 67.)

[3] Das Steinkohlenwerk Piesberg ist schon vor dem Jahre 1300 von der Stadt Osnabrück betrieben, welche es am 22. August 1889 an den Georgs-Marien-Bergwerk- und Hüttenverein verkaufte. Infolge eines Prozesses mit den Wiesenbesitzern an der Hase und eines Arbeitsausstandes wurde am 8. Juni 1899 der Betrieb eingestellt, entsprechend einem Kapitalverlust von über 2 Millionen Mark.

[4] Zft. f. angew. Chem. 1899, 80.

vollständig in den Teichen das Eisen als Ferrihydrat, als braunroter Schlamm gefällt, welches auch fast alle Phosphorsäure mitfällt. Da dieser Schlamm in den Teichen völlig zurückbleibt, so ist das abfließende Wasser frei davon.

Die den Klärteichen zugeführte Wassermenge beträgt minutlich 22 cbm[1], somit täglich rund 31 000 cbm. Diese enthalten rund:

Schwefelsaures Calcium (als Gips)	87 t
Chlorkalium	9
Chlormagnesium	32
Chlornatrium	959

Außerdem (nachdem fast alle Phosphorsäure mit dem Eisenoxyd und Tonerde in den Schlamm übergegangen ist) etwa 100 k Phosphorsäure und 150 k Stickstoff (als Nitrate und Nitrit). Das in den Absatzbehältern geklärte Wasser wurde etwa alle 3 bis 4 Wochen in die Hase abgelassen. — Vom Verf. im September 1895 entnommene Proben enthielten (mg im Liter):

	Probe-nahme	Chlor	Schwefel-säure (SO_3)	Kalk	Magnesia	Organisch	Ammoniak	Salpetrig-säure	Eisenoxyd
Landwehrbach in die Düte fließend	22. 8.	64	7	13	2	305	s. st.	Sp.	4
Düte bei Wergen	22. 8.	130	93	102	36	28	0	0	—
„ vor Einfluß in die Hase .	7. 9.	150	86	105	28	19	Sp.	Sp.	—
Hase vor Klärteicheinfluß . . .	3. 9.	200	154	91	47	49	s. st.	stark	—
„ nach „ . . .	3. 9.	3580	378	267	121	41	stark	„	—
„ „ „ . . .	5. 9.	690	134	164	54	32	Sp.	Sp.	—
„ „ Einfluß der Düte . .	7. 9.	550	124	150	40	28	„	stark	—
„ oberhalb Bramsche	19. 8.	340	83	116	25	51	„	Sp.	—
„ unterhalb „	19. 8.	346	91	105	29	62	stark	„	—
„ oberhalb „	30. 8.	820	120	138	150	33	0	„	—
„ „ „	31. 8.	7356	601	587	155	47	Sp.	0	1,7
„ „ „	31. 8.	8440	659	648	171	52	stark	stark	2,2
„ „ „	1. 9.	13540	1074	797	382	59	Sp.	„	—
„ „ „	5. 9.	690	124	188	42	33	„	„	—
„ bei Bersenbrück	4. 9.	2590	250	236	76	45	„	Sp.	—

Auf die meist unrichtigen Behauptungen der Kläger muß verwiesen werden[2]. Die Grube wurde geschlossen.

Noch größere Salzmengen liefern die Mansfelder Kupferschiefergruben. Die Gewerkschaft führt ihre gesamten Grubenwasser dem 1808 bis 1810 angelegten, 1879 bis Eisleben verlängerten Schlüsselstollen zu. 1897 lieferte der Ottoschacht in der Minute 10 cbm 19,5 proz. Sole, der Ernstschacht 21 cbm 16,5 proz., der Niewandtschacht 5,5 cbm 2 proz. Sole, dazu kamen noch 13 cbm Süßwasser.

[1] Infolge mehrerer Durchbrüche im Sommer 1897 stieg die Wassermasse auf 47 cbm mit 4,3 Proz. Salz.

[2] Zft. f. angew. Chem. 1899, 83.

Eine Messung des aus dem Mundloch des Stollens bei Friedeburg austretenden Wassers ergab am 13. Juli 55 cbm. Die am 19. Juli 1899 vom Verf. entnommene und untersuchte Probe des Stollenwassers enthielt im Liter:

Chlor	75,10 g
Schwefelsäure (SO_3)	3,61 „
Kalk (CaO)	2,21 „
Magnesia (MgO)	0,62 „
Strontian (SrO)	0,30 „
Kali (K_2O)	0,61 „

Somit wurde — bei 0,8 cbm in der Sekunde — durch den Schlüsselstollen der Schlenze bzw. Saale und Elbe sekundlich zugeführt:

Chlor	60,08 k
Schwefelsäure	2,89 „
Kalk	1,77 „
Magnesia	0,49 „
Strontian	0,02 „
Kali	0,49 „

Die Einwirkung dieser Abwässer auf die Saale und Elbe s. S. 277.

Wasser aus einem Braunkohlenschacht (I) und dem Freiberger Silberbergbau (II) enthielt nach *H. Fleck*[1]:

	I	II
Schwefelsaures Calcium	302	260
„ Eisenoxydul	262	6
„ Zink	—	24
„ Mangan	5	—
„ Magnesium	173	60
„ Natrium	22	—
„ Ammonium	18	—
Kieselsaures Natrium	42	47
Chlornatrium	327	36
Chlorkalium	82	—

Bei einer täglichen Wasserabgabe des Freiberger Stollens von 52000 cbm. werden somit dem Tribischbach 560 k Eisenvitriol und 2280 k Zinkvitriol zugeführt.

Nach *Jones*[2] wurden Pumpen und andere Eisenteile von Grubenwasser folgender Zusammensetzung (mg im Liter) stark angegriffen:

$Fe_2(SO_4)_3$	603
$FeSO_4$	9
$CuSO_4$	191
$MnSO_4$	427
$ZnSO_4$	122
$CaSO_4$	636
$MgSO_4$	467

[1] *Fleck:* Jahresb. d. Centralst. f. öffentl. Gesundheitspfl. in Dresden 1884, S. 21.
[2] Berg- u. Hüttenm. Ztg. 1898, 169.

$Al_2(SO_4)_3$	19
K_2SO_4	155
Na_2SO_4	311
NaCl	13
SiO_2	43

Abwasser von Zinkblendegruben und deren Pochwerke enthält Zinksulfat. Das Abwasser einer Blendeschlämme wird von der chemischen Fabrik vorm. *Hofmann & Schötensack* durch Fällen mit Kalkmilch auf Eisenfarbe verarbeitet.

Abflußwasser der Schwefelkiesgruben enthält Eisenvitriol und meist auch suspendiertes Ferrihydrat, zuweilen auch etwas Zinkvitriol, welche in größeren Mengen für Pflanzen (S. 108) und Fische (S. 114) nachteilig werden können. Wo eine Reinigung erforderlich ist, empfiehlt es sich, das Wasser über Kalksteine rieseln zu lassen und dann durch einen Absatzbehälter zu leiten.

Salinen, Kaliindustrie.

Solen und gewisse Mineralquellen führen den Bächen und Flüssen zuweilen erhebliche Mengen von Chlornatrium zu, die Mutterlaugen der Salinen auch noch Chlorcalcium, Chlormagnesium und Gips.

Chloride, besonders Chlormagnesium, befördern das Rosten aller Eisenteile (S. 60); eine Turbinenanlage und ein Dampfkessel wurden z. B. stark geschädigt, als durch den Einlaß einer Salzquelle der Chlorgehalt des Bachwassers von 60 auf 600 mg erhöht wurde.

Recht unangenehm können auch die Abwässer der Kalisalzbergwerke besonders beim Abteufen der Schächte werden. (S. 90)

Chlorkaliumfabriken lassen besonders große Mengen Chlormagnesium abfließen. Endlauge enthält etwa nach

	Precht	Schmidtmann
Chlorkalium	1,25 Proz.	1,2 bis 1,8 Proz.
Chlornatrium	0,95	1,0
Chlormagnesium	29,50	39,0
Brommagnesium	0,30	—
Magnesiumsulfat	2,22	3,6
Wasser	65,78	—

In welchen Mengen diese Stoffe von den einzelnen Fabriken geliefert werden, hängt von der Zusammensetzung und Menge der verarbeiteten Rohsalze ab. Im Durchschnitt ergaben sich bei der Verarbeitung von 100 t Carnallit etwa 50 cbm Endlauge. Nach *Tjaden*[1] betrug die Carnallitverarbeitung im Wesergebiet im Jahre 1911 1,8 Mill. t; bei Ausnutzung der erteilten und beantragten Konzessionen würden jährlich etwa 5 Mill. t Endlauge in die Weser fließen. Im Elbgebiet wurden im Jahre 1911 2,2 Mill. t Kaliendlaugen erhalten.

Einige Fabriken verarbeiten diese Endlaugen auf Chlormagnesium, Salzbergwerk Neustaßfurt auf Magnesia und Salzsäure. *E. v. Alten* (D. R. P.

[1] *Tjaden:* Beseitigung der Kaliabwässer (Bremen 92).

Nr. 224 076 u. 231 100) will die Laugen mit Kalk gemischt als Dünger verwenden.

Das Eindampfen der Endlaugen und Mischen mit Kalk für Dungzwecke ist aber sehr teuer[1]; dasselbe gilt für das *Kayser*'sche Eindampfverfahren[2], und das *Mehner*sche Verfahren ist fraglich[3]. Es werden daher gewaltige Mengen dieser Endlaugen in die Flußläufe abgelassen.

Über die Einwirkung dieser Endlaugen auf die Flußläufe sind zahlreiche Gutachten abgegeben und Schriften erschienen[4], auf welche hier verwiesen werden muß.

Zunächst ist zu beachten, daß unter Umständen durch Calciumcarbonat manche Silikate u. dgl. Chlormagnesium zersetzt bzw. die Magnesia abgeschieden werden kann. Ob und wieweit dieses geschieht, hängt von den gegenseitigen Mengenverhältnissen und der Zusammensetzung des Flußwassers und des Flußbettes ab, läßt sich daher nur von Fall zu Fall entscheiden. Für die Elbe wird dies z. B. bestritten[5]. *Dunbar*[6] findet bei Hamburg noch fast die gesamte Chlormagnesium- und Magnesiumsulfatverhärtung, die der Saale durch Endlaugen und Schachtwasser zugeführt wird. So enthielt die Bode 2 g Chlormagnesium im Liter, die Wipper 338 mg Magnesia, die Schunter 1470 mg. *Dunbar* fordert die Verdampfung der Laugen. Jedenfalls darf der Gehalt an Chlormagnesium nicht berechnet, sondern er muß bestimmt werden (S. 26).

Über die Abwässer beschweren sich besonders die Landwirtschaft wegen Schädigung der Wiesen[7] und des Viehs[8] (vgl. S. 106), die Dampfkesselbesitzer, Papier-[9] und Zuckerfabriken[10]. Allerdings wird das Wasser durch Chlormagnesium ungünstig beeinflußt bei Verwendung für häusliche Zwecke (S. 56), Wäschereien u. dgl. (S. 101).[11] Ob diese Verunreinigung das zulässige

[1] Kali 1911, Nr. 17. Mangelhaft ist das Buch von *Dietz:* Über die Nutzbarmachung der Kaliendlaugen (Berlin 1913).

[2] Kali 1912, Nr. 2.

[3] Kali 1912, Nr. 3.

[4] Vierteljahrsschr. f. gerichtl. Med. 1901, **21** Suppl., S. 1; Zft. f. Rübenzucker. 1901, 427; Arbeiten a. d. Kais. Gesundheitsamt 1901, 194; 1907, 259 bis 415, daraus: Gutachten des Reichsgesundheitsamts über den Einfluß der Ableitung von Abwässern aus Chlorkaliumfabriken auf die Schunter, Oker und Aller (Berlin 1907); Arbeiten a. d. Kais. Gesundheitsamt **38**, 124, daraus: Die Versalzung des Wassers von Wipper und Unstrut (Berlin 1911); *Kraut:* Cum grano salis (Berlin 1902); Die Kaliindustrie und die Kaliabwässerfrage, eine Entgegnung des Vereins der deutschen Kaliinteressenten auf die Protestversammlung in Naumburg am 12. Nov. 1911; Zft. f. angew. Chem. 1912, 276 u. 1666; 1913, 31.

[5] Zft. f. angew. Chem. 1913, 321.

[6] *Dunbar*: Die Abwässer der Kaliindustrie (München 1913).

[7] Vgl. Unstrutwiesen: Zft. f. Wasserw. **6**, 365.

[8] Arbeiten a. d. Kais. Gesundheitsamt **38**, Heft 3.

[9] Zft. f. angew. Chem. 1913, 31.

[10] Chemikerztg. 1891, 519; Zft. f. Rübenzucker. 1901, 427; Chem. Zft. 1902, 337; Fischers Jahresber. 1902, 439.

[11] Nach *Dunbar* würde eine Verhärtung des Elbwassers von 8 auf 30° für Hamburg einen Verlust für Seife von etwa 2 Millionen Mark betragen.

Maß überschreitet, wieweit besonders die Entschädigungspflicht geht, ist besonders festzustellen.

Leuchtgasfabriken, Erdöl u. dgl.

Gaswasser enthält Ammoniumcarbonat, Ammoniumhyposulfit, Schwefelammonium, Rhodanammonium, Chlorammonium, teerige Stoffe u. dgl.

Das Ammoniakwasser in Zittau enthielt nach *Jonscher*[1] (mg im Liter):

Trockenrückstand bei 100°	3188
Glührückstand	2344
Eisenoxyd	12
Kalk	1076
Magnesia	49
Natron (Gesamtalkalien)	58
Ammoniak	30
Chlor	755
Rhodanwasserstoffsäure	336
Schwefelsäure (SO_3)	179
Thioschwefelsäure	132
Schwefel	1
Mit Äther direkt ausziehbar	24
Mit Äther aus saurer Lösung	22
Organische Stickstoffkörper	186
Gesamt-Permanganatverbrauch	4160

Gaswasser untersuchte *Linder*[2] (1906); Probe II stammt aus einem Gaswerke mit Abscheidung des Cyans aus dem Gase:

	I	II
Ferrocyanammonium $(NH_4)_4Fe(CN)_6$ (g im Liter)	0,12	1,01
Chloride ber. als HCl (g im Liter)	7,76	3,26
Schwefel als Sulfat (Proz.)	0,7	26,9
„ „ Rhodanid (Proz.)	23,4	22,4
„ „ Sulfit und Thiosulfat, Differenz (Proz.)	3,1	12,2
„ „ Sulfid (Proz.)	72,8	38,5
Gesamtschwefel (in g in 100 cc)	0,8547	0,6552
Ammoniak: Gesamtmenge (g in 100 cc)	2,752	1,915
davon gebunden (g in 100 cc)	0,576	0,447
freies Ammoniak (g in 100 cc)	2,176	1,468
Kohlensäure (g in 100 cc)	2,551	2,057
Schwefelwasserstoff (g in 100 cc)	0,661	0,268
Cyanwasserstoff (g in 100 cc)	0,068	0,003

Es wird jetzt überall mit Kalk destilliert, um das Ammoniak zu gewinnen. Das nun noch abfließende Wasser enthält noch Rhodancalcium und Schwefelcalcium nebst teerigen Stoffen[3]. Das gleiche gilt für die Kokereien mit Gewinnung der Nebenprodukte[4].

---

[1] Journ. f. Gasbel. 1910, 896.

[2] Journ. Gaslight. 1906, Nr. 2215.

[3] Vgl. Dingl. pol. Journ. **211**, 139; **214**, 85; **125**, 129; **231**, 84.

[4] *F. Fischer:* Chemische Technologie der Brennstoffe, Bd. 2 (Braunschweig 1901), S. 150.

Gassperrwasser ist ähnlich zusammengesetzt; seine schädliche Wirkung auf Fische vermindert sich nach *Kämmerer*[1] durch Destillation derart, daß es nun ohne Gefahr in Flußläufe abgelassen werden kann.

Daß durch Lagern großer Mengen Gaskalk und undichte Gasometerbehälter das Grundwasser auf große Entfernungen hin verunreinigt werden kann, bestätigte eine vom Verf.[2] ausgeführte Untersuchung des Wassers eines 300 m von der Gasanstalt entfernten Brunnens. Dasselbe war weißlich trübe, roch eigentümlich nach Leuchtgas und hatte einen sehr unangenehmen Geschmack. 1 l desselben enthielt:

Organische Stoffe	4198 mg
Chlor	440 „
Schwefelsäure	992 „
Salpetersäure	2 „
Ammoniak	82 „
Kalk	906 „
Magnesia	136 „
Härte	109,7°

Ferner etwa 300 mg Rhodanammonium; später fand auch *F. Adam*[3] Rhodanammonium im Brunnenwasser einer Gasanstalt. Nach *Fronmüller*[4] zeigte das durch eine Gasanstalt verunreinigte Brunnenwasser Gasgeruch und hohen Ammoniakgehalt.

Zur Reinigung von Cyan und Rhodan enthaltenden Abwässern behandelt *Nördlinger* (D. R. P. Nr. 191 078) die Abwässer in saurer Lösung und in Gegenwart von Oxydationsmitteln mit Luft.

Abwasser einer Mischgasanlage[5] enthielt nach *Hundeshagen* und *Philip*[6]:

	Vorlage		Srcubber		Wascher	
	I	II	I	II	I	II
Ammoniak	25,76	20,40	9,24	13,30	1,26	3,40
Kohlensäure	?	39,20	?	39,00	?	21,82
Cyanwasserstoff	Spur	0,27	1,46	1,24	0,60	0,72
Rhodanwasserstoff	—	—	Spur	Spur	—	—
Schwefelwasserstoff	1,25	0,83	2,20	2,54	Spur	1,06
Schwefelsaures Ammon	1,08	1,09	Spur	Spur	—	—
Unterschwefligsaures Ammon	2,13	1,60	2,61	1,40	1,56	Spur
Chlorammonium	Spur	Spur	Spur	Spur	—	—
Kohlenwasserstoffe, Phenole u. dgl.	Spur	Spur	Spur	Spur	Spur	Spur

Ablaufwasser eines Wassergasscrubbers enthielt nach *Klaudy*[7] 37 mg Cyanwasserstoff und 13 mg Schwefelwasserstoff. Abwasser von Braun-

[1] Zft. f. angew. Chem. 1889, 686.
[2] Dingl. pol. Journ. **211**, 139; **214**, 85.
[3] Österr. Chem.-Ztg. 1898, 93.
[4] Viertelj. f. öffentl. Gesundheitspfl. 1876, 205.
[5] *F. Fischer:* Das Kraftgas (Leipzig 1911).
[6] Zft. f. angew. Chem. 1894, 80. [7] Mitt. d. technol. Gew.-Mus. Wien 1892, 290.

kohlenschwelereien enthält empyreumatische ölige Stoffe; zur Klärung desselben bleibt wohl nur Filtration durch Braunkohlenkoks u. dgl. übrig. Das bei der trockenen Destillation der Braunkohlen gewonnene Schwelwasser enthält nach *Rosenthal*[1] besonders Aldehyde, gesättigte und ungesättigte; von den ersteren wurde der Acetaldehyd isoliert; Ketone, von denen das Aceton und das Methyläthylketon isoliert und untersucht wurden; Methylalkohol und Acetonitril.

Abwässer von Braunkohlenteerschwelereien eignen sich nach *F. Strube*[2] zum Düngen von Ackerländereien.

Paraffinfabriken liefern nach *Macadam*[3] in das Abflußwasser aus den Rohölfässern auslaufendes Öl, das meist Paraffinöl enthaltende Kondensationswasser, die von der Behandlung des Rohparaffins mit Schwefelsäure abfallende schwarze, teerartige, stark saure Masse und dann die bei der Behandlung mit Natron abfallende stark alkalische Flüssigkeit.

Das Abwasser einer Erdöldestillation bespricht *Gintl*[4]. Die Verunreinigung des Flußwassers durch Erdölprodukte ist in Rußland bedeutend[5]. Nach *Kupzi* werden Fische von 9 bis 15 g von den wasserlöslichen Bestandteilen der Naphtha getötet, wenn dieselben in Mengen vorhanden sind, die 0,004 bis 0,006 g Sauerstoff in 1 l zur Oxydation brauchen. Doch nicht alle Naphthaprodukte haben giftige Eigenschaften. Das nicht giftig erscheinende Kerosin, Pyronapht und Spindeöl, welche bei der Fabrikation mit Alkalien behandelt werden, oxydierten sich unter dem Einfluß von Sonnenstrahlen und Luft, besonders leicht bei Gegenwart von Wasser, und gaben giftige Säuren (0,81 bis 1,41 Proz.). Masut und Zylinderöl oxydieren sich unter gleichen Bedingungen in 3 Wochen noch nicht. Calcium-, Natrium- und Magnesiumcarbonat vergrößern die Löslichkeit und damit auch die Giftigkeit der Naphthaprodukte, Chloride dagegen setzen die Löslichkeit herab. Die isolierten Naphthasäuren lösen sich in Wasser schwer, leicht aber, wenn ein gleiches Quantum Soda zugegeben wird. Auch Krebse im Gewicht von 35 bis 38 g werden in 18 bis 60 Stunden durch Lösungen von 5 bis 50 mg im Liter getötet. Auch für Warmblüter ist die Naphthasäure ein Gift.

Die Reinigung der Abwässer aus Erdölraffinerien bespricht *Donath*[6]. Nach *Wielezynski*[7] muß die Raffinationssäure zuerst entharzt und neutralisiert werden, dann durch eine ausgedehnte Klär- und Filteranlage passieren und von da erst in einen gemeinsamen Sammelteich fließen, von wo erst der Ablaß nach den öffentlichen Wässern erfolgt. Die Säure- und Laugenwaschwässer

[1] Zft. f. angew. Chem. 1901, 666.
[2] Zft. f. angew. Chem. 1904, 1787.
[3] Chem. News **14**, 110; Wagners Jahresber. 1865, 713.
[4] Zft. f. angew. Chem. 1889, 714.
[5] Fischers Jahresber. 1900, 521.
[6] Österr. Chemikerztg. **9**, Nr. 1.
[7] Petroleum 1910, 1237.

sollen sich möglichst gegenseitig neutralisieren. Falls die Säure nicht zureicht, soll Schmutzsäure bis zu saurer Reaktion zugesetzt und die Flüssigkeit durch Dampfeinleitung zur Zersetzung der Petrolseifen gekocht werden. Nach dem Abschöpfen der Ölschicht geht das Wasser nach der Kläranlage und wird dort wie die Abfallsäure behandelt.

Hüttenwesen, Metallwarenfabriken.

Hüttenwerke mit Erzwäschen liefern schlammiges Wasser (von Eisenerzen), welches bei Zink- und Bleierzen auch giftige Eigenschaften haben kann (S. 220).

Hochofenwerke liefern das Kondensations- bzw. Waschwasser der Hochofengase. Abwässer der Hochofengasreinigung[1] enthalten bei der Herstellung mancher Roheisensorten einen feinen, dichten, nur sehr schwer absitzbaren Staub. Die Klärung wurde nach *Petersen*[2] durch Zusatz von Kalkmilch erzielt.

Von Schlackenhalden abfließendes Wasser kann Schwefelcalcium, Schwefelkalium u. dgl. enthalten. Werden Kiesabbrände auf Eisen und Kupfer verarbeitet, so fließt eisenvitriolhaltiges Wasser ab.

Kupferhütten lassen zuweilen freie Säuren, vitriol- oder auch chlorcalciumhaltiges Wasser abfließen.

Abwässer aus Drahtziehereien enthalten je nach Verwendung von Schwefelsäure oder Salzsäure zum Beizen erhebliche Mengen von schwefelsaurem Eisen oder Eisenchlorür und Gips bzw. Eisenchlorid und Chlorcalcium. Bei richtiger Leitung der Beize kann die Flüssigkeit vorteilhaft zur Gewinnung von Eisensalzen verwendet werden. Dasselbe gilt für die ausgenutzte Beizflüssigkeit von Verzinkereien und Verzinnereien. Die Ablauge einer englischen Verzinkerei wird vorteilhaft auf Salzsäure und Eisenoxyd verarbeitet[3].

Beizwasser von Emailblechgeschirrfabriken enthält freie Säuren und Eisenchlorür. Messinghütten geben zuweilen kupfersulfat- und zinksulfathaltiges Abwasser.

Abwasser einer Silberbeizerei enthält zuweilen freie Schwefelsäure und Kupfersulfat; Abwasser einer Kupferauslaugerei wesentlich nur Chlorcalcium.

Abwasser von Neusilberfabriken enthält viel Calcium-, Magnesium- und Natriumverbindungen und selbst 1 Proz. freie Säure.

Kanalwasser der Galvanisierwerke ist durch Calcium-, Magnesium-, Eisen- und Zinksalze verunreinigt und enthält bis 2 Proz. freie Säure. Galvanisieranstalten lassen zuweilen cyankaliumhaltige Flüssigkeiten abfließen.

Saures Wasser wird am bequemsten durch Kalkstein entsäuert, dabei werden gleichzeitig die Eisensalze gefällt. Kupfervitriolhaltiges Abwasser läßt man vorher über Eisenabfälle fließen, um das Kupfer zu gewinnen.

---

[1] Vgl. *F. Fischer:* Das Kraftgas (Leipzig 1911).

[2] Stahl u. Eisen 1909, 688; 1911, 270.

[3] Zft. f. angew. Chem. 1890, 181; vgl. Wagners Jahresber. 1859, 71, 105 u. 106; 1872, 354; Dingl. pol. Journ. **201**, 245; **202**, 304; **212**, 486.

Als Abwässer, auch Krätzwässer genannt, werden in den Gold- und Silberwarenfabriken die im Betriebe abfallenden Waschwässer, Putzwässer für Räume, Maschinen und Werkzeuge, Beizen und Auswaschflüssigkeiten für Waren bezeichnet, während alte Silber-, Gold- und Platinbäder nicht zu den Abwässern gehören, sondern für sich gesammelt und entsprechend verwertet werden. Für die Gewinnung des Edelmetalles aus den ein graues, von Seife, Fett, Poliermitteln usw. durchsetztes Schmutzwasser darstellenden Abwässern kann man das Absitz-, Niederschlag- oder das Filtrierverfahren anwenden. Das Absitzenlassen erfordert Zeit; zum Niederschlagen verwendet man nach *Mahringer*[1] Eisenvitriol und Kalk. Nach dem in neuester Zeit angewandten, einen kontinuierlichen Betrieb gestattenden Filtrierverfahren werden die Abwässer durch ein hauptsächlich festgestampfte Sägespäne und Asbest enthaltendes Tuch filtriert; Filz verschleimt leicht. Um auch die in kolloidaler Form suspendierten Teilchen völlig zurückzuhalten, ist die Filterschicht genügend stark zu nehmen.

Fabriken chemischer Produkte.

Kiesabbrände können Veranlassung geben zur Verunreinigung von Wasser mit schwefelsaurem Eisen bzw. Zinksulfat, wenn die Kiese blendehaltig waren. Durch Verwendung von zinkhaltigen Abbränden zu Wegeaufschüttungen können die benachbarten Brunnen selbst 100 mg Zinksulfat im Liter Wasser enthalten, wie Verf. in Lehrte, *Rapmund*[2] für Nienburg, *List*[3] in Hagen beobachtete.

Nach *Mylius*[4] ist das Wasser aus einem Gemeindebrunnen zu Wittendorf mit einem Gehalt von 7 mg Zinkoxyd im Liter seit etwa 100 Jahren ohne bemerkbare Nachteile von Menschen und Tieren genossen. Das gleiche berichtet *Morner*[5] von einem Trinkwasser, welches 8 mg Zink oder 15 mg Zinkcarbonat enthielt.

Beachtenswert sind die Berichte[6] der im Jahre 1868 auf Befehl der Königin von England ernannten Kommission (*Denison, Frankland, John, Morton*), welche beauftragt wurde, die Ursachen, denen die Verunreinigung der englischen Flüsse zuzuschreiben ist, und die Mittel und Wege zu erforschen, wie diese Verunreinigungen zu vermeiden sind.

Nach der Untersuchung der englischen Kommission sind in den 400 000 t Schwefelkies, die jährlich in England zur Darstellung von Schwefelsäure ge-

---

[1] Elektrochem. Zft. 1912, 301 u. 336.
[2] Tagebl. f. Naturf. 1884, 277.
[3] Dingl. pol. Journ. **215**, 250.
[4] Zft. f. analyt. Chem. **19**, 101.
[5] Archiv f. Hygiene (1898) **33**, 160.
[6] First report of the Commissioners appointed in 1868 to inquire into the best means of preventing the pollution of rivers. Vol. I. Report and plans (London 1870). — Vol. II. Evidence. — Second report. The ABC process of treating Sewage (London 1870). — Third report (London 1871).

braucht werden, etwa 1600 t Arsenik enthalten. Dieses geht in die Schwefelsäure über und von dieser in die Salzsäure, in das Glaubersalz, selbst in die Soda, so daß von 12 Proben gewöhnlicher Soda 11 stark arsenikhaltig waren; von 9 Proben krystallisierter Soda waren 2, von 7 Seifenproben 3 arsenhaltig. Schon hierdurch werden also den englischen Flüssen jährlich etwa 1 500 000 k Arsenik zugeführt; dasselbe ist denn auch selbst in den Filtern und dem Wasser der Wasserleitungsgesellschaft von Stockport nachgewiesen.

Nach Angabe eines Beamten, der die Sodafabriken in gesundheitlicher Beziehung überwacht, gehen mit den sauren Manganflüssigkeiten sowie mit der verdünnten Salzsäure, welche die Fabriken den Flüssen übergeben, in England 47,5 Proz., nach andern Angaben sogar mehr als die Hälfte der gesamten produzierten Salzsäure verloren. Bäche, Schiffahrtskanäle werden dadurch so stark sauer, daß die Schleusen usw. ganz aus Holz konstruiert werden müssen. In Deutschland sind derartige Zustände unbekannt; die Laugen werden zur Wiedergewinnung des Mangans verarbeitet, vielfach auch die erhaltenen Chlorcalciumlösungen verwertet.

Sodarückstände. Bei der Herstellung von Soda nach dem *Leblanc*schen Verfahren werden für jede Tonne Alkali etwa 1,5 t Rückstände erhalten, welche wesentlich aus Schwefelcalcium nebst kohlensaurem Calcium, überschüssigem Kalk u. dgl. bestehen. Werden diese aufgehäuft, so entwickeln sie bei feuchtem Wetter Schwefelwasserstoff, oft auch nach erfolgter Selbstentzündung Schwefligsäure; bei nassem Wetter fließt eine tief gelbgefärbte Flüssigkeit ab, welche Calcium- und Natriumpolysulfuret enthält. Kommen diese Massen mit den vorhin erwähnten sauren Flüssigkeiten zusammen, so wird Chlorcalcium gebildet, welches die Härte des Flußwassers selbst auf 192° bringt; große Mengen Schwefelwasserstoff werden entwickelt, welches die in der Nähe Wohnenden in hohem Grade belästigt und schädigt. Außerdem wird teils direkt, teils durch Oxydation des Schwefelwasserstoffes Schwefel abgeschieden; eine Schlammprobe aus dem Sankey-Schiffahrtskanal enthielt dementsprechend 22,75 Proz. freien Schwefel. — Durch die Ausbreitung des *Chance*schen Verfahrens werden diese Zustände wohl gebessert sein.

In Deutschland werden die Sodarückstände aufgearbeitet[1], ernstliche Verunreinigungen der öffentlichen Wasserläufe kommen wohl kaum noch vor.

Die Rückstände der nach dem *Leblanc*schen Verfahren arbeitenden Pottaschefabriken unterscheiden sich nur dadurch, daß sie Kali statt Natron enthalten.

Abwasser aus den nach dem Ammoniaksodaverfahren arbeitenden Sodafabriken enthält sehr viel Chlorcalcium und Chlornatrium. (Vgl. S. 231.)

Dynamitfabriken[2] lassen zuweilen stark saures Abwasser abfließen; solche für rauchloses Pulver können unter Umständen Pikrinsäure enthalten.

---

[1] Zft. f. angew. Chem. 1894, 111, 1898, 130, 273, 318, 363, 488, 528 u. 628.

[2] *F. Fischer:* Handbuch der chemischen Technologie (Leipzig 1900), Bd. 1, S. 586.

Die Abwässer der Farbenfabriken sind meist stark gefärbt und enthalten oft viel organische Stoffe gelöst und suspendiert, nicht selten auch Metallsalze. Die Abwässer der Ultramarinfabriken enthalten viel Natriumsulfat, die der Urangelbfabriken Soda und Ätznatron.

Anilin- bzw. Teerfarbenfabriken liefern chlornatriumhaltige Abwässer und sind im allgemeinen wenig bedenklich. Die wenigen Fabriken, welche noch mit Arsen arbeiten, sind weit strenger zu behandeln. Nach *Nienhaus Meinau*[1] ließ die Fuchsinfabrik zu Schweizerhalle ein tief fuchsinrot gefärbtes saures Abwasser ab, welches im Liter 18,8 g Arsensäure und 29,45 g Arsenigsäure enthält, was doch unzulässig erscheint, um so mehr die Verwendung von Arsen vermeidbar ist[2].

Holzessigfabriken lassen zuweilen kresol- bzw. teerhaltiges Wasser abfließen, ferner Chlorcalcium.

Abwasser einer Vanilinfabrik enthielt nach *Ohlmüller*[3] wesentlich Chloride und konnte unbedenklich abgelassen werden.

Den Gehalt der Abwässer verschiedener chemischer Fabriken, besonders organischer Fabrikate an suspendierten und gelösten organischen Stoffen (in Zehntelmilligramm) gibt *Spindler*[4].

Die Verunreinigung von Grundwasser durch die Abwässer einer Harzdestillation beschreiben *Farnsteiner* und *Kammann*[5].

Abwässerbeseitigung einer Fabrik photographischer Papiere und Bilder. Nach *Pritzkow*[6] werden die stark konzentrierten Abwässer (Färbemaschinen, Rückständeaufarbeitung) durch im einzelnen auszuprobierende Behandlung von den Säuren, Laugen, aggressiven Salzen befreit. Für einige, z. B. die thiosulfathaltigen Wässer, lohnt sich wahrscheinlich eine Wiedergewinnung der wertvollen Stoffe. Die erhaltenen Wässer und die konzentrierten Wässer, bei denen eine derartige Behandlung nicht möglich ist, werden in ein Sammelbecken geleitet, dann abgelassen.

Stärkefabriken.

Kartoffelstärkefabriken lassen Kartoffelwaschwasser und Fruchtwasser abfließen[7]. Das Waschwasser enthält die anhaftenden Bodenteile, kleine Kartoffeln, abgeschlagene Kartoffelstücke, Keime u. dgl. Die Stoffe setzen sich in Absatzbehältern leicht zu Boden, das abfließende Wasser ist aber infolge gelöster Eiweißstoffe u. dgl. leicht zu stinkender Fäulnis geneigt.

[1] Bericht über die Verunreinigung des Rheins (Basel 1883), S. 9.
[2] Vgl. Dingl. pol. Journ. **226**, 317.
[3] Arbeiten a. d. Kais. Gesundheitsamt **6**, 305; Zft. f. angew. Chem. **1891**, **686**.
[4] *Spindler:* Die Unschädlichmachung der Abwässer in Württemberg (Stuttgart 1896).
[5] Gesundheitsing. 1907, 101.
[6] Mitt. d. Prüfungsanst. f. Wasserversorg. 1911, 103.
[7] Vgl. *O. Saare:* Die Fabrikation der Kartoffelstärke (Berlin 1897).

Das Fruchtwasser enthält die löslichen Bestandteile der Kartoffeln, kleinste Stärke, Faserteile u. dgl. Wenn auf 100 k Kartoffeln 8 hl Fruchtwasser kommen, so enthält 1 cbm etwa:

Zucker	2,4 k	
Gummiartige Stoffe u. dgl.	1,2	
Eiweiß, löslich	0,9	darin 0,32 Stickstoff
Amidverbindungen	0,9	
Mineralstoffe: Phosphorsäure	0,2	
Kali	0,6	

Ein Teil der Eiweißstoffe scheidet sich schon beim Stehen an der Luft aus; durch Erhitzen oder Zusatz von Schwefelsäure wird der größte Teil derselben ausgeschieden, doch stößt eine vorteilhafte Gewinnung derselben für Futterzwecke bis jetzt noch auf große Schwierigkeiten. Das Abwasser sollte daher möglichst zum Düngen verwendet werden.

Gaultier de Claubry fällt die Abwässer der Stärkefabriken mit einer Lohabkochung und Kalkmilch und verwendet den Niederschlag zum Düngen; *Markl* fällt nur mit Kalk. Von anderer Seite wurde vorgeschlagen, diese Abwässer mit Soda zu neutralisieren und abzudampfen, oder mit Kalk, oder aber mit Soda und Alaun zu fällen. *Burggraf* machte bereits erfolgreiche Versuche über die Verwendung dieser Wässer zum Berieseln von Wiesen und Ackerland[1].

Nach *Märcker*[2] wird das Abwasser der Kartoffelstärkefabrik Hohenziatz zur Wiesenberieselung verwendet. Nachfolgende Analysen zeigen die Zusammensetzung des unvermischten Abflußwassers (I), des mit Quellwasser vermischten (II), des von der ersten (III) und von der zweiten (IV) Wiese abfließenden Wassers. 1 l enthielt:

	I	II	III	IV
Feste Bestandteile im Ganzen	1858	324	323	262
Organische Stoffe	1134	102	38	79
Anorganische Stoffe	724	222	385	183
Kali	213	55	41	8
Phosphorsäure	57	6	Sp.	Sp.
Stickstoff	141	12	4	9
Ammoniak	37	0	0	0
Salpetersäure	4	Sp.	Sp.	Sp.

Die düngenden Stoffe wurden also recht gut zurückgehalten. Die Ernteergebnisse waren vorzüglich, auf 1 ha der ersten Wiese waren vor der Berieselung 2400 k, nach der Berieselung aber 4000 k Heu geerntet. Auch andere Fabriken verwenden das Wasser vorteilhaft zur Berieselung.

Abwasser aus Weizenstärkefabriken ist reich an Kali, Phosphorsäure und Stickstoffverbindungen (Albuminaten u. dgl.); nach *R. Hoffmann* ent-

[1] Dingl. pol. Journ. **56**, 464; **63**, 465; **68**, 406; **80**, 399; **214**, 225.

[2] Zft. d. landw. Centralver. d. Prov. Sachsen 1876, Nr. 7; vgl. Fischers Jahresber. 1883, 670.

hielt das zum Einquellen des Weizens verwendete Wasser bis 0,75 Proz. organischen Stickstoff. *König*[1] gibt folgende Analyse des Abwassers einer Weizenstärkefabrik (mg im Liter):

Art des Abwassers	Schwebestoffe			Gelöste Stoffe						
	unorganische	organische	Stickstoff	unorganische	organische	Stickstoff	zur Oxydation erforderlicher Sauerstoff in alkal. Lösung	zur Oxydation erforderlicher Sauerstoff in saurer Lösung	Kali	Phosphorsäure
Einquellwasser der Fabrik	3	57	2	286	265	15	80	76	107	8
Sauerwasser	66	2580	49	2615	19537	2108	2265	3161	908	621
Kleberwasser (noch nicht abgesetzt)	204	6118	65	637	3420	431	825	902	123	241
Vereinigtes Abwasser . .	—	505	5	1682	3623	737	1497	1357	518	465

Das Wasser wurde mit großem Erfolge zur Berieselung von Wiesen auf sonst unfruchtbarem Heideboden benutzt. Auch diese Abwässer gehen sehr leicht in Fäulnis über unter Bildung von Ammoniak, Essigsäure, Propionsäure, Buttersäure, Milchsäure und übelriechenden Gasen[2]. Beim sog. Sauerverfahren ist das Abwasser schon stark in Zersetzung begriffen. *Schütze*[3] empfiehlt, dieses Sauerwasser auf 60 bis 70° zu erwärmen und mit Kalkmilch zu fällen und den Niederschlag zu verfüttern.

Das Abwasser der Reisstärkefabriken darf ebenfalls nicht ungereinigt in kleine Flußläufe abgelassen werden. Beachtenswert ist das Gutachten des Kaiserl. Gesundheitsamtes, erstattet von *Renk*[4] über die Verunreinigung der Werre bei Herford durch die Abwässer der Reisstärkefabrik in Salzuflen. Das Abwasser der Stärkefabrik und der dazu gehörenden Pappefabrik und Ammoniaksodafabrik, dessen Zusammensetzung folgende Analysen zeigen, wurden gemeinschaftlich mit dem Abwasser der Arbeiterwohnungen durch Zusatz von Kieserit und Kalkmilch gereinigt; nach dem Absetzen floß das Wasser noch über Reisigbündel und Metallgitter, um ozonisiert zu werden. Wie die Analysen (11 bis 17, S. 231) des so gereinigten Wassers ergeben, werden die schwebenden Teile — welche als besonders bedenklich bezeichnet werden — in der Regel völlig entfernt. Die Analysen 16 und 17 zeigen, daß das Lüften des Abwassers durch Überrieseln über die Metallsiebe wirkungslos ist.

Probe 15 enthielt 20 000, Probe 17 aber 309 000 entwickelungsfähige Keime.

Nach *Schreib*[5] wurden die beobachteten Übelstände wesentlich durch Stauwerke verschuldet; dieselben haben folgende Übelstände: 1. Begünstigung

[1] *König:* Verunreinigung der Gewässer, 2. Aufl.
[2] Dingl. pol. Journ. **80**, 399; **92**, 123; **141**, 455; **182**, 326; **214**, 225.
[3] Landw. Versuchsstat. **33**, 197.
[4] Arbeiten a. d. Kais. Gesundheitsamt **5**, Heft 2 u. 3.
[5] Zft. f. angew. Chem. 1890, 191, 255, 620, 672 u. 675.

Bezeichnung der Probe	Zeit der Entnahme 1887	Untersucht von	Suspendierte Stoffe	Rückstand	Glühverlust	Chamäleonverbrauch	Chlor	Schwefelsäure	Ammon	Kalk
1. Abwasser der Stärkefabrik	15. 3.	K.	225	1 065	176	409?	284	279	—	112
2. desgl.	15. 4.	„	127	2 775	1242	3200?	383	219	—	109
3. desgl.	28. 6.	G.	70	2 175	375	109	604	200	0,7	115
4. Abwasser der Pappefabrik.	15. 3.	P.	357	1 128	330	445	75	301	—	264
5. desgl.	15. 4.	„	—	2 375	538	532	731	216	—	241
6. desgl.	15. 3.	K.	593	984	302	589	71	239	—	253
7. desgl.	15. 4.	„	362	1 964	416	800	596	233	—	289
8. desgl.	13. 7.	G.	500	952	360	202	80	134	—	200
9. Abwasser der Sodafabrik .	15. 3.	K.	—	109 550	—	—	63 900	700	—	25 520
10. desgl.	15. 4.	„	—	118 690	—	—	70 290	570	—	22 860
11. Abfluß der Klärbecken .	15. 3.	P.	0	4 429	660	456	1 549	248	—	871
12. desgl.	15. 3.	K.	0	4 556	614	846	1 783	242	—	959
13. desgl.	. 2.	G.	337	4 092	577	168	1 810	229	—	564
14. desgl.	11. 6.	„	13	4 315	783	580	1 570	247	1,3	612
15. desgl.	28. 6.	„	0	4 517	665	150	1 720	277	3,3	710
16. desgl. vor den Sieben . . .	13. 7.	„	0	4 145	840	471	1 354	280	2,5	480
17. desgl. nach d. Sieben . . .	13. 7.	„	0	4 105	1150	440	1 380	231	1,5	480

einer massenhaften Bildung von Algen, welche in Fäulnis übergehen und durch Gestank Belästigung erregen. 2. Fischsterben und Verringerung der Fischbestände.

Über die von dieser Stärkefabrik gemachten Versuche zur Reinigung des Abwassers berichtet *Schreib*[1]. Das Abwasser der Stärke- und Pappefabrik läuft ununterbrochen ab, das der Ammoniak-Sodafabrik wird nur zeitweilig abgelassen. Analysen ergaben:

Abwasser der	Gesamtrückstand	Organische Stoffe	Sauerstoff zur Oxydation	Gesamtstickstoff	Schwefelsäure SO_3	Phosphorsäure	Chlor	Kalk	Ammoniak
Stärkefabrik . . .	2 353	770	127	67	257	38	462	114	Sp.
Pappefabrik . . .	1 736	643	119	20	207	14	170	220	Sp.
Sodafabrik	144 000	—	—	—	740	—	89 400	35 200	100

Die Bestimmung der organischen Stoffe ist nicht ganz zuverlässig, da sie

[1] Zft. f. angew. Chem. 1890, 167 u. 543.

nicht unmittelbar nach der Probenahme erfolgte; wie schnell aber die Zersetzung eines Abwassers erfolgt, zeigen folgende Analysen:

	Glühverlust	Sauerstoffverbrauch
Am 1. Tage	1030	273
„ 2. „	942	231
„ 3. „	645	125

Die Reinigung der Abwässer geschah zuerst mit Kalk und Wasserglas. Sodann wurde nacheinander längere Zeit hindurch mit Kalk und Eisenvitriol, Kalk und schwefelsaurer Tonerde und schließlich mit Kalk allein gereinigt. Die Versuche im kleinen, wie auch Beobachtungen im großen ergaben, daß die Reinigung mit Kalk allein so gut wirkte wie mit Kalk und Zusätzen. Jetzt dient das Abwasser größtenteils zur Berieselung von 48 ha Wiesen. In 271 Tagen wurden 504 000 cbm Abwasser aufgeleitet, entsprechend einer Rieselhöhle von 3,9 mm. Das Wasser enthält im Mittel 40 mg Stickstoff, 20 mg Phosphorsäure und 15 mg Kali.

Gesamtmenge täglich = 2000 cbm.
Darin sind enthalten:

		Wert von 1 hk	
Stickstoff	80 k	140 Mk.	= 112 Mk.
Phosphorsäure	40 „	40 „	= 16 „
Kali	30 „	20 „	= 6 „
			134 Mk.

Wenn auf 1 ha 10 500 cbm Abwasser entfielen, so waren darin enthalten:

Stickstoff	420 k	entspr.	588 Mk.
Phosphorsäure	210 „	„	84 „
Kali	157 „	„	31,4 „
		also für Jahr und ha	703,4 Mk.

Wie vorauszusehen war, hat sich der Ertrag auf den berieselten Wiesen ganz ungemein erhöht; es konnte durchschnittlich 4 mal geschnitten werden. Der Heuertrag schwankte zwischen 120 bis 200 hk für 1 ha.

Rübenzuckerfabriken.

Wasser aus der Rübenwäsche und Schwemme enthält Erde, Rübenteile, Blätter u. dgl., sowie gelöste pflanzliche Bestandteile verschiedener Art. Nach *Claassen*[1] hängt die Größe des Zuckerverlustes in den Schwemmen wesentlich von den Verletzungen ab. Frostrüben verlieren bei Verwendung von warmem Wasser in den Schwemmen bis 0,5 Proz. Zucker. Abflußwasser von der Diffusion enthält geringe Mengen Zucker. Das Abflußwasser von den Schnitzelpressen enthält Zucker und Saftbestandteile (Pflanzeneiweiß, Zwischenzellstoff usw.) gelöst und Schnitzelteile sowie auch etwas Erde aufgeschwemmt. Spülwasser aus dem Scheideraum und der Schlammstation enthält die gelösten Bestandteile des Saftes nebst Kalk u. dgl. Das 50 bis 60°

[1] Zft. d. deutsch. Ver. f. Rübenz. 1891, 111.

warme Fallwasser von den Luftpumpen enthält nur geringe Mengen Zucker[1]. Nach *Lichowitzer*[2] liefert die Zuckerfabrik *Bailov* für je 100 k Rüben folgende Abwassermengen:

Für die Transporteure und Rübenwäsche	525,0 l
Zum Abkühlen der Pumpen und zur Kondensation	325,0
Diffusions- und Druckwasser	145,0
Schnitzeltransporteur	5,0
Zum Waschen der Kohlensäure	10,0
Generatorwasser	2,5
Zum Waschen der Kohlenfilter	3,0
Abwässer nach der Behandlung der Kohle und Säure	1,5
Zum Waschen der Knochenkohle	15,0
Zum Kochen der Knochenkohle	15,0
Schnitzelwasser	25,0
Zum Kalklöschen	28,5
Zum Waschen der Filtertücher, der Fußboden der Fabrik und des Laboratoriums	5,0
Zusammen	1105,5 l

Nach *Lichowitzer* ergaben Analysen folgende Gehalte an organischen Stoffen (g im Liter):

	1893	1896	1901	1902
Reines Wasser	0,121	0,108	0,107	0,098
Wasser aus den Kohlensäurelaveuren	0,479	0,172	—	0,480
Wasser aus der Rübenwäsche	—	0,562	0,911	1,380
Wasser aus der Knochenkohlenwäsche	1,425	0,632	0,911	2,174
Wasser von der ausgekochten Knochenkohle	1,259	2,117	—	1,605
Wasser aus den Gärbottichen der Knochenkohle	1,635	1,185	1,911	3,720
Druckwasser	24,812	35,360	12,910	14,220
Wasser von den Schnitzelpressen	—	—	—	24,964
Abflußwasser aus den Filtern	40,158	37,288	88,010	58,776
Abfall-Lauge	—	215,90	121,61	139,04
Pülpewasser	—	—	—	200,34

Danach enthält das Abwasser außer Zucker und den übrigen löslichen Bestandteilen des Rübensaftes (Kalisalze organischer Säuren, besonders essigsaures, buttersaures und milchsaures Kali, sowie Asparagin, Glutamin, Albumosen und Zersetzungsprodukte des Eiweißes), gelöste und suspendierte Pectinstoffe. Die Selbstgärung der Kohlenhydrate, also besonders des Zuckers und des Invertzuckers, in den Abwässern führt zunächst zur Entstehung von Milch-, Butter- und Essigsäure, unter Bildung der Nebenprodukte dieser Bakteriengärungen. Die Salze dieser Säuren zusammen mit diesen Nebenprodukten bilden ein geeignetes Nährmittel für das Gedeihen gewisser chlorophyllfreier Pflanzen, wie z. B. Beggiatoa alba, Leptomitus lacteus u. a.

[1] Vgl. Braunschw. landw. Ztg. **52**, 61; Centralbl. Landesk. Böhmen 1869, 294; Zft. d. deutsch. Ver. f. Rübenz. 1884, 11; 1891, 111; Archiv f. Hygiene 1899, 19.

[2] Zft. d. deutsch. Ver. f. Rübenz. 1903, 1277; Österr. Zft. f. Rübenz. 1903, 804.

Nach *Mez*[1] sind die wichtigsten Abwasserpilze Sphaerotilus, Beggiatoa und Leptomitus. Sphaerotilus und Leptomitus, welche die bekannten wollartigen Schleimflocken bilden, Beggiatoa dagegen feine weißlichgraue Beläge. Die Organismen aller fäulnisfähigen Abwässer sind die gleichen; auch Leptomitus, welcher vielfach als für Zuckerfabriksabwässer charakteristisch angesehen wird, ist in anderen Abwässern massenhaft gefunden. — Die Verpilzungen der Bäche sind wesentlich auf den Winter beschränkt. Bei mehrfacher Wasserverunreinigung (also z. B. durch Ortschaften und Fabriken) heißt es immer, die Zuckerfabrik sei schuld, denn von der (zufällig mit Beginn der kalten Jahreszeit anfangenden) Campagne ab sei die Verpilzung zu beobachten. Dieser Schluß ist aber nach *Mez* nicht statthaft, da im Sommer Verpilzung überhaupt unmöglich ist. Die genannten Organismen verhalten sich derart verschieden, daß in stinkend faulem Wasser Beggiatoa (zugleich mit Bakterien-Zoogloeen) Charakterpflanze ist; daß in sehr stark verunreinigtem (aber nicht stinkend faulem) Wasser Sphaerotilus vorkommt, während Leptomitus erst in beträchtlich reinerem Wasser auftritt. Durch diese drei Pilze will *Mez* verschieden starke Wasserverunreinigung definieren. Sonach soll Abwasser von Zuckerfabriken nur keine Beggiatoa und Sphaerotilus hervorbringen. *Mez* meint, nur mit der Fischerei könne die Zuckerindustrie nicht in Frieden leben.[2] (Vgl. S. 118 u. 274.)

Um die vielfach großen Schwierigkeiten der Abwasserbeseitigung zu vermeiden, werden von einigen Fabriken die Abwässer in den Betrieb zurückgenommen. Eine Fabrik, welcher verboten wurde, überhaupt Abwasser abzuleiten, verwendet seit 1889 das gesamte Abwasser (ohne Melasseentzuckerung) zum Betriebe der Diffusionsbatterie[3]; das Wasser enthält:

Suspendierte Stoffe	sehr geringe Mengen
Trockensubstanz	2557 mg
Glührückstand	1335
Glühverlust	1221
Schwefelsäure	74
Alkalien	350
Sauerstoff zur Oxydation	1283

Berndal (D. R. P. Nr. 147 443) verwendet die Diffusionsabwässer wieder. *Pfeiffer*[4] führt die gut entpülpten und entsandeten Preßwässer und Diffusionsabfallwässer möglichst heiß in die Batterie als Diffusionsbetriebswasser ein, in der Reihenfolge, daß das Preßwasser vor dem Diffusionsabfallwasser in die Batterie gedrückt wird, daß also der Diffuseur, der ausgepackt werden soll, Diffusionsabfallwasser enthält. Das zuckerhaltige Preßwasser bleibt daher in der Batterie, während das Diffusionsabfallwasser mit dem Entleeren des letzten Diffuseurs wieder aus dem Betriebe ausgeschaltet wird und neue Verwendung findet.

[1] Zft. d. deutsch. Ver. f. Zuckerind. 1899, 674; Deutsche Zuckerind. 1899, 1034.
[2] Zft. d. deutsch. Ver. f. Rübenz. 1899, 1013; 1901, 609.
[3] Deutsche Zuckerind. 1892, 1686.
[4] D. R. P. Nr. 147 443, 183 966; Deutsche Zuckerind. 1905, 1944; 1906, 425, 441 u. 1481; 1909, 191 u. 427; Fischers Jahresber. 1906, 243; 1907, 222; 1909, 247.

Wenn man nach *Claassen*[1] die Abwässer mit Nutzen in die Diffusionsbatterie zurückführen will, so muß man die sämtlichen Abwässer zurücknehmen. Wird nur ein Teil zurückgeführt, so erhöht sich in dem weglaufenden Teil der Gehalt an Zucker und Trockensubstanz derart, daß deren Mengen, auf Rüben berechnet, ebenso hoch werden als bei der üblichen Arbeitsweise. Bei geeigneten Einrichtungen für die Rückführung der Abwässer und Einhaltung der vorgeschriebenen Temperaturen können schädliche Veränderungen in den Säften und Abwässern nicht eintreten. Nach *Herzfeld*[2] ging dabei die Rückführung des entstandenen Diffusions-, Ablauf- und Schnitzelpreßwassers auf die Batterien glatt vonstatten. Bei Anwendung des Verfahrens zeigte sich keinerlei übler Einfluß auf den Diffusions- sowie auf den nachfolgenden Fabrikbetrieb, insbesondere trat kein lästiges Schäumen auf. Durch die Rücknahme der Abwässer wurden auf der Diffusionsbatterie nicht nur keine Zuckerverluste verursacht, sondern es trat im Gegenteil eine Vermehrung des Zuckergehaltes des Diffusionssaftes ein. Das Verfahren wird unbedenklich da zur Anwendung kommen können, wo man den größeren Teil der Schnitzel trocknet, den in denselben verbleibenden Zucker also nutzbar gewinnt.

Bis jetzt wird das Verfahren aber erst in sehr wenigen Fabriken angewandt, denen verboten ist, Abwasser abzuleiten oder die endlose Prozesse vermeiden wollen[3]. Reinlicher und bequemer ist der Betrieb jedenfalls, wenn nur frisches Wasser verwendet und das Abwasser beseitigt wird.

Gestattet es die Wasserführung des Vorfluters, daß Abwässer demselben zur Selbstreinigung zugeführt werden können, so ist die Reinigung auf mechanisches Absitzenlassen und Zurückhalten suspendierter organischer Schwebestoffe zu beschränken. In vielen Fällen ist es vorteilhaft, die verschiedenen Abwässer getrennt zu behandeln. Die Fallwässer und Kondenswässer enthalten höchstens geringe Spuren Ammoniak und Zucker, können daher ohne weiteres wieder verwendet oder — falls erforderlich abgekühlt — abgelassen werden. Aus den Rübenschwemm- und Waschwässern sind die mechanischen Verunreinigungen durch Absetzen und Fangvorrichtungen zu beseitigen. Das Wasser kann dann wiederholt zur Schwemme verwendet werden oder es muß, wo das Ablassen unstatthaft ist, gereinigt werden.

Bodenbender[4] empfiehlt, das Wasser aus der Rübenwäsche, der Saftstation, der Knochenkohlewäsche und sonstiges Spül- und Tagewasser gemeinschaftlich durch einige kleine Absatzbehälter zu leiten. Von hier gelangt es in eine Grube, welche durch einen Lattenrost derart geschlossen ist, daß das Wasser von unten durch denselben aufsteigen muß, so daß die aufschwimmenden Teile zurückgehalten werden, worauf das Wasser noch zwei Behälter

[1] D. R. P. Nr. 194 046, 203 191, 211 128, 226 855; Zft. d. deutsch. Ver. f. Rübenz. 1906, 260; 1907, 525; 1910, 108.

[2] Deutsche Zuckerind. 1910, 34 u. 49.

[3] Vgl. Deutsche Zuckerind. 1910, 423.

[4] Zft. f. Rübenz. 1881, 479.

mit Reisern und Koks durchfließen muß. Das so geklärte Wasser wird nun mit Kalkmilch in geringem Überschuß versetzt, absitzen gelassen, durch einige mit Koks gefüllte Behälter geführt und schließlich auf ein Gradierwerk gepumpt. Nachfolgende Tabelle zeigt den Gehalt des Fallwassers und des Kühlwassers aus der Elution (I), der übrigen genannten gemischten Wässer vor der Kalkbehandlung (II) und beider Wässer gemischt vom Gradierwerk (III) (mg im Liter):

	I	II	III
Gesamtrückstand	303	795	310
Unorganische Stoffe	207	425	106
Kieselsäure	18	17	15
Kalk	93	587	69
Eisenoxyd und Tonerde	3	3	3
Schwefelsäure	34	42	33
Chlor	70	68	67
Alkalien als Chloralkalien gew. .	150	207	130
Magnesia	13	13	15
Organische Stoffe	96	370	106

Der Zusatz von Kalkmilch allein genügt nicht; so fand *Hueppe*[1]:

Wasser	Schwebestoffe		Gelöste Stoffe								Keime in 1 cc
					Stickstoff in Form v.						
	im Ganzen	mit Stickstoff	Abdampfrückstand	Sauerstoffverbrauch	organ. Verbindungen	Ammoniak	Eisenoxyd	Kalk	Magnesia	Schwefelsäure	
	mg	mg	mg	mg	mg	mg	mg	mg	mg	mg	
Abfluß von den Klärteichen der Fabrik	89	14	515	28	7	8	16	76	17	10	160 500
Bachwasser:											
Vor Aufnahme des Abwassers	0	0	135	7	0	0	0	33	14	29	615
Nach „ des Abwassers	64	8	416	23	7	5	51	33	16	13	185 700

Die Wirkung des Kalkes bei der Reinigung von zuckerhaltigen Abwässern untersuchten *Herzfeld, Brüggemann* und *Ahlers*[2]. Bestimmt wurden vor und nach der Gärung bei 32° nur die Oxydierbarkeit mit Permanganat und der Stickstoff. Die Versuche bestätigen, daß der übliche Kalkzusatz zu den vergorenen Wässern durchaus nicht bloß das Aussehen des Wassers verschönt, sondern daß mit der Klärung auch eine Reinigung verbunden ist. Da man in der Praxis jedoch in der Regel hohe Temperaturen nicht für längere Zeit in den Abwässern wird halten können, so wird die Wirkung hinter derjenigen, die bei den Versuchen erzielt wurde, in der Regel zurückbleiben. Über die Ursache der reinigenden Wirkung des Kalkes lassen sich auf Grund der vorliegenden Versuche keine ganz bestimmten Angaben machen. Der

[1] Archiv f. Hygiene 1899, 19. [2] Zft. d. deutsch. Ver. f. Rübenz. 1905, 174.

Umstand jedoch, daß eine erhebliche Menge Stickstoff in fällbarer Form übergeführt worden ist, sowie die günstige Wirkung der Neutralisierung der Flüssigkeiten mit kohlensaurem Kalk vor der Gärung deutet darauf hin, daß es darauf ankommt, während der Gärung möglichst viel Lebewesen zu entwickeln, welche die Stickstoffverbindungen assimilieren und dadurch in mit Kalk fällbare Form überführen, und welche ferner den vorhandenen Zucker in dextran-, gummi- oder celluloseartige Verbindungen umsetzen. Letztere ebenso wie die in der Lösung vorhandenen Bakterien und Hefen werden bei der Kalkklärung niedergeschlagen, wodurch sich die reinigende Wirkung erklärt. Jedenfalls ist danach zu streben, die äußeren Verhältnisse so zu gestalten, daß die Abwässer vor der Kalkklärung möglichst lange auf einer hohen, die Gärung begünstigenden Temperatur gehalten bleiben und die Gärung nicht in saurer Lösung vor sich gehen zu lassen, sondern vor oder während derselben kohlensauren Kalk im Überschuß am besten in Pulverform (Kreide) oder in Form von Scheidekalk zuzusetzen, um auf diese Weise die gebildete Säure sofort zu neutralisieren.

Lagrange[1] empfiehlt Kalkmilch und saures Calciumphosphat.

Nach *Vivien*[2] sollen die Wässer von den Schnitzelpressen für sich gereinigt werden, ehe sie zum Waschen der Rüben verwendet werden können. Ferner behandelt man die anderen gesammelten Fabrikwässer entweder nur mit Kalk oder zuerst mit einem Eisen- oder Aluminiumsalz und macht sie dann mit Kalk alkalisch.

Die Zuckerfabrik Steinitz verwendet das Kondensationswasser wieder im Betriebe. Nach *A. Stift*[3] betrug die tägliche Verarbeitung etwa 2500 hk Rüben mit einem Verbrauch von etwa 6000 hl Wasser. Nach dem Verlassen der Fabrik wird das Abwasser quer durch den Fabrikhof in einen Kanal bis zur Umfassungsmauer geführt. Hier befinden sich zwei Behälter, aus welchen ununterbrochen Eisenchloridlösung und Kalkmilch zugesetzt wird. In 24 Stunden werden etwa 400 k Ätzkalk und 4 k Eisenchlorid verbraucht. Nach dieser Reinigung gelangt das Wasser in eine Absatzgrube, welche etwa 430 cbm faßt. In den Sammelteich kommt auch das durch eine kleine Grube gesammelte Regenwasser vom Fabrikshofe. Durch natürliches Gefälle rinnt das Abwasser in einer kleinen Rinne der Reihe nach in 4 Klärteiche; der am meisten verunreinigte Klärteich wird abgestellt und geleert. Jeder Klärteich ist etwa 400 cbm groß, bei einer Tiefe von 1,15 m. Hier tritt eine Gärung des Abwassers ein, infolgedessen der Ablauf einen stinkenden, fäkalienartigen Geruch annimmt. Die Klärteiche sind durch einen gemeinsamen Zufluß- und Abflußkanal miteinander verbunden, das Abwasser fließt auf ein drainiertes Rieselfeld, versickert im Boden und rinnt durch Saugdrains Sammelröhren zu, um in den Ablaufgraben zu kommen. Die Saugdrains liegen 7 m entfernt und 1,1 bis 1,2 m unter dem Boden. Auf diesen Röhren befindet sich eine Schlackenschicht von 25 bis 30 cm

[1] Rev. chim. industr. 1893, 23.
[2] Bull. assoc. chim. **10**, 6.
[3] Zft. f. angew. Chem. 1892, 591.

und darüber bis zur Oberfläche Erde. Das gesamte Rieselfeld hat einen Flächeninhalt von 2,75 ha. Analysen ergaben:

	Einlauf in die Fabrik. Betriebswasser	Ablauf aus der Fabrik. (Abflußkanal)	Nach der chemischen Reinigung	Vor der Berieselung	Aus den Drainröhren des Rieselfeldes
Suspendierte Stoffe	7	11860	8519	5940	821
Darin: Organisch	4	2367	1486	1112	209
Stickstoff	1	480	388	337	32
Gelöste Stoffe	653	7303	7367	6304	5207
Darin: Organisch	195	5036	5152	4552	4002
Salpetersäure	[Sp.	103	119	201	43
Salpetrigsäure	0	137	151	243	5
Ammoniak	15	39	37	34	4
Schwefelwasserstoff	0	0	schwach	stärker	0
Kalk	123	682	812	515	524
Kali	18	401	332	255	122
Schwefelsäure	67	131	136	87	92
Phosphorsäure	Sp.	20	12	9	5

Hoyermann und *Wellensiek* wollen das Abwasser mit „Humin", die löslichen Bestandteile der Braunkohle, reinigen[1].

Wendland[2] empfiehlt die Abscheidung des Pflanzeneiweißes durch Zusatz von Schwefelsäure.

Das *Proskowetz*sche Abwässerreinigungsverfahren (D. R. P. Nr. 114 812) haben *von Rosnowski* und *Proskauer*[3] in der Zuckerfabrik zu Sadowa beobachtet. Danach bestand dort das Reinigungsverfahren in: 1. Versetzen der Abwässer mit Kalkmilch und daran anschließend Sedimentierung der suspendierten festen Bestandteile in Klärbehältern. 2. Berieselung des inzwischen schwach alkalisch gewordenen, aber klaren Wassers auf einem „hoch drainierten" Rieselfelde, dessen Drainstränge an ihren Endpunkten offen zutage liegen, also den Luftzutritt gestatten sollen. 3. Berieselung des nunmehr neutral oder sogar schon sauer gewordenen Wassers auf einem zweiten „tief drainierten" Rieselfelde und demnächst Sammlung des Rieselwassers in einem Sammelbrunnen. Die unter 2 und 3 bezeichneten Rieselflächen bestehen nicht aus Wiese, sondern aus Ackerland, welches im Sommer bepflanzt wird. 4. Abermaliger Kalkzusatz zu dem (unter Umständen sauer gewordenen) Wasser im Sammelbrunnen. Die durch die unter 2 und 3 genannten vorhergehenden Berieselungen in ihrer chemischen Zusammensetzung veränderten organischen Substanzen sollen jetzt durch den Kalkzusatz fast gänzlich ausfällbar geworden sein. 5. Abermalige Klärung des Wassers auf mechanischem Wege, entweder durch Absitzenlassen in verschiedenen Bassins oder durch Filtration. Der Grundgedanke des Verfahrens beruht mithin auf dem Prinzipe, die fäulnisfähigen organischen Stoffe in den Abwässern durch intensive Fäulnis innerhalb des Bodens zu spalten, um sie sodann durch Kalkzusatz völlig auszufällen, bevor die Abwässer den

[1] Deutsche Zuckerind. 1898, 1370. [2] Deutsche Zuckerind. 1910, 355.
[3] Viertelj. f. gerichtl. Med., Suppl., 1898, 54.

öffentlichen Flußläufen zugeführt werden. Als neu war bezeichnet die Einschaltung des unter 2 genannten hoch drainierten Rieselfeldes, in dem das Abwasser, nachdem es vorher schwach alkalisch geworden war, durch die offen liegenden Drainstränge in gewissem Grade durchlüftet und in dem auch die Fäulnis schon eingeleitet wird; ferner der unter 4 genannte abermalige Kalkzusatz nach der Berieselung und die abermalige Klärung der Abwässer. Diese letzte Behandlung erscheint als die wichtigste des ganzen Verfahrens. Analysen von Wasserproben ergaben (mg im Liter):

Bezeichnung der Probe	Temperatur bei der Entnahme	Reaktion gegen Lackmus	Salpetersäure	Titrierung der organischen Stoffe (Oxydierbarkeit), Verbrauch an übermangansaurem Kalium	Stickstoffhaltige Substanzen: durch Magnesia austreibbarer Stickstoff	Stickstoffhaltige Substanzen: durch Magnesia nicht austreibbarer Stickstoff	Reaktion auf Zucker fiel aus
Abwasser nach dem Austritt aus der Fabrik . .	36°	sehr schwach sauer	sehr schwache Reaktion	430,3	13	43	vorher
Hinter Klärbassin und Kühlteich	26°	etwas stärker sauer	Spur	99,8	25	25	0
Aus Drainröhren des oberen Rieselfeldes	17°	noch etwas stärker sauer	desgl.	89,4	28	22	0
Wasser aus dem unteren Rieselfeld	13°	sehr schwach sauer	desgl.	83,1	8	11	0
Aus mehreren Drainröhren des Kalkrieselfeldes . .	9°	deutlich alkalisch	fehlt	33,3	15	1	0

Das *Proskowetz*sche Verfahren in der Zuckerfabrik Sokolnitz untersuchten *Strohmer* und *Stift*[1]:

		Abwasser, noch nicht mit Kalk versetzt	Wasser nach dem Absetzen von dem ersten Rieselfeld	Wasser von dem ersten, bloß oberirdisch drainiert. Felde	Gereinigtes Wasser
Aussehen und Geruch		Rübengeruch. Trübe, mit ziemlich starkem Bodensatz, gelblich gefärbt	Rübengeruch, dabei etwas kotartig, Weniger trübe wie I, geringer Bodensatz, schwach gelblich	Stark kotähnlich, ziemlicher Bodensatz, ziemlich braun aussehend	Sehr schwacher Rübengeruch. Klar und wasserhell
Reaktion		schwach alk.	alkalisch	alkalisch	alkalisch
Schwebestoffe	anorgan. . .	18 024 mg	119 mg	1110 mg	1 mg
	organ. . . .	316 „	16 „	313 „	19 „
Gelöste Stoffe	anorgan. . .	876 „	865 „	835 „	323 „
	organ. . . .	838 „	866 „	604 „	208 „
Chlor		31 „	35 „	28 „	23 „
Salpetersäure		89 „	87 „	190 „	76 „
Salpetrige Säure		nachweisbar	nachweisbar	stark	Sp.
Ammoniak		40 mg	13 mg	3 mg	24 mg
Stickstoff in der Schwebe . .		18 „	9 „	6 „	0 „
Schwefelwasserstoff		schwach	stärker	stark	Sp.

[1] Österr. Zft. f. Zuckerind. 1896, 27.

Der hohe Salpetersäuregehalt der Abwässer ist auffallend. Von *König*[1] wurden dann in gleichmäßigen Zeitabschnitten Einzelproben entnommen und gemischt, und zwar: I. Gesamtabwässer, wie sie vom Hubrad in den Ablaufkanal geschöpft werden; II. Ablaufwasser aus dem letzten Sedimentierbassin; III. Ablaufwasser der Drainröhren des ersten (oberen) Rieselfeldes; IV. Drainwasser vom zweiten (unteren) Rieselfelde aus dem Sammelbrunnen; V. Gereinigtes Wasser für den Betrieb. Von den ausgeführten Versuchsreihen mögen folgende angeführt werden:

Datum der Probeabnahme	Bezeichnung der Proben	Organische Substanz ausgedrückt durch Sauerstoffverbrauch	Gesamt-Stickstoff	Ammoniak-Stickstoff	Organischer Stickstoff	Organischer Kohlenstoff als flüchtige Fettsäuren	Organischer Kohlenstoff in anderer Form	Gesamt-organischer Kohlenstoff
	I	581	14	6	8	228	119	348
	II	347	13	7	6	207	103	310
30. 10.	III	156	9	5	5	240	7	298
	IV	39	3	Sp.	3	106	37	143
	V	4	19	16	3	109	6	116
	I	1102	14	7	7	209	204	413
	II	309	14	7	7	204	180	384
13. 11.	III	162	13	4	9	150	90	241
	IV	28	3	—	3	77	34	112
	V	13	11	7	3	115	16	131
	I	957	17	5	11	172	300	472
	II	207	16	28	7	172	209	381
27. 11.	III	82	10	5	5	242	110	352
	IV	28	4	2	2	121	24	145
	V	16	15	12	3	97	11	108

Auch hier fehlt das Chlor. — *König* empfiehlt, den Kalkzusatz zu den zu reinigenden Abwässern möglichst zu beschränken, ihn tunlichst auf jene Minimalgabe hinabzudrücken, die zur Herbeiführung einer beschleunigten Sedimentierung in dem Klärbehälter unbedingt notwendig erscheint.

Denkschriften über die vergleichende Prüfung verschiedener Verfahren zur Reinigung der Abflüsse aus Rohzuckerfabriken[2]. Die Versuche im Betriebsjahr 1879/80 führten zu dem Bericht vom 19. April 1880, daß das *Knauer*sche Verfahren[3] das wirksamste sei, während eine Kommission des Vereins für Rübenzuckerindustrie[4] gerade dieses Verfahren verwarf. Die mikroskopischen Untersuchungen sind nicht maßgebend, da

[1] Österr. Zft. f. Zuckerind. 1899, 630.

[2] Die erste Denkschrift ist abgedruckt in den Verhandl. d. Ver. z. Beförderung d. Gewerbefl. 1884, Heft 8, die zweite als Beilage z. Novemberheft 1887 der Zft. f. Rübenz. erschienen.

[3] D. R. P. Nr. 6211; Fischers Jahresber. 1880, 741.

[4] Zft. d. deutsch. Ver. f. Rübenz. 1880, 567.

sie an tagelang aufbewahrten Proben ausgeführt wurden. Die Analysen zweier Beobachter weichen außerordentlich voneinander ab, haben daher keine Beweiskraft.

Die zweite Denkschrift berichtet über die Ergebnisse der im Betriebsjahr 1884/85 angestellten amtlichen Versuche über die Verfahren von *Nahnsen*, *Oppermann*, *Röckner-Rothe*, *Hulwa* und *Elsässer*; das Verfahren von *Al. Müller* war bereits allgemein verlassen, das von *Knauer* wurde nur noch vereinzelt verwendet. Hier mögen nur die Ergebnisse von 5 Fabriken mit dem *Nahnsen*schen Verfahren angeführt werden.

Die Zuckerfabrik Schöppenstedt verarbeitet z. B. täglich 3150 hk Rüben nach dem Diffusionsverfahren und täglich 100 hk Melasse mittels 5 Osmogenen. Die Reinigung der Säfte geschieht mit Knochenkohle (täglicher Verbrauch von 140 hk) und deren Regenerierung durch Gärung. Als Betriebswasser dient das Wasser des Flüßchens Altenau, minutlich etwa 3,64 cbm; zur Reinigung gelangen die sämtlichen Schmutzwässer: Rübenwaschwasser nach Abscheidung grober Rübenteile durch ein Gitter, Abpreßwasser, Knochenkohlenhauswasser, Osmosewasser u. dgl. Auf 1000 hk verarbeitete Rüben sind ursprünglich 40 k des *Müller-Nahnsen*schen Präparats (schwefelsaure Tonerde) und 40 k Kalk, also täglich je 120 hk gerechnet; es hat sich aber herausgestellt, daß zur Erzielung einer hinreichenden Klärung des Wassers die 4fache Menge Kalk angewendet werden mußte. Die mit den Fällungsmitteln versetzten Schmutzwässer durchfließen eine Reihe von 3 größeren und 11 kleineren Absatzbehältern, von welchen je ein größerer und 5 kleinere regelmäßig behufs Aushebung der in ihnen niedergeschlagenen Schlämme ausgeschaltet werden, und fließen durch einen etwa 1 km langen Graben nach der Altenau ab. — Analysen ergaben:

	Verdampfrückstand		Suspendierte Stoffe		Organisch mit CrO_3 als Kohlenstoff	Stickstoff mit Natronkalk	Stickstoff als NH_3	Salpetrigsäure	Schwefelsäure	Kalk	Alkalität	Schwefelwasserstoff	Eiweiß
	Gesamt	Glühverlust	Gesamt	Glühverlust									
Schöppenstedt . . .	2006	1210	13475	875	86	25	9	0	115	395	s	+	+
„ ger. .	2058	1350	181	52	314	45	15	0	145	185	0	+	+
Wendessen	1230	584	1094	218	22	32	13	0	96	203	s	+	+
„ ger. . .	1583	890	119	40	67	22	13	+	143	300	123	0	+
Cochstedt, ohne Endl.	6612	4068	2224	186	431	206	16	0	118	623	4	+	+
„ mit Endl.	14670	8286	1478	303	1504	570	55	0	116	1885	1758	3	+
„ ger. . .	7740	4952	96	35	676	242	23	+	107	555	310	+	0
Irxleben	3066	1234	873	270	97	93	56	+	27	385	56	4	+
„ ger. . .	3656	1048	200	74	60	47	25	0	95	973	728	+	0
Schackensleben . .	3098	1823	1825	4g5	467	38	19	0	27	385	s	0	0
„ ger.	4465	2370	76	4	416	55	43	0	77	1055	630	0	0

Auch hier weichen die von zwei Analytikern gemachten Versuche sehr stark voneinander ab. Für die Beurteilung der Wirkung dieser Reinigungsverfahren verlieren diese Versuche noch mehr dadurch an Bedeutung, daß die Proben des ungereinigten und gereinigten Wassers nicht einander entsprachen, da keine Rücksicht darauf genommen ist, wie lange Zeit das Wasser zum Durchfließen der Klärbehälter gebrauchte. Da nun leider das Chlor nicht bestimmt wurde, so fehlt auch jeder Anhaltspunkt zur Schätzung der Abweichung oder Übereinstimmung der Proben. Schlüsse von Bedeutung können daher aus diesen Versuchen nicht gezogen werden. (Vgl. S. 272).

Von 1887 bis 1898 ruhten die amtlichen Prüfungen gänzlich, da von keiner Seite eine Anregung zur Fortsetzung derselben erfolgte. Wo sich die Einrichtung desselben durchführen ließ, legten die Zuckerfabriken zumeist das Rieselverfahren für die Reinigung ihrer Abwässer an. Andernfalls begnügte man sich mit den genannten chemischen Verfahren. Nach dem Bericht der folgenden staatlichen Abwasserkommission[1] muß es eines der ersten Erfordernisse sein, welches an jedes Zuckerfabrikabwässer-Reinigungsverfahren zu stellen ist, daß dasselbe das Abwasser in einen Zustand versetzt, in welchem letzteres die Fähigkeit verloren hat, die massenhafte Entwickelung der sog. Zuckeralgen in den oft ungenügenden Vorflutern hervorzurufen. (Vgl. S. 234.)

Den weiteren Berichten über die Arbeiten der staatlichen Kommission zur Prüfung der Reinigungsverfahren von Zuckerfabrikabwässern[2] seien folgende Angaben entnommen:

In der Zuckerfabrik Brehna werden die Schnitzelpreßwässer nach dem *Proskowetz*-Verfahren (S. 38) mit Kalkmilch versetzt, mit dem übrigen Abwasser gemischt durch Absatzbehälter, dann auf Rieselfeld geleitet. Das Drainwasser wird manchmal mit Kalkmilch versetzt und auf ein zweites Rieselfeld geleitet. Analysen ergaben nebenstehende Resultate.

Drei Jahre später wurden neue Proben entnommen; die erste Kalkung unterblieb:

Art der Probe	Aussehen	Geruch	Reaktion	Permanganatverbrauch	Abdampfrückstand	Glührückstand	Glühverlust	Chlor	CaO
Abwasser Beim Auftreten auf das sekundäre Rieselfeld	schwach opalisierend	stark nach Trimethylamin	schwach alkalisch	156	1178	521	657	43	261
Abwasser Nach dem Passieren des sekundären Rieselfeldes	klar	schwach faulig fäkalartig	schwach alkalisch	33	584	420	163	43	390
Abwasser Aus dem Bach unterhalb des Einflusses des Abwassers	klar	wie vor, nur stärker	—	33	758	538	220	43	275

Hier stimmt der Chlorgehalt auffallend gut.

[1] Zft. d. deutsch. Ver. f. Rübenzucker 1901, 393.
[2] Zft. d. Ver. f. Rübenzucker 1903, 25; 1904, 430; 1907, 109; 1908, 408.

Ort der Probenahme	Reaktion gegen Lackmus	Ammoniak	Salpetrige Säure	Salpetersäure	Suspendirte Stoffe		Trockenrückstand	Glührückstand	Glühverlust	Chlor	Organ. Substanz in alkalischer Lösung		Mikroskopische Untersuchung
					organische	anorganische					verbraucht. Kaliumpermanganat	entsprechend Sauerstoff	
Beim Auftritt auf das primäre Rieselfeld	schwach sauer	sehr viel	nicht nachweisbar	nicht nachweisbar	nachträgl. Ausscheidung		1016	586	430	25	615	154	Unbewegliche Bakterien
Hinter dem Kalkabsatzteiche beim Auftritt auf das sekundäre Rieselfeld	stark alkalisch	wenig	viel	„	„		750	474	276	52	229	57	Kalkkrystalle, Bakterien.
Aus dem Sammelbrunnen hinter dem sekundären Rieselfeld	neutral	„	nicht nachweisbar	„	5	—	806	618	188	39	172	43	Antophysa vegetans lebend, zeigt Verschmutzung an.
Aus dem Strängbach 120 Schritt oberhalb der Rieselfeldanlage	„	viel	„	„	43	—	808	684	124	55	270	68	Phacus pleuronectes, Euglena oxyuris, Chromatium Okeni, Anthophysa vegetans, Spirillen; deuten Verschmutzung an.
Aus dem Strängbach unterhalb der Reinigungeanlage am Eisenbahndamm	alkalisch	wenig	„	„	37	—	794	662	132	49	147	37	Euglena, Beggiatoa, Chrotium u. Spirillum spärlich; zeigen Verschmutzung an.
Aus dem Strängbach unterhalb Brehna an der Straße nach Roitzsch dicht an der Brücke über den Bach	schwach alkalisch	„	„	„	nachträgl. Ausscheidung		704	580	124	42	179	45	Polytoma uvella sehr viel, kleine Schwefelmikrobien, Bakterien, wohl stark verschmutzt.

Herzfeld bemerkt dazu, daß die Reinigungswirkung beim *Proskowetz*-Verfahren, sofern sie nicht ausschließlich auf der Bodenfiltration beruht, in der Zersetzung der organischen Substanzen des Wassers durch Gärung zu suchen sei. Außerdem fällt in diese Zeit die für die Beurteilung der Abwässerreinigungsverfahren wichtige Arbeit von *Kolkwitz* über den Leptomitus lacteus (S. 234). Aus dieser Arbeit ergibt sich, daß entgegen der in den Kreisen der Praktiker fast allgemein verbreiteten Ansicht es nicht der in den Abwässern enthaltene Zucker sowie seine Zersetzungsprodukte sind, welche das übliche Wachstum der sog. Zuckeralgen begünstigen, sondern daß die An- oder Abwesenheit dieser Produkte vermutlich ohne jeden Einfluß auf die Entwickelung der Zuckeralgen ist. Vielmehr sind es die stickstoffhaltigen Verbindungen im Zuckerfabrikabwasser, deren Menge bislang sehr wenig beobachtet wurde, welche in erster Linie die Algenbildung hervorrufen. — Versuche von *Herzfeld* bestätigen, daß der in der Praxis übliche Kalkzusatz zu den vergorenen Wässern durchaus nicht bloß das Aussehen des Wassers verschönt, sondern daß mit der Klärung auch eine Reinigung verbunden ist. Der Umstand, daß eine erhebliche Menge Stickstoff in fällbarer Form übergeführt worden ist, sowie die günstige Wirkung der Neutralisierung der Flüssigkeiten mit kohlensaurem Kalk vor der Gärung deutet darauf hin, daß es darauf ankommt, während der Gärung möglichst viel Lebewesen zu entwickeln, welche die Stickstoffverbindungen assimilieren und dadurch in mit Kalk fällbare Form überführen, und welche ferner den vorhandenen Zucker in dextran-, gummi- oder celluloseartige Verbindungen umsetzen. Letztere ebenso wie die in der Lösung vorhandenen Bakterien und Hefen werden bei der Kalkklärung niedergeschlagen, wodurch sich die reinigende Wirkung erklärt.

Nach weiteren Berichten der Kommission (*Marsson*) gelangten 1903/04 bei der Zuckerfabrik Stendal in die Schlammteiche alle Wässer der Fabrik mit Ausnahme der Kondenswässer, der Schnitzelpreßwässer, der Tücherwaschwässer und der Laveurwässer. Von den Schlammteichen aus gelangt ein Teil der Wässer in den Kreislauf zurück. Der kleinere Teil floß in die Gärteiche ab und vermischte sich da mit den Kondens- und Schnitzelpreßwässern. In die Gärteiche gelangten auch die Schnitzelpreßwässer, sowie die freie Salzsäure enthaltenden Tücherwaschwässer. Auf die Gradierwerke flossen die heißen Kondens- und Fallwässer. Überall auf den Reisigbündeln wie an den darunter befindlichen Hürden war ein dichter meist schwarz gefärbter Pilzbesatz bemerkbar. Die Salzsäure enthaltenden Abwässer, welche bei der jeden Sonntag stattfindenden Reinigung der „Verdampfstation" entstehen, fließen gesondert ab, und zwar auf einen Teil des ersten Rieselfeldes, welches zur Zeit der Begehung überstaut war. In diesen Rieselteich werden gleichfalls die alkalischen Laveurwässer geleitet, um die Salzsäure abzustumpfen. Der andere Teil des ersten Rieselfeldes ist mit Ausfallhafer bestanden, der stellenweise jedoch ausgegangen war. Jeden 3. bzw. 4. Tag fand eine Berieselung statt. An jedem Drainausfluß des ersten Rieselfeldes waren dicke weißlichgraue Pilzflocken bemerkbar. Von dem ersten Rieselfelde gelangt das Wasser nach der Oxydationsterrasse, auf welche es mittels einer Mammutpumpe gehoben wird und überdies in Kaskaden herabrieselt. Am unteren Ende dieser Oxydationsterrasse findet die Zumischung der Kalkmilch statt. Die sekundären Rieselfelder, welche das alkalische Wasser aufnehmen, werden alle 4 bis 5 Tage berieselt. Von diesen Rieselwiesen floß das Wasser neutral ab. Der dieses Wasser aufnehmende Abflußgraben war mit schwarzgefärbten Pilzmassen ausgekleidet, welche mit Säure übergossen einen ziemlich starken Schwefelwasserstoffgeruch ergaben. Parallel zu dem Kalkabsatzteiche ist ein schmaler Sickergraben angelegt, welcher mit schleimigen, dicken, braunen, ziemlich resistenten Massen angefüllt war. Oberhalb des Einflusses dieses Grabens war der Vorflutgraben durch einen Damm geteilt und es wurde das dadurch oberhalb gestaute Wasser zusammen mit den Sammelwässern der Wiesenwässer zu dem Sammelbrunnen der Fabrik zurückgeleitet, während die anderen Rieselwässer nach der Uchte abfließen. — Die Schlammteiche (Sedimentierteiche) enthielten zumeist Sand (Rübensand), nur an einzelnen Stellen hatte sich etwas Schlamm angehäuft. Am Ausfluß des ersten Teiches waren viele Wurzelhaare angetrieben, dazwischen fanden sich auch feine Rübenreste, welche Massen teilweise in Fäulnis übergegangen waren. Auch aus diesem Grunde war die Reaktion des Wassers der Schlammteiche an den verschiedenen Stellen eine wechselnde, bald eine neutrale, bald eine saure; am Ablauf des dritten Teiches betrug am ersten Tage (25. Nov.) die Acidität 142 mg H_2SO_4 = 261 mg Milchsäure im Liter, am zweiten Tage (26. Nov.) nur 39 mg = 72 mg Milchsäure. Von Zucker wurden am zweiten Tage hier Spuren gefunden, während solcher am ersten fehlte. — Zwischen den angetriebenen Rübenresten machte sich ein fäkalartiger Geruch (Scatol) bemerkbar, naturgemäß fanden sich hier auch viele typische Abwasserorganismen, besonders Colpidium colpoda, auch Schwefelpilze (Beggiatoa), Euglena viridis, Peranema trichophorum und lebende Nematoden, am nächsten Tage war hier noch Lionotus fasciola vorhanden, auch Ulothrixfädchen. — Im dritten Teiche hatte sich viel Sarcina paludosa gebildet, namentlich im stinkenden Besatz, welche die ins Wasser ragenden Grashalme aufwiesen; im zweiten Teiche wurden neben vielen Sarcinen auch Spirillen (Spirillum rugula) gefunden, sowie Metopus sigmoides und vereinzelt Navicula brebissoni. An einzelnen Stellen zeigten die angetriebenen Rübenrestchen typischen Buttersäuregeruch; Schwefelwasserstoff war noch im dritten Teich nachweisbar; in dem hier an der Oberfläche vorhandenen Schaum wurden keine lebenden Organismen entdeckt, nur mikroskopisch feine Gewebselemente von Rüben. — Im Gradierwerk (für Kühl- und Kondensationswässer) wechselt die Reaktion gleichfalls, am ersten Tage war sie eine neutrale, am zweiten eine schwach saure, und schließlich wieder eine schwach alkalische. Alle Holzteile des Gradierwerkes waren mit langen Pilzzotten besetzt, welche aus Wasserformen von Schimmelpilzen (Mucor und Fusarium, kein Sphaerotilus) bestanden, manche Hyphen derselben zeigten eine Breite von 64 μ. Die Pilzmassen zeigten meist ein schwärzliches Aussehen, welches von abgeschiedenem

Schwefeleisen herrührte, die Endzotten der Pilze waren dagegen meist farblos; es erklärt sich dieser Unterschied in der Färbung dadurch, daß bei der meist überwiegend alkalischen Reaktion des Wassers und bei vorhandenem Schwefelwasserstoff das in dem Abwasser vorhandene Eisen auf den Pilzleibern als Schwefeleisen niedergeschlagen wird, welches bei eintretender saurer Reaktion jedoch wieder in Lösung geht als farbloses Oxydulsalz. Auch in dem bei + 3,5° Lufttemperatur unter dem Gradierwerk befindlichen, noch 2,3° warmen Kondenswasser war viel abgeschiedenes schwarzes Schwefeleisen vorhanden, welches mit Salzsäure übergossen neben Schwefelwasserstoffgeruch auch deutlichen Geruch nach Buttersäure ergab. Zucker wurde nicht gefunden. — Zwischen den Pilzhyphen, welche verschiedenen Arten zugehörten und neben der angeführten Breite von 64 μ auch eine solche von 48 μ, wie 32 μ, ja nur von 5 μ zeigten, fanden sich viele mikroskopische Organismen, vor allem wieder Colpidium colpoda, ferner Paramaecium aurelia. Chilodon cucullulus und Peranema trichophorum, von niederen Pilzen: Beggiatoa, Spirillum rugula und Bacillus subtilis. — Die Gärteiche mit Zufluß von Schnitzelpreßwasser, ferner gelangen in dieselben auch die Salzsäure enthaltenden Tücherwaschwässer, zeigten an beiden Tagen eine stark saure Reaktion, am 26. Nov. in dem ersten 568 mg H_2SO_4, im zweiten 480, und am 25. Nov. vor Austritt auf das Rieselfeld 573 mg H_2SO_4, an diesem Tage war auch der Zucker deutlich nachweisbar, während am 26. Nov. in beiden Teichen kaum Spuren zu entdecken waren. Der Geruch des Wassers war in beiden Teichen ein schwach fauliger und buttersäureartiger. Der Permanganatverbrauch hatte im zweiten Gärteich im Vergleich zum ersten um 25 Proz. abgenommen, während Abdampfrückstand und Glühverlust ein wenig höher gefunden wurden, ebenso der organische Stickstoff. Im Bodensatz der Gärteiche wurde nicht sehr viel Schlamm gefunden, und in diesem viel ausgelaugte, farblose Rübenhaare, Häute, Spiralgefäße und anderer vegetabilischer Detritus, gleichfalls im Bodensatze der entnommenen Wasserproben, welcher frei von Protozoen war. Am Gärteichausfluß waren Pilze vorhanden, jedoch ausschließlich höhere Pilze, namentlich Mucor, welcher mit Vorliebe in saurem, d. h. Pflanzensäuren enthaltendem Wasser gedeiht; von Protozoen war Colpidium colpoda hier nur vereinzelt anzutreffen im Gegensatz zu den Schlammteichen, ganz vereinzelt Lionotus fasciola, während die anderen Protozoen fehlten. — In den Absetzungsteich gelangt auch die Salzsäure, welche zum Reinigen der „Verdampfstation" verwendet wird, sowie das Laveurwasser und andere Kalkabfälle aus dem Ofen; sie dienen zur Abstumpfung der Salzsäure. Das aus diesem Teiche durch Drains in den Graben abfließende Wasser reagierte am ersten Tage neutral, am zweiten dagegen sauer (Acidität = 98). Der Chlorgehalt betrug in diesem Salzsäure enthaltenden Teiche 98 mg, während er im Schlammteiche nur 60 mg Chlor aufwies und im Sammelbrunnen 54 mg, auch der Kalkgehalt war um 68 mg höher als im zweiten Gärteich, während der Magnesiagehalt völlig gleich geblieben war, der Abdampfrückstand hatte etwas zugenommen. Schwefelwasserstoff war nicht nachzuweisen, von Zucker kaum Spuren. Der Per-

Untersuchungsergebnisse der am 26. November 1903 in der Zuckerfabrik Stendal entnommenen Abwasserproben.

Bezeichnung der Probe	In 1 Liter sind enthalten mg: im unfiltriertem Wasser: Suspendierte Stoffe: Gesamt	Suspendierte Stoffe: Glühverlust	Schwefelwasserstoff	im filtrierten Wasser: Abdampfrückstand: Gesamt	Abdampfrückstand: Glühverlust	Chlor	Stickstoff: Gesamt-	Stickstoff: Ammoniak-	Stickstoff: Nitrat-	Stickstoff: Nitrit-	Stickstoff: organischer	Kalk CaO	MgO	Verbrauch von Kaliumpermanganat mg in 1 Liter	Zucker	
Reines Wasser aus dem Sammelbrunnen	—	—	0	493	145	54	16	15	0	Sp.	1	142	32	89	0	
Abfluß vom Schwanzfang	10494	840	0	3212	1805	72	23	1	0	0	22	446	68	980	vorh.	Acidität = 558 mg Milchsäure
Abfluß aus dem dritten Sedimentierteich	50	14	vorh.	2965	1718	70	25	0,5	0	0	24,5	451	63	521	Sp.	Acidität = 72 mg Milchsäure
Erster Gärteich	—	—	stark	2320	1398	70	32	Sp.	0	0	32	345	49	1115	Sp.	Acidität = 1044 mg Milchsäure
Abwasser aus den Gärteichen	—	—	stark	2345	1498	70	39	Sp.	0	0	3	323	51	832	Sp.	Acidität = 882 mg Milchsäure
Drainwasser aus dem ersten Rieselfeld	—	—	0	2374	1399	98	28	5	0	0	23	391	51	754	kaum	Acidität = 180 mg Milchsäure
Gekalkte Wasser	—	—	0	2718	1587	90	11	3	0	Sp.	8	578	15	283	0	Alkalität = 20 mg CaO
Ablauf der Entkalkungsfelder	—	—	0	2650	1593	96	10	2	Sp.	stark	8	571	9	217	0	Alkalität = 14 mg CaO
Ablauf des zweiten Rieselfeldes nach Einfluß des Sickergrabens	—	—	0	2359	1345	100	4	Sp.	0	0	4	562	21	160	0	
Kondenswasser unter dem Gradierwerk	—	—	Sp.	—	—	60	—	—	0	0	—	—	—	—	0	
Ammoniakwasser	—	—	0	—	—	—	—	58	0	0	—	—	—	—	vorh.	

manganatverbrauch hatte um weitere 78 mg abgenommen. Lebende Organismen kamen hier nicht vor. — Bei der Terrasse (sog. Oxydationsterrasse) betrug die Acidität des über die Steine rieselnden Wassers am ersten Tage 201 mg, von Zucker wurden Spuren gefunden. Der Pilzbesatz war kein so großer wie im Jahre vorher bei der Besichtigung; er bestand aus Mucor wie im vorigen Jahre; an den oberen Teilen der Terrasse wurden auch wieder Sporen konstatiert. Protozoen kamen nicht vor, sie konnten sich in der Strömung nicht halten. — Beim Kalkabsatzteich zeigte gekalktes Wasser vor Auftritt auf die Entkalkungsfelder am ersten Tage: Alkalität = 201 mg CaO im Liter. Kein Zucker. Am zweiten Tage betrug die Alkalität dagegen nur 20 mg CaO, also um 82 mg weniger, Kalkgehalt = 548 mg CaO. Schwefelwasserstoff wurde im frischen Wasser nicht konstatiert, Zucker fehlte. Permanganatverbrauch = 283, also Verlust durch die Kalkung 471 mg. Chlorgehalt noch 90 mg. Ammoniakstickstoff 3 mg. — Das Wasser vor Auftritt auf das zweite Rieselfeld: Opalescierend, fast farblos; noch stark aminartig riechend. Temperatur 4,5° bei 3,5° Lufttemperatur. Alkalität 14 mg CaO, Kalkgehalt 571 mg, also nur um 7 mg vermindert, der Permanganatverbrauch hat dagegen um 66 mg abgenommen. Chlorgehalt 96 mg.

Wie der Chlorgehalt zeigt, entsprechen die Proben nicht einander.

In der Zuckerfabrik Wendessen wurden nach *Dunbar* und *Pfeiffer*[1] mit Schlacken gefüllte Oxydationskörper verwendet. Durch Behandlung der Abwässer in den primären und sekundären Schlackenkörpern wurde ihr Gehalt an Schwebestoffen, berechnet auf Trockensubstanz, um 84,7 bis 98,1 Proz. herabgesetzt. Die Abflüsse des sekundären Schlackenkörpers zeigten eine Abnahme des Glühverlustes, verglichen mit dem unbehandelten Abwasser, um reichlich 50 bis annähernd 80 Proz. Der Gesamtglühverlust der Schwebestoffe und gelösten Stoffe zeigte eine Abnahme von 60 bis 85 Proz. An einem Versuchstage wurde der Glühverlust der gelösten Substanzen von 618 auf 296, an einem anderen Tage von 970 auf 410, an einem dritten Tage von 201,4 auf 44,2 mg im Liter herabgesetzt. Der Gehalt der Rübenzuckerfabrikabwässer an organischem Stickstoff war im Vergleich zu der hohen Oxydierbarkeit, und wenn man die hochgradige Fähigkeit dieser Abwässer, der stinkenden Fäulnis anheimzufallen in Betracht zieht, ein nicht sehr hoher. Er schwankte zwischen 17 und 30 mg im Liter und stieg nur einmal auf 35 mg. Der Gehalt dieser Abwässer an Gesamtstickstoff stimmt annähernd überein mit ihrem Gehalt an organischem Stickstoff. Salpetrige Säure und Salpetersäure fehlte, Ammoniak war nur in relativ geringen Mengen vorhanden. Die Abnahme des organischen Stickstoffs erreichte durch die Behandlung in den Schlackenkörpern in der Regel 40 bis 60 Proz. Die Oxydierbarkeit der Abwässer wurde durch die primären Körper in der Regel um etwa 30 Proz. herabgesetzt, durch die sekundären Körper wurde sie weiter bis auf etwa 60 bis 70 Proz. herabgesetzt, im Durchschnitt um 67,1 Proz. Der Rübengeruch war verschwunden; Fische wurden von dem Wasser nicht beschädigt.

[1] Zft. f. Rübenz. 1901, 1015; Fischers Jahresber. 1901, 354.

In einer österreichischen Zuckerfabrik durchfließen die Diffusions- und Schnitzelwässer zunächst 2 Sedimentierkammern, wo sie von den mitgeführten Rübenschnitzeln befreit werden und gelangen dann durch 4 Auslässe zu je einer aus einem primären und zwei sekundären Oxydationskörpern bestehenden Batterie, wobei noch durch Siebe dafür Sorge getragen wird, daß keine gröberen Sinkstoffe (Rübenschnitzel) auf die primären Oxydationskörper gelangen. Von den sekundären Oxydationskörpern gelangen die Reinwässer in einen Sammelkanal, vereinigen sich mit den aus den Sedimentierkammern kommenden Rübenwaschwässern und fließen in den Bachlauf. Die Beschickung der primären Oxydationskörper erfolgt mit Schlacke von einer Korngröße von 20 bis 60 mm, während die sekundären Oxydationskörper entweder mit Schlacke, oder zur Hälfte mit Schlacke und Grobkoks, oder mit grobkörnigem Koks von der Korngröße 60 bis 120 mm oder endlich mit Koks von 40 bis 80 mm Korngröße gefüllt waren. Der Betriebsplan der Anlage bei einer Abwassermenge von 20 Sekundenlitern war der folgende: Die Einlaufzeit in die Primärkörper sollte $^3/_4$ bis 1 Stunde, die Einwirkungsdauer $^3/_4$ bis 1 Stunde, die Auslaufzeit $^1/_2$ Stunde und die Dauer des Leerstehens 1 bis $1^1/_2$ Stunden betragen. Bei den sekundären Oxydationskörpern war die Einlaufzeit mit $^1/_2$ Stunde, die Einwirkungsdauer mit $2^1/_2$ bis $3^1/_2$ Stunden, die Auslaufzeit mit $^1/_2$ Stunde und die Dauer des Leerstehens mit $2^1/_2$ bis $3^1/_2$ Stunden festgestellt. Nach Versuchen von *Grassberger* und *Hamburg*[1] dienen die Oxydationskörper durch ihre große Oberfläche als Gerüst für ein mächtiges Lager von Bakterien, die bei jeder Füllung eine überaus rasche Zersetzung der leicht angreifbaren Substanzen bewirken. Die Herabsetzung der Oxydierbarkeit ist hauptsächlich auf biologische Prozesse (Vergärung des Zuckers) zurückzuführen, während die Entfernung der anderen, schwerer angreifbaren Verbindungen zunächst nur durch rein physikalische Vorgänge erfolgt.

Möhring[2] empfiehlt die Reinigung von Zuckerfabriksabwasser durch die Tätigkeit der Gärungserreger. Es ist aber nötig, die Lebensbedingungen der verschiedenen Arten mehr als bisher zu berücksichtigen, denn als die Bakterien, welche vorwiegend die stickstoffhaltigen Stoffe abbauen, sieht man diejenigen an, die sich durch Spaltung vermehren; sie bedingen eine schwach alkalische Reaktion in der sie umgebenden Flüssigkeit und möglichst eine Temperatur über 10° (bis etwa 40°, die ja in Abwässern nicht erreicht wird). — Die Abbauung der Eiweißstoffe scheint wohl die vornehmste Aufgabe der Wasserreinigung zu sein, und deshalb sollte man der Durchführung der sog. Gärung größere Beachtung schenken, sie durch das genaue Innehalten der Alkalität wirksam unterstützen. Der Abbau anderer organischen Stoffe, z. B. des Zuckers, wird besser durch Spaltpilzarten besorgt, die sich durch Sprossung vermehren, zu denen ja auch die Hefe gehört; diese Arten gedeihen besser in einer Flüssigkeit, die durch Gehalt organischer Säuren eine saure Reaktion zeigt.

[1] Hygien. Rundschau 1903, Nr. 7.
[2] Zft. d. Ver. f. Rübenz. 1905, 709.

Die Reinigung der Abwässer der Zuckerfabrik in Leopoldsdorf auf biologischem Wege untersuchten *J. Kaup* und *F. Adam*[1]. 6 Schlackenkörper hatten bei einem Rauminhalte von 144 cbm für jeden einzelnen ein Aufnahmsvermögen für rund 61 cbm Abwasser. Die übrigen 6 sekundären Becken von derselben Größe, welche mit Koks von höchstens 10 mm Korngröße gefüllt wurden, zeigten ein Porenvolumen von 46 Proz. und daher ein Aufnahmevermögen für rund 66 cbm. Die Fabrik verarbeitete täglich 6000 hk Rüben und lieferte als Rübenwaschwasser 50 Sekundenliter und als Diffusions- und Schnitzelpreßabwasser 22 Sekundenliter. Die Reinigung beider Abwasserarten erfolgte getrennt. Ein Pülpenfänger hielt gröbere Unreinigkeiten zurück. Nachdem die Anlage 5 Wochen im Betriebe war, ergab die Analyse der Proben (leider fehlen die Chlorbestimmungen) vom 9. Nov. 1903:

Bezeichnung der Probe	Einlauf in den Primärkörper		Überlauf nach dem Sekundärkörper		Ablauf aus dem Sekundärkörper	
Einwirkungszeit	$^3/_4$ Stunden				$2^1/_2$ Stunden	
	unfiltriert	filtriert	unfiltriert	filtriert	unfiltriert	filtriert
Temperatur	21,5°		21°		20°	
Aussehen und Farbe .	milchig trübe		trübe		trübe	
Abdampfrückstand . .	1650	1080	1312	860	1068	776
Schwebestoffe	570	—	451	—	292	—
Glührückstand . . .	448	294	430	354	444	416
Glühverlust	1202	786	882	506	624	360
Gesamtstickstoff . . .	49	21	37	15	32	7
Ammoniak	23	—	13	—	6	—
Zucker als Rohrzucker	—	1048	—	248	—	Spuren
Flüchtige Säure als Essigsäure.	—	33	—	187	—	326
Oxydierbarkeit in mg Chamäleon	—	1538	—	745	—	133

Zur Reinigung von Zuckerfabrikabwässern wird nach *Gebr. v. Niessen* (D. R. P. Nr. 152 167) den getrennten, mehr verunreinigten Abwässern Scheideschlamm zugesetzt, um die Gärfähigkeit dieser Wässer zu erhöhen.

In der Zuckerfabrik Helmsdorf werden nach *Mez*[2] die mechanisch von groben Verunreinigungen befreiten Abwässer in Gärteiche geleitet, in denen zur Förderung der Bakterienentwicklung Briketts aus Kalisalz und Thomasmehl eingehängt sind. Während früher die Teiche derart stanken, daß von weither Klagen kamen, änderte sich der Charakter des Geruches vollständig; er wurde weit weniger unangenehm und zugleich so schwach, daß er selbst in geringer Entfernung nicht mehr als belästigend bezeichnet werden konnte. Die bakteriologischen Untersuchungen ergaben ein ganz gewaltiges Ansteigen der Bakterienzahl in den „gefütterten" Teichen und besonders eine qualitative Änderung insofern, als andere, vorher nicht hervortretende Spezies das Über-

[1] Österr. Zft. f. Zuckerind. 1905, 560.
[2] Deutsche Zuckerind. 1910, 423.

gewicht erhielten und bald vollständig herrschten. In jeder Beziehung waren also die Resultate der „Fütterung“ der Bakterien einschneidend. Nach dem Verlassen der ersten 6 Gärteiche wird das Wasser mit Kalkhydrat neutralisiert. Dies geschieht, um die gebildete Säure abzustumpfen und eine nochmalige Gärung zu ermöglichen. An dieser Stelle wird das Wasser ferner mit Luft gesättigt. Unter nochmaliger „Fütterung“ der Bakterien an allen Überfällen wird das Wasser durch weitere 5 Gärteiche geleitet. Die Schaumentwicklung ist wieder eine sehr beträchtliche, doch nicht mehr so kolossal wie auf den ersten 6 Teichen; das Wasser bleibt immer noch für die Gärung genügend warm. Die Bakterienentwicklung steigt zwar auf sehr hohe Zahlen, doch nicht mehr auf die gleiche ungeheure Höhe wie in den ersten Gärteichen. Die auftretenden Spezies sind dieselben wie in jenen Teichen. Von Geruchsbelästigungen durch die zweiten Gärteiche kann überhaupt nicht mehr gesprochen werden. Das Wasser wird nun nach Verlassen dieser Teiche chemisch geklärt. Dies geschieht wesentlich, um die in Menge darin enthaltenen Leiter der niederen Organismen zu entfernen. Damit in diesen enthaltener Stickstoff nicht wieder in das Wasser gelange, wird auch bei der chemischen Reinigung mit größter Sorgfalt darauf geachtet, daß durch Kalkzusatz eben ganz schwache, kaum merkliche Alkalität erzielt wird. Diese ist die leider unumgängliche Vorbedingung für das Ausfallen der unlöslichen Tonerde- und Eisenverbindungen, hat aber sonst keinerlei Zweck und soll insbesondere nicht zur Sterilisation des Abwassers dienen. Die hauptsächlichste chemischmechanische Reinigung wird durch Zugabe von Tonerdesalzen bewirkt; ganz wenig beigegebenes Eisensulfat hat allein den Zweck, den im Verlauf der Gärung entstandenen und im Wasser enthaltenen Schwefelwasserstoff niederzuschlagen, also das Wasser zu desodorieren. Die Niederschläge von Aluminiumhydroxyd, die nach der Behandlung des Wassers mit den Tonerdesalzen entstehen, scheiden sich in großen, durch das gleichfalls entstandene Schwefeleisen ganz leicht graugefärbten Flocken aus; sie enthalten außer den Metallsalzen insbesondere die Leiter der Nährorganismen, in denen die zur Fütterung verwendeten Düngemittel Kali und Phosphorsäure enthalten sind und in dem Schlamme erhalten bleiben. Der landwirtschaftliche Wert sowohl des Klärungs- wie des Teichschlammes ist dementsprechend viel höher, als derjenige von Schlammsorten, die ohne Zusatz von Pflanzennährstoffen ausfallen. In der langen Sedimentierbahn setzen sich die Niederschläge vollkommen ab, so daß das Wasser völlig klar zunächst auf das erste, dann nach Passieren der Erde auf das zweite, tiefergelegene Rieselfeld tritt. Hier findet nochmals eine nicht unbeträchtliche Reinigung statt; aus den Drains des zweiten Feldes fließt das Wasser neutral, krystallklar, fäulnisunfähig, völlig geschmacklos und rein ab.

Das beste Mittel zur Reinigung dieser Abflüsse aus Zuckerfabriken ist die richtig ausgeführte Berieselung geeigneter Ackerflächen[1].

[1] Vgl. Zft. f. Rübenz. 1881, 479.

Nach *H. Schultze*[1] ergab die Untersuchung verschiedener Zuckerfabrikabwässer vor und nach der Berieselung (mg im Liter):

	Trockenrückstand	Glühverlust	Suspendiert	Gesamt-Stickstoff	Ammoniak-Stickstoff	Phosphorsäure	Kali	Kalk	Schwefelwasserstoff
Hessen, vor der Berieselung	1014	362	184	36,7	5,0	7	51	177	Vorh.
„ nach der Berieselung	923	104	21	4,8	0,2	1	9	280	0
„ vor der Berieselung	963	3 7	157	31,8	5,0	6	44	175	Vorh.
„ nach der Berieselung	938	200	27	9,6	0,4	2	12	287	0
Mattierzoll, vor der Berieselung	1279	5 1	152	24,9	2,5	7	55	180	0
„ nach der Berieselung	924	110	20	6,3	0,8	2	19	272	0
Uefingen, vor der Berieselung	13033	1681	11143	41,2	3,3	16	64	249	0
Rühland & Co., vor der Berieselung	2390	1367	352	38,4	2,5	11	93	300	Vorh.

Salpetersäure und Salpetrigsäure konnten nirgends nachgewiesen werden.

Die Fabriken arbeiteten sämtlich nach dem Diffusionsverfahren; mit Knochenkohle reinigten Mattierzoll 1889/90 und Hessen 1889/90 und 1890/91 Es verarbeiteten täglich Rüben: Mattierzoll 3600 bzw. 3613 hk, Hessen 3917 bzw. 4000 hk, Rühland und Üfingen je 2500 hk. Abflußwässer gaben stündlich ab: Mattierzoll 212 cbm, Hessen 208 cbm, *Rühland & Co.* 24 cbm und Üfingen 126 cbm. Sämtliche Fabriken besaßen Klärbassins, und daß eine leidliche Klärung erreicht wurde, zeigt der verhältnismäßig geringe Gehalt an suspendierten Stoffen in den Abflußwässern. Dieselben waren ausnahmslos sehr reich an Kali und Stickstoff, während der Gehalt an Phosphorsäure erheblich zurücktritt. Es berechnen sich so z. B. bei *Rühland & Co.* die täglich abfließenden Mengen von Kali auf 53 k, von Stickstoff auf 22 k, von Phosphorsäure auf 7,5 k; bei Mattierzoll von Kali auf 252 k, von Stickstoff auf 123 k, von Phosphorsäure auf 41 k; bei Hessen von Kali auf 250 k, von Stickstoff auf 197 k, von Phosphorsäure auf 50 k. Das macht für die Betriebszeit gewaltige Mengen, welche bei einzelnen Fabriken ein Düngerkapital von 20 000 Mk. repräsentieren können. Zudem sind bei Fabriken, welche osmosieren, die Effluvien noch bedeutend gehaltreicher. Wenn daher die Abflußwässer unbenutzt abfließen, so ist dies sicher ein großer Fehler. Auch die meisten Fabriken, welche berieseln, haben zu kleine Flächen, um eine einigermaßen befriedigende Ausnutzung der Pflanzennährstoffe erzielen zu können. Nach den Anforderungen der Gewerberäte genügen 3 bis 4 ha für 500 hk täglich verarbeiteter Rüben, um die Abwässer derart zu reinigen, daß sie ohne Bedenken den öffentlichen Wässern wieder zugeführt werden können; zur Verwertung der Düngestoffe in landwirtschaftlicher Beziehung könnte dagegen die Fläche vielfach verfünf- und versechsfacht werden. Wo geeignete Flächen zu erhalten sind, ist dieses Verfahren vorzuziehen; sonst ist das biologische Verfahren empfehlenswert.

[1] Magdeburger Ztg. 1891.

Brauereien, Spiritusfabriken.

Abwasser einer Mälzerei enthielt nach *O. Reinke*[1]:

	gewöhnliches Ablaufwasser	geklärt durch Rieselwiesen
Gesamtrückstand	2131	1606
Glührückstand	1501	1261
Kieselsäure	15	7
Kalk	290	211
Magnesia	39	46
Kali, Natron	651	449
Ammoniak	19	15
Salpetrigsäure	0	0
Salpetersäure	0	0
Phosphorsäure	44	11
Chlor	116	109
Schwefelsäure	147	119
Schwefelwasserstoff	deutlich	gering
Chamäleonverbrauch	sehr viel	sehr viel

Dieses Wasser ist nach *Bode*[2] das stärkst verunreinigte, welches Brauereien überhaupt liefern.

Abwasser von Brauereien, auch ohne Mälzerei, besteht wesentlich aus Spülwasser, fault leicht, enthält meist schon Milchsäure, Essigsäure u. dgl., welche angeblich den Zement der Kanäle angreifen[3], ist aber meist ziemlich verdünnt. *A. Müller*[4] fand:

1 Liter enthält:	Hefenwasser	Gersteweichwasser
Gesamtabdampfrückstand	1432	2200
Glühverlust	771	808
Stickstoff in organischer Verbindung	17	13
Chlor	81	143
Phosphorsäure	14	43
Schwefelsäure	92	199
Kalk	226	200
Magnesia	30	83
Kali	25	439
In Säure unlöslich	16	34

Nach *K. B. Lehmann* enthielten die Abwässer von 17 Brauereien 37 bis 39 mg Stickstoff und erforderten 47 bis 333 mg Permanganat; sie entwickelten nach wenigen Tagen einen fauligen Geruch. Nach *Schwackhöfer*[5] hatte das

[1] Wochenschr. f. Brauer 1889, 434.
[2] Zft. f. angew. Chem. 1913, 53.
[3] Zft. f. Biolog. **3**, 300.
[4] Preuß. Landw. Jahrb. 1885, 300.
[5] Mitt. d. Österr. Versuchsstat. f. Brauerei 1889, Heft 2.

Abwasser einer größeren Brauerei vor und nach der Fällung mit Kalkmilch folgende Zusammensetzung (mg im Liter):

	Vor der Reinigung	Nach der Reinigung
Suspendiert	979	256
Davon Mineralsubstanz	196	66
Organische Substanz	783	190
Gelöst	2071	2415
Glührückstand	627	699
Glühverlust	1444	1716
Sauerstoff zur Oxydation erforderlich	195	146
Stickstoff in organischer Bindung	19	17
Ammoniak	5	4
Salpetersäure	0	0
Salpetrigsäure	24	20
Phosphorsäure (in unfiltriertem Wasser)	41	0
Schwefelsäure	85	80
Schwefelwasserstoff	0	0
Kalk gebunden	242	195
Ätzkalk	0	111

Die Brauerei Hütteldorf bei Wien reinigt das Abwasser nach den Angaben von *Luhe* und *Egernuss*[1] durch Mischen mit Kalk und aufsteigende Filtration. Das Abwasser einer Hamburger Brauerei wurde nach *B. Schneider*[2] mit Kalk, Eisenvitriol und Ammoniakwasser versetzt, dann auf Landflächen geleitet.

In der Nähe von Hannover war durch die Undichtigkeit eines Abdampfofens Schlempe einer Melassespiritusfabrik in den Boden gedrungen und hatte das Wasser eines benachbarten Brunnens völlig verdorben. Dasselbe war trübe, hatte einen unangenehmen fauligen Geruch, reagierte sauer und enthielt viel Ammoniak, Buttersäure und andere Fäulnisprodukte.

Göppert beobachtete, daß sich in der Weistritz eine ungeheure Masse von Leptomitus lacteus entwickelte, nachdem die Abwässer einer Rübenspiritusfabrik in den Fluß abgelassen wurden. Das Wasser ging unter Entwickelung eines sehr ekelhaften Geruches in Fäulnis über und war zu jeder häuslichen und technischen Verwendung untauglich. Dieselbe Erscheinung zeigte sich in einem Bache, welcher das Abwasser einer Spiritusrektifikation aufgenommen hatte. Das Bachwasser entwickelte Schwefelwasserstoff und einen stark fauligen Geruch. Durch Behandlung mit Kalk wurde diese Erscheinung beseitigt[3].

[1] Dingl. pol. Journ. **222**, 493.
[2] Bayer. Bierbr. 1877, 59.
[3] Nordd. Brauerztg. 1894, 1219; Dingl. pol. Journ. **127**, 233; **146**, 427; **222**, 493.

Nach *Spindler*[1] enthielten Proben eines Branntweinbrennerei-Abwassers:

Beschaffenheit	Gelöste, nicht flüchtige Stoffe		Oxydirbarkeit, Verbrauch an	
	Unorganische (Glührückstand)	Organische (Glühverlust)	Kaliumpermanganat	Sauerstoff
Probe, neutral	637	346	195	49
„ sauer	677	678	602	152
„ neutral	741	343	261	66

Nach *M. Glasenapp*[2] lieferte eine Fabrik, welche in ununterbrochener Arbeit jährlich etwa 6000 hk Preßhefe darstellt, in 24 Stunden 210 cbm Abwässer, was für das Jahr 365 × 210 cbm = 76 650 cbm ausmacht. Die Durchschnittsprobe für die chemische Untersuchung wurde hergestellt aus 48 kleineren, dem Abflußkanal der Fabrik in $^1/_2$stündigen Zwischenräumen während 24 Stunden entnommenen Proben. Das Wasser zeigt einen ausgesprochenen Hefegeruch und setzt bei ruhigem Stehen ein aus Getreidehülsen und -fragmenten nebst wenig Hefe bestehendes schwaches Sediment ab.

Verdampfungsrückstand	750
darin organische Stoffe	344
„ Aschenbestandteile	406
unlösliche Bestandteile	652

Nach *W. Eitner*[3] ist vielfach bemerkt, daß Gerbereien, welche ihr Betriebswasser aus Gerinnen beziehen, an welchen oberhalb der Gerberei Bierbrauereien Branntweinbrennereien, Preßhefefabriken, insbesondere aber Stärkefabriken sich befinden, die ihre Abwässer in dieses Gerinne ablassen, Schwierigkeiten haben.

Das Abwasser von Spiritusbrennereien wird mit Erfolg zur Berieselung angewendet[4]. Auch für Brauereiabwässer ist die Berieselung anzustreben, wie dieses in England tatsächlich geschieht[5]. Das biologische Verfahren ist nach *Bode*[6] für Brauereiabwässer nicht geeignet. Besteht eine städtische Kanalisation, dann empfiehlt es sich jedenfalls, die Abwässer dieser zuzuführen, auch wenn die Brauerei dafür an die Stadt höhere Gebühren zu entrichten hat. Wenn keine Kanalisationsanlage vorhanden ist, dann wird es sich bei der so sehr verschiedenen Zusammensetzung der Brauereiwässer empfehlen, die einzelnen Teile möglichst gesondert abzuleiten. Es empfiehlt sich durchaus nicht, ein gemeinsames Sammelbecken und hier durch Abfallhefe Fäulnis zu erregen und so künstlich den Grad der Verunreinigung herbei-

[1] *Spindler:* Die Unschädlichmachung der Abwässer in Württemberg, S. 103.
[2] Rigaer Industrieztg. 1897.
[3] *Gerber:* 1898, 204.
[4] Fischers Jahresber. 1881, 969.
[5] *A. Schiele:* Abwasserbeseitigung (Berlin 1909).
[6] Zft. f. angew. Chem. 1913, 53.

zuführen, dem die Brauwässer ihren schlechten Ruf verdanken. Es wird nicht schwierig sein, die Kellereiabwässer in eine Reinigungsanlage zu bringen und ihnen hier mit Hilfe von Huminsubstanzen, Tonerde oder Kolazit ihre schlimmsten Eigenschaften zu nehmen. Möglichst getrennt sind naturgemäß die Scheuerwässer abzuführen; dann wird man nur die geringsten Wassermengen, das Hefewasser und das Weichwasser zu reinigen haben. Ob sich Tone für Brauereiwasser bewähren[1], fragt sich.

Nach *Hofer*[2] wurde versucht, die Abwässer der Genossenschaftsbrennerei in Taufkirchen, welche den Hachingerbach so stark verunreinigt hatten, daß er mit den bekannten Abwässerpilzen Sphaerotilus und Leptomitus völlig überwuchert war, in der Weise zu reinigen, daß die Schwebestoffe in einer Vorsitzgrube abgefangen wurden, während die gelöste organische Substanz, welche die Ursache der abnormen Pilzwucherungen ist, direkt einem größeren Fischteich zugeleitet wurde. Es sind während der nächsten Brennereikampagne im Hachingerbach keine Abwässerpilze in irgendwie mit dem bloßen Auge bemerkbarer Menge aufgetreten, es haben sich vielmehr Fische selbst in dem Versuchsteiche gehalten und sind dort herangewachsen.

Schlächtereien und Fettverarbeitung.

Schlächtereien geben sehr unreines Abwasser, da ein großer Teil des Inhaltes der Eingeweide und des Blutes fortgespült wird. Größere Städte haben jetzt allgemein Schlachthäuser, in welchen meist der größte Teil des Blutes auf Albumin und Blutmehl verarbeitet wird. Die Zusammensetzung des Abwassers der Schlachthäuser schwankt demnach ganz bedeutend. Das Abwasser des Hannoverschen Schlachthauses ist z. B. oft nur wenig verunreinigt, an den Hauptschlachttagen, besonders wenn die Schlachthallen gespült werden, fließen große Mengen eines durch Dünger, Blut u. dgl. sehr stark verunreinigten Wassers ab, welches durch die dunkelblutige Farbe und die zahllosen beigemengten Fett- und kleinen Fleischreste nur noch ekelhafter wird[3].

Bei Schlachthausabfällen ist zu berücksichtigen, daß sie Milzbrandsporen enthalten können. Nach *Koch*[4] ist außer den von der Körperoberfläche vermittelten Infektionen die übergroße Mehrzahl der Milzbrandfälle auf eine Infektion durch das Wasser zurückzuführen. Die Milzbrandbacillen gelangen auch auf zahlreichen Pflanzenstoffen zur Entwickelung und zur Sporenbildung und können den Winter überstehende Keime am Rande der Sümpfe und Flüsse bzw. in deren Schlamm ablagern. Bei höherem Wasserstande und stärkerer Strömung des Wassers werden dieselben mit den Schlammmassen aufgewühlt, fortgeschwemmt und an den überfluteten Weideplätzen

[1] Wochenschr. f. Brauerei 1910, 309.

[2] Prometheus 1904, 131.

[3] Vgl. Dingl. pol. Journ. **116**, 80; Correspondenzbl. d. niederrhein. Viertelj. f. öffentl. Gesundheitspfl. 1872, 175; 1874, 173; Viertelj. f. öffentl. Gesundheitspfl. 1872, 333; 1874, 26.

[4] Mitt. a. d. Kais. Gesundheitsamt (1881) **1**, 49.

auf den Futterstoffen abgesetzt; sie werden hier mit dem Futter von dem Weidevieh aufgenommen und erzeugen dann die Milzbrandkrankheit.

Remele und *König*[1] versuchten die Reinigung von Schlachthausabwasser mit Eisenvitriol und elektrisch nach *Webster*:

Art der Behandlung	Bemerkung über Beschaffenheit des Wassers	Gelöste Stoffe					Bakteriologischer Befund
		Unorganische (Glührückstand)	Organische (Glühverlust)	Zur Oxydation erforderlicher Sauerstoff		Stickstoff	
				in alkalischer Lösung	in saurer Lösung		
		mg	mg	mg	mg	mg	
1. Ungereinigt	von Blut rot, trübe, alkalisch	482	1531	408	320	275	Alle Wässer enthielten mehrere Millionen Keime.
2. Gereinigt:							
a) 1 l + 1,2 g Ferrosulfat u. 0,75 g CaO	rot, klar	801	1044	312	208	185	
b) 1 l + 1,2 g Ferrosulfat u. 1,0 g NaOH	desgl.	1176	966	304	200	179	
c) 1 l + 0,5 g NaCl u. elektrisch behandelt	desgl.	772	1051	304	200	185	

Nach einer Flugschrift von *Müller & Co.* schickte der Magistrat von Waldenburg zwei Proben Schlachthausabwasser vor und nach der Reinigung nach Pat. 31 864 an *J. König*. Nach dem am 4. Dezember 1889 erstatteten Gutachten enthielt 1 l Wasser mg:

	Suspendierte Stoffe			Gelöste Stoffe								
	Unorganische	Organische	Darin Stickstoff	Unorganische (Glührückstand)	Organische (Glühverlust)	Darin Stickstoff	Zur Oxydation erforderlicher Sauerstoff: in alkalischer Lösung	Zur Oxydation erforderlicher Sauerstoff: in saurer Lösung	Kalk	Magnesia	Chlor	Schwefelsäure
Ungereinigt . . .	475	697	75	577	757	135	179	205	105	58	106	271
Gereinigt	Sp.	Sp.	—	95	45	21	17	17	24	18	35	34

Verf. zeigte bereits früher[2], daß diese Proben einander gar nicht entsprechen können, die Analyse also nichts beweist.

Oft ist mit den Schlachthäusern auch die Gewinnung von Fett aus Abfällen aller Art, krankem Vieh u. dgl. verbunden, indem diese Reste unter

[1] Archiv f. Hygiene 1897, 185.

[2] Zft. f. angew. Chem. 1890, 55 u. 64. Wenn z. B. in Hannover am Montag oder Donnerstag etwa um 5 Uhr nachmittags die Schlachthallen gespült werden, so strömt in wenigen Minuten eine so gewaltige Masse Blut, Kot u. dgl. zur Reinigungsanlage, daß hier gleichzeitig am Zu- und Abfluß genommene Proben gar nicht vergleichbar sind.

Dampfdruck ausgekocht werden. Die dabei erhaltene übelriechende Fleischbrühe ist stark fäulnisfähig[1]; sie wird eingedampft oder direkt als Dünger aufs Land gebracht. Ausführlich beschreibt *Thiesing*[2] derartige Abwässer.

Das bei der Gewinnung von Knochenfett durch Dämpfen oder Auskochen erhaltene Abwasser ist ebenfalls stark fäulnisfähig. Viel weniger bedenklich ist das Abwasser aus Fabriken, welche mit Benzin entfetten.

Bei der Reinigung der Fette und Öle durch Behandeln mit Schwefelsäure u. dgl. entstehen ebenfalls sehr unreine Abwässer; die englische Kommission fand im Durchschnitt von 5 Analysen im Liter solcher Abwässer:

Organischen Kohlenstoff	442 mg
„ Stickstoff	78
Ammoniak	195
Chlor	298
Suspendiert organische Stoffe	541
Arsen	0,5

Abwässer aus Molkereien enthalten viele organische Stoffe; *A. Böhmer*[3] fand (mg im Liter):

Art des Abwassers	Organische Stoffe					Mineralstoffe					
	Stickstoff schwebend	Stickstoff gelöst	Fett	Milchzucker	Zur Oxydation erforderlicher Sauerstoff	schwebend	gelöst	Kali	Natron	Phosphorsäure	Chlor
Milchablieferungsraum	143	89	—	56	592	1339	723	107	74	111	71
Desgl.	43	25	—	—	88	555	388	14	57	20	35
Separatorenraum . . .	33	67	5665	353	160	350	1609	102	596	52	47
Desgl.	47	209	3098	—	1384	35	1662	93	719	108	157
Käserei	70	440	—	10152	6240	316	2475	588	281	352	489
Desgl.	536	475	—	—	3968	1348	22313	797	9512	540	11892

Derartige Abwässer faulen leicht und stinken dann abscheulich. Man verwendet sie — nach Abscheidung des Fettes — am besten zur Berieselung.

Harm (D. R. P. Nr. 197 587) will Molkereiabwässer mit sauren Silikaten, dann mit Kalk versetzen.

Gerbereien, Leim.

Nach *K. B. Lehmann*[4] enthielt Abwasser aus Gerbereien (mg im Liter):

[1] Dingl. pol. Journ. **10**, 282; **136**, 225; **140**, 232; **143**, 217; Wagners Jahresber. 1855, 392; 1856, 382; 1864, 627.

[2] *Thiesing:* Die Abwässer der thermischen Abdeckereien und ihre Beseitigung; Arbeiten der deutschen Landwirtschaftsgesellschaft (Berlin 1908).

[3] Zft. f. angew. Chem. 1895, 194.

[4] *Lehmann:* Verunreinigung der Saale bei Hof (1895), S. 156.

Art des Abwassers	Reaktion	Abdampfrückstand	Glühverlust	Sauerstoffverbrauch	Kalk	Schwefelsäure	Bemerkungen
Weichwasser von frischen Häuten	neutral	4 360	2 202	636	—	33	Blutig braunrot gefärbt mit vielen Bakterien.
Lohbrühe . . .	sauer	4 870	4 195	—	163	—	—
Desgl.	sauer	6 500	—	—	—	—	Etwas Arsen enthaltend.
Erschöpfte Lohbrühe	stark sauer	3 746	2 754	1486	—	36	Mit Gerbsäure, vielen Sproßpilzen und Bakterien.
Inhalt eines Kalkäschers	stark alkalisch	14 390	9 510	—	2860	645	Dunkler Bodensatz von organ. Stoffen und kohlensaurem Kalk.
Dampfgerberei-kalkäscher . .	—	14 105	10 470	—	1680	—	520 mg Arsen im Liter und noch mehr ungelöst
Kalkäscher . . .	stark alkalisch	15 846	10 930	2130	—	373	Schwebestoffe = 10,150 g.

Das Weichwasser hatte einen stark fauligen Geruch; Lohbrühe roch naturgemäß nach Lohe, während die Kalkäscher einen ammoniakalischen Geruch zeigten. — *Appelius*[1] bespricht die Untersuchung der Gerbereiabwässer.

Sohlledergerbereien liefern nach *Eitner*[2] a) Wässer vom Auswässern der grünen oder gesalzenen Häute. Dieselben enthalten Blutserum, Lymphsubstanz als organische zersetzbare Substanzen, Kochsalz und Phosphate als anorganische Bestandteile. An Mikroorganismen enthalten diese Wässer echte Fäulnisbakterien (Proteusarten), gasbildende Bakterien und Bac. liquefaciens; ferner b) Weichwässer, worin trockene Häute erweicht wurden. Diese enthalten die organischen Bestandteile in der Form von Peptonen und die dieses Nährsubstrat bevorzugenden Bakterien wie Bacillus subtilis, Bac. gasoformans, Bac. liodermus, Mic. flavus desidens; c) Äscherabwässer, in welchen in Alkalien gelöste Hautsubstanz hauptsächlich das Organische ausmacht. Die anorganischen Substanzen bestehen hier aus Kalkhydrat, Kalkcarbonat und eventuell Schwefelalkalien; d) Wässer von Auswässern der geäscherten oder von geschwitzten Häuten. Oberledergerbereien liefern nebst den Abwässern a, b, c, d, noch als e) die Beizwässer, worin die Mist- oder Kleienbeize vorgenommen wurde. Sie enthalten Amine, Enzyme, Peptone, gelöste Hautsubstanz und die spezifischen Mikroorganismen der Beize; ferner f) Waschwässer vom Waschen gegerbter Leder herrührend, auch erschöpfte Gerbbrühen. Die organische Substanz dieser Abwässer besteht aus Gerbstoff, Gallussäure, organischen Säuren und peptonisierten Hautbestandteilen. Die Mikroorganismen in denselben sind teils Spalt-, teils Sproßpilze und Bakterien verschie-

[1] Ledertechn. Rundsch. 1912, 131.
[2] Der Gerber 1906, 213.

dener Art. Aus den Weißgerbereien gehen die Abwässer von a bis e und aus den Chromledergerbereien dieselben Wässer, nebstdem aber noch die Abwässer g) welche nur mineralische Bestandteile, und zwar Chromoxyd und Chromoxydsalze, Bichromat, Thiosulfat und Kochsalz enthalten.

Nach *H. Kühl*[1] gehören die Abwässer einer Gerberei zu den konz. gewerblichen Abwässern, die vor der Verrieselung bez. Entlassung in die städtischen Kanalisationsanlagen oder in dem sog. Vorfluter zu reinigen sind. Zu unterscheiden sind: 1. Die Abwässer vom Waschen und Einweichen der Häute; 2. die Äscher und Kalkwässer vom Enthaaren der Häute; 3. die Beizwässer; 4. die Lohbrüh- oder Gerbbrühabwässer. Durch die Gruppe 2, die Äscher und Kalkwässer, die viel Kalk enthalten, ist die Reinigung der Gesamtabwässer von Gerbereien sehr erleichtert, und es ist zur Vorklärung im Absitzbecken nur noch ein Zusatz von Eisenvitriol oder Eisenalaun erforderlich. Besonders wirksam ist die Berieselung.

Nach dem preußischen Ministerialerlaß vom 15. Mai 1895 sind Gerbereien und Fellzurichtereien konzessionspflichtig: Da Gerbereien meist an fließenden Gewässern angelegt werden, so ist etwaige Verunreinigung des Wassers durch die flüssigen Abgänge der Gerbereien besonders zu beachten. Im allgemeinen wird nicht nur das Spülen der Felle in den Flußläufen, sondern auch das Ablassen der nicht gereinigten Spül- und Weichwässer in diese nicht gestattet werden dürfen. Für die Reinigung der Weich- und Spülwässer wird meist eine Filtration durch eine etwa $^3/_4$ m dicke, öfters zu erneuernde Loheschicht genügen. Das Versickernlassen der Abwässer im Erdboden ist wegen der davon zu befürchtenden Verseuchung des Bodens und des Wassers unzulässig.

Die Anwendung der Arsenikalien ist nur zu gestatten, wenn diese arsenikhaltigen Abwässer nicht in Flußläufe gelangen können.

Zum Enthaaren wird vielfach Schwefelnatrium, nur noch selten Auripigment[2] mit Kalk angewendet, was bei Beurteilung des Abwassers zu berücksichtigen ist. Nach *W. Eitner*[3] ist die Verwendung von Auripigment durch das Schwefelnatrium entbehrlich geworden. Gefährlich sind dagegen die Häute von an Milzbrand, Rotz u. dgl. verendeten Tieren, da diese pathogenen Mikroorganismen gewöhnliche Äscherbrühen ohne Schaden vertragen. Lohgerbereien belästigen meist mehr als Weißgerbereien.

Eine Glacélederfabrik lieferte nach *Glasenapp*[4] täglich 2 cbm Abwässer (Weichwässer und verbrauchte Beizflüssigkeiten), was für 300 Arbeits-

[1] Ledertechn. Rundsch. 1913, 16 u. 74.

[2] *Reichardt* beobachtete, wie Rindvieh, Enten und Fische durch ein Bachwasser vergiftet wurden, welches die arsenhaltigen Abwässer einer Gerberei aufnahm. Der Schlamm des Baches enthielt bis 0,6 Proz. Arsen; vgl. *Reichardt:* Grundlagen (1880), S. 110; Viertelj. f. öffentl. Gesundheitspfl. 1873, 160 u. 323; *H. Fleck:* 12. u. 13. Jahresber. 1884, 11.

[3] Der Gerber 1890, 73; Fischers Jahresber. 1890, 1182.

[4] Rigaer Industrieztg. 1897, Sonderabdr.

tage 600 cbm beträgt. Es wurden jährlich etwa 200 000 Lamm- und Zickelfelle verarbeitet. Das Wasser zeigte beim Stehen einen starken, schwarzen Absatz. Die überstehende klare Lösung war rotgefärbt, ihr Geruch intensiv faulig. Das Wasser enthielt (mg im Liter):

Verdampfungsrückstand	17 309
darin N-freie organische Stoffe . .	8 215
„ N-haltige „ „ . .	2 995
„ Aschenbestandteile	6 099

Kratschmer[1] will Gerbereiabwässer mit schwefelsaurer Tonerde versetzen, dann durch gebrauchte Lohe filtrieren, welche auch Farbstoffe zurückhält; ähnlich *Gintl*[2]; *Calvert* will das mit Schwefelsäure angesäuerte Wasser über Sägemehl und Koks filtrieren[3].

Nach *K. Möller* (D. R. P. Nr. 10 642) werden arsenhaltige Gerbereiabwässer entweder durch Einleiten von kohlensäurehaltigen Verbrennungsgasen gereinigt, wobei Schwefelarsen und Calciumcarbonat niederfallen, oder es wird Salzsäure zugesetzt, wobei Schwefelarsen sich ausscheidet. Dann wird das Wasser zur Abstumpfung der Säure mit Kalk versetzt.

Vereinigen sich nach *W. Eitner*[4] die Abfallwässer aus der Kalkwerkstätte mit jenen aus der Loh- und Zurichtwerkstätte in einem Gerinne, dann tritt die bekannte Reaktion zwischen Kalk und Gerbstoff in den vereinigten Wässern ein und diese erhalten eine dunkle Farbe. Zur Reinigung dieser Abwässer wird das biologische Verfahren empfohlen.

Bei Herstellung von Knochenleim aus mit Benzin entfetteten Knochen entsteht nur wenig fäulnisfähiges Abwasser, erheblich mehr bei dem alten Kochverfahren, noch mehr bei Herstellung von sog. Lederleim. Auch hier ist Berieselung anzustreben[5].

Verarbeitung der Faserstoffe.

Wollfabriken geben Massen von Schmutzwasser beim Waschen, Walken, Färben und Drucken.

Rohwolle enthält nach *Schulze* und *Märcker*[6] 7,2 bis 14,7 Proz. Wollfett, 2,9 bis 23,6 Proz. Schmutz und 20,5 bis 23 Proz. Wollschweiß. Der in kaltem Wasser lösliche Wollschweiß besteht vorzugsweise aus den Kaliseifen der Öl- und Stearinsäure, mit wenig Essigsäure, Baldriansäure, Schwefelsäure, Phosphorsäure, Chlorkalium, Ammoniumsalzen usw. Die Trockensubstanz der wässerigen Auszüge enthält 58,9 bis 61,9 Proz. organische Stoffe und

[1] Hygien. Rundschau 1896, 1227.
[2] Fischers Jahresber. 1896, 471.
[3] Chem. Centralbl. 1891, 501.
[4] *Gerber:* 1893, 125; 1906, 200.
[5] Dingl. pol. Journ. **141**, 467; **144**, 140; **174**, 426; **215**, 284; Wagners Jahresber. 1856, 367; 1857, 111; 1876, 1075; Biedermanns Centralbl. f. Agrikult. 1876, 92; Zft. f. angew. Chem. 1890, 503.
[6] Wagners Jahresber. 1866, 531.

0,02 bis 4,08 Proz. kohlensaures Kalium; *F. Hartmann*[1] fand 2,9 Proz. Kaliumcarbonat. Wollschweißasche besteht dementsprechend vorwiegend aus kohlensaurem Kalium. Bei der in Deutschland noch allgemein üblichen Rückenwäsche wird nicht nur der größte Teil des Schmutzes mit geringen Mengen von Wollfett entfernt, es geht auch der an Kalium und Stickstoff reiche Wollschweiß für Landwirtschaft und Industrie verloren.

Nach Angabe der englischen Kommission erfordert die Herstellung von 500 Stück Tuch etwa 16 hk Soda, 60 cbm Harn, 30 hk Seife, 20 hk Öl, 10 hk Leim, 23 hk Schweineblut und ebensoviel Schweinekot, 20 hk Walkerde, 200 hk Farbwaren, 20 hk Alaun oder Weinstein und liefert noch 80 hk Wollfett und Schmutz. Von diesen Stoffen bleibt nur ein sehr geringer Teil auf dem fertigen Tuch zurück, fast die ganze Masse wird fortgeschwemmt. Ähnlich sind die Abwässer der Teppichfabriken, während die der Flanellfabriken noch stärker verunreinigt sind, wie nachfolgende Analysen zeigen:

Abwässer	Gelöst								Suspendiert	
	Organischer Kohlenstoff	Organischer Stickstoff	Ammoniak	Stickstoff als Nitrate und Nitrite	Gesamtstickstoff	Chlor	Arsen	Gesamtgehalt	Gesamtgehalt	Darin organische Stoffe
Schafwäsche	258	39	19	0	55	—	—	1 810	1 164	519
Wollwäscherei	1325	98	546	0	548	—	Sp.	10 994	34 826	26 116
Flanellwäsche	4463	911	800	0	1570	1600	0	12 480	20 794	17 334
Wolldeckenfabrik . . .	1207	195	9	0	202	356	0,04	6 780	3 746	3 142
Teppichfabrik zu Rochdale	149	9	11	—	18	—	0,12	1 031	—	—
15 Wolldeckenfabriken, Durchschnitt	648	103	116	Sp.	200	219	0,11	3 370	4 748	3 724
5 Baumwollfabriken, Durchschnitt	42	3	1	0	4	49	0,34	502	260	190
Seidenfabrik	15	1	0	—	2	—	0,12	265	—	—

Nach *Buisine*[2] entwickelt sich im Wollschweißwasser innerhalb weniger Tage viel Ammoniak, flüchtige Säuren, Trimethylamin u. dgl. Er schlägt vor, die so gebildete Essigsäure zu gewinnen; im nördlichen Frankreich sollen auf diese Weise jährlich 10 000 hl Essigsäure gewonnen werden können.

In Deutschland wird das Wollschweißwasser jetzt wohl von allen Fabriken eingedampft und auf Pottasche verarbeitet[3]. Auf die Gewinnung von Wollfett bzw. Lanolin sei ebenfalls verwiesen[4].

[1] *Hartmann:* Über den Fettschweiß der Schafwolle (Göttingen 1868).

[2] Compt. rend. **104**, 1292; **105**, 641; Bull. soc. chim. **48**, 639; Fischers Jahresber. 1888, 1176.

[3] *Ferd. Fischer:* Handbuch der chemischen Technologie, 4. Aufl. (Leipzig 1900), S. 460; Dingl. pol. Journ. **215**, 215; **218**, 484; **229**, 446.

[4] Fischers Jahresber. 1883, 1185; 1888, 1130; 1889, 1184; 1890, 1099 u. 1161.

Beim Fällen der Waschwässer, welche aus Wollwäschereien oder Wollkämmereien herstammen und vorwiegend Wollfett, Seife und kohlensaures Alkali enthalten, durch Chlorcalcium empfiehlt *W. Graff* (D. R. P. Nr. 41 557) Zusatz von Salzsäure zu dem Zwecke, die Bildung von kohlensaurem Kalk in dem Niederschlag zu verhindern. Aus Seifenwasser werden durch Zusatz von Säure oder besser von Kalk die Fettsäuren abgeschieden und wieder auf Seife oder zu Leuchtgas verarbeitet[1]. Auf neuere bezügliche Patente sei verwiesen[2].

Das Abwasser der Putzfadenwäscherei in Lößnitz ist nach dem Bericht der sächsischen Gewerbeinspektoren für 1889 sehr trübe, übelriechend; es enthält im Liter 608 mg schwebende Stoffe und 522 mg Fette und Öle und erfordert zur Oxydation 186 mg Permanganat. Bei der leicht eintretenden Fäulnis entwickelt es einen geradezu abscheulichen Gestank.

Abwasser von Federreinigungsanstalten enthält nach *Zeitler*[3] viel faulende Stoffe; Proben vor (a) und nach der Filtration (b) durch Papier: 1. eine Probe aus dem Waschbottich, nachdem die Federn 12 Stunden mit Wasser in demselben in Berührung waren; 2. eine Probe, nachdem die Federn 5 Minuten lang in der Waschtrommel gewaschen waren; 3. eine Probe, nachdem dasselbe 45 Minuten der Fall war.

	Gesamt-rückstand	Glüh-rückstand	Gluhverlust	$Al_2O^3 + Fe_2O_3$	Ca O	Mg O	K Mn O_4 Verbr.	Cl	NH_3	SO_3	N_2O_5	Organischer Stickstoff
1 a.	515	226	289	23	21	15	188	95	24,7	28	1,08	—
b.	220	129	91	9	17	10	169	95	23,5	28	1,06	—
2 a.	229	115	114	11	18	8	78,0	31	11,6	21	0,47	11,4
b.	117	76	41	3	18	6	39,9	30	10,2	20	0,40	6,0
4 a.	87	52	35	4	20	4	7,8	6	1,6	14	0,11	2,9
b.	62	44	18	2	19	4	2,6	6	1,6	14	1,01	1,5

Nach *Benedikt*[4] bilden die Schwebestoffe, Federteile, Dung und Strohteile die Hauptverunreinigung. Dieses Abwasser läßt sich daher leicht durch einfache Filtration reinigen.

Die ausgenutzten Seifenbäder der Seidenfabriken versetzt *G. Gianoli*[5] noch heiß mit Eisenvitriollösung, sammelt das an der Oberfläche der Flüssigkeit sich abscheidende Gemenge von Eisenseife, Fettsäuren und aus der Seide stammenden Stoffen und erhitzt dasselbe mit Schwefelsäure von 15° Bé. Die so erhaltenen Fettsäuren werden zur Herstellung von Seife verwendet, die schwefelsaure Eisensulfatlösung zur Fällung neuer Mengen Seifenwasser.

1 *Ferd. Fischer:* Verwertung der städtischen und Industrieabfallstoffe, S. 144.
2 Fischers Jahresber. 1881, 968; 1885, 1191; 1886, 1045; 1888, 1175.
3 Zft. f. angew. Chem. 1891, 216.
4 *H. Benedikt:* Abwässer (Stuttgart 1896), S. 375.
5 Industria 1887, 59.

Flachsrösten. Die Lein- und Hanffaser enthält ziemlich viel Eiweißstoffe, welche bei der Röste der Gespinstpflanzen unter Bildung großer Mengen Buttersäure, wenig Propion- und Essigsäure und sehr unangenehm riechender Gase in Lösung gehen. *Sestini*[1] fand in 1 l Röstwasser 44 Milligrammäquivalent Säure (entspr. 3872 mg Buttersäure $C_4H_8O_2$), 6140 mg gelöste Stoffe und darin 663 mg Stickstoff. Derartige Abwässer verunreinigen demnach die Flußläufe in hohem Grade. Nach *E. Reichardt*[2] sterben die Fische in dem durch Flachsrösten verunreinigtem Wasser angeblich durch Mangel an Sauerstoff. (Vgl. S. 112.)

Bleichereien. Färbereien.

Abwässer aus Bleichereien können sehr verschieden zusammengesetzt sein. Das Abwasser der Chlorkalkbehandlung enthält Chlorcalcium und überschüssigen Chlorkalk, ferner Gips und freie Säure, wenn mit Schwefelsäure angesäuert war, Alkalien, Fettsäuren, wenn die Faserstoffe mit Soda und Seife vor- oder nachbehandelt wurden. Die bei der Färberei und Zeugdruck verwendeten Beizen und anderen Chemikalien, sowie die Farbstoffe geben besonders bei Mitverwendung von Farbhölzern stark verunreinigte Abwässer.

Lehmann[3] fand in zahlreichen Analysen (mg im Liter):

Abwasser aus	Anzahl der untersuchten Proben	Aussehen	Reaktion	Glührückstand	Glühverlust	Zur Oxydation erforderlicher Sauerstoff	Schwefelsäure	Chlor	Fettsäuren	Bemerkungen
1. Appreturen	15	Gefärbt und trübe von Stärke, Seife und Fasern	Bis auf 1 saure Probe alle neutral	160 bis 1230	154 bis 2500	76 bis 231	37 bis 740	18 bis ?	86 bis 2000	Eine Probe mit 93 mg Stickstoff, eine andere mit 431 mg Stärke
2. Färbereien	17	Sehr stark gefärbt, sonst wie Nr. 1	Meist neutral oder schwach sauer	302 bis 7268	312 bis 17854	105 bis 1295	135 bis 1833	144 bis ?	168 bis 9022	Eine Probe mit 28 mg Stickstoff, Schwebestoffe 28 bis 4342 mg

Die Metallsalze der Färbereiabwässer waren somit durch die faulenden Stoffe bzw. Schwefelammonium als Schlamm niedergeschlagen. In entsprechender Weise enthielt der Schlamm von den Böschungen des zu einem an Färbereien reichen Dorfe gehörigen Pleißenufers:

0,195	Proz.	Kupfer	sämtlich als Schwefelverbindungen.
0,018	„	Blei	
0,025	„	Arsenik	
7,730	„	Eisen	

Die Abwässer der Färbereien, Bleichereien und Wäschereien von *Spindler* bei Berlin, täglich etwa 10 000 cbm, wurden in großen Behältern gesammelt, mit Kalkmilch und Chlormagnesium versetzt, dann filtriert. Das Wasser

[1] Landw. Versuchsstat. 1874, 441.
[2] Arch. d. Pharm. **219**, 46.
[3] Die Verunreinigung der Saale (1895), S. 148.

einer Baumwollfärberei, täglich etwa 15 000 cbm, wird in 3 verschiedene Behälter geleitet. Der eine derselben nimmt alle von der Krapp-, Garancine- oder Alizarinfärberei herrührenden Verunreinigungen auf. In den zweiten Behälter fließen alle meist mit Farbstoffen geschwängerten Seifenflüssigkeiten. Derselbe ist in zwei Hälften geteilt, wovon jede etwa 120 cbm Flüssigkeit faßt. Die in der einen Hälfte eingelaufene Seifenflüssigkeit wird mit Chlorcalcium unter Zugabe von etwas Kalk versetzt, wodurch alle färbenden, fettigen und faserigen Substanzen niedergeschlagen werden.

Zur Wiedergewinnung der in den Abwässern von Seidenfärbereien enthaltenen Zinnverbindungen werden nach *Schmitz* (D. R. P. Nr. 169 193) die Abwässer mit sehr viel Wasser vermischt; die Zinnverbindungen setzen sich ab. Nach *Wilson*[1] werden Färbereiabwässer mit Aluminiumsulfat, Kalk und Soda versetzt; *Rohland*[2] will plastische Tone zusetzen. Wasser von Schwefelfarben reinigt *Jentsch*[3] durch Zusatz von Eisenvitriol und Kalk.

Hankel[4] hat einige Laboratoriumsversuche über die Klärung der Abfallwässer aus Färbereien angestellt; Absetzen durch Ruhe allein führt nicht zum Ziele, dagegen ist die Klärung mit Kalk befriedigend, indem meistens nach 24 Stunden eine genügende Klärung erreicht wurde. Als ein geeignetes Klärungs- und Entfärbungsmittel erwies sich auch der Torf, indes bietet er den Übelstand, daß die Abfallwässer nur sehr langsam durch das Torffilter hindurchgehen[5]. Die Färberei Preibisch in Reichenau[6] filtriert mit Erfolg die Abwässer durch Braunkohlenschlacken.

Nach *Schultz*[7] fließen bei der Firma *Rothschild* in Stadtoldendorf, welche Baumwollweberei mit Färberei und Appretur betreibt, die tiefdunkel gefärbten Färbereiabwässer in gemauerte Bassins von je 40 cbm Inhalt und bleiben hierin nach Behandlung mit Kalk und Kieserit bis zur Klärung stehen, worauf das klare Wasser abgezogen und der Schlamm in einen hochstehenden Behälter und von da in Filterpressen gedrückt wird. Das klare Abwasser und das aus den Pressen ablaufende wird dann mit den übrigen Abwässern der Fabrik zusammen in große Klärbassins von 1200 cbm Inhalt geleitet und nach Bestimmung seiner Alkalität mit Schwefelsäure neutralisiert, wozu in der Regel $^1/_4$ bis 1 k Schwefelsäure 66° Bé. für 1 cbm Wasser erforderlich ist, wobei zum Mischen und Oxydieren ein kräftiger Luftstrom hindurchgeblasen wird. Hierauf bleibt das Wasser zum Klären stehen, was etwa 36 Stunden erfordert. Alsdann wird das klare Wasser abgelassen. Der Schlamm wird zum besseren Filtrieren mit Kalk versetzt und dann in Filterpressen

[1] Wasser u. Abw. 1910, 335.
[2] Chem. Industr. 1910, 143.
[3] Färberztg. 1908, 194.
[4] Laboratoriumsversuche zur Klärung der Abwässer der Färbereien (Glauchau 1884).
[5] Manufacturist 1877, 552; vgl. *Adam:* Abwässerfrage, unter bes. Berücksichtigung der Textilverwertungsindustrie (Braunschweig 1905).
[6] D. R. P. Nr. 194 127; Leipziger Färberztg. 1908, 199.
[7] Leipziger Monatsschr. f. Text. 1913, 110.

abgepreßt, das ablaufende Wasser wieder zum Neutralisieren in eines der großen Klärbassins gelassen.

Bei der außerordentlich großen Verschiedenheit der angewendeten Farbstoffe und Beizen kann es kein Universalreinigungsmittel für diese Abwässer geben. Für manche Farbstoffe wird Tonerdesulfat und Kalk befriedigend fällen; für viele werden Fällungsmittel überhaupt fehlen. Im allgemeinen wird es sich empfehlen, alle Abwässer einer Färberei (also auch die Seifenwässer u. dgl.) in einen gemeinsamen Sammelbehälter zu leiten, wo sie sich gegenseitig zersetzen, dann durch Schlacken u. dgl. zu filtrieren; reicht dieses nicht aus, so wird vorher Kalk, Tonerdesalz, Eisenvitriol u. dgl. zugesetzt.

Papierfabriken.

Von den mechanischen Verunreinigungen der Abwässer kommen, besonders für Holzschleifereien, die Holz- bzw. Papierfasern in Betracht. Die Faserverluste sind bei holzschliffhaltigen Papieren weit größer als bei Hadernpapieren. Faserverluste schwanken zwischen 2 und 11 Proz. Nach *Carlson*[1] schädigen Fasern im Abwasser die Fischzucht, da das als Fischnahrung dienende Plankton in der Entwicklung gehemmt wird, ebenso der Fischrogen infolge der Verschlammung der Rogenkörner.

Stoffänger für die Papier-, Holzstoff- und Cellulosefabrikation mit kegelförmigen oder zylindrischen Absetzbehältern von *M. Wenzel* (D. R. P. Nr. 222 115). *F. Schneider* (D. R. P. Nr. 230 905 u. 230 906) läßt das Wasser in hohen Behältern absetzen. Siebzylinder verwendet *Bergström* (D. R. P. Nr. 116 000), *Füllner* (D. R. P. Nr. 159 986) ein Trommelfilter mit endlosem Filterband, *Faust* (D. R. P. Nr. 191 257) ein endloses Filtertuch, *Hoffmann* (D. R. P. Nr. 197 006) ein Rundsieb, *Gaara* (D. R. P. Nr. 205 837) einen Stofffänger, bei welchem durch besonders zugeführten langfaserigen Stoff eine Filterschicht für das zu filtrierende Abwasser gebildet wird. *Pfeffer* (D. R. P. Nr. 230 852) federnde Siebe, *Gerlach* (D. R. P. Nr. 216 432) einen endlosen Entwässerungsfilz. Vgl. D. R. P. Nr. 103 749, 105 100, 153 538, 180 768.

Das bei der Verarbeitung von Hadern (Lumpen) fallende Abwasser kann unter Umständen Krankheitskeime (Milzbrand u. dgl.) enthalten. Die Laugen aus dem Lumpenkocher enthalten meist sehr viel fäulnisfähige Schmutzstoffe, deren Menge und Zusammensetzung naturgemäß sehr wechselt.

Die Lauge aus den Strohkochern sollte zur Wiedergewinnung der Soda eingedampft werden, ebenso die, welche beim Kochen von Holz mit Natronlauge oder dem sog. Sulfatverfahren erhalten wird, da sie beim Einlassen in Flußläufe diese sehr stark verunreinigt.

Das Abwasser der Strohpapierfabrik von *Drewsen*[2] wird vorteilhaft zur Berieselung angewendet. Das Abwasser einer Strohpapierfabrik zu

[1] Papierfabrikant 1910, 398.

[2] Hann. land- u. forstwirtsch. Ztg. 1881, 465.

Münster, täglich etwa 300 cbm, gelangt nach *König*[1] unter Zusatz von Kalkwasser in Klärteiche und fließt dann über eine 7,5 a große Wiese; Analysen ergaben im Durchschnitt:

1 Liter Wasser enthält	Direkt aus der Strohpapierfabrik abfließendes Wasser mg	Aus den Klärteichen abfließendes Wasser, aufließend für die Wiese mg	Von der Wiese abfließend mg
Suspendierte Schlammstoffe	1464	976	611
Zur Oxydation der gelösten organischen Stoffe erforderlicher Sauerstoff	1134	677	433
Kohlensäure	125	443	582
Kalk	973	729	650
Kali	93	113	109
Salpetersäure	32	17	12
Stickstoff in Form von Ammoniak	4	3	3
Organisch gebundener Stickstoff	79	54	36
Phosphorsäure	9	2	1

Das Ablassen derartiger Abwässer in Flußläufe ist bedenklich[2].

Fleck (Bericht 1884) fand in dem Abwasser einer Strohstoffabrik auch Gallussäure und Humusverbindungen. Muldewasser enthielt vor (I) und nach Aufnahme (II) dieses Abwassers mg:

	I	II
Organische Substanz	15	57
Schwefelsaures Calcium	27	189
Kohlensaures „	—	49
Kohlensaures Magnesium	10	21
Salpetersaures „	3	11
Kohlensaures Natrium	—	198
Kieselsaures „	—	57
Chlornatrium	—	261
Kohlensaures Ammonium	Spur	42

Bei der Herstellung von Zellstoff aus Esparto entsteht sehr stark verunreinigtes Abwasser. Die damit verunreinigten Flüsse bedecken sich, namentlich unterhalb eines Wehres, oft mehrere Kilometer weit mit dichtem Schaum[3].

Bei Anfertigung von braunem Holzschliff laufen die Koch- und Waschwässer in Klärbehälter, in welchen sich die mechanisch beigemengten Stoffe absetzen; die durch das Dämpfen des Holzes gelösten Stoffe bleiben in Lösung, durchdringen das Erdreich in der Umgebung der Fabrik und gelangen ebenso leicht in das Flußwasser wie in die Brunnen. Sind diese Extraktstoffe einige

[1] Landw. Jahrb. 1885, 234.
[2] Civilingenieur 1883, 226.
[3] Vgl. Eulenbergs Viertelj. **39**, Heft 1 u. 2.

Zeit der Luft ausgesetzt, so erleiden sie durch den Sauerstoff eine Umsetzung und verunreinigen die Wasserläufe[1].

Bedenklich sind besonders die Abwässer der Sulfitzellstoffabriken[2]. Nach *A. Frank* enthalten die Kochlaugen im Liter:

Kalk	7400 mg
Schwefelsäure	1200
Schwefligsäure	14740
Chlor	70
Phosphorsäure	50
Kieselsäure	150
Magnesia und Alkalien	400
Organische Stoffe	bis 60000

Analysen der abfließenden Kochlaugen von *Wichelhaus*[3] ergaben (mg im Liter):

	Trockenrückstand		Zur Oxydation der organischen Stoffe erforderlicher Sauerstoff	Schwefelsäure	Schweflige Säure		Chlor	Kalk
	Organischer	Unorganischer			gebunden	frei		
1	68 344	14 491	52 200	3434	5842	2560	24	7176
2	75 040	13 592	52 795	4371	6308	2212	9	8432
3	69 366	15 973	50 561	4022	5380	2940	30	7341
4	81 272	12 580	69 102	2260	960	2560	5	6709

Sulfitzellstoffablauge enthält nach *Krause*[4] 0,5 bis 2 Proz. Zucker, darunter Pentosen, Pentosane, Mannose u. dgl. Nach *Klason*[5] gehen bei Erzeugung von 1 t trockenen Zellstoffs in die Abfallauge 600 k Lignin, 200 k schweflige Säure, gebunden an Lignin, 90 k Ätzkalk, gebunden an Lignosulfosäure, 325 k Kohlehydrate, 15 k Proteinkörper, 30 k Harz und Fett, in Summa 1260 k. Bei einer Ausbeute von 45 Proz. Zellstoff des Holzgewichtes hat man 8 Proz. Verlust, da Holz (Fichte) etwa 53 Proz. Zellstoff enthält. 4 Proz. werden im Kochprozeß gelöst, aussortiert werden bei der Reinigung 3 Proz., verloren gehen in dem Auswaschzylinder und auf dem Sieb der Papiermaschine 1 Proz. Als Faserverlust kann man 2 Proz. des Zellstoffs oder 1 Proz. des trockenen Holzes rechnen. Der größte Teil des Verlustes entfällt nicht auf wirkliche Fasern, sondern auf dünnwandige Parenchymzellen aus den Markstrahlen des Holzes, die den gleichen Brechungsexponent wie Wasser haben und infolgedessen nicht beobachtet werden können. Von der Cellulose, die mit dem Abwasser fortgeht, ist nur $^1/_3$ wirkliche Faser, $^2/_3$ Parenchymzellen, die nie zu Boden sinken.

[1] Papierztg. 1889, 1286 u. 1336; vgl. Mitt. d. Kais. Prüfungsanst. f. Wasserversorg. 1908, Heft 10, S. 116.

[2] Vgl. *F. Fischer:* Handbuch der chemischen Technologie; organischer Teil (Leipzig 1902); Mitt. d. Kais. Prüfungsanst. f. Wasserversorg. 1905, 60; Zft. f. angew. Chem. 1906, 748; 1909, 50; 1911, 1815; *M. Müller:* Literatur der Sulfitablauge (Berlin 1911); Zft. f. Hygiene 1907, 121.

[3] Chem. Ind. 1895, 1029.

[4] Chem. Ind. 1906, 218.

[5] Papierfabrikant 1909, 627 u. 796; Fischers Jahresber. 1909.

Nach *Luerssen*[1] wird die dunkle Färbung und der spezifische „Pregelgestank", durch die zuzeiten das Wasser des Pregel innerhalb der Stadt Königsberg sich unangenehm bemerkbar machte, durch die Kochlaugen einer unweit oberhalb der Stadt gelegenen Zellstoffabrik bedingt, die nach dem *Tilghman-Mitscherlich*schen Verfahren arbeitet.

Die Wirkung verdünnter Sulfitablauge auf Pflanzen ist nach *Stutzer*[2] durch die freie Schwefligsäure bedingt. Durch die Berieselung mit Kanalwasser, welches Ablauge enthielt, wurden Roggen, Gerste und Rüben geschädigt.

Nach *Gottstein*[3] ist es für die Fischerei vorteilhaft, die Sulfitcelluloseabwässer nicht ununterbrochen, sondern stoßweise abzuleiten, indem bei letzterem Verfahren die übermäßige Wucherung von Pilzen vermieden wird. Nach Versuchen von *Hofer*[4] treten noch bei Verdünnungen der Sulfitablaugen von 1 : 100 000 Teilen Wasser Pilzwucherungen, wenn auch in geringer Weise, ein. Die Wucherungen der Pilze sind um so stärker, wenn dieselben ununterbrochen mit Sulfitabwässern ernährt werden. Wenn dagegen die Sulfitablauge den Versuchsrinnen stoßweise zugeleitet und die Pilze innerhalb 24 Stunden nur 1 Stunde lang ernährt wurden, so kümmerten dieselben sichtbar, um allmählich, wenn auch langsam, abzusterben.

Nach *Marsson*[5] sind die Pilzbildungen, welche durch solche Abwässer in den Flußläufen entstehen, eher nützlich als schädlich. Desinfektion dieser Wässer mit Kupfervitriol ist verwerflich.

Die Herstellung eines Düngemittels von *Arlt* (D. R. P. Nr. 128 213) besteht darin, daß man bis zum Sirup (auf etwa 25° Bé.) eingedickte Sulfitzellstoffablauge mit etwa der gleichen Menge Thomas-Phosphatschlackenmehl zu einer trockenen Masse vermischt.

Nach *Stutzer*[6] können die konzentrierten Laugen als Düngemittel verwendet werden zur Berieselung. Sobald nach *Nitsche*[7] die saure Ablauge richtig vorbehandelt wurde, so daß die freien und entstehenden Säuren, hauptsächlich SO_2 und H_2SO_4, abgebunden waren, und eine leichte Alkalität, herrührend von einem kleinen Überschuß an Kalk, statthatte, eignete sich die Ablauge vorzüglich als Nährboden für sämtliche stickstoffbindende Bakterienarten. — Die Fällung mit Kalk und nachfolgender Lüftung ist unzuverlässig[8].

Die beim Sulfitverfahren erhaltenen Abwässer fällt *A. Frank*[9] mit Kalkmilch, um Calciummonosulfit zu gewinnen und saugt durch die geklärte

---

[1] Zft. f. Hygiene **58**, 121; vgl. Fischers Jahresber. 1911, 567.
[2] Papierztg. 1911, 1050; vgl. das. S. 1011.
[3] Papierztg. 1906, 952; vgl. das. 1909, 627 u. 796; Wochenbl. f. Papier. 1905, 3660.
[4] Allg. Fischereiztg. 1906, 4.
[5] Zft. f. angew. Chem. 1907, 788.
[6] Chemikerztg. 1913, 405.
[7] Zft. f. angew. Chem. 1912, 2058.
[8] Chemikerztg. 1897, 302.
[9] Papierztg. 1887, Nr. 60 bis 63; vgl. Fischers Jahresber. 1887, 1177.

Lauge Schornsteingase, um noch gelöstes Sulfit zu Sulfat zu oxydieren und überschüssigen Kalk als Carbonat zu fällen; ähnlich *Drewsen* (D. R. P. Nr. 67 889). *Dorenfeldt* (D. R. P. Nr. 129 227) will die Laugen eindampfen und verbrennen.

Nach *Aufhäuser*[1] wird die Lauge in Vakuumapparaten eingedampft. Das so erhaltene Zellpech dient zum Brikettieren von Hochofenstaub, Kleinkohlen u. dgl. Wesentlich denselben Vorschlag machte schon *Mitscherlich* (D. R. P. Nr. 72 362), dann *Sembritzki*[2].

Zur Behandlung der Ablauge von der Sulfitcellulosefabrikation, insbesondere zum Zwecke der Herstellung eines Klebemittels, wird nach *Trainer* (D. R. P. Nr. 239 675) die Lauge in einem mit Diaphragma versehenen elektrolytischen Bad abwechselnd an der Kathode und Anode behandelt[3].

Mitscherlich[4], dann *Opel* (D. R. P. Nr. 75 351) schlugen vor, die Laugen zum Gerben zu verwenden. Zur Reinigung der Sulfitzellstofflauge für Zwecke der Gerberei wird nach *Kumpfmiller* (D. R. P. Nr. 183 415, 194 872, 203 648, 207 776 u. 216 284) die schweflige Säure durch Eindampfen im Vakuum entfernt, wobei in bekannter Weise das Calciumsulfit gleichzeitig ausfällt. Die so vorbereitete Lauge wird alsdann mit Alaun behandelt. Es bildet sich ein Niederschlag, der die organischen Substanzen, welche für den Verwendungszweck der Lauge als Füllmittel in der Gerberei oder Färberei störend sind, enthält[5].

Zur Herstellung eines Futtermittels aus Sulfitcelluloseablauge wird nach *A. Stutzer* (D. R. P. Nr. 215 273) aus der Lauge nach Beseitigung der schwefligen Säure durch Ammoniak die mehr oder weniger teerähnlichen, unangenehm schmeckenden Zersetzungsprodukte von Harzstoffen und Bitterstoffe durch Behandlung der Lauge mit einem geeigneten Öl (Mineralöl oder fettes Öl) entfernt. Die Lauge wird auf $^1/_4$ abgedampft und mit Melasse u. dgl. vermischt[6].

Die Gewinnung von Spiritus aus Ablaugen der Sulfitcellulosefabrikation wird seit etwa 2 Jahren in Schweden nach dem Verfahren von *Ekström* und dem von *Wallin* mit Erfolg betrieben[7]. Die heiße Sulfitlauge wird mit Kalkschlamm neutralisiert, filtriert, auf einem Gradierwerke gekühlt und etwas konzentriert, worauf nach Zusatz von Hefe vergoren und im Kolonnenapparat der Spiritus abdestilliert wird. Der so gewonnene Alkohol ist durch seinen Gehalt an Methylalkohol, Aceton usw. von Natur aus denaturiert. Die Ausbeute beträgt pro 1 cbm Ablauge bzw. 1 t Zellstoff 50 bis 70 l 100proz. Alkohol bei 9,5 Öre (= 10 Pfg.) Herstellungskosten pro Liter. In Skjutskjär

[1] Zft. f. angew. Chem. 1912, 74.
[2] Papierztg. 1908, 658.
[3] Vgl. Fischers Jahresber. 1895, 1027; 1896, 1030; 1897, 1067.
[4] Vgl. Fischers Jahresber. 1894, 1061; 1897, 1065; 1898, 1110.
[5] Vgl. Chemikerztg. 1910, 1352.
[6] Zft. f. angew. Chem. 1909, 1999; Chemikerztg. 1910, 1352.
[7] Allg. Fischereiztg. 1906, 4.

in Schweden werden zurzeit nach Patent *Ekström* monatlich 50 980 l Alkohol gewonnen. Würde man alle Sulfitlauge des Landes verarbeiten, könnte man jährlich 21 bis 31 Mill. l herstellen. In Deutschland werden jährlich etwa 550 000 t Zellstoff hergestellt, also täglich 1500 t mit 15 Mill. l Ablaugemenge, woraus 90 000 l 100proz. Alkohol gewonnen werden können. Für Jahr mithin etwa 33 Mill. l. Von der Umwandlung der Kohlehydrate der Ablauge in Sprit erhofft man aber nicht nur eine teilweise Verwertung der Lauge, sondern auch eine Lösung der Abwässerfrage. Nach *Ekström* wird die Ablauge durch Vergärung der Kohlehydrate unschädlich, wogegen *Schwalbe*[1] meint, daß nur etwa $^1/_3$ der vorhandenen Kohlehydrate vergoren werden, wie auch die Ablauge der Kolonnenapparate beträchtliche Mengen abgetöteter Hefe enthalten werden. Ob diese Mengen harmlos sind, ist noch fraglich. *Kiby* und *Foth*[2] halten die Sulfitspiritusgewinnung in Deutschland für ausgeschlossen, solange das zurzeit geltende Spiritussteuergesetz in Kraft steht und nicht von Sachverständigen festgestellt ist, daß nach der Verarbeitung auf Spiritus die Ablaugen anstandslos den Vorfluten zugeführt werden können.

Das biologische Verfahren ist für Abwässer der Sulfitstoffabriken nicht geeignet[3].

Zur Wiedergewinnung von Farbstoffen aus den Abwässern der Chromopapier-, Buntpapier-, Tapetenfabrikation u. dgl. werden nach *Voigt* (D. R. P. Nr. 125 991) den Abwässern Fällungsmittel, z. B. Tonerdesalze, Aluminate, Aldehyde, Alkohole o. dgl. zugesetzt, wodurch die die Farbstoffe in Suspension haltenden Bindemittel niedergeschlagen werden.

Von den in Papierfabriken verwendeten Farben wirken nach *Thienemann* Viktoriablau, Methylviolett, Kohlschwarz und Diamantgrün B auch in so starker Verdünnung noch tödlich auf die Süßwasserorganismen, daß Abwasser, die diese Farben enthalten, die Fischerei in den Vorflutern schädigen können.

Flußverunreinigung.

Untersuchungsverfahren. Bei der Untersuchung des Einflusses von Abwasser auf die Flußverunreinigung ist die sachverständige Probenahme (vgl. S. 19) besonders wichtig, oft geradezu ausschlaggebend. Nicht nur schwankt die Zusammensetzung der städtischen Kanalwässer bedeutend (S. 215), sondern auch die der verschiedenen Industrien an Menge und Zusammensetzung, so daß die Proben durch einen erfahrenen Chemiker, nicht durch einen Medizinalbeamten zu nehmen sind (vgl. S. 50). Verf.[4] hat wiederholt nachgewiesen, daß Analysen von Abwasser wertlos waren, weil die Probe-

[1] Zft. Unters. Nahrungs. 1911, 465.
[2] Zft. f. angew. Chem. 1910, 33; Chemikerztg. 1910, 1077, 1091 u. 1238.
[3] Zft. f. Spiritusind. 1910, 589.
[4] Zft. f. angew. Chem. 1889, 160; 1890, 64; 1901, 1051.

nahme unsachgemäß war, wie sich aus dem Chlorgehalt ergibt[1]. Besonders bei der Beurteilung der Reinigungsverfahren ergibt sich aus dem Chlorgehalt, ob die untersuchten Proben sich überhaupt entsprechen. *Schmidt*[2] versetzt das zufließende Wasser mit Uranin O der Höchster Farbwerke und nimmt die Proben des aus den Klärbecken abfließenden Wassers, wenn hier die Färbung auftrat. Er erhielt so z. B. im Zufluß (Z.) und Abfluß (A.) folgende Werte:

		Suspendierte Stoffe			Gelöste Stoffe					
		organische	anorgan.	Stickstoff	organische	anorgan.	Chlor	Ammoniak	Stickstoff	Verbrauch von Sauerstoff
11. März . .	Z.	470	122	75	720	662	102	76	32	104
	A.	102	30	18	438	638	84	100	30	62
26. März . .	Z.	523	192	16	498	705	233	49	83	81
	A.	99	45	8	344	630	155	22	90	55
3. April . .	Z.	705	213	6	466	707	205	90	88	74
	A.	174	48	1	366	708	197	111	56	49
23. Mai . . .	Z.	613	220	6	560	708	247	148	12	139
	A.	83	39	2	528	571	246	153	8	85
18. Juli . . .	Z.	566	160	21	484	644	205	112	12	99
	A.	62	22	13	300	474	184	87	13	88

Der Chlorgehalt zeigt, daß dieses Verfahren durchaus nicht sicher zu vergleichbaren Proben führt.

Bei der Entnahme von Proben aus Flußwasser ist die oft ungleiche Beschaffenheit des Wassers auf beiden Seiten und in der Mitte, sowie in verschiedenen Tiefen des Flusses (S. 277) zu berücksichtigen.

Die Entnahme einer einzigen Probe ist nur dann zulässig, wenn die Beschaffenheit des fraglichen Wassers immer gleichmäßig ist, was nur selten der Fall sein wird. Sonst sind soviel Einzelproben zu nehmen (und diese getrennt oder zusammengemischt zu untersuchen), daß das Endergebnis den tatsächlichen Verhältnissen vollkommen entspricht (S. 29). Bei der Probenahme soll der Sachverständige ferner alle näheren Umstände: die äußere Beschaffenheit des Wassers, Durchsichtigkeit, Farbe, Geruch, Menge der Zuflüsse, Beschaffenheit des Wasserlaufes (auch biologisch S. 274), in welche sich dieselben ergießen, Umgebung usw. berücksichtigen. Es ist zu empfehlen, an Ort und Stelle einen oder mehrere Bestandteile des Wassers in

[1] *H. Schreib* (Chemikerztg. 1904, 267) schreibt u. a.: „Die von *Ferd. Fischer* zuerst vorgeschlagene Bestimmung des Chlorgehaltes der Abwässer, um festzustellen, ob entsprechende Proben von ungereinigtem und gereinigtem Abwasser vorliegen, wird neuerdings häufig ausgeführt. Wenn nun aber in solchen Fällen die Chlorbestimmung ergeben hat, daß nicht entsprechende Proben vorliegen, so müßte man logischerweise doch von einer Veröffentlichung der Analysenresultate absehen. Solche Resultate haben doch so gut wie gar keinen Wert. Zum wenigsten darf man keine Beurteilung eines Verfahrens darauf aufbauen."

[2] Hydrotekt 1902, 197; Fischers Jahresber. 1902, 431.

kurzen Zwischenräumen zu bestimmen (z. B. Chlor), um danach die Probenahme mit einzurichten.

Bei der chemischen Untersuchung der Proben[1] von Abwasser sind die Verfahren S. 19 bis 27 insofern zu ändern, als vorhandene größere Mengen suspendierter Stoffe besonders untersucht werden und das Filtrat oft vor der Untersuchung verdünnt werden muß.

Zur Bestimmung der Fäulnisfähigkeit läßt man eine Probe des Wassers 8 bis 10 Tage bei Zimmertemperatur, oder nach *Spitta* und *Weldert*[2] bei 37° stehen und prüft auf Schwefelwasserstoff mit Methylenblau; dasselbe wird entfärbt. Nach dem sog. „Hamburger Test" werden die Sulfate mit Bariumsalzen entfernt, dann wird eingedampft, mit Kalium erhitzt und auf Schwefelkalium geprüft[3].

Die suspendierten Stoffe werden in bekannter Weise auf einem gewogenen Filter gesammelt. Die Bestimmung des Gesamtrückstandes, der Acidität und Alkalinität und Oxydierbarkeit im Filtrat wird in bekannter Weise ausgeführt, desgleichen von Kalk, Magnesia und Schwefelsäure, während zur Bestimmung des Chlores meist die vorherige Beseitigung der organischen Stoffe durch $KMnO_4$ erforderlich ist. Wichtig ist die Bestimmung des organischen Stickstoffes nach *Kjeldahl* (unter Umständen des Albuminoid Ammoniak nach *Wanklyn*[4]) und des Ammoniaks, während Salpetersäure und Salpetrigsäure im Abwasser und verunreinigten Flußwasser selten vorkommt (S. 214).

Rubner[5] schlägt vor, die Verbrennungswärme des Rückstandes und den Stickstoffgehalt in der Form Cal. : N als Kriterium für die Reinheit zugrunde zu legen, wobei N den Stickstoffgehalt, Cal. die Verbrennungswärme der organischen Substanz bedeutet. Nach ihm ist Cal. : N für Harnbestandteile 5 bis 8, Eiweißkörper 34, höhere Werte deuten auf Fett, Stärke, Cellulose. Zweifellos sehr beachtenswert, aber für technische Zwecke zu mühsam.

Die etwaige Bestimmung des Sauerstoffes wird durch Auskochen, oder nach *Winkler* dadurch ausgeführt, daß eine abgemessene Menge des zu prüfenden Wassers mit Natronlauge und Manganchlorür im Überschuß versetzt wird, wobei das entstandene Manganohydrat nach Maßgabe der vorhandenen Menge des im Wasser gelösten Sauerstoffs zu Manganihydrat oxydiert wird. Letzteres scheidet beim Ansäuern mit Salzsäure in Gegenwart von Jodkalium eine dem absorbierten Sauerstoff äquivalente Menge Jod aus, welche mit Natriumthiosulfatlösung gemessen wird:

---

[1] Vgl. *Farnsteiner*, *Buttenberg* und *Korn:* Leitfaden für die chemische Untersuchung von Abwasser (München 1902).

[2] Mitt. d. Kais. Prüfungsanst. f. Wasserversorg., Heft 6, Sonderabdr.; Heft 10, S. 26; Zft. f. Hygiene **56**, 371.

[3] Gesundheitsing. 1907, 165; Fischers Jahresber. 1907, 517.

[4] Nach Abdestillieren des freien Ammoniaks wird mit stark alkalischer $KMnO_4$-Lösung weiter destilliert und alsdann das Destillat wie beim organischen Stickstoff bestimmt.

[5] Archiv f. Hygiene (1907) **62**, 58 u. 83.

$$2\,MnCl_2 + 4\,NaHO = 4\,NaCl + 2\,Mn(OH)_2$$
$$2\,Mn(OH)_2 + O + H_2O = 2\,Mn(OH)_3$$
$$2\,Mn(OH)_3 + 6\,HCl = 2\,MnCl_3 + 6\,H_2O$$
$$2\,MnCl_3 + 2\,KJ = 2\,MnCl_2 + 2\,KCl + 2\,J.$$

Zur Ergänzung der chemischen Untersuchung ist bei Fragen der Flußverunreinigung die biologische Prüfung wertvoll, welche nicht nur den augenblicklichen Zustand des Wassers erkennen läßt, sondern auch den früherer Tage.

Fig. 89.

Abwässerorganismen, welche nur in verschmutzten Wasserläufen vorkommen, sind besonders Sphaerotilus natans, Beggiatoa alba, Leptomitus lacteus, Oscillatoria-Arten und Carchesium Lachmanni.

Sphaerotilus bildet in offenen Wasserläufen flutende, weiße bis graue schleimige Flocken von widerlichem Geruch. Fig. 89 zeigt ein Flöckchen Sphaerotilus $^{200}/_{1}$, daneben ein Schilfblatt mit fellartigem Überzug von Sphaerotilus in natürlicher Größe nach *Kolkwitz*. Der Pilz findet sich nach *Mez* (vgl. S. 20) meist nur in sehr stark verpestetem Wasser. Insbesondere wird er nirgends vermißt, wo ungereinigte Abwässer in Bachläufe eingelassen werden. Aber auch in Abwässern von Cellulose-, Stärke-, Zuckerfabriken, von Brennereien, Mälzereien und besonders von Brauereien wurde Sphaerotilus gefunden und bei Zuckerfabriken die Erfahrung gemacht, daß in den Abwässern vor deren Reinigung durch Rieselung Sphaerotilus auftritt, nach der Rieselung dagegen dieser Pilz verschwindet und an dessen Stelle sich Leptomitus lacteus entwickelt. In den ungerieselten Sielwässern der Stadt Breslau ist stellenweise Sphaerotilus zu finden, die gerieselten Abwässer dagegen bieten für Leptomitus günstige Existenzbedingungen, in ihnen fehlt Sphaerotilus vollständig.

Leptomitus (Fig. 90) gleicht in offenen Wasserläufen in seinem rasenförmigen Wachstum Stücken von Schaffell, die an Reisern usw. hängen. Aber auch auf Wasserrädern, an Wehren u. dgl. findet sich Leptomitus; die Vegetationen nehmen dick pergament- oder hautartige Gestalt an. Der

Geruch ist dumpfig stinkend. Unter dem Mikroskop wird er durch die Einkerbungen seiner Schläuche und das Cellulinkorn in jedem Fadenglied erkannt. Nach *Kolkwitz*[1] findet sich Leptomitus in massenhafter Entwickelung in solchen Vorflutern, welche Abwässer aus Städten, Zuckerfabriken, Stärkefabriken, Schlachthäusern u. a. m. aufnehmen. Die ungereinigten Rohabwässer solcher Herkunft haben durchweg die Neigung zur fauligen Zersetzung unter deutlicher Entwickelung von Schwefelwasserstoff. Da Leptomitus zu üppigem Gedeihen vorwiegend hochmolekularer Stickstoffverbindungen bedarf, welche bei der Berieselung oder dem biologischen Verfahren abgebaut werden, so verschwindet der Pilz nach dieser Behandlung. *Kolkwitz* meint: Solange Leptomitus oder ähnliche Pilze in einer Vorflut keinen Anlaß zu Klagen geben, lasse man sie ungestört wachsen. Es sind sogar Fälle bekannt, daß durch Entfernung der Pilzmassen aus einem Bachbett erst Mißstände hervorgetreten sind. Fließt z. B. ein mit Pilzen ausgekleideter Bach durch ein Fabrikgelände eine ziemlich weite Strecke, so können auf dieser die dem Bach zufließenden Abwässer schon einen bemerkenswerten Reinigungseffekt durch den Pilz erfahren. Das Bachwasser würde dann dem Nachbargelände in ziemlich gutem und selbstgereinigtem Zustande zufließen, ohne hier Pilzwucherungen hervorzurufen. Würde man nun auf dem Fabrikgelände den Pilz aus dem Bachbett entfernen, so hieße das weiter nichts, als den Entstehungsherd zum Nachbar verlegen, denn dann käme bei diesem das Wasser in einem Zustande an, welcher der Entwickelung des Pilzes günstig wäre.

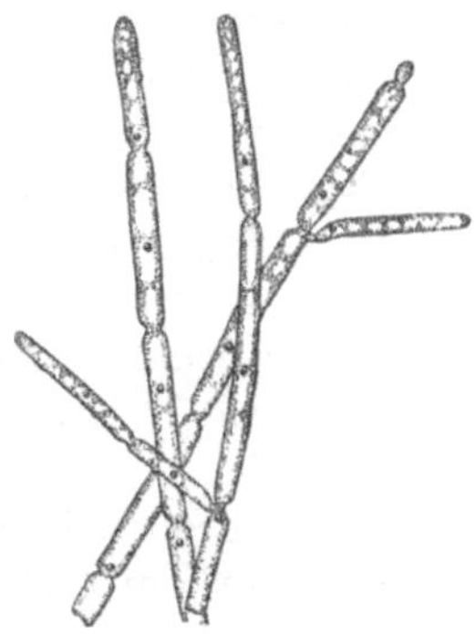

Fig. 90.

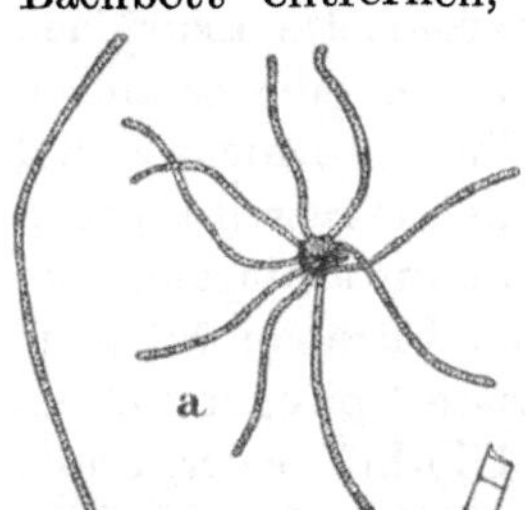

Fig. 91.

Beggiatoa (Fig. 91) bedeckt nach *Mez* den Schlamm und faulende Gegenstände als feiner, weißlicher oder grauer, sammetartiger Belag. Seltener findet sich der Pilz auch an Holzwerk und Steinen. Im Gegensatz zu Sphaerotilus und Leptomitus, welche beide stark bewegtes Wasser aufsuchen, findet man größere Vegetationen von Beggiatoa hauptsächlich in stehendem oder nur sehr schwach bewegtem Wasser. Insbesondere die Klärteiche der Zucker- und Stärkefabriken, von Schmutzwässern durchflossene Teiche u. dgl. sind Orte, an denen Beggiatoa kaum irgendwo vermißt wird. Auch Beggiatoavegetationen sind am Geruch erkennbar, und zwar stinken 5 bis 7 Tage lang in geschlossener Flasche gehaltene Beggiatoarasen intensiv nach Schwefelwasserstoff, welcher zum Leben dieses Pilzes erforderlich ist.

Alle Abwasseroscillatorien haben die Neigung, sich aus dem Wasser herauszubegeben, was ihnen bei ihrer Fähigkeit der Eigenbewegung möglich ist.

[1] Mitt. d. Kais. Prüfungsanst. f. Wasserversorg. 1903, Heft 2.

Deshalb werden insbesondere feuchte Bachuferböschungen von Abwasserläufen große Strecken weit von dem schwarzen Belag dieser Algen überzogen. Auch auf faulenden, im Wasser treibenden organischen Körpern (z. B. Gerberei- und Schlachthausabfällen, Rübenschwänzen u. dgl.) siedeln sie sich sehr gern an. Gleichfalls pflegen die durch Gasbildung in die Höhe gerissenen und auf der Wasseroberfläche schwimmenden Schlammfetzen, Fäkalklumpen usw. mit Oscillatoriaarten bewachsen zu sein; in diesem Fall bilden diese Algen die Hauptmasse der Vegetation, welche die übelriechenden schwimmenden „Pfannkuchen" der Abwasserläufe bildet. Die Oscillatoriaarten der Abwässer sind alle gleichmäßig durch einen dumpfig-stinkenden, sehr eigentümlichen Geruch ausgezeichnet. Wie Beggiatoa haben auch die Abwässeroscillatorien die Neigung, sich in stehendem oder langsam fließendem Wasser anzusiedeln.

Die große Wichtigkeit des Carchesium Lachmanni für die sommerliche Abwasserbeurteilung wird nach *Mez* dadurch bedingt, daß die Kolonien dieses Tieres im Schmutzwasser festsitzen und mit bloßem Auge leicht auffindbar sind.

Kolkwitz und *Marsson*[1] bezeichnen die Abwässerorganismen als „Saprobien", und je nach dem Grade der Verschmutzung Poly-, Meso- und Oligosaprobien. Beispiele für das Auftreten von Polysaprobien wären Sphaerotiluszöpfe und -flocken, Fladen der Zoogloea ramigera, Beggiatoenvliese und -zotten, Schleimmassen von Carchesium lachmanni, Überzüge von Euglena viridis u. a. auf der Wasseroberfläche (z. B. auf den Rieselfeldgräben) und Polytoma uvella; den Übergang zur nächsten Gruppe (Mesosaprobien) bilden feder- und watteartige Büschel von Leptomitus und vereinzelte Individuen der sonst polysaproben Vorticella microstoma usw. Zu den Mesosaprobien wären zu rechnen: Häute und Polster von Phormidium autumnale und uncinatum, Hantzschia amphioxys, Stylonichia mytilus, Oxytricha pellionella, Vorticella convallaria, Stentor coeruleus, Spirostomum ambiguum und viele andere Ciliaten, ferner Strähnen von Melosira varians, Filze von Nitzschia palea usw. Zu den Oligosaprobien endlich zählen gewisse Spirogyrawatten, Stigeocloniumrasen, Cladophora- und Confervabüschel, Ulothrixfelder, Häute gewisser Oscillatorien und viele Protozoen wie Astylozoon fallax, Loxophyllum fasciola u. a., sowie Biocoenosen von Grunddiatomaceen. Auf den Nachweis dieser Organismen nach *Kolkwitz*[2] sei verwiesen. Es ist aber noch besonders hervorzuheben, daß einseitige Bakterienzählungen zu groben Täuschungen führen können (vgl. S. 284).

Flußverunreinigung. Beim Einlassen von Schmutzflüssigkeiten in Wasserläufe ist zu beachten, daß besonders höhere Konzentrationen die Mischung erschweren. Salzhaltige Flüssigkeiten halten sich auf weite Strecken am Boden der Flußläufe. Daß sich z. B. das salzige Stollen- bzw. Schlenze-

[1] Mitt. d. Kais. Prüfungsanst. f. Wasserversorg. 1902, Heft 1, S. 33.

[2] *Kolkwitz:* Biologie des Abwassers und der Vorfluter im Handbuch der Hygiene (Berlin 1911).

wasser dem Saalewasser unterschichtet, konnte Verf. bei der Mündung der Schlenze in die Saale beobachten. Am 13. Juli 1897 z. B. zeigte sich etwa 200 m von der Mündung in der Schlenze eine strudelförmige Bewegung an der Oberfläche des Wassers. Bis hierher floß Saalewasser ziemlich rasch in der Schlenze aufwärts, führte Blätter, Zweige und kleinere Fische mit sich, bis es eben von dem salzigen Wasser aufgenommen war, welches mit etwa derselben Schnelligkeit unter dem Saalewasser der Saale zueilte, wie aus den auf dem Salzwasser schwimmenden Holzstücken (welche schwerer waren als Saalewasser) zu ersehen war. Beide Wasserströmungen bewegten sich also infolge des verschiedenen spezifischen Gewichtes übereinander in entgegengesetzter Richtung. Zweifellos setzt sich diese Gegenströmung am Flußboden fort, wie ja auch analytisch festgestellt wurde.

Durch die eigentümlichen Stauverhältnisse vor dem Rothenburger Wehr, vor welchem sich die Salzlauge sammelt, bzw. den ungleichmäßigen Abfluß des beim Überfall gemischten salzigen Wassers treten bedeutende Ungleichmäßigkeiten im Salzgehalt des Saalewassers ein. So enthielt z. B. nach den im Reichsgesundheitsamt[1] ausgeführten Untersuchungen und nach *Renk*, bzw. dem Verf. das Saalewasser:

	Chlor	Schwefelsäure	Kalk	Magnesia	Wassermenge
Saale vor Einfluß der Schlenze:					
(*Renk*) 22. 3. 92	54	106	75	26	
(R. G.) 1. 6. 93	145	87	141	31	
Saale unterhalb Rothenburg:					
(*Renk*) 22. 3. 92	769	141	107	33	
(R. G.) 1. 6. 93	2530	312	233	42	
(*Fischer*) 13. 7. 97	2065	310	308	59	
„ 25. 8. 98	1893	—	—	—	
Saale vor Einfluß in die Elbe:					
(R. G.) 22. 6. 89	398	162	146	53	95 cbm
„ „ 18. 8. 91	1106	213	169	88	65 „
„ „ 10. 11. 91	1302	268	190	98	36 „
(*Renk*) 22. 3. 92	865	136	121	35	—

Beim Zusammentreffen zweier Flüsse fließt das Wasser derselben zuweilen weite Strecken nebeneinander. Nach Ermittlungen des Kaiserl. Gesundheitsamtes (a. a. O.) enthält das Wasser der Elbe vor und nach Einmündung der Saale folgende Salzmengen:

	Chlor	Schwefelsäure	Kalk	Magnesia	Wassermenge cbm
Elbe vor Einmündung der Saale:					
(*Tochheim*) 26. 6. 89 . . .	12	14	31	8	313
18. 8. 91 . . .	11	73	29	—	361
10. 11. 91 . . .	16	41	23	13	183

[1] Arb. a. d. Kais. Gesundheitsamt **6**, 319; **8**, 421; **12**, 289.

	Chlor	Schwefelsäure	Kalk	Magnesia	Wassermenge cbm
Elbe bei Barby:					
26. 6. 89 l. U.	264	111	100	41	
M.	90	46	46	21	
r. U.	14	16	23	Sp.	
18. 8. 91 l. U.	362	148	72	30	
M.	162	51	49	25	
r. U.	14	27	30	—	
10. 11. 91 l. U.	460	116	82	29	
M.	234	101	56	21	
r. U.	19	45	34	14	
Elbe bei Magdeburg:					
26. 6. 89 l. U.	180	73	76	28	
M.	130	59	61	23	
r. U.	84	45	46	15	
18. 8. 91 l. U.	283	96	57	—	
M.	220	76	65	39	
r. U.	240	60	45	—	
10. 11. 91 l. U.	452	116	74	28	
M.	352	101	74	24	
r. U.	226	76	52	20	

Das salzige Wasser der Saale mischt sich also nur langsam mit dem Wasser der Elbe, so daß selbst noch bei Magdeburg das Wasser am linken Ufer (l. U.) mehr Salze enthält als in der Mitte (M.) und am rechten Ufer (r. U.), wie schon anderweitig nachgewiesen war[1].

Ungleiche Mischung ergibt sich auch durch verschiedene Geschwindigkeiten in den Wassertiefen. So fand *Claasen* im Rhein (unterhalb der Schiffbrücke zu Speier am 21. Juli 1880 bei 8,5 m Wassertiefe:

	Wassertiefe	Geschwindigkeit in der Sekunde	Zeit für 1 km	Kilometer für den Tag
Oberfläche	= 0	1,55 m	10″ 45‴	133,92
	3 m	2,18 „	7″ 39‴	188,35
	8,5 „	0,60 „	27″ 47‴	51,84

Die Geschwindigkeit an der Oberfläche war hiernach 2,6 mal, die in 3 m Tiefe 3,6 mal größer als die bei 8,5 m Tiefe auf der Flußsohle. Während daher Verunreinigungsstoffe, welche etwa bei Speier durch die ganze vertikale Schicht in den Rhein gelangen, bei gleichbleibender Geschwindigkeit in einem Tage an der Oberfläche von Speier bis St. Goar, in 3 m Tiefe bis Bonn geschwemmt werden, gelangen sie an der Flußsohle in 8,5 m Tiefe nur bis Worms.

Nach *Weigelt*[2] tritt beim Einlassen des Abwassers durch ein Rohr die Kegelbildung bei geringer Stromgeschwindigkeit durch Ausbreitung am deutlichsten hervor, während der Halbkegel bei starker Stromgeschwindigkeit

[1] Chem. Ind. 1883, 367.
[2] Chem. Ind. 1903, 102; Zft. f. angew. Chem. 1907, 1037.

halbschweifförmig in die Länge gezogen erscheint. Hohe Stromgeschwindigkeit bei gleichmäßiger Strömung wirkt zusammenhaltend. Beim Auftreten von Wirbeln vollzieht sich die Mischung sofort; hohe Konzentration wirkt auch hier mischungsverhindernd. Als Wirbel Nebenströme bildend, ist auch der Temperaturdifferenzen am Boden bzw. an der Oberfläche der Gewässer zu gedenken. — Das Einspritzen der Abwässer, d. h. der Eintritt in den Vorfluter mit größerer Geschwindigkeit, als sie das strömende Gewässer aufweist, kann mischungsbefördernd wirken, indem die Reibung an dem Wasser des Vorfluters unter Mithilfe etwaiger Stauwirkungen den Kegel verbreiternd beeinflußt. Ein vertikales Einspritzen kann unter Umständen wesentlich mischungsbefördernd wirken, dürfte aber, wenn es sich um gefärbte Abwässer handelt, aus ästhetischen Gründen nur unter ganz bestimmten Verhältnissen ausführbar sein. Hier wäre wohl die langsame Mischung am Grunde des Gewässers vorzuziehen, wenn sie auch weite Strecken des Gewässers in Anspruch nimmt. Handelt es sich dagegen um ungefärbte Schädlinge, z. B. Säuren und eine möglichst rasche Inanspruchnahme des Säurebindungsvermögens des Gewässers, so könnte wohl bei großem Wasserreichtum des Vorfluters dies Verfahren erfolgreich in Anwendung kommen.

Der Grad der Verunreinigung hängt natürlich auch von der Menge des Abwassers und des Flußwassers bzw. dem Wasserstande ab, wie z. B. das Elbwasser bei Magdeburg zeigt. (Vgl. S. 278.) Nach langen Kämpfen wurde hier die Schöpfstelle für das Wasserwerk nach dem rechten Elbufer verlegt[1]. Nach *Wendel*[2] ergab die Durchschnittsberechnung der Analysen des filtrierten Wassers:

Wasserstand am Magdeburger Pegel	Vor Verlegung der Schöpfstelle			Nach Verlegung der Schöpfstelle		
	Gesamt-rückstand	Chlor, auf NaCl berechnet	Sauerstoff-verbrauch	Gesamt-rückstand	Chlor, auf NaCl berechnet	Sauerstoff-verbrauch
unter 0	—	—	—	1133	764	11
0 bis + 0,5 m	1403	961	10	762	483	9
0,5 bis 1,0 m	1063	691	7	480	268	7
1,0 bis 1,5 m	801	487	6	334	158	6
1,5 bis 2,0 m	606	337	5	318	146	5
2,0 bis 2,5 m	512	280	5	280	115	5
2,5 bis 3,0 m	435	227	4	233	86	4
über 3,0 m	377	178	4	255	99	4

Umfassende Untersuchungen über die Verunreinigung der Flüsse liegen vor von der mehrfach erwähnten englischen Flußkommission, deren Bericht Tausende von sorgfältig ausgeführten Analysen enthält. Allerdings hat die

[1] Kali 1910, 533.

[2] Zft. f. angew. Chem. 1912, 276; *Wendel:* Untersuchung des Magdeburger Elb- und Leitungswassers (Magdeburg 1911).

Flußverunreinigung in England den höchsten Grad erreicht[1], nimmt doch z. B. der Bradford Beck aus der Stadt Bradford die Auswurfstoffe auf von 140 000 Personen, die Abwässer von 168 Wollfabriken, 94 Tuchfabriken, 10 Kattunfabriken, 35 Färbereien, 7 Leimfabriken, 10 chemischen Fabriken, 3 Gerbereien und 3 Fettextraktionsfabriken. Folgende Analysen mögen als Beispiele der Flußverunreinigung in England dienen:

	Gelöst								Suspendiert	
	Organischer Kohlenstoff	Organischer Stickstoff	Ammoniak	Stickstoff als Nitrate und Nitrite	Gesamt-Stickstoff	Chlor	Arsen	Gesamtgehalt		Darin organ. Stoffe
Irwell nahe an seinem Ursprung	1,87	0,25	0,04	0,21	0,49	11,5	0	78	0	0
Irwell unterhalb Manchester .	18,92	2,64	3,71	1,77	7,46	87,3	0,22	508	42	21
Bradford-Beck oberh. Bradford	3,49	0,81	1,05	2,68	4,35	18,7	0	440	Sp.	Sp.
Derselbe unterhalb Bradford .	40,24	3,92	12,20	0	13,97	54,5	0,02	755	520	361
Die Themse bei Hampton . .	2,60	0,24	0	1,96	2,20	14,8	—	279	Sp.	Sp.
Dieselbe an der London-Brücke	3,04	0,34	1,20	1,67	3,00	18,3	—	344	54	46
Sankey-Bach vor St. Helens .	11,74	0,79	0,11	1,23	2,11	31,3	0,05	308	21	—
Derselbe nach seinem Austritt aus St. Helens	14,34	2,24	3,50	1,01	6,13	1962,4	—	4072	191	—

Der große Gehalt der verunreinigten Flüsse an stickstoffhaltigen organischen Stoffen läßt schon voraussehen, daß dieselben im Sommer in faulige Gärung übergehen. So war denn auch im Juli die Oberfläche des etwa 40 m breiten Irwellflusses unterhalb Manchester (Analyse 2) mit einem dichten, kotigen Schlamm belegt, es stiegen fortwährend große Blasen auf, die träge platzten und die Luft weithin mit dem Gestank der gasförmigen Fäulnisprodukte erfüllten. Die Temperatur des Wassers war 24°, die der Luft dagegen nur 12°.

In ähnlicher Weise wird der Zustand der Seine unterhalb Paris geschildert[2]. Danach ist der Zustand des Flusses vor Paris noch gut, ändert sich

[1] Der Zustand der Flüsse in Yorkshire wird von dieser Kommission in folgender Weise geschildert: Mißbräuchlicherweise wirft man in die Wasserläufe Hunderttausende von Tonnen an Asche und Kohlenresten und an Schlacken aus den Feuerungen der Dampfkessel, Eisenwerke und Hausöfen; große Massen von zerbrochenem Tongeschirr, abgenutzten Metallgegenständen, von Schutt aus den Ziegeleien und aus alten Gebäuden, von Eisen, von Steinen und Ton aus den Steinbrüchen schüttet man hinein; der Schmutz der Wege, Straßenkehricht, erschöpfte Farbhölzer und ähnliche Stoffe werden den Flüssen überantwortet; Hunderte von Tierkadavern, Hunde, Katzen, Schweine usw. schwimmen auf ihrer Oberfläche umher oder verfaulen an ihren Ufern; sie müssen täglich Millionen von Kubikmetern Wasser abführen, welches mit den Abfällen aus Bergwerken, chemischen Fabriken, Gerbereien, Färbereien, Garn- und Wollwäschereien und Walkereien, mit Schlachthausabgängen und mit den Auswurfstoffen der Städte und Häuser beladen und dadurch verdorben und vergiftet st.

[2] Épuration et utilisation des eaux d'égout de la ville de Paris (Paris 1880). Assainissement de la Seine, épuration et utilisation des eaux d'égout, Commission d'études (Paris 1878). Rapport fait au nom de la commission chargée de proposer les mesures à prendre pour remédier à l'infection de la Seine aux abords de Paris, par Durand Claye (Paris 1875).

aber unterhalb der Brücke von Asnières sofort. Am rechten Ufer ergießt sich aus dem großen Kanal von Clichy ein Strom schwärzlichen Wassers und setzt sich in der Seine in Gestalt einer parabolischen Kurve fort. Dieses Wasser ist bedeckt mit organischen Resten aller Art, mit Gemüseabfällen, Pfropfen, Haaren, toten Haustieren usw., und meist mit einer fettigen Schicht überzogen. Der abgesetzte Schlamm häuft sich trotz fortgesetzter Baggerung, durch welche jährlich über 80 000 cbm fortgeschafft werden, immer mehr an, geht in Fäulnis über und entwickelt oft mächtige Blasen von 1 bis 1,5 m Durchmesser, die den faulen, schwarzen Schlamm mit an die Oberfläche ziehen. Das Gas einer solchen Blase hatte (1871) folgende Zusammensetzung:

Sumpfgas	72,88 Proz.	Schwefelwasserstoff . . .	6,70 Proz.
Kohlensäure . . .	12,30	Verschiedenes	5,50
Kohlenoxyd . . .	2,54		

In Deutschland ist die Flußverunreinigung nicht so stark. Nach früheren Versuchen des Verf.[1] wurde z. B. die Leine durch die Abwässer Hannovers nicht nennenswert verunreinigt. Die Leine führt bei Göttingen in der Sekunde 6 bis 22 cbm Wasser. Oberhalb Göttingens wird von der Leine (1), welche um Göttingen herumfließt, der Leinekanal abgezweigt, welcher durch Göttingen geführt wird, hier verschiedene Abflüsse (Gerbereien u. dgl.) aufnimmt, bei der Bahnhofstraße (2) Göttingen verläßt, aber vor der Wiedervereinigung mit der Leine bei der Maschmühle (3) noch die Abwässer des Schlachthofes und der Zuckerfabrik aufnimmt. Auch die Leine hat bis dahin Schmutzwasser (Brauereien u. dgl.) aufgenommen (4). Mehrere hundert Meter unter der Vereinigungsstelle tritt das Sielwasser (0,12 bis 0,14 cbm) zu. Analysen 5 und 6 zeigen den Einfluß desselben auf das Leinewasser. Obgleich dann die Leine noch durch die Grone die Abwässer der Wollfabrik aufnimmt und dann die Abwässer des Ortes Bovenden, so hat die Verunreinigung etwa 1 km weiter schon wieder so abgenommen, daß die Wirkung der Selbstreinigung (S. 284) unverkennbar ist. Die Tabelle zeigt die erhaltenen Durchschnittswerte von 9 Versuchsreihen (Dezember 1894 bis November 1895). Probenahmen und chemische Untersuchung hatte Verf., die bakteriologische das hygienische Institut (*Wolffhügel* und *Reichenbach*) übernommen.

		Rückstand mg	Oxydierbarkeit $KMnO_4$ mg	Chlor mg	Salpetersäure mg	Keimzahl in 1 cc
1	Leine oberhalb Göttingen	477	7,8	17	10	10 366
2	Leinekanal, Bahnh.	474	8,3	16	8	7 193
3	„ Maschmühle	481	8,6	18	8	13 259
4	Leine, „	464	9,0	18	8	5 258
5	„ vor Einfließen des Sielwassers . .	474	10,1	19	9	10 960
6	„ nach „ „ „ . .	483	11,0	19	9	26 185
7	„ „ „ der Grone	487	12,6	20	8	17 011
8	„ vor Bovenden	481	11,9	21	8	11 487
9	„ nach „	483	13,7	23	9	10 480
10	Sielwasser (vgl. S. 213)	935	71,3	83	0	275 837

[1] Mitt. hannov. Gewerbever. 1873, 203.

Anschaulicher noch als die Durchschnittswerte ist z. B. die im September 1898 durchgeführte Versuchsreihe.

	Rückstand	$KMnO_4$ Verbrauch	Kalk	Magnesia	Chlor	Schwefelsäure	Salpetersäure	Salpetrigsäure	Ammoniak	Keimzahl
1	590	14,7	163	41	22	141	7	Sp.	Sp.	2 300
2	595	12,7	174	42	22	142	6	„	„	7 300
3	585	13,0	171	41	22	137	6	„	„	6 800
4	590	14,4	174	40	22	137	5	„	„	4 300
5	600	16,7	170	41	23	136	6	„	„	1 900
6	620	20,4	177	42	29	141	5	„	stark	40 300
7	625	32,6	167	41	29	130	5	s. stark	stark	41 800
8	625	31,5	164	42	30	132	5	„	stark	3 900
9	620	29,6	177	43	30	137	6	s. stark	Sp.	1 100
10	905	188,4	215	47	121	209	0	„	„	264 000

Die Analysen von *Hulva*[1] und *Fleck*[2] zeigen, daß die Verunreinigung durch faulige Abgänge aus menschlichen Wohnstätten größer ist, als die aus industriellen Werken.

Selbstreinigung der Flüsse. In die Flußläufe gelangte Unreinigkeiten senken sich bei abnehmender Stromgeschwindigkeit teilweise zu Boden. Diese Art der Selbstreinigung ist aber von zweifelhaftem Wert, weil diese Schlammablagerungen bei eintretender stärkeren Strömung wieder mitgerissen werden und nun erst recht lästig werden können, oft auch durch stinkende Fäulnis der organischen Massen.

Nützlicher sind mancherlei Umsetzungen der Bestandteile. Eisenbicarbonat verliert Kohlensäure und wird als Hydrat abgeschieden. Calciumbicarbonat, in größeren Mengen vorhanden, verliert ebenfalls Kohlensäure und fällt teilweise als Carbonat; umgekehrt kann in kohlensäurehaltigem Wasser Calciumcarbonat gelöst werden.

Nach *Beckurts*[3] vermindert sich der Gehalt an Chlormagnesium im Wasser der Oker durch Umsetzungen. Nach *Erdmann*[4] wird Chlormagnesium durch Calciumcarbonat, manche Silikate auch durch Flußschlamm umgesetzt. Dagegen findet *Pfeiffer*[5], daß für das Wasser der Saale und Bode eine solche Selbstreinigung nicht stattfindet. Nach Versuchen von *Noll*[6] gelangen die durch die Saale der Elbe zugeführten Chlormagnesiummengen zum großen Teile bis nach Hamburg. Die Reaktion $MgCl_2 + Ca(HCO_3)_2$ findet nicht statt. (Vgl. S. 221.)

[1] Ergänzungshefte zum Centralbl. f. allg. Gesundheitspfl. 1884, Heft 2; vgl. auch Fischers Jahresber. 1884, 1225.

[2] 12. u. 13. Jahresber. d. K. chem. Centralst. zu Dresden 1884, 25 u. 34.

[3] Chem. Ind. 1898, 79.

[4] Zft. f. angew. Chem. 1902, 449.

[5] Zft. f. angew. Chem. 1902, 845; Zft. f. ges. Wasserwirtschaft 1908, Heft 5; Kali 1908, 121.

[6] Zft. f. angew. Chem. 1913, 321.

Die Carbonate bzw. Bicarbonate von Calcium und Magnesium sind wichtig für die Unschädlichmachung saurer Abwässer.

Als Säurebindungsvermögen bezeichnet *Weigelt*[2] die Zahl, welche angibt, wieviel mg Schwefelsäure (SO_3) 1 l Wasser zu binden vermag, bevor durch Methylorange Säurereaktion angezeigt wird. — Analysen verschiedener Flußwässer ergaben z. B.:

Entnahmestelle	Permanganatverbrauch	Trubstoffe bei 105° C. getrocknet	Trubstoffe geglüht	Trockenrückstand bei 105° C.	Glührückstand	davon wasserlöslich	Chlor	Schwefelsäure SO_3	Säurebindungsvermögen	Kalk CaO	Härte
Weser:											
oberhalb Hameln . .	—	11	10	511	458	189	68	84	144	124	14,3
unterhalb Oeynhausen	—	14	10	541	400	209	84	108	140	121	14,5
oberhalb Nienburg . .	—	30	22	500	369	203	74	96	132	117	12,5
„ „ . .	3	23	22	240	170	102	30	41	83	63	5,8
Elbe:											
oberhalb Dresden . .	—	15	13	253	187	121	21	39	94	69	10,5
„ „ . .	16	25	24	110	74	46	8	19	35	25	5,3
„ Wittenberg .	6	47	41	597	496	101	—	—	83	85	—
„ Magdeburg .	—	31	20	1206	927	656	437	99	98	111	15,0
„ „ .	12	25	22	348	272	198	104	45	56	47	5,5
unterhalb „ .	—	43	24	1046	821	583	378	91	102	103	12,5
oberhalb Harburg . .	—	30	18	1011	795	595	386	89	103	102	11,5
unterhalb Hamburg .	—	40	32	962	772	586	373	87	102	104	16,8
Bodensee bei Konstanz.	—	—	—	174	151	—	—	—	83	58	—
Ill bei Straßburg . . .	4	13	9	151	125	—	—	—	80	53	—
Rhein bei Straßburg .	—	84	68	195	155	—	—	—	126	71	—
Neckar bei Heidelberg .	4	21	17	462	344	—	—	—	163	137	—
„ unterh. „ .	—	3	1	458	401	231	59	112	154	151	15,8
„ „ „ .	15	67	63	281	190	112	18	53	140	76	11,8
„ „ „ .	12	47	38	358	238	71	24	48	146	113	12,5
„ „ „ . (Hochwasser)	86	902	768	236	158	81	14	24	100	70	7,5
„ unterh. Mannheim	—	27	12	459	356	111	36	74	128	86	11,5
„ „ „	15	72	64	260	168	83	14	34	122	90	9,5
„ „ „	12	35	32	340	255	130	23	49	146	111	12,3
„ „ „ (Hochwasser)	40	173	137	222	139	36	12	22	90	58	8,0
Rhein $1^1/_2$ km oberhalb der Neckarmündung .	—	8	5	175	117	52	6	17	96	61	7,8
do.	12	108	100	172	129	55	6	17	94	64	6,0
do.	13	38	34	221	154	56	7	12	112	68	7,5
do. (Hochwasser)	47	39	31	176	115	25	7	11	98	41	6,7
Main bei Offenbach . .	—	10	7	406	306	150	34	—	134	—	—
Rhein bei Beuel 100 m unterhalb der Bonner Rheinbrücke	—	14	13	246	183	77	21	39	102	76	10,1
Rhein bei Leverkusen .	—	9	9	273	176	91	25	33	106	76	9,3
„ „ „ .	9	27	22	210	165	70	17	29	96	64	6,5
„ „ „ . (Hochwasser)	33	132	106	173	128	26	13	16	84	37	6,0

[2] Chem. Ind. 1905, 526; 1907, 495; 1908, 472.

In faulendem Wasser werden Nitrate reduziert, Gips wird zu Schwefelcalcium, welches dann durch Kohlensäure:

$$CaS + H_2CO_3 = CaCO_3 + H_2S$$

oder auch Chlormagnesium:

$$CaS + MgCl_2 + 2\,H_2O = Mg(OH)_2 + CaCl_2 + H_2S$$

zersetzt werden kann.

Besonders wichtig aber ist die Selbstreinigung der Flußläufe von faulenden organischen Stoffen[1]. Die wichtigsten Entfäuler sind die Bakterien, welche die angehäuften organischen Bestandteile abgestorbener Pflanzen- und Tierkörper lösen und für die Aufnahme für die lebende Pflanze nutzbar machen. Die Fadenpilze vermögen nicht zu assimilieren, sie setzen vielmehr die Anwesenheit anderer Wesen oder bereits vorgebildete organische Substanz voraus. Ein Schmutzwasser wird um so eher wieder rein, je mehr Organismen an der Zersetzung der Verunreinigungen arbeiten. Die Spaltpilze sind daher nicht als Wasserverunreiniger, sondern als Wasserreiniger zu bezeichnen; sie sind nicht die Ursache der Wasserverunreinigung, sondern nur die Folge derselben, welche dieselbe beseitigt[2]. Da das Licht die Tätigkeit der Bakterien stört, wirkt es nicht günstig auf die Selbstreinigung der Gewässer, ist aber für die Sauerstoff liefernden chlorophyllhaltigen Algen erforderlich. Versuche von *Rapp*[3] bestätigen, daß das Licht bei der Selbstreinigung der Flüsse als wichtiger Faktor angesehen werden muß, welcher einerseits die Abtötung von Bakterien bewirkt, andererseits die chlorophyllhaltigen Lebewesen günstig beeinflußt. Die Algen produzieren mit Hilfe ihres Farbstoffes Eiweiß aus aufgenommener Kohlensäure, Salpetersäure und Ammoniak; dabei wird Sauerstoff abgeschieden, der das Wasser kräftig durchlüftet. Dann aber vermögen die Algen auch als echte Saprophyten zu leben, indem sie gelöste organische Stoffe aus dem Wasser direkt aufsaugen und sie in Eiweiß umsetzen.

Nach *Kolkwitz*[4] bewirken die Selbstreinigung: 1. Spaltung und Reduktion organischer Substanzen durch Bakterien. 2. Oxydation durch Atmung und verwandte Prozesse. 3. Entzug gelöster organischer Nährsubstanzen durch Pilze und Algen für deren Wachstum (Umwandlung in lebende Substanz).

[1] Vgl. Mitteil. a. d. K. Prüfungsanst. f. Abwasser 1911, Heft 14, S. 146.

[2] *Mez* (a. a. O. S. 554) bemerkt dazu: Die Selbstreinigung des Wassers ist zu Ende, wenn die verschmutzende organische Substanz aufgearbeitet ist. Dies wird in einem gegebenen Fall an einem bestimmten Punkt, sagen wir 20 km unter einer Stadt, geschehen sein. Von diesem Augenblick an ist den Bakterien die Nahrung entzogen; wenn dieselben nun wieder den Fluß hinaufschwimmen könnten, um zu neuer Nahrung zu gelangen, oder wenn sie in dem Moment, wo sie keine Nahrung mehr haben, absterben würden, so müßte ohne Zweifel die bakterioskopische Untersuchung den klarsten Nachweis liefern, daß die Selbstreinigung nach (den eben angenommenen) 20 km beendet ist. Aber die Bakterien sterben nicht sofort ab: sie treiben in lebendigem Zustand mit der Strömung weiter; 10, 20, ja 30 km weit unter der Stelle, wo die wirkliche Selbstreinigung beendet ist, ist der Bakteriengehalt des Wassers immer noch sehr viel höher, als dem wirklichen Reinheitszustand (d. h. dem Gehalt des Wassers an verunreinigenden, fäulnisfähigen Substanzen) entspricht.

[3] Archiv f. Hygiene **48**, 179.

[4] Zft. f. Hygiene (1908) **59**, **6**; Hyg. Rundsch. 1907, Nr. 2; Fischers Jahresber. 1907, 513.

4. Verzehren organischer Abfallbrocken durch Tiere (Umwandlung in lebende Substanz durch Detritus- und Aasfresser), (Insekten entschweben dem Wasser). Die an diesen 4 Prozessen beteiligten Organismen sind Fäulniserreger und Entfäuler. Sie bewirken schließlich Mineralisation bzw. Entzug der unbelebten Substanzen. — 5. Vertilgen von Bakterien (auch pathogener) bzw. von deren Anhäufungen und von Algen durch Bakterienfresser u. a. m. 6. Vertilgen von Kleinkrustern usw. durch Fische. Diese beiden Prozesse (5 und 6) regeln den Kreislauf der belebten Materie. Wenn zur Ernährung von Jungfischen und Brut Millionen von Kleinkrustern erforderlich sind, so bedarf es zu deren Ernährung wieder Milliarden von mikroskopisch kleinen Organismen. — 7. Produktion von Sauerstoff durch chlorophyllführende Organismen, Belüfter, unter Verbrauch von Kohlensäure. — 8. Belüftung von zersetzlichen Sedimenten durch Schlammwühler.

Während man früher allgemein annahm, daß in raschfließenden Gewässern durch die beschleunigte Sauerstoffaufnahme die Selbstreinigung gefördert würde, wird dies neuerdings bestritten. So soll nach *Kruse*[1] die Selbstreinigung im stehenden oder langsam fließenden Wasser sehr viel gründlicher sein, als im schnellfließenden. Nach *Haempel*[1] arbeiten bei der Selbstreinigung der Gewässer niedere und höhere Organismen der Flora und Fauna des Wassers an der Zersetzung der Schmutzstoffe. Die Selbstreinigung geht so vor sich, daß die Abwasserorganismen die am Boden abgelagerten Sedimente aufnehmen und sie in Leibessubstanz umsetzen; sie selbst werden von den Fischen gefressen, wodurch die Selbstreinigung beendet wird. Es ist ein Irrtum, anzunehmen, daß die selbstreinigende Kraft fließender Gewässer größer sei als die stehender; die Selbstreinigung steigt vielmehr mit abnehmender Geschwindigkeit. 1 ha Karpfenteich kann 10mal mehr Verunreinigungen zersetzen als 1 ha Flußstrecke (vgl. S. 256).

Nach der biologischen Untersuchung des Rheins von *Lauterborn*[2] ist die Sohle des Rheins gänzlich vegetationslos. Im strömenden Wasser überwiegt das pflanzliche Plankton. Die typischen Abwasserorganismen ließen sich noch 50 m abwärts vom Einfluß der Abwässer von Speyer nachweisen. Die durch die organischen Bestandteile der städtischen Abwässer genährten Pilzrasen konnten bei Rheinau 70 bis 80 m stromabwärts verfolgt werden, bei Ludwigshafen nach 200 m. — Nach Einmündung des Abwässerkanals der Zellstoffabrik Waldhof, welcher gleichzeitig die Abwässer der chemischen Fabriken *Böhringer* sowie *Weyl & Co.* heranführt, und zwar in warmem Zustande, sieht man längs des Ufers einen breiten Schaumstreifen eine Strecke von mehr als 200 m weit fließen. In seinem ganzen Verlauf ist an den Ufersteinen die normale Flora völlig verdrängt von Abwasserpilzen. Die *Badische Anilin- und Sodafabrik* entläßt die Abwässer ihres Betriebes durch 6 Kanäle in den Rhein; innerhalb 24 Stunden etwa 75 000 cbm Abwässer, die sich als breiter gefärbter Streifen mehrere Kilometer weit am Ufer verfolgen lassen. Im Bereich der Einläufe fehlt jedes organische Leben. 60 m stromabwärts

[1] Amtsarzt (1910) **2**, 297. [2] Arb. a. d. Kais. Gesundheitsamt (1905) **22**, Heft 3.

treten die ersten schmächtigen Sphaerotilusrasen auf, eine weitgehende Verarmung jedoch der ganzen normalen Flora und Fauna wurde noch für eine Strecke von etwa 5 km festgestellt.

Die Abwässer einer Imprägnierungsanstalt für Bahnschwellen, wenig unterhalb Speyer, vernichteten auf eine Strecke von 5 m anscheinend jegliches organische Leben. In 6 m Entfernung traten allmählich wieder einige Organismen der normalen Lebensgemeinschaft auf, jedoch war der Einfluß jener Abwässer bis etwa 12 m abwärts und sogar darüber hinaus an dem kümmerlichen Zustande der normalen Flora und Fauna bemerkbar. Die Abwässer der chemischen (Kresol) Fabrik *Raschig* werden 2 km unterhalb der Rehbachmündung oberhalb Ludwigshafen in den Rhein eingelassen und vernichten 5 m weit alles Leben an den Ufersteinen. Nach weiteren 5 m Entfernung war die Flora und Fauna wieder normal, nachdem sie bereits 6 m abwärts des Einflusses wieder einzutreten begonnen hatte. *Lauterborn* hebt im Schlußwort hervor, „daß keine der zahlreichen beobachteten Verunreinigungen den Rhein in seiner ganzen Breite für eine größere Strecke verschmutzen kann, daß die Verunreinigungen sich vielmehr auf die Ufer beschränkt, hier aber sich vielfach sehr stark bemerklich macht. Der starken Strömung und der gewaltigen Wassermasse, welche die eingeführten Substanzen sofort verteilt und den Algen usw. zur Verarbeitung preisgibt, ist diese schnelle Selbstreinigung zu verdanken".

Das Plankton[1] des Rheinstroms von seinen Quellen bis zur Mündung untersuchte eingehend *Kolkwitz*[2].

Bei den chemisch-biologischen Untersuchungen der Elbe und Saale von *P. Ehrlich* und *Kolkwitz*[3] in den Jahren 1903 bis anfangs 1907 war die Versalzung der Elbe durch die in die Saale einmündenden Abwässer aus Salzbergwerken, Kalifabriken u. dgl. deutlich wahrnehmbar und bildete das hervorstechendste Merkmal der Ergebnisse der chemischen Analyse. Der Salzgehalt der Unterelbe von Barby an zeigte sich dementsprechend abhängig von den Zuflüssen der Saale und war meist umgekehrt proportional den Wasserständen. Den anorganischen Verunreinigungen gegenüber traten die Verschmutzungen des Elbwassers durch organische Stoffe zurück. Bei hohem Wasserstande wurden solche im ganzen Laufe der Elbe wenig wahrgenommen. Bei mittlerem und niedrigem Wasserstand dagegen zeigte sich der verunreinigende Einfluß von städtischen Abwässern, z. B. unterhalb Dresden und Dessau, deutlich. Durch die chemische Analyse ließen sich indes organische Verschmutzungen durch derartige Abwässer über den ganzen Querschnitt verteilt nur unterhalb Dresden und Hamburg nachweisen. Äußerlich waren diese Verschmutzungsherde durch dumpferen Geruch des Wassers, deutliche Ammoniakreaktion und namentlich unterhalb Dresden durch üppige Vegetation von Abwasserpilzen, besonders des Sphaerotilus, erkennbar; doch

[1] Unter Plankton versteht man die Organismen, welche willenlos treibend im Meer- oder Süßwasser leben können.

[2] Mitt. a. d. Kais. Prüfungsanst. f. Wasserversorg. 1912, Heft 16, S. 167.

[3] Zft. f. Rübenz. 1907, 478; Fischers Jahresber. 1907, 253.

waren selbst hier bereits in einer Entfernung von 10 bis 20 km für die chemische Analyse alle Spuren der Einwirkung der Abwässer fast vollkommen verwischt. Ähnlich verhielt es sich mit dem Einfluß der Abwässer von Zuckerfabriken auf die Beschaffenheit des Elb- und Saalewassers. Bei hohem Wasserstande gegen Ende des Betriebes (Dezember 1903) war ein solcher im ganzen Laufe der Elbe überhaupt nicht wahrnehmbar. Niedriger Wasserstand mitten in einer weniger intensiven Arbeit (November bis Dezember 1904) ließ lokale Einwirkungen von Zuckerfabrikabwässern in der Saale an ihrer Mündung und in der Elbe vor Magdeburg etwas mehr hervortreten; doch verschwanden dieselben bald unterhalb der Einmündungsstellen, und nur noch eine als sporadisch zu bezeichnende Vegetation von Abwasserpilzen deutete weiterhin an dem betreffenden Ufer die stattgefundene organische Verschmutzung des Wassers an. Nur im November 1905 trat die Verschmutzung des Elbwassers seitens der böhmischen Zuckerfabriken durch Auffinden treibender Rübenreste, durch dumpfigen Geruch des Wassers und üppige Sphaerotilusflora von Schandau bis unterhalb Dresden zutage, wo sich zu ihr noch die ziemlich starke Verunreinigung durch die Dresdener Abwässer addierte. Aber auch auf dieser Reise wurden die Einflüsse dieser beiden Verschmutzungsherde im weiteren Laufe der Elbe bis zur Einmündung der Saale verwischt gefunden, wohl wesentlich infolge der immer stärkeren Wasserführung des Flusses, die im Verein mit der Selbstreinigung bewirkte, daß von den Abwässern der auf deutschem Gebiet liegenden Zuckerfabriken bis zur Saalemündung im Elbwasser kein Einfluß mit Sicherheit nachzuweisen war. — Die Angabe[1], daß für den dumpfen, mulstigen Geruch und schlechten Geschmack des Elbwassers bei Magdeburg und Hamburg die Zuckerfabriken verantwortlich sind, kann daher nur teilweise zutreffen. Die Verschlechterung des Elbwassers bei Altona ist allein auf die Abwässer Hamburgs zurückzuführen, die bei St. Pauli an demselben Ufer in die Elbe gehen, an dem nur 10 km unterhalb die Schöpfstelle des Altonaer Wasserwerks liegt[2]. Der Abwasserpilz Sphaerotilus entwickelt sich an den Einmündungsstellen fäulnisfähiger Stoffe, bildet hier fellartige Beläge und reißt von Zeit zu Zeit an verschiedenen Stellen durch die Bewegung des Wassers los. Dabei gelangt er in das Plankton des Flusses[3] und kann in Form weißgrauer,

[1] Fischers Jahresber. 1903, I, 387; II, 281; Journ. f. Gasbel. 1910, 717.

[2] Deutsche Zuckerind. 1907, 862; 1908, 186.

[3] Am 18. August 1906 wurden von *Kolkwitz* bei Schmilka an der sächsisch-böhmischen Grenze in 1 cc Elbwasser folgende Algen gefunden:

Dictyosphaerium	5967 Zellen	Actinastrum	205 Zellen
Microcystis	3648 „	Raphidium	192 „
Stephanodiscus	1758 „	Hantzschia	128 „
Chlamydomonas	603 „	Golenkinia	102 „
Scenedesmus quadricauda, acutus, obtusus	590 „	Merismopedia	102 „
Nitzschia acicularis	410 „	Gonium tetras	51 „
Coelastrum	231 „	Staurogenia	51 „
Pandorina	231 „	Polyedrium	12 „
Kirchneriella	205 „		14486 Zellen

schleimiger Flocken oder Klumpen viele Kilometer weit fortgetrieben werden, bis er sich schließlich zersetzt oder von Tieren im Wasser verzehrt wird. Eine irgendwie wesentliche Substanzvermehrung des Pilzes während des Treibens findet nicht statt. — Analysen von *Kolkwitz* ergaben z. B.:

Ort der Probeentnahme	Sauerstoff cc im Liter	Keimzahl in cc	Geruch	mg im Liter							
				Permanganatverbrauch $KMnO_4$	Trockensubstanz	Glühverlust	Glührückstand	Cl	Salpetersäure	CaO	MgO
Schandau	7,36	10180	dumpfig-modrig, nach Kartoffelkeller	25,4	148	52	96	12	5,8	32	9
Gohliser Fähre, unterh. Dresden	5,82	16740	modriger Kellergeruch	36,2	160	76	84	11	8,4	23	5
Wittenberg	6,87	3600	scharf, nach frischer Humuserde	34,2	166	64	102	12	6,7	31	7
Dessau, beim Leopoldshafen	6,98	2360	Humusger. schwächer als vorher	29,8	164	60	103	12	7,5	35	6
Groß-Rosenburg (Saale)	6,58	60840	rübenartig neben Humusgeruch	28,4	1360	291	1088	486	7,3	144	51
Tochheim-Breitenhagen (Elbe)	7,11	6860	frischer Wasserger, humusartig	32,5	182	76	106	13	7,5	32	10
Westerhüsen, linkes Ufer	6,64	18020	direkt erdig, etwas dumpf	26,1	750	196	553	224	7,8	73	31
Herrenkrug, unterhalb Magdeburg	6,69	21240	erdig, etwas fischig	25,1	648	73	475	185	7,2	70	27
Wittenberge	7,65	4610	schwach erdig	25,6	391	101	290	94	8,4	62	—
Lauenburg	7,94	2142	frischer erdiger Wassergeruch	28,4	505	166	338	110	8,2	72	20
Hamburg, Schöpfstelle des Wasserwerkes	8,03	1260	schwach fischig	27,1	480	134	346	119	6,7	74	20
Harburg, Süderelbe	8,03	1564	schwach dumpf-humusartig	28,8	489	155	333	115	8,0	72	22

Gesetze und Verordnungen über die Verunreinigung der Flüsse.

Am dringendsten hat man in England die Notwendigkeit einer gesetzlichen Regelung des Einlaufes von Schmutzstoffen in die Wasserläufe empfunden.

Die mehrfach erwähnte englische Kommission stellt in ihrem ersten Berichte (London 1870) die Forderung, daß Flüssigkeiten nicht in die Wasserläufe eingelassen werden dürfen, welche:

a) im Liter mehr als 30 mg suspendierte unorganische oder 10 mg suspendierte organische Stoffe enthalten;
b) im Liter mehr als 20 mg organischen Kohlenstoff oder 3 mg organischen Stickstoff in Lösung enthalten;
c) bei Tageslicht eine bestimmte Farbe zeigen, wenn sie in einer Schicht von 30 mm Tiefe in ein Porzellangefäß gebracht werden;
d) im Liter mehr als 20 mg eines Metalles mit Ausschluß von Kalium, Natrium, Calcium und Magnesium in Lösung enthalten;
e) im Liter, gleichviel ob gelöst oedr suspendiert, mehr als 0,5 mg metallisches Arsen, als solches, oder in irgend einer Verbindung enthalten;
f) nach ihrer Ansäuerung mit Schwefelsäure im Liter mehr als 10 mg freies Chlor enthalten;
g) im Liter mehr als 10 mg Schwefel in Form von Schwefelwasserstoff oder als lösliches Sulfid enthalten;
h) im Liter mehr Säure enthalten, als 2 g Chlorwasserstoffsäure entsprechen;
i) im Liter mehr Alkali enthalten, als 1 g Ätznatron entspricht.

Das englische Gesetz vom 15. August 1876 verbot jede Einführung fester und flüssiger Abfallstoffe. Das neue englische Gesetz von 1886 enthält folgende wesentliche Bestimmungen:

1. Diese Acte soll für alle Zwecke als die Flußreinigungsacte vom Jahre 1886 bezeichnet werden.

2. Jegliche Person, welche in irgend einen Fluß irgend welche feste oder flüssige Körper wirft, oder es verursacht oder erlaubt, daß solche hineingebracht werden oder hineinfallen oder hineinfließen, derart, daß eine solche Handlung entweder für sich allein oder in Verbindung mit anderen ähnlichen Handlungen der nämlichen oder irgend einer anderen Person den gehörigen Abfluß des Wassers beeinträchtigt, oder das Flußbett verändert oder das Wasser verunreinigt, macht sich einer Verletzung dieser Acte schuldig.

Jede Person, welche einem auf Grund der vorstehenden Bestimmung erlassenen Befehle nicht Folge leistet, hat dem Kläger oder derjenigen anderen Person, welche das Gericht dazu bezeichnet, eine fünfzig Pfund des Tags nicht übersteigende Summe für jeden Tag zu zahlen, während dessen sie die Ausführung des Befehls vernachlässigt, wie solches das Grafschaftsgericht, der Oberjustizhof oder der Richter, welche den Befehl erlassen, näher bestimmen; ein solches Strafgeld kann in derselben Weise beigetrieben werden, wie jede andere vom Gericht als fällig anerkannte Schuld. . . . .

Verzeichnis von Flüssigkeiten, welche nach dieser Flußacte in Flüsse geleitet werden dürfen.

Klasse 1. In Flüsse, deren Wasser für den Wasserbedarf von Städten oder Dörfern verwendet wird.

a) Jede Flüssigkeit, welche in Sinkbecken von ausreichender Größe mindestens 6 Stunden vollständiger Ruhe ausgesetzt, oder welche, nachdem sie auf diese

Weise dem Absetzen der Sinkstoffe unterworfen worden sind, nicht mehr als einen Gewichtsteil trockener organischer Substanz in 100 000 Teilen der Flüssigkeit suspendiert enthält, oder welche — sofern sie dem Absetzen der Sinkstoffe nicht unterworfen worden ist — nicht mehr als 3 Teile trockener Mineralstoffe oder 1 Teil trockener organischer Substanz in 100 000 Teilen Flüssigkeit enthält.

b) Jede Flüssigkeit, welche in 100 000 Teilen nicht mehr als 2 Teile Kohlenstoff oder $^{1}/_{3}$ Teil Stickstoff aufgelöst enthält.

c) Jede Flüssigkeit, welche in 100 000 Teilen nicht mehr als 2 Teile irgend eines Metalles — ausgenommen Calcium, Magnesium, Kalium und Natrium — aufgelöst enthält.

d) Jede Flüssigkeit, welche in 100 000 Teilen nicht mehr als 0,05 Teile metallischen Arsens enthält, sei es in Auflösung, sei es suspendiert oder in einer chemischen oder anderweiten Verbindung.

e) Jede Flüssigkeit, welche nach Ansäuerung mit Schwefelsäure in 100 000 Teilen nicht mehr als 1 Teil freien Chlors enthält.

f) Jede Flüssigkeit, welche in 100 000 Teilen nicht mehr als 1 Teil Schwefel in Form von Schwefelwasserstoff oder einer anderen löslichen Schwefelverbindung enthält.

g) Jedes Wasser, welches eine Säure oder eine äquivalente Menge Alkali enthält, welche gebildet wird bei Zufügung von nicht mehr als 2 Teile Salzsäure oder trockener kaustischer Soda zu 100 000 Teilen destillierten Wassers.

h) Jede Flüssigkeit, welche nicht eine Haut von Petroleum oder öligen Kohlenwasserstoffen an ihrer Oberfläche zeigt, oder welche in 100 000 Teilen destillierten Wassers nicht mehr als 0,05 Teile solchen Öles suspendiert enthält.

Klasse 2. In Flüsse, deren Wasser nicht für den Wasserbedarf von Städten und Dörfern verwendet wird.

a) Jede Flüssigkeit, welche in Sinkbecken von genügender Größe mindestens 6 Stunden lang vollständiger Ruhe ausgesetzt worden ist und welche nicht mehr als 5 Teile trockener mineralischer Substanz oder 2 Teile trockener organischer Stoffe in 100 000 Teilen der Flüssigkeit suspendiert enthält.

b) Jede Flüssigkeit, welche in 100 000 Teilen nicht mehr als 2 Teile Kohlenstoff oder 1 Teil Stickstoff aufgelöst enthält.

c) Jede Flüssigkeit, welche nach Ansäuerung mit Schwefelsäure in 100 000 Teilen nicht mehr als 2 Teile freien Chlors enthält.

d) Jede Flüssigkeit, welche in 100 000 Teilen nicht mehr als 2 Teile Schwefel in Form von Schwefelwasserstoff oder einer anderen löslichen Schwefelverbindung enthält.

e) Jede Flüssigkeit, welche mehr Säure enthält, als in 100 000 Teilen destillierten Wassers enthalten ist, welchem nicht mehr als 10 Teile Salzsäure zugesetzt werden.

f) Jede Flüssigkeit, welche nicht mehr Alkali enthält, als 100 000 Teile destillierten Wassers aufweisen, welchem 2 Teile trockener kaustischer Soda zugesetzt werden.

g) Jede Flüssigkeit, welche auf ihrer Oberfläche nicht eine Haut von Petroleum oder öligen Kohlenwasserstoffen zeigt, oder welche in 100 000 Teilen destillierten Wassers nicht mehr als 0,05 Teile solchen Öles suspendiert enthält.

Nach dem 5. Bericht der englischen Kommission für Abwasserleitung werden unter anderm folgende Anforderungen an einen Abwässerabfluß gestellt: 100 000 Teile Abwasser sollen höchstens 3 Teile suspendierte Stoffe noch enthalten, und nach dem Filtrieren durch Papier hindurch sollen 100 000 Teile Wasser höchstens 0,5 Teile gelösten oder Luftsauerstoff innerhalb 24 Stunden aufnehmen, in 48 Stunden 1,0 Teile und in 5 Tagen 1,5 Teile[1].

[1] Analyst 1909, 193; vgl. *Schiele:* Abwasserbeseitigung von Gewerben und gewerbereichen Städten unter hauptsächlicher Berücksichtigung Englands (Berlin 1909).

Danach ergeben sich folgende Grenzwerte (mg im Liter):

	England		
	Kommission 1870	Gesetz von 1886 I.	Gesetz von 1886 II.
Suspendierte Stoffe, organische	10	10	20
„ „ unorganische	30	30	50
Organischer Kohlenstoff	20	20	20
„ Stickstoff	3	3	10
Metalle	20	20	—
Arsen	0,5	0,5	—
Chlor	10	10	20
Schwefel (als H_2S oder lösliches Sulfid)	10	10	20
Freie Säure (als HCl ber.)	2000	20	100
Alkalien (als NaOH ber.)	1000	20	20
Erdöl (oder Kohlenwasserstoff)	—	0,5	0,5
Wasser (auch reines) über 50°	—	—	—

Auch diese Bestimmungen nehmen keine Rücksicht auf das Mengenverhältnis des Abwassers und Flußwassers, entsprechen daher keinesfalls den tatsächlichen Verhältnissen.

In Preußen[1] setzt die eine Kabinettsorder vom 24. Februar 1816 „zur Verhütung der Verunreinigung der schiff- und flößbaren Flüsse und Kanäle fest, daß niemand, der eines Flusses sich zu seinem Gewerbe bedient, Abgänge in solchen Massen in den Fluß werfen darf, daß derselbe nach dem Urteil der Provinzialpolizeibehörde (Regierungspräsident) erheblich verunreinigt werden kann und daß jeder, der dawiderhandelt, nicht nur die Wegräumung der den Wasserlauf hemmenden Gegenstände auf seine Kosten vornehmen lassen muß, sondern auch außerdem eine Polizeistrafe von 10 bis 50 Talern verwirkt hat."

Die Abwasserfrage bei der Konzessionierung gewerblicher Anlagen regelt sich nach Landesrecht, in Preußen hauptsächlich nach dem Privatflußgesetz vom 28. Februar 1843 (vgl. die Ministerialverordnung vom 20. Februar 1901), das auf die nicht schiffbaren und nicht flößbaren Flüsse und die Bäche Anwendung findet. Der § 3 dieses Gesetzes bestimmt, daß das zum Betriebe von Färbereien, Gerbereien und ähnlichen Anlagen benutzte Wasser keinem Flusse zugeleitet werden darf, wenn dadurch der Bedarf der Umgegend an reinem Wasser beeinträchtigt oder eine erhebliche Belästigung des Publikums verursacht wird[2].

Ein Entwurf eines preußischen Wassergesetzes fand so allgemeinen Widerspruch[3], daß er fallengelassen wurde. Es wurden nun die Oberpräsidenten der 4 hauptbeteiligten Provinzen angewiesen, unter Beachtung der Gesichtspunkte, welche hinsichtlich dieser Fragen in dem in der

[1] Vgl. Vierteljahrsschr. f. gerichtl. Med. 3. Folge, 13. u. 14.
[2] Stahl u. Eisen 1909, 688 u. 696.
[3] Zft. f. angew. Chem. 1894, 160, 189, 537 u. 665.

Bearbeitung befindlichen Gesetzentwurf, in dessen Begründung und später bei der Kritik des Entwurfes usw. hervorgetreten sind, und unter Beachtung der lokalen Verhältnisse zunächst den Entwurf einer Polizeiverordnung für den betreffenden Bezirk auszuarbeiten. Nach dem Entwurf für die Provinz Sachsen[1] ist es z. B. verboten, bei der Benutzung der Wasserläufe zur Aufnahme und Abführung von Wasser und anderen Flüssigkeiten in diese einzuleiten oder abzuführen: 1. Säuren, welche auf Lackmuspapier reagieren, 2. Alkalien, welche auf Lackmuspapier reagieren, 3. Salze in konzentrierten Lösungen, 4. Gifte, welche im Wasser löslich sind[1]. — Das ist doch unmöglich.

Über die Fürsorge für die Reinhaltung der Gewässer haben die Minister für Landwirtschaft, Handel und Gewerbe, der öffentlichen Arbeiten, der geistlichen Angelegenheiten und des Innern unter dem 20. Februar 1901 eine allgemeine Verfügung erlassen, auf die verwiesen werden muß (3. Aufl. S. 72 bis 90).

Nach *Bauke*[2] kommt für das ganze Reich in denjenigen Fällen, wo jemand privatrechtliche Ansprüche wegen Verunreinigung von Gewässern erheben will, das Bürgerliche Gesetzbuch, und zwar die §§ 903, 904, 906 und 907 in Betracht. Sie lauten:

§ 903. Der Eigentümer einer Sache kann, soweit nicht das Gesetz oder Rechte Dritter entgegenstehen, mit der Sache nach Belieben verfahren und andere von jeder Einwirkung ausschließen.

§ 905. Das Recht des Eigentümers eines Grundstückes erstreckt sich auf den Raum über der Oberfläche und auf den Erdkörper unter der Oberfläche. Der Eigentümer kann jedoch Einwirkungen nicht verbieten, die in solcher Höhe oder Tiefe vorgenommen werden, daß er an der Ausschließung kein Interesse hat.

§ 906. Der Eigentümer eines Grundstücks kann die Zuführung von Gasen, Dämpfen, Gerüchen, Rauch, Ruß, Wärme, Geräusch, Erschütterungen und ähnliche von einem anderen Grundstück ausgehenden Einwirkungen insoweit nicht verbieten, als die Einwirkung die Benutzung seines Grundstücks nicht oder nur unwesentlich beeinträchtigt oder durch eine Benutzung des anderen Grundstücks herbeigeführt wird, die nach den örtlichen Verhältnissen bei Grundstücken dieser Lage gewöhnlich ist. Die Zuführung durch eine besondere Leitung ist unzulässig.

§ 907. Der Eigentümer eines Grundstücks kann verlangen, daß auf den Nachbargrundstücken nicht Anlagen hergestellt oder gehalten werden, von denen mit Sicherheit vorauszusehen ist, daß ihr Bestand oder ihre Benutzung eine unzulässige Einwirkung auf sein Grundstück zur Folge hat. Genügt eine Anlage den landesgesetzlichen Vorschriften, die einen bestimmten Abstand von der Grenze oder sonstige Schutzmaßregeln vorschreiben, so kann die Beseitigung der Anlage erst verlangt werden, wenn die unzulässige Einwirkung tatsächlich hervortritt.

Bäume und Sträucher gehören nicht zu den Anlagen im Sinne dieser Vorschriften.

Daraufhin hat, wie in der am 21. Januar 1904 dem Reichstag zugegangenen „Übersicht der vom Bundesrate gefaßten Entschließungen auf Beschlüsse des Reichstags aus den Sessionen der 9. und 10. Legislaturperiode" mitgeteilt wird, der Bundesrat nachstehendes beschlossen:

---

[1] Fischers Jahresber. 1899, 472; Chem. Ind. 1902, 31.

[2] Chem. Ind. 1902, 26; vgl. das. 1901, 555; Allg. Fischereiztg. 1901, Nr. 16.

„Dem Reichsgesundheitsrate werden mit bezug auf die aus gesundheits- oder veterinärpolizeilichen Rücksichten gebotene Reinhaltung der das Gebiet mehrerer Bundesstaaten berührenden Gewässer nachbezeichnete Obliegenheiten übertragen: a) Der Reichsgesundheitsrat hat bei wichtigeren Anlässen auf Antrag eines der beteiligten Bundesstaaten in Fragen, welche sich auf die vorbezeichnete Angelegenheit und auf die dabei in Betracht kommenden Anlagen und Einrichtungen (Zuführung von Kanal- und Fabrikwässern, sonstigen Schmutzwässern, Grubenwässern, Änderungen der Wasserführung u. dgl.) beziehen, eine vermittelnde Tätigkeit auszuüben sowie gutachtliche Vorschläge zur Verbesserung der bestehenden Verhältnisse und zur Verhütung drohender Mißstände zu machen; b) der Reichsgesundheitsrat hat auf Grund vorgängiger Vereinbarung unter den beteiligten Bundesregierungen über Streitigkeiten, welche auf dem vorbezeichneten Gebiet entstehen, einen Schiedsspruch abzugeben; c) der Reichsgesundheitsrat ist in wichtigeren Fällen befugt, auf dem in Rede stehenden Gebiete durch Vermittelung des Reichskanzlers (Reichsamt des Innern) Anregungen zur Verhütung drohender Mißstände oder zur Verbesserung vorhandener Zustände zu geben. Außerdem ist unter den verbündeten Regierungen die Vereinbarung getroffen worden, daß sie wichtige Fragen der bezeichneten Art, insbesondere über die Zuleitung von Fäkalien, häuslichen Abwässern oder Abwässern gewerblicher Anlagen, falls nach der Auffassung eines anderen Bundesstaates, innerhalb dessen Staatsgebiets die Reinhaltung eines Gewässers gefährdet wird und eine Einigung in der Sache sich nicht erzielen läßt, nicht endgültig erledigen werden, bevor der Reichsgesundheitsrat gutachtlich gehört worden ist.“

Der § 148 des allgemeinen Berggesetzes, der nach dem Gesetze vom 14. Juli 1895 auch für den Stein- und Kalisalzbergbau der Provinz Hannover maßgebend ist, verpflichtet, vollständige Entschädigung zu leisten[1].

Auf die sonstigen gesetzlichen Bestimmungen muß verwiesen werden[2].

Für Preußen ist demnächst — voraussichtlich vom 1. April 1914 — das neue Wassergesetz vom 7. April 1913 maßgebend.

Das preußische Wassergesetz vom 7. April 1913. Die hier in Betracht kommenden wichtigsten Bestimmungen sind folgende[3]:

§ 19. 1. Es ist verboten, Erde, Sand, Schlacken, Steine, Holz, feste und schlammige Stoffe sowie tote Tiere in einen Wasserlauf einzubringen. Ebenso ist verboten, solche Stoffe an Wasserläufen abzulagern, wenn die Gefahr besteht, daß diese Stoffe hineingeschwemmt werden. Ausnahmen kann die Wasserpolizei zulassen, wenn daraus nach ihrem Urteil eine für andere nachteilige Veränderung der Vorflut oder eine schädliche Verunreinigung des Wassers nicht zu erwarten ist. Wird die Unterhaltungslast erschwert,

[1] Zft. f. Bergrecht **40**, 471.

[2] Das badische Wassergesetz vom 26. Juni 1899, herausgeg. von *Wiener* (Karlsruhe 1900). — Das württembergische Wassergesetz vom 1. Dez. 1900; von *Bierer* (Ulm 1912). — Das bayerische Wassergesetz vom 23. März 1907; *Harster* und *Casimir:* Kommentar zum bayerischen Wassergesetz vom 23. März 1907. — Das sächsische Wassergesetz vom 12. März 1903; vgl. *Ferchland* (Verlag Heinrich, Dresden-N.); *Schwelcher:* Das sächsische Wassergesetz (Leipzig 1910). — *A. Kloess:* Die allgemeinen Sachen Luft und Wasser nach geltendem Recht (Halle 1907); *A. Kloess:* Das deutsche Wasserrecht und das Wasserrecht der Bundesstaaten des Deutschen Reiches (Halle 1908); *Holtz:* Die Fürsorge für die Reinhaltung der Gewässer auf Grund der allgemeinen Verfügung vom 20. Februar 1901 (Berlin 1902); vgl. *Vossen:* Wasserrecht in Chem. Ind. 1910, 129.

[3] Empfehlenswert sind die Erläuterungen dazu von *J. Hermes:* Das preußische Wassergesetz vom 7. April 1913; mit Einleitung und Erläuterungen (Berlin 1913); *A. Kloess:* Kommentar zum Wassergesetz für das Königreich Preußen vom 7. April 1913 (Berlin 1913).

so darf die Wasserpolizeibehörde die Ausnahme nur mit Zustimmung des Unterhaltungspflichtigen zulassen.

2. Die Vorschriften des Abs. 1 gelten nicht für das Einbringen von Fischnahrung, jedoch ist die Wasserpolizeibehörde befugt, das Einbringen zu untersagen, wenn dadurch das Wasser zum Nachteil anderer verunreinigt wird. Dasselbe gilt für die Düngung künstlicher teichartiger Erweiterungen von Wasserläufen, die der Fischzucht oder Fischhaltung dienen.

3. Die Entnahme von Pflanzen, Schlamm, Erde, Sand, Kies und Steinen aus einem Wasserlauf kann, wenn es das öffentliche Interesse erfordert, durch Anordnung der Wasserpolizeibehörde geregelt oder beschränkt werden.

§ 20. 1. Es ist verboten, Hanf und Flachs in einem Wasserlauf zu röten.

2. Der Bezirksausschuß kann Ausnahmen von diesem Verbote widerruflich für Gemeindebezirke oder Teile von ihnen zulassen, wo die Örtlichkeit für die Anlegung zweckdienlicher Rötegruben nicht geeignet ist und die Inanspruchnahme von Wasserläufen zur Hanf- und Flachsbereitung zur Zeit nicht entbehrt werden kann. Die Zulassung ist jedoch ohne Einfluß auf die Haftung für den entstehenden Schaden.

§ 21. Die Wasserpolizeibehörde ist befugt, die Benutzung eines Wasserlaufs zu beschränken oder zu untersagen, soweit nicht ein Recht zu der Benutzung besteht oder die Benutzung nach den Vorschriften über den Gemeingebrauch gestattet ist. Solche Verfügungen sind mit Gründen zu versehen.

§ 22. 1. Die Errichtung oder wesentliche Veränderung von Anlagen in Wasserläufen erster und zweiter Ordnung bedarf der Genehmigung der Wasserpolizeibehörde; das gleiche kann für natürliche Wasserläufe dritter Ordnung durch Polizeiverordnung bestimmt werden. Ausgenommen sind Anlagen, die auf Grund eines gesetzlich geordneten Verfahrens oder zur Erfüllung der gesetzlichen Unterhaltungspflicht ausgeführt werden.

§ 23. 1. Wer Wasser oder andere flüssige Stoffe über den Gemeingebrauch hinaus in einen Wasserlauf einleiten will, hat dies vorher der Wasserpolizeibehörde anzuzeigen. Ist diese der Ansicht, daß der beabsichtigten Einleitung polizeiliche Rücksichten oder die Beschränkungen des § 41 entgegenstehen, so hat sie die Einleitung unter der Angabe der Gründe zu untersagen; andernfalls hat sie dem Anzeigenden mitzuteilen, daß von Polizei wegen keine Bedenken gegen die Einleitung zu erheben seien und dieses in ortsüblicher Weise bekannt zu machen. Sie kann Vorkehrungen angeben, durch die ihr Widerspruch beseitigt werden kann.

2. Die Wasserpolizeibehörde entscheidet von dringlichen Fällen abgesehen, bei Wasserläufen zweiter und dritter Ordnung nach Anhörung des Schauamtes.

3. Bevor die Mitteilung (Abs. 1) zugestellt ist oder bevor die von der Wasserpolizeibehörde zur Beseitigung ihres Widerspruchs etwa angegebenen Vorkehrungen getroffen sind, ist die Einleitung nicht zulässig.

4. Diese Vorschriften sind nicht anzuwenden, wenn das Recht zur Einleitung durch Verleihung erworben ist oder beim Inkrafttreten dieses Gesetzes besteht und nach den §§ 379 bis 381 aufrechterhalten bleibt oder wenn die Einleitung von einer anderen zuständigen Polizeibehörde zugelassen oder nach den §§ 16 bis 25 der Gewerbeordnung gestattet ist.

5. Der Oberpräsident — in den Hohenzollernschen Landen der Regierungspräsident — kann nach Anhörung der Schauämter und des Wasserbeirats (§ 367) für alle oder einzelne Wasserläufe festsetzen, daß es für die Einleitung bestimmter Arten oder Mengen von Flüssigkeiten keiner Anzeige bedarf, wenn sie gemeinüblich und unter den gegebenen Verhältnissen keine Schädigung von ihr zu befürchten ist.

§ 24. 1. Für den Schaden, der durch die unerlaubte Verunreinigung eines Wasserlaufs entsteht, haftet, selbst wenn eine solche nach § 23 nicht beanstandet ist, der Unternehmer der Anlage, von der die Verunreinigung herrührt. Die Haftung ist ausgeschlossen, wenn der Unternehmer zur Verhütung der Verunreinigung die im Verkehr erforderliche Sorgfalt beobachtet hat.

2. Rührt die Verunreinigung von mehreren Anlagen her, so haften die Unternehmer als Gesamtschuldner.

3. Unter sich sind die Unternehmer nach dem Verhältnis des Anteils an der Verunreinigung, im Zweifel zu gleichen Teilen verpflichtet. Fällt jedoch einzelnen von ihnen ein Verschulden zur Last, so haften diese allein.

4. Die Vorschriften, wonach auch andere für den Schaden verantwortlich sind, bleiben unberührt. Im Verhältnis zu dem Unternehmer sind, wenn diesem kein Verschulden zur Last fällt, die anderen allein zum Schadenersatz verpflichtet.

§ 25. 1. Die natürlichen Wasserläufe erster Ordnung darf jedermann zum Baden, Waschen, Schöpfen mit Handgefäßen, Viehtränken, Schwemmen, Kahnfahren und Eislaufen sowie zur Entnahme von Wasser und Eis für die eigene Haushaltung und Wirtschaft benutzen, wenn dadurch andere nicht benachteiligt werden. Mit derselben Beschränkung ist jedem gestattet, in die natürlichen Wasserläufe Wasser sowie die in der Haushaltung und Wirtschaft entstehenden Abwässer einzuleiten. Hierunter fällt jedoch nicht die Einleitung von Abwässern mittels gemeinsamer Anlagen.

2. Als Wirtschaft gelten der landwirtschaftliche Haus- und Hofbetrieb, mit Ausschluß der landwirtschaftlichen Nebenbetriebe, und kleingewerbliche Betriebe von geringem Umfange.

§ 40. 1. Das dem Eigentümer als solchem zustehende Recht, den Wasserlauf zu benutzen, unterliegt, unbeschadet der §§ 20 bis 24, den in den §§ 41 bis 45 vorgesehenen Beschränkungen.

2. Dies gilt insbesondere von dem Rechte:
1. das Wasser zu gebrauchen und zu verbrauchen, namentlich auch es oberirdisch oder unterirdisch, unmittelbar oder mittelbar abzuleiten,
2. Wasser oder andere flüssige Stoffe oberirdisch oder unterirdisch, unmittelbar oder mittelbar einzuleiten,
3. den Wasserspiegel zu senken oder zu heben, namentlich durch Hemmung des Wasserablaufs eine dauernde Ansammlung von Wasser herbeizuführen.

§ 41. Durch die Benutzung darf:

1. zum Nachteil anderer weder die Vorflut verändert noch das Wasser verunreinigt,

2. der Wasserstand nicht derart verändert werden, daß andere in der Ausübung ihrer Rechte am Wasserlauf beeinträchtigt oder fremde Grundstücke beschädigt werden.

§ 46. 1. Durch Verleihung können an Wasserläufen folgende Rechte erworben werden:

1. den Wasserlauf in einer der im § 40 Abs. 2 bezeichneten Arten zu benutzen;

§ 47. 1. Die Verleihung darf nur aus den in diesem Gesetz bezeichneten Gründen versagt werden.

2. Sie kann dauernd oder auf Zeit erteilt werden.

3. Ist von der beabsichtigten Benutzung eine Verunreinigung des Wasserlaufes zu erwarten, so darf die Verleihung nur unter Vorbehalt erhöhter Anforderungen in bezug auf Reinigung der Abwässer erteilt werden.

4. Wird die Verleihung auf Zeit erteilt, so kann der Unternehmer die Verlängerung der Verleihung unter den durch die Zeitverhältnisse gebotenen Abänderungen beanspruchen, soweit nicht überwiegende Rücksichten des öffentlichen Wohles oder andere Rücksichten von überwiegender wirtschaftlicher Bedeutung entgegenstehen.

§ 48. Die Verleihung darf nur für ein Unternehmen erteilt werden, dem ein bestimmter Plan zugrunde liegt.

§ 50. 1. Sind von der beabsichtigten Benutzung des Wasserlaufs nachteilige Wirkungen zu erwarten, durch die das Recht eines anderen beeinträchtigt werden würde, und lassen sie sich durch Einrichtungen verhüten, die mit dem Unternehmen vereinbar und wirtschaftlich gerechtfertigt sind, so ist die Verleihung nur unter der Bedingung zu erteilen, daß der Unternehmer diese Einrichtungen trifft. Auch ist ihm deren Unterhaltung aufzuerlegen, soweit diese Unterhaltungslast über den Umfang einer bestehenden Verpflichtung zur Unterhaltung vorhandener, demselben Zwecke dienender Einrichtungen hinausgeht. Bei nachteiligen Wirkungen, der im § 41 Abs. 1

2 bezeichneten Art gelten diese Vorschriften, auch wenn dadurch ein Recht nicht beeinträchtigt wird.

2. Sind solche Einrichtungen nicht möglich, so ist die Verleihung zu versagen, wenn derjenige, der von der nachteiligen Wirkung betroffen werden würde, der Verleihung widerspricht. Dies gilt jedoch nicht, wenn einerseits das Unternehmen anders nicht zweckmäßig oder doch nur mit erheblichen Mehrkosten durchgeführt werden kann, andererseits der daraus zu erwartende Nutzen den Schaden des Widersprechenden erheblich übersteigt und, wenn diesem ein auf besonderem Titel beruhendes Recht zur Benutzung des Wasserlaufs zusteht, außerdem Gründe des öffentlichen Wohles vorliegen; ein nach dem 1. Januar 1912 durch Rechtsgeschäft mit dem Eigentümer begründetes Recht kommt hierbei nicht in Betracht.

3. Als nachteilige Wirkung gilt nicht die Veränderung des Grundwasserstandes, wenn sie durch Einleitung von Wasser oder durch Senkung des Wasserspiegels zum Zwecke der gewöhnlichen Bodenentwässerung von Grundstücken bewirkt wird, für die der Wasserlauf der natürliche Vorfluter ist.

§ 51. 1. Soweit die im § 50 bezeichneten nachteiligen Wirkungen nicht durch Einrichtungen verhütet werden, hat der Unternehmer den davon Betroffenen Entschädigung zu gewähren.

2. Die Entschädigung kann in wiederkehrenden Leistungen bestehen. Die Verleihungsbehörde kann die Nachprüfung und anderweite Festsetzung in bestimmten Zeiträumen vorbehalten.

§ 57. Ist zu erwarten, daß die beabsichtigte Benutzung des Wasserlaufs den Gemeingebrauch unmöglich machen oder wesentlich erschweren würde, so ist, wenn diese Wirkung durch Einrichtungen, die mit dem Unternehmen vereinbar und wirtschaftlich gerechtfertigt sind, verhütet werden kann, dem Unternehmer die Verpflichtung als Bedingung aufzuerlegen, solche Einrichtungen herzustellen und nach § 50 Abs. 1 Satz 2 zu unterhalten.

§ 65. 1. Dem Antrag auf Verleihung sind die erforderlichen Zeichnungen und Erläuterungen beizufügen.

2. Ist der Antrag offenbar unzulässig, so kann er ohne weiteres durch einen mit Gründen versehenen Beschluß zurückgewiesen werden.

3. Anderenfalls ist die beabsichtigte Benutzung des Wasserlaufs in ortsüblicher Weise in allen Gemeinden (Gutsbezirken) öffentlich bekannt zu machen, auf deren Bezirk sich nach dem Ermessen der Verleihungsbehörde ihre Wirkung erstrecken kann. Die Bekanntmachung hat, soweit Landgemeinden beteiligt sind, auch in den Kreisblättern zu erfolgen.

4. Daneben sollen alle bekannten Personen, die nach dem Ermessen der Behörde von nachteiligen Wirkungen der Benutzung betroffen werden können, auf die öffentliche Bekanntmachung hingewiesen werden.

§ 66. 1. Die Bekanntmachung muß angeben, wo die ausgelegten Zeichnungen und Erläuterungen eingesehen und bei welcher Behörde Widersprüche gegen die Verleihung sowie Ansprüche auf Herstellung und Unterhaltung von Einrichtungen oder auf Entschädigung schriftlich oder mündlich zu Protokoll erhoben werden können. Sie muß ferner für die Erhebung von Widersprüchen eine Frist bestimmen. Diese beträgt mindestens zwei und höchstens sechs Wochen und beginnt mit Ablauf des Tages, an dem das letzte die Bekanntmachung enthaltende Blatt ausgegeben ist.

2. Mitteilungen und Betriebseinrichtungen oder Betriebsweisen, deren Geheimhaltung der Antragsteller für erforderlich hält, sind, getrennt von den zur öffentlichen Auslegung bestimmten Vorlagen, in besonderen Schriftstücken und Zeichnungen vorzulegen.

§ 67. 1. Die Bekanntmachung ist unter der Verwarnung zu erlassen, daß diejenigen, die innerhalb der bestimmten Frist keinen Widerspruch gegen die Verleihung erheben, ihr Widerspruchsrecht verlieren und daß wegen nachteiliger Wirkungen der Ausübung des verliehenen Rechts nur noch die im § 82 bezeichneten Ansprüche geltend gemacht werden können.

§ 84. 1. Wegen überwiegender Nachteile oder Gefahren für das öffentliche Wohl kann die Verleihung auf Antrag des Staates, eines Kommunalverbandes oder einer anderen öffentlichrechtlichen Körperschaft oder der Wasserpolizeibehörde gegen Entschädigung des Unternehmers durch Beschluß der Verleihungsbehörde jederzeit zurückgenommen oder beschränkt werden.

§ 85. 1. Ohne Entschädigung kann die Verleihung durch Beschluß der Verleihungsbehörde auf Antrag der Wasserpolizeibehörde zurückgenommen werden:

1. wenn die Verleihung auf Grund von Nachweisungen, die in wesentlichen Punkten unrichtig sind, erteilt ist und dargetan wird, daß deren Unrichtigkeit dem Unternehmer bekannt war, und wenn durch die Verleihung überwiegende Nachteile oder Gefahren für das öffentliche Wohl herbeigeführt sind; dem gutgläubigen Erwerber und dessen Nachfolgern gegenüber greift diese Vorschrift nicht Platz;
2. wenn der Unternehmer die Ausübung des verliehenen Rechtes aufgibt, namentlich die auf Grund dieses Rechtes errichteten Anlagen entfernt oder eingehen läßt;
3. wenn das verliehene Recht für das Unternehmen unbrauchbar oder überflüssig geworden ist;
4. wenn der Unternehmer trotz Aufforderung der Wasserpolizeibehörde die ihm auferlegten Bedingungen in wesentlichen Punkten wiederholt nicht erfüllt oder die ihm für die Ausführung oder Inbetriebsetzung des Unternehmens gesetzten Fristen nicht innehält.

2. Die Kosten des Verfahrens trägt der Unternehmer, wenn die Verleihung zurückgenommen wird, sonst der Antragsteller.

§ 196. Der Eigentümer eines Grundstücks kann über das auf oder unter der Oberfläche befindliche Wasser verfügen, soweit sich nicht aus diesem Gesetz, insbesondere aus den Vorschriften über die Wasserläufe und ihre Benutzung, ein anderes ergibt oder Rechte Dritter entgegenstehen.

1. Der Eigentümer eines Grundstücks darf das unterirdische Wasser zum Gebrauch oder Verbrauch nicht dauernd in weiterem Umfang als für die eigene Haushaltung und Wirtschaft (§ 25 Abs. 4) zutage fördern, wenn dadurch

1. der Wassergewinnungsanlage oder der benutzten Quelle eines anderen das Wasser entzogen oder wesentlich geschmälert oder
2. die bisherige Benutzung des Grundstücks eines anderen erheblich beeinträchtigt oder
3. der Wasserstand eines Wasserlaufs oder eines Sees (§ 199) derart verändert wird, daß andere in der Ausübung ihrer Rechte daran beeinträchtigt werden.

2. Den Geschädigten steht kein Anspruch auf Unterlassung zu, wenn der aus der Zutageförderung zu erwartende Nutzen den ihnen erwachsenden Schaden erheblich übersteigt oder wenn das Unternehmen, für das die Zutageförderung erfolgt, dem öffentlichen Wohle dient. Sie können jedoch die Herstellung von Einrichtungen fordern, durch die der Schaden verhütet oder ausgeglichen wird, wenn solche Einrichtungen mit dem Unternehmen vereinbar und wirtschaftlich gerechtfertigt sind. Soweit der Schaden nicht verhütet oder ausgeglichen werden kann, ist insofern Schadenersatz zu leisten, als die Billigkeit nach den Umständen eine Entschädigung erfordert.

§ 202. 1. Der Eigentümer eines Grundstücks ist nicht befugt, Stoffe in den Boden einzubringen oder einzuleiten, durch die das unterirdische Wasser, ein Wasserlauf oder ein See (§ 199) zum Nachteil anderer verunreinigt wird.

2. Auf die Düngung von Grundstücken ist die Vorschrift des Abs. 1 nicht anzuwenden.

§ 332. 1. Zugunsten eines Unternehmens, das die Entwässerung oder Bewässerung von Grundstücken, die Wasserbeschaffung zu häuslichen oder gewerblichen Zwecken oder die Beseitigung von Abwässern bezweckt, kann der Unternehmer unter den Voraussetzungen des § 331 Abs. 1 von den Eigentümern der dazu erforderlichen Grundstücke verlangen, daß sie die oberirdische oder unterirdische Durchleitung von Wasser und die Unterhaltung der Leitungen gegen Entschädigung dulden. Vorstehende Bestimmung ist auch gegen den Eigentümer eines Wasserlaufs anzuwenden.

2. Unreines Wasser darf jedoch nur mittels geschlossener, wasserdichter Leitungen durchgeleitet werden, wenn die Durchleitung sonst Nachteile oder Belästigungen für die Grundstückseigentümer zur Folge haben würde.

3. Ein auf Grund des Abs. 1 erhobener Anspruch kann zurückgewiesen werden, wenn durch das Unternehmen wichtige öffentliche Interessen geschädigt werden würden.

§ 342. 1. Wasserpolizeibehörde ist:

1. für Wasserläufe erster Ordnung der Regierungspräsident;
2. für Wasserläufe zweiter Ordnung und die nicht zu den Wasserläufen gehörenden Gewässer der Landrat, in Stadtkreisen die Ortspolizeibehörde. Die Städte, deren Polizeiverwaltung der Aufsicht des Landrats nicht untersteht, stehen den Stadtkreisen gleich;
3. für Wasserläufe dritter Ordnung die Ortspolizeibehörde.

§ 356. 1. Für Wasserläufe zweiter und dritter Ordnung sind Schauämter durch Polizeiverordnung (Schauordnung) zu bilden.

§ 357. Die Schauämter haben die Wasserläufe ihrer Bezirke nach Bedarf zu schauen und festzustellen, ob die Wasserläufe und ihre Ufer ordnungsmäßig unterhalten werden, und ob eine unzulässige Verunreinigung stattgefunden hat. Vorgefundene Mängel haben sie der Wasserpolizeibehörde mitzuteilen.

§ 361. Die Zusammensetzung des Schauamts ist durch die Schauordnung derart zu bestimmen, daß möglichst alle Erwerbsgruppen und öffentlichen Verbände vertreten sind, die an der Unterhaltung oder Benutzung der dem Schauamte zugewiesenen Wasserläufe ein Interesse haben. Soweit hiernach die Mitglieder und ihre Stellvertreter durch Wahl zu bestellen sind, hat diese auf sechs Jahre durch die Kreis- (Stadt-) Vertretung zu erfolgen. Als Mitglieder des Schauamts können auch die beteiligten Verwalter der Wasserpolizei bestellt werden. Auch kann einem von diesen der Vorsitz übertragen werden.

Anmerkung zu § 361. 1. Als Mitglieder kommen in Betracht: Landrat, Baurat, Kreiswiesenbaumeister, Amtsvorsteher, Bürgermeister, Mühlen- und Wasserkraftbesitzer, Industrielle, Gutsherren usw.

§ 367. 1. Für jede Provinz wird ein Wasserbeirat gebildet, der vorbehaltlich der ihm in diesem Gesetz übertragenen besonderen Aufgaben über wichtige, die Provinz berührende wasserwirtschaftliche Angelegenheiten durch die zuständigen Minister gutachtlich gehört werden soll und befugt ist, Gutachten über Fragen dieser Art selbständig den zuständigen Ministern vorzulegen. Die Verleihungsbehörden können zur Vorbereitung ihrer Beschlüsse ein Gutachten des Wasserbeirats einfordern. Der Wasserbeirat für die Provinz Brandenburg ist zugleich der Wasserbeirat für die Stadt Berlin.

§ 368. 1. Der Vorsitzende des Wasserbeirats und sein Stellvertreter werden vom König ernannt. Die übrigen Mitglieder und ihre Stellvertreter werden zu einem Drittel von dem Provinziallandtage, zu den beiden anderen Dritteln von der Landwirtschaftskammer, den Handelskammern (amtlichen Handelsvertretungen) und den Handwerkskammern gewählt.

2. Die aus dem Provinziallandtage zu wählenden Mitglieder sind je zur Hälfte aus den Stadtkreisen und den Landkreisen zu entnehmen. Die von der Landwirtschaftskammer, den Handwerkskammern zu wählenden Mitglieder sind durch Königliche Verordnung nach den wirtschaftlichen Verhältnissen der Provinz und der Bedeutung der in Betracht kommenden Verbände auf die wahlberechtigten Körperschaften zu verteilen.

§ 374. Mit Geldstrafe bis zu dreihundert Mark, im Unvermögensfalle mit Haft wird, sofern nicht nach anderen strafgesetzlichen Bestimmungen eine höhere Strafe verwirkt ist, bestraft, wer eine Erhöhung der Erdoberfläche oder eine Anlage, zu deren Herstellung, Erweiterung, Verlegung oder Beseitigung nach § 285 Abs. 2 und § 291 eine Genehmigung erforderlich ist, ohne diese Genehmigung herstellt, erweitert, verlegt oder beseitigt und wer die bei Erteilung der Genehmigung festgesetzten Bedingungen nicht innehält.

§ 375. 1. Mit Geldstrafe bis zu dreitausend Mark oder mit Gefängnis bis zu einem Jahr wird, sofern nicht nach anderen strafgesetzlichen Bestimmungen eine höhere Strafe verwirkt ist, bestraft, wer den Vorschriften des § 23 oder des § 199 (betr. Seen) zuwider Wasser oder andere flüssige Stoffe, durch deren Einleitung das Wasser verunreinigt werden kann, in ein Gewässer einleitet oder den Vorschriften des § 94, des § 99 Abs. 1, des § 100 oder des § 101 Abs. 1 bis 3 oder den nach § 72 Nr. 2 zur Reinhaltung der Gewässer getroffenen Bestimmungen vorsätzlich zuwiderhandelt.

2. Wird die Zuwiderhandlung aus Fahrlässigkeit begangen, so tritt Geldstrafe bis zu einhundertundfünfzig Mark oder Haft ein.

§ 376. 1. Werden den Vorschriften des § 23 oder des § 199 Abs. 2 Satz 2 zuwider Wasser oder andere flüssige Stoffe, durch deren Einleitung das Wasser verunreinigt werden kann, in ein Gewässer eingeleitet, so sind der Unternehmer und der Betriebsleiter als solche, unabhängig von der Verfolgung der eigentlichen Täter, mit Geldstrafe von fünfzig bis fünftausend Mark zu bestrafen.

2. Die Bestrafung des Unternehmers, des Betriebsleiters oder des Stauberechtigten tritt nur ein, wenn die Zuwiderhandlung mit ihrem Vorwissen begangen ist, oder wenn sie es bei der nach den Verhältnissen möglichen eigenen Beaufsichtigung des Betriebs- oder bei der Auswahl oder der Beaufsichtigung der Aufsichtspersonen an der erforderlichen Sorgfalt haben fehlen lassen.

§ 377. 1. Sachverständige, die in einem Verleihungs-, Sicherstellungs- oder Ausgleichungsverfahren, einem Verfahren nach § 103 oder in einem Verfahren zur Begründung eines Zwangsrechts zugezogen sind, werden bestraft:

1. wenn sie unbefugt Betriebsgeheimnisse offenbaren, die durch das Verfahren zu ihrer Kenntnis gelangt sind, mit Geldstrafe bis zu eintausendfünfhundert Mark oder mit Gefängnis bis zu drei Monaten;
2. wenn sie absichtlich zum Nachteile der Betriebsunternehmer Betriebsgeheimnisse, die durch das Verfahren zu ihrer Kenntnis gelangt sind, offenbaren oder geheim gehaltene Betriebseinrichtungen oder Betriebsweisen, die durch das Verfahren zu ihrer Kenntnis gelangt sind, solange diese Betriebsgeheimnisse sind, nachahmen, mit Gefängnis bis zu zwei Jahren. Tun sie dies, um sich oder einem anderen einen Vermögensvorteil zu verschaffen, so kann neben der Gefängnisstrafe auf Geldstrafe bis zu dreitausend Mark erkannt werden.

2. Im Falle der Nr. 1 tritt die Verfolgung nur auf Antrag des Betriebsunternehmers ein.

Anmerkung. 1. § 377 gilt nur für die Sachverständigen, insofern sie an einem Verfahren des WG. teilgenommen haben, nicht auch als gerichtliche Sachverständige vor den ordentlichen Gerichten.

Dieses Wassergesetz ist für die chemische Industrie ungünstig; in den neuen Wasserbehörden werden oft die landwirtschaftlichen Ansichten überwiegen, was bei den hohen Strafen (§ 374 bis 376) und der Entschädigungspflicht (§ 24) sehr zu beachten ist. Für Sachverständige ist § 377 besonders wichtig.

Abwasserreinigung.

Die Reinigung von Abwasser geschieht mechanisch, chemisch oder biologisch.

Mechanische Reinigung.

Die Absonderung der gröberen schwebenden Stoffe geschieht durch feste oder bewegliche Rechen, Bürsten, Siebe u. dgl.; auf die Einrichtung derselben muß verwiesen werden. Zur Abscheidung aller mechanischen Verunreinigungen läßt man das Wasser durch Absatzbehälter in wagerechter Richtung, oder durch Brunnen bzw. Türme in senkrechter Richtung hindurchfließen.

Die Schnelligkeit des Absitzens der Sinkstoffe ist abhängig vom spez. Gewicht und der Korngröße, da die Oberfläche des Kornes und somit der das Fallen verzögernde Widerstand mit dem Quadrat, das Gewicht aber mit dem Kubus des Radius wächst. Bewegung des Wassers verzögert oder verhindert das Absetzen.

Bei der Beurteilung der Wirkung solcher Absatzbehälter ist zu beachten, daß das Wasser sich nicht durch den ganzen Querschnitt des Behälters gleichmäßig bewegt. Nur die oberste Schicht *a* (Fig. 92) fließt gleichmäßig nach dem Ausfluß *v*, die mittlere Schicht *c* bewegt sich nur sehr langsam nach vorn, während der untere Teil *n* des Wassers fast völlig stillsteht. Ist das zufließende Wasser spez. leichter (wärmer oder salzärmer), so wird es oberflächlich abfließen und sich nur langsam mit dem vorhandenen Wasser mischen, ist es schwerer, so sinkt es zu Boden und verdrängt das vorhandene Wasser. Angesichts der so ungemein rasch wechselnden Zusammensetzung des Wassers (S. 213) ist es daher unbedingt erforderlich, einen unveränderlichen Bestandteil (am besten Chlor) am Einlauf und Auslauf zu bestimmen (S. 272). Der Überfall *v* sichert den Abfluß des geklärten Wassers in ganzer Breite des Klärbeckens in dünner Schicht, so daß die raschfließende Schicht *a* möglichst niedrig ist und die Sinkstoffe um so leichter in die langsamfließenden Schichten *c* und schließlich in die nur noch sehr langsam bewegten unteren Schichten gelangen, um sich hier abzulagern. Vorteilhaft ist die vorherige Anbringung eines Steges *s* in einem kleinen Behälter, um Schwebestoffe (Fett u. dgl.) und Sand abzufangen.

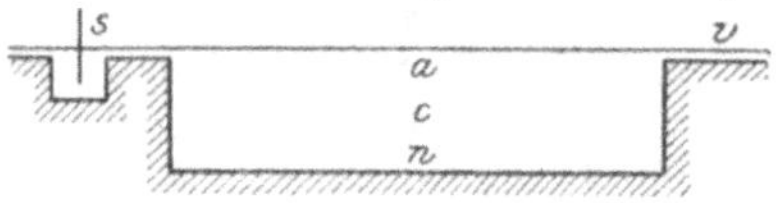

Fig. 92.

In Hannover[1] sind an Klärbecken von 50 bis 75 m Länge Versuche mit 4 mm, 6 mm und 8 mm Durchlaufsgeschwindigkeit ausgeführt worden.

Diese Klärversuche ergaben im Mittel aus sämtlichen Versuchsreihen folgende Abnahme an organischen Schwebestoffen:

Geschwindigkeit	Beckenlänge 50 m		Beckenlänge 75 m
4 mm	55,9 Proz.	Abnahme an	62,7 Proz.
6 „	56,3 „	organischen	62,0 „
8 „	54,6 „	Schwebestoffen	62,5 „

Diese Resultate zeigen, daß bei 4 bis 8 mm Durchflußgeschwindigkeit die Geschwindigkeit keinen Einfluß, die Beckenlänge dagegen einen merkbaren Einfluß auf die Abscheidung der organischen Schwebestoffe ausübt. Aus dem innerhalb 24 Stunden zufließenden Kanalwasser werden bei Geschwindigkeiten von 4 bis 8 mm in der Sekunde in dem 50 m langen Becken rund 56 Proz., in dem 75 m langen Becken rund 63 Proz. der vorhandenen organi-

[1] Zft. Arch. Ing.-Wesen, Wochenausgabe 1900, 201; Zft. f. angew. Chem. 1900, 934.

schen Schwebestoffe ausgeschieden. — Außer diesen Klärversuchen wurden noch Versuche angestellt über die Art der Ausscheidung bei längerer Ruhe. Diese ergaben nach 4 bis 6stündiger Ruhe des Wassers eine Mehrabscheidung an organischen Schwebestoffen von durchschnittlich 8 bis 10 Proz. Das Maximum der Ausscheidung, welches bei längerer, selbst 24stündiger Ruhe erreicht werden kann, beträgt im Mittel aus mehreren Versuchen 82 Proz. Der Rest von 18 Proz. besteht aus so leichten Schwebestoffen, welche durch mechanische Klärung nicht zu entfernen sind.

Die angegebenen berechneten Geschwindigkeiten entsprechen nach obigen Ausführungen nicht der Wirklichkeit. Daher wird das Wasser am Ausfluß nur teilweise dem Einfluß entsprochen haben; mindestens hätten Chlorbestimmungen gemacht werden müssen. — Die Geschwindigkeit des Absetzens hängt ab von der Beschaffenheit der Sinkstoffe und der Zusammensetzung des Wassers. In hartem bzw. salzigem Wasser erfolgt die Klärung viel rascher als in Wasser, welches wenig Kalk oder Salz enthält. Die hannoverschen Angaben und die von *Brix*[1], das Abwasser solle 4 bis 6 Stunden in Klärbecken bleiben, oder nach *Grether*[2] 4 Stunden, sind daher nicht allgemein gültig. Die verschiedenen patentierten Abarten von Klärbecken ändern sehr wenig an der Wirkung.

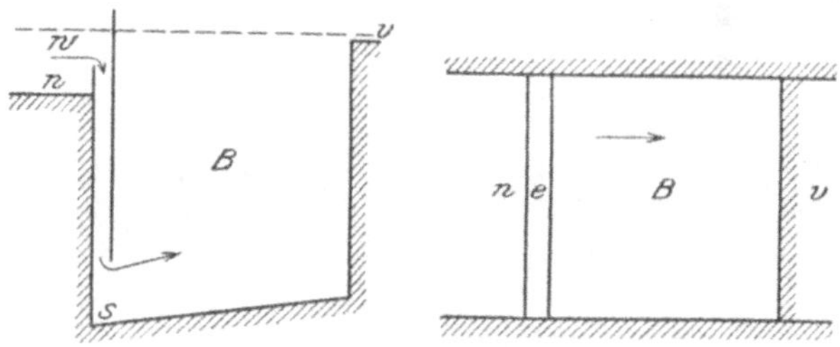

Fig. 93 und 94.

Die Kläranlage der Wasser- und Abwasser-Reinigung-G. in Neustadt ist besonders für Klärung des Waschwassers für Gichtgase (S. 225) geeignet[3]. Dieses fließt durch ein langgestrecktes Becken *a* (Fig. 95 bis 98) von geringem Querschnitt, mit einer Geschwindigkeit, die nur von den schwereren erzhaltigen Staubteilchen überwunden wird, so daß sie sich absetzen können. Die leichteren werden noch weiter mitgenommen und gehen durch größere parallel zueinander geschaltete Becken *b* mit einer sehr geringen Geschwindigkeit. In allen Becken leiten die mit einer starken Neigung von 60° nach unten zulaufenden Seitenwände die Staubteilchen in die Längsrinne *d*. Nach einiger Zeit ist diese mit dickem, verhältnismäßig wasserarmem Schlamm gefüllt, während darüber frische, mehr wasserhaltige Schichten schweben, die nach oben allmählich in das Schmutzwasser übergehen. Von Zeit zu Zeit wird nun ein Balken *c* auf die Rinne herabgelassen und dadurch der dickste Schlamm von dem übrigen Inhalt des Beckens getrennt. Nur an einem Ende

[1] Centr. f. allg. Gesundh., 1898, 1.
[2] Zft. f. Hyg. 27, 189.
[3] Zft. d. Ver. deutsch. Ing. 1911, 2075.

bleibt die Rinne mit der Wassersäule über ihr in Verbindung, und zwar durch Vermittlung der Kolbenscheibe *f*. Wird der Schieber *e* am Ende der Rohrleitung, die die Rinne *d* mit der Außenluft verbindet, geöffnet, so schiebt der Wasserdruck die wagerecht geführte Scheibe *f* in die Rinne hinein und drückt den Schlamm hinaus, während gleichzeitig durch die Scheibe verhindert wird, daß Wasser in den Schlamm eindringt und ihn verdünnt. Der Vorgang des Ausstoßens dauert nur einige Sekunden. Darauf wird der Balken

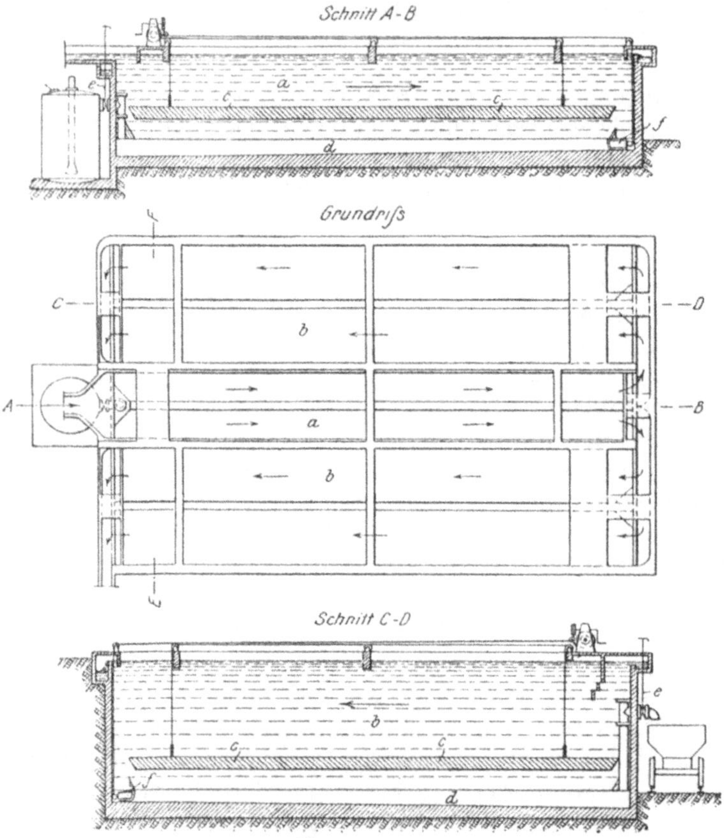

Fig. 95—97.

durch ein Windwerk wieder gehoben und die sich ventilartig umlegende Scheibe *f* zurückgezogen. Aus der Rohrleitung fällt der Schlamm in Wagen oder in Druckluftgefäße, die ihn weiter befördern. Den stark eisenhaltigen Schlamm der Vorklärbecken führt man zweckmäßig gesondert ab, um ihn bei der Staubbrikettierung zu verwenden.

Die Absatzbehälter, in denen man das Wasser **aufsteigen** läßt, erfordern bei der Anlage viel weniger Platz. Zu empfehlen ist die durch **Fig. 93 u. 94 S. 301** angedeutete Form. Das zufließende Wasser setzt bei *n* die schwersten

Stoffe ab, an der Oberfläche *w* sammeln sich Fette und andere leichtere Stoffe. Dann wird das so vorgeklärte Wasser bis nahe zum Boden des Behälters *B* geleitet, in welchem es langsam **aufsteigt**, um schließlich bei *v* abzufließen. Der Niederschlag wird an der tiefsten Stelle bei *s* entfernt.

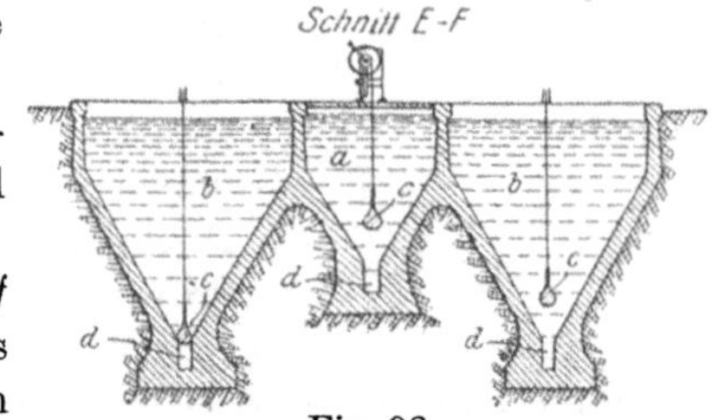

Fig. 98.

Von den vielen, meist patentierten Apparaten mögen nur die Emscherbrunnen und der von *Kremer* angeführt werden.

Beim Emscherbrunnen[1] von *Imhoff* tritt durch das Rohr *A* (Fig. 99 bis 102) das ungereinigte Kanalwasser in einen kleinen Vorschacht *B*, in welchem ein eiserner Grobrechen vorhanden ist, dessen Stäbe etwa 50 mm weite Schlitze bilden. Hinter dem Grobrechen befindet sich eine kleine Abstreichrinne *C*, mittels deren etwa abgefangene Korke, Stengel, Holzteile, Papierstücke usw., die nicht durch den Grobrechen gehen, beseitigt werden. Bei *D* gabelt sich die Zulauf- und Umlaufrinne, die in einer geschlossenen Leitung um die beiden Klärbrunnen *F* zur Abflußleitung *P* herumgeführt wird. Durch einige Handzugschieber *E* kann der Zufluß derartig verteilt werden, daß er beliebig bei dem einen oder andern Brunnen anfangend, durch die Reinigungsanlage läuft. Das Kanalwasser tritt zuerst in den links liegenden Klärbrunnen ein. Die beiden Brunnen *F* sind im Unterteile durch ihre Umfassungswände voneinander getrennt, ihr Inhalt steht lediglich durch ein zwischen den Absitzrinnen liegendes Rohr im Zusammenhang. Im oberen Teile durchzieht die Brunnen eine Doppelrinne, die an den Unterkanten Schlitze hat, durch welche die Schwimm- und Schwebestoffe aus dem Abwasser in den Faulraum sinken. Diese Rinne entspricht in ihrer Wirkung einem gleich großen Absitzbecken und verhindert, daß das Frischwasser, wie es aus den Kanälen ankommt, vom Faulraum (S. 324) aus infiziert wird. Das Wasser läuft vielmehr, nach-

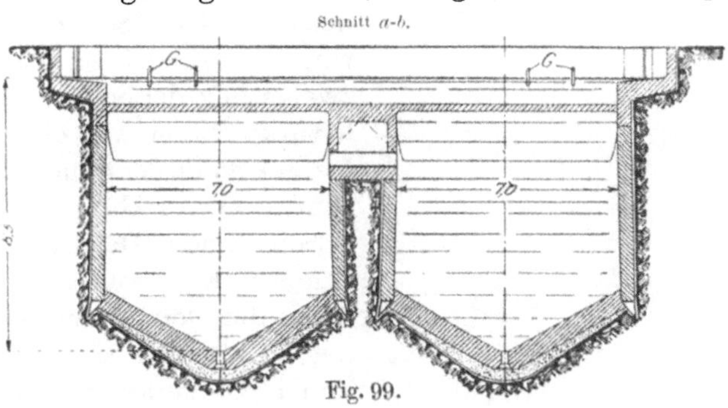

Fig. 99.

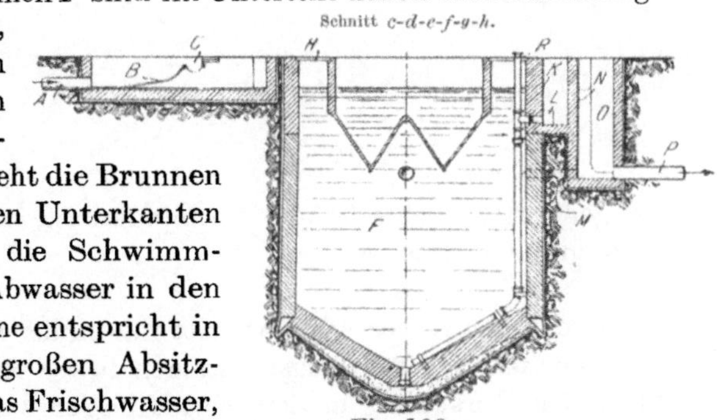

Fig. 100.

[1] Gesundheitsing. 1908, Sonderabdr. Zft. d. Ver. deutsch. Ing. 1908, 1714; Zft. f. angew. Chem. 1911, 1329.

dem es sich seines Schlammgehaltes entledigt hat, in frischem Zustande zum Ablauf weiter, während der Schlamm in die Faulräume sinkt. Die aufsteigenden Gase können ebenfalls nicht in die Rinne entweichen, sondern sammeln sich in den mit Bohlen H eingedeckten Räumen an. In den oberen Teil der Rinne tauchen die Wände G ein. Die vordere Tauchwand soll nur der besseren Verteilung des Wassers dienen, während die durch die ganze Breite der Doppelrinne gehende Wand die sich bildende Schwimmschicht zurückhalten soll; diese Schicht hat meistens nur eine mäßige Dicke auf dem Frischwasser. Das abfließende Wasser strömt zum Abflußschacht O und von da in die Abflußleitung P. Der im unteren Teil der Brunnen angesammelte Schlamm kann in sehr einfacher Weise entfernt werden. – Wo die Gefällverhältnisse es ermöglichen, wird man die Schlammtrockenplätze meistens 1 bis 2 m tiefer als den normalen Wasserstand in den Brunnen legen. In die Schlammrinne L mündet ein Abzweigstück der Schlammleitung R, die von oben bis zur Sohle der Brunnen führt. Dieser Abzweig ist durch einen Handzugschieber K verschlossen; wird der letztere geöffnet, so wird der Schlamm von der Sohle der Brunnen in die Schlammrinne L gedrückt, durch die er zum Schlammplatze fließt. Zum Entleeren bis zur Absitzrinne dient die Leitung M mit dem Handzugschieber N. Auch diese Leitung führt in den Abflußschacht O. Wo nicht genügend natürliches Gefälle vorhanden ist, muß man den Schlamm durch Auspumpen entfernen.

Fig. 101.

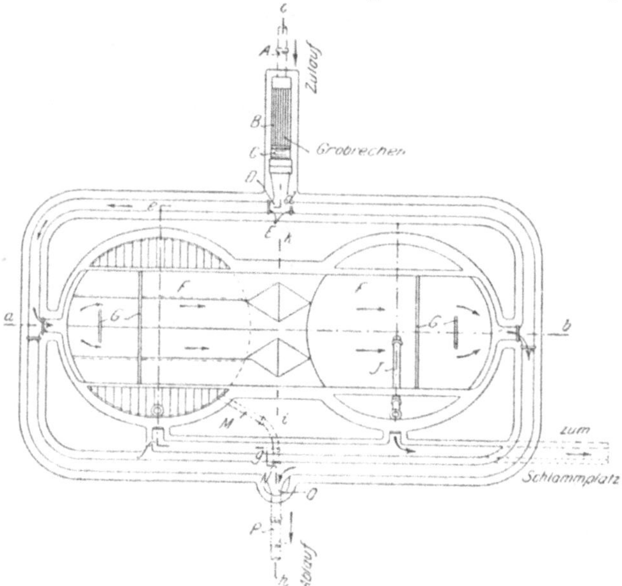

Fig. 102.

Beim *Kremer*schen Apparat tritt das in der Rinne a (Fig. 103) zufließende Abwasser durch Verteilungsöffnungen in die senkrechten Kanäle b und wird durch die Vorstöße c in den Fettfänger d nach oben geleitet. Dadurch werden die fetthaltigen Schwebeteilchen in Adhäsion mit anderen leichten Stoffen an die in Ruhe bleibende Wasseroberfläche F getrieben, woselbst sie sich in einer Fettschlammschicht ablagern. Dann bewegt sich das Wasser abwärts nach dem Sedimentierungsraum e und setzt die Sinkstoffe bei S_{II}

ab. Dem so vorgereinigten Wasser wird dann noch einmal Gelegenheit gegeben, Schwimm- und Sinkstoffe abzuscheiden, indem das Wasser von *e* aus um die Kanten aufwärts nach den Fettfängern *h* geführt wird. Von hier gelangt das Wasser durch die Kanäle *i* unter abermaligem Richtungswechsel nach den Sedimentierräumen *k* und dann schließlich in die Ablaufkanäle *l*. Die sich bei F_I und F_{II} bildenden Fettschlammschichten sind spezifisch leichter als das Wasser, treten daher bis *c* zur Hälfte ihrer Stärke über die Wasserlinie, entwässern sich nach unten und können dann durch Roste soweit entwässert, herausgenommen werden, daß sich das Material in Brikettform bringen läßt. Die schweren Sinkstoffe lagern sich bei S_I, S_{II} und S_{III} ab. Die Böden S_I und S_{II} werden durch Öffnen der Bodenklappen nach S_{II} entleert. Die Öffnungsvorrichtung der Klappen, welche hier mit Ge-

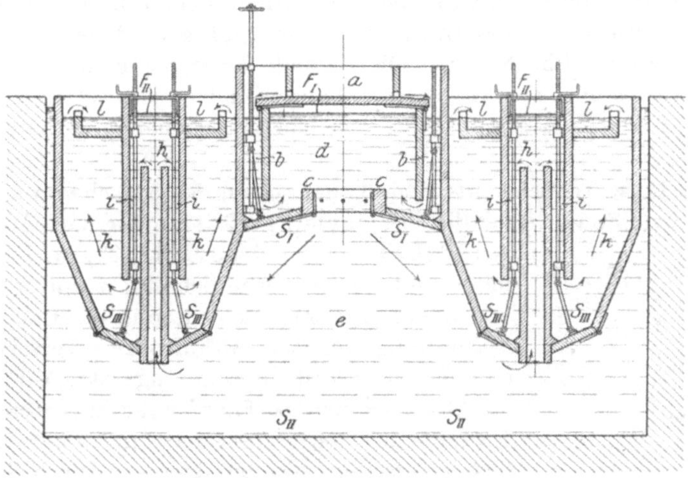

Fig. 103.

winde und Schraube angedeutet ist, geschieht mittels Hebelanordnung, welche es einem Manne ermöglicht, in einigen Minuten alle 6 Klappen zu öffnen und wieder zu schließen[1].

Die Untersuchungen von *Zahn* und *Reichle*[2] geschahen mit zwei Apparaten, von welchen Apparat II das typische *Kremer*sche System aufwies, während Apparat I nach *Kremer-Imhoff* konstruiert war. Die beiden Systeme unterscheiden sich hinsichtlich der Schlammentfernung aus dem Klärraum, die bei Apparat I (System *Kremer-Imhoff*) kontinuierlich und selbständig, bei Apparat II dagegen periodisch und mittels einer besonderen maschinellen Abstreichvorrichtung erfolgt. Zu den Untersuchungen wurden die Abwässer der Stadt Charlottenburg (rund 30 000 cbm täglich) herangezogen. Die Ausscheidung der suspendierten Stoffe war bei beiden Systemen gleich vollkommen und zufriedenstellend; das praktisch Ausscheidbare wurde tatsächlich

[1] Vgl. Stahl u. Eisen 1907, 168.
[2] Mitt. a. d. K. Prüfungsanst. f. Wasser 1908, Hft. 10, S. 1.

ausgeschieden. Bezüglich der Fettabscheidung hat sich der Apparat II (*Kremer*) besser bewährt. Die Schlammansammlung in den Schlammräumen vollzieht sich bei Apparat I selbsttätig, bei Apparat II durch die eingebaute mechanische Abstreichvorrichtung, welche sich ohne Schwierigkeiten und einfach bedienen läßt. Die Entfernung des Schlammes aus den Schlammräumen der Apparate am Schluß der Versuche war durch die Schlammableitung allein nicht vollständig zu erreichen.

Statt der Brunnen verwendet man auch Blechzylinder. Die von *Röckner* (D. R. P. Nr. 20 882 und 26 266) angegebenen Apparate zum Klären von Abwässern u. dgl. bestehen aus einer in die Flüssigkeit eingetauchten, am oberen Ende geschlossenen Glocke, aus welcher durch ein Rohr die Luft abgesaugt und mittels eines infolge der Luftleere stets voll Wasser gehaltenen Hebers die Flüssigkeit beständig abgezogen wird, sobald deren Spiegel eine gewisse Höhe erreicht (S. 315). Ob die statt der in die Erde versenkten Behälter verwendeten eisernen Kessel billiger sind — die Wirkung ist bei gleichen Größenverhältnissen dieselbe — hängt von örtlichen Verhältnissen ab[1].

Vielfach ist versucht, aus den Kanalwässern das aufschwimmende Fett zu gewinnen. So verwendet die Verwertung städtischer Abfälle (D. R. P. Nr. 126672, 149551, 153330, 153331 u. 157372) zwei miteinander verbundene Behälter *a* und *b* (Fig. 104), von denen ersterer mit dem mit Überlaufrinne *d* in Verbindung stehenden Ablaufrohre *e* versehen ist. In dem Behälter *b* ist ein Rohr eingesetzt, durch welches die Abwässer dem Behälter *b* zugeführt werden sollen. Dasselbe ist leicht aushebbar und oben mit einem Sieb *g* versehen. Da die Abwässer durch dieses Rohr senkrecht nach unten fließen, ist unterhalb des unteren Endes des Rohres *c* eine Auffangvorrichtung vorgesehen, welche aus zwei nach oben gerichteten Abschlagwänden *f* besteht, die die Wirkung haben, daß die durch das Rohr *c* senkrecht hinunterstürzenden Abwässer gezwungen werden, im Sinne der gezeichneten Pfeile nach oben zu steigen, um dort ihren Fettgehalt abzusetzen. Gleichzeitig mildern diese Abschlagwände die hydraulischen Stöße des senkrecht hinunterstürzenden Abwasserstromes[2].

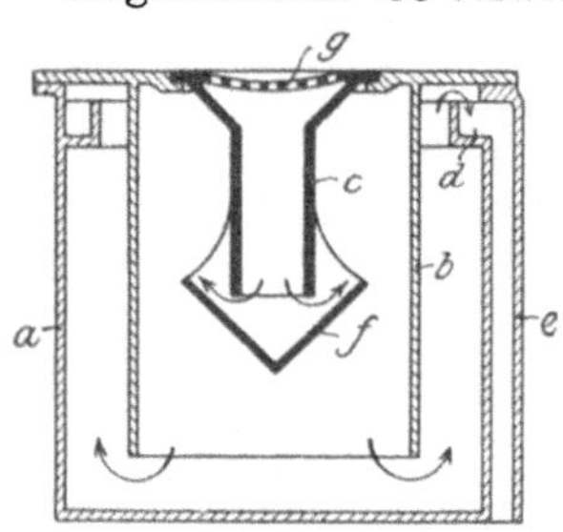

Fig. 104.

Der Apparat zur Gewinnung von Fett aus Abwässern von *Kremer* (D. R. P. Nr. 126 672) besteht aus einem unten offenen, mit Zuleitungsrohr versehenen Fettbehälter, welcher mit einem ihn umgebenden Gefäß kommuniziert (Fig. 105). Das äußere Gefäß ist mit einer mit Abflußrohr versehenen Überlaufkammer verbunden, um das in dem Behälter vom Fett getrennte Wasser abzuführen.[3] Fig. 106 zeigt eine andere Ausführung des

[1] Vgl. auch D. R. P. Nr. 34 826, 36 246, 37 267, 155 561, 192 810, 216 516, 219 032.
[2] Vgl. Fischers Jahresber. 1904, 419.
[3] Fischers Jahresber. 1902, 434.

Apparates. In Osdorf wurden damit aus je 1 cbm Abwasser 300 bis 500 g Fettschlamm abgeschieden, welcher z. B. am 17. Januar 1903 in der Trockensubstanz 49,25 Proz. direkt extrahierbares Fett, 2,11 Proz. durch Schwefelsäure spaltbares Fett und 4,11 Proz. Stickstoff enthielt[1]. Entsprechende Vorrichtungen beschreiben die *Gesellschaft für Abwasserklärung* (D. R. P. Nr. 168305, 172959 u. 175218) und *Rosenkranz* (D. R. P. Nr. 259966). Bis jetzt ist diese Art Fettgewinnung unvorteilhaft. Mehr Aussicht hat die Gewinnung von Fett aus Klärschlamm (S. 322).

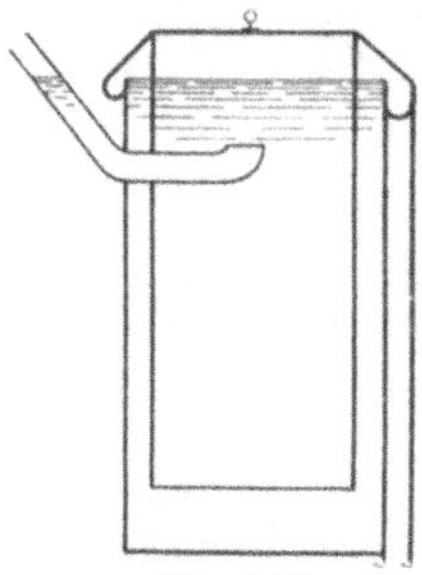

Fig. 105.

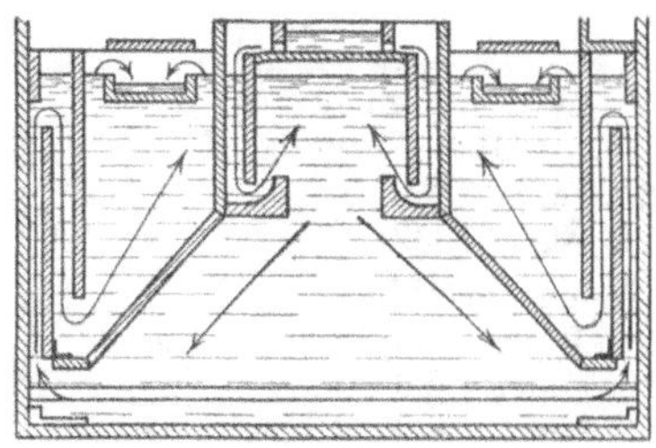

Fig. 106.

Filtration. Vorschläge und Versuche, die Schmutzwässer durch Filtration zu reinigen, sind schon vielfach gemacht[2]. Die zahlreichen Versuche der englischen Kommission haben ergeben, daß die aufsteigende Filtration durch Sand nicht imstande ist, das Kanalwasser von den organischen Stoffen soweit zu befreien, daß es ohne Bedenken in die Flußläufe eingelassen werden dürfte.

Die englische Kommission ließ nun Kanalwasser durch eine 4,57 m hohe Schicht von Sand, von Sand mit Kreide und von Torf in der Weise von oben nach unten filtrieren, daß die Flüssigkeiten in kurzen Zwischenräumen aufgegeben wurden, so daß die atmosphärische Luft in die Poren des Filtermateriales eindringen konnte:

1 l enthielt in mg	Organischen Kohlenstoff	Organischen Stickstoff	Ammoniak	Stickstoff in Form von Nitraten und Nitriten	Gesamtgehalt an löslichen Stoffen
Vor der Filtration (Durchschnitt)	43,86	24,84	55,57	0	645
Nach der Filtration durch Sand: Für 1 cbm und 24 Std. 16,6 l Flüssigkeit:					
21. Dez. 1868	9,93	1,87	0,30	32,27	828
28. „ 1868	8,49	1,66	0,22	44,68	881
4. Jan. 1869	8,93	1,40	0,13	44,89	852
11. „ 1869	10,13	1,10	0,20	48,30	911

[1] Mitt. d. deutsch. Landwirtsch. 1904, 104; Gesundheitsing. 1908, 53.

[2] Vgl. *Ferd. Fischer:* Verwertung der städtischen und Industrieabfallstoffe (Leipzig 1875), S. 174; *Fischer:* Die menschlichen Abfallstoffe (Braunschweig 1882), S. 121.

1 l enthielt mg	Organischen Kohlenstoff	Organischen Stickstoff	Ammoniak	Stickstoff in Form von Nitraten und Nitriten	Gesamtgehalt an löslichen Stoffen
Für 1 cbm und 24 Std. 33,2 l Flüssigkeit:					
22. Febr. 1869	8,27	1,10	0,15	36,17	699
1. März 1869	7,11	0,78	0,10	47,27	868
8. „ 1869	6,64	1,36	0,12	34,31	791
Durch Sand und Kreide:					
22. Febr. 1869	5,18	0,93	0,20	31,17	850
1. März 1869	6,87	1,03	0,17	35,85	1029
8. „ 1869	5,41	0,80	0,10	37,33	961

Fernere Versuche zeigten, daß Torf nicht geeignet ist, als Filtermaterial aus den Kanalwässern die Stickstoffverbindungen zurückzuhalten. Bei der absteigenden intermittierenden Filtration durch Sand wird das Kanalwasser in befriedigender Weise gereinigt, wenn innerhalb 24 Stunden nicht mehr als 33 l Flüssigkeit für 1 cbm Filtermaterial aufgelassen wird. Die organischen Stoffe werden hierbei in Wasser, Kohlensäure und Salpetersäure übergeführt. Zur Reinigung des Kanalwassers einer mit Wasseraborten versehenen Stadt von 10 000 Einwohnern würden hiernach etwa 2 ha Land genügen. Der Boden müßte in 2 m Tiefe gut drainiert, die Oberfläche geebnet und in 4 gleiche Abschnitte geteilt werden, von denen einer nach dem anderen das Kanalwasser 6 Stunden aufnehmen würde, damit in der Zwischenzeit durch den Zutritt der atmosphärischen Luft die Verwesung der organischen Stoffe unterhalten werden könnte. Da bei diesem Reinigungsverfahren aber der gesamte Düngerwert verloren geht, eine solche Fläche, da sie keine Vegetation zu tragen imstande ist, auch unangenehme Gerüche entwickeln würde, so ist dasselbe nur dort zulässig, wo eben kein anderes Mittel angewendet werden kann (vgl. S. 330).

Bei der Filtration durch Torf werden anfangs auch gelöste organische Stoffe zurückgehalten, bald aber bildet derselbe einen argen Fäulnisherd, so daß von einer Reinigung nicht mehr die Rede sein kann, wie auch *Peschke*[1] und andere gezeigt haben. *Frank*[2] will dem Kanalwasser mit Wasser zerriebenen Torf zusetzen, dann durch Sand filtrieren.

Kohlebreiverfahren. Nach *O. Schmidt* (D. R. P. Nr. 87 417 u. 89 944) wird Braunkohle naß aufs feinste gemahlen, dann läßt man sie ununterbrochen als dünnen Brei zu den zu reinigenden Abwässern zufließen, sich damit innigst mischen und dann, nachdem die Einwirkung eine kurze Zeit stattgefunden hat, ebenfalls ununterbrochen eine zur raschen Fällung der noch suspendierten Humusstoffe genügende, nicht aber überschüssige Menge löslicher Salze des Eisens, Aluminiums und Magnesiums zutropfen. Nach

[1] Fischers Jahresber. 1884, 1225. [2] Gesundheitsing. 1896, 345 u. 461.

P. Degener (D. R. P. Nr. 107 232) wird Braunkohle naß aufs feinste gemahlen, dann in Form eines dünnen Breies zu den zu reinigenden Abwässern zufließen, und dann eine zur raschen Fällung der noch suspendierten Humusstoffe genügende Menge löslicher Salze des Eisens, Aluminiums und Magnesiums zutropfen gelassen. Den Schlamm kann man durch Absetzbassins, Pressen u. dgl., am besten aber mit Hilfe des *Röckner-Rothe*schen Apparates beseitigen.[1]

Das Verfahren wurde auf der Klärstation in Potsdam von *Proskauer* und *Elsner*[2] geprüft; sie fanden die Wirkung befriedigend. Dagegen fielen die Versuche von *Kröhnke*[3] ungünstig aus. Die Analysen von *Schury* und *Bujard*[4] stimmen nicht, wie die Zahlen für Chlor zeigen.

Für Elbing wird dem Abwasser, das nach diesem Kohlebreiverfahren gereinigt wird, im Mischgerinne 1 bis 2 k Braunkohle und 200 bis 500 g Tonerde für 1 cbm zugesetzt. Im Klärturme steigt das Wasser mit 0,3 bis 1 mm Geschwindigkeit auf. Der sich absetzende Schlamm, der 95 bis 98 Proz. Wasser enthält, wird in Filterpressen zu einem Kuchen gepreßt, wonach er noch etwa 65 Proz. Wassergehalt besitzt.[5]

Die Kohlebreikläranlage der Stadt Köpenick untersuchten *Weldert* und *Reichle*[6]. Auf 1 cbm Abwasser wird 1,5 k Braunkohle mit Wasser gemahlen zugesetzt, dann 0,25 k Tonerdesulfat. Das zufließende (I) und aus dem Klärteiche abfließende Wasser (II) enthielt im Durchschnitt (mg im Liter):

	Ungelöst	Gelöst						Permanganatverbrauch
		Chlor	Gesamt-	Nitrat-	Nitrit-	Ammoniak-	organischer	
			Stickstoff					
I	559	112	30	0	0	21	9	276
II	76	121	36	0	0	28	8	150

Die Stickstoffverbindungen werden also nicht geändert. Der Schlamm wird nach dem Abtrocknen an der Luft mit anderer Kohle unter dem Dampfkessel verfeuert. Nach *Heine*[7] hat 1 k Schlamm einen Brennwert von 120 w.

Die Wirkung der Braunkohle beschränkt sich also wesentlich auf Klärung und Beseitigung des Schlammes.

Rothe & Co. (D. R. P. Nr. 179 276 u. 212 740) wollen die feine Kohle oder Torf nicht direkt dem zu klärenden Abwasser zufügen, sondern dieses mit Chemikalien klären und Kohle bzw. Torf erst dem abgeschiedenen Schlamm

[1] Vgl. Gesundheitsing. 1889, 3; Gesundheit 1899, 443; Viertelj. f. öff. Gesundh. 1899, 201. P. Degener: Das Kohlebreiverfahren (Leipzig 1899 u 1901).
[2] Viertelj. gerichtl. Med. Suppl. 1898, 139.
[3] *O. Kröhnke:* Das Kohlebreiverfahren (Leipzig 1900).
[4] Mitt. a. d. K. Prüfung f. Wasser 1907, Heft 8, 115.
[5] Journ. f. Gasbel. 1911, 231.
[6] Mitt. a. d. K. Prüfungsanst. f. Wasser 1907, Heft 8, 146; 1912, Heft 11, 1.
[7] Zft. d. Ver. deutsch. Ing. 1909, 1389.

zusetzen, worauf dieser weiter auf Leucht- oder Kraftgas verarbeitet wird. Ob alle diese Kohlebreiverfahren vorteilhaft sind, hängt sehr von örtlichen Verhältnissen ab.

Nach *Wellensiek* (D. R. P. Nr. 226 430) werden den Abwässern die durch Alkalien aus Braunkohle oder Torf gewonnenen löslichen Humusverbindungen im festen oder flüssigen Zustande zugesetzt, worauf in bekannter Weise die gelösten Substanzen mittels eines Fällmittels, z. B. Kalk, ausgefällt werden.

Zusatz von Chemikalien.

Chemikalien wirken auf gewisse Bestandteile des Schmutzwassers teils chemisch ein, indem sie mit einigen derselben Niederschläge bilden, andere zersetzen, teils befördern sie nur das Absetzen der suspendierten Stoffe.

Der Zusatz dieser Chemikalien geschieht meist ununterbrochen, indem die Lösung in gleichmäßigem Strome zufließt, oder durch Schöpfwerke, welche durch das Abwasser selbst bewegt werden, zugeführt wird. Bei der überaus wechselnden Zusammensetzung des Wassers (S. 213) wird sehr oft zuviel oder zu wenig Reagens zugesetzt, wodurch die gleichmäßige Wirkung der Mittel schon von vornherein fraglich wird. Besser, aber lästiger ist es, wenn das Abwasser in einem großen Behälter gesammelt wird, dem nun die erforderliche Menge Fällungs- bzw. Desinfektionsmittel zugesetzt wird. Das am häufigsten verwandte Mittel ist Kalk.

Kalk. Das Kanalwasser wird mit gebranntem Kalk oder Kalkmilch vermischt und in Klärbehälter geleitet. Es setzt sich ein stark fäulnisfähiger Schlamm ab, welcher durch ein Hebewerk in Gruben befördert wird, dort teils durch Verdunstung, teils durch Einsickerung in den Boden langsam trocknet. Dieses Verfahren ist in großem Maßstabe bei Tottenham zur Gewinnung von Dünger (Tottenham Sewage-Guano), in Blackburn und Leicester (Leicester bricks), ferner in Salford und Bradford angewendet[1]. Wie folgende Analysen zeigen:

Kanalwässer und deren Reinigung	Gelöst mg im Liter						Suspendiert	
	Organischer Kohlenstoff	Organischer Stickstoff	Ammoniak	Stickstoff als Nitrate und Nitrite	Gesamt-stickstoff	Gesamt-gehalt		Darin organ. Stoffe
Kanalwasser von Blackburn	41	5	14	0	16	597	411	283
Dasselbe nach der Behandlung mit Kalk .	26	4	19	0	20	660	133	70
Kanalwasser von Leicester	35	7	18	0	22	1120	481	296
Dasselbe nach der Behandlung mit Kalk .	26	3	18	0	18	900	28	9
Desgl. mit der *Sillar*schen ABC-Mischung .	23	4	25	0	24	1250	44	31

verminderte Kalk zwar den Gesamtgehalt an löslichen Stoffen, der organische Stickstoff wurde aber nicht zur Hälfte entfernt, der Ammoniakgehalt durch

[1] Reinigung Berlins, Anhang S. 91; Dingl. pol. Journ. **143**, 150; **156**, 54; Engineer. (1883) **56**, 16 u. 34.

Zersetzung der organischen Stoffe sogar vermehrt. Der in Leicester erhaltene trockene Niederschlag hatte folgende Zusammensetzung:

Unorganische Stoffe	37,41 Proz.
Organische und andere flüchtige Stoffe	62,59
Kohlenstoff	18,86
Phosphorsäure	0,15
Gesamtstickstoff	0,85
Ammoniak	0,09

100 k dieses Niederschlages haben hiernach einen theoretischen Düngerwert von etwa 0,5 Mk., in Wirklichkeit wird aber höchstens 0,1 Mk. gezahlt.

Abwasser der Stadt Bradford wurde Mitte der 80er Jahre mit Kalk gereinigt (0,2 k Kalk auf 1 cbm)[1]; dasselbe hatte folgende Zusammensetzung (mg im Liter):

Kanalwasser	Suspendiert			Gelöst					
	gesamt	organisch	in letzteren Stickstoff	gesamt	organisch	organischer Stickstoff	Ammoniak	Chlor	Freier Kalk
Ungereinigt	16610	9049	265	5700	3454	16	133	100	—
Gereinigt und filtriert . .	57	—	—	872	106	1	6	52	211

Der Chlorgehalt zeigt, daß die Proben gar nicht einander entsprechen.

Zajicek[2] will das durch Siebe geleitete Abwasser mit gepulvertem Kalk mischen, dann filtrieren. Die von ihm empfohlenen Vorrichtungen werden kaum Beifall finden. *Grossmann*[3] empfiehlt Fällung mit Kalk; der Niederschlag wird in Retorten erhitzt zur Gewinnung von Leuchtgas und Ammoniak, der Rückstand soll zum Düngen verwendet werden. *Kohlmann*[4] meint, daß, wenn man mit einer Kalkmilch von 1 Teil Kalk zu 15 bis 20 Teilen Wasser arbeitet, 97 Proz. des verwendeten Kalkes verloren gehen. Er empfiehlt daher statt dessen Kalkwasser und meint, wie *Schreib*[5], daß durch Kalk auch gelöste organische Stoffe gefällt werden, obgleich auch suspendierte teilweise in Lösung gehen.

K. und *Th. Möller* (D. R. P. Nr. 7014) machen den Vorschlag, Abwässer mit überschüssiger Kalkmilch zu versetzen, nach dem Absitzen des Niederschlages die geklärte Flüssigkeit in einen zweiten Behälter abzulassen und nun kohlensäurehaltige Luft hindurchzupressen. Der dadurch gebildete kohlensaure Kalk soll den Rest der organischen Stoffe mit niederreißen.

Nach *Eichen* (D. R. P. Nr. 119 263 u. 119 543) wird das Abwasser mit einem „Chemikalienzusatz“, dessen Zusammensetzung geheim gehalten wird,

[1] Vgl. Eulenburgs Viertelj. **39**, Nr. 1.
[2] Allg. Zft. f. Bierbr. 1893, 847.
[3] Journ. Soc. Chem. Ind. 1898, 421.
[4] Zft. f. öffentl. Chem. 1899, 224.
[5] Zft. f. angew. Chem. 1890, 167; 1894, 233; Chemikerztg. 1891, 669.

vermischt, durchfließt die ersten Absatzbehälter und ein Schnellfilter, erhält dann einen Zusatz von Kalkmilch (auf 1 cbm 0,44 k CaO), durchfließt die weiteren Absatzbehälter und schließlich das letzte Filter. Versuche[1] ergaben, daß das Verfahren ungenügend ist.

Nach *A. Bayer* (D. R. P. Nr. 117 151 u. 148 019) werden die mit Kalk und Zinkstaub vorbehandelten, städtischen und gewerblichen Abwässer mit Tonerde- oder Eisenoxydhydrat oder ihren Salzen vorbehandelt.

Süverns Desinfektionsmittel besteht aus 100 Teilen Kalk, 8 Teilen Teer und 33 Teilen Chlormagnesium mit 859 Teilen Wasser[2]. Die damit bewirkte Reinigung ist mangelhaft. Fast genau dieselbe Mischung empfiehlt *Röber*.[3]

Vom Stadtbauamt in Wiesbaden im April 1895 bewirkte Proben der Abwässer vor und nach der Reinigung mit Kalkmilch in großen Klärbecken[4] ergaben (für 1 l) nach *König*[5]:

Abwasser	Schwebestoffe			Gelöste Stoffe												Keime von Mikrophyten für 1 cc
	Unorganische	organische	Stickstoff	unorganische (Glührückstand)	organische (Glühverlust)	Zur Oxydation erf. Sauerstoff: in alkal. Lösung	Zur Oxydation erf. Sauerstoff: in saurer Lösung	Gesamtstickstoff	Stickstoff als Ammoniak	Kalk	Magnesia	Kali	Phosphorsäure	Chlor	Schwefelsäure	
1. Ungereinigt	1710	471	23	1054	153	39	40	40	37	145	39	72	17	350	92	2610000
2. Gereinigt:																
a) beim Ausfluß aus den Klärteichen	26	13	1	1662	210	43	45	40	31	133	19	78	Sp.	859	61	378000
b) aus dem Mühlengraben, 400 mm unterhalb	116	38	2	1208	170	29	31	25	23	136	31	62	3	626	41	630000

Diese Proben gehören offenbar gar nicht zusammen; sie bestätigen nur die ungenügende Reinigung mit Kalk.

Die von *Lindley*[6] erbaute Reinigungsanlage für das Abwasser von Frankfurt a. M. war mit Vorrichtungen versehen zur Zumischung von Tonerdesulfatlösung und Kalkmilch, je nach Menge und Schmutzgehalt des Abwassers. Die von *Libbertz* ausgeführte bakteriologische Untersuchung ergab in 1 cc Kanalwasser 3 000 000 entwicklungsfähige Keime, am Auslauf aus den Klärbecken bei der mechanischen Klärung rund 3 350 000, bei der Ton-

[1] Viertelj. f. gerichtl. Med. 1898, Suppl. S. 21 u. 183.

[2] *Grouven:* Kanalisation und Abfuhr (Glogau 1867); *Fischer:* Die menschlichen Abfallstoffe, S. 125; Ann. Landwirtsch. 1869, 403.

[3] D. R. P. Nr. 15 392; Fischers Jahresber. 1881, 969.

[4] Verh. d. Ver. f. öffentl. Gesundh. in Frankfurt 1888.

[5] *König:* Verunreinigung der Gewässer, 2. Aufl.. S. 92.

[6] Verh. d. Ver. f. öffentl. Gesundh. in Breslau 1886 und Frankfurt 1888; Jahresber. d' phys. Ver. zu Frankfurt 1890.

erdeklärung 380 000 und bei der Kalkklärung 17 500 Keime. Bei der rein mechanischen Klärung sowohl wie auch bei Kalk allein machte sich ein starker Geruch im Absatzbecken und des Schlammes sehr bemerkbar. — Die zu den von *B. Lepsius* ausgeführten Analysen (Tabelle s. u.) dienenden Wasserproben wurden (mit Ausnahme von Vers. 6) gleichzeitig vom zufließenden Sielwasser (S), bei der Einlaufgalerie nach Zufluß der Chemikalien (E) und beim Abfluß (A) mittags 12 Uhr genommen, ohne Rücksicht darauf zu nehmen, daß das in die Kläranlage einfließende Wasser erst 6 Stunden später abfließt. Berücksichtigt man ferner, daß die Abflußzeit aus der Stadt nach dem Klärbecken 3 bis 4 Stunden im Mittel ist, so ist das um 12 Uhr mittags aus der Kläranlage abfließende Wasser um 4 bis 5 Uhr morgens in die Kanäle gelangt, d. h. zu einer Zeit, wo eine Verunreinigung des Abwassers kaum stattfindet. Das um 12 Uhr zufließende Wasser ist aber etwa um 8 Uhr in die Kanäle gelangt, d. h. zu einer bezüglich Verunreinigung mit Abortstoffen u. dgl. recht kritischen Zeit (vgl. S. 213).

		Suspendiert:					Gelöst									
				Organ. Stoffe				Mineralstoffe					Organische Stoffe			
														Stickstoff		
		Summe mg	Glührückstand mg	Summe Glühverlust mg	organ. Stickstoff mg	oxydierbar durch Sauerstoff mg	Summe mg	Summe Glührückst. mg	Tonerde und Eisenoxyd mg	Kalk mg	Schwefelsäure mg	Chlor mg	Glühverlust mg	organisch mg	Ammoniak mg	oxydierbar durch Sauerstoff mg
1.	S	623	232	390	30	50	961	365	77	32	59	192	596	2,4	110,2	28,1
	E	642	276	366	25	46	752	503	29	100	149	177	249	3,9	114,7	18,5
	A	212	80	132	10	4	747	519	32	102	199	135	228	0	59,0	19,2
2.	S	1658	505	1153	115	183	1522	460	5	17	53	—	1062	25,2	42,0	24,2
	E	3520	1597	1923	90	118	1015	550	7	93	219	—	465	0	57,1	13,4
	A	110	44	66	0	17	1118	759	6	185	220	—	259	21,2	44,9	15,3
3.	S	1490	510	980	55	90	420	40	24	105	82	—	380	10,0	45,9	10,2
	E	1150	440	710	30	162	775	485	8	180	220	—	290	8,4	51,5	14,7
	A	119	20	99	4	33	836	503	7	208	223	—	333	23,2	45,1	3,7
4.	S	864	220	644	41	106	831	515	2	138	155	—	316	2,3	28,3	12,4
	E	929	434	495	16	71	831	492	2	131	151	—	339	7,7	32,0	2,7
	A	155	63	92	10	24	683	375	8	121	120	—	308	3,9	30,3	9,5
5.	S	486	66	420	16	164	768	384	25	87	60	—	384	12,1	80,1	18,7
	E	487	100	387	—	5	967	490	113	50	20	—	477	—	176,0	2,7
	A	140	98	42	3	5	920	470	90	84	22	—	450	11,9	119,4	2,3
6.	S	588	38	350	15	127	774	350	19	102	10	—	424	14,1	77,0	12,8
	A	93	54	37	0	12	1095	700	82	62	23	—	395	4,7	70,3	16,6

1. Auf 1 l Sielwasser 180 mg Tonerdesulfat und 37 mg Kalk.
2. Auf 1 l Sielwasser 160 mg Tonerdesulfat und 40 mg Kalk.
3. Auf 1 l Sielwasser 214 mg Kalk.
4. Ohne Zusatz.
5. Mit Eisenvitriol und Kalk, auf 100 Teile Vitriol 35 Teile Kalk; Probenahme mittags 12 Uhr.
6. Desgl., Durchschnittsprobe.

Obgleich auch diese Analysen offenbar nicht zusammengehören, so bestätigen sie doch die ungenügende Wirkung von Kalk, Tonerde und Eisenvitriol.

M. Nahnsen[1] verwendet Aluminiumsulfat, lösliche Kieselsäure und Kalkmilch. Das Verfahren wird von *Müller & Co.* ausgeführt.

Bei der für täglich 3000 cbm bestimmten Anlage in Halle a. S.[2] wird

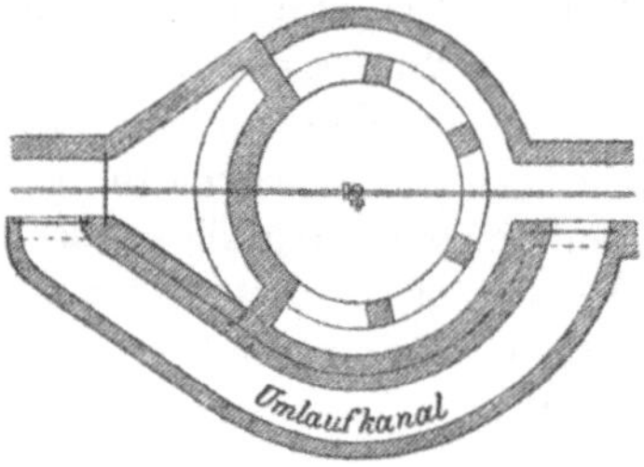

Fig. 107.

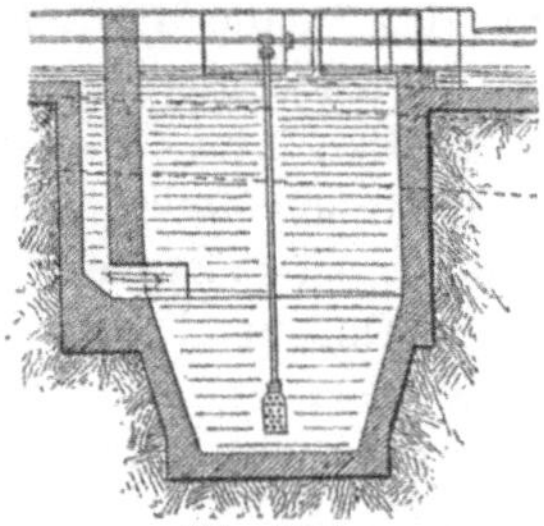

Fig. 108.

das Schmutzwasser selbsttätig mit den Reagentien versetzt, durch Räder gemischt, durch brunnenartige Klärbehälter (Fig. 107 u. 108) geleitet.

Drenckmann teilt in einem Gutachten an den Magistrat der Stadt Halle verschiedene Analysen von Kanalwasser vor und nach der Reinigung durch dieses Verfahren mit, von denen folgender — ausdrücklich als normal bezeichneter — Versuch angeführt werden möge:

Halle	Kanalwasser		Gereinigt
	gelöst	suspendiert	
Gesamtgehalt	5308	1405	1701
Glühverlust	1276	1149	271
Schwefelwasserstoff	6	—	0
Gesamtstickstoff	98	51	25
Phosphorsäure	59	52	10
Sauerstoff z. Oxyd. erford.	676	234	165
Chlor	1598	—	305
Natron	598	—	499
Kali	221	—	190

Auch hier war die Probenahme offenbar falsch (vgl. S. 272).

Die Abwässer der Arbeiterkolonie von *Fr. Krupp* in Essen werden mit Kalkmilch versetzt, dann mit Eisenvitriol. Von *F. Salomon* entnommene Durchschnittsproben hatten folgende Zusammensetzung:

[1] D. R. P. Nr. 31 864 u. 32 638; Fischers Jahresber. 1885, 1193; Zft. f. angew. Chem. 1888, 669.

[2] Verh. d. deutsch. Ver. f. öffentl. Gesundheitspfl. in Breslau 1886 und Frankfurt 1888.

	Suspendiert			Gelöst									
	Unorganische	Organische	Stickstoff in letzteren	Mineralstoffe	Organische Stoffe (Glühverlust)	Zur Oxydation erforderlicher Sauerstoff	Organischer Stickstoff	Ammoniakstickstoff	Phosphorsäure	Kali	Chlor	Kalk	Schwefelsäure
Ungereinigt . .	1540	2709	67	584	344	208	28	25	28	105	170	74	44
Gereinigt . . .	171	14	Sp.	855	338	182	29	21	Sp.	84	178	236	131
Ungereinigt . .	1931	1152	35	492	310	82	13	26	26	52	149	88	32
Gereinigt . . .	28	26	Sp.	566	227	99	17	16	Sp.	42	149	168	89

Die Stadt Essen verwendet die Heberkessel von *Röckner-Rothe*. Das mit Kalkmilch und Aluminiumsulfat versetzte Wasser gelangt in eine Vertiefung, steigt durch einen sog. Stromverteiler *v* (Fig. 109) in einem etwa 8 m hohen Kessel *A* auf, weil durch Rohr *r* aus der Spitze der Verlängerung *a* die Luft abgesaugt wird, bis das Wasser den Überlauf erreicht und nun durch das Abfallrohr abfließt. Das geklärte Wasser fließt somit durch Heberwirkung ununterbrochen ab; der Schlamm wird durch eine Pumpe herausgeholt.

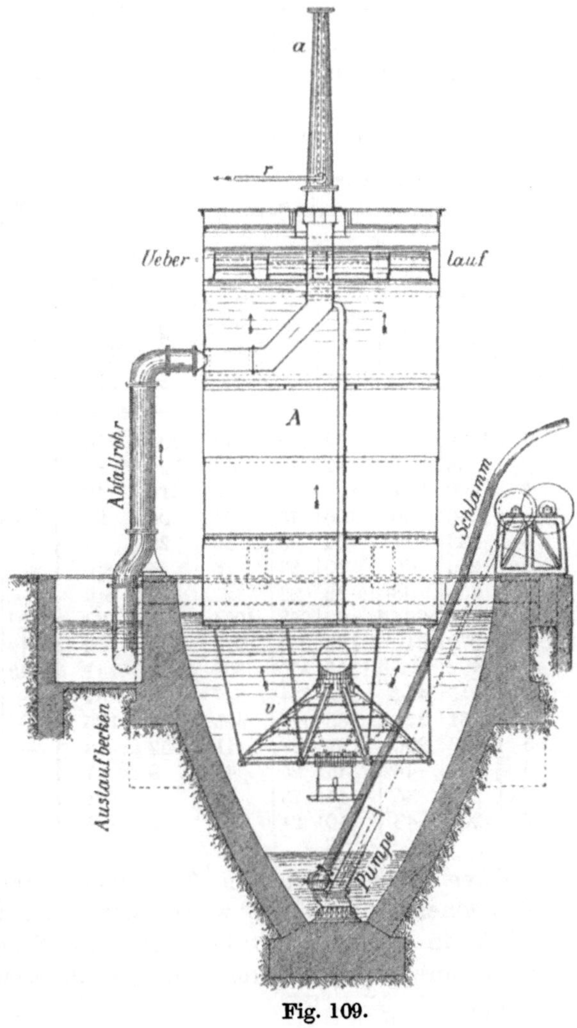

Fig. 109.

Die *Röckner-Rothe*sche Kläranlage in Potsdam ist nach *B. Proskauer* und *Nocht*[1] für die Abwässer von 2300 Einwohnern bestimmt. Zur Untersuchung wurden folgende Proben genommen:

1. Die zu reinigende Jauche aus dem sog. Tiefbrunnen, bevor dieselbe mit den Chemikalien zusammenkommt.
2. Die mit Chemikalien vermischte Jauche aus dem Mischkanal kurz vor ihrem Eintritt in den Klärbrunnen.
3. Geklärte Jauche unmittelbar nach ihrem Austritt aus dem Turm und vor ihrem Eintritt in den Abflußkanal nach der Havel.

[1] Zft. f. Hygiene (1891) **10**, 71.

4. Geklärte Jauche am Ende dieses Kanals vor ihrem Eintritt in die Havel.

5. Havelwasser, gemischt mit geklärter Jauche. Bei der ersten Entnahme am 30. Oktober 1889 wurde diese Mischung in etwa 1 m Entfernung, bei der zweiten Entnahme am 4. Dezember 1889 in etwa 0,5 m Entfernung von der Einmündungsstelle des Abflußkanals geschöpft.

6. Havelwasser 10 m unterhalb der Einmündungsstelle der Probe Nr. 4 in die Havel.

7. Wasser aus der Mitte der Havel, oberhalb und unterhalb der Mündungsstelle des Abflußkanals.

Bei der zweiten Versuchsreihe (4. Dezember 1889) wurde das Kanalwasser zu Beginn (1a) und gegen Ende des Pumpens (1b) untersucht; während einer Versuchsreihe schwankte danach besonders der Stickstoffgehalt des Abwassers bedeutend. Bei dieser zweiten Versuchsreihe wurde auch das Havelwasser 100 m oberhalb des Ablaufes (7b) untersucht; durch den Eintritt der geklärten Flüssigkeit stieg somit der Keimgehalt des Havelwassers von 1800 auf 6500. Auch diese Analysen sind — wie der Chlorgehalt zeigt — nicht vergleichbar. Der hier gebräuchliche Kalkzusatz von 0,6 k Kalk auf 1 cbm Abwasser erscheint zu gering, da noch ein Teil desselben von den

	Dekantierte Flüssigkeiten (mg im Liter)							Suspendierte Stoffe (mg im Liter)				Anzahl der Keime in 1 cc
	Abdampfrückstand	Glühverlust	Kalk	Chlor	Oxydierbarkeit (ausgedrückt als Kaliumpermanganat)	Gesamtstickstoff	Stickstoff in Form flücht. Verbindungen (Ammoniak usw.)	Gesamt	Glühverlust	Gesamtstickstoff	Stickstoff als Ammoniak usw.	
1	1839	532	62	110	414	204	110	143	62	17	—	257 Millionen
2	1868	374	177	312	364	196	83	2831	1181	28	5	340 000
3	1600	341	108	238	276	210	146	—	—	—	—	3 000
4	1586	390	106	75	251	196	92	—	—	—	—	3 000
5	283	71	34	43	29	20	1	—	—	—	—	3 000
6	240	66	30	33	26	5	Sp.	—	—	—	—	3 000
7	258	68	32	32	21	4	Sp.	—	—	—	—	1 500
1a	2203	664	69	263	1064	225	164	787	674	37	13	160 Millionen
1b	2272	819	180	332	975	262	66	3319	2437	83	12	108 Millionen
2	3402	439	1065	376	606	173	141	7748	2882	175	6	577 000 bis 117 000
3	1845	444	225	354	547	169	87	—	—	—	—	4 450
4	1731	329	189	175	455	186	125	—	—	—	—	9 500
5	1420	290	197	128	411	152	83	—	—	—	—	22 500
6	205	45	45	25	46	9	1	—	—	—	—	7 000
7a	202	35	45	25	45	8	1	—	—	—	—	6 500
7b	203	43	40	24	47	9	1	—	—	—	—	1 800

anderen (geheimgehaltenen) Zusätzen neutralisiert wird. Wie nachfolgende Zusammenstellung zeigt, würde selbst die dreifache Kalkmenge nicht genügen, in diese Schmutzwässer gelangte Krankheitskeime selbst bei 24stündiger Einwirkung zu vernichten; erst die 4fache Menge (2,4 k) bringt dieses fertig.

Menge des Kalkzusatzes	Potsdamer Jauche, Dauer der Einwirkung						Berliner Kanalwasser, Dauer der Einwirkung					
	1/2 Std.		3 Std.		24 Std.		2 Std		5 Std.		24 Std.	
in Potsdam	Typhus	Cholera	Typhus	Cholera	Typhus	Cholera	Typhus	Cholera	Typhus	Cholera	Typhus	Cholera
Übliche Menge . .	+	+	+	+	+	+	+	+	+	+	+	+
Doppelte „ . .	+	+	+	+	+	+	+	+	+	+	0	+
Dreifache „ . .	+	+	+	+	+0	+0	+	+	+	+	0	? Verungl.
Vierfache „ . .	+	+	+	+	0	0						
Fünffache „ . .	+	+			0	0						

Bei der *Schwarzkopff*schen Anlage in Berlin[1], in welche die Abgänge von 700 Arbeitern gelangen, werden von den Sammelgruben der Klosetts die Fäkalien zunächst in ein „Mischgefäß" gehoben, in welchem sich eine Zerkleinerungsvorrichtung für die den Fäkalien beigemengten festen Stoffe befindet. Die in eine Flüssigkeit von ziemlich gleichmäßiger Beschaffenheit verwandelten Massen erhalten alsdann mit Hilfe von mechanisch bewegten, becherartigen Meßgefäßen folgende Zusätze: 1. Kalkmilch, 2. Magnesiumsulfatlösung, 3. eine Lösung von sog. Lahnphosphat (mit Schwefelsäure aufgeschlossener Phosphorit), 4. Magnesiumchloridlösung in bestimmten Mengenverhältnissen. Dann wird durch Torf filtriert.

An 2 Tagen von *B. Proskauer* entnommene Proben enthielten z. B.:

mg im Liter	Rückstand	Glühverlust	Gesamtstickstoff	Ammoniakstickstoff
Flüssigkeit aus dem Mischgefäß	2745	1467	451	257
Dieselbe Flüssigkeit dekantiert	1620	458	264	165
Flüssigkeit aus der offenen Rinne (nach Zusatz der Chemikalien)	6072	2468	423	199
Dieselbe Flüssigkeit dekantiert	2429	40	236	157
Gekl. Flüssigkeit aus dem Absitzkast. Nr. 2	1895	52	232	118
Aus dem Torffilter abfließende Flüssigkeit	1408	248	186	151

Feste Produkte von der verarbeiteten Jauche:

	Wasser Proz.	Glühverlust Proz.	Gesamtstickstoff Proz.	Ammoniakstickstoff Proz.
Schlamm aus dem Absitzkasten Nr. 2 . .	70,79	49,75	4,91	0,62
Schlamm aus dem Schlammkasten	69,53	43,19	7,16	0,64
Gemisch von Schlamm und Torf aus dem Schlammkasten	78,66	70,71	5,15	0,72
Torf aus dem Torffilter	72,15	90,83	5,19	0,25
Poudrette	32,39	56,01	5,57	0,21
Ungebrauchter Torf	16,65	90,89	3,09	0,06

[1] D. Viertelj. f. öffentl. Gesundheitspfl. **19**, 92; Zft. f. Hygiene (1891) **10**, 52.

Dabei war auf 1 cbm Abwasser verwendet:

2,25 k Kalk in 101 l Wasser verteilt.
0,225 „ Magnesiumsulfat in 24 l Wasser gelöst.
1,00 „ Lahnphosphat „ 48 l „ „
0,45 „ Chlormagnesium „ 24 l „ „

Eine Versuchsreihe, bei welcher die Flüssigkeit nach jedem Zusatz untersucht wurde, ergab:

	Nicht dekantierte Flüssigkeit				Dekantierte Flüssigkeit				
	Rückstand	Glühverlust	Gesamtstickstoff	Ammoniakstickstoff	Rückstand	Glühverlust	Gesamtstickstoff	Ammoniakstickstoff	Chlorgehalt
1	4517	2669	708	319	2408	1067	508	67	262
2	6565	2270	549	132	2726	574	428	127	—
3	7702	2681	586	146	2727	665	418	115	—
4	7575	3364	535	188	2429	212	428	77	—
5	8601	3410	514	175	2444	290	379	45	—
6	4498	2660	643	310	2410	1001	415	59	250

1. Jauche aus dem Mischgefäß bei Beginn des Versuches.
2. Nach Zusatz von Kalk.
3. Nach Zusatz von Kalk und Magnesiumsulfat.
4. Nach Zusatz von Kalk, Magnesiumsulfat und Phosphat.
5. Nach Zusatz von Kalk, Magnesiumsulfat, Phosphat und Magnesiumchlorid.
6. Jauche aus dem Mischgefäß am Ende des Versuches.

Leider fehlen Chlorbestimmungen.

Das Kanalwasser von Bradford wird teilweise, unter der Leitung von *Holden*, mit Eisenvitriol, Kalk, Kohlenstaub versetzt und durch eine Reihe von Klärbehälter fließen gelassen. Analysen 1 und 2 (S. 320) zeigen, daß die Menge der gelösten, stickstoffhaltigen Bestandteile sogar noch vermehrt ist da ein Teil der suspendierten Stoffe in Lösung geht. Der lufttrockene Niederschlag enthält nur 0,5 Proz. Stickstoff und 0,3 Proz. Phosphorsäure, ist daher wertlos. Die Abwässer der Städte Kingston und Surbiton werden mit Holzkohle, Ton und Blut versetzt[1].

A. W. Hofmann und *Frankland* empfahlen bereits zur Reinigung des Londoner Kanalwassers das auch von *Dales* vorgeschlagene Eisenchlorid. Das Eisenchloridverfahren ist auf Vorschlag von *E. Hofmann* zur Reinigung des Kanalwassers in Leipzig eingeführt[2]. Die Lösung wird durch Behandlung von Raseneisenstein mit Salzsäure erhalten. 50 g Eisenchloridlösung sind durchschnittlich ausreichend gewesen für Klärung von 1 cbm Schleusenwasser; nur an Schlachttagen und Sonnabends hat man diese Menge auf 60 bis 70 g erhöhen müssen.

[1] Journ. Soc. Chem. Ind. 1889, 516; Zft. f. angew. Chem. 1889, 498.
[2] Centr. f. Bauverwalt. 1897, 72; Viertelj. f. öffentl. Ges. 1899, 204.

Ferrozone - Polariteverfahren wurde in England sehr gelobt[1]. Nach *J. König*[2] bietet das Ferrozone-Polariteverfahren, bei welchem die Schwebestoffe zunächst durch Ferrozone, d. h. schwefelsaure Tonerde und schwefelsaures Eisenoxyd in wechselnden Mengen, gefällt und das Wasser dann durch ein Sand-Polaritefilter (Polarite ist im wesentlichen Eisenoxyd) filtriert wird, wodurch eine starke Oxydation bewirkt werden soll, wenigstens was die Filtration durch Polarite betrifft, keine Vorzüge; der gebundene Sauerstoff des Eisenoxyds hat keinen Einfluß auf die Größe der Nitrifikation; in einem Filter aus Boden oder Koks ist dieselbe ebenso groß oder noch größer. — Nach *Gebek*[3] ist das von einer englischen Gesellschaft (Internationale Reinigungsgesellschaft) in den Handel gebrachte „Ferrozon" lediglich unreines Aluminiumsulfat mit 15 Proz. Sand. Polarit, anscheinend gerösteter Eisenstein, besteht aus 58 bis 67 Proz. Eisenoxyd, 5 bis 11 Proz. Magnesiumcarbonat und 3 bis 6 Proz. Calciumcarbonat, 18 bis 28 Proz. Sand u. dgl. Die damit behandelten Abwässer ergaben selbstverständlich mangelhafte Reinigung.

Zu Stroud in Gloucestershire werden 100 cbm Kanalwasser mit etwa 40 k Ton, der einige Tage mit 7 k Schwefelsäure behandelt ist (also rohes schwefelsaures Aluminium), versetzt und nach dem Klären durch Koks filtriert[4]. Das abfließende Wasser ist, wie Analysen 3 und 4 (S. 320) zeigen, sehr unvollkommen gereinigt, geht deshalb auch schon nach wenig Tagen in Fäulnis über. Auch in Asnières bei Paris war durch *Dumas* eine größere Versuchsanstalt zur Reinigung des Kloakenwassers mit eisenhaltigem Aluminiumsulfat eingerichtet. Nach *Grouven* wurde zwar sämtliche Phosphorsäure, aber nur 30 bis 33 Proz. Stickstoff gefällt. Mit der von *Lenk* vorgeschlagenen rohen, schwefelsauren Tonerde, der bisweilen auch Zinkchlorid, Eisenchlorid oder Soda zugesetzt wurde, hat die Berliner Kommission[5] ebenfalls durchaus ungenügende Resultate erhalten.

Zur Reinigung von Abwässern empfiehlt *Rohland*[6], dieselben mit plastischen Tonen zu mischen. Schon *Mollens* und *Gunkel*[7] haben 1902 die sauren Abwässer der Paraffinfabriken der *Riebeck*schen Werke in Webau, welche die Dorfteiche verunreinigten, durch Zusatz von blauem und buntem Ton verbessert und geklärt.

Nach *H. Wislicenus* und *H. Bucherer* (D. R. P. Nr. 202 166) wird das Wasser mit „gewachsener Tonerde" behandelt. Die Darstellung der gewachsenen Tonerde geht nach Angabe der Patentschrift von Aluminiummetallgrieß aus. Derselbe wird mit 10 Proz. Natronlauge unter starkem Schütteln bis zur heftigen Wasserstoffentwicklung angeätzt; der entstandene

[1] Vgl. Gesundheitsing. 1892, 585; 1897, 1; Chem. Centralbl. 1894, 1086.
[2] Zft. Unters. Nahrung 1898, 171.
[3] Zft. f. öffentl. Chem. 1899, 354.
[4] Desgl. *Richter* (D. R. P. Nr. 258 152).
[5] Reinigung und Entwässerung Berlins, Generalbericht S. 93 u. 239; Annal. d. Landw. 1869, 403.
[6] Chem. Ind. 1910, 143.
[7] Tonindustrieztg. 1907, 1535.

graue Schlamm mit Wasser mehrmals weggespült und Ätzung und Waschen erneuert. Das sauber gewaschene Metall wird darauf mit kleinen Mengen kalt gesättigter Quecksilberchloridlösung versetzt, der von neuem gebildete graue Schlamm abermals fortgespült und das Wasser bis zur Tropfenbildung abgegossen. Die Masse bleibt alsdann nach Zugabe einer kleinen Menge etwa 10 Proz. ätherischer oder alkoholischer Nitrobenzollösung, der gleichen Menge Alkohol und der Hälfte Wasser einige Stunden stehen. Die nun entstandene, aufgeblähte (sog. gewachsene) gelbliche Masse wird mit Alkhol abgespült, auf der Nutsche filtriert und nach sorgfältigem Trocknen in flachen Schalen bei mäßiger Rotglut geglüht.

Versuche von *H. Müller*[1] zeigen, daß sich mit Hilfe der „gewachsenen Tonerde" eine weitgehende Reinigung bakteriell verschmutzter Gewässer erreichen läßt. Steril werden jedoch die Flüssigkeiten nicht. Das Absterben der von der Tonerde zurückgehaltenen Keime ist in erster Linie auf den schädigenden Einfluß des Austrocknens zurückzuführen. Die Wirkung dieser Tonerde hält *Müller* für rein mechanisch, nicht bakterizid. Letztere tritt nur ein, wenn das Präparat noch quecksilberhaltig ist.

Der ABC - Prozeß (Alum, Blood and Charcoal oder Clay). *Sillar* und *Wigner*[2] versetzen das Kanalwasser mit einer aus folgenden Bestandteilen zusammengesetzten Mischung: Alaun, Blut, Ton, Magnesia, mangansaures Kalium, gebrannter Ton, Kohle und Dolomit in wechselnden Verhältnissen.

Nummer	Chemische Reinigung	Gelöst: Organischer Kohlenstoff	Gelöst: Organischer Stickstoff	Gelöst: Ammoniak	Gelöst: Stickstoff als Nitrate und Nitrite	Gelöst: Chlor	Gelöst: Gesamtgehalt	Suspend.: Gesamtgehalt	Suspend.: Darin organische Stoffe
1	Kanalwasser von Bradford . . .	63,0	5.8	18,4	0,1	65	799	510	361
2	Dass. n. d. Prozeß Holden . . .	35,8	8,7	15,2	3,7	68	1704	0	0
3	Kanalwasser von Stroud	22,9	13,3	31,5	0,4	—	485	430	279
4	Dasselbe nach der Behandlung mit Aluminiumsulfat	22,0	6,9	22,7	0,3	—	535	41	22
5	Kanalw.v.Leamington (Durchsch.)	66,6	19,5	99,9	0	153	1257	508	331
6	Dass. n. d. Behandl. m. der ABC-Mischung (Durchsch.)	61,3	19,3	110,2	0	153	1346	88	48
7	Londoner Kanalwasser	36,1	18,9	54,2	0	102	673	283	180
8	Dass. n. d. Behandl. m. d. Mischung	22,6	18,8	60,9	0	102	805	Sp.	Sp.
9	Kanalwasser von Northampton .	37,0	28,6	60,0	0	—	880	831	164
10	Dass. n. d. Behandl. mit Kalk und Eisenchlorid	18,4	17,8	50,0	0	—	885	10	—
11	Abwasser einer Druckerei	513,0	28,6	2,4	0	63	1630	—	—
12	Dass. n. d. Behandl. mit Kalk und Eisenchlorid und Filtration . .	445,7	35,4	4,5	0	—	2085	—	—

[1] Arb. a. d. Kais. Gesundheitsamt 1911, **36**, 461.

[2] Engineering, März 1876, S. 263; Oktober 1877, S. 290; März 1878, S. 166; Dezember 1880, S. 519; D. R. P. Nr. 2956.

Die Analysen 5 bis 8 (S. 320) zeigen, daß zwar die suspendierten Stoffe entfernt werden, der Gesamtgehalt an löslichen Stoffen aber vermehrt, der Stickstoff nur wenig vermindert ist. Der in Leamington erhaltene Schlamm bestand lufttrocken aus:

Organische Stoffe (darin 1,55 Stickstoff)	34,27
Ammoniak	0,16
Phosphorsäure	1,98
Ton und andere wertlose Stoffe	56,13
Wasser	7,46

Der von der englischen Kommission im Laboratorium ausgeführte Versuch mit Londoner Kanalwasser (Analysen 7 und 8) zeigt, daß der organische Stickstoff nicht ausgefällt wird, daß somit der erhaltene Dünger wertlos sein muß.

Phosphate wurden bereits mehrfach angewendet[1]. *Wolff*[2] empfiehlt sodann eine Lösung von phosphorsäurehaltiger Schlacke, *M. v. Maltzan* (D. R. P. Nr. 39 177) sog. Thomasschlacke. Zum Reinigen von Abwasser empfehlen *Liesenberg* und *Staudinger* (D. R. P. Nr. 55 281) eine Lösung von Phosphaten in Schwefligsäure. *Prange* und *Witthread* (engl. Pat. 6. Februar 1872) wollen die Kanalwässer durch Zusatz von saurem Calciumphosphat und Kalkmilch reinigen. Nach Versuchen von *A. Petermann*[3] hatte Kanalwasser vor (I) und nach der Reinigung (II) nach diesem Vorschlage folgende Zusammensetzung:

	Suspendiert			Auflösung								
	Organische Substanzen	Mineral-substanzen	Gesamt-	Organische Substanzen	Mineral-substanzen	Gesamt	Organischer Kohlenstoff	Organischer Stickstoff	Stickstoff als Ammoniak	Salpetersäure	Phosphorsäure	Chlor
I.	262	256	519	439	484	923	108	14	39	0	8	133
II.	15	42	57	175	594	769	69	9	42	0	Sp.	135

Das von *Dronke* (D. R. P. Nr. 5907) u. A. empfohlene Einpressen von Luft in das Wasser ist wirkungslos. Auch der Vorschlag von *König*, das Schmutzwasser über Drahtnetz rieseln zu lassen, ist nicht empfehlenswert (S. 230). Nach *Coleman*[4] ist das Lüften nur auf bereits gefaulte Stoffe von Wirkung; dann ist aber eine schwere Belästigung der Umgebung kaum zu vermeiden. Die von mehreren Seiten empfohlene Behandlung der Abwässer mit Schornsteingasen, welche gleichzeitig desinfizierend und konservierend wirken sollen, wird jedem Feuerungskundigen sonderbar erscheinen.

Muspratt und *Smith*[5] fanden, daß eine Lösung von Natriumhypochlorit mit 10 Proz. wirksamem Chlor im Verhältnis 1 : 100 zu Abwasser gemischt,

[1] *Fischer:* Die menschlichen Abfallstoffe, (Braunschweig 1882) S. 129.
[2] Zft. d. Ver. deutsch. Ing. 1887, 100.
[3] Bulletin de la station agricole de Gembloux, No. 11.
[4] Journ. Soc. Chem. Ind. 1886, 650.
[5] Journ. Soc. Chem. Ind. 1898, 529.

noch nach 4 Stunden mehr als 50 Proz. des ursprünglich vorhandenen Chlors enthält, und daß die Wirkung auf organische Substanzen relativ langsam erfolgt, während pathogene Keime bereits in 15 Minuten getötet werden[1].

Kellermann[2] und *Hill*[3] empfehlen für die Desinfektion von Abwasser mit Chlorkalk Vorversuche. Für gewerbliche Abwässer kann das kaum in Frage kommen.

Die Reinigung des Abwassers durch Elektrizität ist mehrfach vorgeschlagen[4]. Die direkte Wirkung auf die fäulnisfähigen Stoffe im Abwasser kann nur gering sein. Nach *Webster*[5] werden Eisen- oder Zinkelektroden verwendet[6]; hierbei lösen sich diese. Das Verfahren ist daher nichts anderes als ein chemisches Reinigungsverfahren und unterscheidet sich von letzterem nur dadurch, daß die fällenden chemischen Verbindungen erst durch den elektrischen Strom erzeugt werden, wobei, weil die Umsetzung stöchiometrisch verläuft, die Flüssigkeit, wenn sie ursprünglich neutral war, stets neutral bleibt.

Hermite will Meerwasser oder Chlormagnesiumlösung elektrolysieren und die chlorhaltige Flüssigkeit dem Kanalwasser u. dgl. zusetzen[7]. Oder das Chlor soll in dem Schmutzwasser selbst elektrolytisch erzeugt werden[8], was unpraktisch ist.

Klärrückstände. Bei allen Reinigungsverfahren ist die Beseitigung des Klärschlammes wichtig und oft schwierig[9]. Die einfachste und mit geringster Belästigung verbundene Methode der Schlammbeseitigung ist die Unterbringung des dünnflüssigen Schlammes auf genügend großen Ländereien. Der Schlammberieselung sollte daher mehr, als es bisher geschehen ist, der Vorzug gegeben werden, und zwar auch dann, wenn das Schlammwasser durch maschinelle Anlagen nach entfernt gelegenen Ländereien befördert werden muß. Nach *Metzger*[10] ist die Aufsammlung des Schlammes in der Umgebung der Kläranlage, sofern diese in der Nähe der Stadt liegt, zu vermeiden, da Belästigung durch Geruch, durch massenhafte Ansammlung von Fliegen und anderen Insekten und durch die spätere Abfuhr nicht zu vermeiden sind. Auch wird der Wert des Schlammes durch die hohen Unkosten der Abfuhr auf ein Minimum reduziert, wenn nicht ganz aufgehoben.

---

[1] Vgl. D. R. P. Nr. 105 317 u. 107 232.

[2] Techn. Gemeindebl. 1908, 310.

[3] Eng. Record 1911, 491.

[4] D. R. P. Nr. 40 427, 46 197, 75 377.

[5] Journ. Soc. Chem. Ind. 1890, 1093 u. 1101.

[6] Vgl. Gesundheitsing. 1892, 178; Archiv f. Hygiene **13**, 207.

[7] Hyg. Rundschau 1894, 337; Elektr. Zft. 1894, 84; Bull. Soc. chim. 1894, 650; Industries 1894; Fischers Jahresber. 1894, 420; 1909, 531.

[8] Elektrochem. Zft. 1909, 141.

[9] Vgl. *A. Elsner:* Die Behandlung und Verwertung von Klärschlamm (Leipzig 1910); *Schmidtmann, Thumm* und *Reichle:* Beseitigung der Abwässer und ihres Schlammes, Bd. 2, Abt. 2 des Handbuchs der Hygiene (Leipzig 1911).

[10] Gesundheitsing. 1908, 49.

Zur Beseitigung des vielen Wassers im Schlamm — bis 94 Proz. — ist nach *Reichle* und *Thiesing*[1] der Schlammschleuderapparat System *Schäfer-ter Meer* auch in hygienischer Hinsicht der vollkommenste, seither bekannt gewordene Apparat für die Entwässerung von Klärschlamm durch Zentrifugieren.

Die Schlammtrocknung durch Ausbreiten auf drainierten Flächen besprechen *Imhoff*[2], *Steuer*[3] und *Spillner*[4].

Wiederholt wurde versucht, den Klärschlamm als Brennstoff zu verwerten. *Rothe & Co.* (D. R. P. Nr. 179 276) wollen den Schlamm mit Kohlebrei mischen, was selten vorteilhaft sein wird.

Die Verwendung des Schlammes zur Herstellung von Gas bespricht *Neumann*[5]. Nach Versuchen von *Schury*[6] betrugen die Kosten für Vergasung von 1 cbm Schlamm 36 bis 50 Mk. 1 cbm Schlammgas kostete 36 bis 42 Pfg., dasselbe hatte einen Heizwert von 3000 bis 3370 w, die Leuchtkraft war so gut wie Null, nämlich nur 0,2 bis 0,6 H. K.

In Brünn[7] wird der Schlamm durch abwechselnde Verwendung von Vakuum und Preßluft getrocknet, dann in Retorten entgast. Das Gas hatte folgende Zusammensetzung:

Wasserstoff	41,7
Methan	23,2
Kohlenoxyd	14,4
Schwere Kohlenwasserstoffe	7,3
Kohlensäure	2,2
Sauerstoff	0,8
Stickstoff	7,9
Heizwert w	4759

Der Schlamm war offenbar sehr verschieden von dem vorigen.

Die Herstellung von Kraftgas[8] aus Klärschlamm versuchte die *Gasmotorenfabrik Deutz*. Nach *Reichle* und *Dost*[9] zeigten Versuche mit Schlamm vom Kohlebreiverfahren (S. 308), daß die Vergasung nur bei einem 58 Proz. nicht übersteigenden Wassergehalt möglich ist. Die Reduktion des Wassergehalts von über 90 Proz. bis auf 64 bis 68 Proz. erfolgt am raschesten durch Pressen des Schlamms; die weitere Trocknung kann zu geeigneter Jahreszeit an der Luft erfolgen. Im Winter läßt sich die weitere Trocknung nur auf künstlichem Wege durchführen. Bei den Versuchen wurden für Pferdekraft und Stunde 2,5 k abgetrockneter Schlamm von 50 bis 58 Proz. Wasser-

[1] Mitt. a. d. K. Prüfungsanst. f. Wasser, Heft 10, Sonderabdr.
[2] Gesundheitsing. 1910, 880; 1911, 357.
[3] Gesundheitsing. 1911, 217, 357.
[4] Mitt. a. d. K. Prüfungsanst. f. Wasser 1911, Heft 14, S. 27.
[5] Gesundheitsing. 1904, 536.
[6] Mitt. a. d. K. Prüfungsanst. f. Wasser 1905, Heft 5, S. 52.
[7] Gesundh. 1910, 25; Journ. f. Gasbel. 1911, 1113.
[8] *F. Fischer:* Das Kraftgas (Leipzig 1911).
[9] Mitt. a. d. K. Prüfungsanst. f. Wasser 1907, Heft 8, S. 146.

gehalt benötigt. Der Anteil des Heizwertes der eigentlichen Schmutzstoffe betrug 11 Proz., kann jedoch bei Verbesserung des Verfahrens bis 30 Proz. und mehr des Gesamtheizwertes betragen. Das erzeugte Gas war heizwertarm (rund 800 w); bemerkenswert war das Fehlen des Methans.

Beachtenswert ist der Fettgehalt des Klärschlamms. Nach *Bechhold*[1] enthält der Klärbeckenschlamm zu Frankfurt ein leicht verseifbares Gemisch von Fetten und freien Fettsäuren; ein Teil der letzteren ist an Basen gebunden. Abgelagerte Schlammproben aus dem Schlammbecken wiesen einen Fettgehalt von 2,27 Proz. auf, von denen 27,8 Proz. an Basen gebundene Fettsäuren waren. Der frische, den Kammern entnommene Schlamm zeigt einen Gesamtfettgehalt (einschließlich gebundener Fettsäuren), der je nach der Entnahmestelle und der Zeit der Entnahme 3,38 bis 26,79 Proz. beträgt. Der an der Wasseroberfläche der Kammern flottierende Schaum enthält bis 80,29 Proz. Fett (einschließlich gebundener Fettsäuren). Die größte Menge des von den Sielwässern mitgeführten Fettes setzt sich von der Mitte bis zum Ende der Klärkammern nieder, während der Schlamm der Einlaufgalerie einen relativ geringen Fettgehalt aufweist. Unter Zugrundelegung der Probenahmeergebnisse von Mai bis Juli 1893 wurden im Jahre 1893 etwa 698 476 k Fett von den Frankfurter Sielwässern weggeschwemmt; das ergibt auf den Kopf der Bevölkerung etwa 3,58 k pro Jahr (aus Seife, unverdautem Fett, Spülicht usw.). Die an Basen gebundenen Fettsäuren werden allmählich und erst bei Zusatz größerer Säuremengen (35 bis 50 Gewichtsproz.) vollständig frei. Von *Schreiber* wird der Fettgehalt der städtischen Kanalwässer Deutschlands, der bislang in kanalisierten Städten unausgebeutet verloren ging, auf etwa 140 Mill. Kilogr. jährlich veranschlagt.

Nach *Grosse-Bohle* (D. R. P. Nr. 167 700) wird aus dem ursprünglichen oder mit Wasser verdünnten Schlamme das Fett durch Erhitzen abgeschieden und entfernt, um die Trocknung wesentlich zu erleichtern und einen als Düngemittel geeigneten lockeren Trockenschlamm zu erhalten, sowie Fett (Fettsäuren, Seife, Fettgas) daneben gewinnen zu können.

Nach *J. Großmann* (D. R. P. Nr. 234 807) wird das durch Zentrifugieren und nachfolgendes Erwärmen entwässerte Material in geeigneten Apparaten zuerst mit Schwefelsäure behandelt, darauf der Destillation mit überhitztem Wasserdampf unterworfen.

In größerem Maßstab wurde die Fettgewinnung nach dem Vorschlag von *Degener* (D. R. P. Nr. 122 921) von *Beck & Henkel* in Kassel im Jahre 1902 eingeführt, nach *Buttenberg*[2] durch Erhitzen des mit Schwefelsäure angesäuerten Schlammes auf 100° und Extraktion der getrockneten Schlammpreßkuchen durch Benzol, später durch Schwefelkohlenstoff. Die erhaltene Fettmasse wurde durch Destillation mit überhitztem Wasserdampf gereinigt, um dann zur Fabrikation von Kerzen und Seifen Verwendung zu finden[3]. *Bechold*

[1] Zft. f. angew. Chem. 1899, 851.
[2] Zft. f. angew. Chem. 1902, 1207.
[3] Gesundheitsing. 1904, 48 u. 506.

und *Voß* empfehlen, das Fett aus dem möglichst frischen, nassen Schlamm durch Extraktion mittels Schwefelsäure zu gewinnen.

In Bradford betrug nach *Forbat*[1] die Einnahme aus Fett, welches aus Abwasser gewonnen war, 120 000 Mk. Über die Betriebskosten ist nichts mitgeteilt.

Jedenfalls ist die Zusammensetzung des Klärschlammes so außerordentlich verschieden, daß über die Beseitigung oder Verwertung desselben nur von Fall zu Fall auf Grund von Analysen und Versuchen entschieden werden kann.

Biologische Verfahren.

Al. Müller (D. R. P. Nr. 9792) schlug vor, das Abwasser durchfaulen zu lassen, dann zu filtrieren; das Verfahren wurde unter Mitwirkung von *Schweder* auf der Zuckerfabrik Gröbers teilweise ausgeführt[2]. *Dibdin* sprach 1887 dieselbe Ansicht aus und begann 1892 mit seinen Versuchen bereits vorgeklärtes Abwasser durch Faulenlassen zu reinigen, später Oxydation[3], während *Cameron* 1896 Versuche mit rohem Abwasser begann (Septiktantverfahren).

Beim Faulverfahren läßt man den Schlamm in den Absitzbecken oder Brunnen (S. 300) absichtlich liegen und faulen. Besondere Vorkehrungen dafür konstruierten *Imhoff* (S. 303), *Scheven* (D. R. P. Nr. 187 723 u. 217 220). *Spillner* (D. R. P. Nr. 224 976), *Blunk* (D. R. P. Nr. 253 687 u. 256 283) u. A.

Von den nichtgelösten Stoffen werden in Faulbecken etwa 60 bis 70 Proz. entfernt. Diese Schlammverzehrung wird durch Bakterien, nach *Dunbar*[4] durch Enzym bewirkt. Von den gelösten organischen Stoffen wird nach einigen Angaben wenig entfernt, nach anderen wird die Oxydierbarkeit um 30 bis 50 Proz. vermindert, das Albuminoidammoniak um 20 bis 50 Proz. Dagegen wird der Gehalt an Ammoniak erhöht und besonders der an Schwefelwasserstoff. Unangenehm ist die Belästigung durch Geruch und Fliegen. Nach *Dunbar* ist das Faulverfahren kein selbständiges Abwasserreinigungsverfahren, sondern nur eine vorbereitende Methode, und zwar zurzeit ausschließlich für biologische Nachreinigung bzw. für Desinfektion. Es entlastet die für die definitive Reinigung bestimmten Anlagen a) durch Fernhaltung ungelöster Stoffe, und zwar in mindestens ebenso hohem Maße wie das Absitzverfahren und in fast so hohem Maße wie chemische Fällungsverfahren, b) durch Vergasung und Mineralisierung von etwa $^1/_3$—$^1/_2$ der im Rohwasser enthaltenen gelösten organischen Stoffe. — Die Menge des in den Faulbecken zurückgehaltenen organischen Schlammes wird durch den Faulprozeß erheblich vermindert. Die Sedimente werden durch den Faulprozeß in der Regel

[1] Gesundheitsing. 1906, 123.
[2] Viertelj. f. gerichtl. Med. 1898, Suppl. S. 100.
[3] Viertelj. f. öffentl. Gesundheitspfl. 1899, 187.
[4] *Dunbar:* Leitfaden für die Abreinigungsfrage (München 1907), S. 139.

in eine leicht drainierbare Substanz verwandelt. Diesen Vorzügen stehen gegenüber die Nachteile, daß die Abflüsse aus Faulkammern immer fauligen Charakter haben und bei jeder Bewegung und Durchlüftung durch Freiwerden von Fäulnisgasen einen üblen Geruch verbreiten, und die nachträgliche biologische Reinigung sich bei Faulkammerabflüssen in der Regel weniger günstig als bei frischen Abwässern abspielt.

Die biologischen Körper zum Oxydationsverfahren[1] werden aus körnigem Material aufgeschichtet. Sie werden entweder unterbrochen mit Abwasser gefüllt und wieder entleert, dann sind es Füllkörper; oder das Abwasser tropft in kleine Teile aufgelöst hindurch, dann spricht man von Tropfkörpern. Die eigentliche Reinigung, d. h. das Herausnehmen von gelösten und ungelösten Schmutzstoffen aus dem Abwasser, ist nach *Dunbar* eine Wirkung der Absorption, die von der dem Wasser dargebotenen Berührungsfläche ausgeübt wird. Daneben vollzieht sich der Abbau der ausgefangenen Schmutzstoffe unter dem Einfluß von Lebewesen bei Zutritt von Luftsauerstoff. Bei Füllkörpern ist die Verteilung des Wassers auf die Körper sehr einfach. Durch geeignete Bauart kann man üble Gerüche fast vollständig vermeiden. Die Körper sind bei richtiger Bauart auch während der Winterkälte des deutschen Klimas durchaus betriebssicher. Die Fliegenplage wird bei feinkörnigen Körpern vollständig und bei grobkörnigen nahezu vollständig vermieden. Dagegen bewältigen Tropfkörper bei gleicher Größe mehr Abwasser, sie leisten also mehr, besonders bei dünnem Wasser. Man kann die Körper, ohne der Lüftung zu schaden, sehr hoch aufbauen und damit an Platz sparen, auch zum Aufbau grobes Korn verwenden, und hat damit den Vorteil, daß das Material weniger verwittert und einfacher herzustellen ist. Ferner brauchen die Umfassungswände der Tropfkörper keinen Wasserdruck auszuhalten und können deshalb einfacher hergestellt oder ganz entbehrt werden.

Die Höhe richtet sich bei Füllkörpern nach der Korngröße. Je feiner das Korn ist, um so schwieriger ist die Lüftung und um so geringer darf die Körperhöhe sein, damit die Lüftung noch ausreicht. Bei grobem Korn über 8 mm kann man die Körper 1,5 bis 2 m hoch machen. Bei feinstem Korn bis herab zu 1 mm wird man noch 0,5 m Höhe ausführen können. Die Höhe der Tropfkörper ist fast unbeschränkt. Die größte bisher ausgeführte Höhe ist 6 m (Naumburg). Es hat viele Vorteile, die Körper recht hoch zu machen, denn man braucht dann weniger Platz, die Anlage ist billiger, und es ist leichter, das Wasser gleichmäßig zu verteilen, weil mehr Wasser auf die Oberflächeneinheit kommt.

Für die Lüftung braucht man bei Füllkörpern nur insofern zu sorgen, als die Lüftungszeiten eingehalten werden müssen. Die Körper sollen nach jeder Füllung wenigstens 2 Stunden leer stehen. Zum Vollstehen genügen

---

[1] Vgl. *K. Imhoff:* Mitt. a. d. K. Prüfungsanst. f. Wasser 1906, Heft 7, S. 1; *Thumm:* daselbst 1902, Sonderabdr. u. 1903, Sonderabdr.

$^1/_2$ bis 2 Stunden. Alle übrige Zeit ist möglichst zur Lüftung zu verwenden. Die Zeiten zum Füllen und Entleeren sollen also möglichst kurz sein, und während der Nachtzeit läßt man die Körper am besten leer stehen.

Nach *Köhler*[1] ist die Hauptsache für das tadellose Arbeiten der Tropffilter eine gründliche Bodenentwässerung, es genügt also nicht, den Filterboden mit Gefälle und mit Gefällerinnen zu versehen und ihn mit Schlacke zu verpacken, sondern die Durchführung von großen Luft- und Entwässerungsröhren durch die ganze Länge der Tropfkörper ist von größter Wichtigkeit. Er empfiehlt, große Lattenrohrkanäle über Eisenbügeln einlegen zu lassen von folgender Abmessung und Gestalt (Fig. 110). Am Anfang und Ende dieser Lattenrohrkanäle sind große Luft- und Einsteigschächte vorgesehen, so daß die Kanäle gut gespült und gereinigt werden können und weiter

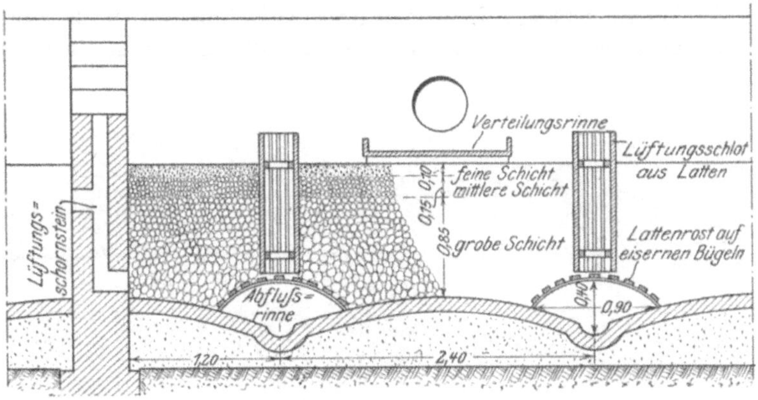

Fig. 110.

auch eine ausgezeichnete Durchlüftung der Tropfkörper bewirkt wird. Diese Durchlüftungskanäle haben dann eine außerordentliche Verbesserung der Klärung bewirkt.

Zur Reinigung der Abwässer von Wilmersdorf wird nach *Müller*[2] das durch Absetzbehälter vorgeklärte Wasser über biologische Tropfkörper geleitet. Für die Wasserverteilung über den biologischen Körpern ist das Sprinklerverfahren gewählt, weil es im Gegensatz zu festen Düsen, Rinnen u.dgl die gleichmäßigste Verteilung des Abwassers über die Oberfläche der Körper gewährleistet. Hieraus ergab sich die kreisrunde Form von selbst. Für den ersten Ausbau sind 56 Körper von je 20 m mittlerem Durchmesser und 2,5 m Höhe ausgeführt; jeder Körper hat 785 cbm Rauminhalt. Die Tropfkörper (Fig. 111) sind auf einer von dem Mittelpunkt nach den Seiten mit Gefälle versehenen, aus Beton hergestellten Grundplatte aufgebaut, auf der, des besseren Wasserabflusses wegen, Abzugleitungen aus Ziegelflachschichten verlegt sind. Die Abbauerzeugnisse der biologischen Körper können

[1] Journ. f. Gasbel. 1907, 213.
[2] Zft. d. Ver. deutsch. Ing. 1907, 2025.

hierdurch ungehindert abgeschwemmt werden, ohne sich anzusammeln und Fäulnisherde zu bilden. Das aus den Abzugsleitungen austretende Wasser fließt in eine den ganzen Körper umgebende muldenförmige Betonrinne, aus der es durch Schächte den unterirdischen Entwässerungsanlagen zufließt. Die Körper sind aus großstückigem Schmelzkoks aufgebaut; die Korngröße schwankt zwischen Faust- und Kopfgröße. Aus den ausgesucht größten Stücken ist eine etwa 0,5 m starke Schicht über den Abzugsleitungen sowie der äußere Mantel der Körper als Trockenpackung mit einer Böschung 4 : 1 hergestellt, während der Kern geschüttet ist. In Höhe von 1,25 m über der Sohle sind 8 von innen nach außen laufende, halbseitig durchlochte Tonrohrstränge eingebaut, um eine ausreichende Lüftung der Körper zu sichern. In der Mitte jedes Körpers ist der Sprinkler angeordnet. Er besteht im wesentlichen aus einem senkrechten gußeisernen Standrohr von 200 mm Durchmesser, das wasserdicht mit dem ebenso weiten Zuflußrohr des Körpers durch ein Kniestück verbunden ist. Der Kopf des Standrohres trägt ein kreisrundes,

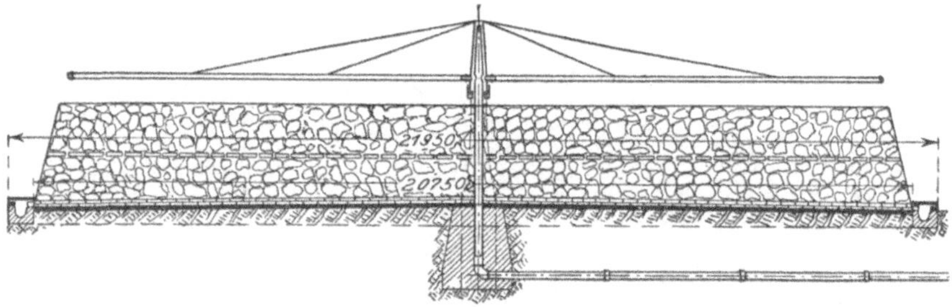

Fig. 111.

doppelwandiges Gefäß und den mit 4 Öffnungen versehenen festen Lagerstuhl der Sprinklerhaube. Diese Teile sind fest und starr unter sich und durch die Standrohranker mit einem Betongrundmauerwerk verbunden. Die Sprinklerhaube ruht drehbar mittels eines Spurzapfens auf dem Lagerstuhl und taucht glockenartig in die Quecksilberfüllung des feststehenden doppelwandigen Gefäßes. Die Tropfkörper werden mit Unterbrechung beschickt. Die Zeit zwischen zwei aufeinanderfolgenden Beschickungen hängt von der jeweilig zugepumpten Wassermenge sowie von der Einstellung des Schwimmers in der Sammelkammer ab. Sie beträgt etwa 12 Minuten, von denen $^1/_2$ bis 1 Minute auf die Beschickung der Tropfkörper, der Rest auf die Ruhepause zwischen zwei Beschickungen entfällt. Bei voller Ausnutzung der Kläranlage werden sich diese Werte auf etwa $^1/_2$ und 5, insgesamt also $5^1/_2$ Minuten verringern.

Zum Aufbau von Tropfkörpern empfiehlt *Weldert*[1] an erster Stelle sehr harten Schmelzkoks und aus hart gebrannten Klinkern geschlagene Ziegelbrocken. An zweiter bzw. dritter Stelle folgen die Kesselrostschlacke und Steinkohle, während Granit die niedrigsten Wirkungen lieferte.

[1] Mitt. a. d. K. Versuchsanst. f. Wasser, Heft 7, S. 160.

Bei Versuchen von *Thumm* dienten für das doppelte biologische Verfahren mit Sandnachbehandlung 3 Fässer I, II, III, für das einfache biologische Verfahren die anderen beiden Fässer IV und V. Die Fässer waren so angeordnet, daß das in I eingebrachte Schmutzwasser auf Faß II und III, und das in IV eingebrachte Rohwasser auf Faß V aufgeleitet werden konnte. Als Füllmaterial wurde für die primären Oxydationskörper I und IV und den sekundären Versuchskörper II die in den Tempelhofer biologischen Körpern sich findende Koksasche nach entsprechender Siebung gewählt, für den tertiären Oxydationskörper III und den sekundären Oxydationskörper V wurde Sand benutzt. Die Korngröße der Koksasche war bei I 8 bis 25 mm, bei II und IV 3 bis 8 mm, diejenige des Sandes bei III und V unter 3 mm. Die Dauer des Vollstehens belief sich bei I bis zum 25. September auf 2 Stunden, von da ab nur noch auf 1 Stunde, bei II während der ganzen Versuchsperiode auf 2 Stunden, bei III zu Beginn der Versuche bis zu $^1/_2$ Stunde, gegen Ende der Versuche nur noch 10 Minuten, bei IV anfänglich 4, späterhin 3 Stunden und bei V anfänglich bis zu $^1/_2$ Stunde, gegen Ende der Versuche nur noch 10 Minuten. Es wurde festgestellt, daß das längere oder kürzere Vollstehen der Körper auf die Klärwirkung keinen nennenswerten Einfluß hat, ebensowenig wurde ein Unterschied gefunden, ob die Füllung der Körper 1 mal oder 2 mal am Tage geschah. Die ausgeführten Analysen ergaben im Durchschnitt (mg im Liter):

	Rohwasser	Grobkörnige Koksasche I	Feinkörnige Koksasche II	Sand III	Feinkörnige Koksasche IV	Sand V
Suspendierte Stoffe (Gesamtmenge)	250	137	45	0	72	0
„ „ (Glühverlust)	220	116	35	0	63	0
Abdampfrückstand (Gesamtmenge)	1254	1146	1212	1340	1214	1356
„ (Glühverlust)	459	306	272	323	274	332
Gesamt-Stickstoff	142	98	73	35	79	35
Ammoniak-Stickstoff	116	79	38	8	54	9
Nitrat-Stickstoff	0	Spur	27	26	13	23
Nitrit-Stickstoff	0	Spur.	1	Spur.	0,5	0,7
Organischer Stickstoff	26	19	7	1	12	2,2
Chlor	246	232	230	228	230	231
Oxydierbarkeit ($KMnO_4$-Verbrauch)	372	283	194	112	210	126
Kohlensäure (gebundene)	198	207	187	97	234	152
„ (freie)	125	92	80	101	118	135
Eisen (Fe_2O_3)	Spur.	Spur.	Spur.	Spur.	Spur.	Spur.
Kalk (CaO)	103	112	140	154	161	183
Millionen Keime in 1 cc	16,9	12,4	5,6	1,1	7,4	1,8

Von *Zahn*[1] wurden die 4 aus feinkörnigem Material hergestellten primären Oxydationskörper Schlacke, Koks, Kies, Ziegel mit je 120 l des Materials, und die 4 Körper für die Sandnachbehandlung: Sand nach Schlacke, Sand

[1] Mitt. a. d. K. Prüfungsanst. f. Wasserversorg. 1903, Heft 2, S. 164.

nach Koks, Sand nach Kies, Sand nach Ziegel mit je 40 l Sand beschickt. Die Oxydationskörper wurden einmal täglich beschickt, und die Dauer des Vollstehens in ihnen belief sich während der ganzen Versuchsperiode auf 4 Stunden, in den Sandkörpern anfänglich auf 1, später, nachdem sich die Körper eingearbeitet hatten, auf $^1/_2$ Stunde. Die Abflüsse aus den primären Oxydationskörpern zeigten meist noch Trübungen und enthielten öfters noch wesentliche Mengen von suspendierten Stoffen, so daß sich beim Stehen ein geringer Bodensatz und eine leichte Schwimmhaut bildeten; jedoch unterschieden sie sich von dem Rohwasser, welches stets unter Schwefelwasserstoffbildung rasch in stinkende Fäulnis überging, wesentlich dadurch, daß schon innerhalb 2 Tagen in den weitaus meisten Fällen der noch bisweilen anhaftende schwach fäkalische bzw. dumpfe Geruch verschwand und in einen moorigen oder erdigen überging.

Im Gegensatz zu den Abflüssen aus dem Kies- bzw. Ziegelkörper konnte bei dem Schlacke- und Kokskörper beobachtet werden, daß die Färbungen, welche das Rohwasser infolge der Beimischung industrieller Abwässer häufig aufwies, ihm bei der Behandlung in den letztgenannten beiden Versuchskörpern fast immer genommen, also von diesen Materialien lebhafter zurückgehalten wurden, als von dem Kies bzw. den Ziegelbrocken. Von Stickstoffverbindungen konnten mit nur wenigen Ausnahmen bei allen Versuchskörpern, auch bei den primären, stets Nitrate und Nitrite in den Abflüssen nachgewiesen werden; Reduktionserscheinungen waren fast nie eingetreten. Der Ammoniakstickstoff erfuhr die größte Herabsetzung durch die Behandlung des Abwassers in dem Ziegelkörper mit etwa 68 Proz. und im Schlackekörper mit etwa 66 Proz., während der Kies- und der Kokskörper mit etwa 51 bzw. 45 Proz. in dieser Beziehung die geringere Wirkung aufzuweisen hatten. Die Abnahme des organischen Stickstoffs ist bei dem Ziegelkörper mit etwa 58 Proz. am größten, dann folgen der Kokskörper mit 53 Proz., der Schlackekörper mit 42 Proz., und den niedrigsten Erfolg mit nur etwa 37 Proz. zeigte der mit Kies beschickte Oxydationskörper. — Auch betreffs der Herabsetzung des Kaliumpermanganatverbrauches steht der Ziegelkörper in seiner Wirksamkeit an erster Stelle; durch den Aufenthalt in ihm wurden aus dem Rohwasser etwa 51 Proz. der oxydierbaren organischen Substanzen entfernt; an zweiter Stelle folgt der Schlackekörper mit 46 Proz., welchem der Kokskörper mit 44 Proz. sehr nahe steht, und die geringste Wirkung weist wiederum der Kieskörper mit 30 Proz. auf.

Auf die Versuche von *Dziergowsky*[1], *Schumacher*[2] und *Dunbar*[3] sei verwiesen. Sie bestätigen, daß es wesentlich ein Verwesungsprozeß unter Wärmeentwicklung ist.

---

[1] Gesundheitsing. 1907, 1 u. 277; Fischers Jahresber. 1907, 519.
[2] Zft. f. angew. Chem. 1907, 887.
[3] Viertelj. f. öffentl. Ges. 1899, 625; Journ. f. Gasbel. 1900, 77; *Dunbar* u. *Thumm:* Beitrag zum derz. Stand der Abwasserfrage (München-Berlin 1902); *Dunbar:* Leitfaden für die Abwasserreinigungsfrage, 1907.

Wo daher die Berieselung nicht ausführbar, ist dieses biologische Oxydationsverfahren — vergleichbar mit der intermittierenden Filtration — empfehlenswert.

Berieselung.

Die ersten Rieselflächen für städtische Kanalwässer wurden für die Stadt Buntzlau im Jahre 1559 angelegt, nachdem 1531 mit den Kanalisationsanlagen angefangen war. Gegen Mitte des vorigen Jahrhunderts verbreitete sich die Berieselung in England, dann folgt wieder Deutschland; die Anlagen für Berlin sind die bedeutendsten der Welt. Es ist hier nicht der Ort, auf die Technik der Berieselung[1] ausführlicher einzugehen, da diese Sache des Kulturingenieurs und des Landwirtes ist; es kann nur auf die Reinigung und Ausnutzung der Schmutzwässer eingegangen werden.

Über die englischen Rieselfelder liegen umfassende Kommissionsberichte[2] vor, auf welche verwiesen werden muß; hier mögen nur folgende Analysen angeführt werden:

Durchschnittswerte (mg im Liter)	Gesamtgehalt an löslichen Stoffen	Organ. Kohlenstoff	Organ. Stickstoff	Ammoniak	Stickstoff als Nitrate und Nitrite	Gesamtstickstoff	Chlor
Norwood vor der Berieselung	949	39,7	15,9	60,3	0	65,5	86,6
„ nach „ „ Frühling . .	881	15,0	3,0	8,2	2,2	11,9	83,7
„ „ „ „ Sommer . .	886	18,8	3,1	4,6	6,6	13,6	110,3
„ „ „ „ Herbst . . .	870	13,5	2,0	8,4	7,3	16,3	89,4
„ „ „ „ Winter . . .	870	12,7	2,7	8,8	3,1	12,6	77,1
„ „ sieben Nächten Frost . . .	888	13,6	4,1	11,5	1,6	15,3	88,4
Croydon vor der Berieselung	457	25,1	10,5	30,1	—	35,3	42,3
„ nach „ „ Frühling . .	354	5,9	1,0	0,7	2,3	3,9	23,2
„ „ „ „ Sommer . .	354	6,1	1,3	0,7	1,6	3,0	25,7
„ „ „ „ Herbst . . .	431	6,9	1,4	1,9	5,9	7,9	32,3
„ „ „ „ Winter . . .	406	6,1	1,5	2,0	5,3	8,5	27,2
„ „ sieben Nächten Frost . . .	456	5,9	2,4	3,7	4,5	9,9	28,8

Danach beeinflußte weniger die Jahreszeit als die Konzentration des Kanalwassers seine Reinigung.

Größere Rieselanlagen haben in Deutschland zuerst die Städte Danzig, Breslau und besonders Berlin angelegt, denen dann andere folgten.

In Danzig wird seit 1872 das Kanalwasser durch ein 3170 m langes eisernes Rohr nach dem Dünengebiet bei Weichselmünde gepumpt. Bei dem

[1] Vgl. Dingl. pol. Journ. (1824) **13**, 410; (1829) **34**, 162; (1835) **57**, 320; (1852) **124**, 306; (1859) **152**, 220.

[2] *Ferd. Fischer:* Die menschlichen Abfallstoffe (Braunschweig 1882), S. 134.

Besuche des Verf. in Danzig (23. Juli 1874) waren etwa 130 ha geebnet und mit Rüben, Hafer, Raps, Tabak, Hanf, Mais, Buchweizen u. dgl. bepflanzt. Alles stand vortrefflich[1].

Die Rieselanlagen der Stadt Breslau[2] zu Oswitz und Ransern umfassen 1276 ha, wovon etwa 689 ha berieselbar sind. Das Wasser wird durch ein 1400 m langes und 0,9 m weites Rohr nach den Rieselfeldern gepumpt. Nach den Analysen von *B. Fischer* enthielt das Wasser aus dem Sandfange der Pumpstation von Zehndelberge (I) und das gleichzeitig aus dem Hauptentwässerungsgraben der Rieselfelder entnommene gereinigte Wasser (II) mg im Liter:

	9. April 1889		9. Juli 1889		17. Sept. 1889		12. Nov. 1889		14. Jan. 1890		11. März 1890	
	I	II	I	II	I	II	I	II	I	II	I	II
Suspend. Stoffe bei 100°	357	17	437	9	968	15	464	12	532	16	522	19
Organische	257	—	324	—	387	—	432	—	492	—	414	—
Gelöste Stoffe bei 180°	709	430	890	467	343	469	733	451	741	497	876	482
Organische	243	63	338	122	103	61	176	122	219	98	288	50
Ammoniak	100	4	137	3	27	3	112	1	102	2	137	5
Chlor	132	72	171	88	53	94	152	80	169	87	185	89
Schwefelsäure	94	104	42	105	26	93	86	108	98	112	81	107
Phosphorsäure	23	—	31	—	12	—	28	—	9	—	36	—
Kalk	84	94	87	92	63	92	113	92	112	103	70	88
Magnesia	14	13	13	19	13	19	24	20	21	23	37	21
Permanganatverbrauch	189	8	185	138	10	19	219	15	183	9	241	17
Salpetersäure	—	—	—	Sp.	—	Sp.	—	21	—	18	—	4

Spätere Analysen von *B. Fischer* ergaben für Breslauer Kanalwasser bei der Pumpstation am Zehndelberge entnommen (I), dasselbe nach der Berieselung aus den Hauptentwässerungsgräben oberhalb Ransern (II) und an der Oswitz-Ransener Grenze (III) folgende Zusammensetzung (mg im Liter):

	April 1897			Juni 1897			August 1897		
	I	II	III	I	II	III	I	II	III
Suspendierte Stoffe	317	21	8	285	49	21	279	5	4
Organische	216	—	—	199	—	—	201	—	—
Gelöste Stoffe	970	543	555	622	542	420	681	483	523
Chlor	259	100	105	101	94	94	101	87	87
Kieselsäure	12	13	13	14	15	11	15	24	9
Schwefelsäure	72	82	93	63	92	64	68	88	101
Salpetersäure	—	—	15	—	3	11	—	6	19
Phosphorsäure	17	—	—	9	—	—	10	—	—
Ammoniak	50	13	3	51	5	1	36	3	1
Gesamtstickstoff	57	11	8	58	11	11	46	4	6
Calciumoxyd	87	91	85	81	88	91	88	89	88
Magnesiumoxyd	21	20	19	23	20	20	19	91	22
$KMnO_4$-Verbrauch	266	38	33	297	39	47	242	30	30

[1] Vgl. Viertelj. f. öffentl. Gesundh. 1875, 39, 75, 721 u. 736; 1876, 569.
[2] Zft. f. angew. Chem. 1889, 154; Berichte d. Laboratoriums.

	Oktober 1897 I	II	III	Dezember 1897 I	II	III	Februar 1898 I	II	III
Suspendierte Stoffe	363	13	15	461	65	42	309	7	4
Organische	239	—	—	327	—	—	228	—	—
Gelöste Stoffe	673	546	565	980	553	573	797	573	560
Chlor	142	105	106	268	105	97	166	105	102
Kieselsäure	26	17	25	64	39	55	20	14	20
Schwefelsäure	88	86	92	90	92	101	90	99	93
Salpetersäure	fehlt	12	18	—	—	26	—	Sp.	25
Phosphorsäure	24	—	—	20	—	—	21	—	—
Ammoniak	60	5	3	93	13	5	76	6	7
Gesamtstickstoff	55	9	11	92	16	5	93	17	18
Calciumoxyd	84	89	88	58	94	94	84	113	123
Magnesiumoxyd	22	20	21	24	21	22	22	20	18
$KMnO_4$-Verbrauch	221	31	31	262	45	41	256	31	35

Die Chlorgehalte stimmen nicht. Spätere Analysen (S. 334) ergaben:

Von den Pumpstationen wurden nach den Rieselgütern Berlins[1] (1899) folgende Abwassermengen gefördert:

Geförderte Wassermenge nach	cbm	Zur Berieselung geeignete Flächen ha	Auf die berieselte Fläche kamen für Jahr und ha cbm	für Tag und qm l
Osdorf	16 280 064	887	18 363	5,03
Großbeeren	12 617 691	789	16 000	4,38
Falkenberg	9 883 314	736	13 428	3,68
Malchow	10 330 892	1016	10 168	2,78
	49 111 961	3428	14 327	3,92

Die tägliche Rieselhöhe betrug somit im Jahre 1889/90 3,92 mm, gegen 3,84 mm im Jahre 1888/89. Die den vorhandenen 7 Radialsystemen angeschlossenen Grundstücke hatten 1 230 737 Einwohner, so daß auf jeden Einwohner täglich 109 l kamen und 1 ha Rieselfläche das Abwasser von 360 Personen (gegen 370 im Vorjahre) aufnahm. Zu den nachfolgenden Analysen ist zu bemerken, daß das Admiralitätsgartenbad jährlich etwa 2 000 000 k Chlornatrium in das nach Osdorf entwässernde Radialsystem III lieferte. Das Drainwasser von Bassin IV in Osdorf erinnerte an verdünntes Abwasser der Anilinfabrik, welche hierher entwässerte. Das nach den Rieselgütern geförderte Kanalwasser (Spüljauche) hatte 1888/89 folgende Zusammensetzung (mg im Liter):

	Osdorf 14.6.88	14.1.89	Großbeeren 18.12.88	Falkenberg 17.7.88	5.12.88	3.1.89
Suspendiert:						
Trockenrückstand	444	1019	974	1237	1141	1082
Glühverlust desselben	279	830	719	901	759	720
Phosphorsäure	9	18	14	16	25	7

[1] Vgl. Zft. f. angew. Chem. 1889, 124; 1890, 380.

In 1 Liter Wasser sind enthalten	April 1907				August 1907				Februar 1908			
	Entw. Gr. Rans.	Entw. Gr. Osw. R.	P. St.	Weidenh. Entw. Gr. P. St. R.	Entw. Gr. Rans.	Entw. Gr. Osw. R.	P. St.	Weidenh. Entw. Gr. P. St. R.	Entw. Gr. Rans.	Entw. Gr. Osw.	P. St.	Weidenh. Entw. Gr. P. St. R.
Suspendierte Stoffe	67	23	492	20	28	15	500	58	74	73	904	62
Glühverlust	—	—	330	—	—	—	218	—	—	—	679	—
Glührückstand	—	—	162	—	—	—	282	—	—	—	225	—
Gelöste Stoffe	664	676	851	544	628	630	763	580	684	743	1021	605
Glühverlust	109	84	299	80	45	56	160	55	78	82	271	72
Glührückstand	554	592	552	464	582	573	602	525	605	660	750	532
Chlor Cl	122	122	132	97	119	121	132	115	141	142	197	112
Kieselsäure SiO_2	14	20	23	16	15	14	21	14	14	14	19	14
Schwefelsäure SO_3	123	133	126	98	112	118	87	89	112	120	88	96
Salpetersäure N_2O_3	26	0,0396 als N_5O_2 ber.	—	0,0496 als N_2O_5 ber.	0	257	—	—	Sp.	Sp.	—	Sp.
Salpetrige Säure	—				—	Sp.		—	—	—	—	—
Phosphorsäure P_2O_5	—	—	24	—	—	—	15	—	—	—	31	—
Ammoniak NH_3	12	6	99	8	5	2	94	8	16	18	150	15
Gesamtstickstoff N	12	7	101	9	6	3	77	7	16	20	152	13
Albuminoid-Stickstoff N	1	1	10	1	1	Sp.	6	1	4	7	23	4
Calciumoxyd CaO	107	115	81	110	104	109	116	77	111	107	98	106
Magnesiumoxyd MgO	25	21	23	19	23	24	23	20	25	26	24	23
Eisenoxyd und Tonerde $Al_2O_3 + Fe_2O_3$	1	4	5	3	3	3	3	1	8	6	4	7
Gesamthärte	10,4°	11,6°	8,3°	12,6°	9,9°	10,6°	9,2°	11,1°	11,6°	11,2°	9,6°	11,9°
Bleibende Härte	8,2°	6,4°	8,1°	6,0°	5,6°	6,6°	5,5°	5,4°	6,4°	6,3°	7,4°	6,2°
$KMnO_4$-Verbrauch für 1 l Wasser	62	48	371	25	42	45	375	52	42	79	356	65

Entw. Gr. Rans. = Rieselwasser aus dem Haupt-Entwässerungsgraben oberhalb der Pumpstation Ransern. Entw. Gr. Osw. R. = Rieselwasser aus dem Haupt-Entwässerungsgraben an der Oswitz-Ransener Grenze. P. St. = Kanalwasser aus dem Sandfang der Haupt-Pumpstation am Zehndelberg. Weidenh. Entw. Gr. P. St. R. = Rieselwasser aus dem Weidenhofschen Haupt-Entwässerungsgraben oberhalb der Pumpstation Ransern.

	Osdorf		Großbeeren	Falkenberg		
	14.6.88	14.1.89	18.12.88.	17.7.88	5.12.88	3.1.89
Gelöst:						
Trockenrückstand	1246	1058	959	1257	1369	1262
Glühverlust desselben	219	304	209	418	413	491
Übermangansaures Kali erfordert	278	332	343	328	453	480
Ammoniak und organ. geb. Ammoniak	78	196	109	92	179	131
Salpetrigsäure	—	—	—	—	—	—
Salpetersäure	—	—	—	—	—	—
Schwefelsäure	101	86	71	57	71	94
Phosphorsäure	22	43	25	22	33	24
Chlor	391	230	210	289	336	209
Kali	54	61	69	79	77	92
Natron	349	203	214	304	291	233

Im nächsten Jahre ergaben die Analysen des Kanalwassers:

	Großbeeren	Osdorf	Osdorf	Malchow	Malchow	Falkenberg	
	1.10.89	30.9.89	30.9.89	30.10.89	1.2.90	1.10.89	3.2.90
Suspendiert:							
Trockenrückstand	865	1866	1283	918	925	6883	925
Glühverlust	542	1063	874	762	673	4466	673
Phosphorsäure	25	36	12	10	15	9	15
Gelöst:							
Trockenrückstand	1007	1058	971	1346	1265	1198	1482
Glühverlust desselben	311	349	286	263	377	405	430
Übermangans. Kali erfordert	281	307	291	354	458	408	569
Ammoniak / Organ. gebund. Ammoniak	96	137	116	129	90	140	163
Salpetrigsäure	—	—	—	—	—	—	—
Salpetersäure	—	Sp.	—	—	—	Sp.	—
Schwefelsäure	50	30	84	119	168	45	60
Phosphorsäure	21	37	37	27	22	34	33
Chlor	244	261	198	191	233	195	385
Kali	54	91	59	71	66	74	87
Natron	239	412	230	399	210	256	323

Danach ergeben sich im Mittel an düngenden Bestandteilen im Liter:

	1888/89	1889/90
Phosphorsäure	42 mg	48 mg
Kali	68 „	71 „
Ammoniak	131 „	124 „

Zu berücksichtigen ist, daß der Stickstoff der suspendierten Stoffe gar nicht, der der gelösten nicht völlig bestimmt ist. Legt man aber diese Zahlen zugrunde, so wurden im Jahre 1889/90 mit dem Abwasser auf die Rieselgüter geschafft (abgerundet):

Ammoniak	6150 t
Phosphorsäure	2500
Kali	3500

In Wirklichkeit ist dieser Betrag jedenfalls niedriger, da die Proben lediglich dem stark verunreinigten Tagesabwasser entnommen sind, ohne Rücksicht auf das Nachtwasser, wie S. 213 gezeigt wurde.

Die Untersuchung der Drainwässer ergab (mg im Liter):

	Wiesen					
	Falkenberg		Osdorf	Osdorf	Großbeeren	Osdorf
	15. 4. 89	15. 7. 89	30. 4. 89	30. 6. 89	15. 7. 89	6. 9. 89
Trockenrückstand . .	1090	1346	1017	1441	722	1241
Glühverlust desselben .	108	234	139	243	130	151
Übermang. Kali erford.	19	42	27	22	33	32
Ammoniak	0,9	6,4	0,8	0,4	0,9	0,8
Organ. geb. Ammoniak.	0,6	0,8	0,4	Spur	0,3	0,4
Salpetrigsäure	4	5	—	—	—	7
Salpetersäure	88	228	180	231	81	146
Phosphorsäure	3	4	2	4	3	Spur
Chlor	186	223	206	278	189	301
Kali	—	—	—	—	19	—
Natron	—	—	—	—	178	—
Keime in 1 cc	960	9900	14400	2040	297000	24200

	Beetanlagen						
	Malchow	Malchow	Großbeeren	Falkenberg	Blankenburg	Falkenberg	Osdorf
	15. 4. 89	1. 5. 89	15. 5. 89	15. 5. 89	3. 6. 89	15. 6. 89	8. 7. 89
Trockenrückstand . . .	1001	1053	1260	1089	1441	1442	1114
Glühverlust desselben .	116	114	190	121	243	178	171
Übermang. Kali erford..	14	16	75	38	22	23	15
Ammoniak	0,3	0,1	12,8	3,6	0,4	3,2	0,3
Organ. geb. Ammoniak	0,4	Spur	2,0	0,8	Spur	0,3	Spur
Salpetrigsäure	—	—	28	7	—	—	—
Salpetersäure	130	136	118	109	231	215	174
Phosphorsäure	2	3	3	3	4	Spur	4
Chlor	158	158	187	189	278	214	197
Kali	—	11	—	—	—	—	—
Natron	—	184	—	—	—	—	—
Keime in 1 cc	1096	260	43 200	10 080	2040	3680	780

Diese Analysen sowie die in anderen Jahren ausgeführten[1] bestätigen, daß das Wasser viel besser gereinigt wird, als durch irgendein Fällungsverfahren.

[1] Zft. f. angew. Chem. 1889, 124; 1890, 381; 1892, 200; Dingl. pol. Journ. **240**, 460; **247**, 460.

Der durchschnittliche Ernteertrag der berieselten Flächen war 1889/90:

Fruchtart	Bestellte Fläche ha	Gesamt-Durchschnitt: Ernte auf 1 ha: Körner oder Wurzel k	Stroh k	Verkaufs- bzw. Verbrauchswert für 1 hk: Körner oder Wurzel M.	Stroh M.	Gesamt-Durchschnittsertrag für 1 ha M.
Winterweizen	108	1 546	2 210	18,71	3,74	372,06
Winterroggen	321	1 862	2 812	17,02	4,36	437,31
Sommerweizen	267	1 148	2 075	18,27	4,26	295,99
Sommerroggen	14	900	2 180	13,79	4,05	212,40
Gerste	47	1 296	2 170	14,10	4,04	269,50
Hafer	391	1 299	2 662	15,93	3,92	309,66
Winterraps	23	1 050	4 350	28,72	1,00	345,06
Winterrübsen	44	844	997	27,97	1,18	247,83
Sommerraps	25	377	1 802	26,38	1,00	116,25
Senf	4	260	1 250	20,34	1,00	65,38
Futterrüben	266	40 523	—	1,20	—	486,57
Möhren	23	39 305	—	1,81	—	697,52
Kartoffeln	67	15 518	—	2,27	—	346,53
Kohl	40½	14 738	—	249	—	367,70
Wiesen (Gras)	665	—	58 069	—	0,504	294,41

Die Untersuchung des Kanalwassers im Jahre 1899 ergab, daß die suspendierten Teile wesentlich organischer Natur waren. Gelöst waren im Liter mg:

	Osdorf 18.10.99	Großbeeren 9. 3. 00	Sputendorf 21. 7. 99	Malchow 23. 9. 99	Falkenberg 10. 3. 00	Sputendorf 18. 9. 99	Blankenfeld 18.10.99
Trockenrückstand	1399	1579	794	1043	1080	750	1029
$KMnO_2$ erfordert	379	490	300	344	477	288	385
Ammoniak	85	88	85	90	85	88	102
Salpetrige Säure	—	—	—	—	—	—	—
Salpetersäure	—	—	—	—	—	—	—
Phosphorsäure	14	16	18	7	13	9	19
Schwefelsäure	97	131	17	49	84	12	60
Chlor	380	506	178	199	268	166	214
Kali	64	64	41	63	63	50	77
Natron	376	454	182	222	213	134	227

Die Untersuchung der Drainwasserproben ergab z. B. für Osdorf (mg im Liter):

	Drainwasser: Wiese 10. 5. 99	Wiese 8. 9. 99	Beet 19. 6. 99	Beet 9. 9. 99	Beet 2. 10. 99
Trockenrückstand	1306	1414	1411	1469	1264
Glühverlust desselben	130	129	172	168	98

	Drainwasser				
	Wiese 10. 5. 99	Wiese 8. 9. 99	Beet 19. 6. 99	Beet 9. 9. 99	Beet 2. 10. 99
Übermangans. Kali erfordert . .	30	27	39	44	39
Ammoniak	0,5	0,3	3,6	1,6	0,8
Organ. gebund. Ammoniak . . .	Spur	Spur	0,5	0,8	0,4
Salpetrige Säure	2,6	—	5,5	4,8	0
Salpetersäure	117	156	263	200	66
Phosphorsäure	Spur	Spur	Spur	Spur	Spur
Schwefelsäure	—	130	—	—	—
Chlor	320	380	271	362	421
Kali	—	30	—	—	—
Natron	—	512	—	—	—
Keime in 1 cc	1875	5760	6860	61 920	32 000

Das Radialsystem I, von welchem die Spüljauche nach Osdorf, zum Teil auch nach Großbeeren gelangt, nimmt die Abwässer der Anilinfabrik vor dem Schlesischen Tore auf, welche große Mengen von Kochsalz und etwas Chlorcalcium enthalten. Nach einer Analyse vom 28. November 1888 betrug der Kochsalzgehalt dieser Abwässer (das Chlorcalcium gleichfalls auf Chlornatrium umgerechnet) 4,86 Proz., nach einer Analyse vom 11. März 1896 4,42 Proz., 1 cbm enthält also 48,6 bzw. 44,2 k Salz. In den Betriebsjahren 1891/92, 1892/93, 1893/94 lieferte die Anilinfabrik durchschnittlich 86 832 cbm Abwässer und damit 4 220 035 bzw. 3 837 974, also rund 4 000 000 k Salz jährlich. Seitdem ist die Fabrik noch erweitert und am 20. Januar 1896 ist der Erweiterungsbau der Fabrik an die Kanalisation angeschlossen worden. Der Nachweis eines erheblichen Gehaltes der nach Osdorf gelangenden Spüljauche an Abwasser der Anilinfabrik läßt sich auch direkt führen. Wenn man die Osdorfer Spüljauche durch Zusatz von Eisenammoniakalaun klärt und filtriert, so erhält man nicht wie bei den anderen Spüljauchen ein klares, farbloses Filtrat, sondern ein mehr oder weniger rotgefärbtes. Dieser rote Farbstoff ist nicht selten sogar im Drainwasser anzutreffen. Dasselbe gibt dann beim Verdampfen von 250 cc zur Trockne einen rotgefärbten Rückstand. Fällt man das etwas eingedampfte Wasser mit Barytwasser aus und filtriert, so zeigt das Filtrat eine zwar schwache, aber deutlich wahrnehmbare grünliche Fluorescenz.

Als zweite abnorme Quelle des Kochsalzes kommen die Solbäder in Betracht, jedoch ist der Salzzuwachs von dieser Seite verhältnismäßig unbedeutend, wie nachfolgende Zusammenstellung zeigt, welche aus dem Salzgehalt der Sole und ihrer Menge berechnet ist.

Rieselfeld	Solbäder	Salzmenge pro Jahr k
Osdorf . . . . Großbeeren	Friedrichstraße 8 Louisen-Ufer 22	173 475
Sputendorf.	Lützowstraße 74 Friedrichstraße 102	226 008

Rieselfeld	Solbäder	Salzmenge pro Jahr k
Malchow	Reinickendorfer Straße 2a	21 418
Falkenberg	Alexanderplatz 3	71 584
Blankenfelde	Paulstraße 6	34 991

Unter Zugrundelegung der in dem Verwaltungsbericht für 1896/97 mitgeteilten Zahlen für die Quantität der auf die einzelnen Rieselfelder pro Jahr entfallenden Spüljauchemenge, sowie der aptierten Flächen, nämlich:

		Aptierte Fläche
Osdorf	8 977 265 cbm	772 ha
Großbeeren	11 428 662	1 048
Sputendorf	13 017 042	832
Falkenberg	13 981 602	1 090
Malchow	14 942 936	1 016
Blankenfelde	9 239 905	703

ergibt sich bezüglich der Verteilung der Salzmenge für die einzelnen Rieselgüter folgendes: Es gelangen pro Jahr Salz (die Zahlen sind abgerundet) nach:

	im ganzen	auf 1 ha
Osdorf	6 113 500 k	7 919 k
Großbeeren	6 091 500	5 813
Sputendorf	3 827 000	4 600
Falkenberg	5 061 340	4 643
Malchow	6 754 200	6 648
Blankenfelde	3 095 400	4 403

Neuere Analysen ergaben:

Kanalwässer	Osdorf	Großbeeren	Osdorf		Großbeeren	
	29. 6. 1900	15. 2. 1901	25.11.1901	21. 4. 1904	13. 10. 1904	13. 9. 1906
Trockenrückstand	1496	1788	829	1083	854	936
Glühverlust desselben	141	398	154	324	249	410
Glührückstand	1354	1389	675	759	604	525
Übermangansaur. Kali erforderl.	363	436	398	401	333	356
Ammoniak, Organisch gebund. Ammoniak	85	98	74	141	69	91
Salpetrige Säure	0	0	0	0	0	0
Salpetersäure	0	0	0	0	0	0
Phosphorsäure	12	14	12	23	14	—
Schwefelsäure	122	142	93	—	—	343
Chlor	665	657	213	252	152	173
Kali	49	80	60	95	147	303
Natron	552	605	208	200	152	126

Drainwasser	Osdorf Wiese 61 8. 9. 1900	Großbeeren Wiese 27 10. 9. 1900	Sputendorf Beet 25. 9. 1900	Osdorf Beet 45 3. 5. 1906	Osdorf Wiese 186 5. 7. 1906	Osdorf Wiese 29. 7. 1908
Trockenrückstand	1468	1228	609	525	1860	860
Glühverlust desselben	159	167	110	66	101	100
Glührückstand	1309	1061	499	459	1579	76
Übermangansaur. Kali erforderl.	59	72	72	21	72	32
Ammoniak	4	2	2	Sp.	4	4
Organisch gebund. Ammoniak	—	1	1	2	14	4
Salpetrige Säure	—	25	8	22	98	1
Salpetersäure	205	115	6	Sp.	2	—
Phosphorsäure	2	2	Sp.	—	—	177
Schwefelsäure	127	101	45	68	—	—
Chlor	507	413	189	157	691	139
Kali	40	31	31	27	—	—
Natron	399	319	146	125	—	—

Der städtische Hydrologe *Piefke* hat die Leistungen der Klärwerke in den Vororten Berlins vom Mai des Jahres 1901 bis Januar 1902 fortlaufend untersucht. Es handelt sich um die Klärwerke in Tempelhof, Karolinenhöhe, Weißensee (Schmöckpfuhlgraben), Tegel, Reinickendorf, Pankow, Rummelsburg, Lichtenberg. Um den Vergleich auf die Rieselfelder ausdehnen zu können, wurde das Drainwasser aus einigen leichter erreichbaren Entwässerungsgräben regelmäßig mituntersucht. *Piefke* hat aus seinen Analysen Durchschnittszahlen berechnet (S. 341) (g im Liter):

Nach *Piefke* sind also die Rieselfelder allen übrigen Reinigungsverfahren noch durchaus überlegen. Die älteren Niederschlagsverfahren, welche in Pankow, Lichtenberg und Rummelsburg zur Ausübung gelangen, liefern höchst unvollkommene Resultate. Leistungsfähiger erwies sich das Kohlebreiverfahren; auch der Effekt der Dibdinfilter (S. 325) in Tempelhof und Karolinenhöhe ist beachtenswert. Aber keines der beiden letzteren Reinigungsverfahren führt für sich allein eine derartige Reinigung der Abwässer herbei, wie sie nach den für die Berliner Rieselfelder festgesetzten Normalien verlangt werden muß.

Über die Erfolge der Berliner Rieselfelderwirtschaft äußerte sich in einem Vortrage Güterdirektor *Schröder* (1911). In den Rieselfeldern ist, wie er nach dem Bericht der Rheinisch-Westfälischen Zeitung mitteilte, ein Kapital von 60 Millionen angelegt. Nachdem ihr eigentlicher Zweck, die möglichst einwandfreie Abwässerreinigung erreicht sei, beginne ihre wirtschaftliche Nutzung in größerem Maßstabe. Trotz mannigfacher Schwierigkeiten lieferten die Rieselfelder jetzt bereits eine stets steigende Rente. Sie umfaßten 9000 ha, zu denen noch 8000 ha Naturländereien kommen. Das Rieselland eigne sich nur für den Kleinbetrieb, die Verwaltung fördere die Pächter in jeder Weise. Zum Teil biete sie ihren älteren Arbeitern die Möglichkeit, sich als Pächter eine selbständige sichere Existenz zu schaffen. Die wichtigste Kultur der

[1] Verwaltungsberichte des Magistrats zu Berlin.

	Tempelhof			Karolinenhöhe			Tegel	Reinickendorf	
	roh	Dibdinfilter	gerieselt	roh	Dibdinfilter	gerieselt		gereinigt	gerieselt
Trockenrückstand	2718	1249	1370	1014	905	1030	897	1334	1663
Glühverlust desselben	1311	210	177	226	100	133	96	207	195
Glührückstand	1407	1039	1093	788	805	897	801	1027	1468
Übermangansaures Kali erforderlich	384	181	57	250	132	80	205	232	209
Ammoniak	182	105	6	71	42	16	104	153	76
Organisch gebundenes Ammoniak	29	11	1	8	4	1	6	9	2
Salpetrige Säure	—	14	8	—	3	13	—	—	—
Salpetersäure	—	—	109	—	—	68	—	—	7
Chlor	224	205	237	224	244	237	189	306	352
Keime in 1 cc	2 731 836	1 455 700	27 150	1 674 740	1 083 696	283 020	242 275	873 944	113 150

	Pankow	Rummelsburg	Lichtenberg	Grenzgraben		Trenngraben	Schmöckpfuhlgraben		Normalien
				vor der Klärstation	hinter Lichtenberg		I	II	
Trockenrückstand	2369	1442	2278	900	999	1128	1599	1139	1200
Glühverlust desselben	427	312	338	101	103	135	27	76	180
Glührückstand	1942	1130	1940	799	896	993	1329	1063	1020
Übermangansaures Kali erforderlich	512	436	561	75	156	64	316	140	30
Ammoniak	143	116	136	15	37	6	147	37	6
Organisch gebundenes Ammoniak	29	28	27	1	4	1	14	4	1
Salpetrige Säure	—	—	—	38	5	7	—	3	10
Salpetersäure	—	—	—	63	—	91	—	2	160
Chlor	282	330	380	217	212	188	390	288	220
Keime in 1 cc	406 750	233 000	32 681	107 625	264 925	90 320	1 827 433	134 580	5 000

Rieselfelder sei der Gemüsebau, der von den $1^1/_2$ Mill. hk, welche die Stadt Berlin brauche, ein volles Drittel liefere. Obst wurde im Werte von 70 bis 100 000 Mk. erzeugt. Die Milcherzeugung, die unter veränderten Verhältnissen wieder aufgenommen sei, gestaltete sich infolge des hohen Milchpreises recht wirtschaftlich. Auch die Fleischerzeugung sei umfangreich. Etwa 12 000 Stück Rindvieh würden jährlich gemästet. Die Schweinezucht weise nicht minder günstige Erfolge auf. Die Rieselfelder lieferten das Schweinefleisch unter dem Marktpreise. Die 14 000 Morgen Forstland bekämen jetzt eine richtige forstmäßige Verwaltung. Der Gesamtüberschuß des letzten Jahres betrage 543 000 Mk. gegen 97 000 Mk. im Jahre 1905. Durch Vermehrung der Kleinpachtungen, sachgemäße Bewirtschaftung und Ausbau der Nebenbetriebe ließen sich noch weitere Erfolge erreichen.

Freiburg i. B. hat seit 1889 Rieselfelder eingerichtet. *O. Korn*[1] fand im Mittel (mg im Liter):

Art des Wassers	Anzahl der Proben	Gesamtrückstand	Glührückstand	Verbrauch an Kaliumpermanganat	Ammoniak	Salpetersäure	Salpetrige Säure	Schwefelsäure	Phhosphorsäure	Kali	Chlor	Härte	Anzahl der Keime in 1 cc
Ungereinigte Kanalflüssigkeit. . . .	12	350	156	146	67	—	—	Sp.	15	20	43	18	726 267
Drainwasser:													
1896	57	101	65	12	12	6	0,9	—	5	5	16	17	25 341
1897	108	122	89	13	1	9	Sp. bis 0,04	Sp.	Sp.	Sp.	21	23	20 326

Auch hier ist, dem Chlorgehalt entsprechend, das Drainwasser verdünnt, wohl durch „Nachtwasser" (vgl. S. 213 u. 344).

Rieselfelder für Magdeburg. *Peters*[2] stellt folgende Kostenrechnung auf:

1. Die gesamten Aufwendungen für Dücker, Pumpstation, Druckrohrleitung nach den Rieselfeldern bei Körbelitz und Lostau sowie für die Einrichtung derselben haben bis zum April 1905 betragen: 3 807 478 Mk. Hiervon zur Verzinsung und Tilgung des Anlagekapitals 4 Proz. . . . . 152 299 Mk.

2. Die Kosten des Erwerbs der Rieselfelder haben sich belaufen auf 1 629 021 Mk.; wie vor zu 4 Proz. . . . . 65 161 „

3. Hierzu die Kosten des Betriebes der Pumpstation, wofür in den städtischen Haushaltungsplan für 1906 eingestellt sind . . . . 69 925 „

zusammen 286 925 Mk.

Gegenüber dieser jährlich aufzubringenden Summe für Verzinsung, Tilgung und Betrieb, Verwaltung und Unterhaltung hat die Gutswirtschaft laut Einstellung für den Haushaltungsplan für 1906 einen Überschuß ergeben von . . . . 45 700 „

bleiben 241 225 Mk.

[1] Gesundheitsing. 1892, 657; Archiv f. Hygiene **32**, 173.

[2] Techn. Gemeindebl. 1906, April.

Da die Stadt Magdeburg nach der Volkszählung am 1. Dezember 1905 fast genau die Einwohnerzahl von 241 000 erreicht hat, so ergibt sich also ein Einheitssatz von nur rund 1 Mk. jährliche Kosten auf den Kopf der Einwohner. Im Jahre 1909 gaben die Rieselfelder 69 000 Mk. Überschuß.

Auch in Braunschweig, Königsberg, Charlottenburg, Brandenburg, Bremen und anderen Städten sind Rieselfelder[1].

Außerhalb Deutschlands sind besonders die von Paris[2] beachtenswert. Während 1 ha der nicht berieselten Fläche 90 bis 100 Fr. Pacht bringt, werden für 1 ha Rieselfläche 400 bis 500 Fr. bezahlt. 1 ha bringt 60 bis 120 t Luzerne, 100 bis 130 t Gras, 100 t Rüben, 90 t Kohl, 50 bis 100 t Karotten, 250 bis 300 hl Kartoffeln, 60000 Köpfe Artischocken, 75 t Wermut oder 40 t Pfefferminze usw. Die Gemüse werden auf Märkten, von Gasthöfen und Krankenhäusern gern gekauft, Pfefferminze und Wermut von Destillateuren verarbeitet. Der Wert der auf 1 ha gewonnenen Produkte beläuft sich auf 1500 bis 3000, in einzelnen Fällen selbst 10 000 Fr.

Bemerkenswert sind noch folgende Versuche über die Wirkung der Berieselung auf die Bestandteile des Kanalwassers. *A. Leplay* hat die Flüssigkeit aus einer großen Jauchegrube, welche die Abgänge dreier Haushaltungen, die flüssigen Exkremente von 60 Stück Hornvieh, tote Tiere, Regenwasser u. dgl. aufnimmt, auf eine Wiese geleitet und an verschiedenen Stellen untersucht. Nachfolgende analytische Tabelle zeigt die Zusammensetzung dieser Flüssigkeit, wie sie aus der Grube kommt und nachdem sie 35, 80, 95 und 125 m auf der Wiese zurückgelegt hat. 1 cbm derselben enthält in Grammen:

	Ursprüngliche Flüssigkeit	Dieselbe nach der Bewässerung von			
		35 m	80 m	95 m	125 m
Trockenrückstand bei 109°	2070	910	658	514	439
Glührückstand	1312	559	360	308	286
Flüchtige Stoffe	758	351	298	206	153
Unlöslich in Königswasser	163	88	59	39	46
Phosphorsäure	61	16	9	10	6
Eisen, Tonerde	188	64	59	45	33
Kalk	62	45	49	45	38
Magnesia	60	22	20	22	27
Kali	523	157	82	64	59
Ammoniak	272	74	26	23	13
Organischer Stickstoff	39	9	8	7	6

[1] Vgl. *H. Salomon:* Die städtische Abwässerbeseitigung in Deutschland (Jena 1911). Nach *Salomon* verwenden zur Reinigung der Kanalwässer 109 Städte einfache Klärbecken, 11 Brunnen, 47 Emscherbrunnen, 26 Rechen, 13 Siebapparate; 2 verwenden *Rothe-Röckner*, 7 Kohlebreiverfahren, 32 Städte haben biologische Füllkörper, 42 Tropfkörper, aber 79 Berieselung.

[2] Compt. rend. **83**, 1242.

Von seiten der Landwirtschaft wird oft den Rieselfeldern die unvollständige Ausnutzung der in städtischem Abwasser enthaltenen Düngstoffe[1] vorgeworfen (vgl. S. 211). Bei einer sehr guten Ernte werden durch die auf den Rieselfeldern angebauten Kulturpflanzen nach *E. Heiden*[2] dem Boden für 1 ha in runder Summe entzogen:

	Stickstoff k	Phosphorsäure k	Kali k	Kalk k	Magnesia k	Schwefelsäure k	Chlor k
Italien. Raygras	326	124	344	86	26	46	90
Runkelrüben	244	117	486	96	91	51	202
Möhren	140	70	201	89	29	32	140
Sommerraps	38	27	47	47	12	8	9
Winterraps	86	62	92	91	27	14	19

Danach würde das Abwasser von etwa 60 Personen genügen, um den Stickstoffbedarf von 1 ha zu decken, während oft die 5fache Menge zugeführt wird. — Die Vertreter der Landwirtschaft, welche die Rieselfelder bekämpfen, übersehen ganz, daß der Zweck der Rieselfelder die Unschädlichmachung der Kanalwässer ist, daß ferner die Rieselfelder einen erheblich größeren Teil der düngenden Bestandteile des Kanalwassers ausnutzen, als durch irgendein sog. Abfuhrsystem erzielt werden kann.

Fischzucht. Das Verfahren von *G. Oesten* (D. R. P. Nr. 101 706), zur Nutzbarmachung der in Kanalisations- und ähnlichen Abwässern enthaltenen organischen Stoffe zur Fischzucht, soll bestehen: a) in der Züchtung von Mikroorganismen in dem zunächst für jedes höhere Lebewesen völlig ungeeigneten städtischen Abwasser und der Ernährung der ersteren durch die in demselben enthaltenen organischen Stoffe; b) in der Ernährung von Crustaceen in diesem durch die Lebenstätigkeit der Bakterien umgewandelten Wasser durch diese selbst; c) in der Ernährung von Fischen durch die erzeugten Crustaceen. Das Verfahren soll mithin durch die Aufeinanderfolge der bezeichneten biologischen Vorgänge auf dem kürzesten Wege die in einem durch menschliche Abgänge verunreinigten und für tierisches Leben unbrauchbar gewordenen Wasser enthaltenen organischen Stoffe in Fischfleisch umsetzen. In Fig. 112 stellt *a* den Zufluß des Abwassers aus dem Behälter *A* einer Vorreinigungsanlage dar. Das Wasser fließt zunächst in den Teich C_1, in den Bakterienteich. Derselbe dient zur Züchtung der Mikroorganismen. Aus dem Teich C_1 fließt das Wasser in den Teich C_2, den Crustaceenteich. In diesem Teich findet die Züchtung der Crustaceen und die Ernährung derselben durch Bakterien statt. Aus dem Teich C_2 fließt das Wasser

[1] Das Ansteigen des Schmutzgehaltes des Göttinger Kanalwassers S. 213 um 1 Uhr nachts erklärt sich daraus, daß damals noch nachts die Aborte entleert wurden, und die Leute es vorteilhafter fanden, die angeblich „wertvollen Düngstoffe" in den nächsten Kanal abzulassen, statt sie aufs Land zu fahren.

[2] *E. Heiden:* Die menschlichen Exkremente (Hannover 1882), S. 39.

in den Teich C_3 über, in welchem die Crustaceen zur Ernährung von Fischen dienen.

Nach *Hofer*[1] ist die Produktivität an Fischen das Maß der in den Gewässern vorhandenen Menge an niederen Pflanzen und Tieren und somit auch ihres Stoffwechsels, d. h. der in den Gewässern sich abspielenden biologischen Selbstreinigung. Statt in Klärgruben faulen zu lassen, soll man die Abwässer flächenhaft auf größerem Grund ausbreiten, d. h. Fischteiche herstellen, für entsprechende Besiedelung mit Pflanzen und Tieren Sorge tragen. Derartige Versuche hat eine Genossenschaftsbrennerei mit täg-

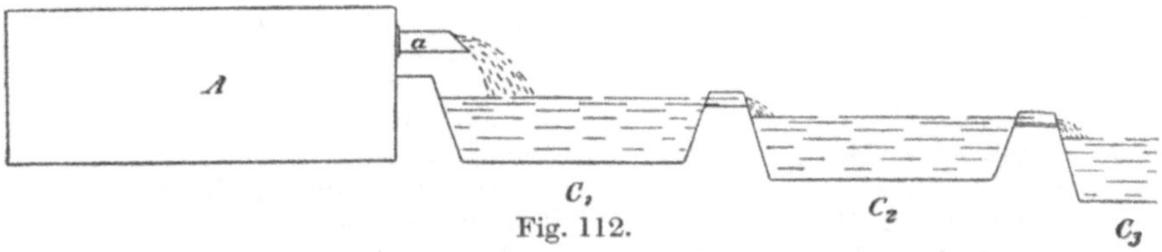

Fig. 112.

lich 100 cbm Abwasser, das in einen Teich von 800 qm Grundfläche eingeführt wurde, mit Erfolg ausgeführt. (Vgl. S. 256.)

Nach einem Vortrage von *Haempel* (7. Februar 1913) muß für je 2000 bis 3000 Einwohner 1 ha Gelände zur Verfügung stehen. Ein Teil des Abwassers wird nach Entfernung von etwa 50 Proz. der suspendierten Stoffe mit 2 bis 3 Teilen reinem Flußwasser gemischt. Die Niveauverhältnisse des Teiches sind: Am Abend (tiefste Stelle) etwa 1 m, in der Mitte 50 bis 70 cm, gegen das Ufer zu 30 cm. Die organischen Abwässer müssen frisch in die Teiche gelangen, nicht etwa in schon zersetztem Zustande oder auch nur in beginnender Fäulnis. Zu Fäulnisprozessen darf es in den Fischteichen überhaupt nicht kommen. Richtig geleitete Fischteiche dürfen daher keineswegs stinken. Das Abwasser darf ferner nicht in einem Strom in den Teich geleitet, sondern soll womöglich um den ganzen Teich herum geführt werden, von wo es mittels einiger radial angelegter Röhren in den Teich gelangt. Die Besetzung mit Fischen wird am besten mit zweisommerlichen Karpfen vorgenommen, als Neben- oder Beisatzfische können Schleie, Hechte, Regenbogenforellen und Zwergwelse gewählt werden. Man kann für 1 ha eine Ausbeute von 12 Zentner Karpfen jährlich rechnen. (Vgl. S. 285.)

[1] Münch. med. Wochenschr. (1906) **52**, 2266.

Sachregister.

GPSR Compliance

The European Union's (EU) General Product Safety Regulation (GPSR) is a set of rules that requires consumer products to be safe and our obligations to ensure this.

If you have any concerns about our products, you can contact us on ProductSafety@springernature.com

In case Publisher is established outside the EU, the EU authorized representative is:

Springer Nature Customer Service Center GmbH
Europaplatz 3
69115 Heidelberg, Germany

Batch number: 10683525

Printed by Printforce, the Netherlands